U0510501

本书受到武汉大学“当代英美道德哲学研究”青年团队项目资助

论理想理论

李　勇　［美］大卫·施密兹 / 主编
朱慧兰　张　可 / 译

IDEAL THEORY

中国社会科学出版社

图字：01－2023－2282 号

图书在版编目（CIP）数据

论理想理论／李勇，（美）大卫·施密兹主编．—北京：中国社会科学出版社，2023.4

书名原文：Ideal Theory for a Political World

ISBN 978－7－5227－0796－9

Ⅰ.①论…　Ⅱ.①李…②大…　Ⅲ.①理想—理论研究　Ⅳ.①B821

中国版本图书馆 CIP 数据核字（2022）第 169582 号

出 版 人　赵剑英
责任编辑　朱华彬
责任校对　谢　静
责任印制　张雪娇

出　　版　中国社会科学出版社
社　　址　北京鼓楼西大街甲 158 号
邮　　编　100720
网　　址　http://www.csspw.cn
发 行 部　010－84083685
门 市 部　010－84029450
经　　销　新华书店及其他书店

印　　刷　北京明恒达印务有限公司
装　　订　廊坊市广阳区广增装订厂
版　　次　2023 年 4 月第 1 版
印　　次　2023 年 4 月第 1 次印刷

开　　本　710×1000　1/16
印　　张　34.25
插　　页　2
字　　数　542 千字
定　　价　148.00 元

主编前言一
理想理论和非理想理论之争

李 勇

理想理论（ideal theory）和非理想理论（non-ideal theory）的争议可以追溯到罗尔斯在《正义论》中的讨论[①]。罗尔斯认为，把正义的理论分成两个部分，第一个部分就是理想理论的部分。理想理论的部分预设：公民严格服从正义原则；良序的社会。在这样的理想环境下，我们提出了相关的正义原则。相应地，理想理论发展出了一个完全正义的社会基本结构，以及公民的相关的责任和义务。第二个部分就是非理想理论的部分。罗尔斯强调，只有在理想理论的对于正义原则的建构完成之后，我们才能进行非理想理论的架构。他认为，非理想理论的建构也包括两个部分：处理自然限制和历史偶然性的原则，处理非正义的原则。

罗尔斯自己已经很清楚地表明，自己的《正义论》只是在处理理想理论，并不是在处理非理想理论。而他的《万民法》更多的是在非理想理论的语境中处理国际正义的问题。虽然，罗尔斯做出了这种澄清，但是这种澄清并没有阻止学者们以理想理论和非理想理论的区别为出发点，对罗尔斯的理论进行批评。从阿马蒂亚·森2006年发表《我们想从正义理论中获得什么?》论文开始[②]，这种批评进而衍生为，对一切理想理论的批评，呼吁政治哲学的研究回归到现实的、非理想的语境。

---

① John Rawls, *A Theory of Justice*, Cambridge, MA: Harvard University Press, 1999, p. 216.

② Amartya Sen, "What Do We Want from *A Theory of Justice*", *Journal of Philosophy*, 103, no. 5 (2006): 215 -238.

理想理论和非理想理论之间的争议是过去十几年里当代政治哲学的一个焦点。而本书所选编的 21 篇论文就是对这场争论的一些集中的讨论，算作是对这场争论的集体反思。本书的作者包括当下政治哲学界最顶尖的一批学者。其中近一半的论文对理想理论进行批评。小部分论文对理想理论进行辩护。剩下的部分论文是探讨某些中间道路。接下来我将简要介绍每篇论文的观点。

1. 珍妮·伊斯梅尔（Jenann Ismael）在其论文《一个科学哲学家对政治理论中理想化的看法》中，对罗尔斯关于理想理论和非理想理论的区分进行辩护。她指出，罗尔斯对于政治哲学中的理想理论和非理想理论的区分，关键在于人们是否完全遵从正义原则。在理想情况下，所有公民都会遵从正义原则。而在非理想情况或者现实情况下，很多公民并不会遵从正义原则。她认为，这种区分在科学哲学中也存在类似情况。比如，牛顿的单摆定律悬置了空气阻力、摩擦力等外部因素，构建了一个理想的重力作用的理论。而这种对理想环境中的科学理论的探讨，并没有阻碍非理性环境中对这些科学理论的应用。因此，她认为，我们需要理想理论，有助于澄清正义的基础，而这种澄清，不会必然导致我们对现实问题的忽视。

2. 安德鲁·梅森（Andrew Mason）在其论文《正义、可行性和理想理论：一个多元的路径》中，反驳了关于理想理论和非理想理论争议的三个论断。第一个论断，理想理论是无用的和错误的，因为理想理论预设了所有人都同意一个特定的关于正义的原则。而这种预设是没有根据的。第二个论断，不考虑一个正义原则在特定社会的后果的话，我们无法充分辩护一个正义原则。第三个论断，如果不悬置对于正义原则的限制的讨论的话，我们无法获得一个抽象的正义原则，进而用这个抽象的正义原则来回归到具体情境的正义问题的讨论中去。梅森并没有在理想理论和非理想理论的争论中选边，而是辩护一种多元的路径。

3. 亚历山大·罗森伯格（Alexander Rosenberg）在其论文《论政治哲学中理想理论的观念》一文中对政治哲学中的理想理论进行了批判。他首先详细讨论了“我们需要一个理想的正义理论之后，我们才能对不正义的社会进行评价”这样一种论点，指出，比较性的分析并不需要一个完美的理想标准。类似的，对一个不正义的社会的评价，也不需要一个完美的争议概念。其次，他详细分析了数学、物理学和经济学中理想理论的使用，进而指出，因为这些学科和领域的特性，在这些领域中对系统化和统一的公理的寻求，是建立在这些领域中对于特定真理的共识。但是，很明显，在政治哲学领域，完全不存在这样的共识。

4. 爱德华·霍尔（Edward Hall）在其论文《关于无限制的乌托邦主义的怀疑主义》一文中也对理想理论进行了批评。首先，他论述，理想理论所预设的唯一的正义原则不具有不可替代性。换句话说，在理想的正义环境中，我们可以找到相互竞争的、可替代的不同的正义原则。其次，如果要在这些相互竞争的理想理论之间进行选择的话，在纯粹的理想的正义环境中是无法实现的。相反，我们需要现实的正义环境，帮助我们判断和选择哪种正义原则可以用于指导这一特定的正义环境。

5. 杰拉尔德·高斯（Gerald Gaus）在其论文《蜜蜂共同体：基于社会道德观的正义的不可能性》中对理想理论提出了自己的批评。他指出，我们无法在理论上建立一个完全公正的、完全合乎道德的理想共同体。因为，支持公正和道德的个体会关注两个价值：完全的公正和和谐的道德共同体，但是，在大多数情况下，我们无法同时实现这两个价值。那么，在这种情况下，即使是理想的个体也会按照自己对这种平衡和博弈的理解，来处理这些冲突。他认为，人类的理想共同体和蜜蜂共同体的最大差异就在于，即使是最理想的理性能力的运用，我们仍然对于完美正义的共同体存在不同的观念，但是蜜蜂们却不会。

6. 詹姆斯·伍德沃德（James Woodward）在论文《正义与互惠：非理想理论的案例》中对理想理论也进行了批评。他从“互惠”这个理想理论经常使用的概念出发，探讨了“囚徒困境”“公共善博弈”“惩罚”“信任博弈”等多个使用“互惠”概念的理论模型，指出，人类在理想情况下，也存在不同的动机样态，有些人可能看中互惠在动机中的作用，有些人的决定并不是基于互惠的要求。而如果理想理论完全基于互惠模型来构建规范的道德和政治理论的话，这种理想理论是苍白的。

7. 大卫·米勒（David Miller）在其论文《在什么意义上政治哲学必须是政治的?》中对理想理论进行了批评。他首先批评了政治哲学的超现实主义路径，反驳了把政治描述成争夺统治和权力的斗争。他认为，政治仍然受到规范性的影响，政治哲学仍然需要讨论规范性的概念。其次，他批判地考察了政治现实主义，接受了威廉姆斯关于政治道德主义和政治现实主义的区分。不过，他对威廉姆斯的政治现实主义提出批判，指出，威廉姆斯错误地认为，政治现实主义在不涉及任何道德价值的情况下，可以来理解合法性。

8. 迈克尔·弗雷泽（Michael Frazer）在《作为一个职业的乌托邦恐惧症：理想和非理想政治理论的职业道德》一文中进一步对理想理论进行批判。他的核心论证关注的是政治哲学作为一种职业。政治哲学的研究对于实践指导必须要起到一定作用。在他看来，如果封闭的专家共同体忽视了政治哲学这一职业的外部目的以及和这个外部目的相关的职责，那么这是政治哲学研究这个职业的不健康的状态。政治哲学家不应该成为科幻小说家。

9. 尼拉·巴德瓦尔（Neera Badhwar）在其论文《人类本性限度之内的正义》一文中对理想理论进行了批评。他主要针对科恩和埃斯特伦德对于理想理论的辩护展开。科恩认为，正义的观点不受人性或者人类社会的限度的限制。正义的原则和正义在现实生活中的实现是两个问题。正义原则不能实现更多是因为人性的限制而导致的，和正义原则本身没有关系。埃斯特伦德认为，我们的正义观念不是被动地受到人性的限制的，正义观念本身可以去修正我们的行为的动机。巴德瓦尔指出，对正义原则的可靠性的考察依赖于我们的心理事实，同时，这种可靠性依赖于实现正义的个体能够过上幸福和有价值的生活。

10. 迈克尔·休谟尔（Michael Huemer）在其论文《一个恐乌托邦者的自白》中对理想理论进行了批评。他指出理想理论家就像车坏了，我们不去修车，而是在讨论完美的汽车应该是什么样的。他讨论了四个理想理论家：罗尔斯、科恩、卡伦斯和布伦南。他指出了理想理论的三个错误。第一个错误，理想理论给出的行为规则太过于理想，没有任何一个现实的行动者可以遵从。第二个错误，理想理论对人的品德进行了过高的预期，对人的自私缺少认识。第三个错误，理想理论过于依靠非常抽象的哲学推理。他提出处理社会问题的方式是非理想和非理论的：我们只需要指出更好的实际策略和依靠特定事例的直觉，而不是完美的、抽象的理论。

11. 威廉·高尔斯顿（William Galston）在其论文《“现实的乌托邦”

是什么以及不是什么》一文中，对现实的乌托邦进行了澄清，可以看作对理想理论的一个间接的批评。他认为政治理论和理想理论的一个重要区别在于政治理论具有很强的行动指导要求。而这种行动指导要求我们坚持什么对于所有人是可能的这样一种可能性的概念。他认为，政治不能规避风险，政治理论也不能以规避风险为目标，但是，政治理论的现实指导性要求我们承认风险。

12. 马特·斯莱特（Matt Sleat）在其论文《政治价值是什么？政治哲学和对现实的保真》中从正面的角度来辩护非理想理论。他认为，政治的实践对政治哲学施加了特殊的限制，而这种限制是合理的，因为政治哲学需要忠诚于现实（保真）。他首先就提出政治的一般条件，即在分歧的情况下，通过权威和合法的权利提供秩序。他认为任何政治价值都必须识别出政治的一般条件，规范理论在实践中得以实现的可能性的事实应该在很大程度上决定我们对该理论的评价。

13. 佐菲亚·斯滕普洛斯卡（Zofia Stemplowska）在其论文《可行性：个体和集体》中从行为的可行性来辩护非理想理论。在她看来，一个行动是可行的，更重要的是看行动者是否知道如何做出一个行动，并且对行动的动机具有恰当性的回应。如果一个行动者不知道如何做出一个行动，或者该行动者完全没有动机进行该行动，那么这个行动对于该行动者就是不可行的。她认为大多数对行动可行性的描述都属于条件性的，但是以上的描述是约束性的。以上的约束性描述不仅仅适用于个人行为，而且也适用于集体行为。而政治哲学所关注的集体行为也要求每个个体都具有相关的动机。

14. 戴维·埃斯特伦德（David Estlund）在其论文《正义的环境是什么？》中为理想理论提供辩护。他认为，即使我们把所有人都想象成道德圣徒，进而以此为基础构建出的正义原则，仍然具有应用性。他通过区分三个条件来辩护以上的论断。正义需要的条件：一个社会需要裁决冲突，而这些裁决需要制定规则。正义的应用性的条件：正义的标准能够得以实现，而这种实现也需要合适的条件。正义出现的条件：一个正义的运行机制的出现、演进和发展所依赖的各种条件。

15. 雅各布·利维（Jacob Levy）在其论文《理想理论并不存在》一文中对理想理论进行了间接的辩护。他认为，对理想理论的批评是一种误解。进行理论化就是进行简化、抽象化和理想化。规范理论的本质就是去简化、抽象化和理想化。我们争议的只是如何去进行理性化，而不是是否去进行理想化。在理想主义、理想化和理想理论之间应该做出区分。他批判地考察了罗尔斯、科恩的理想理论模型，指出休谟的正义的环境的概念的重要性。但是，他仍然认为，规范理论的理想化程度存在着一个合理的光谱范围。

16. 安妮特·福斯特（Annette Forster）在其论文《探寻罗尔斯的现实乌托邦的限度》中对理想理论进行了间接的辩护。她围绕罗尔斯的《万民法》中的现实乌托邦主义的概念，进行了批判的分析。现实的乌托邦以理想的国际正义原则能够成为现实作为其理论的重要特征。而该现实乌托邦主义面临来自理想理论和非理想理论双方的夹击。非理想理论认为该模型在简化条件性制定的规范无法有效地指导现实世界。而理想理论认为该模型的预设无法为不同政治体制下的民众提供相同的动机来参与。不过，她认为，现实的乌托邦仍然可以为自由社会在处理国际关系中提供政策指导。

17. 埃里克·麦克吉尔维（Eric MacGilvray）在《正义之前的自由主义》中跳出了理想理论和非理想理论的争议，论述自由比正义更应该作为自由社会的第一原则。他指出，理想理论围绕着两个原则展开：正义至上原则和普遍同意原则。正义至上原则要求社会的基本结构是公正的。而这必然要求我们确定正义的含义和正义的基本原则。而普遍同意原则要求社会上不同的个体都识别出该正义的含义和正义的基本原则。很明显，这两个原则之间是相互冲突的。他认为，我们应该放弃这两个原则所预设的正义作为自由社会的第一原则。

18. 西蒙·霍普（Simon Hope）在其论文《理想化、正义和实践理性的形式》中进一步对理想理论进行批评。他提出了三个核心的观点。第一，在讨论理想化和非理想化的争论之前，我们需要厘清实践理性这一思考的本质形式。在他看来，实践理性的内容就是产生自己思考的对象。第二，对正义和道德的标准进行思考的形式就是实践的，而不是理论的。比如，如果我们不知道其他人会如何行动，讨论单个行为主体应该如何行动就是没有太多价值的。第三，以上对实践理性的反思告诉我们，理想化不应该是对道德和政治进行思考的形式，因为这违背了实践理性的本质特征。

19. 罗伯特·朱布（Jubb Robert）在其论文《规范、评价以及理想和非理想理论》中对理想理论进行了间接的辩护。他分析了传统的理想理论和非理想理论之间的争议围绕着以下三个主题展开：公民的完全服从和不完全服从；乌托邦主义和现实主义；正义的终极状态和过渡状态。他指出，我们需要区分规范理论的两个不同的功能：评价和规范。他反对传统理想理论处理反驳的做法，强调理想理论的评价功能而不是规范功能，进而规避批评。他主张，政治的治理是一个规范性的概念，而不是一个评价性的概念。因此，相应的，理想理论需要为相关的行动者提供规范才能实现治理。

20. 马克·菲尔普（Mark Philp）在《正义、现实主义和对老人的家庭护理》中对理想理论进行间接的批评，对非理想理论或者现实主义提供辩护。他以西方社会中对老人的家庭护理为例，详细探讨了现代老年人的家庭护理变得困难和繁重。成年子女在情感上、精力上无法实现这种护理任务。我们没有办法在理想理论的语境中去思考不同的个体，尤其是子女该如何处理中老年人的家庭护理。他认为，我们只有局部的、有限的和现实主义的应对措施来应对类似的现实的、道德的和政治的问题。

21. 杰弗里·布伦南（Geoffrey Brennan）和杰弗里·赛尔－麦考德（Geoffrey Sayre-McCord）在其《规范性事实对什么是可行的……重要吗?》一文中对理想理论提供了一个温和的辩护。该文针对科恩的观点，即“规范性原则是独立于事实的”来论证，我们对于不同价值取向的满足，很大程度上依赖于科恩所说的独立于事实的规范性原则。他通过反驳约翰·布鲁姆关于可能性的论证，指出，规范性事实能够并且事实上也在影响人们的行为。因此，不仅仅是现实影响我们对规范性原则的选择。

综上，理想理论和非理想理论的争论虽然开端于罗尔斯，但是这场争论仍然在继续。这场争论的起点是关于正义理论到底是否应该预设一个理想的正义环境，是否应该预设社会的成员都能够识别出并遵从正义的要求。不过，这场争论的本质是关于规范性的实践哲学理论到底是应该以现实为首要指引，还是应该以理念为首要指引。这是古代哲学中柏拉图和亚里士多德的区别，也是近代哲学中理性主义和经验主义的区别。在当下全球气候变暖、能源问题、全球流行病、地缘政治复杂的时代，实践哲学仍然需要回应这一方法论上的重大难题。

本书的中文本由我和美国亚利桑那大学大卫·施密兹教授共同主编，本书大部分论文由朱慧兰翻译，少部分论文由张可翻译。朱慧兰还承担了统稿的工作，为本书付出了很多很多精力。同时，感谢李忠泽和吴航通读了文稿，给出翻译修改建议。

主编前言二

一个现实的政治理想*

大卫·施密兹（David Schimidtz）
（译：朱慧兰）

摘要： 在过去的十年间，政治哲学家和政治理论家形成了共同的目标：在将人类境况和正义的本质进行理论化的过程中，需要反思现实主义和理想主义各自的优点。学者们也已经达成共识：没有人反对现实主义或理想主义本身。本卷的贡献在于：在关于什么使得一种解释理想的进路优于其他进路这一问题上展开对话。

如今依然有很多人记得自诩为现实主义者对于共产主义的评价：这个理论很优美，但是在实践中行不通。如今一些理想主义者处理了一个令人想起过去的现实主义的评价。也就是，在实践中行不通并不排除理论上的优美性。

通常来说，如果我们说“x 会是理想的选择！”我们在设想 x 对某个

* 感谢伦敦国王学院政治经济学系于 2016 年夏天在我担任客座教授期间的热情款待。此外，我还要感谢苏纳·菲德内斯（Soonah Fadness）、玛丽莉·科茨（Marilie Coetsee）和大卫·维恩斯（David Wiens），于 2016 年 3 月就该主题进行小组讨论后（以迪克·阿内森（Dick Arneson）、戴维·埃斯特伦德（Dave Estlund）和我为主要组成人员），在美国哲学学会太平洋分会年会上有益的讨论。我也要感谢吉内特·布伦克曼（Ginette Brenkman）、斯文格斯特（Sven Gerst）和尼克·考恩（Nick Cowen），以及所有在伦敦国王学院对本篇论文草稿撰写提供慷慨帮助的学者。最后，我要感谢为本卷提供文章的作者，尤其感谢戴维·埃斯特伦德、爱德华·霍尔（Ed Hall）、马特·斯莱特（Matt Sleat）和巴斯范德沃森（Bas van der Vossen）对早期草稿提供的大量评论。

问题来说是理想的解决方案。如果 x 没有经过检验，这一设想有可能是个乌托邦，但是根据 x 的内在逻辑，x 似乎是值得一试的。除非对 x 的实际检验展现出另一种景象，否则我们有理由相信 x 是一个理想的方案。如果“x 是理想的方案”意味着“x 值得一试”，那么 x 作为设想的理想方案就应该是可检验的；理论和实践能够区分两种假设——我们可以采纳的假设以及我们应该拒绝的假设。在这种情况下，我们能够取得进展。关于“真正值得尝试”这一概念，理论和实践可能产生更令人沮丧的但无论如何都更明智的答案。

一 什么是理想的

我们可以这样来区分现实主义和理想主义：现实主义研究实际的人类境况，而理想主义研究可能的人类境况。没有人反对对实际的或者可能的人类境况进行研究。学者之间的分歧不是在于是否对理想进行理论化，而在于如何对理想合适地进行理论化。

乌托邦式的理想主义将“可能出现的状况”等同于“逻辑上可能的状况”，或者等同于更狭义的“形而上学上可能的状况”。更具体地说，乌托邦式的理想主义者关注我们“足够”努力地尝试后能够做的事情。[①] 这就是乌托邦式的理想主义之所以为乌托邦的原因。

在这一点上，现实理想主义与乌托邦式的思想分道扬镳。现实理想主义注重不同的领域；我们称这一领域为政治上可能的。对于一个现实理想主义者，重要的不仅仅是如果我们尝试后可能（could）出现的状况，还包括如果我们尝试后的实际（will）状况。简单来说，一个乌托邦主义者关注的是可能性（possible），而一个现实主义者关注的是现实的可预测性（predictable）。[②]

---

① 熟悉相关文献的读者会了解到该术语是受戴维·埃斯特伦德启发的。他对本卷的影响是显而易见的。该卷中的大多数论文都反映了埃斯特伦德的贡献。埃斯特伦德的贡献反映在关于这些论文的草稿的讨论上，并为这一主题开启了具有建设性的新篇章。具体请参看雅各布·利维（Jacob Levy）的论文，论文中某些部分源于与戴维持续交换意见的草稿。

② 对于理想化的可能性成为政治可能性的条件，爱德华·霍尔的论文提出了一个更广泛的观点。

乌托邦主义者承认，我们尝试 x 后会出现的状况，影响着我们对“实践上是否应该尝试 x”这一问题的思考，但是他们认为这并不影响我们对“是否应该称 x 为理想的”这一问题的思考。这就是为什么戴维·埃斯特伦德（可以说是最杰出的乌托邦主义者）沉迷于“拖延症教授”的例子。拖延症教授意愿软弱。他尝试得方式可预见地并不起眼，但是他尝试得不够努力。因此，他会做的事情也是可预见地不会是他能够做的事情。他知道自己应许或承诺完成一项具体的任务，但他知道自己并不会遵守诺言。我们从拖延症教授可能的样子推测他应该是什么样的或者理想中的状况，而不是从他实际的状况来进行推测。考虑到拖延症教授实际的状况，我们有一个疑惑：“是否允许这样的人做出承诺?”但是我们问这个问题时，并没有怀疑拖延症教授理想情况下会是什么样子。

现实主义者赞同以上乌托邦式的言论。埃斯特伦德在谈论参数性的（parametric）语境。拖延症教授不能自愿遵守道德，与他是否应该遵守道德无关。

二　一个策略性的（strategic）世界中的理想状况

埃斯特伦德将他的观点扩展到策略性的语境中。在一个卡伦斯市场（Carens Market）中，在纳税之后每个人最终获得的可支配税后收入是相等的。尽管如此，我们可以想象每个人都在努力使自己的总收入最大化。每个努力工作的人都在（可以想象的）可能世界中，而不是在（可以预测的）现实世界中。因此，各方都同意卡伦斯市场只是一个乌托邦式的理想，而不是现实的理想。[①]

各方都承认，市场中可预见的行为并不是理想的。然而，埃斯特伦德强调，“我们不应该建立卡伦斯市场，因为人们不遵守它”的推断，并

---

①　形而上学上的可能性听起来蕴涵着一个很大的空间，然而，（乌托邦或其他的）视角无法预测那些即将要实现的可能性。实际上，我们很难想象已经实现的能力。例如，许多人都感觉到食物的质量已经提高，但他们并不知道集装箱运输将食物在码头停留的时间从以前的两周缩短到两小时。说到我们的理论处理的问题——弄清楚如何分配善（goods）——与现实状况的复杂性相比，空想家的想象力是微不足道的。相关的讨论请参看迈克·霍默（Mike Huemer）的文章。

不驳斥这个理论的应然性。①

拖延症教授的例子很好地说明了这一点，但是这个观点并不适用于策略性的问题。作为一种政治动物，我试图解决卡伦斯市场的所有完全可预测的逻辑，但是我的策略型问题不是我在支配自己意志上的伪无能（faux-inability），而是一个完全真实的事实——支配其他公民的意志并不在我的选项中。生活中的政治事实是我并不为所有人做选择。这不同于意志薄弱。

假设我想象“将兵移到E4”是理想的走棋，但是这一走棋的想法反而让我恐慌。埃斯特伦德的观点是：我自己是否可以移兵到E4与这一策略是否理想无关。确实如此。

我的观点是：尽管我自己无法移兵到E4与这一策略是否理想无关，但我无法决定我的对手的走棋这一事实与这一策略是否理想却是息息相关的。假设我说“将兵移至E4”是我的理想走棋。你指出黑方会在三步之内将我的军。假设我说这一事实与我在实践中是否应该移这一步棋有关，但是与这一策略本身是否理想无关。理想地来说，策略性的语境将不再是策略性的语境。从乌托邦的视角来看，“将兵移至E4”以及卡伦斯市场都是理想的。②

然而，对于现实主义者而言，想象在参数性的世界中理想的情况并不能替代能够预测到的在策略性的世界中理想的情况。③ 想象这样一个与我们的世界不同的可能世界——一个人期待的理想状况会成为实际上的理想状况，这一想象并不能代替我们在类似于真实世界的可能世界中对于理想状况的预测。我们没有理由放弃现实的特征，这些特征能够佐证我们期待能够信任的想象实际上不可信。

三 理想与偶然性

我们的共识似乎是这样的：即使x是无法实现的，x也能够是理想

---

① David Estlund, *Democratic Authority* (Princeton, NJ: Princeton University Press, 2011), 217.

② 特定的例子说明特定的观点。这里说明的是虚假地无法（faux-unable）为自己作选择和真正无法为别人作选择之间的区别。如果说明的观点是要在游戏中的选择策略与选择游戏的基本结构之间进行区分，存在着更好的例子。

③ 更多的信息，请参看詹姆斯·伍德沃德（James Woodward）对这一区分的说明。

的，但是如果 x 本身就是不值得期待的，x 就不可能是理想的。

假设我认为千层面是今晚提供给客人的完美菜肴。千层面似乎是今晚晚餐的理想之选，但在我检查厨房并确认缺少关键材料后，情况就发生了变化。千层面本能够是完美的——在我无法有更好的选项的意义上（即使不考虑可行性），这是理想的选择。但是，当我的现实检查显示千层面的计划不可行时，我转向了 B 计划。①

相比之下，假设我知道了我的贵宾对西红柿过敏。那么第二次的现实检查告诉我千层面不仅是不可行的，而且还是一个糟糕的计划。

我的客人对西红柿过敏。这一事实限制了我应该做什么菜，但没有限制我能够做什么菜。②

“对现实的检查”让我们脚踏实地。第一种现实检查揭示了关于可行（feasible）策略的局限性。第二种现实检查揭示了关于值得欲求的（desirable）策略的局限性。

同样，当我们思考我们是否在寻找理想的野餐地点时，答案并不取决于我们与一个理想地点之间是否存在着峡谷。峡谷影响到达那里是否可行，但不影响到那里是否值得欲求。然而，如果我们谈论的是第二种对于现实的检查（例如，得知野餐点将是一个可怕的吃饭场所），那么这就告诉我们该地点并不理想。关键不是我们不能到达那里，而是即使我们可以到那里，我们也不想这么做。

关于这两个对于现实的检查的经验法则：普遍来说，达到（get）目的地所需要的条件是一个关乎可行性的问题。到达目的地后会（be）如

---

① 注意：在这种情况下，我认为 B 计划是我能做的最好的选择，但我并不认为 B 计划是理想的。相反，当我放弃制作千层面的计划并改用 B 计划时，我为此感到遗憾，因为千层面的方案似乎是本可以实现的，而且是更好的方案。如果我补充库存缺失的材料，以便下次千层面可以成为一种真正的选择，那这就证明 B 计划只有在这种情况下才是最佳选择，而不是理想选择。

② 需要注意的是，客人过敏的事实改变了我对今晚理想晚餐是什么的看法，但并没有改变在不同的（理想的）情况下我想象的理想选择将会是什么的看法。另外，我可以思考在已有的、可行的选项中哪一个选项是最好的，我也可以思考如果可行的选项不同（也就是说，如果我拥有所有材料），哪一个选项将是最好的。我还可以思考如果值得欲求（desirable）的选项有所不同（即客人没有过敏症），哪一个选项将是最好的。我们可以看到后一个问题对某些人似乎是有意义的，而对另一些人则是无意义的。参见本卷中的赛尔·麦考德（Sayre-McCord）和布伦南（Brennan），以及斯腾普洛斯卡（Stemplowska）的文章。

何则是一个关乎值得欲求性的问题。因此，如果有人警告我们卡伦斯市场在策略性的世界中行不通，他们是在警告我们卡伦斯市场是不可行的，还是警告我们卡伦斯市场是不值得欲求的？

四 理想化

理想化是进行简化，出于便于处理的考量而不考虑细节。实际上，所有的理论都进行了理想化。例如，每张地图都不涉及详细信息，以帮助使用者能够找到自己想要搜寻的信息。同样的，任何理论都是一种理想化，任何理想化都是一次冒险和权衡。因此，理想化本身并不是一个错误，只是并非所有权衡都是合理的。①

合理的理想化可以通过忽略对当前问题没有影响的变量来简化。假设我们要确定水的沸点。如果我们决定将海拔归类为无关的变量，从而不考虑这一变量对于水的沸点的影响。这样的理想化在这样的情境下当然地是会出错。实际上，在确定水的沸点时，海拔并不是无关的因素。沸点取决于气压。气压取决于海拔高度。海拔或任何其他要素是否仅仅只是一个细节是一个经验问题——一个需要探索的问题，而不是已经被规定了的问题。

对于罗尔斯来说，协商者为一个封闭社会做选择的假设“属于大程度的抽象，这一假设能够得到辩护是因为它使我们能够专注于主要问题，而不受不相关的细节影响”②。什么能够决定这是否是一个错误呢？如果 x 只是一个不相关的因素，那么当我们不考虑 x 时，结果并不会有所改变。如果一切发生变化，那么 x 就不是不相关的因素。如果我们必须搁置 x 来创造条件使得 y 是理想的，这能够解释 y 何时是理想的以及 y 何时不是理想的。③

---

① 对于理解这一观点的微妙之处，珍妮·伊斯梅尔（Jenann Ismael）的文章做出了巨大贡献。在这里，我不采用奥诺拉·奥尼尔（Onora O'Neill）对于抽象和理想化的区分。关于这一点区分，请参看她的 *Towards Justice and Virtue: A Constructive Account of Practical Reasoning*（Cambridge: Cambridge University Press, 1996）。

② John Rawls, *Political Liberalism*（New York: Columbia University Press, 1993）, 12.

③ 有时，理想化的结果令人惊讶，即我们搁置的因素本身就是相关行为所依赖的因素。这本身也是一个有价值的实践。考虑科斯定理（Coase Theorem），该定理表明交易成本在经济上是至关重要的，因为当我们搁置交易成本时，一切都会发生变化。

罗尔斯说："在理想的内容被确定之前，至少在其粗略的轮廓被确定之前——这也是我们所应当期望的——非理想的理论缺乏一个目标（objective）。"① 要明确的是，如果我们将理想理论视为一种我们可以完成的任务，并且在转向实际应用之后才开始处理，那么研究理想理论的陷阱就会出现。真相是这样的：在第一阶段，我们只是在想象假设；尚未对相关假设进行测试。在第二阶段，我们对理想进行测试，但不是理所当然地认为如何应用它们是唯一剩下的问题。如果通过预测，一个想法无法解决一个实际问题，但是我们所要求的仅仅是这个想法是一个更"完美"的问题的理想解决方案。在这种情况下，我们将自己隔绝于这样的反馈——即在什么情况下理论家们的想法是不够好的。②

五　系统的逻辑

人的境况中一个持久的特征是：人是政治动物。（1）我们是决策者。（2）我们是想要并且需要群居生活的决策者。（3）作为决策者，我们对周围的环境作出反应。（4）作为社会存在，我们与其他决策者生活在一起，并对这一环境作出反应——这些决策者是其他政治动物，他们将我们的选择也视为环境的一部分并相应地作出反应。如果我们的理论化与这一特征无关，那么我们就不是在对政治进行理论化。③

作为一个政治动物，就要面对这样一个事实，即"相互合作"是一个可能的结果，但不是一个可能的选择。政治动物可以祈祷相互合作的

---

① John Rawls, *The Law of Peoples* (Cambridge, MA: Harvard University Press, 1999) 90.

② 假设一颗小行星即将与地球相撞。什么是理想的应对方式？假设：我们首先要问，在理想条件下什么是理想的应对方式？在我们的理想条件列表中处于榜首的是：理想情况下，并没有小行星会与地球相撞。意识到理想情况下没有小行星，什么应对方式是最理想的？（1）努力使得没有小行星的情况是真的，或者（2）做在没有小行星的理想世界中是理想的事情。当然，第二个应对方式似乎很令人费解，但这不是因为这一回应方式内部不一致或者这一表述是不攻自破的。而是因为这一回应方式无法区分什么是理想的以及在理想条件下什么会是理想的。请参见埃里克·麦克吉尔维（Eric MacGilvray）和安德鲁·梅森（Andrew Mason）的论文。

③ 杰瑞·高斯的文章提供了一个现实的进路来研究公共理性，以及来应对我们关于正义的结论并不一致的事实。一个致力于单一理想的社会至多是人类社会对立面。相关内容请参见 Gerald Gaus, *The Tyranny of the Ideal* (Princeton, NJ: Princeton University Press, 2016)。

实现。他们可以朝着这个方向努力。然而，“相互合作”并不在政治动物已有的选项中。

搁置细节以揭示可预测的、世界范围内运作的、潜在逻辑是可以的。但是，激励机制以一种类似于定律的、真实地（robustly）可预测的方式影响着我们的行为是一个事实，如果搁置这一事实，那么我们就不是在搁置细节来揭示底层的逻辑，而是抛开了逻辑本身。[①]

关于罗尔斯是否有理由假定理想的协商者会完全遵守正义原则的问题，存在着相关文献。但是如果假设理想的协商者将自己的服从和他人的服从都看作是给定的，我们需要考虑这样的延伸变大了多少。罗尔斯说：“正义观的一个重要特征是，它应该凭其本身获得支持。”[②] 然而，如果我们把他人的服从视为给定的条件，我们就不是在检查这个观点是否能够凭其本身获得支持。相反，我们只是在想象，不需要检查——不产生政治问题——是多么美好。[③] 说“理想情况下，不会出现服从的问题”，就像在说“理想情况下，我们无须防御性地开车”。这是一句关于这样一个世界的言论——这一世界中的问题与我们的不同，因此相关的解决方案，即理想，与我们的也有所不同。

制度结构属于激励结构，所以称一个制度结构为理想的就是说它所体现的激励机制是理想的。选择一个激励机制就是选择一个服从问题。撇开我们已经选择的服从问题——作为一个细节最好被忽略掉——就是撇开我们选择的东西的本质，从而认为它也最好作为一个细节被忽略掉。我们可以从概念上区分一个基本结构和与之相关的服从问题，但是如果我们认为它们可以被单独挑出来，我们就错误地理解了基本结构的本质。

---

① 重要的是：激励机制对行为的影响是具有两个方面的。一方面，人们对激励做出反应。另一方面，人们预测其他参与者对激励做出反应；关键是，如果当卡伦斯市场的逻辑使得你的员工和供应商不再出现时，你思考自己的反应方式并不是有缺陷的。

② 请参看 Rawls, Law of Peoples, 119。也许这就是为什么罗尔斯指出“我来分切，你来选”可以作为一种关于公平的范例，因为即使独立的主体拥有不同的目的，他们仍然能看到合作的意义。“我来切，你来选”就是一个能在策略性的世界中凭其本身获得支持的关于公平的准则。假设有人提议“我来切，我来选”作为公平的准则。但“我来分配，我来选”并不是一种关于公平的理想，我们也不能假设所有人类境况的特点不存在来使得这一准则成为关于公平的理想，这些特点正是使得这一准则不公平的存在。

③ 请参看安妮特·福斯特（Annette Forster）的论文。

实际上只有一件事要挑选：挑选结构就是挑选问题。挑出了一个坏问题就是挑出了一个坏结构。

因此，再一次强调，我们的问题不在于是否对理想进行理论化，而在于如何合理地进行理论化。我们是在试图确定一个理想的形而上学的可能性，还是一个理想的逻辑？

六　应该思考什么

科恩说："政治哲学的问题不是应该做什么，而是应该思考什么，即使我们应该思考的东西没有实践意义。"①

思考什么？政治哲学家思考如何形成一个共同体，使之团结起来，并使之值得团结起来。② 他们思考我们的世界是否公正。正如科恩所说，我们对正义的看法可能并不重要，但事实是正义本身很重要，而且是以某种特定的方式很重要。正义造就了一个人类繁荣的社会。因此，如果我惊恐地发现，我所爱的人将在我所称的正义社会中成长（比如说，那些囤积人民食物的农民会被处决），那么我需要重新思考这个正义社会。在一个正义社会中成长的前景可能保证不了什么，但这一前景带来的应该是好消息，而不是坏消息。

科恩认为我们可以问共产主义在理论上是否是理想的，同时不必问共产主义在实践中是否只是个可以被预测的噩梦。③ 可以肯定的是，我们

---

① Gerald A. Cohen, *Rescuing Justice and Equality* (Cambridge, MA: Harvard University Press, 2008), 268.

② 我们不要把政策与理论混为一谈。当我们说政治理论是关于什么使共同体团结起来并使它们值得团结起来的理论，并不是提出一项政策；而是确定政治理论的主题。相关的例子请参看威廉·高尔斯顿（William Galston）的文章。

③ 有一段时间，罗尔斯认为他的理论框架是中立于资本主义和社会主义的。理论可以是中立的，但现实不可能中立。不过现实所表现出来的状况并不明确，因为所有的实证结果都有不止一个解释。然而，现实确实能够展现一些事实。1989 年，现实显示科恩（和他之前的奠基者）所辩护的社会主义并不成功。这样的测试不是一次干净的测试。从来没有经验性的测试是干净的。尽管如此，我们仍然需要决定如何应对社会主义在现实中的表现。一个内在一致的选择是说，"社会主义的表现并不成功，但我们是在做哲学分析，而不是在做经验性测试。理想本身是不能够被驳斥的。当然，现实主义者要求的不仅仅是内在的一致性。请参看迈克尔·弗雷泽（Michael Frazer）的文章。

都认同：即使存在例外，正义仍然是一个普遍的法则。[①] 然而，我们也认同：如果这一例外是人类境况，那么就不存在一般法则。我们可以想象，在特殊情况下，我们需要宽容地对待正义原则，但如果人道主义排除了我们在正常情况下所称的正义，那么我们需要重新思考。

我们可以想象一些情境，在这些情境下，基于人道主义理由，我们判断根据正义原则行动是错误的。但是，我们不应该需要想象这样的情境——根据正义原则行动在人道主义的立场上是正确的。

七 遵从

当然，我们要避免自满的现实主义。[②] 但自满的现实主义的问题不在现实主义，而在于自满。乌托邦主义者担心当任务是构建理想时，现实主义会对现实中的人类境况做出不适当的让步；作出让步应该是在实施阶段。

相比之下，现实主义者认为理想本身是可检验的。我们不仅应该在评估实施阶段时设立高标准，在评估理想本身时也应该设立高标准。高标准包括测试这样的一个观点：x 是一个理想的结构。测试的方式则是询问这一观点是否会得到一个理想的结果，且这一结果不仅是可能的，还是可预测的。

戴维·埃斯特伦德认为："没有到达标准可能是人们行为的缺陷，而不是标准的缺陷。"[③] 这一观点是合理的。事实上，二者都被包含在埃斯特伦德所说的缺陷中。人们未能达到某个标准，这一事实并不意味着这个标准是有缺陷的。正如埃斯特伦德指出的那样，我们可以预测学生考试不及格，但这不能够责怪考试本身。[④]

---

① 正义与我们应该期待从对方那里得到什么有关，我们应该期待从对方那里得到的东西存在着惯例的（conventional）一面，即具体到特定时间和地点。然而，正义也具有普遍性的一面。正义总是与人们应得的东西有关。例如，惩罚永远不会是无辜的人应得的。

② 尼拉·巴德瓦尔（Neera Badhwar）和威廉·高尔斯顿（William Galston）等人强调，在这一点上，他们同意埃斯特伦德和科恩的观点。

③ 请参看 Estlund, *Democratic Authority*, 209。

④ 戴维·埃斯特伦德认为："人们能够成为好人，他们只是没有做到。他们的失败是可以避免并应该受到指责的，但事实上也是完全可以预料的。我相信到目前为止，这个理论都没有明显的缺陷。我们已经指出，要求人们的标准可能是合理的、正确的。人们无法达到标准的要求，即使他们有可能达到标准，这也是人们的缺陷，而不是理论的缺陷"（*Democracy Authority*, 264）。

然而，对预测到的坏结果进行非自满的反思，来自于我们知道自己是造成这一结果的原因。根据预测，学生在考试中误读了双重否定，这并不是考试的缺陷，通过双重否定来将考试弄糟才是考试的缺陷。为了避免自满，我们将一些事情内在化，比如这样的命令：不要根据人们的行为是否符合你的期待来判断他们。相反，根据你自己的期待是否符合人们的境况来判断自己的期待。如果双重否定以一种不够理想的方式让学生感到难以理解，那么这个考试就是不理想的，你需要修补这一缺陷。①

八　政治世界而非道德世界的理想

为什么我们不通过比较我们的世界和一个没有不公正存在的世界，来评判我们的世界？这样的做法会出错吗？一个没有生物存在的世界不会存在不正义。这样的世界能告诉我们什么是正义吗？我的推测是，我们所需要比较的世界应该本身也面临着与我们类似的问题，而不是根本不存在我们面临的问题。可辨别的人类合作者会如何解决类似于我们面临的问题？他们会制定合同法吗？他们会发展记录信用的方式吗？②

如果把我们的世界与一个天使的世界比较会怎么样？根据定义，天使不需要解决类似于我们面临的问题。作为一个没有“不正义（injustice）”

---

① 戴维·埃斯特伦德认为：“乌托邦式的正义所设的标准如此之高，以至于我们有充分的理由相信这些标准永远不会被达到；在这一意义上，最高的正义可能是乌托邦式的（即将发表在 Kevin Vallier and Michael Weber, eds. , *Political Utopias*, Oxford University Press）。”但我们如何知道乌托邦式的正义是否是一个高标准？有什么测试吗？如果我发现，如果人们没有那么多缺陷的话，施加我的原则是可以接受的，那我怎么知道什么情况下我的标准对人们来说太高，而是我对于原则的标准太低？相关的讨论，请参看尼拉·巴德瓦尔（Neera Badhwar）的文章。

② 现实主义者面临的一个问题是，今天的问题的解决方案决定了明天会出现的问题，而不是任何乌托邦式理论化的产物。这影响到今天的问题是否值得解决。我们用拓扑学的修辞（topological metaphors）来表示这些问题。拓扑学的修辞表明，依赖于路径的、分段（piecemeal）解决问题的方式就像我们能够局部的（local）峰顶汇合，但在整全的（global）问题上，我们会走向不同的方向，就像我们不会到达一个共同的峰顶。即使我们所见到的所有的山峰，到达局部峰顶后仍然可以向上移动，这个修辞仍然是有道理的。如果我们用这种方式把地形描绘成参差不齐的，那么我们可能也应该把人类描绘成能够从一个斜坡移动到另一个斜坡的。我感谢马特·斯莱特参与到相关的讨论中，但我并没有设想马特会同意这些观点。

存在的世界的典范，一个天使的世界表面上比一个没有生命的世界更具启发，但是同样无法帮助人类解决什么是适合政治世界的理想的问题。

我曾经开玩笑地推测，正义本身并不是一种存在物，而是逻辑上对于“不正义”的补充。正如我们所观察到的，我们朝着一个可能性不断扩大的、开放的未来前进，而不是朝着一个顶峰前进（一个汇集点，在这里未来前进的所有其他的可能性都被排除）。顶峰的修辞是一个关于理论建构的修辞，而不是关于观察到的事物的修辞。相比于顶峰，凹陷的地方才是真实的。所以，我提议，正义不是一种自然的存在物。正义不是一个顶峰，而是一个关于如何不落入凹陷的地方的问题：没有奴隶制、性别歧视、种族主义……①不在凹陷的地方就是一个理想——一个现实的理想——但这不是顶峰。

自由主义预设，在有关如何过上有意义的生活（包括宗教选择）的一系列关键问题上，我们没有共识。共识的缺失并不是一个“不完美”。单独的个体为自己做选择，处于这样的一个状态也许并不是一个高峰，但这也并不是“不正义”。根据这一现实做出回应并不是妥协。政治是典型的人类生存机制。这是一个特点，而不是错误。②

---

① 亚历山大·罗森伯格（Alexander Rosenberg）提出了他自己有趣的（也是精彩的）修正，他让我们想象地形本身以富有弹性的方式滚动，当我们朝着在目前看起来更高的方向移动时，地形以一种不可预测的方式将我们弹来弹去。因此，罗森伯格把同一个修辞引向了一个不同的方向（如果没有不恰当的话）：即，曾经相对来说较高的位置不一定总是更高的。而且，在某个特定时刻，地形会有它自己的轮廓，部分原因是因为我们试图在其中找到一个位置，而地形本身对我们的尝试作出反应。据推测，人类境况发展得不够迅速，以至于正义的基本内容无法发生很大变化，正义也永远不会以这样的方式改变——惩罚一个无辜的人是正义的。因此，罗森伯格的隐喻并没有预设正义是极端不稳定的，而是说明正义并不需要是永恒的。正义也许是一个相互期待的框架，其内容会根据需要不断发展，作为需要保留的东西来帮助我们成为周围人所需要我们成为的样子。

② 我认为这是伯纳德·威廉姆斯（Bernard Williams）区分政治现实主义和政治道德主义的一部分。[罗伯特·贾布（Robert Jubb）]的文章在这里很有帮助。正如威廉姆斯所说，在我们能够回答甚至提出正义问题之前，必须创造信任与合作的条件。也许威廉姆斯将正义狭义地看作是如何分割蛋糕的问题，在这种情况下，有关如何尊重面包师的问题将优先于信任与合作的问题，而且可以说优先于关于在更广泛、更动态、更现实的正义问题。但是也许我在这一点上吹毛求疵了。也许威廉姆斯甚至在考虑优先于更广泛的正义问题的条件——也就是说，如何摆脱霍布斯战争状态，以便我们有能力开始谈论相互尊重会包含什么。特别参见马特·斯莱特和大卫·米勒（David Miller）的论文。请参见 Bernard Williams, *In the Beginning Was the Deed*（Princeton, NJ: Princeton University Press, 2005）。

关于宗教，我们从经验中而不是理论中获悉，政治理想不是确定谁拥有最佳目的地，而仅仅是管理交通。宗教也许是关于道德理想和政治理想如何分离的最好的历史例子。就是说，即使某些特定乌托邦版本的合作是道德理想，但“将协调的需要最小化”相应地是政治理想。[①] 最完整可靠的自由政治理想可以是一种无需将不同目的地的人视为致命敌人的一个版本。[②]

在缺乏共同目的地的人当中，值得希求的正义版本是一系列相互期待，这些期待可以有效地管理交通（卡车、以物易物、交易，合作），而交通是互惠互利的合作社会的本质。罗尔斯可能会说，在我们确定理想的目的地之前，交通管理缺乏目标。但这听起来像是可检验的关于事实的言论。这一言论是正确的吗？

至于我们如何知道这一问题的答案，此书的贡献者有很多话要说。

---

① 如果没有政治高峰，或许存在着道德高峰。我们每个人都可以有自己的山峰要攀登——我们自己的目的地——在这种情况下，可以说正义是关于其他事情的合作，而不是选择同样的山峰。

② 特别参见西蒙·霍普（Simon Hope），安德鲁·梅森（Andrew Mason）和杰拉尔德·高斯的论文。

主编中文版导言

这一卷的文章将历史上的理想理论（ideal theory）和一种可能更为现实的理想主义（idealism）进行区分。在 20 世纪末形成的理想理论将正义视为一个理想的目的，而不是另一种类型的研究——即当人们有不同目的的时候，如何进行最好的“交通管理”。然而，最近哲学家和政治理论家形成了一个共同的目标：对政治理论中的现实主义和理想主义的优点进行反思。现实性（being realistic）或者理想性（being ideal）作为一种性质本身，没有人会反对。真正的问题是，什么会使一种阐释理想的进路优于另一个？

当前乌托邦思想的问题不在于：它忽视了在实践中**实现（achieve）**理想的难度，从而忽视了在理论上**识别（identify）**理想的难度。哲学家的创作有的时候给人的感觉就像是通过做白日梦来提出理想。然而，从经验中学习真正值得期望的东西要困难得多。这不是象牙塔式的白日梦行动。最重要的是，哲学家在想象什么是理想时不能搁置遵从（compliance）问题，因为这样做就是搁置理想所回应的政治问题。此外，遵从是一个内生变量。选择一个制度就同时选择了与之相关的特定的遵从问题。搁置遵从问题就等于拒绝关注我们选择的制度的本质。理想理论家认为理想的不切实际性表明他们的标准很高。相反，我的观点是，对于什么标准为高标准这一问题本身，理想理论家需要有更高的标准来进行评判。

大卫·施密兹

《社会哲学与政策》主编

目录

一个科学哲学家对政治理论中理想化的看法*

珍妮·伊斯梅尔（Jenann Ismael）**

（译：朱慧兰）

摘要：罗尔斯引入正义理论中理想和非理想部分的区分，引发了一场政治理论上的争论。理论的理想部分展现了一个特定设定中积极的正义观，这一设定假定人们完全遵从正义原则。理论的非理想部分讨论遵从未被满足的情况下会出现的问题。罗尔斯的批评者抨击其所关注的理想理论属于乌托邦主义的一种形式，并认为政治理论应该注重于解决现实世界中明显的不公正问题。在这篇文章中，我将为理想与非理想理论的区分提供辩护，以此说明这一区分不过就是劳动分工，同时我将探索一些科学中的类比。我将论证，罗尔斯对理论的理想部分的关注源于澄清正义基础的需要，而不是对现实问题的乌托邦式的忽视。

关键词：理想化；理论模型；科学；罗尔斯；森；大卫·施密兹；正义；理想理论；非理想理论；物理学；理想机器；理想单摆运动

---

* 我要感谢杰奎琳·伊斯梅尔（Jacqueline Ismael）对一份早期草稿提出的极有帮助的意见。保罗·布卢姆菲尔德（Paul Bloomfield）提供了大量的评论，使这篇文章变得更好，而不显得像原来那样那么缺乏经验性的见解。我要感谢大卫·施密兹政治理论课程中的学生、迈克尔·吉尔（Michael Gill）、拉查娜·坎特卡（Rachana Kamtekar）、杰弗里·赛尔－麦考德（Geoffrey Sayre-McCord）、杰拉尔德·高斯（Gerald Gaus）以及本卷文章的其他作者，感谢他们就我的文章进行的具有启发性的讨论，特别感谢亚历克斯·罗森堡（Alexander Rosenberg），他对我的论文作了极具见解的评论。最重要的是，我要向大卫·施密兹表示深切和衷心的感谢，感谢他邀请我参与讨论，尽管在我看来有些不妥，但参加这一次讨论让我受益匪浅。

** 作者为亚利桑那大学政治哲学教授。

罗尔斯在政治理论中引发了一场争论，即在构建正义理论的过程中，多大程度的遵从可以被合理地假设。争论的根源在于罗尔斯对理想理论和非理想理论的区分。罗尔斯认为：

> 根据直觉，正义理论应该分成两部分。第一部分或理想部分假定严格遵从，并在良好环境下探寻相关原则，这些原则刻画一个秩序良好的社会的特征。从中能够发展出关于一个完美的公正的基本结构的观念，以及在人类生活的固定约束下人们相应的职责和义务。我主要关注的内容是理论的理想部分。①

罗尔斯的想法是在假定完全遵从的设定下，形成一个积极的正义观，并在理论的另一部分中处理这一设定没有得到满足时会发生的问题。正如他所说：

> 当我们询问是否以及在什么情况下不公正的安排应该被容忍，我们面临的是另一种类型问题。我们必须弄清楚理想正义观的应用问题，如果它真的能够应用于我们面临不公正的状况，而不必调整自然限制的状况。关于这些问题的讨论属于非理想理论的部分遵从部分。②

做这个假设并不是因为这个假设是真实的，或者近乎真实的，而是在理论的一个部分，假设每个人按照自己应该做的事情行动，从而固定我们对于正义的看法，而在理论的另一个部分，处理能够期待多大程度的遵从的问题，以及如何回应不遵从的问题。

接下来，我将探讨一些科学中的类比。我将从注重于理想理论的基本原理开始。其次，我将简单涉及科学中理想化，并介绍其中给我启发

① John Rawls, *A Theory of Justice*, rev. ed. (Cambridge, MA: Harvard University Press, 1999), 216。部分遵从理论致力于弄清楚“理想正义观的应用问题，如果它的确能够应用于我们面临不公正的状况，而不必调整自然限制的状况”。

② Rawls, *A Theory of Justice*, 309.

的类比。再者，我将继续讨论一些反对理想理论的论证，并使用以上的类比来进行回应。我将论证：罗尔斯对理想理论部分的关注源于澄清正义基础的需要，而不是对现实问题乌托邦式的忽视。虽然我的论证依赖罗尔斯自己对理想理论的观点，但我不会局限于这些观点。本篇文章的目标是为理想理论提供一个罗尔斯主义的案例。

一 对正义理论的需要

罗尔斯认为，我们对关于正义的系统性的理解存在着特殊的需要。根据罗尔斯，我们为什么需要一个理想的正义理论？为澄清正义的概念，将其与关于公平的前理论观点联系起来，并为分配基本权利和义务、确定社会善的分配提供明确的原则。我们对正义的观点是充满感情的，但又是混乱、不成熟的。理想理论通过追溯到原初状态中的公平观来阐明其正当性，并为规范他人的制度设计提供明确的原则。罗尔斯在《正义论》中想要展示的是：在平等的情况下的原初契约如何能够产生明确的原则。他认为通过原初状态中所体现的公平观，以及这一公平观的内容与关于善的公正分配的前理论直觉之间的一致性，自己的理论能够得到辩护。这些相关原则①并不那么符合直觉，但是通过展示它们是原初状态中理性选择的结果，可以表明我们应该支持这些原则，以及这些原则在有争议的案件中产生的后果。

罗尔斯系统中理论的理想部分致力于在一个完全遵从的设定下建立一个公正社会的模型。为了固定正义概念的核心内容并澄清其与公平的联系，关于如何处理不遵从的问题与这一部分是相分离的。在这一目的被满足之后，这一概念将被放置在存在着其他因素使其内容更为复杂的设定下。

理论的理想部分围绕着理性选择来组织正义的要求，这种理性选择是在原初状态下做出的，就像物理理论围绕着自然法则中包含的一套原则来组织其经验结果一样。如此，理论的理想部分：（i）在一个单纯的

---

① 例如，有一些中间衍生的原则，即每个人都有平等的权利享有最广泛的基本自由，这样的基本自由与其他人享有的类似的自由相兼容，并有更具体的推论。

环境中显示“正义”的内容，(ii) 得出它对个人基本权利和义务以及制度设计的影响，以及 (iii) 通过表明它来自于在平等的原初状态下做出的理性选择来阐明其正当性。

这么做的目的是使我们对正义的理解系统化，并使之足够精确，从而形成一套构建社会的原则的基础。理论的理想部分将不太直观的原则建立在一种可识别的公平基础上，从而使其正当性变得透明。一个人可能会反对原初状态下的平等观，但如果这一理论的其他发展是正确的，这个人就能够知道自己应该就什么表达异议。

二　科学中的理想化

由于理想化在科学学科中的广泛应用，科学哲学家们开始对理解理想化在科学实践中的作用感兴趣。如果我们把目光投向科学哲学来讨论理想化，我们会发现相关的文献不仅庞大，而且有点杂乱无章，其中包含了大量关于模型的讨论和关于现象的解释，这些模型或者解释对应用它们的系统作出假设，而且我们知道这些假设是错误的。① 在这些情况下，我们面对的问题是：如果模型明显错误表征了这些系统，那么这些模型如何成为真实系统的好模型，或者，如果解释明显做了错误的假设，那么这些解释又如何成为好的解释。哲学争论的焦点是关于理想化的本

① 这些文献中的里程碑包括：Nancy Cartwright, *How the Laws of Physics Lie* (Oxford: Oxford University Press, 1983); Ronald Giere, *Explaining Science: A Cognitive Approach* (Chicago: University of Chicago Press, 1988); Ernan McMullin, “Galilean Idealization”, *Studies in History and Philosophy of Science*, 16, no. 3 (1985): 247 – 273。Cartwright 的书引起了热烈的讨论。其作品是一本论文集，这些论文论证了理想化的使用为因果实体实在论提供了论证。吉雷的书是一个关于模型在科学中角色的讨论，讨论包括这样的一个论证：一个理想化模型是经验系统的现实表现。麦克马林的论文使用历史案例来探索伽利略时期一种理想化的认知含义。早期曾有人试图从理想化的使用中汲取关于科学的一般教训，但关于许多不同使用的多元主义和实用主义更是近期文献的特点。例如，请参见 Peter Godfrey-Smith, “The Strategy of Model Based Science”, *Biology and Philosophy*, 21 (2006): 725 – 740; Richard Levins, “The Strategy of Model Building in Population Biology”, in E. Sober, ed., *Conceptual Issues in Evolutionary Biology* (Cambridge, MA: MIT Press, 1966), 18 – 27; Michael Weisberg, “Three Kinds of Idealization”, *Journal of Philosophy*, 104, no. 12 (2007): 639 – 659; 以及 Newton da Costa and Steven French, *Science and Partial Truth* (Oxford: Oxford University Press, 2003)。

质和其合法性的问题。大多数科学家关于用理想化的模型来表示真实系统的观点是务实和多元的。理想化有各种合法和有用的类型。相对于表征的目的而言，对于理想化的辩护是实践的，而且具体取决于情境的细节。用于表征实际系统的模型中的理想化可能是有用的，但它们也可能犯严重错误。有一些不具争议的不合法的情境，还有许多具有争议的合法的情境。尽管这些文献很有趣，但对于理解罗尔斯政治哲学中理想理论的作用，这些文献的价值是有限的。如果我们想寻找罗尔斯理想理论的科学中的类比，就不应该把重点放在表征性的模型上。我们应该关注非表征性的使用上：科学家创造模型来表征纯（或“理想”）情境下的行为，不包含任何表征现实世界的幻想。

三 牛顿的理性单摆运动

在《自然哲学的数学原理》第一卷第51—52条中，[①] 牛顿引入了“corpus funependulum”一词，我们称之为“单摆”或“理想单摆”。这是一个重物，悬挂在一根无质量绳索的末端，绳索悬挂在枢轴上。理想单摆不会受到空气阻力的影响。枢轴没有摩擦力，也不受外部因素的影响。在单摆的运动过程中，有两种主要的力一直作用在单摆上：引力将单摆拉向地心；绳索的张力将单摆拉向枢轴。牛顿推导出理想单摆的运动方程（称为单摆定律），它将单摆的周期与其长度和重力场强度联系起来：

> $T = 2\pi\sqrt{L/g}$，其中 T 是单摆的振动周期，L 是单摆的长度（米），g 是重力场强度。

牛顿并没有幻想实际的物理单摆运动符合以上的描述。他创造这个术语的部分原因是为了将理想单摆与第二卷中讨论的物理单摆区分开，[②] 在第二卷中牛顿讨论了用真实的单摆来探索流体阻力的实验。为了理解

① Isaac Newton, *Philosophiae Naturalis Principia Mathematica* (London, 1687).

② Newton, *Principia*, *General Scholium*, 第7部分的结尾。

牛顿为什么费心讨论理想单摆，我们需要着眼于《自然哲学的数学原理》本身更大的目的。这本书的目的是通过证明行星的运动与苹果从树上掉下来的力是等同的，来统一天体和地球的力学。也就是说，《自然哲学的数学原理》是为了提供一个统一的引力理论。这本书是通过公理来组织的。在序言和定义之后，牛顿提出了他的三大定律。该书的其余部分介绍了该理论的数学和哲学发展，展示了定律和定义的影响。在介绍 corpus funependulum 的原理时，通过牛顿提出的前两大定律，他推导出单摆周期与其质量的独立性。这一结果符合伽利略时代以来人们所知的实际单摆的运动，因此从单摆运动规律推导出的结果为规律本身提供了重要的初始支持，同时也对进一步的推导起到重要的作用。

但牛顿谈论理想单摆的主要原因是他对重力的兴趣。因此，空气阻力、摩擦力和不可避免的外部因素都是分散注意力的因素。这些复杂因素会使得实际单摆的运动方程更加复杂，并且使引力定律的内容变得模糊。重力对靠近地球表面的物体运动的影响可以被分离出来，并且可以通过抑制外部因素来精确描述，但是如果包括这些外部因素，它们引入的术语的值因情况而异，从而模糊了由重力的影响的共有因素。理想单摆既有理论的作用，又有解释的作用。理论上的作用是：对理想单摆定律的推导是理论发展重要的一步，之后用于推导行星运动。解释上的作用是：理想单摆有助于固定重力的概念。因为如果想知道重力是什么，就需要知道重力的作用，而理想单摆提供了一个尤其干净和容易可视化的例子，来说明重力对一个有质量的物体运动的影响。牛顿的实践一直沿用到今天的物理教科书和教师教学。理想单摆定律是牛顿运动定律的最初的推论之一，理想单摆则是观察重力作用的有用的方法。

当罗尔斯撰写《正义论》并专注于理论的理想部分时，他没有打算提出所谓的现实世界模型，如果我们说罗尔斯失败了，就像在说牛顿描述理想单摆运动是为了描述实际单摆的运动，但是牛顿失败了一样。在这两种情况下，罗尔斯和牛顿都使用理想化模型来表达其理论的一部分内容。在牛顿的理论中，模型以一种纯粹的形式展示重力对靠近地球表面的物体运动的影响，而不受其他力的影响。这也是为了说明牛顿的第一原则是如何产生这种效果的（即牛顿的三个运动定律）。在罗尔斯的理论中，模型为了展示一个公正的社会在其最纯粹的情境中是什么样的，而不受不遵从的影响。这样的模型同时还表明，作为平等的原初状态中做出的理性选择，组织这样一个社会的原则是如何由正义的内容得到的。一个完整的正义理论的充分发展应该有资源来处理不遵从的影响，但理论的理想部分是以最清楚的方式显示其正义概念的内容和正当性的。①

在科学中还有其他一些使用理想系统的模型的例子，在解释和理论上都扮演着类似的角色。力学的研究始于理解理想机器的运行。这些是非实际的机械系统（例如，皮带轮、杠杆、曲柄和活塞组件以及轮轴系统），其能量不会因其摩擦、变形、磨损或其他效率低下的因素而散失。在相对论中，研究对象是理想时钟和测量杆的运动。这些系统能够完美地测量适当的时间和空间间隔，不会磨损、耗尽能量或存在手表或直尺面临的凹凸不平或刮擦的问题。在热力学中，研究对象是理想气体的运动。这些气体的分子占据的空间可忽略不计，并且不发生任何相互作用。在这种模式下采用的理想系统模型并不是对实际系统的错误表征。通常，它们根本不用于表征实际系统。相反，它们的作用是展示理论的内容。在力学中，我们关注理想机器，从而理解静力学和力学原理。在相对论中，我们关注理想杠杆和时钟，从而将空间和时间的概念付诸实践。在热力学中，我们讨论理想气体，从而关注全局动力学。通过抑制我们不感兴趣的复杂因素，理想模型能够将某些关系独立出来，并在隔离的环境下探索在实践中总会共同出现的特征。在这些情况下，被模拟的是非实际环境中的实际的力或定律，这些力或者定律对于多种目的都具有启发意义。

请注意，在谈论理想机器、理想气体或理想单摆时，如果我们认真对待其评价性的内涵，“理想”这一表述是具有误导性的。理想单摆不是因为其是一个特别奇妙的单摆、乌托邦式的单摆而作为一个“完美”的单摆，更不是一个我们都应该期待并努力争取实现的那种单摆。这里“理想”的含义只是与“真实”形成对比。理想单摆也只是抑制了存在于

① “理想和非理想理论”的表述具有误导性。更为准确的表述是正义理论的理想和非理想模型或理想和非理想部分。只有一个理论，但它有不同的部分，分别关注理想化和非理想化的系统。

真实单摆中的因素。①

这里并没有假设理想模型中被抑制的因素对于理解真实系统不重要。在某些情况下，被抑制的因素对于我们感兴趣的运动没有太大的影响，因此我们在理想状况下得到的结论可以运用到实际系统上。但是在某些情况下，这些因素会对相关的运动有很大的影响。实际上，在某些情况下，我们会抑制特定因素，因为当这些因素存在时会占主导地位，因此理解非主要影响因素的唯一方法就是抑制主导的因素。

最后，请注意对理想系统的关注并不意味着根本上我们对实际系统不感兴趣。相反，我们是首先通过理解理论中相对简单的系统，再来理解理论中的实际系统。理想机器的理论对于这一点阐明得十分清楚。理想机器可以抑制摩擦、磨损以及其他能够将能量散发到环境中的影响要素。解决这些低效率问题是机械工程学的主要问题，肯定不是无关紧要的。但是，即使我们对制造引擎有纯粹的实践兴趣，我们也需要研究理想机器，因为如果我们对理想机器没有很好的理解，我们就不会对真正的机器有很好的理解。理解理想机器是理解实际机器的更复杂现实的一部分。

人们有时会犯错，认为因为没有真正单摆的运动完全像理想单摆，所以对于实际的单摆，牛顿定律仅仅近似于为真的。这是不对的。假设我们生活在一个古典世界中，每个系统都根据牛顿定律以完美的精确度进行建模。② 然而，针对实际单摆的定律形式更为复杂，因为实际单摆会受到其他力量和外在因素的影响，而且这些因素互不相同。正确的说法是，实际的单摆近似于理想单摆列示的简单法则形式。牛顿式的针对真实单摆的模型要复杂得多。这种复杂性使它们更好地表征真实系统，但在传达重力的作用方面表现更差，因为重力的作用在其他因素的存在下变得模糊。

① 理想单摆是简单谐波运动的完美典范，在这种情况下作为效率最大化的机器，它是“理想的”，但在此处“理想化”最基本的含义仅是抑制真实系统中存在的因素。

② 当然，我们并不生活在古典世界中，但这对我们的目的并不重要。我们不生活在古典世界中的理由并不影响这一观点。

四　理论化：如何进行和为什么进行

在物理理论的介绍中，作为理论的一部分，定律和量一起被引入并表达为第一原理。物理理论的发展表明，实际物体的所有复杂运动如何能够从这些原理推导出来。这允许围绕三个简单定律来组织所有杂散的物质体的运动。这一理论由于推导的结果和现象之间的契合性从而得到辩护（就这一理论实际上得到辩护的而言）。实际的提出理论的过程是动态的，不断对其进行调整，从而使得其推导结果与现象之间正确契合。我们制定第一原则，并推导出能够得出与现象相匹配的结果，然后我们使用第一原则来作出关于在未观察到的条件下会发生或将会发生的事情的预测。因此，通过向我们展示这个理论如何解释已经被观察到的现象，以及如何应用于预测新现象，这个理论就可以得到辩护。

罗尔斯描述的反思平衡是人们得出正义理论的过程，关于这一过程，与以上的情况存在着自然的类比。在罗尔斯的情况下，第一原则不是定律，而是一个正义观。在罗尔斯的理论中，正义观是通过平等的原初状态中的理性选择得到的。通过向我们展示这个理论如何解释我们关于直观清晰的不正义案例的判断，以及如何运用到灰色案件和提供构建机制的原则，这个理论就可以得到辩护。①

---

① 描述性理论与规范性理论之间存在差异，但它们不会影响此处认知上的类比。在这两种情况下，我们都有一系列的第一原则，从而得到推论，并将这些推论与从其他独立来源获得的一系列信念进行比较。在每种情况下，我们判断、评价相关理论的根据，是相关理论是否能够很好地解释其他独立来源的信念。

认为这属于类比不当的一个理由可能来自于对“科学中的理论术语如何获得指称”这一问题的一种过于简单的看法。有人可能会认为，在重力的情况下，世界上存在着一个客观物体是各种重力理论都试图正确地刻画的。如果相关理论错误地刻画了这一物体的运动，这一理论就是错误的。在这种情况下，决定正确性的标准与理论无关，与我们的选择或定义也无关。但是在正义的情况下，理论介绍了不同的正义观作为定义，并不存在关于这一对象的事实，即独立于我们接受一个理论或者这一理论是否正确的标准的事实。

这种类比不当是虚幻的。重力是被运动系统化的理论引入的理论概念。我们对于引力日常的观点是引力将物体拉向地球中心，这种日常想法使得重力的概念有了一些前理论上的内容，但并不是很多。当我们接受关于引力的一组定律时，我们就接受了引力的定义，就像在我们接受正义理论时，我们就接受了关于正义的定义一样。无论哪种情况，都没有一个物体或者事实，独立于我们接受一个理论或者这一理论是否正确的标准（至少没有一个可以在科学中起作用）。

对重力理论的需要存在着实践上的理由：关于重力对运动的影响形成清晰明确的想法，从而可以表达精确的定律。这些定律不仅可以用来预测，而且可以有效地干预自然界。对正义理论的需要更多的是理论上的理由：澄清这个概念的基础，因为我们关于公平的前理论上的观点过于非系统性和模棱两可，因而无法作为制度设计的基础。想想一个孩子很生气自己的姐姐在父母那里得到更多，父母解释说这是因为她上一次得到更多，或者说当她到她姐姐的年龄时就会得到与她姐姐一样多，这个孩子的愤怒得到了平息。从这个意义上说，我们关于公平的观点既模棱两可，又是可以教育的。这些观点是模棱两可的，因为在任何给定情况下都有许多不同的衡量平等的方式。这些观点是可教育的，因为我们可以被说服我们对不平等的前反思性判断采用了错误的标准。正义理论将这些前理论的直觉塑造得系统而精确，从而为社会基本章程提供基础（如罗尔斯所说的）。

五　将遵从进行理想化的依据是什么？

理想化的假设总是有特定的内容。我们忽略什么、关注什么都取决于我们有兴趣展示、表达或探索的内容。因此，在理想单摆的例子中，牛顿忽略空气阻力和摩擦，因为他感兴趣的是表现重力的影响。在理想机器的例子中，我们忽略效率低下的因素，因为我们感兴趣的是得出静力学和运动学的原理。在理想气体的例子中，我们忽略分子间的相互作用以及其空间体积，因为我们感兴趣的是全动力学。罗尔斯的理想理论并非在所有方面都是理想的。他对所谓的“人类生活的固定约束”做出各种假设都是现实的，例如，资源既没有严重过剩也没有严重稀缺。这两个假设的合理性来源于休谟，即在资源过剩的情况下不需要公平分配原则，而在资源严重匮乏的情况下，出于自我保全的目的，（如休谟所说）正义原则将会被“悬置”。[①] 罗尔斯进行理想化的特定方面是抑制我们世界中始终存在的东西：不遵从。完美遵从的假设被公认是不现实的。

---

① 休谟说正义原则实际上会被悬置。我们并不清楚休谟是否认为正义原则根本上应该被悬置，或者他是否认为问这个问题是合理的。

罗尔斯完全意识到人类行为受多种因素影响，对正义原则完美遵从的期望并不是现实的。罗尔斯认识到愤怒、爱、策略性自利和无数其他形式的偏袒等因素在实践理性中发挥作用，而这些因素往往与正义的要求相对。如果无法现实地期望完美遵从，那么将精力集中在处于一个完美遵从的环境下来理解正义的理由是什么？

罗尔斯悬置不遵从，就像牛顿悬置空气阻力和摩擦一样：即，不是因为它们可以忽略不计或应该被忽略，而是因为他认为有必要澄清相关概念的基础。理想化的模型传达了他的正义观的内容，并以最清晰、最透明的方式展现了正义与公平之间的联系。[①] 由于正义与公平之间的联系产生了能够应用在所有情况下的正义原则，包括存在不遵从的情况，因此这一联系起着重要的启发性的作用。与划分晚餐账单的例子进行类比能够帮助我们理解这一点。如果你提出了划分晚餐账单的规则，那么从每个人负责自己的部分的情况开始是有道理的，因为在这种情况下，指导划分账单的平等和公平的思想是最简单，最透明的。然后，通过显示这一纯粹的案例，并通过显示不遵从如何使公平变得复杂，可以产生适用于某些人没有付款而离开的情境中更复杂的规则。

在这种劳动分工中，没有任何迹象表明人们实际上遵从的可能性应该被忽略，或者不遵从的影响可以忽略不计。相反，这种劳动分工仅仅是尝试在一种设定下澄清相关概念的基础，在这一设定下，这一概念和平等情境下的理性选择的联系是最透明的。尽管将不遵从考虑在内对于实际建设（更）公正的社会具有公认的现实意义，但是这会让问题变得模糊不清。在罗尔斯看来，我们对正义的观点过于困惑、模棱两可、不完整且过于具体地与情感联系在一起，无法为制度建设提供原则，因此澄清我们的正义概念的内容并展示其合理性的概念性努力是有必要的。当然，这种概念上的努力对于体面的社会的基础也是至关重要的。

---

① 一个人可能会想知道如果完美遵从是不可期待的，为什么在完美遵从的情况下建立的正义模型在固定正义的内容上具有特权。这是合理的疑问。然而，这不是正确理解完美遵从的方式。正确思考的方法是：与其说是理想化的模型在固定正义的内容方面具有特权，不如说它以一种特别清晰的方式显示了正义的内容。

六 对理想理论的反驳

基于多样的理由，完美遵从的假设遇到了阻力。首先，因为我们应该期待多大程度的遵从取决于正义原则。就是说，这是一个内生（endogenous）变量，有人认为，提出不切实际的高要求（没有人会遵守的要求）的正义观是无法适用于人类社会的。这当然是正确的。让我们假设，如果将不遵从考虑在内，某种特定的正义观将如何发展，这是一个定义明确的问题。在询问构建正义论时可以合理假设多大程度的遵从时，我们考虑的是在适当的社会化之后能够期待的遵从程度。[①] 作为我们应该尝试实施的事情，这是可以而且应该在评估制度设计考虑的因素。但是在“正义”概念中囊括关于不遵从的期望，就像在“制作蛋奶酥正确的烹饪时间”的概念中，囊括对于“我们总是过度烹饪”这一事实的修正。我们可能会在烹饪操作指南中合理地囊括修正的步骤，这一指南旨在优化结果。但是将其囊括在“正确的烹饪时间”的观念中会导致对该概念的误解。如果我们有关于正确烹饪时间的观念，我们应该通过对比正确的烹饪时间和有关我们倾向于弄错时间的信息，从而获得制定操作指南的指导。拥有关于“正确的烹饪时间”的概念并非总是必要的。我们也许可以通过精心制作的烹饪操作指南来获得正确的结果。但是额外的说明是值得欲求的，因为它可以帮助我们成为更好的厨师。也就是说，它使我们得以改进，并且还提供了一种灵活的方案来制定操作指南，从而指导具有不同倾向的人们获得正确的结果。

有人可能仍然想知道，当遵从要求太高而无法实现任何实际的期望时，我们应该如何评估这些理论？这里有两个问题：（1）我们应该如何评价作为正义观的正义理论？（2）我们应该如何评价作为制度设计的实践问题的解决方案的正义理论？我将依次讨论这些问题。

（1）如果要求超出了人类实际能够遵循的范围，这是否是正义？我

① 这使我们可以忽略一些微妙之处，即我们是否应该将“能够期待的遵从程度”视为一个事实，或者基于人类心理的必然性。我们将什么是“适当的”社会化视为开放的问题，尽管我们推设它不应该是强制性的也不应该适合需要花很大的代价来达到的。

们可以完全理解人们普遍并不像他们应该的那样公正。他们甚至通常不像应该的那样公正。正义可以（并且应该）要求我们比倾向给予的更多，可以（并且应该）设定更高的目标。但是，给定人们的实际境况，在一个公正的社会中，对个人行为的要求是否能够高到人们不可能遵从的程度？让我们对其他概念询问同样的问题。我们对利他主义、勇气和残酷有一个相对清晰的观点，可以说，如果人们仅出于这些动机行事，利他主义、勇气或残酷就会在他们的行为中得到清晰的表达。实际上没有人会以这种方式行事，但这并不足以否定这些假设的结果，即作为利他主义、勇气或残酷所表达的内容。

戴维·埃斯特伦德（David Estlund）认为对遵从的现实期望可能是“对任何认真考虑实施的构想的要求，但很难看出它如何成为该正义概念的一部分。”我赞同戴维对此精彩的辩护。

> 当然，社会不应建立人们无法遵守的制度……问题是这是否对正义的内容构成约束。如果我们根据人们实际上能够遵从的程度来建立规章制度，这很难保证这些规章制度能够使得一个社会是正义的。①

但是这样的说法能走多远？如果它要求的比我们所有人（或大多数人）“能够”——在一种适当地强意义上——提供得更多，这是否是正义？如果一个正义理论所蕴涵的要求总是（或许不可避免地）无法被真实的人达到，这一正义理论是否没有成功刻画正义的内容？或许正义的概念（例如，与利他主义或勇气不同）隐含着，对于一个普通人来说，完美的正义必须——在本质上——是能够实现和达到的。例如，或许（x是正义的）→（要求x对我来说是合理的），并且（要求x对我来说是合理的）→在一种合理的意义上（我“能够”做到x）。当人们说我们不应该为天使寻找道德理论，而应该为人类寻求道德理论时，以上的要求被蕴涵在内。

---

① David Estlund, “Human Nature and the Limits (If Any) of Political Philosophy”, *Philosophy and Public Affairs*, 39, no. 3 (2011): 226. 我要感谢 Estlund 所提供的认真仔细的讨论。

这是一个微妙的问题。也许有人会争辩说，如果我们能够理解人类的正义、火星人的正义和天使的正义，如同所有能够被视为正义的形式，我们对于正义概念就会有一个更好的理解。在这种情况下，通过了解人类局限性如何影响正义的内容，人类的正义将作为正义这一般概念的特殊情况。① 但是，出于我们的目的，这不是我们需要处理的重点。关于罗尔斯的正义观所要求的遵从，并不存在着不切实际或要求过高的东西，而且罗尔斯本人对于不够现实的过高的要求也感到担忧。如果这是人类无法真正实现的目标，他会认为这是他的正义观的缺陷。②

（2）第二个问题——如果对遵从的要求太高而无法对于实现这些要求有真实的期望，作为制度设计问题的实际解决方案，我们应该如何评估这些理论呢？——很容易回答。如果一个正义理论试图实施制度设计的预期结果并不理想，那么这个正义理论在解决制度设计这一实际问题上将是一个糟糕的解决方案。对于实际问题的解决方案应该最优化预期结果。对于理想的表达与实施这一理想后的预期结果之间的联系绝不是直接的。如果我们对一个理论的成功实施并没有现实的期望，那么出于各种原因，这一理论可能是不值得追求的。不仅是因为没有希望实现该目标，还因为追求无法实现的理想并不能保证是接近该理想的好方法。的确，追求实现这种理论甚至可能会产生比我们目前面临的更糟糕的结果。③ 我们可以用理想机器的例子来说明这一点。理想机器拥有最大的效率。如果我们根据理想机器的模型构建现实世界的引擎，那么不可避免地我们会建造出无法工作的引擎。理想机器不会因为散布到环境中的能量而损失能量。任何真正的引擎都会因此损失能量。这只是在强调非理想理论对于解决实际问题是必不可少的。至于理想是否是我们应该实施

---

① 科学，至少是物理学，通常会寻求这种表达。在这一语境下，自然科学中的类比是狭义相对论和广义相对论之间的关系。通过将曲率张量设置为 0，狭义相对论作为广义相对论的特例。

② 感谢迈克尔·吉尔（Micheal Gill）提出这一点。

③ 这些是阿马蒂亚·森提出的观点，Amartya Sen，*The Idea of Justice*（Cambridge，MA：Harvard University Press，2009）；以及 David Schmidtz，"Ideal Theory：What It Is and What It Needs To Be"，*Ethics*，121（2011）：772 – 796。这两篇论文是为了回应西蒙斯对罗尔斯理想理论的辩护——这对于纠正不公平是必要的。A. John Simmons，"Ideal and Nonideal Theory"，*Philosophy and Public Affairs*，38（2010）：5 – 36。

或者追求的目标，这一问题的答案具体取决于非内在于理想理论的事实。

在这里，“理想”一词及其在政治哲学中的历史可能会产生具有误导性的和有害的影响。它强烈地表明了应该追求的目标。在科学中，以这种方式被误导的例子的可能性较小，但如果罗尔斯选择一个不同的词可能会更好。我并不清楚他本人是否在这一问题上完全清晰。例如，他在《万民法》中写道：“在理想理论被确定之前……非理想理论缺乏一个目标、一个目的，可以用来回答其疑问的参照。”① 有些人认为，作为正确方向迈进的目标，理想理论是被需要的，但这实际上使人们走上了一条通往死胡同的道路。反过来看，我们很容易得出结论说罗尔斯本应该对不同的理想的正义观之间的区别更加坚定，理想的正义观作为：（i）衡量一个社会公正程度的标准；（ii）建造一个实际社会应该依据的模型或模板；（iii）在采取步骤使不公正的社会更加公正的过程中的目标。他本应该采取（i），而不是（ii）或（iii）。他应该放弃任何有关理想理论提供目标的建议。而且他本该强调正义理论的定义其内容和展示其合理性的作用，也就是说，阐明了正义观的内容和结果的角色。②

关于遵从的考量只能出于定义正义概念的目的而被“搁置”。这些考量需要在理论的非理想、实践部分中明确和系统地被处理。实际引擎不可避免的效率低下这一事实只能为了理解静力学和运动学原理而被搁置。效率低下的问题在力学的实践部分中得到了明确而系统的处理。正如大卫·施密兹和其他人所强调的那样，解决理想问题通常不会得到近似的解决实际问题的方法，这是正确的。但是，为了确定实践的解决方案，通过坚持理论的非理想部分的不可消除性，以及给予理想理论一个不同的角色，我们避免以上的错误来表明理想理论的合理性。理想理论的基本原理仅是某种分工的基本原理，这种分工可以清晰、明确地阐明在理论一部分中正义的要求的概念，同时也可以在这些要求未得到满足的时候单独地考虑我们应该怎么做。

理论的理想部分和非理想部分的分离来自理论内部，通常仅在理论

① Rawls, *A Theory of Justice*, 90.

② Laura Valentini, “Ideal versus Nonideal Theory: A Conceptual Map”, *Philosophy Compass*, 7 (2012): 654 - 664.

成熟时才会出现。让我们再考虑一下牛顿的《自然哲学的数学原理》。牛顿能够为重力对单摆运动的影响构造出精确的定律，这是一个相当大的成就。由于实际单摆的运动总是比理想单摆的复杂，为了单独考量重力的影响，他必须同时有效地解决摩擦、空气阻力和外在因素的影响。只有了解了这些力本身，重力的作用才会以精确的形式清晰而明显地表现出来。重力对实际单摆运动的作用与其他力的作用之间的分离只是一个虚拟的分离，因为在实践中，它们总是同时出现。但这是一个巨大的理论成就。当牛顿提出这一理论时，他首先展现了理论的理想部分——即仅描述重力作用，以及描述该作用简单、精确的定律——因为这一理论的成就是将重力的作用隔离开来。

在某种程度上，正义理论的目的是表达我们的道德观念，以至于足以将正义作为一种独特的概念区分开来——也就是说，正义对我们的制度设计和我们的个人行为的要求（例如，不同于同情心或礼节）——这说明争取这种理论是合理的。[①] 这也使得将展现和传授正义理论作为优先考虑的事情是合理的。但是，出于同样的考量，注意不要认为理论的理想部分是完整的或可以独立存在的。就像牛顿的完美单摆，或理想机器理论一样，它只能通过与非理想部分结合在一起才能与现实世界联系起来。

七 对实践问题的实践解决方案的需要

这不能完全解决问题，因为我们可以重申我们的担忧：在完全遵从条件下审视正义不会给我们带来有趣的正义概念，因为这没有包含正义观需要解决的问题。[②] 这就像想出一种在没有重力的情况下关于飞行的理论。在没有重力的情况下，我们不需要飞行就能保持在空中。我们需要飞行就是因为重力的存在。正是如此，有人可能会说，在所有人都遵守正义原则的情况下来探求正义，罗尔斯并没有解决任何困难的问题。所

---

① 尽管罗尔斯的理论首先是一种关于制度设计的理论，但它与个人正义有联系：知道什么算是符合正义的要求，就可以知道正义对我们每个人的要求。

② 请参看本卷中雅各布·利维（Jacob Levy）的文章，《理想理论并不存在》。

有棘手的问题都存在于罗尔斯搁置的理论的部分，也就是（如他所说）在“我们面临不公正”的情况。可以用资源过剩的情况的类比来表明这一担忧的合理性。罗尔斯非常清楚休谟对于这一话题的著名言论。休谟说：“让我们设想”，

> 自然给人类带来了如此丰富的所有外部条件，没有任何不确定性、不需要我们谨慎或勤劳的情况下，每个人都可以拥有充分的资源满足自己最贪婪的食欲或者任何奢华的想象力所愿望或欲望的东西……不需要费力的工作：无须耕作、无须航行。音乐、诗歌和沉思是人们唯一的业务：交谈、欢笑和友谊是人们唯一的娱乐。显然，在这种幸福的状态下，所有其他社会美德都将蓬勃发展，并增长十倍。但是关于正义的谨慎的、嫉妒的美德永远不会被希求……

休谟的想法是，只有在资源稀缺的条件下，分配正义原则需要解决的困难而有趣的问题才会出现。在有资源过剩的情况下，每个人都可以拥有自己想要的任何东西，正义是不重要的。也许有人会说，政治理论中困难而有趣的问题是关于“不正义”的问题。施密兹关于这个问题上的言论一直有着特殊的说服力。施密兹认为：

> 我们可以并且必须搁置一些分散注意力的细节，集中精力解决问题——就我们对政治或正义的理论化而言，应该关注人类境况——即使任何对人类境况的刻画都可能招致某个版本的乞题问题的批评。但是，我们不能作为细节搁置的是这个问题本身。①

而且，“如果我们假定那些非常棘手的问题不存在，为罗尔斯所谓的‘对更为紧迫的问题的系统性掌握’而努力，我们可能会走向一个错误的

---

① David Schmidtz，“Ideal Theory”未出版的手稿。我非常感谢大卫向我展示了他的手稿，并允许我引用其中的内容。该手稿目前正在印刷中，将发表在 *Oxford Handbook of Distributive Justice*, ed. Serena Olsaretti（New York：Oxford University Press，2016）。所有的相关引用均来自这未出版的手稿。

方向。”①

让我们再考虑一下理想机器的理论，即每一个刚开始工作的机械工程师费尽心思都想要制造的机器。这些机器能够理想化地消除制造发动机的困难，因为它们不会因为磨损、摩擦或发热而耗散能量。制造引擎的关键在于如何处理现实中的机器是低效的这一物理定律上的事实。这个例子清楚地表明，给定现实世界的情况，最大效率的发动机模型并没有告诉我们如何建造一个实际上运作的发动机。理想模型也不能告诉我们如何制造比我们现有的发动机更高效的发动机。理想机器和非理想机器之间的区别会产生困难，这一困难需要利用理论中非理想部分的所有资源来解决。

人们可以理解施密兹提出的反对意见——政治理论的所有重要问题都源于理想与现实之间的差异。这直接导致人们对理想理论最有影响力的抱怨之一：它没有解决实际问题，也就是说，这只是一种几乎没有实践价值的智力活动。这种抱怨并没有挑战理想理论在定义正义概念中起作用的观点。它只是质疑该作用的重要性。这种评估性判断在施密兹的某些作品中是明确的。例如，他认为：“如果需要搁置任何东西并将其视为分散注意力的东西而不是值得研究的东西，那就是基于关于人类难以确定的（recacitrant）事实，对一个系统的运行状况进行设想。”②

我已经解释过为什么我认为有一种更同情的方式来理解罗尔斯的观点。他并没有轻视对实践工作的需要，而是主张理论分工，这一分工为澄清正义概念基础的理论工作腾出空间。有人可能会认为这是一项本身就值得做的工作。但是对于那些认为纯粹的理论工作没有内在价值的人来说，有必要解释为什么将实践和理论分开并不那么容易。罗尔斯本人清楚地阐明，我们对理论工作存在着实践上的需要，科学实例支持了这一观点。再次考虑理想机器的理论。如果构建高效发动机，将理想的机器作为模型不会有太大帮助，因为实际的发动机会磨损并发生故障，而且实际的发动机会将能量耗散到环境中。制造发动机的实际困难完全就在于试图克服这些低效率的问题。因此，理想机器理论本身对于制造正

---

① David Schmidtz, “Ideal Theory”, 1 – 2.

② David Schmidtz, “Ideal Theory”, 21.

常运作的发动机毫无价值。然而，理想理论不必自己发挥作用。理想部分是一个理想理论不可缺少的部分，但这一理论同时也包括非理想部分。二者分别作为一套方案的一部分，一起共同努力为现实世界的低效率问题找到切实可行的解决方案。一个离开了学校、拥有关于理想机器理论知识的工程系学生将仅仅是迈出了进入实践知识教育的第一步，但是她会迈出那第一步。没有这一步她的教育就无法完成。非理想理论建立在理想理论的基础上，它增加了与理想相悖的因素，引入效率低下的问题，并支持处理这些问题的工具性推理。理想机器理论是一个定义最大效率的清晰的理论的一部分，确定效率低下的原因，并提供解决这些效率低下所需的理论知识。

在没有理想机器理论的情况下是否可能做工程师？这是可能的。人们一直都在缺乏清晰的理解的情况下来学习制造机器。但是人们也不总是这么做。这种清晰的理解使我们能够更好地进行预测、干预和设计系统。不考虑科学所有其他优点，科学是工程学的非常有帮助的女仆。

对于澄清正义的概念基础的纯理论工作和使得我们社会（更加）公正的实践问题，存在着另一种难以将二者区分的原因。理解规范我们社会的规则是否以及在什么意义上是正义的，可以影响人们是否认为他们有理由遵守这些规则的思考。认真对待这一理论任务，是给予受制于正义规则的公民足够的尊重，并认为澄清正义概念的基础是值得做的。反过来，这只是意识到人们的行为方式最终取决于他们。如果对正义的考量是为了减少人们的策略性的利益，那么对相关内容清晰的呈现和辩护是有必要的。使人们遵从不应该是实施规则的问题，而是要向人们表明他们有遵从的理由：从他们可以认可的某种公平出发，提供一个清晰、令人信服的正义规则。

理论任务还应将正义的考量与关于善良、利他、文明和其他美德的考量区分开。知道什么将正义与这些以及其他美德区分开来，在我们的实践推理中赋予了正义另一种吸引力。如果我们比我们实际的样子更善良、更利他、更文明，这当然更好，但是通过与公平的联系，正义对我们的行为会有不同的要求。也许认为人们在乎正义或认为他们的在乎程度足以影响他们的行为是天真的。我不这么认为，但我认为这也不重要。

澄清基础的努力表明了对受制于这些原则的人的尊重。[①]

施密兹指出："目前，我们所称大部分理想理论中都是这样的一种实践，即在想象我们如何能够重新创建世界，如果我们能像一张白纸一样重新开始，进行一次彻底的重新设置，从根本上重建社会。"这一描述不需要适用于所有理想的理论化，尽管在此使用的"理想"一词之所以会造成阻碍，是因为它表明："理想理论"是关于理想情况下我们会怎么做的理论，或关于"理想"的理论；而不只是理论中这样的一部分，即来显示在不受不遵从约束的情况下正义会是什么样的部分。我已经说过，为什么一个理论的理想部分不能独自提供实际解决方案这一事实并不意味着它不是这一任务的一部分（实际上，是处理这一任务的一种方法的必不可少的部分）。政治理论家可能发现该理论的这一部分更具吸引力，而忽略了其实践组成部分。一个人可能很容易反对从理想理论开始，即将其作为我们实际着手解决世界问题的顺序中的第一步。[②] 也许有人会同意森，认为世界上存在着明显的不公正现象，以至于我们解决实际问题的尝试不应等待理想理论的理论问题的解决方案。在解决实际问题之前等待理想理论的理论问题的解决方案，就像让桥梁的建造等到我们掌握了物理学的最终理论一样。这不是科学中处理问题的方式，同样我们也没有理由认为这必须是政治理论处理问题的方式。理论部分和实践部分可以同时进行且不可分离，二者相互推动发展。澄清正义的概念基础——弄清正义是什么（如果没有达成共识，至少要理解我们的分歧）——应该是了解和解决不公正现象的重要组成部分。

让我在这里简要回顾目前为止讨论所得到的结论。

---

① 杰弗里·布伦南（Geoffrey Brennan）和杰弗里·赛尔－麦考德（Geoffrey Sayre-McCord）于本卷中的文章，《规范性事实对什么是可行的……重要吗?》。这一文章有说服力地指出，规范性真理对人们很重要，并且对他们的实践推理产生了影响。

② 罗尔斯似乎确实认为我们应该从理想理论入手，并在完成这一部分后进入非理想部分。他在《正义论》中写道："选择理想的正义观后，才能制定出第二个部分的非理想理论。"这是施密兹认为能够反驳的很大一部分："阐明理想并不是正确的出发点；如果我们从一个问题开始，那么我们的出发点就可能影响我们对应该作为解决方案的反思"（"Ideal Theory", 21）。关于这一点，科学的例子支持施密兹。我们从改善世界的实际问题入手；一个理论的理想部分和非理想部分共同发展，作为一套方案的部分。由它们共同处理现实世界问题的能力来接受评判。

- 在科学的例子中，没有所谓的“理想理论”。有的是理想系统的模型。这些通常会抑制实际系统中存在的因素，或者纳入其他类型的进行简化的假设。它们是从一种理论中得出的，这种理论也具有对非理想系统进行建模的资源。

- 没有一般的假设，即理想模型近似于实际情况（在任何情况下，直到我们表述出特定近似的特征和所涉及的精确度之前，这都是未得到明确说明的）。有时理想模型近似于实际情况，有时却并不，在为罗尔斯使用的理想模型提供最具有启发性的类比的科学例子中，这些理想模型并不近似于实际情况。

- 如果相关的“理想化的假设”在某种程度上带有一种暗示，这种暗示是对现实世界的错误假设，那么谈论这类“理想化的假设”是具有误导性的。我们应该谈论的是假想系统的理论模型。理论旨在明确阐明其目标领域的观念，并足以提供关于真实系统的准确模型。理想系统的模型使我们能够独立地探索实践中总会结合在一起的因素，或在简化的设定中显示特定的作用。

- 理想化在其内容上始终是特定的，并且通常起特定的作用。这可能以多种方式发挥作用，但它们也会出错。理想化是否是恰当的，这取决于具体的情境和目的。不存在普遍性的原则来说明什么使理想化成为一个好的理想化。唯一的规则是，应该谨慎地进行理想化。

正义理论的理想部分和非理想部分之间的区分不过是一种劳动分工，这种分工将不遵从的影响独立出来进行单独处理。它没有任何理由忽略诸如施密兹和森这样的学者所提倡的对现实世界问题的实际参与。

八　理想理论的一个替代理论

施密兹提出了政治理论的任务的另一种替代理论。这一替代理论不要求理想理论，而是代表政治理论的任务，即在出现问题时制定解决方案。施密兹说：“哪里有事实，事实就可能以重要的方式发生变化，就有我们可以做的事情，我们也就会遇到问题……问题本身为我们提供解决方案的标准。”[①] 我不确定如果完全没有理想理论，这一替代理论是否能够进行。事实总是会以重要的方式发生变化，而且几乎总有我们可以做的事情。通过理想的正义理论，我们能够将“不正义”识别为“不正义”（而不仅仅是识别为令人感到遗憾的状况）。通过这一方式，一个理想理论能够固定概念的内容。这使理想理论具有特殊的地位，并对作为一个社会的我们产生特殊的要求。

森认为，我们有更重要工作要做，这些工作不需要一个明确阐明的一般正义概念。对他来说，对正义进行理论化的目的是帮助我们刻画并消除明显的不公正现象。他认为，出于这些目的，理想的正义理论既不是必需的，也不是有用的。我个人的观点是，这低估了灰色区域的范围。世界上有很多事情显然是错误的。但是其中有多少或者哪些部分是不公正的?[②] 正义是一个特殊概念，对公共补救行动具有特殊要求。限制正义的要求和阐明正义的要求同等重要。正义概念的中心地位及其政治功能的重要性使得有必要澄清其基础。人们对不公正现象前理论观点太薄弱，无法作为政治理论的依靠。就像前面提到的愤怒的孩子一样，我们仔细地向她解释了最初看似并不公平的关爱的分配（或一套规则）实际上是公平的，我们可能会寻求政治理论来阐明和教育我们关于正义的前理论观点。在这些批评中幸存下来的理想理论的一个例子是，它在明显的不公正现象之外，并阐明了一个在很大的灰色区域上占统治地位的概念，并且为关于不公正的前理论直觉提供了辩护。

九　一个令人担忧的挑战

对于我们应该尝试表达积极的正义观的观点，施密兹提出了更为严峻的挑战。他认为：如果正义仅仅是“不正义”的缺失会怎样？在这种情况下，寻求正义的本质就像寻求“非狗”这一类存在的本质。[③] 这是一

---

① Schmidtz, “Ideal Theory: What It Is and What It Needs To Be”, 4.

② 关于不正义与不幸之间的区别，请参见 Judith Shklar, *Faces of Injustice* (New Haven, CT: Yale University Press, 1992)。

③ Schmidtz, “Ideal Theory: What It Is and What It Needs To Be”, 3.

个有趣的观点，并且这一观点在菲利普·基特尔（Philip Kitcher）提出的科学和伦理学理论化中都得到了支持。基特尔将其观点的根源追溯到杜威（Dewey）的观点，并认为科学和伦理学都应被视为人类正在进行的任务，而没有明确定义的目标或终点。施密兹认为，政治理论化同样应该作为应对出现的新形式的“不正义”，他建议，形成积极的正义观的尝试可能具有误导性，从而偏离我们的任务。我们可以与医学进行类比。医学的目标是消极的：消除病理因素。实现这一目的的方法必须是零散的（piecemeal）和具有适应性的。我们必须在疾病出现的时候识别和解决一种疾病，并发展工具以适应当前情况。我们无法预先知道完美健康的人体是什么样子，因为身体会适应不断变化的环境，新的疾病会随之发展，在一种环境中对我们有益的适应可能会在另一种环境中伤害我们。[①] 由于这些原因，并不存在着一个明确的关于完美健康的概念，被预先固定下来并成为研究的目标。关于正义是否如以上所述，我对此不作评述。这一批评不仅是对理想理论的批评，还是对正义进行理论化的批评。

十 结论

从局外人的角度来看，理想和非理想理论之间的争论似乎更像是关于哪种理论化值得进行的争论，而不是真正关于不同目标之间的竞争。科学中的类比表明，理想理论和非理想理论之间实际上是紧密相连的，它们可以（并且应该）同时进行。认为应该放弃其中任何一种理论化的观点，或者认为其中一种理论化拥有优先权、另一种理论化的进展需要等待这一理论的解决方案的观点，都是错误的。至于关于政治理论重要工作的基点的争论，我们可以容忍彼此的分歧。某些概念在公共讨论、公共机构的建设以及规范公民之间的互动中起着重要的作用，如果认为澄清这样一个概念的基础只是浪费时间，我认为这样的观点太强了。我认为，最令人信服的一点是——很重要的一点，也许需要被明确的一点——政治理论不应该仅仅关于理想理论，就像力学不应仅仅关于理想

---

① 请参见本卷中亚历山大·罗森伯格（Alexander Rosenberg）的论文——《论政治哲学中理想理论的观念》。

机器。

当然，捍卫理想理论的作用，会使对正义内容的实质性问题和制度设计完全开放。也许有人不同意罗尔斯的理论，但是反对澄清该概念的基础的尝试，或者反对这样的尝试——以一种透明地展示这一概念的内容和合理性的理想理论形式来进行澄清，在我看来都是错误的。

正义、可行性和理想理论：一个多元路径*

安德鲁·梅森（Andrew Mason）**
（译：张可）

摘要： 一个合格的多元论是这样被辩护的，即它从不同形式的政治理论中识别出价值，并且否认旨在表明某种路径占据了特权位置的论证。与实在论者相反，它主张对政治价值的抽象分析，也就是将关于人们和其所处环境的大范围的事实归为一类，这样的分析可以既是融贯的也是重要的，然而与那些认为“理想理论”或者对终极原则的确定应当居于首位的人相反，这样的分析主张，总是优先以上二者的任意一个的情况都是薄弱的。

关键词： 理想理论，正义，多元论，实在论，G. A. 科恩，约翰·罗尔斯

当政治理论家反思他们所做的研究时，他们通常会倾向做出特定的方法论上的规定。约翰·邓恩（John Dunn）主张，“政治理论的目标是对实践中的困境做出诊断，并且向我们展示出我们如何能够以最好的方

---

* 我要感谢马修·克雷顿（Matthew Clayton），斯蒂芬妮·里纳尔迪（Stephanie Rinaldi），大卫·施密兹（David Schmidtz）和亚当·斯威夫特（Adam Swift）对这篇文章初期草稿所提供的书面评论，我还要感谢这个文集中的其他贡献者就这篇文章进行的讨论。我在访问法兰克福大学 Justitia Amplificata（重新思考正义——应用正义和全球正义）高级研究这一项目期间完成了这篇文章的最终稿。我想要感谢雷纳·福斯特（Rainer Forst）对我的邀请，以及人类科学论坛（Forschungskolleg Humanwissenschaften）的所有同事和工作人员，他们使得我访问期间的生活十分愉快和高效。

** 作者为华威大学政治学和国际研究教授。

式处理它们”①。然而在理论光谱的另一端，G. A. 科恩宣称，“对政治哲学来说，问题不是我们应当做什么，而是我们应当思考什么，即使我们应当思考的事情在实践上不具有任何的影响”②。即使允许在政治哲学和政治理论之间做一个区分，这些规定的约束力在我看来仍旧有些过度了。政治理论是一个多元的领域，它容纳了高度抽象的考察，这些考察旨在通过将关于我们本性的事实和我们所生存的环境的事实放置一边，来明确基本的规范性原则，它同样也容纳了更加实际的反思形式，这些反思形式从更加紧密地关注我们所面临的政治议题出发，继而从内在于我们的实践的规范性原则中需求指导。在对限定我们应当做出什么样的政治理论的尝试进行回应的时候，或者在对不同形式的政治理论进行优劣比较时，我将为一个合格的多元论进行辩护，它通过不同的路径来识别价值，并且反对那些旨在展示某一种路径应当占据特权位置的论证。我反对实在论者，我主张，容纳了关于人及其环境的事实的对政治价值的抽象分析既是融贯的，也是重要的，不过，我反对那些认为“理想理论”或者对终极原则的识别应当在先的人，并且总是给予以上二者任意之一优先地位的情况是无力的。③ 我特别关注的是正义的概念。④ 我考察会导向不同方向的三个主张，对于其中每一个主张来说，如果它是正确的，它本身将会对将正义理论化的合法性提出严重的限定。第一个主张指出，一个所谓的“正义的理想理论”既是无用的，也是被错误构想的，由于它是建立在公民对正义原则的同意之上的，这因此使得这个理论缺少实践上

① John Dunn, *Interpreting Political Responsibility* (Cambridge: Cambridge University Press, 1990), 193.

② G. A. Cohen, *Rescuing Justice and Equality* (Cambridge, MA: Harvard University Press, 2008), 268.

③ 我们容易忘记的是，试图限定政治理论多元论的人不仅仅是那些批判理想理论的人；那些理想理论家们自己也主张我们应当首先完成理想理论。

④ 存在这样一个困难，即我们是否应当将正义视为是一个主价值（master value）——现实中我们是否应当将“正义”视作是一个将所有关于我们对社会安排的评估的重要考虑都归在其中的总称——还是我们是否应当将它仅仅视为众多价值中的一个价值。有些实在论者反对罗尔斯主义者在对社会制度的评估中赋予正义优先地位，但是这个批判仅仅在我们将正义视为是众多价值中的一个价值时才是有道理的。我将避开这个潜在的问题，而仅仅预设一个正义理论在我们的规范性思考中占有重要的位置，即使存在一些其他的独立价值，其中我们对它们的理论化会产生同样的方法论上的问题，即使正义并不具有罗尔斯所赋予它的那种优先地位。

的相关性，并且展现出对政治事物的本质的误解。第二主张指出，如果没有考虑采纳一个正义原则会在某个受它统领的环境中所产生的效果，那么我们就不能证明这个原则。第三个主张指出，在正义对我们施加限定的情况下，我们不能证明在我们所面临的环境中关于正义的要求的结论，除非我们能够知道，在没有那些限定的情况下，正义会对我们做出什么样的要求。第三个主张有着激进和温和的版本，我会对两个版本分别进行考察。它们两个都没有否定将关于什么是可行的局部事实考虑进来的正义理论化是合法且重要的。但是其中一个版本主张，如果我们要去充分地证明我们实践上的结论，那么我们就要将什么是可行的从所有事实中抽象出来，从而对终极的正义原则进行确定，继而为它们辩护，其中，得出这些结论的论证（被主张为是）必须要基于这些原则的；另一个版本主张，为了充分地证明这些结论，我们需要发展出一个关于正义的论述，它包含了至少将某些可能会随着时间的推移而发生变化的“宽松的”限定放在一边，同时保留从物理法则中，从关于自然环境的不会变化的事实中，或者从关于人类本质的固定的面向中衍生出来的“严格”的限定。

一　理想理论和政治环境

受罗尔斯的作品的启发，很多政治哲学家们致力于发展出一套关于正义的理想理论，或者至少是理想理论的一部分。然而，针对理想的理论化，存在从不同的理由出发做出的批判。在这一章中，我关注我所认为的对理想理论化最严肃的挑战之一，它从一个实在论的角度出发进行批判，也就是说，理想理论是基于这样一个预设的，即在正义的原则之间存在一个汇合，这个预设不仅仅消除了理想理论在实践上的相关性，并且还呈现出对政治事务的本质的误解：对政治概念的分歧是政治的持久环境的一部分；[1] 就理想理论预设了某一个概念上的汇合而言，它否定

---

① 见 Jeremy Waldron, *Law and Disagreement* (Oxford: Oxford University Press, 1999)，尤其见 1－4，149－163。也见 William Galston，“Realism in Political Theory”，*European Journal of Political Theory*，9 (2010)：385－411，at 391；Andrew Mason，“Rawlsian Theory and the Circumstances of Politics，” *Political Theory*，38 (2010)：658－683，尤其见 658－664；Matt Sleat，*Liberal Realism：A Realist Theory of Liberal Politics* (Manchester：Manchester University Press，2013)，尤其是第二章。

了政治事务的一个构成性的特征。[①] 我想要避免牵涉关于理想理论的本质的无益的讨论，因此我将仅仅规定，一个关于正义的理想理论的目标，是对一个完全正义的社会做出论述，这受制于这样一个限定，即这个论述能够对指导政治行动发挥某种作用，其中，这种作用的明确本质是需要得到进一步阐明的。[②] 我将预设一个完全正义的社会是这样一个社会，其中，基本的制度实现了应用在它们身上的正确的或者最好的正义原则，并且这个社会中的成员遵守那些应用到他们的行为上的正确的或最好的正义原则。我还将预设，由于理想理论以在指导政治行动上发挥某种作用为其终极目标，它必须要采用某种关于可行性的条件。尽管在表述那个条件上，存在一些合理变化的空间，[③] 一个关于完全正义的社会的论述必须至少与严格的限定相容——也就是，对于我们实现作为人类环境中的原则的能力的限制，这是因为这些原则根植于物理法则或其他关于自然环境的不变的特征（例如资源的稀缺），或者是人类本性的某些固定的方面之中的。[④] 我所关心的实在论的挑战并不否定可能存在正确的或能够得到最佳辩护的正义原则。与此相反，这个实在论的挑战主张，即使通过诉诸关于这些分歧的根源在经验上的主张所得出的有利条件下，尤其是，通过诉诸分歧根植于罗尔斯称之为“判断的负担（the burdens of

---

① Mason, “Rawlsian Theory and the Circumstances of Politics”, 664; Matt Sleat, “Realism, Liberalism and Non-ideal Theory Or, Are there Two Ways to Do Realistic Political Theory?” *Political Studies*, DOI: 10. 1111/1467 –9248. 12152, p. 10.

② 有些人对理想理论做出了更加宽泛的定义，从而使得它包含了涉及不关心指导行动的理论化，但是出于即将变得更加明晰的理由，我更愿意将“严格意义上的”理想理论从不内在地包含关注指导行动的对理想的理论化中区分出来。关于对理想理论的本质的讨论，尤见 A. John Simmons, “Ideal and Nonideal Theory”, *Philosophy and Public Affairs*, 38 (2010): 5 –36. 也见 Zofia Stemplowska, “What's Ideal About Ideal Theory?” *Social Theory and Practice*, 34 (2008): 319 –340; Ingrid Robeyns, “Ideal Theory in Theory and Practice”, *Social Theory and Practice*, 34 (2008): 341 –362; Alan Hamlin and Zofia Stemplowska, “Theory, Ideal Theory, and the Theory of Ideals”, *Political Studies Review*, 10 (2012): 48 –62。

③ 如何表述这个条件将部分地取决于我们认为理想理论究竟要对指导政治行动起到什么作用：进一步的讨论见第Ⅳ章。

④ 关于对严格的和宽松的限定之间的区分，见 Pablo Gilabert and Holly Lawford-Smith, “Political Feasibility: A Conceptual Exploration”, *Political Studies*, 60 (2012): 808 –825, at 813; Holly Lawford-Smith, “Understanding Political Feasibility”, *Journal of Political Philosophy*, 21 (2013): 243 –259, at 252。

judgement)"[1] 的方式和一系列非理性的原因，关于正义原则的分歧仍将持续存在。一个我所设想的提出这个挑战的实在论者主张，我们没有理由认为公民会仅仅基于逻辑缜密的论证而赞同同样的原则，那些影响他们关于应当接受哪些原则的判断的非理性原因也不会使得他们在同样的原则上达成一致。[2] 从政治原则上的分歧将会持续存在，并且是公民之间发生冲突的一个根源这一主张出发，他或她得出结论说，政治理论的主要目标之一是对我们进行指导，或者至少使得我们能够对其在规范性上的重要性进行反思。[3] 一个完全正义的社会图景，其中正义原则被普遍分享，这样的社会可能会对激励贡献并且其权威不受质疑的哲学家统治者的行动提供理由，但是它不会为真正的国家或生活在民主社会中、陷入深刻的和经常充满怒意的分歧中为普通公民的行动提供理由。

在对这个挑战进行的回应中，我们可以论证说，理想的理论化并没有意图就其自身产生实践上的建议。相反，它的主要目标是使得我们能够发展出一个非理想的理论，其中，这个非理想的理论能够引出那些实践上的建议。这可能是正确的，但是它并没有回答我所考虑的挑战，至少当这个挑战以其最有力的方式被呈现出来的时候，这个回答是不够的。对正义的理想理论化进行辩护的人认为它能够在指导政治行动上起到作用，这是因为，在完全正义的社会图景中，也就是，这个社会处在建设事业中，这个图景可以提供一个我们瞄准的目标，或者至少可以被视作为是一个我们可以对不正义的限度进行判断的标准，[4] 当将它与我们对什

---

① 见 John Rawls, *Political Liberalism*, *paperback edition* (New York: Columbia University Press, 1996), 54－58。不过，当然了，罗尔斯似乎认为，相较于判断的负担对正义原则的证明所造成的影响，判断的负担以更加根本性的方式影响对更全面的道德信条的证明。也见 Sleat, Liberal Realism, 133－136; David Schmidtz, "Nonideal Theory: What It Is and What It Needs to Be", *Ethics*, 121 (2011): 772－796, at 781－783。

② 就这个棘手的术语的一个意义上，实在论者主张正义概念在本质上是具有争议的。即使人们支持他们自己对正义概念的解读的理由是有力的，这些理由在逻辑上也是不够有力的。见 Andrew Mason, *Explaining Political Disagreement* (Cambridge: Cambridge University Press, 1993)，尤其是第二章。

③ Sleat, Liberal Realism, 第二章。

④ 就在一个理想理论可能起到的不同的作用间进行区分而言，例如，理想理论在提供一个量规或标准上、一个模型或模板上，或者一个目标上所起到的不同作用，见此文集中珍妮·伊斯梅尔，"一个科学哲学家对政治理论中理想化的看法"。

么是可行的的知识和不同的行动达到其目标的概率相结合时，并且将它与对每个行动可能的代价的估计相结合时，它能够为政治行动提供理由，例如为支持某个改革，而不是另一个改革而提供理由。我所考虑的实在论的立场主张，一个完全正义的社会图景，其中每个人都在同样的正义原则上达成一致，是不能够融贯地作为一个目标的，或者甚至也不能作为一个指导行动的标准，因为分歧是持久的政治环境的一个部分。

在这里，有一个可能的回应来对实在论者关于事实的预测进行挑战：例如，有人可以试着展示出，分歧在很大程度上都是根植于非理性的原因之上的，而这些原因的力度很可能随着时间的推移，伴着我们对相关问题的理解而有所改善，从而变弱。我对于这种回应的成功前景抱有怀疑。或者，有人可能会为这样一个回应的较弱版本进行辩护，即意见的一致就其在经验上更加合理而言是可达成的。例如，在《政治自由主义》中，罗尔斯主张，在良好的状况下，公民们将会倾向于在一系列关于正义的合理的自由主义的概念上达成一致。① 尽管公民可能会继续就应当采纳哪个合理的自由主义概念而产生分歧，但是也许可以想见的是，他们将各自持有某一种这样的观念。但是除非合理的自由主义的观念的这样一个概念可以以一种使其非常具有包容性的方式得到理解，否则这样的主张也可以被视作是在经验上不合理的。② 即使这个观念以具有包容性的方式得到理解，似乎仍旧有可能的是，即使在良好的状况中，仍旧将有一小部分可观的公民会采纳不合理的反自由主义的（或非自由主义的）正义观念。

难道理想理论家们需要预设在一个完全正义的社会的图景中存在意见上的一致吗？以及，如果他们需要如此预设的话，这样的预设会为他们制造出某些实在论者所认为的问题吗？鉴于他们致力于对将会治理一个完全正义的社会的原则进行明确，而一个完全正义的社会是一个于其中存在对正义原则完全服从的社会，理想理论家们可能不可避免地会做

---

① Rawls, *Political Liberalism*, xlvii – xlix.

② 罗尔斯的合理的正义观念的范畴可能比人们一开始会以为的要窄，因为它似乎排除了自由主义的观念和某些社群主义的观念：见 Mason, "Rawlsian Theory and the Circumstances of Politics", 661。

出这样的预设。然而，严格上来说，对正义原则的完全服从并不要求存在就这些原则的意见上的一致。国家中的公民可能会服从一个原则，或者服从一个体现这个原则的法律，尽管他们就其抱有分歧：他们可能将这个原则或法律视为是将他们联结在一起的东西，也许这是因为他们将得出这种原则或法律所采用的程序视作是具有权威的；或者他们可能意识到对于服从法律的自利的理由，例如，他们可能会由于意识到被惩罚的前景而不敢违背法律。[①] 从这一点来看，罗尔斯主义的关于一个井井有条的社会的观念，其中公民们实际上拥护治理这个社会的原则，是超出完全的服从的，并且包含了对于一个正义的理想理论来说不必要的元素。

有人可能会对这一点进行回应说，如果在一个社会中，公民们不仅仅是服从正确的正义原则，并且还拥护这些原则，那么这个社会会是更加正义的，因此一个关于正义的理想理论必须预设意见上的一致。在这样一个社会中，每个人都会正义地行动，也就是说，他们都会出于真正的正义的动机而行动；没有人会仅仅因为害怕来自制裁的威胁而服从正义原则。的确，有人可能会认为，罗尔斯在一个井井有条的社会中预设意见上的一致，正是因为他想要对于一个能够出于正确的理由从而是稳定的完全正义的社会做出论述。但是即使我们对这样一个社会进行预设，即公民们于其中出于正义的动机而行动的社会将是一个更加正义的社会，因为它会出于正确的理由成为稳定的社会，这似乎也并不意味着，一个完全正义的社会要求公民就这些原则在意见上一致。即使一个社会中的某些人仅仅因为意识到统领这些法律和政策的决策程序具有正义的权威，从而对这些法律和政策进行服从，并同时相信其余的大部分公民都错误地认为这些法律和政策是正义的，这个社会依旧可能是完全正义的。

就一个理想理论确实预设了意见的一致而言，最好的是将这视为是一种理想化——也就是说，将其视为一种可能不会在任何实际存在的或者可行的社会中成立的预设，一种为了简化其理论建构，而在建立一套

---

① 这表明，一个理想理论即使在一个完全正义的社会中也能够承认对法律制度的需要，因为它们可能对保证完全的服从来说是必要的。确实，罗尔斯自己主张，我们可能需要法律制度来在这样的社会中促动完全的服从，因为如果没有这些法律制度的话，人们将会缺少对于其他人也在尽自己的一份力的把握。见 John Rawls, *A Theory of Justice*, rev. ed.（Oxford: Oxford University Press, 1999）, 211。

理论的过程中被做出的预设。[①] 例如，罗尔斯预设，一个社会中的所有成员都是“理性的并且有能力处理好自己的事务的”，并且一个正义理论的主题是一个“被视为是一个隔绝于其他社会的闭合系统”的社会的基本结构。[②] 这些预设的潜在问题不在于它们描述了一个很难或不可能达成的事态（或者一个要求通过大规模违背个体权利才能达成的事态），问题在于，这些预设为了能够在指导政治行动上起到作用，而在一个理论和它想要于其中得以应用的社会之间制造出一个过大的差距。[③] 那么，为了能够在指导政治行动上起到作用，对于意见一致的预设也在理论和它想要于其中得以应用的环境之间制造了过大的差距吗？

指导行动这一概念是模糊的：如果说一个理想理论不能为我们提供任何与可获得的经验知识相结合的行动理由，那么它就不能在指导我们的行动上起到任何作用。属于一个理想理论的一个原则可以通过以下几种方式，在与经验知识相结合的基础上，为我们提供行动理由：例如，它可能为我们提供一个于此时此地做一个它所规定的行动的理由，或者，它也可能为我们导致某种事态提供理由，在那个事态中，我们可以做出一个行动。同时，一个原则还可能通过不同的方式为行动提供一个理由，而那个理由不是不可置疑的：在一个给定的环境中，可能存在不同的原

---

① 奥诺拉·奥尼尔（Onora O'Neill）将这样的理想化与抽象化做了对比：“抽象化……事关对讨论中的事项来说是真实的谓语进行归类，而不是对其进行否定”；与此相反，当一个预设“在其将当前例子中错误的谓语进行归类，因此否定了就这个例子来说正确的谓语时，是在进行理想化”（Onora O'Neill, *Towards Justice and Virtue: A Constructive Account of Practical Reasoning* [Cambridge: Cambridge University Press, 1996], 40–41.）这个对于意见一致的预设和对完全服从的预设十分不同。后者有时被视为是一种理想化，但是这么想是具有误导性的：完全服从并不是为了简化理论构建这一目的而被引入的，而是作为使得一个理论在相关的意义上是理想的一个部分：除非一个社会的制度实现了相关的正义原则，并且它的成员服从了应用在他们身上的原则，否则这个社会不能是完全地正义的。

② Rawls, *A Theory of Justice*, 218, 6. 将理想化以奥尼尔所理解的方式视为是错误的是具有误导性的。在理想理论中，理想化最好被理解为是一种反事实推理。罗尔斯并不是在宣称社会中的所有成员都能够处理好他们自己的事务，他也没有宣称社会是闭合的系统；与此相反，他所问的是，什么样的原则会应用到一个这样的社会中，其中所有的成员都有超出一定界限的能力，出生时就受制于这个界限，只有在死去时才脱离这个界限。

③ 关于相关的讨论，尤见 Laura Valentini, “On the Apparent Paradox of Ideal Theory”, *Journal of Political Philosophy*, 17 (2009), 332–355; Colin Farrelly, “Justice in Ideal Theory: A Refutation”, *Political Studies*, 55 (2007), 844–864。

则一起发挥作用，并为我们提供相互冲突的行动理由；这些原则可能反映或体现了不同的价值，或者它们还可能反映或体现了一个内在复杂的价值的不同面向。但是，只要一个理想理论在与经验知识相结合时能够在我们所面临的环境中为我们的行动提供某个理由，那么，对于它不能对指导我们起到任何作用的指控，这就足以构成一个充分的回应，即使这个理由被其他的理由所压倒了。① 因此，一个预设了正义原则上的一致的理想理论如何可能起到这样的作用呢？

即使政治的一个构成性的特征是根植于其中的分歧和冲突，政治活动不总是需要被局限在面临分歧和冲突时维持其秩序。在当代民主国家中，通常来说是存在追求其他理想的空间的，并且普通的公民和政治家们需要就他们应当倡导和支持什么样的政策形成一个观点。这正是一个关于正义的理想理论似乎能够对指导行动起到潜在的作用的所在之处，它与此同时加深我们对这些问题的理解，并且使得我们对实践决定的更加完整的证明成为可能。例如，一个理想理论家可以更加深入地处理正义社会的图景，其中，这些图景可能已经是公民心目中的正义社会的样貌，这个理想理论家可以对这些图景的优劣进行评估。她所获得的种种结论，当与关于什么是在政治上可行的、能够随着时间的推移而保持其稳定性的安排以及在制度化那些安排时会出现的代价等经验判断相结合时——结合对非服从的规范性启示的反思——可能会为她支持或反对某些政策、在公共辩论中会为那些政策辩护、在竞选中为某些代表投票，提供理由。当理想理论建立在一个对正义原则的一致的预设之上时，会局限在它所能够提供的指导之中，这个指导是针对处理就正义的要求上持续且广泛的分歧的，这些分歧会导致对法律和政策的不服从。但是，当分歧出现时，理想理论家们会将对治理社会的恰当原则的考察视作是非理想的一部分，而不是理想理论的一部分。

实在论者们很可能会主张，我对就正义原则的棘手分歧所提出的挑

① 我们可能还会在行动指导和实践相关性之间进行区分。即使一个理想理论不能够为我们提供此时此地的行动理由，但是它很可能为我们就可见的未来提供行动的理由，这可以展示出，它是具有实践上的相关性的。的确，如果我们不能正当地排除这样一个可能性，即这个理论将会就可见的未来为我们提供行动理由，那么这似乎就足以表明它是具有实践上的相关性的。

战的回应不够深入。这似乎确实是马特·斯莱特（Matt Sleat）坚持表明实在论不仅仅是非理想理论的一个版本的背后的想法。[①] 对于他而言，认为在理想理论和非理想理论之间需要有一个分工的想法搞错了这样一个重点，即我们不需要理想理论来反映我们所面临的政治问题，并且，在排除分歧的预设上，理想理论没能重视这些分歧是政治的构成性特征这件事。我将会在这篇文章的后面讨论，我们是否需要理想理论来证明我们实践上的结论，以及，如果我们不需要理想理论如此做，那么它的重点是什么。就政治的本质这一点来说，理想理论家们可以在不颠覆他们所做的事的情况下接受，分歧是政治的一部分：他们可以坚持说，在与可行性的知识相结合的基础上，理想理论可以提供实践上的指导，并同时承认这一点在很重要的方面是非政治的。[②] 为了使得理论是合理的，被设想出来的处在理想理论和非理想理论之间的分工会包含这样一点，即在二者之间的关系上给予后者足够的独立性，并且这不仅仅是因为，非理想理论将会需要关注经验研究，从而能够确定哪些行动是可行的。[③] 深刻的分歧不仅仅对正义原则的实现构成约束力，它同时还提出了不同种类的规范性问题。当非理想理论将这一点考虑进来时，它所面临的问题就不仅仅是："鉴于什么是可行的，以及履行正义原则的种种代价，在人们将会不可避免的就理想理论所给出的原则上产生分歧的这一事实面前，什么样的推进方法将会使得我们在达到一个完全正义的社会上取得最大的进展?" 它还需要关注以下的这些问题，以及这些问题在特定的环境中出现的方式：我们应当如何回应那些持有（或我们相信他们持有）不合理的正义观念的其他公民，以及，我们应该构建什么样的程序来处理这样的分歧？对于那些不将政治程序视为是具有权威性，并因此不服从这些程序所导致的后果的人，当他们做出了"对合法化的要求"[④] 时，我们应当给出什么样的理由？我们应当如何回应那些我们相信是不合理地拒绝这些政治程序的人?

---

① 见 Sleat，"Realism，Liberalism and Non-ideal Theory"。

② 见这本文集中的马特·斯莱特，"政治价值是什么？政治哲学和对现实的忠诚"。

③ 见 Mason，"Rawlsian Theory and the Circumstances of Politics"。

④ 参考 Bernard Williams，*In the Beginning Was the Deed*（Princeton，NJ：Princeton University Press，2005），8 - 10。

二 原则及其后果

即使有些关于正义的理论化形式不具有实践上的相关性，它们仍旧可能被看作是能够在智识和哲学上提供启发的，正如在形而上学上或者认识论上，一个关于真理的理论或者一个关于知识的理论会提供启发一样。[①] 当理想理论以我所理解的方式被定义的时候，如果它要完成其目标，那么它就必定具有实践上的相关性，但是我们也可能会跟随阿兰·哈姆林（Alan Hamlin）和佐菲亚·斯滕普洛斯卡（Zofia Stemplowska），在理想理论和关于种种理想的理论之间做出区分，就后者而言，它包含了抽象规范性的或者评价性的理论化，而这种理论化并不在任何方面受到起到某些实践作用的需求的约束。[②] 相应地，我在这一章的目标是就反对一个不同的实在论的挑战而为对理想进行理论化的融贯性和价值进行辩护，其中，对理想的理论化仅仅是为了帮助我们更好地理解理想。这种形式的理论化可能会使得我们明确种种原则，这些原则可以通过在逻辑上可能的事态的正义程度来对这些事态进行排序，但是它可以在完全不考虑这些原则对我们所处的社会的实践上的启发、我们需要什么制度来实现那些原则，以及也不考虑践行这些原则的可行性的前提下如此排序。

某些例如爱德华·霍尔（Edward Hall）这样的实在论者会拒绝这种模式的理论化，因为他们主张，我们不能够在不对规范性原则会蕴含的事情进行考虑的前提下对这些原则进行评估，并且，为了对它们进行评估，“我们必须考虑这些原则如何能够映射或应用在它们旨在治理的事实环境中”[③]。伊丽莎白·安德森（Elizabeth Anderson）尽管不在任何传统

---

① 见 David Estlund, “What Good Is It? Unrealistic Political Theory and the Value of Intellectual Work”, *Analyse and Kritik*, 33 (2011): 395 – 416。

② 见 Hamlin and Stemplowska, “Theory, Ideal Theory and the Theory of Ideals”, 52 – 58; Cohen, *Rescuing Justice and Equality*, 268。也见 Adam Swift, “The Value of Philosophy in Nonideal Circumstances”, *Social Theory and Practice*, 34 (2008): 363 – 387, especially 366 – 368; Estlund, “What Good Is It?”

③ Edward Hall, “Political Realism and Fact-Sensitivity”, *Res Publica*, 19 (2013): 173 – 181, at 174; 也见 175 – 176。

的意义上是一个实在论者，但她却在某个方面更进一步地主张，在对理想进行合理评估之前，理想需要被首先诉诸实践。她的观点是，理想对我们所经历的问题提供了解决方案，并且它们需要通过“看看它们是否解决了它们被设定去解决的问题，是否处理了人们的合理诉求，并且是否为人们提供了优于他们先前的生活方式”① 从而得以检测。

霍尔的确正确地指出了，对于某些原则来说，尤其是对于那些为了管理种种制度和政策的即刻的目的而被设计出来的原则来说，它们不能在未对其付诸实践的后果进行考量的情况下得到恰当的评估。他的具有争议的主张是，这一点在更加普遍的意义上，对于所有的规范性原则来说都是正确的。② 的确，当霍尔的论题被理解为是一个对规范性原则的普遍主张时，它具有某种悖论的意味，正如，如果我们不诉诸更加基础的原则，其中那些基础原则并没有在考虑其付诸实践后的后果的前提下被评估，那么我们如何评估一个原则付诸实践后的后果呢？的确，一个对付诸实践的后果的评估将至少包含着确定它是否将人们视作为平等的，以及，例如，它是否与更加基本的原则，如，每个人的生命同等重要，是相一致的；但是我们不能在免于循环论证的情况下坚称，这个更加基本的原则要通过其付诸实践的后果而得以评估。

即使我所说的是对的，即，基础的原则不能通过考虑践行它们的后果而得以评估，我们仍旧可能认为，这些原则永远可以以不同的方式被解读，并且，选出对它们的最佳解读将包含着对将其付诸实践的后果的考量。如果我们提出，对我们应当对人们进行平等的关怀和尊重的这个原则的最佳解读是，它是一个运气平等主义的原则，依据这个原则，没人应当在不是出于她自己的原因之上比另一个人过得差，那么我们就不能不通过考量践行这个原则的后果的前提下评估这个解读是否是正确的。的确，一个可能的想法是，即使是这样的原则，也要先在制度和政策中

---

① Elizabeth Anderson, *The Imperative of Integration* (Princeton, NJ: Princeton University Press, 2010), 6.

② 霍尔的论题似乎排除了义务论原则的可能性，那些原则在独立于对后果的考虑上针对禁止某些特定的行动为我们提供了一定程度（pro tanto）的理由。他的论题主要针对的是对事实不敏感的终极原则，这些原则并不是为了适用于实践目的而被制定的，这些实践目的是 G. A. 科恩所认为的指导我们做决定的规章制度（rules of regulation）。

得到体现，否则它们就是不确定的，这个想法支持了安德森的更加激进的主张，即我们需要通过将理想实际地付诸实践来对其进行检测。出于这个理由，由于制度总是部分地负责为原则提供内容，将制度仅仅视为是实现原则的手段可能会被视作是一个错误。威廉·高尔斯顿（William Galston）将这个想法表述为以下："制度提供了一个舞台，其中关于原则和目标的抽象观念（权利，总体福利）成了具体的观念。因此，制度帮助我们界定了一个社会的目标，而不仅仅是将先在的理解进行落实。"① 这种思路可能从维特根斯坦关于遵循规则的考虑中获得了支持。② 尽管他对遵循规则的看法十分复杂，并且它们的含义究竟是什么，这在学术上仍有争议，不过他对于规则可以得到不同的解读的这一观点，以及他对于决定对规则的正确解读的是于其中得到体现的实践的显见观点，在这里与上述思路之间存在着明确的共鸣。

但是，即使是基础的原则，例如我们应当对人们给予平等的关怀和尊重这样的原则，也允许不同的合理解读，有些解读会因为它们与我们关于遵循这个原则所包含什么的直觉相冲突，从而被看作不合理的解读排除出去。我们通常可以通过考虑一些虚构的例子来探索这些直觉，并且通过这种方式为原则提供更多的内容。确实，对我们应当对人们进行平等的关怀和尊重这样的基础原则的特定解读，例如将其解读为一个运气平等主义原则，也可以通过这样的方式得到改善和评估。就对理想和原则进行评估这件事，伊丽莎白·安德森对于思想实验的方法持有怀疑的态度，因为评价性判断包含对情感的表达，而我们并不是特别善于对我们对还没有体验过的事态会产生的感受进行预测。③ 尽管我们接受这样一个事实，即在面临真实的，而不是虚构的情况下，我们的直觉有时区别于我们的期待，但是在我看来，我们不应当夸大这一事实。无疑，就仅仅通过考虑虚构的后果来对原则进行评估和改善来说，这一事实为我们对此担忧提供了理由，但是它并不给我们理由去认为这种推进的方式

① Galston, "Realism in Political Theory", 393.

② 关于维特根斯坦对遵循规则的看法，见 Ludwig Wittgenstein, *Philosophical Investigations*, trans. G. E. M. Anscombe, 3d ed. （Oxford: Blackwell, 1967）, paragraphs 138 – 242。

③ 见 Elizabeth Anderson, "Reply to Critics of The Imperative of Integration", *Political Studies Review*, 12（2014）, 376 – 382, at 379。

不能起到任何合理的作用。

的确，对虚构的后果的考量可能是最好的办法，或者甚至是唯一的办法，来确定这样一个情况，即一个原则具有某种效力，但是却被另一个原则所压倒，或者是这样一个情况，即这个原则是一个不正确的原则，因此应当被拒绝。[①] 一个原则如果被践行就会带来坏的后果这一件事，几乎不是拒绝这个原则的确凿理由。让我们就此考虑“从每个人的能力到每个人的需要”这一原则。霍尔主张，如果践行这个社会主义的正义原则要求这样的一种精神，并且由于它违反了人类本性而只有通过专制的国家介入才能够得以维持，那么这将会为我们提供充分的理由拒绝这个原则。[②] 但是在这里我们还可以得出其他的结论。例如，我们可能会预设，这个原则需要同另一个正义原则相制衡，那个原则要求我们拥有基本的自由（或者最大化平等的基本自由），于是前一原则就被后一个原则所压倒了。如果存在正确的诊断，社会主义的原则将仍旧持有独立的效力。一个诊断是否是正确的，可以通过问以下的问题而得到“检测”，即在一系列的情况中这个原则意味着什么，这些情况中的某些情况很可能无法达到，然而也许由于人类被促动的方式是十分不同的，因此这个原则可以在没有专制国家介入的情况下被践行，并且我们还可以通过看一看这样的实践是否与我们的深思熟虑的判断相匹配来对诊断进行“检测”。很难看到的是，这些反思如何会是不融贯的，即使这样的环境可能早就从这一原则所治理的“事实的环境”中移除出去了。

某些关于合理的规范性的理论化形式，包括对正义的理论化的想法，可能包含了对原则的明确，以及继而通过我们对虚构例子的直觉而对这些原则进行检测，这种检测的方式独立于任何关于这些原则可以如何通过制度实现的考量，这个想法具有这样一个启示，即当我们转向这个问题时，我们可能会发现，在实践中实现这些原则是不可能的，并且它们

① 在这个语境中，值得一提的是，G. A. 科恩回应了安德森自己的对运气平等主义的批判。这个批判部分地通过考量践行这一原则的可能的后果，从而反对了运气平等主义，通过主张这一点，她的论证并不削弱运气平等主义原则本身，而仅仅是展示出我们需要通过尝试践行它的其他价值来考虑践行它的代价，然后平衡践行它的价值和代价。见 Elizabeth Anderson，“What Is the Point of Equality?” *Ethics*，109（1999）：287 –337；Cohen，*Rescuing Justice and Equality*，271。

② Hall，“Political Realism and Fact-Sensitivity”，178.

永远也不能为个体或集体行动提供理由。这可能会使得我们开始疑惑，这些致力于这个活动的理论家们是否在探讨一个与那些被实际担忧所驱动的人们所探讨的不相同的观念。[①] 确实，我们能论证说，那些致力于这种纯粹的智力活动的人们，即使他们仍旧在使用正义这个术语，但是他们已不是在理论化正义了吗？我们可能主张的是，正义观念的意义就是在上述明确出来的意义上去指导政治行动，而这似乎意味着，除非一个判断可以指导政治行动，否则这个判断就不能是一个关于正义的判断。这甚至可以被拿来支持这样的一个观点，即，必须满足某种可行性的条件尤其是关于正义的恰当的原则，即使规范性的或者评价性的理论化通常不受到这样的条件的限制。[②] 这是一个很难巧妙处理的论证，因为我们需要某种方式来证明正义概念具有某种内在实践目的。当它被理解为是一个关于我们对这个术语使用的日常实践的主张时，这个主张是最合理的，例如，当我们说“这些福利改革是不正义的”，或者“抗议者没有被正义地对待”等等，在这里，做出这些主张的意义在于说服我们做出某些回应行动的重要性。[③] 但是即使我们可以展示出，这个正义观念在我们对它的日常使用中具有实践的目标，并且对正义要求的理论化在其本质上是一种实践推理的实践，我们仍旧很难知道从这一点中我们能够得出什么。[④] 如果一个概念的特性被其意义所固定，我们似乎能够得出的是，那些为无法在现在或可见未来给出任何实践指导的规范性或评价性原则进行辩护的人，一定是在使用一个不同的概念。但是，如果这一点被当

---

① 关于相关的讨论，见 Anca Gheaus, “The Feasibility Constraint on the Concept of Justice”, *Philosophical Quarterly*, 63 (2013): 445 – 464; Andrew Williams, “Justice, Incentives and Constructivism”, *Ratio*, 21 (2008): 476 – 493, at 490 – 492; Adam Swift and Zofia Stemplowska, “Ideal and Nonideal Theory”, in David Estlund, ed., *Oxford Handbook of Political Philosophy* (Oxford: Oxford University Press, 2012), 384 – 385.

② 见 Andrew Mason, “What is the Point of Justice?” *Utilitas*, 24 (2012): 525 – 547, at 527 – 528。

③ 见 David Miller, “A Tale of Two Cities; or, Political Philosophy as Lamentation”, in his *Justice for Earthlings: Essays in Political Philosophy* (Cambridge: Cambridge University Press, 2013), 237 – 239。

④ 西蒙・霍普（Simon Hope）强调了这样一个想法，即，对正义对作为个体的或者集体的我们要求了什么所进行的反思，是一种实践推理的形式，而不是理论推理的行动。见本文集中西蒙・霍普“理想化、正义和实践理由的形式”。

作是意味着，在实践意义上的“正义”和纯粹理论意义上的“正义”之间没有任何关联的话，这会是具有误导性的。尽管我们似乎可以不可指摘地预设理论家们所致力于的活动是非常不同的活动——有些人力图以一种独立于任何对什么是可行的以及践行原则的代价的关注方式来理解“如此这般的正义”，而其他一些人力图为治理一个可能的社会提供正义原则——我们不能避开这两种形式的活动之间的关系这一问题。将这些形式的活动理解为是关注恰巧被表示为同一个术语的不同概念，将会鼓励这样一种观点，即它们之间完全没有关系，但是这样的观点似乎是错误的。[①] 这将会被那些将自己视为是试着去理解如此这般的正义的人所否定，因为他们将会主张，这种反思形式在逻辑上是优先的，如果没有它，我们就无法完全理解那些被提议出来的治理一个实际的或可能的社会的原则，我们也不能对这些原则进行完整的证明。如果他们可以确立这个主张，这将会有效地回应实在论者。

三 可行性和对行动指导原则的证明

为什么有人会认为，对指导行动的原则的完全证明要依赖于首先明确正义的基本原则，其中，这些原则为我们提供了对如此这般的正义的理解，而丝毫不考虑什么是可行的或者践行这些原则会引发的代价呢？G. A. 科恩论证说，终极的规范性原则，包括终极的正义原则，是不受制于人类能力缺失的这一事实的。当一个关于人类能力缺失的事实“被认作是排除了一个原则，因为它不能够被遵从，那么我们可能会问，在一个反事实的假设的基础上，即，如果它能够被服从，那么我们应当如何看待这一被推定为被排除的原则。只有当我们清楚关于能力的事实，并且回答了那个反事实的问题……我们才达到了规范性的终点”[②]。换句话说，在这些情况中，我们通过从什么是可行的进行抽象化，并使用一系列的反事实推理来达到终极的规范性原则，这些推理包括了对下述问题

① 这似乎具有高度反直觉的后果。见 Gheaus，“The Feasibility Constraint on the Concept of Justice”，452。

② Cohen，*Rescuing Justice and Equality*，251.

进行提问，例如，“如果践行这个原则是可能的，正义会告诉我们如此行动吗?”或者，“如果践行这个原则是可能的，不依此进行实践时会包含某种不正义吗?”相关的终极原则并不体现或蕴含绝对的应然命题；相反，它们体现或蕴含的命题诸如，“如果做 A 是可能的，那么你应当去做 A”[①]。可以想见的是，对于践行一个原则的代价，科恩也会表达同样的想法：如果有人基于践行一个原则会代价很大而反对这个原则，那么为了明确正确的终极原则，我们应当问以下这样的问题，诸如，“如果我们能够以零代价的方式践行这个原则，正义会偏向于我们践行这个原则吗?”

这能说明什么呢?这似乎与下面这样一个结论仅一步之遥，即，为了证明终极的原则，我们需要先明确那些原则——或者如科恩可能会说的，我们需要先明确那些规章制度——将这些原则应用到具体的环境中将永远要求我们“清楚”所有关于什么是可行的以及践行它们可能会带来的代价的种种事实。[②] 然而，我们并不能得出这一点。在某些情况中，在一套给定的环境中，为了证明一个恰当的规章制度所需要的终极原则可能会鉴于什么是可行的而得到明确，因为存在一些终极的原则，它们之所以能够得到应用，正是因为关于什么是可行的那些事实。例如，考虑这样一个原则，依照这个原则，每个人都应当被允许拥有他们所想要的一定数量和一定质量的物质资源。如果因为没有足够的物质资源能够如此流通，有人出于这一原则无法在实践中得到满足，从而否定这个原则，那么，依照科恩的询问方法，我们会问，“如果使得每个人都拥有其想要的一定数量和质量的物质资源是可能的，这个原则会是在道德上被要求的吗?”答案可能是，“是的”：如果物质资源在现在和未来都是无限的，那么对这个原则我们能给出什么样的反驳呢?因此，每个人都应当被允许拥有他们想要的物质资源这一原则就是一个终极原则，并且能够在资源丰富的条件下得到应用。但是如果我们想要明确能够应用在我们的世界中的、能够帮助我们为其制定规章制度的分配正义的终极原则，

① Cohen, *Rescuing Justice and Equality*, 252.

② 关于终极原则和规章制度的讨论，见 Cohen, *Rescuing Justice and Equality*, chaps. 6 – 7, esp. 263ff。

那么我们就需要在资源紧缺的预设之上对这些原则进行明确。

更加概括地说，在我看来，“清楚”关于什么是可行的事实不是明确一系列终极原则的方式，其中，这些终极原则能够作为我们相关的规章制度和我们生存于其中的社会的基础。现在让我们来考虑另一个例子。假定在这样一种环境中，其中，如果每个人的需求都可能得到满足，那么正义会要求我们让每个人的需求都得到满足。但是设想，每个人的需求都得到满足是不可能的。一个关于我们应当如此做的原则因此是不能为我们提供任何指导的。即使这样的原则不能单单基于这些理由而不被视为是一个终极原则，我们仍旧需要某些更进一步的终极原则来指导我们明确和证明在这些环境中得以应用的规章制度，其中，在这些环境中，种种可能性是有限的，更进一步的终极原则解释并证明了我们如何在例如下面两件事之间产生的冲突中进行平衡，即，通过满足需要帮助的人的需要来帮助他们，以及与此相反，使得更多的人的需求得到满足。在这里，我们需要学习的教训是，存在一些终极的原则，它们的适用性在下面这个意义上依赖于某些事实，即，这些事实是应用这些原则的条件。在这样的情况中，我们通过密切留意这些事实而获得终极的原则，而不是通过将这些事实清除而获得终极的原则。这可能可以帮助抵挡一些来自实在论者的对科恩的文章的批判：即使正义的终极原则不受什么是可行的的事实的约束，这当中的某些事实仍旧可能是相关的，因为它们是这些终极原则得以应用的条件。[①] 即使当对应用在一系列给定的环境中的规章制度的完全证明确实要求我们从什么是可行的当中进行抽象化，并且明确如果环境不限定我们的选项的情况下可能得以应用的原则时，通常来说，在不如此做的情况下达到一个对于规章制度的恰当证明是可能的。首先，正如阿马蒂亚·森（Amartya Sen）指出的，我们可以在不对什么是最好的做出判断的情况下，就什么是更好的做出判断，[②] 并且这些

---

① 这可能不会削弱科恩的命题，即，终极的原则并不基于任何事实。正如他所强调的，当一个事实是一个原则得以应用的条件时，它并不是对这一原则的证明的一部分。见 Cohen，*Rescuing Justice and Equality*，331－336。

② 见 Amartya Sen，“What Do We Want from a Theory of Justice?” *The Journal of Philosophy*，103（2006）：215－238；*The Idea of Justice*（Cambridge，MA：Harvard University Press，2009）；也见 Anderson，*The Imperative of Integration*，3。

判断可能通常都能在不涉及终极原则的情况下得到恰当的证明。除此以外，约翰·邓恩（John Dunn）主张，即使当我们不能够明确最好的后果时，我们仍旧能够明确最坏的可能后果（例如，核毁灭），而避免它的需求可能会为我们就一个特定的政策提供恰当的证明。① 其次，我们可能可以展示出，在我们所面临的环境中，某个特定的规章制度会从一系列原则中得出，在这样的情况中，我们可能不需要进行进一步的探测。例如，严格的平等主义，优先主义，充分主义的分配原则可能蕴含着同样的规章制度，这个规章制度治理了在某些选择有限的环境中对资源的再次分配。

最后，我们可以依照不同的情况通过类比的方式推理至结论，即使它们并没有得到一个演绎上有效的论证的支持，其中，这样的论证包含一个作为前提的终极原则，但是这些结论仍旧是能够得以恰当证明的。例如，考虑朱迪斯·贾维斯·汤姆森（udith Jarvis Thomson）在她关于堕胎的容许性的著名文章中所使用的类比，其中，你被要求去想象这样一个场景，你醒来后发现自己被拴在了一个著名的小提琴家身上，这个人患有致命的肾脏疾病，你的血型使得你是唯一一个能够保全其生命的人。② 如果现在将你们分离，他一定会死去，但是如果不将你们分离，九个月之后他就会痊愈。汤姆森论证说，即使小提琴家有生命的权利，但是对于你来说，将你们分离是道德上被容许的事情。她通过类比得出结论说，即使一个胎儿有生命的权利，对于一个怀孕的女人来说，堕胎是道德上被容许的事情。在这里，我们需要注意的关键的一件事是，汤姆森的论证不是在演绎上有效的，并且她的论证也不包含一个普遍的道德原则作为其前提：它仅仅诉诸这样一个想法，即两个例子具有相关的相似性。就这个结论是正当的而言，其证明依赖于我们就小提琴家的例子所得出的深思熟虑的判断，这个证明还依赖于这两个例子具有相关的相似性这一点，而不是依赖于对原则的诉诸——当然了，很多对这个论证

---

① 见 Dunn, *Interpreting Political Responsibility*, 197. 也见 Judith N. Shklar, "The Liberalism of Fear", in J. N. Shklar, *Political Thought and Political Thinkers*, ed. S. Hoffman (Chicago: University of Chicago Press, 1998), 10 – 11。

② Judith J. Thomson, "A Defence of Abortion", *Philosophy and Public Affairs*, 1 (1971): 47 – 66.

的反驳包含了对这两个例子间相关的差别性的指摘。坚持认为我们只有在能够明确支持这个结论的原则的情况下，才能使得这个类比为结论提供证明，这样的想法在我看来是错误的。[①] 通过从所有关于什么是可行的的考虑中进行抽象化，从而进行的对“终极原则”的探索可能会带领我们走上一条离我们现在所处的境地很远的路。有时我们可能想说，它会将我们导向针对与我们不相像的个体的原则，或者一个针对与我们的社会不相像的社会的原则，而不会将我们引领到一个针对我们或我们所处的社会的原则。当高尔斯顿说，如果对政治价值的反思仅仅被智识的考虑所驱动，并且仅仅是一个追寻真理的活动时，它可能就会是与科幻小说一样的政治理论的时候，他也表达了相似的想法。[②] 也许他比我还要怀疑这种活动的价值。在我的观点中，这样的活动仍旧是一条有价值的路径，因为它可能会通过告诉我们，如果我们是如我们现在所是的不同的生物，或者如果我们拥有我们永远不会有的信息或技术，那么正义可能会是什么样的，来加深我们对正义概念的理解。它加深我们对正义观念的理解的方式，在某些相关的方面就像是哲学家们在脑中进行的奇怪的思想实验可能会加深我们对个人同一性的观念的理解的方式一样，例如，设想一个人醒来后有了盖伊·福克斯（Guy Fawkes）的全部记忆，或者设想我们将一个人的大脑切成两半，并且将它们各自放入一个新的身体，或者我们将一个人的全部记忆“下载”下来，并“上传”到一个新的大脑中。在当我们需要判断一个在我们眼前的人是不是我们十天以前所见到那同一个人时，对于这些例子的反思可能不会为我们提供任何多余的帮助，但是这些例子仍旧有可能扩展我们对个人同一性的本质的理解。

就这一方面而言，当大卫·米勒（David Miller）挑战他所称之为“作为星际飞船事业的政治哲学”[③] 时，我也与他持不同意见。与高尔斯

---

① 更多关于类比推理的本质的讨论，以及对类比推理的变化的讨论，见 Mason, *Explaining Political Disagreement*, 30 – 35; Cass Sunstein, “On Analogical Reasoning”, *Harvard Law Review*, 106 (1993): 741 – 791, especially 773 – 781.

② Galston, “Realism in Political Theory”, 402 – 403. David Miller（大卫·米勒）的文章的题目，即“Political Philosophy for Earthlings”, in his *Justice for Earthlings: Essays in Political Philosophy* (Cambridge: Cambridge University Press, 2013)，也指出了大体上一样的想法。

③ Miller, “Political Philosophy for Earthlings”, 31.

顿不同，米勒在最后认为，这种关于政治哲学的观点是不一致的。米勒认为为了保持其一致性，政治理论必须至少要受制于某种可行性的限制，并且必须做出一些关于人类是什么样的以及他们所生存的环境是什么样的的预设。就这一问题，我至少部分上是在科恩的阵营中的。他认为我们可以永远融贯地以及有意义地询问：如果人类本性是以另外的方式被构成的——例如，如果我们拥有其他的能力或倾向性，什么样的原则是能够在我们身上得以应用呢？或者，如果世界是另外的样子——例如，如果世界上存在无限的资源——那么什么样的原则是能够得以应用的呢？我认为他的这个想法是正确的，并且我相信通过这样的询问我们能够学到一些关于正义概念的事情，即使我们并不能因此为我们自己，如我们所构成的样子的自己，以及受制于各种严酷限制的自己，明确（更多的）终极原则。[①] 的确，通过考虑与我们的社会所不同的社会中的正义，其中，在那些社会中我们以另外的方式被构成，我们可能会学到关于我们的社会的、我们的本性的方方面面对于如何能够在我们身上得以应用的原则的应用来说，是重要的条件。

四 关于理想理论的所谓的优先性

科恩的论证旨在展示，对终极的规范性原则的明确有时至少会要求我们从关于什么是可行的事实中进行抽象化，那些事实中包含着关于可能会构成严酷限制的人类能力缺失的事实。但是我们还有一个不那么激进的论证，这个论证旨在展示，从大部分或所有的“宽松”限制——也就是，在某种程度上可以改变的限制——中抽象化出来的理想的理论化，必须是优先于非理想的理论化的，非理想的理论化处理的问题是，我们在面临当下这些限制时应当做什么。根据这种观点，我们可以正当地认为，只要我们能够持有一个告诉我们在没有大部分或任何宽松限定的情况下，正义的要求是什么的理想理论，那么我们就在迈向一个完全正义的社会上取得了真正的进展。这构成了对那些像森一样的人的回应，他们认为，关于我们现在应当做什么的实践上的结论能够在没有任何对完

---

① 见 Mason, “What is the Point of Justice?” 539, 546。

全正义的清晰的理解的基础上得到证明，因为我们可以在不知道一个完全正义的事态是什么样的的情况下正当地认为一个事态是更加正义的，或者不那么不正义的。(如果这一点是成功的，那么它还会对我以上的论证提出质疑，我的论证是，即使我们还没有成功地确认那些得到使用的原则所基于的终极原则什么，我们仍旧可以恰当地证明那些应用到我们面临的环境中的原则。)

这里的关键论证是由约翰·西蒙斯（John Simmons）发展出来的，它建立在罗尔斯对理想理论和非理想理论之间的关系的观念之上。[①] 他主张，任何可以得到辩护的正义的非理想理论都必须有一个过渡性的，而不仅仅是比较性的特征。其过渡性特征意味着它要求自身的应用需要某种被合理制定出来的关于完美的或完全正义的理论。[②] 即使我们可以说，在事态 C 和事态 D 之间，D 比 C 更加正义，这并不足以表明我们应当趋向 D，因为 D 可能会阻挡我们迈向一个完全正义的社会，或者使得我们迈向那个社会的过渡更加困难。在这些环境中，可能的情况是为了向前迈进几步，我们应当先后退一步。西蒙斯得出结论说，我们需要能为我们提供一个完全的或完美的正义观念的理想理论，它能够设定一个终极的目标，从而能够确定是否存在类似这种路径依赖的问题。他论证道，出于相似的理由，我们需要一个关于完全正义的社会的完整观念，而不仅仅是一个关于在某一个维度上完全正义的社会的观念，例如，仅仅在性别正义的维度上正义的社会。如果没有一个关于完全正义的社会的完整观念，那么我们将不能够指出，一个在单一维度上的改革是否会使得其他维度的改革不受影响，并且，这是否只会使得一个社会仅仅从比较的角度出发看待时才是更加正义的，但却使得我们离被理解为是一个完整的理想的完美正义更远了。

西蒙斯认为路径依赖是重要的，这一点是正确的。确实，甚至对于那些认为理想理论不是必要的，或者出于某些原因是具有深刻的缺陷的

① Simmons, "Ideal and Nonideal Theory", 21ff; 34 – 36. 罗尔斯主张，理想理论就由非理想理论中所处理的非服从所提出的问题提供了“对系统性的理解的唯一基础”，并且，理想理论“是正义理论的基础，并且它对于非理想的部分也是关键的。”（Rawls, *A Theory of Justice*, 8, 343）

② Simmons, "Ideal and Nonideal Theory", 22.

人来说，路径依赖也是重要的，因为可能存在一些环境，其中我们可以切实地制造一个可能会更加正义的事态，但是我们仍旧不应当如此做，因为那样做可能会使得我们冒险制造出会在未来出现的更大的不正义。[①] 但是，对于西蒙斯的主张，即，对路径依赖所产生的问题的恰当重视会构建出理想理论的优先性，存在一系列可能的回应。我将关注三种回应。他部分地预料到了第一种回应，但是这种回应仍旧展示出，在没有任何像是制定好的理想理论的东西的情况下，非理想的理论化仍旧是有很大的发挥空间的。它依赖于指出我们的社会科学知识是高度有限的，并且我们没有足够可靠的能力来预测使得一个社会更加正义的努力可能有什么长远的影响。[②] 确实，我们对未来的知识倾向于随着它与现在的距离之远而越来越不明确。我们很难处在一定的位置从而知道，我们可以通过采取一个在短期或中短期内使得社会变得更加不正义的渠道，从而更加靠近完全的正义。无论是哪种的证据都很难被找到，但是，选择一个会使得社会在短期或中短期内变得更加不正义的渠道，基于它能够使得我们更加靠近正义的这一理由，必定会影响对这种选择的证明。

西蒙斯承认这些想法中的某些想法，但是他从中得出结论说，当我们对未来的知识是不充分的时候，我们所能做的就是应付过去，之后“期待好运降临并且接受就正义而言的任何可比较的收益，或者专门攻击某些具体的、显著的不正义，似乎是可接受的”[③]。但是，在我看来，在我们对改革的正义进行深思时，这种情况是我们所能够遇到的大部分情况。我会得出更加激进的结论，即，在没有强有力的证据说明——也就是那种我们不太可能获得的证据——会在短期内产生重大的可比较的收益的改革非常有可能在长远上看使得一切更加糟糕，那么我们就能够正当地支持或追求它，并且我们通常应当在道德上被要求如此做。

---

① 例如，假定一个社会拥有正义的理由去制定一套紧缩措施，但是，采纳这套措施会使得一个法西斯的政府最终掌权变得极为可能。我们不需要一个关于正义的理想理论来正当地相信不实践这套措施是更好的。这个例子归功于杰瑞·高斯（Jerry Gaus）。

② 在决定什么构成了完美正义的时候，我们甚至也不拥有那种能够使得我们可靠地区分强硬和宽松限定的知识。也见 Hamlin and Stemplowska, “Theory, Ideal Theory and the Theory of Ideals”, 59; Swift and Stemplowska, “Ideal and Nonideal Theory”, 379 – 380。

③ Simmons, “Ideal and Nonideal Theory”, 24.

其次，假定完全的正义能够被达到，但是因为存在有势力的人抱着被授权的兴趣而使得它不会被达到，从而将不会被达到。[①] 在这些情况中，为什么要认为完全的正义应当被当作是一个目标，而不是某些其他的标准，例如存在某些概率我们可能达到它，来被作为目标呢？为什么越来越远离我们所能达到的最好的事态会得到证明呢，如果这样做的理由是它可以使得我们有可能更加靠近完全正义？或者，假定完全的正义将不会在可见的未来中被达到。为什么我们应当选择一种能够保持我们在遥远和不可见的未来达到它的可能性的行动，即使它会使得我们在可见的未来中离我们所能达到的最好事态越来越远？

也许这些反思给我们理由认为，理想理论应当基于一个不同的可行性条件来进行，也就是，原则应当与能够在最好的可见的环境中获得的事情相容，而不是与仅仅局限于与人类本性和物理法则能够被达到的事情相容。但是这将我带到第三个问题，也就是，理想理论家们如何证明那些他们在建构关于完全正义的论述时所应用的特定的可行性条件，其中，这种对完全正义的论述是评判改革的道德目标或标准。确实，不同的理想理论家们就规范性原则的恰当性给出了不同的可行性条件。例如，罗尔斯假定，正义原则仅仅在它们能够以正确的理由，在合适的环境中，也就是在最好的可见条件中，以一种稳定的方式被实现时，才是可能被理想理论所采纳的候选者。[②] 这似乎是更加具有局限性的：它似乎会排除与强硬限制相容的原则，但是鉴于在此时此地存在的宽松条件的本质，这个原则同时是一个我们有好理由认为不可能在最好的可见条件下被实现的原则。[③] 与此相反，艾伦·布坎南（Allen Buchanan）主张，理想理

---

① 关于在什么是人们不能做的以及他们将不会做的之间的区别，及其对规范性理论的讨论，见 David Estlund, *Democratic Authority: A Philosophical Framework* (Princeton, NJ: Princeton University Press, 2008), 264 - 270; "Utopophobia", *Philosophy and Public Affairs*, 42 (2014): 113 - 134。

② 见 Rawls, *Political Liberalism*, xix; *Justice as Fairness: A Restatement* (Cambridge, MA: Harvard University Press, 2001), 13。

③ 米勒认为罗尔斯的可行性条件在排除某些原则的同时，同样也包含了我们可能会认为是不可忍受的影响："对于罗尔斯来说，政治可能性的限度不仅仅是由政治法律所制定的，它同样还是由我们——也就是当代自由的社会中的人们——会认为是在根本上不可接受的一定范围内的后果来制定的。"(Miller, *Political Philosophy for Earthlings*, 33)

论应当满足“道德可及性”的条件，它包含了三个需要被满足的条件：首先，践行它必须是可行的，因此它必须是“与人类的心理状况，人类的大体能力，以及自然法则，还有人类可获得的自然资源相容的”；其次，必须存在“一个从我们当下的处境出发到至少是满足了其原则的事态的合理近似状态的实践路径”；最后，它所明确的被视作是理想的事态必须是在没有不可接受的道德代价的情况下可获得的。[①]

西蒙斯反对布坎南的理想理论观念，而为罗尔斯的理想理论观念进行辩护，西蒙斯的反驳基于布坎南的观念与将理想理论的原则视为终极标准的想法相冲突这一点，其中，布坎南的版本蕴含着这一点，即那些原则将会随着关于道德可及性的事实的变化而变化，并且它并不允许我们谴责这样的安排，也就是说不存在可实践的改革方式。[②] 但是这个回应没有影响认为理想理论应当设定一个可以从我们当下的处境中达到的道德目标的那些人，他们认为理想理论不是去明确用来评价行动的标准的，也不是用来明确判断不正义事态的标准的，即使就我们当下的状况，不存在可实践的改革方式。很难看出为什么我们应当认为存在一个尤其正确的关于可行性条件的论述，而理想理论所要辩护的正义原则应当满足那个条件。关于什么算作是从理想理论指导行动的作用中施加的可辩护的可行性条件，可能存在一些界限，但是这些界限将会允许我们对那个条件抱有不同的合理解读，也许它们会从关于这个条件所设定的目标需要在什么程度上是可获得的的不同理论中得出，也许它们会从关于理想理论如何指导行动的不同观念中得出，也就是，它是否应当设定一个目标，还是它是否仅仅需要提供一个与强硬限定兼容的标准，来评价不同的行动和事态，不管这个标准在当下能不能获得，或者甚至在未来也不可获得。因为理想理论可能合理地对可行性条件做出不同的解读，它们可能会包含不同的宽松限制——如果它们认为自己是在设定一个目标的话——并且对其应用给出不同的时限。

---

① Allen Buchanan, *Justice, Legitimacy, and Self-Determination. Moral Foundations of International Law* (Oxford: Oxford University Press, 2004), 60 - 62.

② Simmons, “Ideal and Nonideal Theory”, 29 - 30.

五 结论语

我所做的主张是，不同种类的政治理论都是有价值的，并且没有某一种特殊的理论总是在先的。但是，我并不是在论证一个保罗·费耶阿本德（Paul Feyerabend）式的方法论上的无政府主义，依照那种观点，什么事都是可行的。[①] 不同种类的政治理论都可能被完成得好或者被完成得不好：一个理想理论可能会使得理论化在它和它旨在应用于其中的社会之间制造过大的差距，从而导致自身变得不融贯，因为它不能完成其指导政治行动的作用；对政治问题进行反思可能会由于对重要的经验证据的忽视而被引起，并因此给出在实践上有缺陷的建议。即使当一种政治理论做得很好，它仍旧可能被错误地应用，或者人们可能从中推出不正当的结论：从一套关于什么是正义会要求我们在与我们的世界大不相同的世界中的实践的理论中，我们不能直截了当地推出关于什么是正义要求我们在我们的世界中要做的事情的结论，并且在那个理论中，我们与我们本来的样子也大不相同。

某种政治理论对于我们来说的价值部分地依赖于我们想要对什么问题进行处理，以及通过如此处理，我们祈求获得什么。通过试图理解"如此这般的正义"，我们是仅仅在追求智识上的或哲学上的启发吗？或者我们是在试图找到关于某些实践问题的解决方案吗？还是我们在同时做这两件事？通过为作为个体的或集体的我们，无论是在现在还是在可见的未来，应当做什么而提供指导的、服务于实践目的的政治理论，明显是重要的。但是同样重要的还有对于关于我们应当做什么而达到恰当的、正当的结论来说不必要的政治理论，或者是可能仅仅在某些遥远的可能世界中为我们提供指导，或者仅仅是服务于某个智识上的目标的政治理论。这种政治理论是有价值的，因为它能够为我们关于我们应当做什么或者是为一个对例如正义的理想的更深刻的理解，提供一个更加完整或者全面的证明。在这里利用大卫·米勒的内容些许丰富的术语，我们可能会说，除了鉴于地球人所在的地方和他们所能达到的东西而针对

① 见 Paul Feyerabend, *Against Method* 3d ed. （London：Verso, 1993），尤其是第一章。

他们而言的政治哲学以外，其中这样的政治理论受到了什么对于他们的社会来说是可能的的限制，从星际事业者的角度出发做的政治哲学也是有价值的——也就是，一套将所有关于可行性的考量都包含进来的理论，包括了那些源自人类本性的可行性考量。

对于那些接受了由深深确立了的政治信念所赋予的限定的政治理论化来说，它们也是没有任何问题的，它们可能会在实际上选择被关于政治可行性的考量所限定，或者询问我们应当在这样的事实面前如何行动，即，我们的同辈公民有显然在我们的政治规划中做出了某些改革。[①] 的确，这样做可能会对表述出以下问题来说是重要的，例如，“我们此时此地应当做什么?”而这对于一个政治理论家来说，是合理的问题。例如，鉴于在不同宗教团体的成员中，大家有着普遍的对建立宗教学校的承诺，以及国家对宗教学校的资助在这里有着突出的传统，那么即使我们相信，如果这些学校不存在其实是更好或更加正义的，政治理论家们可能还是会问这样的问题，如，什么样的监管体系应当被应用到在英国受到公共资助的宗教学校。确实，我愿意看到更多这样的政治理论，尽管它可能会具有更多的狭隘的特质，并且可能不会在不同的政治界限间得到很好的流传。

由于不同类型的政治理论表达了不同的问题，在它们之间存在着分工，并且它们通常可能会彼此补充。但是这并不说明这些问题是否就应当通过某种特定的优先秩序得以排序。作为我对多元主义的辩护的一个部分，我已经对这样一个想法做出了抗议，即，理想理论中提出的关于什么样的原则要治理完全正义的社会，应当永远得到最先表述。那么这样一个观点又如何呢，即，非理想理论应当永远在先，因为我们的理论化应当始于对特定的不正义的反思，同时它还要致力于得到关于我们应当做什么来克服它们的实践上的结论?

有时，关于非理想理论应当在先的观点建立在一个关于政治理论在民主社会的恰当作用的信念——尤其是，它应当为关于我们应当制定什么样的法律和政策的公开辩论做出贡献。然而，出于我给出的种种理由，

---

① 米勒似乎不认为这是一种合法的政治理论化：见“Political Philosophy for Earthlings”，46 - 47。

不明确的是，我们为什么应当认为政治理论的价值仅仅在于它能够做出这样的贡献。但是有种想法是，非理想理论的优先性可以基于一个更加深刻的想法，即，我们仅能够通过不正义的事情来理解什么是正义的。大卫·施密兹（David Schmidtz）在主张“与其说正义是一种性质，不如说它是使得不正义出现的某些性质的缺失”① 时，似乎支持了这种更加深刻的想法。如果正义仅仅是不正义的缺失，那么我们必须在我们能够知道正义是什么之前明确什么是不正义。但是，如果我们所指的“非理想理论”就是“致力于获得关于我们鉴于当下环境中什么是可行的的考虑来回应不正义，从而应当得出的正当结论”，那么这不足以表明非理想理论就必须在先。因为即使正义仅仅就是不正义的缺失，这也不能得出，在没有首先表达那些不正义应当如何在实践中被处理，从而使得社会更加正义的情况下，试图描述一个不存在不正义的社会（也就是，完全正义的社会）是一种误解。在某些特定的不正义面前，我们可能会认为，加深我们对这些不正义的本质和特征的理解，以及通过表述一个于其中所有不正义都被消除，并且没有新的不正义出现的社会，来表达这些不正义之间的关系，不管达到这样一个社会是否是可行的，这同样是有价值的。我们还会认为，这样的路径是有价值的，这部分是因为我们相信，我们可能会因此获得的理解本身是有价值的，这还部分因为我们相信，如果我们获得了那种理解，我们就会对我们鉴于自己判断为是可行的事务而提出的改革提议抱有更多的信心，并且拥有更多的资源为那些提议进行辩护。②

---

① 见 Schmidtz，“Nonideal Theory”，774。

② 的确，在我看来，这些理由是为什么 G. A. 科恩认为我们应当致力于明确关于正义的正确的根本性原则；这并不是说他认为为社会设计最佳“规章制度”的项目是不重要的。

论政治哲学中理想理论的观念*

亚历山大·罗森伯格（Alexander Rosenberg）**
（译：朱慧兰）

摘要：这篇论文论证，即使在罗尔斯理想理论的目标观念下，理想理论在政治哲学中也没有什么空间。本文首先确定物理中一个理想理论的标准案例的特征——理想气体定律，PV = NRT，然后指出罗尔斯从原初状态中推导出的正义原则缺乏这些特征。阿马蒂亚·森（Amartya Sen）批评理想理论，约翰·西蒙斯（John Simmons）对这一批评的回应，从而对理想理论进行的辩护，大卫·施密兹（David Schmidtz）则对二者都进行批评。本文继续发展一个特定的观念——被正义刻画的社会关系的领域，这一观念表明作为一个移动的目标，它使理想理论变得多余。对罗尔斯后期观点的考察证实了这样的结论——《正义论》中提出的理想理论是政治哲学事业中一个错误的起点。一方面是数学、物理学和经济学领域中的理想理论，另一方面是政治哲学中的理想理论，二者之间的差异进一步强化了这一结论。

关键词：理想模型；适宜的环境（favorable circumstances）；不遵从；可变形的弹性表面（deformable elastic surface）；社会反身性，纯理论

一　引言

政治哲学中理想和非理想的区分以及关于这一区分的争论来自罗尔

* 作者对大卫·施密兹、一个匿名的审阅人以及本卷的其他作者表示感谢。

** 作者为杜克大学哲学学院教授。

斯的《正义论》(在《万民法》中有简短的扩充)。[①] 在本文中，我首先批评罗尔斯提出的以及得到罗尔斯理论精明的辩护者捍卫的这一区分。然后，我将探讨理想理论——罗尔斯式的或是其他类型的——在政治哲学中是否有一席之地。作为引言，我简要地将一种科学中众所周知的、成功的理想理论作为罗尔斯的灵感。

或许罗尔斯考虑过的理想理论的科学模型，或者当我们试图理解他援引这一概念时所想的科学模型是理想气体定律，

$$PV = nRT$$

其中P代表压力，V代表体积，T代表温度，n代表气体的分子数，R是由阿佛加德罗常数和玻尔兹曼常数组成的常数。使该定律是理想的原因并不是事实来源于这一定律所断言的值。实际上，除了最高压力和最小体积以外，该定律提供了对于实际值非常精确的预测。这是一个真正的气体定律，适用于所有气体以及19世纪物理学已知的大多数压力、温度和体积的值。使该定律是理想的原因是该定律来源于气体动力学理论。实际上，在此推导之前，它存在于一系列定律中，其中没有一个定律被认为是理想的：波义耳定律（Boyle's gas law)、查尔斯定律（Charles's gas law)、盖伊·卢萨克定律（Guy-Lussac's gas law)。该方程式之所以被称为理想气体定律，是因为它从气体动力学理论中衍生出来，基于我们非常有信心的假设（即如果分子存在的话，分子遵守牛顿定律)，和众所周知是错误的、关于分子的假设，以及在这种情况下是无害的理想化：即气体分子是点质量——尽管它们具有质量，但不占据体积，并且气体分子在碰撞中具有完全弹性，这与牛顿定律和热力学定律相反。

当然，由于实验人员能够增加压力并减少气体体积，这两个变量与温度之间的关系开始偏离理想气体定律。在19世纪和20世纪，该方程式进行了一系列补充，通过添加反映气体分子大小、气体可压缩程度以及使碰撞发生不完全弹性的分子间作用力的变量，增加了其精确预测范围。结果是一系列新的气体模型，每个模型都具有独特的气体定律方程式。

在此需要注意的一点是：最初的理想气体定律在通过测量任何两个

---

① John Rawls, *A Theory of Justice* (Cambridge, MA: Harvard University Press, 1971); *The Law of Peoples* (Cambridge, MA: Harvard University Press, 2001).

变量来预测第三个变量的实际值这一方面非常成功。对它的信任并不取决于对它的推衍，这一推衍故意忽略通过独立的方式得知实现的力。因此，我们从一开始就知道，理想化在很多情况下都是无害的。

罗尔斯掌握关于理想理论的模型有多少？抛开实证理论与规范理论之间的差异，一些二者的相似之处显而易见。在《正义论》中，一个简单的结果是从假设得出的，其中一些假设是罗尔斯非常有信心的——运用了最大化的策略——而有些则是我们知道无法普遍成立的——无知之幕、完美遵从和适度稀缺。理想气体定律也是如此。

但是，类比不当是显而易见的。首先，理想气体定律在被视为理想化之前就已经获得了广泛的接受。它最初是在 1834 年被提出的，仅仅是从 1856 年的热力学理想化假设中推衍出。而对于罗尔斯的正义理论来说，在原初状态的推演之前并不存在着对这一理论的普遍接受。而且，被用来解释理想气体定律的理想化被认为是无害的，首先是因为从中衍生而来的定律如此干净和直接地被证实了，因此没有危害的症状可被归结于理想化；其次是因为相同类型的假设在力学的其他等方面也被使用，例如关于质量中心的假设，而且这些假设已经被独立地证明是无害的；再者是因为当做出这些理想假设时，可以将它们与物理学中最完善的假设——牛顿定律——很好地结合起来，来解释气体定律本身。在罗尔斯从原初状态的无知之幕背后应用最大化策略来推导正义原则的情况中，似乎与以上的事实没有相似之处。类比不当压倒了类比的恰当性。

因此，在随后的大部分内容中，我将完全抛弃任何关于罗尔斯理想理论——甚至只是作为自然科学中类似理想理论方法的最佳候选者的弱意义上的对应——的想法。一旦我说明了在政治哲学中理想理论的观念是多么不合适，我将回到罗尔斯理想理论与其他一些理想理论案例之间的比较——在数学、物理学和经济学中的理想理论。我对它的前景的结论只会比它与理想气体定律的对比所暗示的要乐观一点点。

二 理想理论、不遵从和有利环境

根据罗尔斯的说法，“理想理论”处理“一个完全公正的社会会是什么样子”的问题。[①] 因此，罗尔斯立即推断出关于正义的理想理论可能排除现实生活中的两个特征：不遵从和不适宜的环境。他没有反对或考虑这样一个主张，即一个完全公正的社会必须完全正义地对待不遵从和资源稀缺，即使这两个事实都是人们可以无误地对所有现实社会做出的假设。理想理论中内置了许多这样事实性的假设：对正义制度的严格限制必须是“现实可行的”。这些限制将道德心理学的一般事实考虑在内：理想理论不需要道德英雄主义。根据罗尔斯的观点，在思想实验中，理性主体会同意他的正义理论，而这一思想实验必须在有利环境的假设下进行。理想理论是一系列的主张，即当资源稀缺程度不那么严重以至于实行“宪法制度”（具体来说是民主制度）是可能的，什么制度设置是正义的。这一假设反映了大卫·休谟在其《道德原则研究》[②] 中论证的观点——正义在“适度稀缺”的条件下出现。在政治哲学中所做的类似适度稀缺的假设，休谟有一个相当有说服力的论点：在没有稀缺性的情况下，几乎不需要建立正义机构。

尽管罗尔斯似乎没有在《正义论》中提到这一点，但这两个条件——遵从和有利环境——并非是不相关的。实际上，它们之间的联系使得很难将它们二者共同包含在一个理想理论中。

将有利或较好的环境、适度稀缺包含在理想理论中，却将不遵从排除在外，表面上看是有点奇怪的。如果其他条件不变，一般情况下，社会中的环境越有利，不遵从就越少，反之亦然，稀缺性越大，不遵从就越多。休谟很清楚地认识到这种联系：

> 让我们假设，自然给人类带来了如此丰富的所有外部条件，没有任何不确定性、不需要我们谨慎或勤劳的情况下，每个人都可以拥有充分的资源满足自己最贪婪的食欲或者任何奢华的想象力所愿望或欲望的东西……不需要费力的工作：无须耕作、无须航行。音乐、诗歌和沉思是人们唯一的业务：交谈、欢笑和友谊是人们唯一的娱乐。显然，在这种幸福的状态下，所有其他社会美德都将蓬勃

① Rawls, *A Theory of Justice*, 8.

② David Hume, *An Enquiry Concerning the Principles of Morals*, [1751].

> 发展，并增长十倍。但是关于正义的谨慎的、嫉妒的美德永远不会被希求……
>
> 为了使这个事实更加明显，让我们反转前面的假设，然后将一切推向相反的极端，请考虑一下这些新情况的后果。假设一个社会陷入所有普遍必需品都稀缺的困境，以至于最大程度的节俭和勤劳都不能保护更多的人免于死亡，也不能保护整个社会免于极端的痛苦。我认为，这样的观点是很容易被接纳的：在这样紧迫的情况下，严格的正义原则将被悬置，取而代之的是更强的对于必需品和自我保护的动机。①

给定遵从与有利环境之间的紧密联系，如果其中一个应包含在理想理论中，而另一个则被排除在理想理论之外，这有点奇怪。“有利”并不意味着“充裕”，因此，不能在没有论证的前提下就排除某些不遵从的可能性。罗尔斯排除不遵从的理由是否令人信服？

约翰·西蒙斯发展了罗尔斯不太充分的论证：

> 第一……如果我们预设对正义原则的严格遵从，并比较竞争的正义原则所规范的社会运作，我们可以合理地认为观察到的不同结果完全是不同秩序原则本身的责任。因此，我们所做的，比较严格地说，仅是正义原则的比较。②

这些理由似乎与罗尔斯在《正义论》中简短的评论相符。但是，作为西蒙斯和罗尔斯都将不遵从排除在理想理论之外的原因，西蒙斯的理由并不令人满意。首先，存在着这样一个假设，即因为情况可以一直变化，从充裕到有利再到极端贫困，在寻求理想的正义原则时设定有利而不充裕的环境似乎是任意的，同样，不设定一些不遵从也是任意的。而且正义包括对不遵从各方的正义：惩罚是否公正；什么样的惩罚是公正的；

---

① David Hume, *An Enquiry Concerning the Principles of Morals*, section III.

② A. John Simmons, “Ideal and Nonideal Theory”, *Philosophy and Public Affairs*, 38, no. 1 (2010): 5-36, at p. 8.

正义是否要求惩罚不遵从行为的直接受害者，或由不遵从的行为人进行赔偿等等。甚至罗尔斯也意识到这一点，尽管在《正义论》的后半部分才提出："无论对于理想理论来说这多么具有限制性，我们也需要对刑事制裁进行说明。"①

西蒙斯告诉我们，如果我们设想一个不遵从的"正常"水平，"我们很可能会发现我们的评估得出的结果并不确定，而且结果不仅仅取决于所比较的原则的不同排序的影响"②。但是，首先，在我们仅需对不遵从作出回应的情况下，假设不遵从不存在本身将使结果不确定。其次，要求协商者在无知之幕后考虑他们对这么一个对象的理性反应，即对他们所同意的罗尔斯式的方案的不遵从（至少一些不遵从）的理性反应，似乎并没有给原初状态增加太多负担，除非有实际的例子来充实，不然西蒙斯的担忧似乎是任意而抽象的。如罗尔斯所承认的，如果谈判的各方需要考虑什么正义原则能够凭其自身产生支持或缺乏稳定性，那么他们已经在考虑不遵从的后果。因为这就是不稳定至少部分所包含的。事实上，由于罗尔斯假设协商各方了解道德心理学的一般事实，且他们本身不是道德英雄，在无知之幕之后他们肯定已经考虑过对于不可避免的不遵从的公正对待。否则无论如何，罗尔斯需要一个更有说服力的理由，而不仅仅是一个处于简化的动机来排除不遵从。资源丰富的设定将进一步简化问题，但是罗尔斯没有做出这个假设。

西蒙斯还代表罗尔斯告诉我们，"理想理论只有先确定达到'部分目标'会与社会正义的所有其他方面保持一致，才能设定'部分目标'"③。然而，理想理论的这种限制是另一个原因，即理想理论（而不仅仅是非理想理论）需要在其正义观念中包括这样一个部分：面临着西蒙斯所说威胁，即"达成目标"将"不会和社会正义的所有其他方面保持一致"，不遵从应该如何被公正地对待。

在资源丰富和极端贫乏的条件下，正义理论不需要解决有关正义的

① Rawls, *A Theory of Justice*, 241.

② 值得注意的是，西蒙斯提出的"正常不遵从水平"所引入的复杂程度在很大程度上取决于正义限制的严格程度，而严格程度将不遵从的水平划分为高、低或"正常"水平。不遵从并非正义论中的因变量或内生变量。我要感谢大卫·施密兹提出这一点。

③ Simmons, "Ideal and Nonideal Theory", 22.

要求的问题。在自愿极端贫乏的情况下，没有不遵从，因为这种情况下正义并不适用。在资源丰富的情况下，不遵从和正义同样不存在，在这两种极端情况的中间情况，正义问题才适用，即既有足够的有利环境，也有一些不遵从的情况。①

三　珠穆朗玛峰、沙漠中的沙坑和正义的弹性地形

罗尔斯提出了一个著名的观点："直到确定理想理论为止……非理想理论缺乏一个作为可参照的、可用来回答其疑问的对象或目标。"用西蒙斯的话说："理想理论［必须］优先于非理想理论……在没有理想理论的情况下探究非理想理论只是在盲目地探究，或者是在允许单纯的关于'不正义'的信念和对任何形式的改变的渴望发挥非理性、自由的决定作用。"②

罗尔斯认为理想理论是作为目标而被需要的，这一目标使我们朝着正确方向迈进。这一主张受到了森（Sen）著名的挑战。他在作珠穆朗玛峰的隐喻时提出，我们不需要知道珠穆朗玛峰的高度就可以比较其他山峰的高度。经过必要的修正，我们不需要理想的正义作为比较非理想替代方案的标准，来比较较高或较低程度的正义。

森所用的登山隐喻与另一组隐喻结合，这一组隐喻在某种程度上更贴切：将莫奈（Monet）和马奈（Manet）的作品进行比较，不需要决定蒙娜丽莎是否是艺术品中最好的作品。关于理想理论的辩论的一个弱点是，它似乎过于重视一个隐喻（喜马拉雅隐喻）。森认为，

> 人们普遍认为，如果不事先确定一个最高的替代方案，就无法合理地对任何两种替代方案进行比较。这一观点根本上很奇怪。这二者之间并没有分析性的联系……对一个超越性的方案的确定……

---

① 诸如埃斯特伦德和科恩所提出的作为道德理想的正义，根据这一进路，人们可能会问，每个人始终服从的正义限制是否仍包括对不遵从行为的公正惩罚的限制。我将这个问题留给这种理想主义进路的代表。

② Simmons, "Ideal and Nonideal Theory", 34.

对于作出关于正义的比较性判断既不是必要的也不是充分的。[①]

西蒙斯对森提出的反对理想理论的不可或缺性的观点提出了挑战，部分是通过从字面上理解森的隐喻："确定两个'较低'的正义高峰中哪个更高（或更公正）是一个判断，只有当二者都同样是通向完美正义的最高峰的可行道路时，这个判断才最终是重要的。[②] 为了选择一条通往最高峰的道路，我们当然需要知道哪个最高峰。"[③] 如果森的隐喻完全恰当，西蒙斯的观点是有一定的道理的，这一观点在进化生物学和其他领域中能够很好地被理解，在这些领域中存在通往局部最优路径，但这实际上是一条死胡同。例如，考虑人食道和喉道的交集处。这种进化缺陷是两个最优化轨迹的结果，但它们共同产生了一个缺陷，且这个缺陷将永远不会在我们物种的进化历史中被纠正[④]——太多的发育遗传学必须被解密。当然，在进化系统发育学中，我们有很好的理由认真对待多重局部平衡的适用性，这样的平衡使得实现更普遍的、最优的平衡的进路变得困难，并且分子遗传学说明在许多情况下这种最优平衡是完全不可能的。在人类科学中，我们几乎没有这种可靠的理论或强大的预测工具。

大卫·施密兹对西蒙斯的结论表示怀疑，部分是因为他拒绝由森启发的珠穆朗玛峰的隐喻，转而支持他认为更合适的隐喻。我将论证，即使是施密兹的隐喻也掩盖了人类生活的一个重要特征，这一特征彻底摧毁了这个观点，即我们需要或者甚至能够有一个作为评价标准的理论。

施密兹认为：

如果我们姑且相信森的隐喻，那就不存在疑问。西蒙斯是对的……这个隐喻是森的。如果它误导了像西蒙斯这样敏锐的批评家，

---

① Amaryta Sen, *The Idea of Justice* (London: Penguin, 2009), 102.

② 这种说法本身是有争议的。如果达到罗尔斯式的"珠穆朗玛峰"是不可行的，那么所有正义的"次高峰"都不会是通向最高峰可行的道路。然而，在正义理论中哪一个更好仍然是重要的问题。我要感谢大卫·施密兹提出这一点。

③ Simmons, "Ideal and Nonideal Theory", 35.

④ 事实上，人们可能会猜测，古人类（Hominins）的语言演变利用了这一令人遗憾的缺陷。我要感谢大卫·施密兹提出这一点。

那么森只能怪自己。森在这里几乎没有展示一个论证……我认为，森需要说的是，地形中明显的地标是“不正义”：存在于在原本没有特征的平面上的凹地。为什么我们不需要对遥远的山峰进行理论化？答：因为它们不存在。正义没有最高峰。数千年来，我们假定最高峰的存在，但是我们从来没有任何理由，而且我们错了。除非有人在其中一个凹地中，否则就没有进步的需要、没有目的地需要寻求、没有问题需要解决。我们需要知道的仅是凹地：什么才算处于凹地中，什么才算从凹地中爬出来。①

因此，施密兹告诉我们，正义地形更像是一个布满凹地的沙漠，而不是喜马拉雅山脉。

在这里哪个隐喻是合适的可能不是一件很重要的事情。但是，在科学或政治哲学中绝不反对利用隐喻来表现理论并传递其力量。相反，我们在科学中有大量证据说明，隐喻不仅是有效的。隐喻对于表达理论是必不可少的。除此之外，它们在认知上可能是不可避免的。形象的描述，尤其是理论物理学领域的形象的描述，清楚地表明了隐喻的有效性、必不可少性甚至是不可避免性。施密兹用布满凹陷的沙漠地形取代森提出的山脉地形，其中的问题在于新的隐喻仍然遗漏了相关地形的本质特征，即我们需要在地形中寻求正义的体制，以及体制内部的改善。在隐喻上进行改进，增加一些特征可能会削弱罗尔斯进行回应的力量，因为作为一个延续了数千年的错误，施密兹对理想理论的批评，本身并没有得到除隐喻之外更多的支持。

关于正义的地形的更好的（但仍然几乎肯定是具有误导性的）隐喻是诸如经常用来说明广义相对论的可变形的、弹性的平面。物理学中的标准例子是放置着各种球类的蹦床：保龄球、台球、棒球、壁球、乒乓球。每一个都使弹性平面平坦的表面变形，并形成不同的凹陷。保龄球造成的凹陷当然比其他的要大得多；乒乓球造成的凹陷则很难察觉。在广义相对论的简化版本中，变形代表质量使空间变形以及产生关于重力

① David Schmidtz, “Ideal Theory: What It Is and What Ideally It Would Be”, *Ethics*, 121 (2011): 775 – 776.

的幻觉的方式。现在，随着球在表面上移动，凹陷也会随之移动，并且较重的球会影响较轻的球的运动路径。如果移除一些球，其他球的位置将会发生变化，并且（如果总弹性是有限的）甚至其余球所产生的变形量也可能发生变化。我们有一片沙漠地形，随着时间的流逝，凹陷会出现、消失、改变形状和位置，并同时影响彼此的大小和形状。

我们在这一领域寻求的正义的提升更像是这种弹性平面，而不是施密兹所说的带有凹陷的沙漠地形或森所说的喜马拉雅山脉。正义理论涉及的空间包括人与人之间的关系，即个体与个体之间、个人与群体之间的关系以及群体与群体之间的关系。这些关系被一整套策略赋予特点——合作和竞争的策略，由个人和群体参与，仅根据其对玩家的收益而进行一次或偶尔、定期或长期的策略。社会中独特的实践和制度都被包含在这样的一整套策略中。

对于一些社会科学专业的学生来说，原因可能很明显。人类的行动，实际上是人类的行为，是高度反身的（reflexive）。在人类中，选择几乎在某种程度上总是策略性的，而不是参数性的。人们选择自己的行为来与他人的策略保持一致或利用他人的策略。个体的行为策略被整合在一起，来刻画社会生活的各种实践、机构和文化产物。社会和政治制度是一整套策略。这些制度存在的时间长度各不相同：某些制度如奴隶制或封建制度可能持续一千年，另一些制度如击拳见面礼（fist bumping）可能持续数月。其中一些是经过设计的，如美国参议院；有些是经过一段时间建造的，如英国下议院；其他是由人类策略构成的，这些策略之所以存在并不是因为它们为我们的目的服务，无论被认可或未被认可，而是因为它们寄生于我们，例如吸烟或缠足。人类的机构、实践和行为都受到构成其环境的其他一整套策略的影响——实际上是受达尔文主义选择、改进和适应的影响。因此，就像生物领域的适应一样，它们不断进化，就像最复杂的生物适应一样，它们的进化是频率依赖性的、共同适应的，从而保持局部平衡，但是又不断地“搜寻设计空间”以寻求方法来利用、运用、在竞争中胜出，有时会与其他策略组合进行暂时的配合。

由于对于个人策略和群体策略的选择通常取决于已在使用的策略，人类制度和行为的空间是一个不断变化的格局，在这种格局中，很少有规律性可以持续足够长的时间，从而使得政策规划在设计制度过程中得到实际运用。

关于人类社会生活不断变化的特征，存在着两个反思：难以确定对人类行为无干扰或与激励相适应的措施，同时也难以确定监管制度和被监管制度相竞争的方式。森特别指出，在不改变被检测的能力的表现的情况下，不可能以检测方法（means testing）所要求的方式来衡量人的能力。关于资源稀缺的情况下涉及的分配正义，在检测方法的新手段和掩饰实际能力的策略之间，存在着永久的竞争。① 美国和其他地方的银行业监管的历史反映了相同的反身模式，在这种模式下，银行和其他金融机构一直在寻求新的监管方式，包括规制俘虏（regulatory capture），但监管机构增加的监管总是落后被监管者至少一到两个步骤。

关于人类社会关系及其建立和构成的制度的观念，在正义的考量的驱使下，我们可以采用一个高度可变的地形。施密兹谈论凹陷，西蒙斯谈论山峰。如果我们认真地对待弹性平面的隐喻，那么我们评价性的或规范性的观点会将一些区域确定为“不正义”的凹陷，例如奴隶制，而一些其他的区域则为分配中的正义高地，例如国家卫生服务。然而，认真地对待这个隐喻将揭示，正义在很大程度上是一个变化无常的事（movable feast）或一个移动着的目标，或者更好的表述是——沿着弹性平面的一条不断需要重新调整的路径。正义地形是一个不断变化的表面，其中存在凹陷，或许也存在着山顶，但这些凹陷和山顶不断增长和收缩，甚至移动、分裂、融合，最复杂的是，它们不断创造出新的特征——山谷、沟壑、低谷、河道、峭壁、丘陵、山脉、悬崖等，它们出现又消失。地形之所以这样，是因为将一个群体从一个凹陷中移出将不可避免地改变弹性平面的局部地形，而这一局部地形中存在着其他的个体或群体。根据凹陷的深度，将人们移出凹陷处将导致他们的互动策略以及许多其他个人和群体的策略发生重大变化，有时会产生新的之前并不存在的凹陷，从而使个人和群体陷入其中；或者，在正义提高的结果是非零和的情况下，可以为世界各地的所有人带来重大进步。思考一下，19 世纪在美国实行妇女参政权和非裔美国人选举权的措施是如何影响对于妇女和

① Amartya Sen, *Development as Freedom* (New Haven, CT: Yale University Press, 1997), 第6章。

以前的奴隶制的“不正义”的。

对于我们关于正义地形的观点，这些关于社会生活的普遍事实的最终结果是显而易见的。它的构成并不包括固定的山脉——在这些山脉中，最近的山峰使最高的山脉变得模糊；也不包括位于固定位置的带有凹陷的沙漠地形——这些凹陷可以被“填满”而不产生广泛的后果——侵蚀甚至是沙漠中其他地区的沉降。

如果以上的隐喻比森所采用的隐喻更贴切，而且似乎是西蒙斯非常重视的隐喻，或者比施密兹的替代隐喻也更贴切，那么理想理论蕴涵的结论就很明显了。关于制度正义，来识别使我们迈向某种最大程度可实现的水平或数量的改进，理想理论既不是必要的也不是充足的。在实际情况中，的确没有永久的珠穆朗玛峰来作为起点。至多有的是多个局部海峡，这些在平原周围的海峡的海拔高度很难被精确测量。仅仅从一个深坑中爬出来，可能最终会导致我们进入另一个深坑，后者是甚至更糟的“不正义”的深坑。更糟糕的是，爬出深坑这一行为本身有时可能属于产生最深的深坑的过程的一部分。想想有些人是如何看待资本主义对封建主义的衰落所带来的危害的。而且，由于我们预测正义地形可能随着时间变化的方式的能力非常有限，并且如果这些能力不太可能提高，理想理论作为正义标准的可能性将很小。①

对于正义的地形具有所有复杂性，即使是弹性平面隐喻也过于简单。正义确实应该被认为是一个超空间，这一超空间的维度是由个体的运动以及空间中其他人的运动对个人和群体产生的多种不同后果所决定的。当我们使人们脱离凹陷处或者到达局部最高地，任何这一行为对每个人

---

① 如果理想理论提供的关于正义的标准只能够“暂时”运用到社会关系和制度的一个时间“节点”，这是否足以作为对理想理论的辩护，从而使我们能够识别当前地形中正义的最高峰？这一最高峰最接近令人满意的理想理论的标准，同时使我们能够暂时优先考虑最严重的不公正之处并进行纠正？这种具有较小野心的理想理论的问题是，朝着和远离使用标准确定的临时（可能是转瞬即逝的）“位置”的方向移动会改变地形本身。我在下面给出一些例子。确实，提高正义的改善需要对空间的维度采取某种措施。就其本身而言，这并不使理想理论变得必要或者甚至可行。跟随 G. A. Cohen，*Rescuing Justice and Equality*（Cambridge，MA：Harvard University Press，2008）中的理念，人们可能会对理想理论设定更高的野心，即在正义空间能够识别最高点或最高海拔的理想理论。但是如果完全消除社会的弹性是实现这一目标的必要条件，那么这种进路只不过是学术上的兴趣而已。

(包括其他所有人）的影响的解释都需要归结为意外和不可预见的后果。①

施密兹认为，理论不是反对反例的命题的集合或论证的集合，理论化也不是试图在条件陈述中为理论的主题提供必要和充分的条件。在施密兹看来，理论是地图。或许这是关于政治哲学中的理论的主张。在科学哲学中，它也不是一种不受欢迎的观点，或者至少在关于科学理论的工具主义更为流行的时期中是这样的。因为规范理论应该是能够指导行动的，不像纯描述性理论本身并不建议或禁止行动，所以地图隐喻在规范理论中具有更大的吸引力。毕竟地图是为目的而服务的。施密兹认为："地图不是真值的创造者（truth maker)，而是真理的追踪者，也就是关于地形的地图，不仅是不完整的……充其量只能提供关于什么是真的有用的但容易出错的指导，也就是说，地形本身。被描述的地形（即正义本身）也可能是不完整的。"②

如果我们接受这一观点——正义的地形拥有以上所描述的特征，那么将正义理论比喻为正在发挥作用的地图的隐喻是一个恰当的例子。它是一个不断变化的表面，由人类的实践和制度组成，其地形因我们的行动以及将它们整合在一起的方式而得到创建和破坏。就像我们将看到的那样，任何这样的地形图的可靠性都不会持续很长时间。

四　理想理论被事件所替代

从人类历史来看，有令人信服的理由来以这种方式看待文化和社会，尤其是以这种方式评价制度和实践的正义性和不正义性。它们具有反身性地共同发展（一整套）策略的特征，这些策略构成了相邻（一整套）

① 冒着过度发展这一隐喻的风险，我们可能最初认为弹性表面具有反映社会关系的 x，y 坐标，以及反映正义和"不正义"程度的正交（直角）z 轴。我要感谢提出这一观点的审阅人。但是，正如文本所指出的那样，如果正义是多维的"量（quantity)"，我们就需要将空间从三个维度扩展到一个"超空间"。

② Schmidtz，"Ideal Theory：What It Is and What Ideally It Would Be"，775 - 776. 在正义领域中将地图用于行动指导的目的会使弹性表面的隐喻进一步复杂化。该地图无法跟踪固定的事实。它所指导的行动——从凹陷中出来或进一步移动到山坡上，以达到局部更公正的效果，也将改变地图本应提供指导的地形。因此规范性的地图不仅仅能够追踪已经存在的真理，不同于科学中现实主义所需要的理论/地图。

策略之间非常临时的局部均衡的变化地形。在某种程度上，这种对人类政治制度的看法的证据是正确的，毕竟有一种非常强的论证反对理想理论这种思想及其所设宣称的与政治哲学中非理想理论的区别。施密兹和其他人拒绝基于这一区分的罗尔斯式方案，且他们有很好的论证反对这一区分。当然这给了他们更实质的理由来支持某个方案。

不仅是策略的反身性互动（以及在群体内和群体之间发挥作用的一整套协调策略）不断改变着正义的地形，并为理想理论提供一个不断变化的目标。关于这些事实的知识必须被包括在原初状态中。在这样的原初状态中，理想理论是完全不可行的。

理解为什么这样，我们需要回顾一下罗尔斯所说的无知之幕。理想理论始于无知之幕背后的思考过程。但这并不是真正面对大量无知的幕布。正如罗尔斯所说，在幕布后面，

> 各方都知道关于人类社会的一般事实……这是被视为理所当然的……事实上，协商各方被假定知道任何会影响正义原则的选择的一般事实……他们了解政治事务和经济理论的原理（在此并没有太多帮助）；他们了解社会组织的基础和人类心理学的规律（因此他们比我们了解得多）。实际上，协商各方被假定知道影响正义原则的选择的任何一般事实。对于一般信息，即一般法则和理论，不存在任何限制，因为社会合作的观念必须根据他们所规范的社会合作系统的特征进行调整，而且我们没有理由排除这些事实。①

可以肯定地说，如果原初状态的各方对所有重要事实无所不知，那么如果他们能商讨罗尔斯在1971年主张的刻画理想理论的安排，那将是非常

---

① Rawls, *A Theory of Justice*, 138. 正如罗尔斯在第四章“平等自由”第一节和第31节“四个阶段的序列”中提醒我们的那样，在原初状态中，假定每个主体都不仅具有足够的知识来决定正义的两个原则，而且具有足够的知识来决定一个公正的构建的特征、正义法律的特征。

特别是在涉及商业关系的宪法和立法上的严格限制时，在原初状态下要求主体拥有远见确实很重要。无论社会和技术关系如何变化，主体将必须识别永远不会提供“玩弄系统”这样有害的动机的宪法和立法制度。例如，他们必须识别保证在各方之间的“纳什均衡策略”的安排，这些安排能够保留差异原则。无法做到这一点，将挫败罗尔斯的目标，即设计一种足够稳定的正义观，来为主体的行动提供动机。我要感谢韦恩·诺曼（Wayne Norman）提出这一点。

令人惊讶的。甚至自1971年以来积累的知识也能够被期待来影响各方在幕布背后的原初状态下进行的商议。

考虑一下我们知识变化的一个明显例子，这一变化已经推翻了相关的罗尔斯的言论，即关于当我们在无知之幕背后进行的商议中自然和社会运气之间的区别的言论。罗尔斯这一观点十分著名："（才能）的自然分配既不是公正的也不是不公正的。"而且，"……自然资产的分配是自然的事实……我们从没有尝试试图改变它，甚至没有将其考虑在内"[①]。

考虑一下我们所拥有的关于自然资产本质的知识，与以上观点更紧密相关的，是关于自然残疾和自然提升（enhancement）的知识。理想理论告诉我们，推理会通过干预社会运气来达到机会的公平与平等。但是，现在理想理论肯定应该提供自然运气均等化的平等的理由。这仅仅是理想理论面临的一个小困难吗？如果商讨的各方获得社会运气的知识后思考如何减轻其影响时，那么一旦获得了关于自然运气的运作方式的类似知识，他们是否会以处理社会运气的方式来处理自然运气？此外，对残疾以及损害公平竞争条件的提升，原初状态的各方将不得不考虑给予补偿的可能性。

考虑一下在职业棒球运动中，或环法自行车赛中，广泛使用类固醇的时期运动员们所面临的问题。这是运动场随时间变化的方式一个例子，这种变化要么推翻了罗尔斯原初的理想理论，要么迫使其不断变化以适应原初状态中可用的更新信息。

即使我们从1971年罗尔斯提出的正义原则一整套方案开始，为什么我们应该认为，在我们关于一般事实的知识进行了足够的更新（"社会组织的基础和心理学定律"）之后，最终产生的理想正义理论是否会类似于最初的版本？

临时和局部平衡变化地形塑造并重新塑造正义观的方式，存在着另一种解释方式，这种方式可以在罗尔斯试图将《正义论》与现实相适应的领域找到，对此，似乎有很多人对此处理感到不当。罗尔斯写《万民法》的一个原因大概是为了证明：为自由民主国家制定的理想的正义理论不能作为对其他文化和社会施加规范性的义务。

---

① Rawls, *A Theory of Justice*, 101, 107.

理想理论关于我们作为个人和自由的民主公民是如何公正地处理不具有这些特征的社会，《万民法》为这样的理想理论增加了一个部分。根据罗尔斯的说法，这样的社会中存在着体面的社会，例如在神权政治的情况下，尽管其制度没有遵守《正义论》中所建构的正义观。这是罗尔斯给那些不尊重《正义论》所阐述的原则人们的通行证，对此尽管许多罗尔斯这两本书的读者不觉得受到冒犯，他们也觉得是不令人信服的。人们可能与罗尔斯提出的关于正义的约束相背离，理想理论对这些人给予容忍，这既是《万民法》的主题，也是深刻的争论论点。例如，采用普世正义观的罗尔斯式理想理论家也许会接受罗尔斯的宽容，因为宽容是谨慎考虑（prudence）的要求。但是他们很难认同，对于仅仅是体面的社会的容忍，是理想理论的道德的要求。对于《正义论》中非普世的进路失望的另一个原因是（尤其是罗尔斯式的平等主义者），它对差异原则的国家间的适用性保持沉默。除了这些反驳外，还有更根本的反驳，这些反驳反映了社会制度跨文化和社会不断变化的格局。如果罗尔斯式的理想理论以及这一理论对其他民族的言论，不能容纳有关人类文明发展的这些事实，那么我们可能还有另外的理由来说明理想理论是多余的。

《万民法》中的道德主体是“民族”。民族处于某种原初状态中，罗尔斯从中得出了民族间正义的若干原则。现在看来，似乎可以确定地说，在包括近代史在内的人类历史上的某些时候，人们已经采用了各种类型的策略，从而导致这些策略的融合来刻画民族群体——种族、宗教甚至是似种族（quasi-racial）——使其中的成员能够将自己划分为民族，并将其他成员划分为与自身不同的民族。不管这是否是人类历史上令人遗憾的道德模式，它肯定不是永久的。在全球化的时代，其特点是消除了个人之间的障碍，并加强了个人之间跨越这些边界的身份，这种身份超越他们作为“民族”之间的差异。在这样的时代下，如果一个万民法最初的确对于理想理论的地位存在着要求，其要求肯定必须得到削弱。实际上，对近两个世纪的历史的一种看法是，秩序井然的宪政民主的兴起是削弱两国民族之间界限的原因之一，近年来这种制度发展的趋势正在加速。光是技术（互联网消除了沟通障碍）就使这些民主“民族”的个人成员和体面但绝对是非自由主义的父权制、等级制的神权政治的成员的道德规范同质化。在某些情况下，影响不限于此，还会稀释将个人捆绑在一起成为民族的纽带，这种纽带可以说是人类历史上产生最多“不正义”规则之一。对“全球化”的一项重大指责是它倾向于使文化同质化。总的来说，通过使其他民族的文化更像《正义论》中罗尔斯所设想的，文化变得同质化。至少可以肯定的是，这种趋势推行能够普遍有效的理想和非理想理论，例如《万民法》。

在不违反无知之幕考虑的客观性考虑的情况下，将经济发展、技术变化、环境退化、气候变化以及人们与民族之间国家和文化差异的障碍的知识纳入原初状态是合理的。[①] 在这一认识之上再加上一点，即这种变化为我们和其他民族提供了新的、越来越糟糕的机会来背离正义。此外，社会科学和人类心理学定律甚至可能使我们相信，强力能够促使关于个体的组织成为具有凝聚力的民族，而这样的强力对民族以及其中的公正制度的存在都是有害的。当我们这么做，似乎越来越少有理由认真对待《万民法》对理想理论的补充的容忍。实际上，似乎没有理由认真对待《正义论》的理想理论。

面对不断变化的“不正义”地形及其矛盾，人们可能会寻求通过某种条件化或限定性的方案来捍卫理想理论。因此，只要有不同的体面的、非自由社会，在理想理论中就有一个被实施的万民法，否则就没有这样一个万民法：因此，在同质的世界理想中，正义理论不包括万民法，或者没有适用性。我们当然可以对罗尔斯关于完全遵从和有利环境的限制采取类似的方案：构成罗尔斯式正义的一整套规定只有在完全遵从、有利环境以及存在着文化/民族/语言/种族上的同质性以及领土完整的条件下才能实现。

假设我们要求原初状态的各方在有关正义原则的计算中包括所有这些条件的规定。在无知之幕背后，文化上局部的考量指导着协商罗尔斯

---

① Rawls, A Theory of Justice, 138. 正如罗尔斯在第四章“平等自由”第一节和第 31 节“四个阶段的序列”中提醒我们的那样，在原初状态中，假定每个主体都不仅具有足够的知识来决定正义的两个原则，而且具有足够的知识来决定一个公正的构建的特征、正义法律的特征。

特别是在涉及商业关系的宪法和立法上的严格限制时，在原初状态下要求主体拥有远见确实很重要。无论社会和技术关系如何变化，主体将必须识别永远不会提供“玩弄系统”这样有害的动机的宪法和立法制度。例如，他们必须识别保证在各方之间的“纳什均衡策略”的安排，这些安排能够保留差异原则。无法做到这一点，将挫败罗尔斯的目标，即设计一种足够稳定的正义观，来为主体的行动提供动机。我要感谢韦恩·诺曼（Wayne Norman）提出这一点。

式观念的各方，除此之外，似乎没有更多的理由将历史、文化、社会上的考量排除在原初状态之外。

对关于正义的理想理论的这种理解使它成为一个非常笨拙的考虑纲要，极其偶然地取决于在无知之幕背后的知识状态，以及各方可以期望自身所处的历史、文化、社会和技术发展情况。为了容纳所有这些考虑因素而不明确提及它们，理想理论必须设定各种限定条件，其他情况相同的条件以及对应用的不确定性的坦白、承认。

五 罗尔斯成熟的观点真的可以赋予理想理论角色吗?

以上我所表达的大部分内容都暗含了这样一种观点，即政治哲学对于任何类似于理想理论的事物而言都是完全不合适的领域。而且，在撰写《正义论》后的几年中，罗尔斯自己的思维轨迹反映了这一事实——反映得如此之好，以至于我们考虑罗尔斯是否真的会使用这些观点来描述他在《正义论》中倡导的历史上、文化上和社会上对于正义的临时方案。来了解其中的原因，让我们考虑其他领域的理想理论。

在数学这样的学科中，以及在物理学的某些部分甚至一般均衡经济学中的应用，理想理论似乎很适合来刻画一系列命题。考虑我们在高中时都学过的理想理论——欧几里得几何学或者更好的是我们在数学逻辑中学到的数论中的皮亚诺公理。首先，我们对许多数学和某些几何真理有很清楚的直觉。这些直觉如此强烈，以至于在大多数情况下，我们甚至无法想象它们是假命题。在人们对这个主题真正感兴趣的历史时期，在受过教育的人们中，上一句话的“我们”非常具有普遍性。关于数学真理的坚定共识促使我们去寻找一种有说服力的理论体系，这种体系将所有或至少我们能想到的所有这些真理系统化。（从阿基米德到戈德尔，在算术上这项任务的局限性尚未发现。）存在着强烈的、普遍的直觉，即数学和几何命题是绝对正确的，并且众所周知是正确的。存在着一个同样普遍的共识，即数学和几何真理并不“关于”物理事实、事件、过程、实体等，并且没有任何经验上的考量可以充分证实或证伪这些真理。因此，我们开始将它们视为关于一系列抽象、理想对象、关系和系统的真理。从这个意义上讲，数学是理想理论。

在物理学中，“理想”这一词语似乎也是关于抽象的而非实在的对象：我们提到过理想气体定律，PV = nrT 之所以被称为理想定律，是因为其为真仅仅是对于由点质量组成的气体，而且在这些点质量之间不存在着相互作用力，这两点条件对于任何实在对象都是不正确的。作为第一步和启发性的工具，理想理论在物理学中具有广泛的重要性。作为一种启发性工具，它具有一定的计算或预测用途，可以内置于测量仪器中，或者可以在不需要更加精确的预测时依赖这一工具。作为第一步，通过降低理想化的程度，理想理论确认了改进理论的方式。因此，气体动力学理论的历史是降低理想化假设的作用的历史。理想理论在物理学中的第三种用途是识别非理想物理过程或系统可以达到但不能超越的极限。一个简单的例子就是动力学中的理想轮滑，为了发挥机械优势，这是一种无质量、完全刚性且无摩擦的装置。（其属性可能在逻辑上是不一致的组合）。

除自然科学外，在经济学中，稳定的有效分配均衡存在于一个完美市场中的证明，有时候提供了理想理论的另一个例子。在这种情况下，由于亚当·斯密（Adam Smith），也存在一种直觉，或者至少是一种直觉性的论证，即存在这样一个对象——完美的市场。作为抽象的物体，它的存在是在数学经济学家辛勤工作了一个半世纪之后才确立的。在数学、物理学和经济学的三种情况下，对于为什么实际的实在物体不能实例化理想理论的事实，我们有很好的理解。在物理学、也许还有经济学的例子中，理想理论仅作为一种有用的虚构而存在——一种教学方法或一种计算工具，这一虚构描述了我们仍可能追求的无法达到的事态，因为接近它可以满足我们的目标。

通过与数学的类比，即政治哲学和伦理学中理想理论的一个潜在来源，更普遍的是一个关于正义的一系列强烈的、共享的直觉，这些直觉有可能形成一套系统化的原则。但这是罗尔斯在《正义论》一开始就否定的一个观念。[1] 自明的或者是能够被广泛共有的道德观念所察觉的“不可还原的第一原则集合”，并不存在。根据罗尔斯的观点，广泛的反思平衡是这样的，即原初状态下深思熟虑的结果明显并不是寻求正义的各方

① John Rawls, *A Theory of Justice*, 34ff. 特别请参看相关页面较长的脚注 19。

都同意的。

即使在正义原则上达成了共识，相对于其他领域的理想理论无争议的起点，罗尔斯对正义原则推导的起点截然不同。在《正义论》中，罗尔斯采用了他所谓的“建构主义”方法，塞缪尔·弗里曼（Samuel Freeman）对这种方法给出了有力的解释：

> 康德式的建构主义始于关于人和实践理性的观念、自由与平等的道德主体的理念，即主体既是合理的又是理性的。在一个“建构过程”中（在康德中是绝对命令，在罗尔斯中是原初状态），“代表”或者“建模”这一理论……各方选择的原则是客观的，只要使用该原则的所有人得出相同或相似的结论，并且该程序纳入了所有实践理性的相关要求。在这方面，道德原则是从人和实际理性的观念中“建构”的。①

康德的假设，即我们是自由的主体，拥有推理、道德自主和客观性的能力（powers），并致力于自我实现，显然并没有被广泛分享到足以作为理想理论的基础。在某些人看来，这听起来更像是虔诚的希望或者有一点像布道，就像罗尔斯声称“亚里士多德原理”是一种心理定律一样：

> 在其他条件相同的情况下，人类喜欢使用他们已经实现的潜能（capacities）[其先天或受过训练的能力（abilities）]，并且这种享受会随着潜能的实现程度或复杂性的增加而增加……我们无须在这里解释为什么亚里士多德原理是正确的。②

罗尔斯本人意识到，康德建构主义的方法在他撰写《政治自由主义》（1993）时，还不足以成为一种正义理论的方法。到 1993 年为止，罗尔斯发表的重要论文的标题显示得很清楚，他已经认识到政治哲学的事业

① Samuel Freeman, *The Cambridge Companion to Rawls* (Cambridge: Cambridge University Press, 2003), 27. 括号中引用的材料来自于弗里曼。

② John Rawls, *A Theory of Justice*, 426 - 427.

是政治的，而不是形而上的。他在那篇论文中写道：

> 作为公平的正义是一种关于正义的政治观点……针对特定类型的主题是有效的，即关于现代宪政民主的……政治、社会和经济制度……对于在不同历史和社会条件下存在的不同类型的社会，作为公平的正义是否可以扩展到一般的政治观点……是完全不同的问题。[①]

一旦将一个正义理论的方案视为这样一个问题，即“在具有相冲突的宗教、哲学和道德信念以及关于善的观念的公民之间找到共同观点”的问题，[②] 寻求理想理论便是多余的。为什么？

因为，正如罗尔斯在《政治自由主义》中所认识到的那样，没有一套基础的规范性命题可以被所有人所认同。相反，存在着多种多样（综合）关于善的观念，每个人都会以自己所持有的关于善的观念而行动。以上所提及的集合中的成员并不共享任何要素，或者至少没有足够的共同要素能够作为建构所有各方都将同意的正义理论的共同基础。显然，正义概念不会基于某个单一的考量或考量的集合，这些考量或考量的集合被包含在所有关于善的整全理论中。如果所有关于善的整全理论支持罗尔斯式不同理由的集合，那么这就足够构成正义概念的基础。这些理由甚至可能互不相容，因此无法结合起来以形成理想理论应该提供的正义的融贯的基础。而且，如上所述，我们所处于的做出政治选择并赋予正义内容的文化不是一成不变的，甚至如今都还不是用不可磨灭的墨水书写的。

如果作为公平的正义是政治的而不是形而上的，是需要协商的，那么在揭开无知之幕之后，人们知道了自己的善观念，还有什么空间留给理想理论呢？对约翰·罗尔斯而言，所剩的空间并不多。

---

① John Rawls, “Justice as Fairness: Political Not Metaphysical”, *Philosophy and Public Affairs*, 14, no. 3 (1985): 223 - 251.

② John Rawls, *Collected Papers*, ed. Samuel Freeman (Cambridge, MA: Harvard University Press, 1999), 329.

六 理想理论在政治哲学中是否能够发挥作用？

上一节指出了理想理论在其中发挥作用的三个领域：数学、物理学或许经济学。有趣的是，在所有三个领域中的理想理论都发挥同样的作用，即指导“工程”达到期望的、商定的、可精确确定的结果。如果我们希望计算机执行正确的计算，我们需要确定程序——例如它们需要执行的皮亚诺（Peano）算术或科尔莫戈洛夫（Kolmogorov）概率的假设。如果我们想垂直移动钢琴，我们需要知道如何更加接近理想滑轮和链条。如果我们想用所有可用的投入或生产要素来生产最大数量的人们真正想要的产品，我们需要知道市场在什么条件下才能产生这种结果。当然，在这三个领域中，这些精确确定的结果或目标是无法实现的。我们能够设计的硬件都会出现故障，这些故障会导致输出的结果与数学上正确的答案不一致——即理想理论所给出的答案。物理理论（热力学、材料科学、固态物理学）为我们提供了最好的理由来得出以下结论：理想滑轮是我们最多可以不断接近却不可企及的对象。

完美竞争市场的理论也是如此。尽管我们有其分配效率的证据，但这个证据基于六个假设，而且我们知道这些假设在真实市场中是无法实现的。这些假设包括无限可分割性、无限数量的买方和卖方、完整的期货市场、完善的信息、商品的无限可分割性、报酬的规模不变。

因此，这些领域中的理想理论具有“完美”、物理上无法实现的可能性以及标准精确性的特征。这些理论还有其他共同点：它们识别了无法被人为操纵的事态。那些采用这些理论的人可能并不想找到关于计算或滑轮数学上正确的答案，这些计算或轮滑不会失去机械优势或市场清算平衡。但是，由于有了理想理论，这些人知道这些事态包括什么，一旦这些事态所依赖的理想的假设得到满足，人类就无法阻止这些事态的实现。在这三个领域中，理想理论都识别了关于（也许是抽象的）现实的客观事实，这些事实的存在完全独立于我们以及我们的目标、态度或抱负。

在数学和物理学的理想理论中，这是显而易见的。完美竞争市场理论也是如此。完美竞争的市场证明了游戏技巧、战略操纵、垄断的意图、破坏其信息效率或者为了“租金”而对其进行商业开发的意图。这就是人们经常表述的观点的全部要点，即在这样的市场中，每个人都是价格接受者，没有人是价格制定者。完美的市场总能获得分配有效的结果，无论交易者为破坏它做出怎样的尝试。

人类之间出现的实际市场就是弗里德里希·冯·哈耶克（Friedrich von Hayek）所谓的“自发秩序”的例子。实际市场在人类历史上反复而独立地出现，但是尽管如此，它们不仅仅因为没有人类干预或设计而出现的。哈耶克的发现令人感到震惊，即自由市场解决了人们没有发现、无法自行解决而且常常试图颠覆的制度设计问题。当然，实际市场并不能完全做到这些。它们不是理想理论的完美市场。

但是，正义及其所依赖的基础与这三个领域都不一样。实际上，正义与数学真理、机械系统和自发出现的社会制度有很大的不同，由此对于一个和这三个领域中的理想理论如此不同的理想正义理论来说，并没有剩下什么发挥作用的空间。

首先，似乎没有普遍公认的正义规范承认一个纯理论蕴含的某种系统化。如果存在着这样的系统化，社会哲学和政治哲学很可能会展示出从柏拉图到罗尔斯的数学和物理学所显示的历史积淀，因为数学家和物理学家试图统一和系统化其领域关于固定真理的共识。

正如罗尔斯在其后期作品中提及的那样，即使就某种安排的正义达成了共识，但对于那些同意这种安排的正义的人来说，这一安排的基础却通常是具有争议的。因此，对于系统化和统一的公理的寻求，无论是在数学、物理学还是经济学上，在纯理论中这都是有意义的，但这种寻求在政治哲学方面甚至连起步的空间都没有。

或许正义与承认理想理论的领域之间存在着一个更加明显的区别，那就是这些领域对人为干预的不可渗透性，甚至是完美竞争的领域。[①] 正义是人为干预最关键、最易变形的领域。马丁·路德·金经常说，而且巴拉克·奥巴马（Barack Obama）想当然地引用了这样的言论：“道德世界的弧线很长，但它趋向正义。”如果这是一个事实性的命题，这种观点

---

① 如罗尔斯自己所认识到的，请参看 John Rawls, *A Theory of Justice*, 493。我要感谢提出这一点的人。

似乎并没有得到历史的证实。如果这一命题得到了证实，那么对于理想理论至少可能存在着空间来解释这是如何可能的。并不存在关于正义的自发秩序。

正如罗尔斯了解的，通过他自己关于正义的思想的演绎：从《正义论》到《政治自由主义》，什么是公正的政治制度，这个问题在很大程度上取决于文化上、社会上和历史上不断变化的规范、目标以及最重要的个人和群体所做的策略。我们每个人（个人）和他们每个人（我们所属的群体）都不断面临着我们和他们所在的局部制度造成的策略性互动问题。如果在某个时间、某个地点正义（甚至是完美正义）得到了实现，结果反映了暂时的、临时的制度，这些制度会立即开始被受影响者和可以利用结果的人改变。如果完美公正的政治制度足够像完美有效的市场、理想滑轮和数学中的抽象实体（abstracta），那么理想理论可能会在政治哲学中发挥作用。但是完美公正的政治制度并不足够像这些理想对象。

关于无限制的乌托邦主义的怀疑主义*

爱德华·霍尔（Edward Hall）**

（译：朱慧兰）

摘要：在本文中，我批判性地处理当代政治理论中的一种方法论进路，即无限制的乌托邦主义（unconstrained utopianism），这一方法论进路认为首先考虑的应该是这样一种情境：如果人们拥有完美的道德动机，支配社会的将会是什么原则？通过对这些原则进行解释，我们才能决定我们应该如何生活。我将提供理由来对此观点表示怀疑。首先，我将质疑无限制的乌托邦主义声称传达的原则的强健性（robustness）。尽管这一方法可以被理解为来提供存在证据，我将论证那些证据几乎不能提供任何信息告诉我们一般的情况下应该如何生活，因为我们可以设计其他情境，在这些情境中道德上无缺陷的决策制定可以产生不同的替代性原则，基于这一点，我认为，如果一个规范模型不考虑某些特定的现象，而这些现象对任何政治的描述毫无争议都是核心的，那么这一规范模型就不

* 在谢菲尔德大学的政治理论研讨会上和约克大学的政治理论研讨会上讨论了本篇文章的早期版本。我要感谢所有与会人员所贡献的具有启发性的评论。我还要感谢本卷的其他撰稿人对本文的有益的讨论，以及阅读了早期草稿的卡哈尔霍尔（Kajal Hall）、罗伯特·朱布（Robert Jubb）、保罗·萨加（Paul Sagar）和马特·斯莱特（Matt Sleat）。我尤其要感谢大卫·施密兹（David Schmidtz）提出的大量评论，使我能够以超出自己想象的更多合理的方式来改进这篇文章。同时也特别感谢伊斯克拉·菲丽娃（Iskra Fileva）的详细答复。我还要感谢为《社会哲学与政策》工作的一位匿名读者。

** 作者为谢菲尔德大学政治学教授。

能合理地声称可以告诉我们在政治社会中应该如何生活。最后，我将提供一个更积极的概述，来解释为什么避免使用这种类型的乌托邦主义可能并不代表对道德上非理想的一方进行不当的投降，同时我将说明根据某些特定的限制来进行理论化可能本身是进行良好规范性理论化的前提。

关键词： 乌托邦主义；理想理论；政治现实主义；G. A. 科恩；杰森·布伦南

通过解释如果人们拥有完美的动机，支配社会的原则将是什么，当代分析政治理论中的一个颇具影响力的部分告诉我们应该如何生活。我称这一进路为无限制的乌托邦主义。尽管我们显然不是道德上完美无瑕的存在，但是这种进路的拥护者认为，只有当我们掌握了那些原则的本质时，我们才能缜密地诊断出当前政治的问题是什么，才能够掌握理想社会的类型的本质，而这种理想社会是我们应该追求的或者是我们没有能力到达而感到惋惜的。相应地，这种方法论的立场假设，通过概述政治理论家拥有的对道德完善的社会的图景，并将这些图景用作政治设计的初始蓝图，政治理论家能够来进行有益的讨论。

在本文中，我将仔细检查这种进行政治理论研究的方式。首先，我将质疑无限制的乌托邦主义声称所传达的原则的强健性。尽管这样的方法可以被理解为提供存在的证明，也就是说，作为提供理由来认为存在着一些可能世界，在这样的世界中，不同的道德原则展现了我们理想的生活方式。当我们设计其他的情境，在这些情境中，道德上无瑕疵的决策制定将发现一系列替代方案，这揭示了这样的证据几乎不能提供任何信息告诉我们一般的情况下应该如何生活。其次，我将证明，如果存在着道德完美的决策制定的竞争模型，而且我们要在这些模型所提供的原则之间进行选择，那么我们就需要确定哪种模型最能代表我们正在寻求指导的实践。因此，政治理论家不应该忽视某些特定的现象，而这些现象对任何政治描述毫无争议都是核心的。[①] 最后，我将提供一个更积极的

① 尽管对无限制的乌托邦主义的批评并不驳斥这一言论——政治理论的核心任务是为我们如何能够生活在一起提供一个理想的说明，但这给我们理由怀疑这一点——通过深层的乌托邦式思考来回答这个问题。

概述，来解释为什么避免使用这种类型的乌托邦主义可能并不代表对道德上非理想的一方进行不当的投降；实际上，根据某些特定的限制来进行理论化可能本身是进行良好理论化的前提。

一 什么是无限制的乌托邦主义？

赞成无限制的乌托邦主义的理论家认为，存在着事实性的考量，例如关于我们可能如何行动、我们应该现实地期待能够实现什么样的政治制度，但是这些考量不应该限制关于我们应该如何生活的原则。[①] 这是因为他们强调“有很多事情我们做不到或可能做不到，但我们知道这些事情是好事”。例如，正如杰森·布伦南（Jason Brennan）指出的，“即使治愈艾滋病是不可能的，但是我们知道如果我们能够治愈的话会更好”[②]。因此，无限制的乌托邦主义者认为：“我们在判断正义或者一般性的规范性时，我们会判断实践理性，这些判断独立于事实上的可能性。”[③]

借助这种关于道德思考本质的概念性主张，无限制的乌托邦主义者认为，如果我们要回答“我们应该如何生活？”这一问题，我们必须揭示本质上道德上最值得追求的生活方式。反过来，这要求我们考虑如果人们有“道德上的完美动机”，最好的社会是什么样的，因为在最好的可能社会中，所有人都将按照道德要求行事。[④] 将各种道德上的不完善纳入考量不能够告诉我们什么是真正道德上值得追求的，因为这样的考量允许“不正当的人类动机来限制我们理论的内容”[⑤]。因此，作为一个逻辑问题，我们必须从乌托邦式的情境下开始我们的理论化，在这样的情境下，“人们总是出于正确的理由来做正确的事情，他们知道自己在做什么，并且对此有正确的动机”[⑥]。如果我们不这样做，我们的规范理论将受到我

---

① 例如，盖恩·科恩（G. A. Cohen）认为：“应用的不可实行性并不否定一个原则的要求。”参见 *Rescuing Justice and Equality*（Cambridge, MA: Harvard University Press, 2008）, 20。

② Jason Brennan, *Why Not Capitalism?*（New York: Routledge, 2014）10.

③ Cohen, *Rescuing Justice and Equality*, 252.

④ Brennan, *Why Not Capitalism?* 20.

⑤ Brennan, *Why Not Capitalism?* 52.

⑥ Brennan, *Why Not Capitalism?* 70. 正如布伦南稍后所说的：“如果你想象一个人们有时做错事的社会，那么你将想象一个存在着不公正的社会，由此，你就会想象一个并非完全正义的社会。所以，如果你真正关心正义的要求，那么你就必须问乌托邦会是什么样子”（71）。

们道德上不完美的动机以及我们所处的不理想现状的污染。

即使这些理论极可能会产生我们无法满足的原则，但无限制的乌托邦主义者坚持认为，他们的方法论进路并没有违反“应该蕴含能够”的原则。这是因为如果不要求我们比我们能够做到的更多，一个道德准则就不太可能在服从的情况下得到满足。[①] 考虑一下戴维·埃斯特伦德（David Estlund）提到的例子，在这个例子中，有人“恳求不应该要求他不要将生活垃圾扔在路边，因为他在动机上没有办法驱动自己这么做”[②]。正如埃斯特伦德所说的，如果我们认为这个人的动机限制了我们在道德上对该人行事的要求，这样的想法是荒谬的，因为“不能如此意愿”与“不能如此行动”的外延并不是等同的。这是因为“一个人有能力（能够）做某事，当且仅当这个人尝试而且并不放弃，这个人能够成功做这件事”[③]。给定如果这个人尝试不将垃圾倒在路边，他能够成功这么做，我们就可以融洽地说即使这个人实际上不会这么要求自己，他也是能够做到的。因此，无限制的乌托邦主义者认为：“没有能力使自己做某事（来愿意做某事）与有能力做这件事可能是有等同的外延的。”[④] 相应地，他们认为，即使有些表现出道德失败（moral failing）的事实是人性的基本特征，如果一个规范理论拒绝“承认任何表征道德失败的事实”，这也没有错。[⑤] 当我们面对有关人类动机或道德无能的各种事实性考量时，我们必须解决的关键问题是“从本质上来说，这些无能是否是道德上有缺陷的意愿和考量。”就像埃斯特伦德所指出的那样，“如果恶意的、自满的或自私的考量恰好是人类的特征，那么它们就无法将它们以某种方式在道德上清除”[⑥]。

因此，无限制的乌托邦主义者认为，即使有关人类无能的各种事实的确可以让我们拒绝采用高度理想化的制度提议，这也并不意味着高度

---

① Brennan, *Why Not Capitalism*? 54. 同时参看 Cohen, Rescuing Justice and Equality, 251。

② David Estlund, “Human Nature and the Limits (If Any) of Political Philosophy”, *Philosophy and Public Affairs*, 39, no. 3 (2011): 219 – 220.

③ David Estlund, “Human Nature and the Limits (If Any) of Political Philosophy”, 212.

④ David Estlund, “Human Nature and the Limits (If Any) of Political Philosophy”, 213.

⑤ David Estlund, “Utopophobia”, *Philosophy and Public Affairs*, 42, no. 2 (2014): 130.

⑥ Estlund, “Human Nature and the Limits (If Any) of Political Philosophy”, 235.

理想化的原则不能呈现我们应该如何生活的真相。例如，即使忽略不正当动机的普遍存在来制定垃圾政策是愚蠢的，但不能由此认为支持这类提议的原则没有呈现我们应该怎么做。因此，无限制的乌托邦主义认为，当任何原则由于我们的动机上的能力而被反对时，“我们可能会问，在反事实假说中，被假定排除的原则能够被遵守，在这种情况下，我们应该如何看待这一原则。只有当我们清除了有关能力的事实的障碍，并得到了反事实问题的答案……我们才达到了规范性的最终目标”[①]。因此，我们从道德完美的情况下得到相关原则，这一原则所面临的唯一相关的事实性障碍是设计上的障碍，这些障碍不应影响我们对原则的道德可取性的评估。[②] 有一些考量的出现仅仅是因为我们的道德缺陷，如果允许我们的规范性理论化受制于这样的考量，就会导致我们误解理想理论和仅仅可行的理论，从而“导致混淆，而且混淆带来偏离正确方向的实践”[③]。

我认为，只有一种方式来评估无限制的乌托邦主义作为一种方法论进路，那就是通过检查其产生的一阶论证的特征。相应地，我将转向G. A. 科恩和杰森·布伦南提供的这种理论化的具体例子。[④] 科恩的《为什么不要社会主义?》试图提供令人信服的道德论证，来说明社会主义的一种形式代表了我们可以共同生活的最佳方式。为此，科恩要求我们想象一下可能的最佳露营之旅。在这样的一次旅行中，科恩认为，露营者使用的资源受到集体控制，例如锅碗瓢盆、油、咖啡、钓鱼竿、独木舟、足球、扑克牌等等，并且营员们根据他们对特定活动的享受或厌恶程度，对特定营员何时以及为什么使用这些资源有着共同的理解。[⑤] 例如，如果我喜欢钓鱼，而你喜欢烹饪，我们可能会决定专门分别执行这些任务。这次旅行的集体主义和自愿主义精神确保“不存在所有人都可以提出原

---

① Cohen, *Rescuing Justice and Equality*, 251.

② G. A. Cohen, *Why Not Socialism*? (Princeton, NJ: Princeton University Press, 2009), 57. 同时请参看 Brennan, *Why Not Capitalism*?, 40。

③ Cohen, *Why Not Socialism*? 80.

④ 此处关于科恩和布伦南的简短论述借鉴了我对布伦南的书撰写的书评中的一些材料：Edward Hall, “Why Not”, *European Journal of Political Theory*, (forthcoming): DOI: 10.1177/1474885115595805。

⑤ Cohen, *Why Not Socialism*? 3 -4.

则性反对的不平等”[①]。这使这次旅行具有独特的乐趣：每个露营者都享有“大致类似的机会来实现自我和放松，条件是她恰当地使用了自己的能力，为他人的实现自我和放松做出贡献”[②]。

科恩认为，这样的露营实现了两个核心的社会主义原则。第一，社会主义机会均等，这一原则“试图纠正所有非选择性的劣势，主体自身无法合理地为这种劣势承担责任，无论是反映社会不幸的劣势还是反映自然不幸的劣势”[③]。当“结果的差异只反映口味和选择的差异，而不是自然和社会的能力与权力的差异时”[④]，这一原则就会盛行。第二，共同体原则，这一原则通过禁止平等原则允许的特定的不平等，来限制平等原则的运作。[⑤] 例如，假设十二个营员到达营地，他们需要露营一晚，有六种最先进的单人拖车供他们使用，为了使整体效用最大化，小组同意通过抽取吸管来决定谁可以使用它们。尽管这并不违反社会主义机会均等原则，但最终获胜者和失败者之间在舒适性上的差异会违反共同体原则，因为该原则反映了一个事实，即在最佳可能露营之旅中，每个营员都应确保没有人面临这其他人没有面临的挑战。[⑥]

科恩还设想了一次野营旅行，该旅行受私人财产和市场交换的资本主义规则管理。例如，他提出一种情况，其中一个营员在散步时偶然发现一棵巨大的苹果树，但只有其他人在减轻自己劳动负担的情况下，这个营员才同意与其他营员共享苹果。他还提出了一个场景，其中露营者遇到一堆被松鼠遗弃的坚果，而另一个唯一知道如何打开坚果的露营者说，她只会以特定价格分享这些信息。[⑦] 因为这些行为并不具有吸引力，

---

① Cohen, *Why Not Socialism*? 4.

② Cohen, *Why Not Socialism*? 4 – 5.

③ Cohen, *Why Not Socialism*? 17 – 18.

④ Cohen, *Why Not Socialism*? 18.

⑤ Cohen, *Why Not Socialism*? 12.

⑥ Cohen, *Why Not Socialism*? 35. 比较科恩对虚构的珍妮（Jane）的讨论，珍妮选择消灭“一块额外的无法移动且不可再分配的天赐之物”，因为她没有做任何事情使得她值得拥有这一事物。正如科恩所说：“我永远不会认为珍妮是愚蠢的。我认为她只是一个非常公正的人。”G. A. Cohen, “How to do Political Philosophy”, in Michael Otsuka ed., *On the Currency of Egalitarian Justice, and Other Essays in Political Philosophy* (Princeton, NJ: Princeton University Press, 2011), 229.

⑦ Cohen, “How to do Political Philosophy”, 7 and 9.

科恩认为社会主义准则显然是“管理野营旅行的最佳方式”[①]。科恩指出，在野营旅行中这些原则是可取的，但我们不能简单地从这一事实推断出社会范围的社会主义是值得意愿的。[②] 然而，他认为，除了可行性方面的障碍外，这些原则没有面临其他严重的障碍。因此，他的论点建立在这样一个前提上，即我们实际上可以推断出社会范围的社会主义是值得追求的。

杰森·布伦南的著作《为什么不是资本主义?》旨在证明，与科恩所说的相反，不同的资本主义原则反映了最佳的共同生活方式。为此，布伦南选择了一个不同的思想实验，米老鼠俱乐部村庄。[③] 在这个村庄中，米老鼠、米妮、唐老鸭、黛丝、高飞、克拉拉贝、皮特、饭桶博士和许多其他人物生活在一起。这个村庄中存在各种帮助他们实行计划的设施。因此，存在着“圆形剧场、赛马场、障碍赛道和公园等公共空间”，而村民“集体使用这些设施”。就像科恩的露营者一样，村民们也“对谁何时、什么情况下、为什么使用这些东西有共同的理解”[④]。然而，某些特定的物体和资源是私有的。村民们道德完善，这确保他们都会通过“等价交换”的交易来“努力工作以增加社会剩余”[⑤]。因此，每个村民“都可以自由追求自己的关于美好生活的愿景，而不必征求他人的同意”，但是“所有村民都很善良。如果任何人有任何需求未得到满足，其他人会排着队来帮助他”，因此，“暴力对于维持社会秩序并不是必要的”[⑥]。由于这些完美的动机，村民们“幸福地生活在一起，没有嫉妒，乐于以等价交换来交易，乐于奉献和分享，乐于帮助有需要的人，从不倾向于搭

---

① Cohen,“How to do Political Philosophy”, 10. 布伦南（Brennan）在他的书的第 3 章中提到，科恩不公平地将乌托邦式社会主义露营之旅与真实的而不是理想化的资本主义动机进行了比较，并指出如果我们要公平地比较社会主义和资本主义，就需要将它们作为竞争的乌托邦体系进行比较。布伦南的书的剩余部分就旨在说明为什么资本主义在这些方面赢得了辩论。

② Cohen, *Why Not Socialism*? 10 - 11.

③ 布伦南坚称，这个村庄不仅是作为荒诞不经的仿制品而进行运作，而且是为了证明资本主义的道德优势。*Why Not Capitalism*? 20。

④ Brennan, *Why Not Capitalism*? 24.

⑤ Brennan, *Why Not Capitalism*? 24.

⑥ Brennan, *Why Not Capitalism*? 24 - 25.

便车，也不倾向于相互利用、胁迫或使对方屈服”[①]。

当村民这样生活的时候，五个资本主义原则得到了实现。第一个是自愿共同体原则，即“人们应在不诉诸暴力或暴力威胁的情况下相互生活和合作”，因此，“没有任何人被胁迫或威胁来表现良好或与他人合作”[②]。第二，相互尊重原则：“村民彼此容忍彼此在品味和态度上的差异……村民们对其他人带来的多样的生活经历和观点感到高兴。”[③] 第三个原则是互惠原则：“村民总是愿意帮助别人的不幸……他们主要不是作为具有需求的生物而相对立。相反，他们在所有关系中都以等价交换来交易。”[④] 第四个原则是社会正义原则：“村民生活在一系列规则之下，这些规则旨在确保如果不是因为自己的过错，没有人的生活水平会在体面的生活之下。”这是因为该村庄的“关于贸易、私有财产、尊重等等的规则确保每个人都有充分的机会、财富和自由，由此拥有很好的机会依据自己关于善的观念来生活”[⑤]。最后这个村庄实现的原则是仁慈原则，因为村民们“总是愿意帮助有需要的人”[⑥]。

因为村民尊重这些原则，所以他们谨慎确保“不要选择自己作为仁慈的对象——这将违反互惠的精神”。如果有些人不幸地遭遇坏运气，布伦南认为同村的村民将“齐心协力，以确保解决所有此类危机”，因为每个村民都准备“为了他人的共同利益而进行个人牺牲”[⑦]。因为这是集体共同体在道德上鼓舞人心的模型，布伦南坚持认为“即使对于人类动机的限制不是一个约束，我们仍然应该提倡资本主义，而不是社会主义”[⑧]。

二　无限制的乌托邦主义出了什么问题

关于如何判断科恩和布伦南之间的争论，存在着三种选项：

---

① Brennan, *Why Not Capitalism*? 25.

② Brennan, *Why Not Capitalism*? 30.

③ Brennan, *Why Not Capitalism*? 31.

④ Brennan, *Why Not Capitalism*? 32.

⑤ Brennan, *Why Not Capitalism*? 33.

⑥ Brennan, *Why Not Capitalism*? 33.

⑦ Brennan, *Why Not Capitalism*? 34 - 35.

⑧ Brennan, *Why Not Capitalism*? 57.

1. 科恩的社会主义原则体现了道德上理想的共同生活方式。

2. 布伦南的资本主义原则体现了道德上理想的共同生活方式。

3. 科恩的社会主义原则和布伦南的资本主义原则都没有体现道德上理想的共同生活方式。

在本文的这一部分中，我将为选项作辩护。我的怀疑主义来自一个对科恩和布伦南所采用的方法的担忧，而不是来自对他们论证的内部合理性和一致性的担忧。其中的问题是，通过规定构成完美的道德动机的元素，并创造对照的思想实验来设想所有居民快乐地遵守对照的财产所有权原则，很难考虑我们如何能捍卫一套原则而不是另一套原则。① 反过来，这

① 我将讨论一个随后出现的对无限制乌托邦主义的论证的潜在反驳，并对这一反驳进行反驳。值得注意的是，在第四章中，布伦南提供了进一步的理由来支持乌托邦应该是资本主义。首先，布伦南认为私有财产使人们的生活变得更好，因为我们是“计划追求者”（project-pursuers）。他的第二个论证涉及市场所扮演的宝贵信息功能。第三，经济自由将自主权的范围扩展到经济领域，这是一件好事。第四，资本主义式的乌托邦允许在生活中进行各种各样的实验。我认为这些论证不能成功证明资本主义的内在道德优势。第二点是科恩在讨论约瑟夫·卡伦斯（Joseph Carens）的文章时同意的，（尽管科恩也坚持认为，我们不能完全确定我们在某个时候无法设计出更好的系统）。第四点也是有问题的，因为这一观点无关什么财产系统是最好的问题。因此，通过指出这一点，布伦南并未在公平的条件下进行论述［而且，如果布伦南关于私有财产价值的论证令人信服，作为一个完全理性、拥有道德动机的乌托邦居民，即使没有人有权力强迫我这样做，我应该还是想要住在一个资本主义村庄而不是集体村庄（kibbutzim）］。由此，只剩下了布伦南的第一个和第三个论证，我很乐意接受这两个论证，它们提供了理由，让我们相信私有财产可以在某些情况下改善人们的生活。但是，广泛的私有财产权将产生最好的可能村庄的观点依赖于布伦南的假定，即“关于贸易、私有财产和尊重的规定”确保村庄中的每个人都有足够的机会、财富和自由来享有“好的机会实践他个人的关于善的观念”（《为什么不是资本主义?》33）。但是布伦南必须依靠仁慈原则来保证这一结果，因为其他任何他提出的原则都不能确保所有村民都拥有必要的资源来满足他们的需求（甚至包括社会正义原则，该原则假定广泛的私有财产权将确保资源的广泛分散，这一原则无法解释为什么会产生这种情况，正如布伦南在第 4 章中指出的那样，市场通常只会创造整体上更大的繁荣：Brennan, *Why Not Capitalism*? 87）。

因此，关于乌托邦，布伦南所持观点比科恩提供了一个更实质（robust）说明，这存在了以下的问题。第一，布伦南认为他不像科恩，因为他避免了用价值或动机错误地确定政权，然而，通过以上方式运用仁慈原则使他的这一观点无效，（Brennan, *Why Not Capitalism*? 62 – 69）。第二，很难理解为什么仁慈原则是一个资本主义原则——毕竟，一个资本主义的财产制度并不蕴涵着直白的道德命令“你要仁慈!”。然而，该原则是村庄保留其道德吸引力的前提，因为村民被设定为彼此“极端友善”，这允许布伦南坚持认为“如果任何人有任何需求未得到满足，其他人会排队帮助他”（Brennan, *Why Not Capitalism*? 25），而且给定所有的需要都得到了满足，以下的想法应该被根除，即任何村民都可以合理地抱怨自己所拥有的财产或资源比其他人少。（接下页）

样的观点受到了质疑，即无限制的乌托邦主义可以告诉我们如何过上最好的生活。

为了捍卫我对无限制的乌托邦主义的徒劳性和规范上不确定性的主张，我现在将进一步阐述一个思想实验，该实验考虑道德上完美的人在不同的情境下会做什么决定。我将论证，这个问题的一个答案提供了第三套理想的分配原则。如果乌托邦主义作为一种告诉我们应该如何生活的方法，那么我的论证将旨在作为无限制的乌托邦主义的归谬法。

城市中的公寓

加文（Gavin），卡加尔（Kajal）和詹姆斯（James）三人相互熟知，并拥有道德上完美的动机，他们刚从州立大学毕业。因为他们都不喜欢一个人住，所以当他们搬到一个城市并开始在一个公司进行研究生培训时，共同租了一个公寓。[①]那个夏天，在城市里，尽管有各种单间公寓可供租赁，但是大小相同的三居室公寓，只有一间可供使用和租赁。那一公司的研究生培训生每月可赚 5 英镑。但是，每个月除了薪水外，加文和卡加尔还将从他们创建的用于投资的基金中分别获得 10 英镑，而投资的资金是他们还是州立大学扑克协会的成员时获得的。詹姆斯在一个禁止赌博的宗教家庭中长大，他没有加入州立大学扑克协会，而是在闲暇时撰写没有受到赏识的诗歌。

（接上页）然而，如果仁慈原则对于保持布伦南的村庄的吸引力是必要的，我们需要询问支持这一原则的基础是什么。我并不能理解布伦南如何合理地解释为什么拥有道德动机的村民会确保仅仅以资本主义的方式满足同村的人的需求。大概富裕的村民意识到他们应该将财产/财富重新分配给有需要的人。但是什么样的理由能够解释为什么他们应该这么做？这些原因在类别上可能不属于平等主义，尽管我觉得不太可能，但无论怎样，都很难看出布伦南提出的其他资本主义原则是如何解释这一推理的。

为此，关于乌托邦，布伦南认为自己比科恩提供了更实质的说明，但我认为并非如此。布伦南仅仅说明，如果居民意识到他们有非资本主义的道德理由来重新分配自己的财富，一个居民拥有广泛的私有财产权将值得追求。科恩认为私有财产会扭曲野营精神，而这一观点说明社会主义的内在道德优势。相比起科恩的观点，以上布伦南的说明并不能更进一步说明资本主义的内在道德优势，而仅仅类似于科恩的说明。这是因为科恩和布伦南仅提供了两个相互竞争的模型，只要有一定的背景条件，这两个模型分别采用的原则看上去都非常具有吸引力——对于科恩是露营旅行紧密联系的本质，对于布伦南是私有财产的良好后果将与非资本主义的慈善原则相结合。

① 因此，他们共同生活是“互利互惠的合作事业。”关于这一观点，请参见 John Rawls, *A Theory of Justice* (Cambridge, MA: Harvard University Press, 1971), 2。

根据这一城市统计局的数据，在房屋成本之外，一个人拥有体面生活的最低收入是2英镑，而4英镑可以为一个人提供享有富裕生活的良好机会的资源。公寓的租金是每月9英镑。加文、卡加尔和詹姆斯需要决定如何支付房租。他们考虑了以下选项：

1. 他们决定平分租金，因为加文和卡加尔并没有理由帮助詹姆斯来享受超出体面生活的生活水平。因此，在支付租金后，加文和卡加尔剩下12英镑，而詹姆斯只剩下2英镑。

2. 詹姆斯可以有过上富裕生活的一个好机会，因为加文和卡加尔两个人都不想做家务，他们决定如果詹姆斯同意承担所有的家务，他们将分别支付4英镑，詹姆斯只需要支付1英镑。因此，在支付租金后，加文和卡加尔剩下11英镑，而詹姆斯剩下4英镑。

3. 詹姆斯可以有一个过上富裕生活的好机会，因为三个人决定加文和卡加尔将支付4英镑，詹姆斯只需要支付1英镑。因此，在支付租金后，加文和卡加尔剩下11英镑，而詹姆斯剩下4英镑。

4. 三个人决定将他们的35英镑收入集体化，并从公寓财富基金中扣除租金。因此，在支付租金后剩下26英镑。而剩余的资金由公寓开支委员会根据每个人的需求进行分配。

如果加文、卡加尔和詹姆斯拥有道德上完美的动机，他们将如何选择支付房租？在我看来，道德上完美的室友不会选择选项（1），这是合理的、不具有争议的，因为他们希望詹姆斯有过上富裕生活的好机会而不仅仅是体面的生活，而且他们只需要花费很少就可以达到这个目标。[①] 然而，我也认为科恩和布伦南的原则做出了同样的判决，因此这无助于我来建立自己的例子。但是，选项（2）与布伦南的资本主义原则的精神完全兼容。实际上，如果要满足布伦南对资本主义互惠原则的解，唯一的方式似乎是詹姆斯以选项（2）中的方式做家务。然而，如果加文和卡加尔拥有道德上完美的动机，认为他们希望詹姆斯以这种方式在他们共同的家

---

① 当然，他们可能没有义务这样做，但是作为拥有道德上完美动机的主体，室友通常会选择以超出道德要求的方式行事（supererogatory）。

中为他们做家务是不合理的，因为这将损害室友之间的关系。因此，布伦南的资本主义原则不会被拥有道德上完美动机的室友选择。

科恩式的社会主义者会认为选项（3）是有问题的，因为詹姆斯不赌博的原因不在他的控制范围内，这是他成长的结果，他不应因此处于不利地位。[①] 因此，科恩会促使我们采取选项（4）。然而，存在着合理的理由认为拥有道德上完美动机的詹姆斯不会想要选择选项（4）。一方面，有些利益是加文和卡加尔作为才华横溢的扑克玩家所获得的，他们一直在磨炼自己的才华，詹姆斯可能不想要求从中获益。另一方面，詹姆斯可能还承认成年人在人生中会做出不同的选择，即使这些选择通常受到他们无法控制的因素的限制，但是有时候这些结果是他们应得的。[②] 相应地，詹姆斯可能会认为，在某些情况下，给定人们不会低于某个最低标准之下，即使结果不平等，期望他们承担自己所做决策的后果是合理的。因此，詹姆斯可能不想将加文和卡加尔在赌博中获得的钱视为一种集体资源，甚至可能认为这样做会削弱他为自己的宗教信仰和文学抱负负责的能力，从而违背了他对于自尊的理解。[③]

如果一个道德上完美的詹姆斯可能选择这样一个立场，我们有理由认为，拥有道德上完美动机的室友会在选项（3）和（4）中倾向于前者。本着科恩和布伦南的精神，让我们假定选择选项（3）实现了两项社会民主原则，即（a）确保没有人低于最低标准，在这个最低标准人们可以期望拥有好的机会来过上富裕的生活，（b）努力建立一种可以维持所有人自尊的社会关系（而不是纠正所有未选择的劣势），如果可以通过无异议的再分配策略轻松减轻这些负担，这一种社会关系维持所有人的自尊，那么就以这样的方式来建立——确保任何人都不应面对其他人没有面对的繁重的挑战或者被迫屈从于他人的意志。

---

① 从科恩的角度来看，詹姆斯不打扑克的选择不应该妨碍他获得优势，作为成长的结果，这是他无法控制的，请参看 G. A. Cohen，“On the Currency of Egalitarian Justice” and “Expensive Taste Rides Again”，in Michael Otsuka ed.，*On the Currency of Egalitarian Justice*，*and Other Essays in Political Philosophy*（Princeton，NJ：Princeton University Press，2011），3－43 and 81－115。

② David Schmidtz，*Elements of Justice*（Cambridge：Cambridge University Press，2006），31－72.

③ 在这种类似的情况下，运气平均主义可能会勉强支持这一观点（patronizing），关于这一观点，请参看 Elizabeth Anderson，“What is the Point of Equality?” *Ethics*，109，no. 2（1999）：287－337。

我是否已经证明社会民主而不是社会主义或资本主义占据着道德高地？尽管我的思想实验声称做到的，正如科恩的野营之旅声称能够展现社会主义的道德优势那样，正如布伦南的村庄声称能够展现资本主义的内在价值那样，但是我并不认为我做到了这些，因为我否认无限制的乌托邦主义能够传达这样的真理。这是因为尽管我认为道德上完美的室友确实会倾向于选项（3），但科恩也肯定是对的——最好的可能的露营之旅将由他所阐述的社会主义的规范所管理，布伦南也让我们有理由相信他提出的资本主义原则将发挥重要作用——确保所有村民过上有意义和满意的生活。如果是这种情况，并且每个思想实验都与无限制的乌托邦主义的理论约束相容，那么似乎在不同情况下，肯定社会主义、资本主义和社会民主主义原则都可能是拥有道德上完美动机的决策制定的结果。无限制的乌托邦主义声称能够传递令人信服的判断，即相比于其他的替代原则，竞争的分配原则具有内在的道德优势。但这样的主张令人质疑，因为任何一套原则与其他的原则之间存在着张力。

证明这三种选择中的任何一种本质上是最好的生活方式，最有力的方式就是通过证明遵守其原则将产生可能的最好的露营旅行、村庄和分配租金的决定。然而，布伦南选择采用与科恩不同的思想实验来展示资本主义的道德价值，在我看来，这一事实显示了布伦南默认他知道就其本身而言，自己的思想实验不可能比科恩的思想实验更好。同样，我也没有试图证明我提出的社会民主原则会创造出更快乐的露营者或卡通里的村民。因此，为什么认为俱乐部村庄、露营或拥有道德上完美动机的室友做出的选择告诉我们一般意义上我们应该如何生活？然而，这正是无限制的乌托邦主义声称所要证明的，因为其目的是向我们展示我们可以生活在一起的内在道德上理想的方式，并认为如果一套分配性原则真正是内在道德上值得追求的，那么这些原则代表道德上理想主体能够选择的可能的最好方式来规范他们的行为。[1] 然而，科恩、布伦南和我都不

---

① 佐菲亚·斯腾普洛斯卡（Zofia Stemplowska）和亚当·斯威夫特（Adam Swift）指出，无限制的乌托邦主义主张提供的类似的基本原则旨在“适用于所有情况，包括我们的情况”，请参看“Ideal and Nonideal Theory”，in David Estlund ed.，*The Oxford Handbook of Political Philosophy*（Oxford，Oxford University Press，2012），384。

能在没有进一步论证的情况下声称我们已经证明了我们所赞成的原则实现了这一点。

这证明了无限制的乌托邦主义最紧迫的问题之一是：如果政治理论家可以假定完美的道德动机、幸福和愉悦的遵从，那么从这些理论家创造的思想实验的严格性看来，一系列相互竞争的分配原则都具有道德上启发性，只要他们是有能力的思想实验者。然而，一旦我们通过将这些原则应用于不同的情境来思考他们的普遍值得意愿性，在这些情境中，主体被假定为拥有道德上完美的动机，那么这些原则的吸引力很可能会降低。① 因此，仅仅通过各自设计的思想实验，来评估我们目前正在考虑的这一组原则，很难给出结论性的理由来倾向于其中一个而不是另外二者。在每一个情况下，思想实验的居民都过着富裕的生活，他们中的任何一个都没有遭受任何怨恨，因为他们快乐地遵守了思想实验提出的原则。

为此，或许我们应该将科恩和布伦南理解为提供存在的证据——也就是说，作为提供理由来认为存在着可能世界，在这些可能世界里，社会主义或资本主义原则体现了我们理想生活的方式。然而，如果我是对的，我们可以设计其他情况，在这些情况中，道德上毫无缺陷的决策制定会呈现原则的可替代集合，那么很显然，这些证据几乎无法让我们知道一般情况下我们应该如何生活。在这方面，通过怀疑无限制的乌托邦

---

① 大卫·施密兹认为，作为一种建立正义模型的方法，科恩的思想实验仅仅适用于紧密联系的群体。如果我们想在一个由陌生人构成的社区中建立正义模型，这些陌生人并不承担共同任务，那么“我们需要想象的不是野营旅行中的朋友，而是存在着陌生人的露营地”。请参看“Nonideal Theory：What It Is and What It Needs to Be”，*Ethics*，121（2011）：787。在这种情况下，施密兹认为，如果水作为一种公共开放可使用的资源，那么只有在不缺水的情况下，才能管理水的使用。只要水资源的确是稀缺的，我们就有好的理由来限制水的使用，“由此来限制悲剧的过度使用，因为无限制公共资源的特征就是悲剧的过度使用”（“Nonideal Theory：What It Is and What It Needs to Be”，787），否则可能会导致全面冲突。在讨论理想的露营之旅和理想的露营地之间的区别时，施密兹提供理由让我们相信科恩这样道德化的社会主义不太可能在一大群人中同样具有鼓舞人心的力量。这一观点并不中立于替代的财产制度，同时表明如果我们不能指望主体是完美的，一些意识形态可能比他意识形态表现得更好。然而，这一说明并不能证明布伦南式的资本主义优于科恩式的社会主义，这是因为施密兹合理的评论所讨论的是非理想情况下的可预测行为。从这个意义上说，施密兹的论证提供了更令人信服的理由来拒绝政治哲学中无限制的乌托邦主义。

主义所传达的原则的强健性，我们可以对其宣称可以告诉我们应该如何生活的主张持怀疑态度。[①] 综上所述，任何只是基于我们对这三个思想实验的反应来支持社会主义、资本主义或社会民主主义的决定，都是因为相比于其他思想实验，其中一个思想实验有能力来获得我们更多的认同、敬畏或尊敬。而且，如果没有进一步的论证，这种反应显然不具有普遍性。[②]

如果无限制的乌托邦主义旨在让我们摆脱规范的不确定性的局面，那么它必须使我们能够做出判断，即如果存在着能够传递关于我们应该如何生活的普遍真理的思想实验，这样的普遍真理可以被我们利用，来确定我们应该在政治社会中理想地采用哪一套分配原则，那么哪一个思想实验做到了这一点。我们可能援引什么考量而做出这一决定？粗略地说，摆在我们面前有两种选择。其中一个选择与无限制的乌托邦主义的方法论立场是相容的，但可能无法使我们得出确定的结论，即哪一组反映了一般情况下我们应该如何生活的事实。另一个选择可能产生确定的结论，但它似乎与作为方法论立场的无限制的乌托邦主义不相容。

第一种选择就是进行甚至更乌托邦的理论化。也许我们应该假设更多思想实验，这些思想实验中存在的是道德上完美无瑕的主体，并思考这三套分配原则中的哪一套将整体上产生更好的结果。然而，在这方面（根据过去的经验）得出的合理结论是，趋同的可能性非常小。这是因为不同原则产生假设性结果的类型的能力或许依赖于思想实验的本质，就像原则本身固有的道德优越性一样依赖于思想实验的本质，而那些假设性结果是我们会最大限度同意的。正如我们已经看到的，这就是为什么不同的原则分别体现了道德上完美的露营者、卡通中的村民和室友会做出的行动和决定。此外，正如布伦南通过提供的关于米老鼠俱乐部村庄的信息所证明的，也正如我在讨论租金决定时所证明的那样，通过构建各自的乌托邦式思想实验，内在一致的候选原则的数量可能会与试图找

① 对于以这种方式来思考我对无限制的乌托邦主义的批判的本质，我要感谢大卫·施密兹和伊斯克拉·菲丽娃（Iskra Fileva）提供非常有益的评论。

② 这就是为什么布伦南的言论不具有说服力。布伦南认为我们可以通过询问一个人愿意居住在哪个社会中，科恩的野营之旅或像米老鼠俱乐部村庄那样的社会，从而来证明资本主义是合理的。当然，这个问题的答案取决于一个人先前的信念——毕竟，有些人可能更愿意生活在一个按照我假设的公寓运行的社会中。

到支持他们偏向的政治纲领的理论家的数量一致。因此，仅仅进行更乌托邦的理论化不可能有助于我们对应该如何生活的问题做出具体的判断。

第二种选择就是论证这样一个观点，即其中一个思想实验可以更好地为与情境中理论上相关的事物建模，这些情境是思想实验所要应用到的情境，这一选择同样给予我们理由来认真地将思想实验的发现作为我们应该如何生活的指南。米里亚姆·罗佐尼（Miriam Ronzoni）认为，基于这样的理由科恩的思想实验是不充分的，因为：

> 在道德上重要的方面……露营之旅与日常生活和社会有两个不同之处：(1) 在野营期间，实现其集体及节俭的价值是参与者的主要目标，而不是需要与其他合法、有价值的、人们可能拥有的相互竞争的目标相平衡的事物，以及 (2) 它的时间上的不连续性。①

为此，罗佐尼认为："给定野营之旅的要点和目的，以及其约束规则和参与者的特点，野营之旅的规则可能对野营之旅是值得意愿的——但这些规则不适用于其他情境。"② 因此，布伦南可能声称我们应该采取他的资本主义原则，因为俱乐部村庄与我们有兴趣进行理论化的社会更加类似。一方面，俱乐部村庄的社会安排可以持续一段无限期的时间，然而，正如罗佐尼所指出的那样，露营旅行是短期的而且其结束时间是明确的。此外，布伦南的村民没有科恩营员所拥有的价值一元论，这一点很明确，而且体现了自由社会在道德上具有重要意义。③

相比起科恩的思想实验，布伦南的思想实验是一个更充分、合适的模型，然而，这并不意味着布伦南的思想实验足够充分。如果我们只能通过询问哪一个模型最好地适用于我们正在思考的实践，来在相竞争的、内在一致的关于道德完善的描述中进行选择，那么我们就必须认真考虑

---

① Miriam Ronzoni, "Life is Not a Camping Trip — On the Desirability of Cohenite Socialism," *Politics, Philosophy and Economics*, 11, no. 2 (2012): 172. 同时请参看 Robert Jubb, "Playing Kant at the Court of King Arthur", *Political Studies*, 63, no. 4 (2015): 919 – 934。

② Ronzoni, "Life is Not a Camping Trip", 176.

③ 感谢马特·斯莱特（Matt Sleat）对这一点的有益讨论。但尽管如此，我也可以假定这在我的思想实验是正确的，因此从这个意义上说，布伦南的思想实验只是一场得不偿失的胜利。

我们思考的实践是什么样的。这是因为根据我们正在考虑的实践或社会关系，理想的道德动机的要求会发生变化——众所周知，一个完美的家庭成员和一个完美的同事对你会有不同的动机。① 因此，如果我们要决定科恩的、布伦南还是我的原则展现了理想社会的本质，我们需要认真考虑政治和社会秩序。② 无限制的乌托邦主义的实践者对这个问题非常不敏感，因为尽管他们声称自己进行反思的是应该管理社会的原则，他们很少或根本没有专注于任何政治的特殊性。这使他们试图告诉我们应该如何生活的尝试是有问题的，因为如果他们不采用并寻求去理想化具有某种合理性的政治基本观念，他们最多只能告诉我们那些一群几乎不拥有我们的特点的主体如何能够很好地生活在一系列不同的环境中。具有争议地讲，虽然知道道德上完美的露营者、卡通里的村民或室友将如何行事很有趣（尽管也可能等同地并不有趣），但这些知识并不是特别重要。

尽管希望对政治事务进行详尽的定义是愚蠢的，③ 但某些特定的现象似乎毫无争议对任何政治描述都是至关重要的，但是在我们目前考虑的所有乌托邦式的思想实验中，这些特定的现象明显并不存在。首先，政治需要行使暴力来解决争端，这是毫无争议的。④ 其次，"至少要对权威

---

① 为此，我对无限制的乌托邦主义的批评与后来被称为依赖实践的理论化有相似之处，请参看 Andrea Sangiovanni, "Justice and the Priority of Politics to Morality", *Journal of Political Philosophy*, 16, no. 2 (2008): 137 - 164。

② 有人可能会反对说，关于论证中的这一点，我们需要援引的实践不应该是政治社会，因为布伦南宣称科恩的露营者和俱乐部村民"知道正义和道德的要求，并且总是愿意这么做"，所以他们都不需要政治机制（*Why Not Capitalism*? 30 - 31）。然而，这一批评面临着两个可能的反驳论证。首先，如我所论证的，如果我们只能通过判断哪个模型与我们的问题最相关，来决定应该采用哪一个竞争的乌托邦原则来评估政治社会（由于之前所指出的不确定性和缺乏强健性的问题），那么诉诸政治社会的本质是不可避免的。其次，正如雅各布·利维（Jacob Levy）在其对本卷的贡献中有力地指出（在评论格雷戈里·卡夫卡（Gregory Kavka）具有重大意义文章时），即便有人在道德无瑕的方面进行了理论化，他仍然应该承认，道德上完美的人会遭受到道德和实践上真诚的分歧的折磨，这"有时使得服从于个人道德判断变得不可能，而且需要依赖于集体的决策制定。"因此，利维总结说："即使在道德真诚的背景下，由于道德上无辜的分歧，政治环境也会出现"（参见本卷中的文章，《理想理论并不存在》）。

③ 请参看 Bernard Williams, "From Freedom to Liberty", 77。

④ Kavka, "Why Even Morally Perfect People Would Need Government", *Social Philosophy and Policy*, 12, no. 1 (1995): 2. 为此，我赞同伯纳德·威廉姆斯（Bernard Williams）的观点，他认为"关于政治事务的思想在很大程度上集中于关于政治分歧的思想"，而分歧最终涉及"政治权威应该做什么事情，尤其是通过行使国家暴力"（"From Freedom to Liberty", 77）。

和合法性提出某种要求，这是政治规则的组成部分……这蕴涵着来自于公民的认可"[①]。因此，不同于战争和黑手党的强制，政治权威是"指挥与服从的关系，在这种关系中，服从并不来自于威胁、说服或激励措施，而是来自于主体或公民的认可——管理者拥有权力这么做"[②]。以上对政治事务的一些构成性的特点的刻画在目的上是广泛的、明显不完整的，如果至少在其范围内这一刻画是合理的、无可辩驳的，那么这对于科恩和布伦南类型的无限制的乌托邦主义造成了一个严重的问题，因为他们的思想实验没有提及政治实践的这些特征。科恩和布伦南声称提出了我们可以用来评估我们的政治社会的原则，如果我是正确的话，以上的疏忽会损害他们的主张。[③]

问题在于，无限制的乌托邦主义的实践者坚持认为，如果我们要找到应该如何生活的方式，我们必须提出一种情境，在这样的情境中，所有人都拥有道德上完美的动机，并且思考什么原则来管理人们的互动。然而，我们不能在相互竞争的规范原则间进行选择，这些原则是道德完善的模型所提供的，而又不考虑哪种模型与我们寻求道德指导的实践最相关。这意味着，如果一个乌托邦理论合理地声称呈现了一套我们可以用来评估政治社会的原则，那么这一乌托邦理论必须作出关于理想化政治社会的言论，而不是野营或卡通里的村庄之类的其他实践。如果任何充分的政治社会规范模型必须承认，除了小规模、紧密联系的团体，必

---

① Mark Philp, *Political Conduct* (Cambridge, MA, Harvard University Press, 2007), 55 – 56.

② Philp, *Political Conduct*, 56. 这种观点对政治义务这个棘手的话题意味着什么的问题，在这里进行说明太具有争议。

③ 安德鲁·梅森（Andrew Mason）、霍莉·劳福德·史密斯（Holly Lawford-Smith）和戴维·维恩斯（David Wiens）都认为我的批评可能是因为我错误理解了乌托邦模式试图要做的事情，因为无限制的乌托邦主义的目标可能仅仅是为了略述某些特定必需之物的逻辑相容性，或者思考价值是如何冲突或相容的，而不是告诉我们如何在政治环境中生活。然而，作为最充分奏效的方法来阐述这种关于无限制的乌托邦主义者试图做什么，科恩的关于终极原则和规章制度的区分，作出了比无限制乌托邦主义者所建议的更具野心的主张。尽管科恩认为终极原则的唯一目的不是指导实践（而不是我们的思想），但他仍认为，精心设计的规章制度必须尽可能表达或服务于基本原则（*Rescuing Justice and Equality*, 277），而且"因为基本原则是辩护指导实践的规章制度的必要依据，这些原则确实对实践产生影响"（*Rescuing Justice and Equality*, 307）。然而，如果我是正确的，我们只有知道如何在道德完善的竞争模式之间做出选择，而这些模式应该蕴涵着最终原则，我们才能知道我们的规章制度应该表达或服务于哪些最终原则，这也是我的论证所要应用到的观点，而我的论证关于如何在一系列竞争的理想的乌托邦原则之间进行选择。

须行使暴力来解决争端，那么我们可以得出这样的结论：通过想象暴力不存在，科恩和布伦南式的乌托邦思想不能为理想情况下应该统治我们的政治社会的原则提供一个合理的说明。这是因为按照科恩和布伦南的原则生活的吸引力取决于他们模型的唯意志论（voluntaristic）的本质。这样的模式不能以他们的方式告诉我们规范权力的行使的应该是什么原则，或者最具规范性的吸引力是什么形式的权威性社会秩序。

三　从内部进行研究

前面的论证为我们应该如何理论化提供了一个更具建设性的概述，我对无限制的乌托邦主义的批评并不蕴涵这一点，但与这一点存在着选择的亲和性（elective affinity）。我将通过研究一个问题来证明这一主张，该问题揭示了如何以负责任的方式将某些关系和实践理想化——即如何最好地将理想或完美友谊的特征理论化的问题。将理想友谊的特征理论化的一种可能方法是，想象两个道德上完美的主体之间的关系，在这种关系中，两个朋友的利益和价值判断总是一致的（由于他们的完美），因此他们永远不会产生分歧或争吵，然后考虑这种友谊将实现的善（由意志和判断的一致、关怀、亲近以及也许享有共同的道德优越感所产生的亲密关系）以及由此产生的支持朋友的行动的原则。让我们将这种思考友谊的方式称为乌托邦的方式。另外，考虑以另一种方式将理想友谊理论化的可能性，这种理想化的方式受制于我们对作为不完美的道德主体的经验，即我们实际上享有的最好的友谊的特征。我猜测以这种方式进行理论化将使我们认识到，尽管事实上好朋友有时会出于各种各样的原因而产生分歧和争吵，但是由于其他相关的原因，理想的友谊需要高标准的亲密、关怀和亲近。[①] 后一种理论化的进路有两方面的优点。首先，这一进路抓住了一个要点，即关于最好的友谊我们可以享受的最有价值的事情之一就是：我们知道相互存在着特定的分歧和争吵，但这并不会摧毁亲密性、关心和亲近，这些是我们和亲近的朋友一起建立的而且并

① 关于使我受惠的对于友谊的哲学观点的介绍，请参看 Bennett Helm，“Friendship”，*The Stanford Encyclopedia of Philosophy*，http：//plato. stanford. edu/entries/friendship/。

不存在于与只有泛泛之交的人之间。而这一要点是乌托邦式的阐释无法说明的。[①] 因此，只有第二种进路才能真正理解亲密朋友之间存在的善的本质。其次，我们可能还认为，分歧和争执是良好友谊的一部分，这正是因为我们经常需要有人告诉我们应该进行改正的方式、指出我们可能无意间像个笨蛋一样行事并让我们一直走正确的道路。我们知道友谊是可靠牢固的，但如果在一段友谊中，双方并不觉得拥有自由来表示不同意或进行争论，这样的友谊是有限的。[②]

主张理想的友谊会显示兴趣、欲望和价值判断的完美契合，而且因此理想的朋友永远不会产生分歧或争吵，对此进行辩护并不是对我们在现实中所经历的友谊的某些非理想特征进行净化的问题。相反，它消除了一些关于深厚友谊的具有极其重要规范性意义的东西，即尽管存在某些分歧，但仍保持亲近、被你信任的人问责的能力，而这样的能力才能够使我们理解为什么起初这样的关系如此有价值。因此，这对于理解理想的友谊将是一个非常糟糕的指导。由此可知，仅仅因为作为我们不完美的结果就希望我们生活中不同的特点（我们的利益和价值判断的不一致）可以消失的理论家，可能无法理解特定实践和关系能够实现的善的本质。

这表明，如果理论化的方式对兴趣、判断上的分歧以及其他所有人类的特征是敏感的，这并不总是代表对道德上非理想的一方进行不当的投降，因为我们可能只能通过一些限制来掌握一些关系或实践的规范性的意义和特征，以及这些关系和实践能够让我们享受的善。当我们开始思考如何负责任地将政治社会理想化时，这一点很重要，因为尽管可能需要实施暴力来应对我们所经历的分歧的类型，这种分歧来自于人类典型的特征，但是如果将这些特征从我们的理论模型中排除掉，我们可能无法充分理解政治的规范特征，就像我们无法理解亲密友谊的价值。从这个意义上讲，在理解我们为什么需要政治并因此需要行使暴力的基础上来强调我们的理论化很重要，因为如果我们假设完美的道德动机，这

---

① 这就是为什么人们所享受的一些最亲密的关系往往以克服了困难的情况为特点，而且这些困难并不是双方最初进行选择的。

② 感谢马特·斯莱特（Matt Sleat）关于这一点的讨论。

些动机使得一开始我们认为这些善是有价值的理由变得不透明，那么我们不太可能能够理解政治能够使我们享受的善独特呈现的本质，例如“秩序、保护、安全、信任和合作条件”[1]，或者作为最好的善——社会正义、自由和宽容。同样难以理解的是，尽管我们存在着道德上的缺陷，但如果人类没有反复遇到由于我们需要共同生活而产生的可预测的问题，那么为什么我们需要合法性、权威甚至正义的理论。

这就解释了以下观点：无限制的乌托邦主义在非理想的、不完美的或者道德上有污点的领域摒弃了一些事物，如果我们拒绝让理论化受到任何这些事物的约束，可能就无法考虑政治价值或原则，这些原则告诉我们在政治社会中应该如何生活的事实——正如乌托邦理论不能告诉我们理想的友谊是什么样的，也无法让我们理解理想的友谊会实现什么价值，无限制的乌托邦主义也不能告诉我们理想的政治社会是什么样的，也无法让我们理解理想的政治社会会提供什么价值。错误的不仅仅是科恩和布伦南忘记了即使他们所说的是事实，完美的人也需要政府。[2] 更重要的是，他们试图通过构建模型来提出评估我们社会的原则，作为假设个人道德判断和动机的一致的一个结果，这个模型忘记了为什么政治对像我们这样的生物是有价值的。这使他们无法理解我们可以合理希望在社会中追求的善的特质，这反过来损害了他们的言论——即告诉我们应该用什么原则来规范我们的行为的言论。[3]

我认为，对道德无瑕的情况进行理论化是荒谬的，这假设了“脱离政治本身”。但是戴维·埃斯特伦德认为，像我这样的抱怨并没有什么用，因为“根据一个定义，在这个异议中正在开展大量工作”，而且如果所审查的理论并不属于政治哲学，这也没有关系，因为“这将完全无损地保留其关于正义、权威和合法性的正确理论的主张”[4]。然而，面对相

---

① Bernard Williams, “Realism and Moralism in Political Theory”, 3.

② 关于这一观点更经典的论述，请参看 Kavka, “Why Even Perfect People Would Need Government”。

③ 从这个意义上说，科恩和布伦南的无限制的乌托邦主义传递了循环性的建议，因为他们的模型提供了一系列的规范性原则，当我们考虑在政治社会中应该如何生活时，这些原则通过假定来“消除我们试图解决的问题的本质”。我所借用的这一术语来自于 Patrick Tomlin, “Should We Be Utopophobes about Democracy in Particular?” *Political Studies Review*, 10, no. 1 (2012): 43。

④ David Estlund, “Utopophobia”, 130 – 131.

互竞争的、内部一致的关于道德无瑕的理论，以及其所规定的原则，如果进行选择的最佳方法是要问哪一个思想实验将其应该应用的实践进行最好的理论化，那么无限制的乌托邦主义者不能回避对他们声称要理论化的实践本质给出解释性的考量。给定如果无限制的乌托邦主义要对我们应该如何生活给出任何决定性的考量，我们必须依赖于这种解释性主张，如果这作为论证而受到质疑，根据定义是不公平的。

有人可能认为我的观点违反了科恩著名论点中正确的观点，其论点关于规范性原则对于事实不敏感的本质。[①] 科恩否认相关的事实能够限制我们的规范性思考，因为即便事实有时候会排除特定的原则，但是最终规范性原则可能以条件句的形式存在："如果主体有能力做 A，那么主体就应该做 A。"[②] 然而，与科恩的推测相反，对这种思路的反驳并不需要援引可行性约束（feasibility constraints）。实际上，我的观点并不是：我们应该拒绝无限制的乌托邦主义的一些终极原则，因为他们本身在政治上不可行。相反，我的观点是：某些特定类型的乌托邦理论化声称能够提供关于一些实践的真理，但是这些理论化未能将相关的实践理想化，因此这些理论化不能真诚地告诉我们实践应该是怎样的。[③] 各种乌托邦原则都未能适用于政治，因为这些原则源于理论化一个不同的实践的模型——如我们所见，采取条件句形式的许多所谓的最终规范性原则仅适用于快乐的露营者、迪士尼卡通人物或拥有道德上完美动机的室友。政治理论家对这种白日梦不感兴趣，他们感兴趣的是揭示适用于政治的原则系统。

四 结论

尽管支持无限制的乌托邦主义的论证具有吸引性的特质，但我们应

① Cohen, *Rescuing Justice and Equality*, 229 - 273.

② Cohen, *Rescuing Justice and Equality*, 251.

③ 这就是为什么我没有作出类似于布伦南所做的一个论证，布伦南假想了一个情境，在这个情境中，一个叫艾伯特的强奸犯抱怨"不应强奸"的道德责任，因为艾伯特觉得这样的要求太高了。请参看 *Why Not Capitalism*? 54 - 55。关于所有对乌托邦主义的批评都必须采用这种形式的建议，在科恩和布伦南的著作中十分常见。

该拒绝这样一种观点：我们的政治理论化必须始于将自己位于一种乌托邦的想象中，其中主体都拥有道德上完美的动机，而且他们可以摆脱政治机制。这是因为这样的理论化所传达的原则可能并不足够强健，从而无法合理地指导我们在政治社会中应如何生活的判断。此外，由于无限制的乌托邦主义无法体现对政治规则的需要，也无法理解政治使我们能够享受的某些独特的善，它无法对我们应该追求的政治社会提供合理的理想化解释。一些哲学家可能会抗议，认为我的论点仅基于关于政治事务假定的理论。就像伯纳德·威廉姆斯曾经说过的那样，尽管如此，你不可能总是“鞭策别人明白这一点”①。值得一提的是，规范性政治理论应该与政治对话而不是完全与其他实践对话，因为一些极富影响力的政治哲学家所偏爱的方法论上的出发点在结构设计上使其变得模糊。

---

① Bernard Williams, *Truth and Truthfulness* (Princeton, NJ: Princeton University Press, 2002), 264.

蜜蜂共同体：基于社会道德观的正义的不可能性*

杰拉尔德·高斯（Gerald Gaus）**

（译：朱慧兰）

摘要： 有些人将乌托邦理解为一个理想的社会，在这个社会中，每个人都详细地知道社会中的道德观：所有人都将始终根据完全合乎道德的关于正义的判断行事，因此永远没有必要提供激励措施来让他们按照正义的要求行事。在本文中，我认为这样的社会是不可能的。在一个社会中，如果主体都是纯粹合乎道德地公正的，这个社会无法实现真正的正义。这是纯粹合乎道德性的悖论（the Paradox of Pure Conscientiousness）。我认为只有当社会中的主体背离自己纯粹、合乎道德的关于正义的判断时，这一悖论才能被解决。

关键词： 理想理论；平等主义道德观；激励机制；公共正义；公共理性；社会规则

某些特定的生物（如蜜蜂和蚂蚁）以群居的方式生活在一起，（因此，亚里士多德将他们算作是政治生物），但除了其特定的判断力和食欲外，这些生物没有其他方向，他们不会说话，但是其中一个个体可以向另一个个体传递信号，并认为这对共同利益是有利的；因此，有些人也

* 感谢本卷的其他贡献者提出的宝贵意见和建议。尤其感谢柴郡卡尔洪（Cheshire Calhoun），迈克尔·休谟尔（Michael Huemer）和戴维·维恩斯（David Wiens）提供的详细而有益的评论。

** 作者为亚利桑那大学哲学教授。

许想知道为什么人类不能做到这一点。

——霍布斯《利维坦》

一 一个存在着完美公正的主体的和谐社会

我们很容易将“非理想”的政治理论理解为考虑并容纳自私或低忠诚度之类的人类弱点的政治理论，而“理想”或“乌托邦”理论则是描绘完美道德主体存在的社会。[①] 在这样一个理想社会中，每个人都充分地了解社会中的道德观：每个人都将始终根据自己对正义的合乎道德的判断行事，因此提供激励机制让他们按照真正的正义要求行事永远都不是必要的。众所周知，约翰·罗尔斯提出了一个分配正义的原则，即他所谓的“差异原则”，该原则允许偏离严格的均等资源分配，只要这些偏离为富人提供动力来执行最终有助于提高处境最差的人生活水平的任务。[②] G. A. 科恩认为，对这种激励措施的需求与对正义的完全的承诺不一致。他将他们的需求描述为一种隐含的威胁，即如果要求处境较好的人向处境最差的人提供完全平等主义的正义，处境较好的人将会罢工。科恩甚至表示这类似于一个绑架者的威胁，即如果父母支付了赎金，他们可以变得更好（让他们的孩子安全回来）。[③]

---

① 我不以贬义的方式使用“乌托邦式”这一词，也不用来表示特定的社会安排是不可行的。一些当代的政治哲学家明确地将“乌托邦式”与“现实的”理论进行了对比。（Laura Valentini, “Ideal vs. Non-ideal Theory: A Conceptual Map”, *Philosophy Compass*, 7, no. 9 [2012]: 654 - 664, at 654；同时请参看 Robert Jubb, “Tragedies of Non-ideal Theory”, *European Journal of Political Theory*, 11 [2012]: 229 - 246, at 230）. 然而，传统的乌托邦思想常常与可行的制度计划相联系。（请参看 Barbara Goodwin and Keith Taylor, *The Politics of Utopia* [London: Hutchinson, 1982], 210 - 214; Timothy Kenyon, “Utopia In Reality: ‘Ideal’ Societies in Social and Political Theory”, *History of Political Thought*, 3 [January 1982]: 123 - 155.）根据我的用法，乌托邦理论是一种“理想理论”，这种理论可能是可以实现的。卡尔·考茨基（Karl Kautsky）曾著名地称赞莫尔（More）的《乌托邦》，认为这一作品清楚地说明了一个社会主义理想，这里理想就满足了重要的“可实现性”约束。Karl Kautsky, *Thomas More and His Utopia* (London: Lawrence and Wisehart, 1979 [1888]), 249.

② John Rawls, *A Theory of Justice*, rev. ed. (Cambridge, MA: Harvard University Press, 1999), 65 - 73.

③ G. A. Cohen, *Rescuing Justice and Equality* (Cambridge, MA: Harvard University Press, 2008), 33, 48. “激励机制的论证与绑架者论证有相似之处……”（G. A. Cohen, *Rescuing Justice and Equality*, 41）。

因此，这是一个非常吸引人的想法：如果一个社会完全、彻底地致力于平等主义的正义，那么它就可以消除对肮脏、非常不理想的激励措施的需求。如果每个人的思考都充分考虑了对平等主义的正义的承诺，那么一个完美和谐的、平等主义的秩序的理想是能够实现的——每个人都可以自由地基于对平等主义的理解行事。在一个乌托邦社会中，没有激励机制也可以确保正义。因此，在科恩将社会主义共同体视作野营旅行的玩具模式中，人们接受这一旅行的“精神”，并且在别人服务自己的同时希望为他人服务，从而产生自由选择的、自发的融合。[①] 正如杰森·布伦南（Jason Brennan）所指出的，对科恩来说，“［一个］完全公正的社会中……每个人因为正确的原因做正确的事”[②]。在乌托邦的思想中，尤其是19世纪社会主义乌托邦思想中，从查尔斯·傅里叶（Charles Fourier）、罗伯特·欧文（Robert Owen）和彼得·克罗波特金（Peter Kropotkin）到爱德华·贝拉米（Edward Bellamy）等有些奇怪的空想小说家，自由、完全符合道德的选择和谐融合的理想有着悠久而深刻的历史。[③] 在共同体正确的道德观和教育下，每个人符合道德的选择会相互和谐——回忆一下，最著名的欧文式社会主义共同体是“新和谐”（New Harmony）。

在本文中，我将论证这样的社会是不可能的。如果一个社会中的主体都是纯粹符合道德的、公正的，这样的社会无法实现正义。我将这称为纯粹合乎道德性的悖论。我将指出，只有当个体与自己纯粹的、合乎道德的关于正义的判断相背离，通过将自己的判断和行动基于其他价值观时——构成背离其纯粹符合道德的判断的动机的价值，这一悖论才能被克服。

二　纯粹合乎道德性的悖论

A. 纯粹合乎道德的判断

假设阿尔夫（Alf）是乌托邦中合格的道德推理者。我假设这意味着

① G. A. Cohen, *Why Socialism?* (Princeton, NJ: Princeton University Press, 2009), chap. 2.

② Jason Brennan, *Why Not Capitalism?* (New York: Routledge, 2014), 71.

③ 请参看 Charles Fourier, *Design for Utopia: Selected Writings of Charles Fourier*, trans. Julia Franklin (New York: Schocken, 1988); Robert Owen, *A New View of Society, and Other Writings* (London: Dent, 1972 [1813]); Edward Bellamy, *Looking Backward* (New York: Dover, 1996 [1880]); Peter Alekseevich Kropotkin, *Mutual Aid: A Factor of Evolution* (London: W. Heinemann, 1907)。

很高的道德素养，因为我们应该期望乌托邦的能力水平应该很高。一种道德推理的普遍观点是：

> 假设 1："我认为我们应该"的观点（I CONCLUDE WE OUGHT）。作为乌托邦的一名合格的成员，如果（i）给定阿尔夫所认为的正确的正义观和相关的经验信息，阿尔夫合乎道德地思考并得出结论，在条件 C 下行为 φ 是正义所要求的，在条件 C 下，（ii）这不需要容纳其他人的思考结果，（iii）然后阿尔夫合理地得出结论，正义指示我们所有人都应在条件 C 下做 φ，因此（iv）在条件 C 下他合乎正义地做 φs，并要求其他人这样做。

在我看来，这种"我认为我们应该"的观点是许多道德哲学的特征，而且理解关于道德命题的推理从根本上说类似于对日常事实命题的推理。在这种常识性的进路上，当阿尔夫思考一个关乎正义的问题时，他会以自己理解的方式考虑最好的理由，包括他所认为的正确的规范性原则，也许他会与其他人一起核查他的结论，看看他是否犯了任何错误，然后得出结论，"我们都应该做 φ"。他的道德推理可能是指关于其他人的事实（例如，他们的福利），但让自己的结论容纳他人的结论并不是对任何一个合格的主体的道德推理的普遍要求。[①] 然后，一个纯粹合乎道德的判断是由我们出色的道德推理者阿尔夫通过"我认为我们应该"的推理而得出的结论；一个纯粹的合乎道德的主体总是按照这样的判断行事。让我们将这些称为"关于正义的私人判断"：始终根据自己的私人判断行事的主体是"绝对的道德主义者"。

B. 一个由符合道德的主体构成的共同体

然后，阿尔夫运用他的"我认为我们应该"推理关于正义的判断。为了固定思想，我始终规定阿尔夫和他所在共同体的其他人都赞成平等主义的正义观。如果阿尔夫充分了解共同体中关于正义的道德观，他将

---

① 我将在第二部分 B 节考虑放松条件（iii）的结果，即非容纳的命题（the non-accommodation clause）。

始终按照自己的道德判断行事。可以说，他的特点是

> 假设 2：正义承诺（THE JUSTICE COMMITMENT）。作为乌托邦中合格的成员，阿尔夫将始终按照他认为平等主义正义的要求行事。

如果阿尔夫认为综合各方面的考虑，φ 是正义所要求的，那么他将做 φ。从正义的角度来看，他将避免采取他认为有缺陷的替代方案。阿尔夫会这么推理："如果我合乎道德地相信一个行动是正义所要求的，那么我就必须这样做。"

目前，我们还没有完全掌握平等主义露营之旅的道德观，这一道德观描绘了一个平等主义共同体，在这个共同体中，优秀的道德主体自由地根据自己对正义的私人判断行事。作为一个不仅仅相信平等主义的正义、同时还生活在平等主义共同体的人，阿尔夫重视基于与贝蒂（Betty）共享的关于正义的理解的社会生活。因此，他们必须对他们所认为的在社会互动中正义的要求具有共同的规范性和经验性期望。① 如果他们具有共同的"规范性期望"，在给定的相互作用中，阿尔夫希望贝蒂会认为正义要求的行为是 φ，而且贝蒂也会认为阿尔夫相信正义要求的行为是 φ。此外，他们对此拥有至少二阶的常识：阿尔夫知道贝蒂希望他要求行为 φ，而贝蒂也以同样的方式理解阿尔夫。如果他们有共同的"经验期望"，他们在那种情况下希望对方实际上会做 φ。因此，这导向了

> 假设 3：协调承诺（THE COORDINATION COMMITMENT）。作为乌托邦中合格的一员，阿尔夫重视与贝蒂共享的对于正义的规范性和经验性期望，贝蒂同样如此。

以下分析依赖于另一个假设，即

> 假设 4：合格的分歧的不可避免性（THE INEVITABILITY OF

---

① 请参见 Cristian Bicchieri，*The Grammar of Society*（Cambridge：Cambridge University Press，2006），esp. chap. 1。

> COMPETENT DISAGREEMENT)。对于乌托邦的任何两个合格的成员，阿尔夫和贝蒂，当他们采用“我认为我们应该”的推理时，他们有时会在某些情境下对正义的要求持不同意见。阿尔夫认为正义要求做 φ，而贝蒂认为正义要求的行为是非 φ（not-φ）。

基于以上的说明，有些人希望止步于此。可能的反驳是：正义承诺（假设2）排除了假设4，也就是说，那些纯粹基于正义而推理的、净化了他自身利益的腐败影响的人将不可避免地达成一致。例如，在某一时刻，科恩要求我们回顾霍布斯关于几何学的言论：

> 在这个主题上，人们不在乎什么是真理，这不在任何人的野心，利益或欲望中。但是如果这与任何人的统治权相悖，或者与任何拥有统治权的人的利益相悖，我并不怀疑三角形的三角之和应等于正方形的两角之和，也不怀疑教义本应该通过于烧毁所有几何书籍来受到压制，如果没有争议的话，只要涉及的人能够这样。①

因此，也许只有个人利益才能使影响我们对道德几何学结果的理解。道德判断也许仅因我们的利益参与而发生冲突。如果我们在没有利益的腐败影响下进行推理，那么或许关于正义的要求的私人判断就会出现。

相应的观点是，以某种方式，欲望和利益是道德和政治分歧的根源（当然，在一定程度上肯定是这样）。我不想贬低这样的观点。这种信念是启蒙思想的基础。它可能在威廉·戈德温（William Godwin）的无政府乌托邦主义中达到了顶点：如果对个体进行理性的教育，他们会控制（或克服）他们的欲望，冲突将在很大程度上消失。② 在不受欲望控制的

---

① Thomas Hobbes, *Leviathan*, ed. Edwin Curley (Indianapolis, IN: Hackett, 1994), 61 (chap. 11, para. 21). Cf. Cohen, *Rescuing Justice and Equality*, 6.

② 请参看 William Godwin, *An Enquiry Concerning Political Justice, and its Influence on General Virtue and Happiness*, two vols. (London: G. G. J. and J. Robinson, 1793)。戈德温（Godwin）有一个十分极端的主张，即欲望（包括性欲）都将消失。关于托马斯·马尔萨斯（Thomas Malthus）对这一言论的处理，请参看 Thomas Robert Malthus, Malthus — *Population: The First Essay* (Ann Arbor, MI: Ann Arbor Paperback, 1959 [1798])。

理性影响下，个人判断的和谐是能够被期待的。更普遍地说，许多人认为，科学家和哲学家的自由探索不可避免地导致在私人判断上达成共识，因为（i）对每个人来说，事实是相同的；（ii）理性是全人类共享的能力；以及（iii）良好的推理的法则是普遍的。因此，如果人们正确地对这个世界进行推理，人们将得出相同的答案。因此，一个人推理的为真的和有效的结果必然对所有人都是为真的和有效的。约翰·帕斯莫尔（John Passmore）指出，“启蒙时期的哲学家”坚信，“人类在17世纪采用了一种发现的方法［科学方法］，该方法可以保证未来的进步”[①]。正如以赛亚·柏林所说的，“十八世纪，相当广泛的共识是，牛顿在物理学领域取得的成就肯定也可以应用于伦理学和政治学领域”[②]。

尽管其先驱受到尊敬，但鉴于现代普遍存在的分歧，这样的期望，即真正优秀的道德推理者能够在其判断中取得完全的共识，似乎是极不现实的。正如罗尔斯告诉我们的那样，这种分歧似乎是“在自由持久的制度下人类理性活动的自然结果”[③]。各种分析得出了这一结论，例如罗尔斯自己关于判断的负担（burden of judgment）的学说和约翰娜森·海特（Johnathan Haidt）关于道德判断的基础根本上是多样的论述。[④] 我在这里不进行重新说明。但是，值得注意的是，随着道德推理者变得越来越富有经验，道德上的分歧似乎更多而不是更少。在我们的社会中，许多道德共识是遵守传统的道德思想家的结果，他们倾向于从公民的信念中汲取线索——这种“一致性偏见（conformity bias）”在某种程度上是人类文

① John Passmore, *The Perfectability of Man* (London: Duckworth, 1971), 200.

② Isaiah Berlin, *The Roots of Romanticism* (Princeton, NJ: Princeton University Press, 1997), 23.

③ Rawls, *Political Liberalism*, *expanded edition* (New York: Columbia University Press, 2005), xxiv.

④ 根据罗尔斯的说法，合理的判断常常是矛盾的，因为：（i）证据常常是矛盾的、难以评估的；（ii）即使我们就有关的考虑达成共识，我们也常常赋予他们不同的权重；（iii）由于我们的概念含混不清，我们必须依靠经常引起争议的解释；（iv）我们评估证据和对不同考量的排序的方式在某种程度上似乎是我们整体生活经历作用下的结果，而我们的整体生活经历当然是有所不同的；（v）由于问题的不同方面依赖于不同类型的规范性考虑因素，往往很难评估其相对价值；（vi）在有关价值的冲突中，似乎常常没有唯一正确的答案。（Rawls, *Political Liberalism*, 56－57）. 关于海特的观点，请参看 *The Righteous Mind: Why Good People Are Divided by Politics and Religion* (New York: Pantheon, 2012)。

化的核心。[1] 但是我们在乌托邦中期望的富有经验的、自治的推理者几乎肯定会更像劳伦斯·科尔伯格（Lawrence Kohlberg）的“第六阶段（stage six）”推理者，他们可以自己思考问题，并且与社会认可的规范相去甚远。[2] 可以肯定的是，高级的第六阶段的推理者在某些问题上可能会达成共识，例如歧视形式的不公正，但是他们的推理的高度复杂性和独立性将导致他们做出微妙的、固有的、有争议的区分。相比起作这样的区分，这样的推理者更擅长钻牛角尖和吹毛求疵。例如，他们倾向于一致同意性别歧视是错误的，但对于平权运动是否是歧视的一种形式，他们的意见并不一致，或者更基本的，对于平权运动和歧视实际内容是什么，他们的意见也不一致。因此，尽管可能在广泛的原则上他们的意见是一致的，但对于现实交往中所需要的协调，他们不太可能获得更精细的一致意见。[3]

那些相信假设 4 是错误的人似乎承诺以下的观点

> 乌托邦的道德－认知的同质性（The Moral-Epistemic Homogeneity of Utopia）。在乌托邦，在情况 C 下，所有合格的道德主体总是会对正义的要求做出相同的判断。一个人对正义的推理总是代表着所有

① 请参看 Peter J. Richerson and Robert Boyd, *Not by Genes Alone* (Chicago: University of Chicago Press, 2005), chaps. 1－3。有观点称儿童可以被称为“文化海绵（cultural sponge）”。Alex Mesoudi, *Cultural Evolution* (Chicago: University of Chicago Press, 2011), 15. 我们常常不能确切地理解我们的文化实践的好处，但是由于文化很大程度上是通过模仿来传播的，因此人们常常不必知道为什么有些事会发生，而只是知道这些事是在这里发生了的。尽管诸如黑猩猩这样的灵长类动物会自己解决问题，但人类婴儿似乎更倾向于简单地复制他们观察到的行为，而这些行为在黑猩猩看来显然是没有任何意义的“愚蠢”行为。请参看 Victoria Horner and Andrew Whiten, “Causal Knowledge and Imitation/Emulation in Chimpanzees (Pan Troglodytes) and Children (Homo Sapiens)”, *Animal Cognition*, 8 (2005): 164－181。

② 请参看 Lawrence Kohlberg, *The Philosophy of Moral Development* (New York: Harper and Row, 1981), part two。

③ 在我的另一篇论文中，我更深入地探讨了关于原则的共识与关于这些原则的解释的分歧之间的关系。请参看“On Justifying the Liberties of the Moderns”, *Social Philosophy and Policy*, 25 (2007): 84－119. 重要的是，在道德问题上，当我们产生分歧时，我们不能悬置判断，而是必须采取行动。甚至在纯粹的认知问题上，这种悬置是否是适当的做法也是一点不明确的。对于认识论中“同行异议（peer disagreement）”文献的总体概述，请参看 *The Epistemology of Disagreement*, ed. David Christensen and Jennifer Lackey (New York: Oxford University Press, 2013)。

人的推理。

所有合格的推理者都支持完全相同的正义原则，对于如何最好地解释这些原则做出相同的判断，并就这些原则所要求采取的具体行动达成共识。

值得说明的是，乌托邦的道德-认知同质性具有某种令人不安的结果：如果在乌托邦中有人事实上表示异议，那么事实上他是不合格的，无论他的推理有多周到和谨慎。假设在乌托邦的居民中出现某种不可忽略的可能：出现一个变异者，即温斯顿（Winston），他的推理使他得出了关于正义的不同结论。考虑到乌托邦的道德-认知同质性，我们有确凿的证据表明温斯顿并不合格。他患有所谓的意识形态障碍。这不仅仅指出温斯顿不同意，还表明我们还可以进行结论性的推论——从他的不同结论中推断出他的“道德不合格”。我们可以耐心地告诉他，合格的要求就是学习像他人一样思考，但假设他拒绝了。在他看来，其他人说2+2=5，这很明显不可能是对的。也许一个人道的蜜蜂共同体会用先进的心理治疗技术来治疗他——毕竟，仅仅让他承受着自己的无能没有表明共同体的关心。如果他的疾病可以感染其他人，也许需要采取更严厉的公共卫生措施。乌托邦与反乌托邦之间的界线开始变得模糊。①

C. 关于这一悖论的一个简单分析

让我们从形式上将平等主义者的“偏好序列（preference orderings）”理解为：给定他们真心的平等主义的承诺，他们可以对替代性社会状态

---

① 一个审阅人反对：如果“你已经相信了假设4，那么你就会正确地发现这是反乌托邦的，因为反对者会被如此不尊重地对待。但是，相反，如果你相信在乌托邦所有合格的道德主体都会同意，那么你就真的会认为在乌托邦中的异议者是不合格的。我们对待反对者应像我们对待否认发生过大屠杀的人、相信地球是平的的人或狂暴的倡导私刑的种族主义者那样，在这几种情况下都存在严重的推理失败，如果他们能够像其他人一样思考的话，他们的确会更加合格。”（出于分析的目的）读者采取基于作为肯定前件式假言推理的（modus ponens）“乌托邦的道德-认知同质性”的论证——确实可以得到那样的结论。我在此所表明的是该结论说明这一论证的形式是否定后件式假言推理（modus tollens）：如果任何关于正义的异议结论都意味着“在这里进行的推理存在一些严重的失败”，我们应该拒绝这样的前提——让我们得到反乌托邦式的结论的前提。这显然证实了一个习语，即一个人的肯定前件式假言推理是另一个人的否定后件式假言推理。

和行动进行排序。[①] 这些偏好序列仅反映了我们的前三个假设：根据一个人所理解的平等主义的正义来行动这一彻底的承诺，根据平等主义的正义要求来与他人合作的价值。我最初假设对正义的承诺是根本的：至少在乌托邦中，一个合乎道德的人不会致力于违背他或她所理解的完美正义的要求。我认为这一观点援引了乌托邦：每个优秀的道德主体都会做她认为完全正确的事情。需要强调的重点是，个人利益绝不以任何方式进入他们的偏好。我称这种偏好产生的选项的排序为一个完全平等的效用函数。

现在，我们就分歧的必然性援引假设 4。假设阿尔夫认为平等主义的正义决定了行动 a 而不是 b，而根据相同的理由，贝蒂认为需要的是 b 而不是 a。图 1 显示，如果阿尔夫和贝蒂是理性的，他们将各自坚持自己的观点。

		Betty	
		a	*b*
Alf	*a*	1st, 4th	2nd, 2nd
	b	3rd, 3rd	4th, 1st

图 1　按照自己的观点行事——两位坚定的平等主义道德家

在这个博弈中，每个人都对结果进行排序：（1）我们俩都（按照自己的观点）做公正的事情；（2）我所做的是公正的，而另一个人根据一种错误的观点做事；（3）我按照一种错误的观点做事，而另一个人按照正确的观点做事（至少有人做正确的事!）；（4）我们都基于错误的观点行事。在这个博弈中，唯一的平衡是阿尔夫按照自己的观点（a）行事，贝蒂也按照自己的观点（b）行事。在任何一种协调解决方案中（当双方同时按照 a 行事或同时按照 b 行事时），其中一个人可以通过改变其举动

① 提醒读者一个基本但很根本的要点：偏好仅仅是替代选项的成对排序，而不是产生这种排序的一种心理状态（例如欲望）；“效用”是一种数学的表征，来表示一个选择多大程度地满足了一个排序，而不是一种目标或价值。请参看我的 *On Philosophy, Politics, and Economics* (Belmont, CA: Wadsworth-Thomson, 2008), chap. 2。

并根据她偏好的对于正义的解读来做的更好。因此，即使我们已经整合了共同体的价值（假设3），这两个人也将无法协调，因为每个人都首先致力于他或她关于平等正义的“我认为我们应该这样做”的判断。每个人最看重的是做完全正确的事。

图1中的交互并不总是有问题的。假设阿尔夫和贝蒂是美食家，阿尔夫认为餐厅a优于餐厅b，但是贝蒂对此的排序刚好相反。进一步假设，对于每个人来说，与其他人共享精美的一餐将是锦上添花的。但是，好食物就是好食物，这是最重要的，所以他们进行图1的博弈，并且每个人都按照自己的想法行事。这并没有什么问题。但是，以正义或共同体的道德观，阿尔夫认为最好的是他和贝蒂根据道德观a行事，因为这是道德观真正所要求的，然而贝蒂认为最好的是她和阿尔夫根据道德观b行事，同样因为这道德观所要求的。他们的判断不是“我认为我应该”，而是“我认为我们应该”。在某种重要的意义上，正如科恩本人所强调的那样，正义是我们共同努力的目标。[1] 尽管如此，如果一个人被迫选择完全以正确的观点（“平等主义正义的要求”）行动，或者根据一个次等的观点（“另一个人对平等主义正义的要求的错误理解”）行动，每个人都会选择忠于自己的平等主义承诺，但这并不像每个人都独自享受一顿美餐。

这一问题很严重。阿尔夫和贝蒂各自的道德体系都最重视（自己所理解的）平等主义的正义，并且始终会选择按照正确的平等主义正义行事，而不是一个有缺陷的版本。但是他们之所以如此重视平等主义的正义，是因为他们寻求一种共同生活的方式，即一个平等主义共同体，但是，如果每个人都按照自己对于在平等主义正义下双方应该如何生活的理解行事，那么他们就不可能在共同的平等主义正义下共同生活。对于康德来说，根据正义行事，但是这么做又会无法保证真正的正义，这种悖论的情况表现出自然状态的特点：

> 尽管经验告诉我们，在外部强制立法问世之前，人们生活在暴力之中，并且很容易相互争执，但是经验并不能使公共合法的暴力

① Cohen, *Rescuing Justice*, 175ff.

> 变成必然的。公共合法暴力的必然性并不依赖于一个事实，而是基于先验的理性观念，因为，即使我们想象在一个公共合法的社会状态建立之前人们是天性善良的、正直的，个人、民族和国家永远不能确定自己免受彼此的暴力侵害，因为每个人、每个民族、每个国家都有权完全独立于其他人的意见去做对他来说似乎是公正和好的事情。①

康德继续坚持认为，人际正义在自然状态下是不存在的，因为每个人都依赖于自己的判断，因此“当涉及有关权利的争议［司法争议（jus controversum）］时，没有合格的法官能够做出一个具有法律效力的判决”②。

康德的伟大见解是，即使一个人真正知道什么是正义，并据此行事，如果没有其他人以这一同样的观点行事，正义就不会真正得到保障。阿尔夫按照正确的正义行事，但贝蒂并没有这样做。在这种情况下，一个人可能会知道正义，会根据自己的信念行事，但这样无法确保公正的社会关系。在一个由深思熟虑的平等主义者构成的共同体中，每个人都可以合理地认为自己的观点才是正确的，而其他人都错误地拒绝了这一观点。③

D. 共同体本身

科恩指出，在平等主义的道德观下，每个人都因重视合作本身而与他人合作。④ 重要的是如果人们充分地重视合作本身，就不会出现纯粹合乎道德性的悖论。假设阿尔夫和贝蒂颠倒他们关于正义与协调承诺的相对重要性：行动的一致性比做一个人们认为完全公正的事情更为可取。在这种情况下，比起按照自己认为关于正义的正确观点行动，每个人和其他人一样行动更为重要（因此违反了假设2）。他们之间的互动与图2

① Immanuel Kant, *The Metaphysical Elements of Justice*, 2nd edition, ed. and trans. John Ladd (Indianapolis, IN: Hackett, 1999), 116［sect. 43］. 着重号为作者所加。

② Immanuel Kant, *The Metaphysical Elements of Justice*, 116.

③ 当然，每个人都可以尝试迫使对方去做正义的事情，但是我们所面临的就是康德所认为的一个没有规则的自然状态。

④ Cohen, *Why Not Socialism*? 42.

相似，而不是类似于图 1 所示的有点可惜的博弈。

在图 2 的博弈中，每个人都对选项进行排序：（1）我们都按照我偏爱的观念行事；（2）我们都按照你的喜好采取行动；（3）我按照我的喜好行事，而你则按照你的喜好行事；（4）我按照你的喜好行事，而你按照我的喜好行事。这是经典“性别大战（Battle of the Sexes Game）”的一个版本。① 回到我们用餐的例子中，现在阿尔夫和贝蒂更感兴趣的是一个社交之夜，而不是最好的食物：尽管每个人依然都重视社交夜和最好的食物，在这种情况下，当每个人都被迫选择并为了一个好的陪伴来牺牲好的食物。就平等主义的正义而言，阿尔夫和贝蒂依然根据自己对于正义的理解来排序最好的行动，当另外一个人也依此行动的时候，但是每个人都将根据他人对于正义的理解（假设是错误的）行动的排序高于按照自己偏爱的理解（假设是正确的）行动。注意，尽管如此，通过假设在出现冲突的时候，人们会更加重视按照共同的判断（协调）行事，而不是遵从自己合乎道德的判断，我们以一种十分不令人满意的方式解决了纯粹合乎道德性的悖论。如果我们假设他们首先不是合乎道德的，因此当紧要关头更加关心协调时，就不难看出协调是如何产生的。然而，如果在任何时候，他们不是优先考虑协调，而是坚持按照自己的“我认为我们应该这样做”的判断行事，那么他们将回到图 1 中的“按照自己的观点行事”。

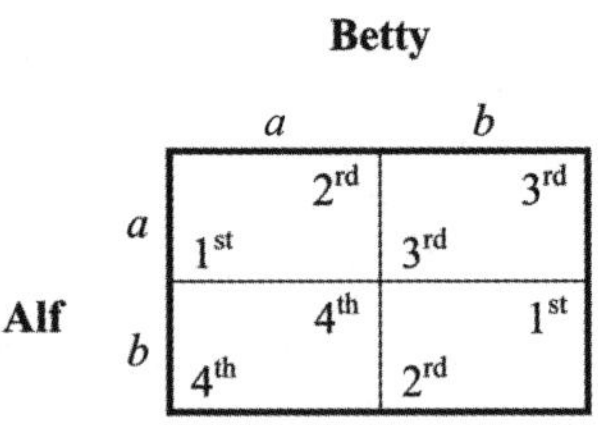

图 2 协调平等主义者的斗争

E. 放弃非协调性（或增加协调正义）

看来我们的困难似乎源于“我认为我们应该”的从句（ii），该从句

① R. Duncan Luce and Howard Raiffa, *Games and Decisions* (New York: John Wiley and Sons, 1957), 90 - 94.

表明关于正义的判断并不需要容纳其他人的考量。然后，让我们将假设1替换为

> 假设1＊："我认为我们相信我们应该这样做"的观点。作为乌托邦的一名合格的成员，如果（i）阿尔夫合乎道德地考虑并得出结论，给定他认为是正确的关于正义观点和相关的经验信息，在情境C下正义所要求的是行为φ，在这样的情境下（ii）这要求容纳他人的观点，并按照自己对这些观点的理解做出妥协，[①]（iii）他合理地得出结论，正义指示我们都应在情境C下做φ，因此（iv）在情境C下行动φs是得到辩护的，并且要求其他人这么做也是得到辩护的。

如果阿尔夫始终遵循这些判断，他仍然会表现出合乎道德性，但是他的判断建立在这样的思想基础上，即没有人可以仅仅按照他认为最公正的方式与他人生活在一起。现在在这样的调和的基础上的建立几乎肯定可以缩小分歧的范围，并帮助我们迈向协调。然而，假设1＊本身并不能解决"纯粹合乎道德性的悖论"，因为每个人仍然按照她的观点"我认为我们相信我们应该这样做"，同样地，即使是最优秀的道德推理者也会不同意这一观点，因为他们可能并不同意什么构成合理的调和。在一个社会中，如果所有人都同意我们应该根据自己的观点做出合理的妥协，这个社会对于什么是"合理的妥协"的内容绝不会达成一致。实际上，一些最棘手的争执可能与另一个人是否欣赏我们的观点并给予应有的重视有关——想想多少婚姻在这些问题上搁浅了。因此，一个重要的见解是：图1的"按自己的方式行事"的博弈经常会模拟我们对道德推理者的协调（假设1＊）。仅仅假设图1的排序表达了阿尔夫和贝蒂的"我认为我们相信我们应该这样做"的判断。如果说对构成合乎道德的推理的这一非常重大的修改并不能解决我们的悖论，尽管这肯定是错误的，但是这一修改并没有消除这一悖论。

出于几乎相同的原因（也许可能是更强的理由）[②]，假定平等主义正

① 这一表述来自于 Rawls, *Political Liberalism*, 157, 163.

② 理由"更强"，是因为这种观点并未为建立在对于其他人的结论的特殊容纳中。

义包括相互协作的善，这并不会消除悖论。考虑一下我们可能会称为“我认为一个关于正义的协作理论认为我们应该这么做”的观点。考虑到平等主义正义需要合作的社会关系，我们最初的假设是，在阿尔夫看来，贝蒂对 b 的主张要求他通过采用无法接受的非平等主义社会关系来反对平等正义：合作在阿尔夫关于正义的平等观中发挥的作用是否已经被包括在图 1 的排序。通常，将需要合作的价值的任何形式的平等主义作为平等主义正义的一部分，并假定阿尔夫对此深信不疑，并决定这需要的行动是 a。贝蒂同样相信平等主义及其对于合作的要求，并思考和判断 b 才是需要的行动。对重要的互动进行建模的仍然是图 1，而不是图 2。

F. 一个完全公正的、合乎道德的共同体的不可能性

基于假设 1 -4 和 1 * -4 的分析表明，一个优秀、合乎道德的、正义的信徒首先关心的是公正行事，但也重视道德共同体，而且这样的信徒有时必须无法在社会关系中保证完美的正义。他们最终会玩的博弈就是“按照自己的观点行事”，该博弈所刻画的并不是完美的正义社会关系。因此，我们已经说明了不可能建立一个完全公正、完全合乎道德的乌托邦共同体。

三 公共正义

A. 社会规则

关于道德推理的协调的说明无法解决纯粹合乎道德行的悖论，这蕴涵着这样一个重要的见解：仅仅通过扩展“我相信我们应该”类型的推理的内容，来包括我们应如何相互调和的内容，并不能够解决这一悖论。对于另一方将要做什么以及另一方希望一个人做什么，阿尔夫和贝蒂必须具有相同的经验的和规范的期望。如之前在协调的观点中所阐释的那样（第 2 部分 II 节），仅仅通过各自的推理，这种关于期望的一致不能纯粹地在内部产生。正如我在其他地方所论述的那样，要使他们在社会关系中实现正义，就必须有一些规则 R，而且阿尔夫（i）希望贝蒂能够根据 R 行动，并且（ii）阿尔夫认为正义要求根据 R 行动，并且（iii）阿尔夫认为贝蒂也相信正义要求根据 R 行动［对贝蒂来说，经过必要的修

改（mutatis mutandis）］。[①] 没有（i），即经验的期望，阿尔夫将无法实现协调，因为他不知道贝蒂会做什么；没有（ii），即他自己的规范信念，阿尔夫不会认为按照这一规则的行动是公正的；如果没有（iii），即规范性的期望，阿尔夫不会认为贝蒂也相信按照此规则的行动是公正的。对于社会 S 中所有成员，我将一个满足这些条件的规则称为在社会 S 中公共正义的规则。

在特定的互动中，相对于二者都认为什么是公正的简单共识，公共正义必须被区别对待。一次性的共识不会确保经验性的期望，因此每个人都不知道下次会发生什么。在这样的条件下，令人怀疑的是，对于未来是否会继续存在正义的社会关系，任何一方是否有可能抱有理由充分的期望：实际上，任何一方都无法确定另一方在未来的互动中将如何看待正义。协调将是非常不完美的，因此他们将无法确保完美的正义。通过对于只有两个人的“社会”S 的一个公共正义规则，原则上阿尔夫和贝蒂可以解决这个问题，阿尔夫和贝蒂就可以在他们的二元互动中确定对正义的共同理解。但是，基于各种理由，纯二元的公共正义是不切实际的：随着共同体的发展，二元关系（dyads）的数量成倍增加，许多关系不是二元的，而是包含大量不同数量的人群之间的互动。出于实践的目的，我们关心的公共正义的规则是由相当数量的互动主体共享的。

B. 公共正义与纯粹合乎道德性是否一致？约定俗成的特殊情况

公共正义是否符合基于“我认为我们应该”推理的纯粹合乎道德的判断？在非常严格的条件下，的确是这样的。

为了对此进行说明，让我们将模型扩展到多人的互动中，但仍然仅限于真正的平等主义者，尽管他们认为与他人合作也具有价值，但是与此相比，他们每个人都认为按照自己的正义观行事更为重要。（同样，只有这两个考虑因素进入他们的效用函数以及他们的决定之中。）我们并不是将问题描述为二元互动的一种，而是假设有 N 个真正的平等主义者正在思考协调各方行动的规则。目前，有些规则仅仅是约定俗成，这些规

---

① 请参看我的另一篇文章，*Order of Public Reason*（Cambridge：Cambridge University Press，2011），163－179，可以与 Bicchieri，*The Grammar of Society*，chap. 1 相比较。

则规定了对他人行为的经验性期望，因此，给定这种期望，每个人的“我认为我们应该这样做”的判断（仅根据个人在那情况下所认为的最公正的观点行事）能够引导所有人遵循相同的社会规则。从更加形式上的角度来说，让我们说 CR 是社会 S 中一个约定俗成的规则，如果（i）S 中的人希望其他人在相关情况下遵循 CR；（ii）给定这一期望，S 中的每个人都可以通过按照 CR 行事来实现其全部（最可能的）平等主义效用；因此（iii）S 中没有人有动机去违反这一规则。[①] 让我们同时假设 S 中的每个人都相信其他人认为 CR 是公正的规则，或者至少没有其他更加公正的规则。按照约定俗成的这种特征，如果一群人一起参加一项活动，并根据规则 CR 分配各自的劳动分工，并且如果每个人都希望通过充分发挥自己的作用而最大化自己的平等主义效用，给定她希望别人同样能够这么做，那么 CR 也将构成一个公正的约定俗成规则，这使他们能够协调其平等主义的效用最大化的行动并享有公正的社会关系。正如维吉尔（Virgil）所认识到的那样，蜜蜂共同体的特征是复杂的劳动分工，但尽管如此，它完全基于自然和谐的个人判断。[②] 例如，如果每个人参与市场计划的方式仅仅是为了最好地满足自己完全的平等主义效益，那么基于共享的平等主义的道德观，我们仍然会有关于个人判断的和谐。[③] 因此，如果公共正义的规则是 CR，那么纯粹符合道德的道德主体就可以实现公正的社会关系。每个人在一个共同的约定俗成的规则的指导下遵循自己的

---

① 这是一约定俗成的广义定义，这不需要阿尔夫和贝蒂进入严格的协调博弈，尽管它包含此类博弈。为了更精确，必须阐明最大化条件，但这会使我们偏离主题。关于约定俗成更狭窄、更经典的概念，请参看 David Lewis, *Convention: A Philosophical Study* (Cambridge, MA: Harvard University Press, 1969)。同时请参看 Robert Sugden, *The Economics of Rights, Co-operation and Welfare* (Oxford: Blackwell, 1986); Russell Hardin, *David Hume: Moral and Political Theorist* (New York: Oxford University Press, 2007), chap. 4。

② H. Musgrave Wilkins, *A Literal Translation of the Eclogues and Georgics of Virgil* (London: Longmans, Green and Co., 1871), 94ff.

③ 有时候，这似乎是约瑟夫·H. 卡恩斯在其乌托邦的平等主义市场计划中提出的，似乎每个人履行其社会责任的动机就足够了。但是，总的来说，他认为有必要制定更明确的社会化激励措施，这是我在第四部分 C 节中讨论的问题。请参看约瑟夫·H. 卡恩斯的 *Equality, Moral Incentives, and the Market: An Essay in Utopian Politico-Economic Theory* (Chicago: University of Chicago Press, 1981), 8。期望劳动分工可能成为自由平等主义选择的自发结果，这种希望是乌托邦思想（如傅里叶计划或贝拉米的社会主义乌托邦）中永恒的主题。

"我相信我们应该"的判断。

科恩指出，平等主义及其规则的特征是不确定性。[①] 那么，假设我们的N个真正的平等主义者面对三个可能的约定俗成的规则{a，b，c}，这三个规则可以使他们协调对完全平等主义效用的追求，但他们认为关于这一问题的平等正义原则是不确定的：它们根本无法根据正义对规则进行排序。但是，假设他们都接受相比起没有协调的约定俗成的规则，在这三个规则中进行协调更好。回忆一下，我们已经将完全平等主义的偏好排序明确为仅反映（i）根据正确的平等正义观行动的价值和（ii）关于正义的社会协调的价值，其中（i）优先于（ii）。我们假设在这种情况下，我们的平等主义者无法对价值（i）的替代方案进行排序，这意味着他们剩下的就是协调的价值。因此，与放弃关于这一问题的任何规则相比，我们的三种替代性平等主义规则构成了我们N个平等主义者的最大集合：所有人都同意a>o,[②] b>o和c>o。正如阿马蒂亚·森（Amartya Sen）所表明的那样，理性的行为是从该集合中选择一个，即使它们无法对集合中的元素进行排序。[③] 请注意一个有趣的结果：给定效用函数中最重要的平等主义元素已被认为是无关的，因为这些规则进行排序对于平等主义的承诺来说是不确定的，他们现在的问题是一个协调博弈，他们可以寻求一个约定俗成的规则。假设"第一"仅表示"比第二更好";[④] 为便于说明，请考虑公正的阿尔夫和贝蒂的选择如图3所示。

我们可以看出科恩是对的：不确定性的确可以成为激进的乌托邦平等主义的"优点"[⑤]——如果这是全面的话。然而，假设N-1个人无法对{a，b，c}进行排序，但是弗拉基米尔·伊里奇（Vladimir Ilyich）完全有信心可以对这些要素进行排序，并且认为：a>b>c！弗拉基米尔·

① Cohen, *Rescuing Justice*, 123.

② 理解为"a优于o"。

③ 例如，请参看Amartya Sen，"Maximization and the Act of Choice", in his *Rationality and Freedom* (Cambridge, MA: Harvard University Press, 2002): 159-205.

④ 因此，我们不能说两个第一的选择是"平等的"，也就是说，我们不能说玩家在"所有人采取策略a"和"所有人采取策略b"是无所谓的。那将需要一个完整的排序。有一些人对这一明显的关于冷漠的假设感到担忧，对这些人来说，在图3中，我详细考虑了如何对这种选择在排序不完整的情况下进行建模，请参看*The Order of Public Reason*, 303-310。

⑤ Cohen, *Rescuing Justice*, 123.

Betty

Alf	*a*	*b*	*c*
a	1st / 1st	2nd / 2nd	2nd / 2nd
b	2nd / 2nd	1st / 1st	2nd / 2nd
c	2nd / 2nd	2nd / 2nd	1st / 1_{st}

图3　由不确定性导致的协调博弈

伊里奇现在对原始最大集合中的所有选项都有决定性作用。仅考虑两个选项 a 和 b 上的两人互动。

弗拉基米尔·伊里奇的排序是图 1 中坚决的平等主义道德主义者，他认为 a > b。贝蒂是图 3 中的无法做决定的平等主义者。贝蒂知道弗拉基米尔·伊里奇永远不会采取策略 b。正如博弈理论家所说，这严格地由 a 决定：采取策略 a 而不是策略 b，弗拉基米尔·伊里奇总会做得更好。贝蒂知道这一点，因此也知道对她而言，真正的博弈只是弗拉基米尔·伊里奇排序的首位，如果弗拉基米尔·伊里奇采取 a 策略，那么她也应该以此行动。而且弗拉基米尔·伊里奇的确会采取 a 策略，所以她也会按照 a 策略行动。N 中的其他人将以与贝蒂相同的方式进行推理。他们没有理由将 a 排在 b 之上，反之亦然：他们只是想进行协调，并且会尽一切可能来使他们进行最佳协调。由于除了弗拉基米尔·伊里奇以外的每个人都将在 a 或 b 上进行协调，而弗拉基米尔·伊里奇只会在 a 上进行协调，因此通过跟随弗拉基米尔·伊里奇的引导的协调，每个人都能最大化自己的利益。在完美信息的条件下，弗拉基米尔·伊里奇是一位平等主义的独裁者。

如果有 N－2 个坚定的平等主义者，而且如果他们同意 a > b，他们将共同带领其他人采取 a，而不是 b。我们可以认为这些人组成先锋精英，共同控制决策，并且上述推理将成立。如果他们之间发生分歧，那么协调就会开始破裂。如果坚决的弗拉基米尔·伊里奇遇到另一名坚决的平等主义者莱昂（Leon），莱昂的排序与其正好相反，那么他们将会采取图 1 中的博弈，而且双方会按照自己的观点行动。当坚决的平等主义者出现分歧时，对于无法决定的平等主义者来说，最好的选择是跟随大多数坚决的平等主义者。然后，他们将最大化与他人的协调。因此，仍然是坚决的平等主义者进行引导。然而，随着坚定的平等主义者数量的激增，他们的意见出现分歧，无法决定的平等主义者不协调的情况也会随之增加。随着不协调的互动的增加，无法决定的平等主义者对他人以预期的传统方式行事的经验性期望也会减弱。当他们看到越来越多的非常规行为时，作为约定俗成的核心的经验期望以及约定俗成的规则本身都会受到破坏。①

这似乎构成了对我的不可能性论证的反例：我们刚刚已经表明，一个由合乎道德的行为者构成的社会可以就正义进行协调，因此，纯粹合乎道德性的悖论很显然已经得到了解决。但是请注意，这并未引用假设4，不可避免的分歧。在图3中不存在分歧。彻底的关于判断的不完整性意味着没有人的排序能够作为分歧的基础。在图4的情况下，对于弗拉基米尔·伊里奇和贝蒂，我们仍然没有分歧：弗拉基米尔·伊里奇有排序，但贝蒂没有。一旦我们发现弗拉基米尔·伊里奇和莱昂之间的互动满足假设4，我们就会再次看到不完美的正义。因此，这个特殊的“通过不确定性达成的约定俗成（convention-through-indeterminacy）”的案例与图2中“协调平等主义者的斗争”有很多共通之处：由于平等主义效用函数的道德判断部分基本上不相关，我们又回到了一个协调的博弈。

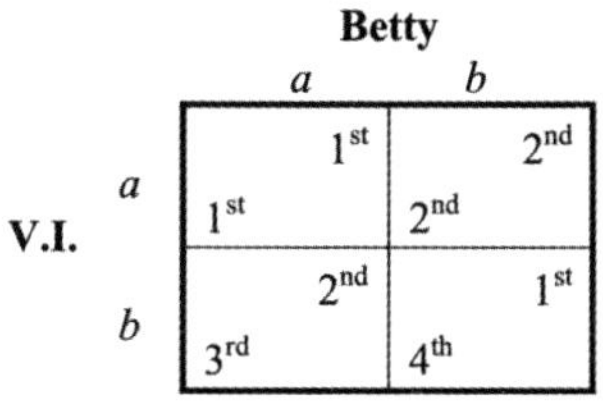

		Betty *a*	Betty *b*
V.I.	*a*	1st (V.I.) / 1st (Betty)	2nd (V.I.) / 2nd (Betty)
	b	3rd (V.I.) / 2nd (Betty)	4th (V.I.) / 1st (Betty)

图4　应该做什么？按照我的观点！
——一个坚定的平等主义者为所有人做决定

① 关于削弱经验性期望的规则破坏性效果，请参看 Cristina Bicchieri, *Norms in the Wild* (Oxford: Oxford University Press, 2016), chaps. 3 – 4。

C. 差距（The Gap）

因此，我们分析的结果是，得出关于正义要求的明确结论的纯粹合乎道德的主体无法确保完美的正义。当我们的乌托邦道德主体做出相互矛盾的判断时，他们将面对我所称为的

> 差距：当关于某个正义问题的假设1-4（或1*-4）得到满足，而且社会S在此问题上具有公共正义规则时，一些个体将得出结论认为公共正义并没有到达他们关于完美正义的观点。

差距假设在一个乌托邦共同体中，所有人都可以将公共正义规则视为某种意义上的平等正义真正的（bona fide）规则，而不仅仅是显而易见的“不正义”。在图2的协调博弈中，这种假设是隐含的：每个人都将对方的偏好的观点视为正义的原则，而不是例如对利益或意识形态的直接表达。毕竟，我们谈论的是乌托邦，其中每个人都在正义的基础上进行完美的推理。因此，我假设贝蒂对阿尔夫说：“你对于正义真正的判断不足以实现完美的公正”，这是完全合理的。这意味着贝蒂所认为的完美正义与阿尔夫的观点之间存在着差距。“差距”的主张是，当假设1-4（或1*-4）得到满足，并且社会在此问题上拥有公共正义时，至少有人会认为公共正义并没有达到她所认为的完美正义，因此她的合乎道德的判断与公共正义原则之间将存在着差距。一旦我们确立了公共正义，纯粹合乎道德性的悖论就会转变为“差距”的必然性。

但是，作为一个合乎道德的道德行为者，为什么贝蒂会接受这样的差距呢？如果说她不接受这样的差距，那么她和平等主义社会中的同胞就不能享有公正的社会关系，这种说法是不充分的。正如我们在第二节E中所看到的，我们可以假设贝蒂已经把这一点的重要性考虑进了她的平等主义效用中。根据这一假定来说（ex hypothesi），经过了所有的这些，她会面临以上所说的差距。这样看来，当纯粹合乎道德的主体面临差距时，她必须根据自己的观点行事，但如果这样做，她将违背公共正义，因此她和她的同胞将无法在他们的社会关系中确保正义。我们是否可以为贝蒂提供充分的道德理由接受这样的差距？

四　公共正义与激励机制

A. 自我消除的（Self-effacing）推理与人为的蜜蜂联合体

在任何判断问题上，当人们试图运用自己的理性时，他们可能得出不同的结论，并且在这种情况下，如果每个人都坚持各自的推理是真正的、真实的正确的推理，判断的协调不可能实现。霍布斯也许是第一个基于以上的认识构建社会哲学的人。

> 而且，正如在算术中一样，经验不足的人肯定，并且教授他们自己也可能，常常犯错并得到错误的结果，在任何其他推理问题中，最有能力的、最专心和最有经验的人也可能受到误导，并推断出错误的结论；理性本身并不总是正确的，算术是一种确定且可靠的学科，但是没有人的理性，也没有任何数量群体的理性是确定的，因此，正确的结果不只有一个，因为很多人都一致同意这一点。因此，当一个说明中存在争议时，协商的各方必须出于正确的理性，自行确定某些仲裁员或法官的理性，双方均应接受他们的判决，或者他们的争论要么爆发，要么悬而未决，因为缺乏一个由自然构成的正确理性，无论是在何种类型的辩论中都是如此。①

根据对霍布斯分析的最强的解释，如果阿尔夫或贝蒂要有任何关于正义的理性的观点，这一观点须被人际理性所支持。大卫·高迪耶（David Gauthier）坚称，"霍布斯在这一段话真正关注的……当然是在人际关系中……理性不仅使我们摆脱了对我们情绪的依赖，② 然而，或许更加明显的是，在这种依赖对我们不利的情况下，使我们摆脱对于我们自己经过深思熟虑的判断的依赖。在这方面，理性本身就是对自身缺陷的补救措

① Hobbes, *Leviathan*, 23 (chap. 5, para. 3).

② 回想一下在第二节 B 中科恩对霍布斯的引用。

施"[①]。根据高迪耶对《利维坦》的理解，霍布斯坚持认为在分歧持续存在的情况下，坚持自己的推理等同于正确的推理是不理性的。[②] 因此，高迪耶认为："根据霍布斯的说法，在个体的思考模式中，每个人自己判断自己有理由去做的事情，这由集体的模式代替，在这种模式中，可以由一个人来判断我们每个人都有理由去做的事情。"[③] 霍布斯"提出了推理的扩充，以使理性具有社会的维度"[④]。

通过放弃假设 1-2，可以解决阿尔夫和贝蒂在图 1 中的难题。如果有一些公共程序将他们的两个私人判断都认可为正确的集体理性模式，那么该程序认为真正的平等主义道德的要求将被每个人接受为合理的正确的要求，并且他们在协调方面几乎没有问题。他们都遵循程序的输出，而且输出定义了公共正义，从而唯一理性地确定了人际正义的要求。此过程可以引发各种各样的程序。对于霍布斯来说，这是主权者（the sovereign）的理性，但是我们可以跟随卢梭，并把它看作是公意（the general will）的理性：

> 根据法律，人们应享有正义和自由。正是这种意志的有益部分在公民权利中确立了人与人之间的自然平等。正是这种至高无上的观点向每个公民指示了公共理性的准则，并教导他们按照自己的判断规则行事，而不要表现出与自己不一致的行为。政治统治者在指挥时应该仅凭这种观点进行管理。因为抛开法律不谈，当一个人声称要服从另一个人的私人意志，那么他就远离了公民社会的状态，并在纯粹的自然状态下面对他自己，在这种自然状态下，服从是唯一必要的规定。[⑤]

因此，在投票后，少数派可以得出结论认为共同利益的要求被证明是错

---

① Gauthier, "Public Reason", *Social Philosophy and Policy*, 12 (1995): 19-42, at 27.

② Gauthier, "Public Reason", 19-42.

③ Gauthier, "Public Reason", 31.

④ Gauthier, "Public Reason", 25.

⑤ Jean-Jacques Rousseau, *A Discourse on Political Economy in The Social Contract and Discourses*, trans. G. D. H. Cole (London: J. M. Dent and Sons, 1923), 256-257.

误的。[①] 少数派接受多数派的判断作为其判断，这同样确保了正义要求的一致。

对于社会关系中的正义问题，此解决方案需要彻底地自我消除的个人推理。得出这一结论的一个理由是，个体的理性必须服从公共理性所确定的理性——因此个体必须相信由此产生的公共正义的要求。这种对私人判断的彻底自我消除的说明最终试图创建我们所说的人为蜜蜂联邦。自然来说，人类并不拥有关于正义的完全相同的私人判断，但是如果我们的私人判断指示我们接受并服从一个共同的公共判断，那么出于公共目的，可以确保获得非常类似的结果。我们将公共正义视为是这样的——遵循法律，"向每个公民指示公共理性的规范的至上的观点"。

尽管霍布斯似乎建议这是解决私人判断的冲突的一种可能方法，但他甚至最终认为这是不可能的。在分析预言内容的特殊情况时，霍布斯坚持认为我们不能完全放弃我们自己的理性："我们不要放弃自己的感觉和经验，也不要……放弃我们的自然理性。"[②] 人类最终无法将"思考能力（intellectual faculty）"服从于其他任何人的意见……因为感觉、记忆、理解、理性和观点并不在我们的改变能力范围内，而是总是并且必然如此，就像我们看到、听到和考虑的事物对我们表示的那样；因此它们也不是我们的意志的结果，相反，我们的意志是这些事物的结果。[③] 信念不是自愿的：即使一个人愿意相信别人对正义的看法，也无法产生关于正义的信念。信念不受我们意志的影响，相反，我们意志受信念的影响，而我们对正义的信念是不同的。霍布斯认为人类的理性并不是自我消除

---

① "因此，当相关的观点与我自己的观点相抵触的情况大量出现时，这并没有在任何程度上证明我的观点是错误的，也没有证明我所认为的公意并不是公意。如果我个人的观点得到了接受，我就会取得与我的意愿相反的结果；正是在那种情况下，我没有自由……实际上，这以公意的所有特质仍然占多数为前提……"（Rousseau, The Social Contract, in *The Social Contract and Discourses*, 112）。

② Hobbes, *Leviathan*, 245 – 46（chap. 32, para. 2）.

③ Hobbes, *Leviathan*, 246. 但在任何事情上，如果一个人没有绝对正确的科学来进行辅助，来放弃自己的自然判断，以创造者所创造的一般法则作为指导，同时存在着许多的例外的话，这就是愚蠢的表现，而且通常被冠以学究的名号而受到蔑视（Hobbes, *Leviathan*, 27 [chap. 5, para. 22]）。

的，而且他认为即使我们试图赞同它是自我消除的，最终私人判断仍将牢牢控制着整体。霍布斯的这两个观点都是正确的。假设每个人都接受“公共正义在人际正义问题上是绝对的”的原则。但是，这是霍布斯研究中一个令人熟悉的观点，即这一条件是否得到了满足（也就是说，公共正义仅在条件C下适用于人际间的问题）本身不能由公共正义确定，因为只有条件C得到满足的情况下，公共正义才具有力量。如果我不相信C得到了满足，那么我将否认这是公共正义的问题。[①] 每个人都必须使用自己的私人判断来确定C是否得到满足，由此，公共正义才可以被判定是否发挥作用。但是，如果私人理性决定了公共理性何时起决定性作用，那么当我们将私人判断应用于该问题时，就会引起争议。因此，我们在一些问题上存在争议，例如，是否要中止胎儿的决定是由女性的私人判断决定的个人事务，还是我们是否需要公共正义来确定公正的结果。图1中的争议版本就会重新出现。

B. 对公共辩护的承诺：偏离完美正义的激励措施

科恩认为，在平等主义的共同体中，个体将相互认为自己有责任向其他人辩护自己的行为。他解释说：“一个辩护的（justificatory）共同体是一种特定的群体，在这一群体中，普遍存在着一种综合辩护的规范（这种规范不一定总是被满足）。”[②] 现在，只要有人开始只从事能够如此得到辩护的行为，这一主体本质上就是让公共辩护凌驾于个人对完美正义的私人判断的忠诚。在图1（按自己的方式行事的博弈）中，阿尔夫无法向贝蒂证明自己的行为是正确的。他可以解释它并使其是可理解的，但是他不能对她辩护这一行为是公正的。如果他认为辩护的规则凌驾于按照自己关于正义的私人判断行事，那么关于辩护的社会道德观就凌驾于根据个人对正义的私人判断行动的承诺。如此，公共正义就会是有效的。

---

① 我在另一本著作中对这一结论进行了更深的论证，请参看 *Contemporary Theories of Liberalism: Public Reason as a Post-Enlightenment Project* (London: Sage, 2003), 71ff，关于更多一般性的说明，请参看 Jean Hampton's *Hobbes and the Social Contract Tradition* (Cambridge: Cambridge University Press, 1986), chap. 7。

② Cohen, *Rescuing Justice*, 43.

当然，这是一个可行的前进的方法，但是它的结果是，一个乌托邦社会需要激励措施，来促使人们不按照他们的“我相信我们应该这样做”的判断行动。正如我们在研究协调观（第二部分 E 节）中所看到的那样，让一个人的“我相信我们应该这样做”的判断容纳他人的理性，并不能够解决以上提到的悖论。我们要求公共正义，并假设这对于其他人来说是可以得到辩护的，因此给了主体理由来使自己的行动与自己理解的完美正义相背离。这就要求人们有动力来克服公共正义与他们自己的“我认为我们应该这样做”的判断之间的“差距”。而且，正如我们所看到的，无论这些激励措施是什么，它们都不能来自于一个人对于完美正义的观点，因为正是原始的“我相信我们应该这么做”的判断导致了这一问题。激励措施必须外在于个人对完美正义的承诺，由此，给定这些激励措施，贝蒂认为根据公共正义行事比按照自己所理解的完美正义行动更好。她克服了差距。贝蒂认为公共正义要求她做 φs，且根据自己的“我认为我们应该这样做”的推理，她并不同意行动 φ 是完美正义的。但是，我们对她说，经过反思之后，她会接受一些重要的价值和承诺，而遵守公共正义和 φ 行为的基础正是这些价值和承诺。这些价值和承诺可能会援引关于公正的社会关系和正义的实践更广泛的重视：要实现真正近似公正的社会关系，她必须放弃自己纯粹的“我相信我们应该这样做”的判断，并寻求与他人进行协调。对于科恩来说，这有助于巩固某些类型的共同体关系。我则认为它为相互问责和有效益的合作关系（以及重视它的人的共同体）奠定了基础。因此，我们所做的对很多人来说是有争议的：即使在乌托邦，我们也需要寻求激励机制，来让贝蒂偏离她对完美正义的最基础的信念，并接受这一信念与公共正义的要求之间的“差距”。在乌托邦，几乎每个人都必须放弃对完美正义的个人判断，因此乌托邦必须激励他们这样做。

此外，我们的私人判断导致我们不同意的程度越大，激励机制就必须越广泛。假设我们通过共同体的价值来“激励”贝蒂优先考虑公共辩护，但她认为共同体在这种情况下不是很重要，或者认为通过根据完美正义行事可以更好地支持共同体的价值；如果是这样，我们将无法说服她应该在排序中让“按照公共正义行事”高于按照自己的“我认为我们应该这样做”的判断行事。然而，如果可以采用更广泛的“激励机制”，援引具有效益的合作、保障性与和平的价值，贝蒂更可能有理由认为，按照公共正义行动更重要，从而接受差距。

借助“激励机制”来表述这一问题听起来可能是肮脏的和“经济主义的（economistic）”。但是，在这种情况下，我们所做的绝不是肮脏的：我们寻求为个体提供理由，这些主体遵循自己的理性，并对于完美正义具有不同的判断，基于相互共同承认的关于正义的要求，由此可以认可并遵守一种公共的正义制度（即使在乌托邦也是如此），该制度为我们提供了人际关系的巨大道德善。认为这是肮脏的激励机制（或类似于支付赎金）错误地表明，如果他们只关心完美的正义，那将没有问题。但是，如果他们真的只关心这种正义（假设 1 至 3 所描述的意义下），正是因为这样，这一问题才会出现。

C. 不包含（sans）自身利益的道德动机？

有人可能会认为，我再一次把平等主义的社会道德观定义得太狭隘了。让我们回到第二节 D 中所考虑的观点，即社会道德观不仅仅是这样一种压倒性的承诺——根据完美的平等正义行事，而是包括为他人服务，同时享有他人的服务。“共同体互惠”将成为乌托邦式平等主义的共同体的特征，鉴于这种服务的社会道德观，每个人都会自由地服从公共正义，将其作为最佳服务他人的方式。[①] 我们可以将这种为他人或社会服务的社会道德观理解为一种“道德激励”。在他的乌托邦式的平等主义市场中，乔斯福·卡伦斯（Joseph Carens）使用“道德激励作为经济活动的主要动力来源”[②]。一般认为，经济学中的道德激励被定义为“利他主义 + 声誉”[③]。出于对他人的利他主义考量（或者，也许是履行其社会责任），个体来履行自己职责，因为他们重视通过成为合作的和关心社会的公民而获得的声誉。因此，一个平等主义者可能会说，虽然她很可能承认需要激励机制来使得人们的行动符合公共正义的要求，但关键的是，这种

---

① 请参看 Cohen, *Why Not Socialism*?, 39ff. 或者，如西德尼（Sidney）和比阿特丽丝・韦伯（Beatrice Webb）所说的，“对上帝的崇拜被对人的服务所取代”（*Soviet Communism: A New Civilization*, third edition in one volume [London: Longman's, Green and Co., 1944], 913）。

② Carnes, *Equality, Moral Incentives, and the Market*, 8.

③ P. J. D. Wiles, *Economic Institutions Compared* (New York: Wiley, 1977), 27.

激励制度建立在公民对其同胞和自身社会声誉的考量之上，因此她拒绝通过援引自身利益来促使人们遵守。

我们可能认为，这仍然是一个独特的社会主义乌托邦。它不是蜜蜂的共同体，而是人类的共同体，后者需要公共规则和激励机制，但它显然保留了对个人利益的援引。有趣的是，卡伦斯拒绝这种解读。他说，“把关于平等主义秩序的道德激励机制描述为利他主义是具有误导性的。在平等主义体系中，人们关于个人利益的观念不同于在私人财产交易市场（PPM：private property market）中人们的观念。由于社会化过程的差异，他们更看重社会认可、而没有那么重视收入”[①]。重视一个人作为一个好的参与者的社会声望和声誉，与关心个人利益之间没有明显区别。[②]更准确的说法是，这样的系统寻求在不同的方面来引导个人利益，在这一系统中，一个人的利益与他的同胞的意见和他为社会提供的服务密切相关。卢梭清楚地看到了这一点：

> 每一个公民每天每时每刻都感受到同胞们的目光在注视着他；没有公众的认可，任何人都不能向上走；每一个职位和工作都要按照国家的意愿来安排；每个人……如此依赖公众的尊重，以至于没有它就不能做任何事、获得任何东西或取得任何成就。由此产生的所有公民之间的竞争将唤醒爱国热情，这种热情使人们——其他任何东西都无法使他们——超越自我。[③]

甚至道德激励机制也依赖于个人利益，尽管卢梭版本的“道德激励机制”——尽管可能完全是现实的——并没有很明显地具有很大的吸引力。我认为，即使是在平等主义的乌托邦中，有时候依靠普通的个人利

---

① Carnes, *Equality, Moral Incentives, and the Market*, 122.

② 请参看科恩：“卡伦斯体系是乌托邦式的，部分原因是它完全依赖于非个人利益的选择”（Why Not Socialism? 65）。这似乎不是卡伦斯的观点。更准确地说，卡伦斯的制度避免了对怀尔斯（Wiles）所谓的“边沁式的投资”（Benthamite investments）的援引——即在工作时间以外用工作交换一些私人物品（Economic Institutions Compared, 15）。

③ Jean-Jacques Rousseau, *The Government of Poland*, trans. Willmoore Kendall (Indianapolis, IN: Bobbs-Merrill, 1972), 87. 同时请参看 John W. Chapman, *Rousseau —Totalitarian or Liberal?* (New York: Columbia University Press, 1956), 60ff。

益来作为支持、遵从公共正义也不是一件坏事。回想一下，困难在于，如果人们只考虑自身关于完美正义的判断——即“我相信我们应该”，那么他们将没有足够的动力来遵守公共正义，当二者之间存在着差距的时候。因此，我们必须扩大支持公共正义结论的价值范围，以克服这一差距。然而，只要唯一援引的是脱离一切个人利益的规范性考量，如果我们的规范分歧很大，那么，善意的个体是否会全心全意地支持公共正义并遵从公共正义的要求，这一问题就是不确定的。那些只关注规范问题的人可能会发现自己无法克服这一差距。

在重要的实验中，哈林克（Harinck）、德鲁（De Dreu）和范维亚宁（Van Vianen）研究了以下不同协商类型之间的对比：（i）“关于利益的协商”，其发生的条件是“相互依赖的个体或群体持有冲突的立场，而这些立场的根源是相互冲突的个人利益，如金钱、时间、个人收益或其他稀缺资源”和（ii）“关于评价性问题的谈判”，其发生的条件是“相互依赖的个体或群体持有不相容的立场，而这些立场基于对一个问题的不同的观点——相关的问题没有一个明确的正确答案，例如包括了法则和价值的问题”①。在一项关于谈判双方是否在30分钟后达成协议的研究中，他们发现，尽管利益的争端中的当事人往往认为他们基于目的的争端比基于评价性的争端更加直接地相对立，关于基于利益的争端的谈判更有可能达成一致的协议。关键似乎是人们愿意为了达成协议而交换利益，但不太愿意“交换”价值和规范性承诺，因此，就一个可接受的结果达成共识变得更加困难。② 对公共正义而言，为了一个双方都能接受的结果（即克服差距）而牺牲我们所关心的东西，一点点利益可以使调和更有可能。在这方面，回想一下在一开始提到的乌托邦社会主义共同体的命运——印第安纳州的新和谐小镇。它创建于1825年，与大多数欧文

---

① Fieke Harinck, Carsten K. W. De Dreu, and Annelies E. M. Van Vianen, “The Impact of Conflict Issues on Fixed-Pie Perceptions, Problem Solving, and Integrative Outcomes in Negotiation,” *Organizational Behavior and Human Decision Processes*, 81 (2000): 329 - 358, at 330. 他们还考虑了第三种类型的争端，“关于智力问题的协商”，即“相互依存的个体或群体持有不相容的立场，其根源是对一个可客观可证实的问题的不同解释”（此观点出处同上）。

② 同时请参看 Joshua Greene, *Moral Tribes: Emotion, Reason and the Gap between Them and Us* (New York: Penguin, 2013), 86 - 88。

特共同体一样，它的特点是内部存在纠纷，在 1826 年实际上划分成了三个社区，到 1827 年该共同体实际上就已经结束了。一个严重的争论是关于不平等的正义——分裂的群体之一是“平等共同体”。[①] 这里重要的一点是，援引个人利益并不需要被看作是对“肮脏的人性”的妥协，而应该被看作一种诱使思想高尚的人接受差距的方法，以便所有人都能共享有效的公共正义体系。

五 为什么不是蜜蜂共同体?

我们都经历过与他人同步的间歇期，在这段时间里，我们的个人判断完全匹配或互补。就像一个完美的舞蹈，我们实现了美丽的协调，但每个人都只根据自己的判断行事。当我们最想作为一个整体行动，或是在一起度过美好时光时，无论是野营旅行还是跳舞，这种情况是可能发生的。有时候，唉，这种同步性的快乐会呈现出一种不那么令人愉快的伪装，就像当人们体验融入群众的喜悦或是战时的团结时那样。[②] 通过对完美正义或道德的判断的持续和谐，在大群体中实现深度的同步性，这是不可能的。当我们很享受的时候，关于最好和正确的事物的判断会被放在后面——我们对利益的协调胜过我们对做最好的行动的信念（第二部分 D 节）。正如我们所看到的，两个美食家可能会单独吃饭（第二节 C 节），但两个情人可能会一起吃（可能不会将太多注意力放在食物上）。沉浸在群众之中更是一种不祥的征兆，因为这种同步性要求我们去连霍布斯都不敢涉足的地方——完全服从领袖的判断、放弃我们的理想而去追随他的理性。

正如霍布斯在我们的引言中所观察到的那样，看到蜂巢中美丽、完美的同步性，很多人都会问为什么人类不能实现这样的目标——或者至少在他们的乌托邦梦想中渴望实现。我认为这对我们来说是不可能的。

---

① 请参看 A. Haworth, “Planning and Philosophy: The Case of Owenism and the Owenite Communities”, *Urban Studies*, 13 (1976): 147 – 153, at 153; Krishan Kumar, “Utopian Thought and Communal Practice: Robert Owen and the Owenite Communities”, *Theory and Society*, 19 (1990): 1 – 35, at 18。

② 这可能是关于人类而不是关于享受野营的更加基本的特征。请参看 Greene, Moral Tribes。

这并不是因为我们被困在资本主义“贪婪和恐惧”的泥潭中[1]，从而不希望这样，而是因为当有善良意愿的人运用他们的理性时，即便是关于正义，他们会得出不同的结论。一个最终否认这一点的乌托邦计划，必须拒绝启蒙运动的格言——“鼓起勇气去行使你的理性!”[2] 持续的社会同步性和对自己的理性的自由使用最终是不相容的。任何承认这一基本真理的“理想理论”都必须包含激励性的公共正义。

① Cohen, *Why Not Socialism*? 40.

② Immanuel Kant, “What is Enlightenment?” in *On History*: *Immanuel Kant*, *ed. Lewis White Beck* (Indianapolis, IN: Bobbs-Merrill, 1957): 3 – 10, at 3.

正义与互惠：非理想理论的案例[*]

詹姆斯·伍德沃德（James Woodward）[**]

（译：朱慧兰）

摘要：存在着一种主张，即规范政治理论可以（合理而富有成效）地被分为两部分——一部分与理想理论有关，即预设完全遵从并且将所有与实施有关的问题都抽象掉，与之相对的是非理想部分，非理想部分所处理的是适用于部分遵从的实施、规则以及制度。本文将讨论并批评这种主张。根据这种关于理想理论的观念，人类行为和动机的经验事实与所处环境中的遵从程度和实施有关，尽管这一事实对于规范理论的非理想部分可能是相关的，但是与理想理论无关。我反对这种观念，并认为这些经验事实对大部分或者所有的规范政治理论来说，都是相关的，包括“基础”规范原则。

关键词：理想理论；正义；互惠；严格遵从；参数性与策略性思维

一 引言

理想和非理想理论的区分以多种方式存在于当代道德和政治哲学中。本论文的兴趣主要在于这一区分的一个维度：即这样的一个观念，根据该观念规范理论可以（合理且富有成效地）分为两部分——一部分与理想理论有关，该部分假定完全遵从并将与实施性相关的问题抽象掉，与

* 非常感谢大卫·施密兹（David Schmidtz）和匿名审阅人对早期草案的具有帮助的评论。

** 作者为匹兹堡大学历史与科学哲学教授。

之相对的是一个非理想的部分，这一部分与实施以及适用于部分遵从条件的规则和制度有关。[①] 根据这一观念，对于理想理论来说，与人类行为和动机有关的经验性事实与环境中的遵从程度和实施性的问题是不相关的，尽管这些事实可能与规范性理论的非理想部分有关。[②] 特别是，根据这一观点，假设任何信息都可能与实施的尝试有关（或从中获得），包括实施可能产生的影响的信息，据每个人的估计，非常坏的结果不应该影响理想理论的内容——这些信息的影响仅限于规范理论的非理想部分。[③]

我想利用这种理想与非理想的对比，更广泛地探讨一些问题，这些问题与“人性”和支配人类互动的社会结构的经验事实到底如何与规范理论联系起来，而与争论的背景相对立，部分原因是出于理想/非理想的区分，这一区分认为这种事实与规范化理论的核心部分（理想部分）无关。为了便于参考，我有时会将讨论中的理想理论的观念描述为“独立于事实”，来表明它独立于人类的各种事实。

通过利用一些关于互惠与信任及其在维持合作行为中的作用的经验文献，我将探讨这些问题——在下文中，我将这些称为基于互惠的考量因素。我专注于这些因素有几个原因。首先，它们是过去几十年来发展起来的大量文献的主题，反映了经济学、心理学、神经生物学、进化生物学和其他学科的工作。许多社会和行为科学家将与互惠相关的动机视为人类拥有的最强的和根深蒂固的动机之一，尽管他们不否认存在其他非互惠的动机，但往往将其视为与在某些规范理论中所赋予的作用相比，它们在人类行为中的作用不那么重要。当然，基于互惠的考量在许多规

---

① 这些被科恩描述为“社会的规章制度”（G. A. Cohen, Rescuing Justice and Equality [Cambridge, MA: Harvard University Press, 2008]）。

② 在这种情况下，将“相关性”视为与经验性考虑是否（以及如何）以某种方式依赖于一个理论的规范可接受性（normative acceptability）——即我们是否应该采用该理论。我将在第二节中解释我认为可以如何支持这样的主张。

③ 为了防止产生“设立稻草人的论证”的可能的解读和指责，让我强调一下我所批评的观点并不主张（而且我不认为它们主张）关于动机和行为的经验性主张与所有规范性理论都无关。如果将规范理论理解为包括有关实施的提案，那么实际上几乎没有人会争辩这一点。相反，我的目标是这样的主张，即声称存在规范性理论化的一部分（理想理论部分），它独立于与实施有关的考虑和与人类动机有关的经验考虑。许多作家都认可这种版本的表述，请参看 Cohen, Rescuing Justice and Equality 以及 David Estlund, “Human Nature and the Limits (If Any) of Political Philosophy”, *Philosophy and Public Affairs*, 39 (2011): 207 - 237。

范理论中也起着重要作用，特别是在分配正义的处理上。[1] 另外，与某些规范理论所援引的考量不同［例如，科恩（G. A. Cohen）捍卫的运气平等主义[2]］。从经验上讲，对于互惠的援引在日常话语和辩论中很普遍，作为评估社会计划和经济安排的标准（我将在下文第6节中讨论）。

有些人认为这些有关互惠行为的明显经验事实可能会对互惠在规范理论中的作用产生影响。这是一种自然的想法（至少对于我们这些自我认同的主要职业不是政治哲学的人而言）。例如，如果人们非常关心互惠，并认为互惠在规范上很重要，那么人们可能会问，如果规范理论忽略了这一概念或建议了与之不一致的政策，这会对这样的规范理论产生什么影响（如果有任何影响的话）。其次，围绕互惠性的性质和作用的问题是探讨与不遵从有关的描述性和规范性问题（以及与非理想理论有关的其他问题）的自然语境，因为互惠性作为规范性概念的显著特征之一是：这使得给予帮助和合作的理由以他人是否遵从或合作为条件的。情况似乎是这样的，如果很多合作性的人类行为是出于互惠的考量而被激发的，并且正因为如此，当其他人非互惠性地行事时，人们就会退出合作，这对规范化理论有什么影响（如果有的话）？这样的考量不应该在理想理论中起作用吗（因为理想理论假定完全遵从——因此不会发生不互惠的情况）？我将在以下说明，认真对待互惠的规范意义对当前一些理想理论的观念构成了相当大的压力。

一个密切相关的问题涉及存在于人类中的其他动机的性质。一个普遍存在的观点是：在“正义环境（circumstances of justice）”中，存在着“有限的利他主义”。实际上，很难想象对正义的解释（甚至是一个理想理论）如何能够完全抽象掉人类动机的这一特征。给定情况的确是这样的，询问这种有限利他主义的更详细特征似乎是很自然的。例如，人们是否倾向于以利己主义和功利主义动机的加权平均值来近似地表现出有限的利他主义？还是他们的利他主义（同时）以其他方式受到限制——

---

① Lawrence Becker, *Reciprocity* (Chicago: University of Chicago Press, 1986); David Schmidtz, *Elements of Justice* (Cambridge: Cambridge University Press, 2006)；以及最主要的 John Rawls, *A Theory of Justice* (Cambridge, MA: Harvard University Press, 1971)。

② Cohen, *Rescuing Justice and Equality.*

例如，在很大程度上取决于他人的互惠意愿？如果有限利他主义的事实在某种程度上与正义的理论化相关，甚至是在理想理论的化身中，为什么我们应该排除这种动机的更详细结构也很重要的可能性呢？

最后，关于互惠与合作的经验性文献强调了理想理论中有时会忽略的各种特征，包括在考虑正义时相关性考量的重要性，人类动机和对价值的评定的异质性，制度在维持合作中的必要作用，以及从策略性的而非参数性的考虑规则和制度对人类行为的影响的重要性。

正如上面所说的，我的重点将放在理想理论化的版本上，这样的理论化从不遵从和其他基于经验的实施问题引发的问题中抽象出来，也许甚至在承认作为经验的问题上遵从不会发生。理想理论的观念应与某些特定的观念相区分，这些特定的观念声称，在给定某些规范性原则的情况下，有基于经验的理由来期待相当广泛的遵从并且期待不存在其他实施性的问题，然后这样的观念继续探讨这些原则在这些环境下的表现，并反过来使用这些结果作为解决不遵从发生的情况下应采取的措施的基准。可以说，罗尔斯对理想理论和严格遵从的讨论是后一种——他并没有声称人们是否会遵从对正义原则的评估是无关紧要的，而是声称人们会（作为经验性的事物）在很大程度上遵从，这是支持他的理论的重要观点。当然，罗尔斯在这些经验上的主张可能是错误的，但这不同于采用理想理论的观念，根据这些观念，遵从问题是无关紧要的。①

理想理论的另一个可能功能与它在描述评估现有政策的目标或标准（或“理想”）中的作用有关。尽管在当代讨论中，这一作用经常与理想的理论化的观念纠缠在一起，作为与事实无关的计划，但两者应该加以区别。原则上，人们可能会认为理想理论可以在不假设与事实无关的前提下发挥作为目标或标准的作用——同样，我将类似这样的观点作为罗尔斯的立场。尽管我将为某种规范性理论化的吸引力辩护，这种规范性

---

① 具体来说，据我所理解的罗尔斯，严格遵从的假设并不等于这样的想法——即可以将“遵从应当发生”纳入理想理论的观念中，而不论是否有任何经验的证明来假定遵从的发生——也就是说，他的观点不仅仅等于这一主张，“我的正义理论是正确的，而且人们应该遵从它（即使他们不会）”，这似乎就是埃斯特伦德理解他的理想理论版本的主张的方式（请参阅第四部分。）例如，罗尔斯将其视为对功利主义的反驳，即人们会发现很难遵从它，并且不会认为功利主义者对上述言论提出了充分的回应。

理论化并非独立于事实，而且在这种意义上是非理想的，但我所说的内容并不意味着要贬低某些合适的“理想”理论作为（敏感于事实）的标准的价值。

本文的结构如下：第 2 部分概述了理想理论讨论中的关键问题。第 3 节概述了互惠的基本规范思想及其一些含义。第 4 节和第 5 节探讨了不同的论证，包括正面的和反面的论证，这都基于经验事实与规范理论的相关性以及将它们与理想/非理想区别联系起来。第 6 节和第 7 节描述了一些与互惠行为有关的经验结果，并论证这些结果支持有关互惠的各种规范性主张，从而说明了关于经验性与较早捍卫的规范的相关性的更为抽象的主张。与此相关的是，这些部分还说明了围绕着互惠的规范考量如何让我们进入非理想理论领域——很难看到有一种理想理论能够抓住互惠性的规范意义。

二　一些假设和区分

要理解理想理论讨论的焦点并不总是一件容易的事。因此，本节包含了一些理论图谱或概述，它们是我将要考虑的一些主要问题以及我将要对他们做出的假设，并简要梳理了理想理论的捍卫者提出的某些主张。

首先，我们应该如何理解关于人类行为的事实的主张（以下称事实主张）如何相关于规范主张（无论这样的主张是否被看作是理想理论的部分）？一个普遍的主题是，人们不能从“是”中衍生出“应该”。严格地说，这可以说是不正确的，但是我相信，对于我对许多或所有描述性和评价性主张的纠正都已经足够了。因此，我将在随后的内容中接受它。当然，这并非表明，所有事实主张在任何普遍意义上都与规范性主张“无关”。一种明显的可能性是，某些事实主张 F 与相连接的规范性主张 N1 共同蕴涵着一些不同的规范性主张 N2，其中 N2 并非仅由 N1 蕴涵（并且其中 N1 独立于 N2 被认为是可以接受的）。尽管 F 本身不足以满足 N2 的要求，但在这里 F 通过与 N1 建立的“连接”与 N2 有关。例如，F 可能是关于（对人类而言）执行某种特定行动的巨大困难的事实主张，N1 是一个规范性的主张——即应该拒绝要求人们实行这种难度级别的行动的规范理论，N2 是结论——即应该拒绝某些特殊的规范理论 X，这种理论要求采取这种困难的行动。我需要强调，目前我的兴趣不是捍卫这一特殊的相关联的主张（实际上，我对它在许多情况下的适用性表示怀疑——请参阅第4节），而只是在说明一种与描述性和规范性相关的形式结构，关于这一观点的例子我将在下面进行说明。

其次，正如已经暗示的那样，我的主要重点是尝试正面地说明涉及互惠的经验性考虑如何与所有规范理论相关（而不只是与某些适当的子部分相关——即非理想部分），并暗含着这样的观点——如果我们忽略这些考量，就会错过一些问题。在我看来，反对专注于理想理论的主要论证是其中包含的机会成本——也就是理想理论所遗漏的。尽管如此，我还将讨论和批判因埃斯特伦德和科恩而提出的一些捍卫理想理论的论证。关于他们的观点的一些简短评论将有助于阐明我的立场。

如上所述，科恩主张在基本道德原则（包括正义原则）与社会规章制度之间进行严格区分。前者被认为与“关于人性的事实”乃至任何非规范事实无关。[①] 科恩特别热衷于批评罗尔斯，因为罗尔斯允许有关人性的假定事实影响其正义理论的内容，在其他的事物中，针对差异原则中激励需求的作用。当然，在科恩看来，这样的经验事实与社会规章制度有关，但是科恩认为存在着一个无关于经验事实的规范理论维度，这一观点是我想要针对的。

埃斯特伦德的立场可能以某种方式更加微妙。他尤其[②]着重于这样的论证，即基于与动机上的失败或无能的事实有关的考量而批评规范性的提议——也就是说，因为人们缺乏被驱动去按照规范性提议行事的能力，一些规范性提议应被拒绝的论证。埃斯特伦德接受“应该意味着能够”——因此，如果规范理论建议人们应该做他们不能做的事情，那么“应该”的要求就并不具有必然的约束力。但是，他认为，由于动机上的无能而未能执行某些行动，因为（如他所言）一个人无法让自己“意愿”做某事，这并不表明一个人无法执行这样的行动。他由此得出结

① G. A. Cohen, “Facts and Principles”, *Philosophy and Public Affairs*, 31 (2003): 211 -245, at 213.

② 例如，请参看 David Estlund, “Human Nature and the Limits (If Any) of Political Philosophy”, *Philosophy and Public Affairs*, 39 (2011): 207 -237。

论，一个规范性理论可以内在一致地要求人们去做他们可能在动机上无法驱动自己去做的事情，并且它不一定是施加这种要求的理论的缺陷。因此，至少在这方面，对于规范理论的一种形式来说（理想理论或埃斯特伦德所称的“具有野心的理论”），存在着空间，即忽视或者抽象掉人们动机的经验事实的规范理论。

埃斯特伦德还提出了更加笼统的主张，这超出了关于动机上无能与规范理论的某些部分无关的争论：

> 这是我将要反对的普遍立场：人性约束（The human nature constraint），即规范的政治理论是有缺陷的，因此如果施加忽略人性的标准或要求（即由于人性和其所蕴含的动机上的无能，这样的要求永远不会被满足）[①]，这样的理论就是错误的。
>
> 然而，正义的内容可能（对于所有被正义环境的要点所蕴含的）先于关于人类或任何生物的真实却偶然的情况，无论有限的利他主义是否是其本性的一部分。[②]

通过避开将人性视作任何正义或道德的基础，我的进路分享了康德的道德哲学具有重要意义的一部分。[③] 这些听起来像一般性主张，以支持某种形式的规范理论化的价值或合法性，该规范性理论化抽象掉或者忽略关于人性的一般事实（或至少其他人认为与之相关的大量此类事实），我将以如下的方式看待他们。[④]

最后，让我补充一点。在思考这些对理想理论的辩护时，重要的是要弄清楚重点是什么。当然，人们总是可以在规定上将理想理论定义为一部分或一种规范理论，其原则与某些特定类别的事实主张（例如关于

---

① David Estlund, “Human Nature and the Limits (If Any) of Political Philosophy”, 208.

② David Estlund, “Human Nature and the Limits (If Any) of Political Philosophy”, 229.

③ David Estlund, “Human Nature and the Limits (If Any) of Political Philosophy”, 229.

④ 然而，我应该承认埃斯特伦德的部分讨论含糊不清。如上所述，在许多方面，他似乎认为与人类动机能力有关的事实与规范理论的某些部分无关。但是在其他方面，他似乎仅声称这些事实本身不足以蕴涵规范性结论。如所解释的，我同意后一个声明，但是这一声明并不足以证明在规范理论化的过程中忽略有关人性的事实是得到辩护的，如果根据合理的进行联系的前提这些事实是相关的话。

人类动机的事实）无关。科恩和埃斯特伦德似乎的确是（至少）这样做的。这样的做法既不能确保（i）这些原则集不是非空的也不是不重要的，也不能确保（ii）一个人能够可靠地识别哪些原则是原则集的元素（也就是说，以要求的方式独立于事实）。当然，埃斯特伦德和科恩都假设（i）和（ii）。[①] 但是，即使撇开这一点，还存在这一个进一步的独立主张，即以这种方式刻画的理想理论的原则与“正义的内容”相吻合，或抓住了“我们对于正义的概念”。这也是埃斯特伦德和科恩二者提出的主张。

我们还应将上述定义上的可能性与进一步和更实质性的主张区分开来，即根据截然对立的理论和非理想理论的划分，来组织规范性探究和理论化是可取的（有价值的或值得的），前者是按照上述思路构思的。显然，以这样的方式来划分规范性理论化是可能的，（如果这是事实的话），也不能从这样的事实来得到这样的结论，即这样做是一件好事。埃斯特伦德和科恩都明确认为这样的划分是值得的。有些人可能会想当然地认为这是没有争议的——为什么这不是理想理论和非理想理论都参与的劳动分工，这一劳动分工的两部分由相同的人完成或者由不同的人完成？这使得与经验性思考与规范性理论相关性的论证可以通过万能的回应来满足：“我很高兴同意您所说的一切，但是这些经验性考虑属于非理想性理论。它们与我感兴趣的理想理论无关。”

我认为这种回应比乍看之下要麻烦得多。并非所有（显然地）概念上可能的分工都是一个好主意（明智的或可能导致思想上的进步）。我将在以下表明，将规范性探究分为理想和非理想部分的提议，前者是按照科恩和埃斯特伦德倡导的思路构思的，这可能会妨碍成功的规范性探究，而不是为之提供便利。做到这一点的一种方法是，将规范理论的中心部分（理想部分）与从经验中得到的可能性隔离开来——例如，当一个人试图实施规范性提案时会发生什么，与之有关的经验。一个相关的观点是，由于消除了对其理论内容的许多或所有经验约束，这种区分可能使解决关于理想理论原则的分歧变得更加困难。

---

① 关于（i）和（ii）是否正确的怀疑，请参看脚注13.

三 作为规范概念的互惠

布莱恩·巴里（Brian Barry）与艾伦·吉伯德（Alan Gibbard）之间的交流为互惠的规范意义尤其是与正义有关的规范意义提供了有益的切入点。巴里坚持认为，正义理论在辩证压力下趋向于成为两种选择中的一种。第一种选择（作为互利的正义 justice as mutual advantage——JMA）将正义等同于一系列规则，这些规则来自于完全自利的各方的协商，而且各方拥有大致等同的能力和威胁优势——人们遵守这些规则仅仅在于这样做符合他们自身的利益。巴里称另一种替代方案为作为公正的正义[Justice as Impartiality（JI）]，该方案认为正义包括一种欲望或动机来以一种公正的方式向他人为自己辩护。正如巴里理解的 JI 一样，它会（可能的时候）帮助处于更糟糕的处境中的人，至少当这些不是因为自己的选择而处于这种状况时，因此它与当前所谓的运气平等主义有很多共同点。无论如何，这一要求绝非以有关各方之间是否存在任何先前的关系或互动为条件，也不以将来产生这种关系为条件。巴里声称罗尔斯的理论是这两种观念的不稳定结合，JI 显然是规范上更优的观点，因为 JMA 无法保护弱者，因此相应地罗尔斯的理论需要重新构建。

作为回应，吉伯德声称存在第三种选择（及一种相关的动机），体现了不同于 JMA 和 JI 的正义观，他称其为“作为公平互惠的正义（justice as fair reciprocity）”（JR）[①]。吉伯德声称这是罗尔斯理论背后唯一一个具有活力的想法，并且后来罗尔斯明确认可了这一主张。[②][③] 吉伯德对该观念的描述如下：

> 如果我帮助那些帮助了我的人，我这么做可能只是为了追求自

① Allan Gibbard, “Constructing Justice”, *Philosophy and Public Affairs*, 20, no. 3 (1991): 264 – 279.

② John Rawls, *Political Liberalism* (New York: Columbia University Press, 1993).

③ 罗尔斯写道：“……互惠的思想介于利他主义的公正思想（由普遍利益所推动）和互惠互利的思想之间（*Political Liberalism*, 16）。他明确指出，他认为作为平等的正义是基于互惠的概念的（*Political Liberalism*, 16 – 17）。

已的优势，以此来作为维持他人对自己的帮助。不过，我的动力可能本质上是更加互惠的：我可能对他很体面，因为他对我很体面。即使他在未来对我不会有任何影响，我还是更偏向于好好对待另一个好好对待我的人。我们会在陌生的餐厅里为好的服务付小费。[①]

这很好地抓住了这一动机，即作为经验性的事物，这一动机构成了互惠的基础（参见第6部分），伴随着这一点，这一动机也构成了（积极）互惠的核心规范承诺的基础：存在表面初步的要求通过以提供利益的方式来回应那些提供了利益的人，此外，人们应该这样做是因为或由于他/她已经通过这样的方式受益了；一个人通过提供利益来作为受益的回应的动机是而且应该（至少部分）是互惠的。（请注意，在这种情况下，作为一个经验性事物，具有某种结构的、相关于规范性要求的动机，是如何紧密联系的——动机在经验上反映我们认为有价值的事物，这反过来与我们应该认为有价值的事物存在着某种联系，由此一个关于人性的事实就被认为可能与其他背景假设相结合，对于我们应该如何对正义进行思考具有影响。）在没有提供在先利益的情况下（也许对于利益的期望——见下文），一个人就没有基于互惠的理由来进行援助。这并不是说一个人可能也没有区别于互惠的考量的其他理由为人们提供益处——例如，这与互惠的规范性角色是一致的，即X需要帮助的事实或许为Y帮助X提供了理由，即使X之前并没有让Y受益，并且并不存在着他们永远处于互惠的关系中这样的一种期待。[②] 然而，这并不是基于互惠的理由。这种动机和相关的原则不是基于自身利益的，因为，例如，在只有

---

① Gibbard,“Constructing Justice”, 266.

② 互惠作为一种规范性概念受到的一个普遍批评是，它不施加任何义务来帮助那些无法互惠的人（Allen Buchanan,“Justice as Reciprocity versus Subject-Centered Justice”, *Philosophy and Public Affairs*, 19［1990］: 227－252）。如果还假设提供援助的唯一原因是基于互惠的原因，那这将是一个有害的考量。然而，无论是普遍的反思还是经验性的证据都表明，这并不是日常对于互惠的理解的一部分，即一个人不需要像那些无法互惠的人提供帮助。相反，如上所述，大多数人将此类情况视为由援助的非互惠的原则所管理的。另一方面，对互惠的共同理解允许并且也许鼓励我们不要以不同的方式对待那些能够互惠与那些无法互惠的人。在这方面以及其他方面，互惠只是正义观的一个组成部分，而不是正义观这个整体。对互惠的关注自然地与多元化的正义观及其背后的动机相吻合。

一次性的囚徒困境中，其中第一个行动的人已经合作了（见下文），JMA会规定第二个行动的人应该进行背叛，而JR会规定合作，例如在吉伯德的例子中，为已经吃完的食物付小费。JR也不同于JI，因为在其他考虑中，即使在没有任何先前的互动或互惠的历史，而且对这些没有预期的情况下，或者就此而言，甚至存在着先前没有合作的情况，JI规定也要进行帮助的行为。例如，在一次性的囚徒困境中，其中第一个行动者1没有选择合作，如果行动者2比行动者1要差得多，而且这种选择的组合所产生的分配是效用最大化，或者使双方更接近某种有利的分配模式，JI以及许多形式的功利主义会规定2应该进行合作。另一个重要方面，将在下面更详细地讨论。在该方面，JR不同于非互惠的正义的概念，例如功利主义或者运气平等主义，这一方面必须考虑他们具有差异的建议，即关于在其他人不进行遵从的情况下一个人应该怎么做的建议。

信任的概念和互惠的概念是相互补充的。信任的概念包括一种愿意承担风险的意愿（通过提供利益或进行合作的行为），在一个人与他人的互动中，他/她期待或者希望其他人也能相互合作。因此，一个信任他人的人愿意为他人提供利益，不（仅仅）是对过去他人合作的行为进行回应，同时也是预期这种援助将来会得到回报；换句话说，信任他人的人愿意为建立一种互惠关系而前瞻性地进行行动，否则这种关系不会存在。在逻辑上，信任的倾向和互惠的倾向当然是不同的；某人可能会谨慎地与他人进行互惠，但对他人非常不信任；相反的情况，为经验性的事物，尽管据推测不太可能发生，但也不是没有可能。但是，作为经验性的事物，这两种倾向似乎是高度相关的。倾向于相互互惠的人也倾向于信任，而相互不互惠的人也倾向于不信任他人。[1] 人们还认为，选择信任行为是一种诱使他人采取相互互惠的方式，这被如下一些实验的工作所支持（例如，参见第24页的扩展形式的信任游戏）。

互惠行为当然可以发生在涉及两个以上人的情境中。一种这样的情况包括公共善：许多人有能力贡献公共善，这将惠及所有人，但由于该

---

① James Walker and Elinor Ostrom, "Trust and Reciprocity as Foundations for Cooperation", in Karen Cook, Margaret Levi, and Russell Hardin, eds., *Whom Can We Trust*? (New York: Russell Sage Foundation, 2009), 96.

公共善具有非排他性的特性，如果一个人在他人进行贡献的时候不进行贡献，每一个人的生活都会变得更好。只要有足够多的人这样做，就会有人在互惠考虑的指导下做出贡献，但会认为如果没有足够的其他人这样做，她就没有基于互惠的理由做出贡献。

到目前为止讨论的互惠案例都是直接互惠的案例。在间接互惠中，A会给B带来收益或成本，并且由于这种互动而发生互惠，但是A或B中至少有一方不是该互惠的一方。例如，A为B提供了利益，作为回应，B可能通过将利益授予第三方C［“传播（paying forward）”］来进行间接回报。或A为B提供利益（或对B施加成本），对此进行回应，某些第三方D可能为A提供收益（或对A施加成本）。有些人认为进行互惠的动机应该直接基于个人利益，尽管对这些人来说有些困惑，存在着大量来自于实验和调查的（以及随意观察）证据表明，间接互惠可能是人类行为的重要动机，并且人们将与间接互惠相关的价值纳入了规范性思维。例如，杜温伯格（Dufwenberg）等人发现，在“间接”版本的信任实验中，第三方有机会奖励向第二方提供资金的信托人，第三方向这信托人提供资金，数量相当于在游戏的原始版本中第二方所提供的资金。[①] 其他结果表明，那些受益者却没有机会回报使自己受益的人，比那些没有获得利益的人更有可能向第三方提供利益。人类学证据也支持这样的说法，即间接互惠在维持小规模社会许多食物共享做法中起着重要作用。[②]

四 实证结果与规范理论I：支持相关性的论证

在对互惠及其可能的规范意义的一些经验结果进行更详细的研究之前，探讨一些论证是有益的，包括正面和反面的论证，这取决于这样的问题，即这些结果（或者任何具有类似本质的结果）究竟是否（或如何）可能与规范理论是相关的。我先从一些有利于相关性的考量开始，然后

① Martin Dufwenberg, Uri Gneezy, Werner Guth, and Eric van Damme, “Direct vs. Indirect Reciprocity: An Experiment”, *Homo Oeconmicus*, 18 (2001): 19 – 30.

② Hillard Kaplan, Kim Hill, Jane Lancaster, and A. Magdalena Hurtado, “A Theory of Human Life History Evolution: Diet, Intelligence, and Longevity”, *Evolutionary Anthropology*, 9 (2000): 156 – 185.

看一些利用理想/非理想区别来论证不相关性的论点。

A. 不确定性

一种“正面”的考量引起对不确定性的担忧。即使我们只局限于体现自由民主价值观（对人的平等尊重等）的规范理论，也有各种各样的选择，包括自由主义、功利主义和平等主义。在我的评估中，每种选项的支持者所提出的很大程度上非经验性的论点（通常是基于对平等、正义等“真正”的需要的先验见解），未能成功说服替代选项的拥护者，这表明，各种选择所享有的共同承诺本身并没有足够具体的内容来将任何特定的规范理论选为唯一正确的理论。在这种情况下，值得探索的可能性是，存在其他约束条件，这些约束条件可能会缩小可供选择的规范理论的范围。有关人类的经验性事实——人类的动机和行为、人类可以知道的知识和他们认为有价值的东西以及有关社会和制度结构如何影响这些互动——可能是此类额外约束条件的来源。例如，我们可能会发现，在抽象中显得很有吸引力的规范理论只能通过具有规范上不受欢迎的特征的制度来实施，或者通过给予激励措施的制度来实施，在人类心理学的经验事实破坏了该理论试图体现的价值观的情况下，从而提供了偏爱某个替代理论的理由。从这个角度来看，令人担忧的是，当前有关理想理论的提议看起来像是试图将规范性理论的重要部分与此类信息隔离开来的尝试。当然，这样一个提议的说服力将取决于它如何执行的细节，但是在它可以被执行的意义上来说，人们会认为规范理论家应该接受这样的信息。如下所述，这样的提议并不希望将规范性理论陷入困境——这并不是试图用关于人的行为的纯粹描述性理论来代替规范化理论，也不是试图从纯粹描述性前提中得出规范性结论。相反，在其最合理的版本中（如第 2 节所建议），它尝试将描述性说明与其他假设结合使用，至少其中一些是规范性的，以限制（其他）规范性说明中的可能性。

经验信息可以与规范理论化评估相关的一种方式是通过使用此类信息来预测实施的可能的（likely/possible）结果。但是，与此相关的另一种也许更重要的方式是：在实施之前，我们通常不知道规范性提议将如何在实践中起作用——这取决于许多复杂的考虑，即相关的政策决议过程是无法完全预期（complete anticipation）的。（对于进行完全预期，我们关于人类行为和互动理论太薄弱了。）在这种情况下，除了以某种形式实施该提案并凭经验观察发生的事情之外，我们别无选择——这是一种让世界对规范性提议提供经验性反馈的方式。相反，如果我们拒绝考虑实施规范性提议会带来的现实结果与评估该提议有关的话（基于该提案是理想理论的一种实践，而实施的考量与理想理论无关），我们将失去这样的机会：从经验中学习。

科恩对安德森的指控[①]的回应[②]提供了一种解读，即运气平等主义的实施将需要“可耻的披露（shameful revelation）”。科恩批评这仅仅是实施上的困难，与正确的正义“观”无关——从而确保了我们无法从这和其他与实施相关的经验考量中学到任何东西。为了使之成为一种合理的策略，人们必须对此非常有信心，即独立于这些考虑因素，我们可以确定正确的正义概念，大概是基于某种非经验性的先验考虑因素。关于先验理论化的记录（track record）表明相反的结论。

B. 关于一个先验理论化的记录（track record）

谨慎来说，抛开诸如逻辑之类的可能进行精确形式论证的领域，渴望完全独立于经验事实（与人类或自然界有关）的哲学理论化至今还没有非常成功的记录。（想想关于时空的哲学主张，这些主张忽略了关于该主题的物理理论化，或者忽略了有关心理学和神经生物学的知觉的哲学理论。）有些人可能会回答，尽管在上述情况下，独立于事实的策略可能是不足的，但规范理论（或至少其中的一部分）是另一回事，因为它涉及关于事物应如何而不是事物事实上如何的主张。但是，至少在许多探索领域中，我们认为规范性提议不应完全独立于经验信息来进行。如今，很少有人会提倡这种关于科学方法的规范性提议，即完全独立于关于被调查系统的行为和进行调查的人的能力的经验事实。对理想机器（例如卡诺热机）进行理论化，然后将其用作评估实际可物理实现的机器性能的规范标准，部分基于关于自然如何运作的经验假设——例如，卡诺认为考虑一个违反能量守恒的理想机器是没有必要的。人们为什么期望道

---

① Elizabeth Anderson, “What is the Point of Equality?” *Ethics*, 109 (1999): 287 – 337.

② Cohen, “Facts and Principles”, 211 – 245.

德和政治领域的事物存在着根本上的区别，这一点尚不清楚。实际上，正如许多人所观察到的那样，许多对道德和政治哲学最重要的贡献者（柏拉图、亚里士多德、霍布斯，休谟、罗尔斯）广泛援引了关于人类的经验事实。因此，尽管当前存在着对此类提议的怀疑论（或对此提议不感兴趣），但这类哲学观点还是有很多历史先例。

C. 理论与实践之对立

关于规范性思考的本质和要点的一种观念（称其为理论上的），目的是发现在规范性领域中什么是真实的，或者发现应该相信或判断的对象。在这方面，人们认为规范理论与科学理论有相似之处——就像不同的引力理论相互竞争，并且人们试图发现正确的理论；对于不同的正义理论也是如此，即使其中采用的方法论有所不同。假设这样的一个观念，可能很难理解，例如关于人类动机的事实或人们可以知道的知识如何与基本规范理论相关。毕竟，没有人认为人们是否愿意相信或利用引力理论与它是否正确有关。因此，这种对规范理论的看法自然导致了这样一个思想，即应将规范理论是否为“真”的问题与例如我们是否可以使人们相信或使用它或者应用它们会带来什么后果等问题彻底区分开来，由此也导致了理想/非理想区分的一个版本。

我不会试图反对这种“理论上”的观念，但重要的是要认识到，存在一种替代方案，根据该替代方案，规范性理论化的目标或要点更加切合实际——它涉及决定做什么（其中包括个人行为的选择，也包括对规则和制度体系的选择），而不是完全独立于此或仅决定思考或相信什么。根据这个观念，伦理学和政治哲学的规范性理论化具有与工程享有共同的重要的特点，包括选择一种科技或设计或者解决一个务实的（prudential）问题。例如，为了设计出一辆好的汽车，人们需要考虑到制造汽车的材料的性质以及将要驾驶这辆车的人的特征，这是毫无争议的，对于道德规则和政治制度的设计也同样如此——这里的人类和社会结构是相关的材料。

这种更实际的观念的一个优点是，对社会和政治问题的规范性思考通常在人们的生活中所起的作用来说，这一观念契合一个自然的、非神秘化的理解。为什么我们会有正义观和相关的概念？这些概念的意义或作用是什么？一个极度自然的观点是，这些（或至少那些具有规范吸引力的概念）已经发展成为一种体系化和调节我们彼此之间的互动的方式，由此我们可以从相互合作的生活中获得一些优势，同时控制我们的行为可能对他人造成的不利影响。有时，这样的观念以及与之相关的规则和制度反映了明确而审慎的选择（立法、宪法），但更多的时候，它们是社会发展的反复试验的缓慢过程的结果。无论哪种情况，它们都包含我们人类为解决社会生活中的问题而构建或创造的思维模式和规则。正如许多人所指出的那样，根据这种建构主义的、实用的观念，这样的结论完全是在意料之中的，即我们对正义和相关问题的思考应该反映出“非理想”的对于实施的实践性的担忧，寻找鼓励遵从的方案等等。①

D. 参数性（parametric）与策略性（strategic）思维之对立

现在，我转向与理想/非理想区别有关的另一种对比：参数性思维与策略性思维之间的对比。在影响他人的情况下，任何提供该如何做的建议的规范理论都需要考虑人们在该情况下的行为。但是有两种不同的方法来进行考虑。假设有人使用某种规范性理论试图（根据该理论的观点）确定是否采取行动方针 B 或 B’，相关的行动方针反过来会影响群体 P 中的人。一个参数性的进路认为，一个主体是否采取行动 B 或者 B’，这可能影响群体 P 中的主体是否采取行动 A 或 A’ 作为回应，并且会将这一事实包含在相关的分析中，但是这一进路也止步于此，不再作进一步探讨。特别是，群体 P 中主体所采用的选择 A 或 A’ 背后的决策规则或策略 R1，在因果上独立于 B 或 B’ 选择背后的任何规则、策略或原则 R2。类似地，群体 P 之外主体的行为也被视为独立于 R2。换句话说，我们不考虑人们（无论是在 A 内还是在其外）会如何改变他们的选择和计算，以及他们背后的决策规则（包括所考虑的选择范围和选择被赋予的重要

① 尽管这不应该是必然的，但我认为我应该强调的是，这并不是说无论我们（或我们中的某些人或大多数人）当前认为（已经想到或将要想到的）正义的内容是什么，它就是正义的。在其他考量因素中，我们对正义的思考或许（may be）［在某些方面很可能（likely be）］包括我们在对正义的判断中可能存在着错误。这并没有削弱我们应该以建构主义的方式来理解我们关于正义的思考的观点。建构主义旨在与例如柏拉图式的观念形成对比，根据柏拉图式的观念，规范理论与对独立存在的价值领域的正确或真实描述有关，而这种价值领域独立于我们实际的担忧。

性），来对 R2 进行回应，以及这将如何影响结果。将这些考虑因素纳入策略性的（和动态的）思考——不仅思考采用某种原则可能直接影响其他人，将其可能的行为视为固定的，还思考他们可能如何根据所采用的原则改变其行为、其可能产生的后果等。人们会考虑整个扩展形式的博弈，而不只是停留在第一个节点。策略性思考是非理想理论的一个重要方面，并包含着一些特定的考量，如果只关注理想理论，这些考量就会完全被忽略。

存在着两种说明。哲学文献中的许多例子具有以下抽象形式：X 威胁说自己要做某事（B1），这一威胁是可信的（credible），且 B1 会产生非常糟糕的影响，除非 Y 采取行动（B2），B2 同样会产生糟糕的影响，但是其影响程度小于 B1。仅着眼于 X 在做 B1 与不做 B1 之间的选择，以及这如何取决于 Y 的选择（以及在这方面进行参数性推理），许多作者得出结论，“后果主义的”理论建议 Y 做 B2。这种推理的一个问题是，它不足以作为策略性的推理，没有考虑各种动态影响——例如，它没有考虑对 X 和 Y 的其他人采用此决策规则的行为可能产生的影响。一旦对这样的决策规则是公开的，那么可知 X 和其他人几乎能够让 Y 有义务去做任何事情，否则的话，他们会威胁说去做更糟糕的事情，尽管这是糟糕的，这一威胁是可信的。在辛格的例子中，纳粹政府在道德上能够有义务迫使人们以集中营警卫的身份协助处决，即通过威胁说要用更凶残和更具虐待倾向的警卫代替他们，且这一威胁是可信的。[①] 如果我们考虑到这一点和其他考量因素（例如，警卫对 Y 行为的脱敏作用），（如辛格所假定的）那么以下两点就不是很明显了：后果论理论建议行为 B2，或者在这方面它们与义务论的建议相区别。如果我们想通过考虑在上述情况下该做什么意味着什么，来支持或反对后果主义，那么就不可避免地会进入非理想的领域（并进行策略性思考）。[②]

① Peter Singer, *The Most Good You Can Do* (New Haven: Yale University Press, 2015).

② 此外，如这一例子所示，日常道德思维的许多特征可能会让人感到困惑，例如，即使在有人愿意接替你并表现得更糟的情况下，“义务论式的”禁令也会反对成为一个集中营警卫人员，但这些特征在策略性的语境下就会变得更加可理解。换句话说，日常道德思考的许多特征之所以具有它们的表现形式，是因为它们在抵制那些准备表现不良的人的操纵或剥削方面相对来说很强健（robust）。表面上更好的选择没有得到采用，因为它们是如此容易被利用。如果我们仍然停留在理想理论的领域，那么我们将错过这些所有特征。

无论它们是否是公开的后果主义，正义理论中存在着一个类似的观点——当我们试图在非理想的现实世界中实施正义理论时，它们不可避免地为人们提供激励机制来促使他们作为他们自己而非其他的事物而存在，并相应地改变自己的行为。例如，实施运气平等主义理论的尝试将为希望获得援助的人们提供激励，当他们处于自己无法控制的情况下（或在某种程度上可以掩盖他们的选择的作用的情况下）——他们越有可能否认自己主体的角色，他们就越值得被援助。运气平等主义者应该考虑这些是否是他们希望创造的激励机制（特别是考虑到他们对自主选择的道德意义的重视），而这需要进行策略性思考。基于互惠的考量的优势之一在于，他们并不容易以这种方式被操纵。①

五　经验结果和规范理论 II：反对相关性的论证和回应

如果前一部分的论证是正确的，则有理由认为在某些关于规范理论的观念下，一些关于人类行为和动机的经验性主张与规范理论是相关的。尽管很少有哲学家（如果有的话）在原则上否认这一点，但是，如第一节所述，最近进行了许多尝试，以寻求理想/非理想的区分来限制任何此类相关主张的范围。本节研究其中的几个尝试。

A. 定义上的行为

似乎毫无争议的是，在考虑是否实施一套与规范理论相关的特定规则或制度时，应考虑人们在这些制度下的行为方式，以及这将如何影响实施的后果。一些理论家通过接受这种观察来回应这样的观察，并（实际上）定义（或重新定义）了相关规范理论（或规范理论的某些部分，即“理想”或“具有野心”部分）的主题以回应这一观察。粗略

---

① 关于参数性思维和策略性思考的区别的类似的观点，请参看 David Schmidtz，“After Solipsism”，*Oxford Studies in Normative Ethics* 6（forthcoming，2017）；关于进一步的讨论，请参看 John Allman and James Woodward，“What Are Moral Intuitions and Why Should We Care About Them?” *Philosophical Issues*，18（2008）：164－185。

地讲，通过采用规范理论完全不涉及实施，可以排除这种观察的相关性。例如，埃斯特伦德①考虑了他所谓的卡伦斯市场（Carens market）②，在该市场中存在着"行为要求"，即个体致力于最大化其税前收入，而这是要平均分配给每个人的。埃斯特伦德同意，实际上实施这种安排的尝试会导致非常不令人满意的结果，因为人们不会遵从这一要求。然而，埃斯特伦德区分了实施这一安排的提议，他称之为"机制上的建议"，与实施和遵守该安排的要求，他称之为"机制上的原则"。他进一步将这二者与"基本政治原则"区分开来，他将其描述为抽象的没有机制上的内容的主张，例如"某种分配模式是正义的"的主张。

埃斯特伦德认为，对于机制性原则——人们应该实施并遵从卡伦斯市场，人们不会遵从相应的要求，但这并不构成对机制性原则的反驳，因为该原则并不表示市场应该在遵从不存在的情况下实施。埃斯特伦德将制度和基本政治这两种原则与理想理论或"具有野心的"理论的主题相关联，在这种程度上，通过规定或定义（或类似的做法），使遵从和实施问题无关于这样的原则和理想理论是为真的。如前所述，科恩遵循了与之大致相似的策略，他区分了属于正义概念的内容（从严格意义上来说他称之为"正义的内容"），以及与实施和遵守相关的考量，他称之为"规章制度"，这两种考量并不相关，后者将以上的考虑因素合理地纳入其中。③

假设出于论证的目的，我们同意引入上述各种区别是可能的。如第2部分所述，这是一个更进一步也是更具争议性的主张，即这些区别作为一个经验性问题，反映了人们如何看待他们认为是基本的正义或其他道德原则——他们的想法是，他们认为所有的遵从（以及其他的）问题对正义来说是无关的或者"外部的"。这一主张需要经验证据，据我所知，埃斯特伦德和科恩几乎没有提供。此外，出于多种原因，这一经验性主

---

① David Estlund, "Human Nature and the Limits (If Any) of Political Philosophy", 207 – 237.

② Joseph Carens, *Equality*, *Moral Incentives*, *and the Market* (Chicago: University of Chicago Press, 1981).

③ Cohen, "Facts and Principles"; Cohen, *Rescuing Justice and Equality*.

张似乎令人怀疑。[①] 除此之外，如果将埃斯特伦德和科恩解释为基于对人类思维的经验考虑来论证人类行为的各种经验性考虑与规范性理论无关的话，那这确实令人费解（并且是讽刺的）。

出于这个原因，如果没有说明定义性的规定以任何非常接近的方式反映了实际的用法和思考，将埃斯特伦德和科恩解释为引入定义性假定似乎没有任何道理——也就是说，应将它们理解为这样的假定，即“制度性原则”、“正义的基本原则”或者“理想理论”所蕴涵的内容的部分是：特定的关于人类行为的经验事实被认为无关于这些假定。如前所述，这提出了一个问题，即这些假定是否可能在思想上富有成果？我将在下面探讨这个问题。

让我补充一点，即使埃斯特伦德和科恩引入的区别被接受，他们也没有提供理由来怀疑（实际上二者似乎都同意）“制度性提议”，“规章”和“非理想理论”是规范政治理论的合法部分，而且根据他们自己的言论，关于人类动机和行为的事实与他们的理论高度相关。因此，一种可能性是，对于有兴趣将关于人类行为的经验性事实纳入规范理论进行研

---

① Martin Gilens, *Why Americans Hate Welfare* (Chicago: University of Chicago Press, 1999); Christina Fong, Samuel Bowles, and Herbert Gintis, “Reciprocity and the Welfare State” in Herbert Gintis, Samuel Bowles, Robert Boyd, and Ernst Fehr, eds., *Moral Sentiments and Material Interests: The Foundations of Cooperation in Economic Life* (Cambridge, MA: MIT Press, 2005); Jennifer Hochschild, *What's Fair? American Beliefs About Distributive Justice* (Cambridge, MA: Harvard University Press, 1981)。以上大量的证据都支持以下论点，即普通人在考虑与社会福利计划和经济安排有关的正义或公平时，会考虑到激励措施和实施方面的考量。当然，人们可能会回应说，人们真正评估的是“制度性的提议”或“规章制度”，而不是公平或正义原则，但这似乎是特设的（ad hoc）。另一个可能的回应是承认许多人认为实施方面的考虑与正义相关，但认为这是因为人们产生了混淆和错误——原则上，实施方面的考量总是可以与基本的道德原则分开，从而独立于这样的考量。（参见 Cohen，“Facts and Principles”）。由于空间有限，不对此回应作更详细的考虑。但我认为（假设将以一种有意义的方式实施），它基于关于概念在一般情况下如何运行的不合理的（柏拉图式）假设。与科恩不同，我们采用的概念（包括正义概念）是在假定有特定事实性背景的情况下发展起来的。当这些背景假设失败时，概念通常不会体现有关如何应用或所包含内容的规范。例如，与科恩的建议相反，我们的正义概念对只活二十四小时的生物几乎没有任何意义。此外，我们常常不知道这些假设如何影响和构造我们的概念——我们能够意识到这一点，如果我们真的意识到了的话，条件是我们遇到这些假设无法成立的新情况，并且认识到需要新的或者修改的概念。由于这些原因，我们不能仅凭反思概念本身，就充满信心地将我们概念的事实性承诺与其余的非事实核心区分开。有关与科学概念相关的对于这些主张更加详细的发展，请参看 M. Wilson, *Physics Avoidance* (Oxford: Oxford University Press, forthcoming)。

究的政治哲学家来说，通过将自己的建议重新标记为关于制度性原则或法规的建议，就可以满足埃斯特伦德和科恩的论证的这一部分。这是理解我在下面的第 5 节规范性理论化中使用互惠行为的经验性证据的一种方式，尽管从我的讨论中可以明显看出，但我认为这对理想理论的捍卫者来说让步太多了。

B. 来自“污点”的论证

然而，可以从埃斯特伦德和科恩的讨论中提取出更实质性的论证。粗略地讲，这隐含着一个关于道德上非合法妥协的担忧（以下简称“来自污点的论证”），这种妥协入侵或“污染”了正义或其他基本道德原则的观念。想象一下一个拟议的合作方案（例如，1787 年美国宪法），该方案将成功地提供至关重要的公共利益，但前提是该方案必须纳入种族主义因素——许多受制于该方案的人的利益和心理都是这样：如果这些要素被删除，他们将撤回支持，该方案将失败。其他受该方案约束的人发现这些要素在道德上具有深远的冒犯性，但却是默认这些要素的存在，因为他们正确地判断合作的失败比其高度有缺陷的延续更为糟糕。通常当我们考虑这些问题时，这些种族主义要素无论如何都不应视为正义或基本道德原则的要求——相反它们是对这些要求的妥协，是得到默认的，因为替代方案甚至更糟。这表明，仅仅出于这个原因，并不是一个制度为达到某种期望的结果而可能需要对人类动机做出的每一个让步都被正确地视为“正义或道德的要求”，即使总的说来，让步本身是得到辩护的。埃斯特伦德对此进行了考虑，以表明：“一个特征并不因为作为人类本质特征而限制正义的概念，因为在每种情况下都需要判断该特征的道德价值或意义是否适合它，从而拥有这种重要性。”①

我接受这一主张——实际上，它符合第 2 节中方案的提要，因为该主张确定了事实信息与规范性结论的相关性，即为实现这一点始终需要一些媒介性的规范性前提。但是，我认为，从这一主张得出的结论并不是关于“人性”的经验性事实总是与正义的考量无关，而是如果我们想表明这些事实是相关的，我们就需要使它们受制于一种特定的道德评价。

---

① Estlund, “Human Nature and the Limits (If Any) of Political Philosophy”, 216.

当然，确实可以通过假设受到偏爱的规范理论 N2 * 的正确性，然后将其用作排除所有不符合 N2 * 的“受到玷污的”动机和行为的基础，由此来始终阻止从关于人类动机和行为的事实前提到规范结论的推论。例如，我们认为，没有动机去满足卡伦斯市场的要求的人就是出于这个原因，按照受到玷污的动机行动，而这样的动机与正义的要求无关。然而，我认为，这种论证显然乞题了——如果有人要援引污点来论证关于人类动机的经验事实的无关性，那么就需要提供独立的论证来说明这些动机是具有污点的（或者“不合理的”）。①

C. 经验信息与规范理论之间的正向关系

经验信息如何与规范理论以一种更积极的方式相关联？让我们区分两种可能性。第一种关注的是由于缺乏某些动机可能性和行为而造成的假定困难；相反，第二种可能性关注的是某些动机和行为存在的重要性。关于第一种可能性的论证通常涉及两类主张，要么是让人们（或足够多的人）以某种方式行事的不可能性，要么是以这种方式行事的极端困难和不可能性。例如说这一主张，即大多数人会觉得按照卡伦斯市场的无私要求行事不太可能或非常困难，这一事实本身削弱了这一要求。我同意这样的批评，即仅看这个论证的话，这一论证是有问题的，尽管由于上述原因，我并不认为埃斯特伦德对这些论证的完全驳斥具有说服力。即使（出于讨论目的，让我们假设）在道德上不能要求人们做不可能做的事情，但在卡伦斯市场（以及类似的例子）中设想的那种行为和动机在任何相关意义上都是“不可能”的，这令人怀疑，至少对于许多人来说是这样的。而且，尽管对于大多数人来说，所要求的行为可能很困难，但另一方面可以如此论证，即存在着基于激励类型的明显的公共政策原

---

① 在论证动机上的无能并不能驳回相关的要求的主张的时候，埃斯特伦德也援引了以下的判断：我们不允许（真诚的）声称在动机上无法与其他性别或种族的成员一起工作来阻止与这些人一起工作的要求。但是在这种情况以及许多类似情况下（a）动机上无能的主张本身是可疑的（作为一件经验性事物，大多数人，包括提出这种无能的主张的人，只要有适当的机会，都会适应这种情况并进行工作）和（b）所谓的无行为能力在任何道德理论上都是或反映了具有污点的或令人反感的事物。我们对此类例子的判断受（a）和（b）的影响；他们没有建立所有关于动机上无能或动机上困难的主张都无法阻止相关的要求，包括主张高度可信且动机本身基于独立理由而不令人反对的情境（例如，要求对孩子不表现出任何偏见的要求）。

因，不允许通过论证说让人们进行遵从很困难或者具有负担，特别是当困难的根源是“与心理相关”时，来说明人们逃避可能得到辩护的要求。①

与此相一致的是，在我看来，作为一个经验性的事物，似乎在很多情况下遵从的问题产生并不是因为受影响的人无法按照规定的方式行事，或者发现这样的规定非常困难，而是因为他们认为自己不遵从是得到辩护的，并且认为要求这样做是不合法的，尤其是在其他人也不遵从的情况下。换句话说，人们常常不遵从，因为他们认为自己在道德上有不遵从的合法的理由。这表明，我们不应仅仅将与动机上考量相关的案例基于关于遵从的（或者遵从的意愿）困难或不可能性的主张，（还）应该认为经验性的考量扮演着一种不同的、更加积极的角色——对在规范理论化中特定可确定的道德价值和考量的相关性和重要性的主张提供支持。

我想到的是以下的观点：假设一个人可以证明对他人的某些动机和行为非常普遍，并且大多数展现这些动机和行为的人都重视和认可这些动机和行为——它们与人类的其他目的或目标联系在一起体现出来，作为一个经验性的事物，这些目的和目标是人类关心的。此外，假设一个人也可以证明，不存在非乞讨的理由来认为存在着这样的道德要求，即不按照相关的动机行动。然后，人们可能会认为这些考量因素可以被看作可驳回的（defeasible）和表面上的（prima facie）理由，来将道德价值分配给与考虑因素相关联的动机和行为模式（以及构成这些的关注点和价值考量），并认为将它们以某种形式纳入规范理论是合理的、得到辩护的。这符合第二节中描述的抽象模式，其中经验前提 D1 描述了人类动机和价值考量，规范前提 N1 认为这些动机不是非法的或受污染的，而根据这些前提得出的规范性结论 N2。同样，只要前提 N1 适当地独立于结论 N2，这样的论证就不会是乞讨的或循环的。这种论证策略也很适合第 3

① 让人们遵从是否存在着心理上的困难，这一问题的答案经常不是“可观察到的”，而且肯定不是固定的，与他们先前的选择也无关。因此，允许基于这些理由的不遵从行为会激励人们表示自己存在着巨大的困难来进行遵从，而不论这是否属实，同时也鼓励人们发展特定的动机上的形象，即使他们在以下情况下难以遵从的形象，而当（基于那些并不认为动机上无能的主张可以否定相关要求的理论）时，这样的形象并不会得以发展。具有讽刺意味的是，需要注意这似乎是一个属于非理想理论的具有策略性的考量。

节中描述的规范理论的建构主义图景：归根结底，规范要求只能反映我们关心的或认为有价值的事物，并适当地由我们持有的其他价值过滤掉——并不存在着一些额外的、独立的规范性的来源。[①]

作为一个说明，从描述心理学的角度来看，大多数人都有很强烈的动机去爱他们的孩子，重视他们孩子的福祉，并相应地采取行动。此外，尽管显然存在着很多道德论证的空间来说明父母有资格代表孩子做些什么以及这如何与他们其他的义务相关或相平衡，但相反，并不存在着一个公认的理由来说明对孩子高度密切的关注本身在道德上是不合法的。我所考虑的推理模式认为这些考量因素考虑能够为包含这些价值的规范理论提供表面上的支持。主张（i）对自己的孩子的关注在道德上并不是不合法的，并具有有益的后果。这一主张本身并不等于（并且似乎可接受的，并独立于）主张（ii），即这种关注应以某种特定方式被反映或被纳入一些规范理论。

下一节中关于互惠的道德意义的论证有大致相同的意图。首先，经验证据（并不令人惊讶地）表明，人们实际上有动力在他们的关系中进行互惠并重视互惠。互惠会维持合作模式，这种合作模式提供善(goods)，在这些动机缺乏的情况下这些善无法得到实现，同时这一合作模式与正确的规则和制度结构相结合，以特定的方式保护合作的模式从而避免搭便车的情况，而其他更加无条件的有关的动机无法以同样的方式做到这一点。如上所述，在某些情况下，基于互惠的动机和原则可能会与其他类型的原则发生冲突，但是假设基于互惠的考量不应仅仅因为这个原因而被否定，人们可能会认为没有明显的独立理由来认为这样的考量是自动地具有污点的。例如，我们尤其不必认为它们反映了自私或意志薄弱。

对最后这一点进行扩充：在哲学讨论中看待遵从问题的趋势是，特别是对于那些对遵从问题与规范性理论化的相关性持怀疑态度的人，将重点放在因某些原因或动机（自私、懒惰、愚蠢等等）而导致不遵从的案例上，而这些动机可以很容易地描述为具有污点的。但是，基于互惠

---

① 参看 Harry Frankfurt, *Taking Ourselves Seriously and Getting it Right* (Stanford, CA: Stanford University Press, 2006)。

的考量存在于大量的群体之中，这一事实表明以上的言论过于简化了。假设我们偏爱的理论要求在个人满足合适的条件时对他人提供无条件援助，且独立于一个人是否与其他人建立互惠关系，也独立于其他潜在的援助者是否愿意提供援助。大量的经验证据表明，很多人在基于互惠的考虑下，不愿意在这种情况下提供帮助。但是这些互惠者在任何普通意义上都不是自私的。毕竟，他们仍然愿意做出贡献或合作，尽管这么做违背了个人利益的考量——他们只是认为，如果其他人不这样做，他们就不需要合作。以这种方式被驱动的主体的行动围绕着互惠性组织起来的一套独特的道德考量或价值，（并认为自己的行为符合）这些道德考量或价值。请注意，这不是（或不必是）互惠者发现这是在心理上“不可能”或非常难以遵从的无条件合作的要求。确切地说，互惠者具有另一组道德信念，这些道德信念与要求无条件合作的理论背道而驰。

正如这种情况所显示的那样，遵从问题不仅仅是关于一个人是否应该遵从的问题，即使一个人不想或觉得困难或过于自私而无法遵从。遵从还会引发确保（assurance）问题——即关于当其他人不遵从时，道德上是否要求某人遵从的规范性问题，以及某些人不遵从的行为鼓励其他人不遵从问题。当我们认识到许多人受到互惠的动机影响时，这些问题变得尤为突出。当正义理论由于许多人由于基于互惠的理由而未能遵从而产生不遵从和未被期望的后果时，我们遇到的问题与因直白的道德上受到质疑的动机导致不遵从而产生的问题截然不同。对于前一种情况，认为遵从的担忧基于“外在于”我们正义概念的核心要素或“不相关”的考量，或者是基于“我从未说过人会是完美的”理由，从而想要消除这些担忧就不是那么容易了。①

一旦互惠的动机的存在的可能的规范意义被认可，就自然可以假设关于这些动机的结构的更详细的经验事实也具有规范意义。在下一节中，我将发展这一观点。

---

① 以稍微不同的方式提出这一问题：互惠者的存在以及他们赋予互惠行为的道德意义是否被视为是充分实现正义（或理想理论的要求）的障碍（例如“自私”），还是它们具有以理想理论形式纳入正义“内容”的特征吗？一个人怎么能够决定？为什么要假设前者？

六 互惠：一些经验结果

现在，我将对一些实证结果进行更详细的探讨，这些实证结果基于互惠作为合作中动机的存在和特征，以及这些规范的意义。我主要关注囚徒困境、公共善的博弈和信任博弈的实验结果。

A. 囚徒困境

如果一个普通的囚徒困境（PD）只玩一次，并且两个玩家都是自私的，只关心自己的物质收益，那么他们的主导策略当然是背叛。如果相同的玩家反复进行博弈，并且每个回合中游戏结束的概率是固定的，那么，如果该概率足够低，则采用“以牙还牙”这样的合作策略（即从合作开始，以合作回应他人的合作，并以背叛回应他人的背叛）处于重复博弈的纳什均衡中。这可能会鼓励这样一种观点，即自我利益本身足以解释在重复博弈中凭经验发生的任何合作行为。但是，这是可疑的。一方面，在和自私的玩家的重复博弈中，其中包括许多合作性较差的玩家（例如总是背叛的玩家），还有许多其他的纳什均衡。援引纳什和利己主义并不能解释为什么经常出现合作均衡而不是其他的选项。从经验上讲，即使是一次性的 PDs，在典型实验中，有 30% 到 60% 的玩家会合作，而在重复的 PDs 中，合作的比例会更高。[①] 但是，即使玩家在一次性的 PD 中的选择被用来表明她并非纯粹出于个人利益，此选择不能区分两种假设：即玩家是互惠者的假设，以及玩家是某种无条件利他主义的假设，因为这两种假设的版本都预测合作。如上所述，第二个行动者在有顺序的（sequential）囚徒困境中的行为提供了对互惠者存在的更为敏感的检验。如果第二个行动者（第二玩家）是无条件的利他主义者，那么根据他/她的收益和分配给第一个玩家福利的权重，即使第一个玩家选择背叛，他/她也许仍然选择合作。相反，如果第二个玩家是互惠者，那么我们会这么期待——他/她是否合作会依赖于第一个玩家在第一步的时候是

① 请参看 James Andreoni and John Miller，“Rational Cooperation in the Finitely Repeated Prisoner's Dilemma：Experimental Evidence”，*Economic Journal*，103（1993）：570 - 585。

否合作；第二个玩家将通过合作来回应第一个玩家合作的选择，但是如果第一个玩家选择了背叛，那么第二个玩家合作的可能性将大大降低。

在一系列与互惠者的存在有关的实验测试中，安（Ahn）、奥斯特罗姆（Ostrom）和沃克（Walker）[①] 要求受试者陈述他们对一次性双盲（double-blind）囚徒困境中结果的偏好，二者涉及同时和有顺序的行动。在这两个版本中，相当数量的玩家认为（C，C）比（D，C）更好，或和（D，C）等同地好，尽管在后一种情况下自己的物质收益较高，在有顺序中的博弈中，对（C，C）的偏好更强。安、奥斯特罗姆和沃克还报告了行为实验的结果，这些结果与这些表达的偏好大致相符：36% 的受试者在同时行动中进行了合作，而在有顺序的博弈中，56% 的先动者进行了合作，而当先动者合作时 61% 的后进者进行了合作。相比之下，当先动者背叛时，实际上没有后动者选择合作。然而，这些作者还指出，这些对互惠的偏好会受到经验的强烈影响：例如，主体经历彼此之间不互惠的行为，改变其表达的互惠的偏好（即使是和新的玩家）并采取相应行动。

关于安、奥斯特罗姆和沃克描述的实验结果的一个重要特征，（几乎在所有其他关于互惠与信任的研究中都出现过），我将在下面进行说明，而这个特征就是不同主体之间动机的明显异质性。在安、奥斯特罗姆和沃克的研究中，尽管于实验中在先动者进行合作的前提下约有 60% 的后动者进行了合作，但这种情况下仍约有 40% 的人以自私的方式进行行动。其他实验结果也支持了类似的情况，根据这一观察，大多数人群由不同类型或种类的主体组成，其中一些人似乎是受到互惠的考量（在这一考量具有相关性的情况下）强烈地驱动的，而另一些人似乎主要是受到自我利益的驱动。较小规模的第三组似乎更受非互惠、无条件的其他相关动机驱动，即使在与互惠考虑似乎具有相关性的情况下——例如，即使面对玩家的背叛，他们仍将继续合作。正如我们将看到的，当一种环境中合作计划会被不合作所破坏，这种异质性对与这一环境相关的问题具有重要的意义。互惠策略在这种情况下特别有吸引力，但是同样，要认承认这一点，我们需要非理想地思考。

---

① Ahn, Ostrom, and Walker, "Heterogeneous Preferences and Collective Action".

B. 公共善博弈

在线性公共善博弈中，由 N 个参与者组成的一个群体，每个参与者 i 选择一个数量 ci（从每个参与者相同的初始赋值 wi）来贡献公共善。将这些个人贡献的总和 $\sum$ci 乘以某个因素 m（1/N < m < 1），然后将该总数平均分配给所有参与者，而不管他们贡献了多少。该博弈可能是一次性的或是重复多次的，每次回合后宣布总贡献。在这两种情况下，纯粹自利的玩家的主要策略是“搭便车”，以从其他人的贡献中得到自己的那一份，但自己不做任何贡献。因此，在这种情况下，发生的任何合作行为都不能理解为包括自私参与者的一个重复博弈的效果。

对重复公共善博弈中的行为进行的实验研究表明，所有参与者的平均贡献都始于相对较高的水平（约占总捐赠的 50%），但个人贡献存在很大差异，有些参与者从第一轮开始就没有贡献。但这一博弈进行重复时，平均贡献通常会随着时间急剧下降。

对于这种下降的最合理的解释是，参与者群体是自利者和互惠者的混合体。互惠者首先在游戏的早期阶段进行合作，期望或希望其他人也会如此。相反，自利者从一开始就没有任何贡献。贡献减少的原因是，面对自利者不进行贡献的行为，互惠者逐渐停止了贡献——互惠者不愿在其他人搭便车的情况下继续贡献。参与者对自己行为的口头解释以及包括“重新开始”和“分组”效应在内的许多其他证据都支持了这种解释。

在重新开始的版本中，一个公共善博弈要重复进行十轮，停止并“重新开始”，也就是告知受试者新的十轮重复游戏将由相同的玩家开始。[①] 前十轮的贡献值呈现标准性的下降模式，但重启会暂时使得贡献有所增加。如果许多参与者是互惠者，在重新开始时，他们愿意贡献，表示如果其他人愿意合作，他们也愿意合作，那么这样的行为是有道理的。相反，如某些人所声称的那样，如果参与者纯粹是出于自身利益并且只是由于不确定而在早期回合中做出贡献，那么这种行为就没什么道理。

---

① 请参看 James Andreoni, “Why Free Ride? Strategies and Learning in Public Goods Experi-ments”, *Journal of Public Economics*, 37 (1988): 291 – 304。

如果不自利的主体是无条件的利他主义者，或者如果动机是自利和无条件的利他主义的加权平均值，那么我们也不会期望这种贡献会随着时间的推移而下降——随着时间的推移，这样的主体的贡献会变得稳定，甚至随着其他人贡献的减少而增加。

包括分组效应的实验也支持对公共善博弈的这种解释，即包括互惠者和更多自私的参与者之间的互动和贡献值的下降，当这些发生的时候，来自后者对前者的不利影响。一个有代表性的例子是佩之（Page）、普特曼（Putterman）和乌内尔（Unel）[①] 进行的实验，每三轮为参与者提供有关前一轮其他参与者的贡献的信息，并且还为他们提供表达对未来合作伙伴的偏好。然后将相互排名最低的参与者（排名较低，意味着一个合作伙伴是首选合作对象）被划为第一组；那些排名中等的人被分为第二组，依此类推，总共有四个组。这种“内生分组对待”的结果是，所有群体的平均贡献水平（70%）远远高于没有重组的基线对待的平均贡献水平（38%）。此外，各组的平均贡献水平差异很大，根据以下群体形成的顺序——也就是说，第一组的贡献最高，并且继续保持最高的水平，由最高的合作者组成，第四组的贡献最低：在第一组中，有 50% 的人在末期贡献了全部捐赠（第二，第三和第四组的相应数字分别为 43、18 和 0）。

另一个相关的证据是：如果很大一部分参与者是互惠者，一个人会期望互惠者的贡献与他们对他人贡献程度的信念呈正相关，因为互惠者贡献的程度比他们所相信的其他人贡献的程度更多。该预测与其他有关贡献对象动机的假设所得出的预测相反。例如，根据一个简单的“功利主义”模型，参与者是无条件的利他主义者，除了关心自己的自身利益外，他们只关心是否有一些最佳的总量全部（in toto）被贡献，这一模型预测如果主体参与者相信其他人会增加贡献，他们就会减少贡献量，如果主体参与者相信其他人会减少贡献值，他们就会贡献更少。在一个采用重复公共善博弈的实验研究中，根据一个假设，即大部分参与者是互惠者，克罗森（Croson）发现参与者关于其他人将贡献多少的信念与其实

---

① Talbot Page, Louis Putterman, and Bulent Unel, “Voluntary Association in Public Goods Experiments: Reciprocity, Mimicry and Efficiency”, *The Economic Journal*, 115 (2005): 1032 – 1053.

际贡献之间也存在很强的正相关关系。[①] 许多实地研究都显示出类似的模式——例如，人们全额缴税的意愿与他们对他人是否同样遵守的信念高度相关。[②]

C. 惩罚

最近的许多实验探索了在重复的公共善博弈中引入代价高昂的惩罚选择的效果。[③] 这使得主体可以以成本 c 惩罚非贡献者，通过对其处以罚款，使他们的收入减少 r，其中 $r > c$。在这种情况下，即使在博弈的最后一轮中，许多主体也会惩罚未贡献者，在这种情况下，惩罚不会影响未来的行为，由此惩罚显然不是提高惩罚者预期收益的策略。引入此选项可防止重复博弈的贡献下降，否则这种情况会出现的。同样，一个明显的解释是，惩罚者是愿意进行消极回报的互惠者，即使这样做并不符合他们的个人利益。在没有明确的惩罚选择的情况下，除了撤回自己的贡献，互惠者无法对搭便车做出消极反应；如果惩罚选项被提供了，他们将使用这一选项并且不减少自己的贡献。

D. 信任博弈

麦卡贝（McCabe）、里格登（Rigdon）和史密斯（Smith）[④] 在以下两个广泛形式的博弈（“信任博弈”的两个变体）中比较行为。[⑤]

在图 1 中，玩家 1 首先在选择节点 1 处做出行动。玩家 1 可以选择平移、结束游戏，同时确保自己和玩家 2 的收益为（20，20）（第一个数字是玩家 1 的收益）。或者，玩家 1 可以下移，在这种情况下，玩家 2 可以

---

① Rachel Croson, “Theories of Commitment, Altruism and Reciprocity: Evidence From Linear Public Goods Games”, *Economic Inquiry*, 45 (2007), 199 – 216.

② Bo Rothstein, *The Quality of Government* (Chicago: University of Chicago Press, 2011), 148ff.

③ 请参看 Ernst Fehr and Simon Gachter, “Cooperation and Punishment in Public Goods Exper-iments”, *American Economic Review*, 90 (2000): 980 – 994。

④ Kevin McCabe, Mary Rigdon, and Vernon Smith, “Positive Reciprocity and Intentions in Trust Games,” *Journal of Economic Behavior and Organizations*, 52 (2003): 267 – 275.

⑤ 信任博弈的原始版本来自于 Joyce Berg, John Dickhaut, and Kevin McCabe, “Trust, Reciprocity, and Social History”, *Games and Economic Behavior*, 10 (1995): 122 – 142. 他们将结果解释为“互惠是人类行为的基本要素”(122)。

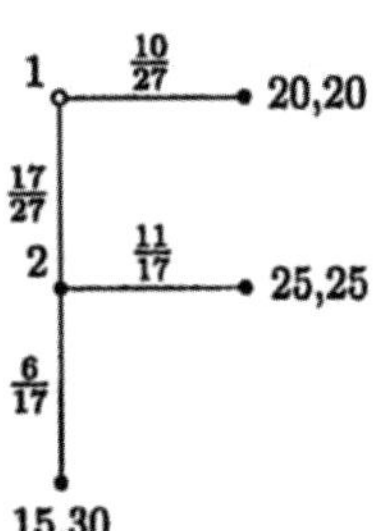

Figure 1: Trust Game With Outside Option

选择有收益（25、25）或下移到收益（15、30）。因此，玩家 1 选择向下移动是“信任”动作，即他/她放弃一定的 20 的收益，以便给玩家 2 机会选择对双方都更好的选择（25，25），但是还相信第二个人不会选择下移，其结果对于第二个人来说仍然更好（30 比 25），但是对于第一个人却更糟。换个方式说，在选择下移时，玩家 1 为玩家 2 赋予了收益，期望或希望玩家 2 会选择互惠来使玩家 1 受益。在玩家 1 以这种方式进行选择的程度上，这是使用利益授予来引发互惠的一个例子。菲利普 · 佩蒂特（Philip Pettit）① 所描述的关于这种类型互动的自然假设是，假设在正确的条件下，玩家 1 选择“向下”所传达的信任可以帮助促使玩家 2 进行互惠的行为，并且当玩家 1 向下移动时，他/她会以这样的意图或期望与他人互动。

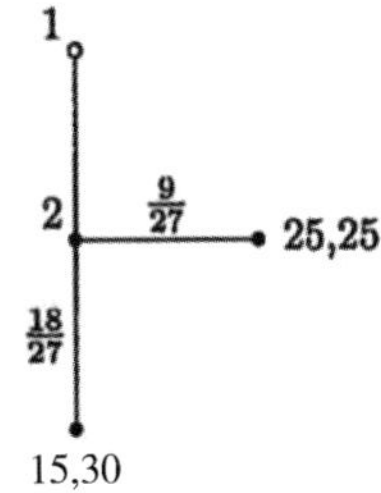

Figure 2: Trust Game Without Outside Option

① Philip Pettit, “The Cunning of Trust”, *Philosophy and Public Affairs*, 24 (1995): 202 – 225.

现在，将其与图2中的博弈进行比较，图2中的博弈与图1中的博弈类似，不同之处在于移除了外部选项——现在玩家1的唯一选择是向下移动。因此，玩家1的下移无法向玩家2传递信任或者帮助玩家2的意图。假设像佩蒂特的分析是正确的，这移除了玩家2进行平移的动机：由玩家1显示的对信任进行互惠的意图。结果，一个人会期望玩家2是这样的互惠者，他们对玩家1进行行动的意图进行回应，玩家2在第二版博弈中选择下移的可能性会大于在第一个版本。正如附着在博弈图表上的数字（它给出了在每个节点上选择每个选项的玩家的比例）一样，这的确是我们的发现——在两个版本的游戏中，玩家2的下移与平移的选择的显著差异是在0.001。从图2中我们可以看到，尽管有很多（33%）的第二行动者受到基于非互惠或无条件利他愿望（以自己的代价）的影响，来使得玩家1受益，即使玩家1先前并没有提供利益，在第一版博弈中选择平移的玩家2增加的比例（65%）强烈表明，当提供先前的利益时，一种强大的、额外的、独立的互惠的动机就起作用了。此外，博弈第一个版本中的第一行动者（准确地）预测到这种反应，而这种期待在激发他们的选择方面也发挥了作用。

E. 规范意义

如果我们将这些观察结果纳入对互惠作用（作为互惠的正义）的规范性解释中，按照第5节中概述的论证思路行动，那么我们将得出以下图景。首先，有一套不同的动机和相关的规范性关注点，它们与个人利益又与无条件的利他动机都不同（无论这些动机是功利主义的还是与某种偏爱的分配方式的实现有关，而这种分配方式并不以人们的互惠意愿为条件），就像吉伯德（Gibbard）所说的那样。尽管这里不是进行进一步讨论的地方，但这表示了有关分配方案设计的许多观点。对于那些赞成慷慨的社会福利计划的人来说，重要的是设计这样的方案，从而它们得到互惠动机的支持而不是与之冲突：美国的社会保障是成功纳入此类动机的一个例子，而正如方（Fong）、鲍尔斯（Bowles）和金迪斯（Gintis）所论证的那样，如果一个方案更明确地遵循围绕着互惠所建立的道德价值观，许多为弱势群体提供帮助的方案可能会吸引更强的支持，同时当这么做可能与其他价值相一致时，可以避免这种形式的救助，即不需要任何形式的互惠的无条件的救助。[①] 在另一（“有利的”）反面，对互惠的关注提出了一个有力的论证——与大多数正义的哲学理论不同，它诉诸实际上在政治讨论中被援引的考量[②]——经济上的成功取决于他人提供的基础设施和合作的负有基于互惠的义务的其他人，并“回馈他人”。

其次，上述结果（例如，信任博弈的广泛形式版本）表明，在有些情况中，其他人的处境更差并且能够得到救助，但是并不存在互惠的历史，人们对待这样的情况非常不同于另外一种类似的情况，即互惠关系存在的情况。在后一种情况下，他们更愿意提供帮助，并且更有可能认为他们应该提供帮助。然而，与此同时，互惠的动机并不是人们唯一拥有的其他相关动机——同时也存在着更无条件的动机。这表明存在一种规范性理论，根据该理论，相比于与我们没有那么紧密地联系在一起的人们（如果有的话），与我们之间存在持续互惠关系的人们（例如，我们的邻里、城市、国家的居民），分配正义和提供援助的要求至少有所不同——这一特征对于国际语境下的正义理论化具有明显的意义。

最后，正如信任博弈的例子和许多其他例子所说明的那样，互惠者关心的是在可能的互惠中他人采取行动的意图，而不仅仅是所涉及的物质利益的大小。这表明，一个包含互惠概念的充分的规范理论，不应仅仅关注通过互惠关系获得的物质利益，而且应关注互惠者通过互动表达对彼此的态度，因为这反映在他们行动的意图中。就互惠在正义和其他方面在规范化理论中重要的地位而言，这指向了安德森[③]意义上关系性观念，根据该观念，这与人际间的关系的建立和调节有关，而不仅仅关于特定的物质善分配模式的实现。特别是，互惠的特点是一种特定的人与

---

① Fong, Bowles, and Gintis, “Reciprocity and the Welfare State” .

② 请参看伊丽莎白·沃伦（Elizabeth Warren）：“在这个国家，没有人能自发致富……你建造一家工厂——对你来说有好处。但我想说清楚。你将货物通过我们其余人支付的公路运到市场。你雇用了我们其余人支付教育的员工。由于我们其余人员支付了警力和消防部队，你在工厂中很安全……你建立了一家工厂，后来变成了很棒或很厉害的主意。对此保持清醒。但是，基本的社会契约的一部分就是你要对此保持清醒，并为下一个出现的孩子提前支付。”http：//www.cbsnews. com/news/elizabeth – warren – there – is – nobody – in – this – country – who – got – rich – on – his – own/ Accessed, April, 2016.

③ Elizabeth Anderson, “What Is the Point of Equality?” *Ethics*, 109（1999）：287 –337.

人之间的关系，即包括不利用他人的贡献行为、搭便车，“只取不舍”等等。尽管我在这里不为这种主张进行辩护，但我认为这是对我们目前许多社会和政治安排提出批评的有力依据。

七 其他影响：异质性、制度和持续合作

根据上一节中描述的动机和行为的图景，人类动机是异质的，对互惠的偏爱在许多参与者中起着重要作用，而在其他许多参与者中则不重要，后一组倾向于不遵从基于互惠的要求，他们缺乏这么做的动机。因为许多其他相关参与者是互惠者而不是无条件的合作者，合作是否能够持续取决于互惠者和非互惠者这两个群体之间互动的本质。反过来，这取决于管理此类互动的规则和制度。通过允许互惠者和无条件合作者相互识别并优先与相似类型的人互动，并限制与那些具有剥削性的自利类型的人互动，规则或制度可以鼓励合作。或者它们可以通过允许不同类型之间的互动任意无歧视性的发生来削弱合作。同样，适当的规则和制度可以通过允许以制裁剥削行为来鼓励自利式的合作。更一般地说，对于存在大量的互惠者和大量的自利的人的群体来说，其结果之一是，找到正确的规则和制度来管理他们的互动对成功合作至关重要。“制度很重要”的观念现在已在社会科学的许多不同领域中被广泛接受——我的观点是，互惠者的行为对现存的制度特别敏感。就互惠行为在经验和规范上都具有重要意义的程度而言，不可避免地要关注“制度提议”，因此也就不可避免地要关注非理想理论。换句话说，互惠是一种道德观念，似乎是非常不适合理想理论范围内的处理。

最后，关于互惠动机的规范性后果的另一点是：它可以鼓励那些本来不愿意合作的人们进行合作的行为，因为当自私的人发现他们可以通过合作而让自己更好（至少直到最后回合），而不是在反复囚徒困境中背叛作为互惠者的伙伴。相反，关于个人即使在其他人没有贡献的情况下也要做出贡献的要求（或者，正如其他规范性理论所隐含的那样，在其他人贡献较少的情况下做出更大贡献），并没有减少搭便车的行为，并且在某些情况下可能会鼓励这种行为，从而导致非条件合作者之间的混乱的合作关系。更直接地说，那些独立于他人所做的进行贡献或随着他人

贡献较少而做出更多贡献的人（以及要求这样做的规范理论）实际上可能对维持合作构成危险，在现实世界中，面对这样的行为，有些人会表现出剥削性的行为，其他人将退出合作。这是几个方面之一，关于这些方面，在一系列包含异质性动机的情境中，结合互惠性的合作方案比其他的替代方案更加强健（robust）。更普遍地说，规范理论的许多吸引人的特征赋予互惠性以中心作用，相应地，只有当人们考虑非完全遵从的非理想情况时，规范理论的一些较不吸引人的忽略了互惠的特征才变得明显。如果仅停留在理想理论的范围之内，我们就无法获得这些见解。①

---

① 这句话很可能引起这样的回应，即理想理论方案并没有排除对非理想理论的关注。这种反映的一个问题是精力、注意力和其他资源是有限的，如果将这些资源直接用于理想理论，则不可避免地会减少其他非理想的方案。这就是为什么我之前写过“机会成本”的原因。

在什么意义上政治哲学必须是政治的？[*]

大卫·米勒（David Miller）[**]
（译：朱慧兰）

摘要：政治哲学似乎已经从所谓的20世纪中叶的死亡中恢复过来，但是现在面临着现实主义的指责，即在约翰·罗尔斯以及受其影响的人们的作品中，政治哲学没有以正确的方式是政治的；它仅仅只是“应用的道德哲学”。我不赞成雷蒙德·格斯（Raymond Geuss）等作家的超现实主义立场，因为他们对政治的看法过于狭隘。伯纳德·威廉姆斯（Bernard Williams）声称政治哲学的核心问题是合法性而非正义。这一观点具有更多优点。然而，如果不借助因为合法性的成功而实现的道德价值，我们就无法理解合法性的重要性。因此，威廉姆斯未能证明政治的规范性可以完全脱离伦理学。此外，根据威廉姆斯的说法，一个自由主义国家的合法性要求实质上接近于罗尔斯所说的正义要求。鉴于后者转向“政治自由主义”，他们似乎对他们正在发展的理论的地位也持有共识。最后，我将得出结论表明“应用的道德哲学”这一指控仅适用于那些相信一般道德原则（如效用或权利）可以完成所有政治评估工作的哲学家。政治确实具有特殊的特点，这对政治程序及其产生的结果提出了独特的

---

* 我要感谢本卷的作者们对本文的早期草案提出了大量的评论。特别感谢爱德华·霍尔（Edward Hall），克里斯多夫·莫利斯（Christopher Morris）和大卫·施密兹（David Schmidtz）的详细建议，这些建议帮助我避免了很多错误。

** 作者为牛津大学政治理论教授。

辩护要求。

关键词：雷蒙德·格斯；正义；合法性；自由主义；政治现实主义；罗尔斯；伯纳德·威廉姆斯

一 引言

几乎半个世纪前，当我第一次开始研究政治哲学时，至少在英国的顶尖大学里，每个人都在问这个问题："政治哲学是否仍然存在？"① 这一问题出现的部分原因是，20 世纪显然缺乏具有该领域经典且具有野心的著作——霍布斯、洛克、卢梭，黑格尔等——来提供关于国家及其人性根源的综合理论。但这也反映了哲学最近的发展——逻辑实证主义及维特根斯坦主义和语言学作为其继任者——其结果是，任何试图为规范性政治原则提供哲学辩护的尝试都是错误的。在这一领域中，哲学所能提供的最多就是概念上的澄清，以及揭露经典文献中的混乱和困惑，正是这些混乱和困惑使得相关的作者能够想象他们确实成功地从哲学上证明了他们的政治主张。②

1971 年约翰·罗尔斯的《正义论》的出现大大消除了这种令人沮丧的前景（至少对于有抱负的政治哲学家而言），而竞争对手的理论在一定程度上是对此书的回应。通常，这是最有效的方法来反驳这样的指控，即有些事情不是着手做就可以成功的。然而，罗尔斯作品的长期影响并没有完全消除先前对"政治哲学"这一概念表达的疑问，而是重铸了这

---

① 关于一些例子，请参看 Peter Laslett, "Introduction" in Peter Laslett, ed., *Philosophy, Politics and Society* (Oxford: Blackwell, 1956); Richard Wollheim, "Philosophie Analytique et Pensee Politicue," *Revue Francaise De Science Polique*, 11 (1961): 295 - 308; Isaiah Berlin, "Does Political Theory Still Exist?" in Peter Laslett and W. G. Runciman, eds., *Philosophy, Politics and Society: Second Series* (Oxford: Blackwell, 1962); Anthony Quinton, "Introduction," Anthony Quinton, ed., *Political Philosophy* (Oxford: Oxford University Press, 1967)。

② 在这方面具有影响力的文本是托马斯·D. 韦尔登（Thomas D. Weldon），*The Vocabulary of Politics* (Harmondsworth: Penguin, 1953)。正如他提到的那样："我担心自己写的东西……可能给人这样的印象，即传统的政治哲学家大部分时间是在通过询问和尝试回答一般性问题而浪费时间，这些一般性问题由于缺乏确切的含义而无法给出答案。简而言之，他们提出的问题类型无法给出可凭经验检验的答案，而且这些问题都是荒谬的"（74）。这确实是他的书传达给像我这样的年轻读者的令人沮丧的想法。

些疑惑。政治哲学现在可能会再次存在——相关的证据无处不在——但是仍然存在着这样的担忧，即有关主题的某些内容，即政治本身，作为一种人类实践，使其对哲学研究来说是难以探讨的。可以这样提出反对政治哲学思想的案例："政治思考"和"哲学思考"是两个独立的活动。即使有一些原则在指导政治生活中可以发挥作用，这些原则也并不受制于哲学审查。因此，当哲学家尝试与政治打交道时，正如他们有时如此，他们提出的理论无法对政治本身给予任何启示；他们捍卫的规范理论也不是真正的政治行为者可以接受的。对罗尔斯和他所影响的那些哲学家所声称的政治哲学的具体指控是，它实际上只是应用于政治问题的道德哲学。但是，是这样吗？如果的确是这样的，这为什么重要呢？

关于政治哲学身份的问题可以进一步细分为两个子问题：一个是关于研究对象的问题，即政治。"政治事务"的本质是什么，使其与其他形式的人类活动区别开来，因此这一问题可能需要以独特的方式对其进行研究？① 另一个是关于研究方法的问题。如果我们渴望规范性地研究政治，不仅要问这种活动实际上是如何进行的，而且还要问应该如何进行，我们应该如何去做？从给定的时间和地点实际存在的政治形式中抽象出来，并提出需要进行影响深远的制度或行为变革的建议，这在多大程度上是可允许或可得到辩护的？我们提供的采用一套或另一套政治安排的理由必须是存在的政治主体能够合理被期待采取的行动的理由吗？无论我们采取的正确答案是什么，这是否仍以公认的哲学方式为政治研究留有空间？

这些都是大问题，为了使它们在某种程度上能够处理，我将做出一个我不会辩护的假设，即存在诸如实践哲学之类的东西——这类哲学的目的是使我们在人类生活的某些领域中规范地对我们进行指导，给我们提供理由以一种方式而不是另一种方式行事。换句话说，我不会试图反驳对实践哲学这一观念的怀疑论，尽管这种怀疑（例如源于道德语言的情感主义理论）可能在促使人们早期推行有关政治哲学之死的言论中起

① 对于这样一个论点，即我们关于政治哲学的本质以及它与道德哲学的关系在很大程度上取决于我们所采用的关于政治生活的观点，请参看 Charles Larmore, "What is Political Philosophy?" *Journal of Moral Philosophy*, 10 (2013): 276 - 306。

了很大作用。[①] 我还将一种直觉性的理解视作是理所当然的，即什么使得对规范理由或原则的研究成为哲学研究——尽管稍后我会表明政治哲学的前景可能取决于我们如何理解哲学本身的目标和方法。因此，我要解决的问题不是规范性原则一般意义上是否可以以哲学的方法得到辩护，而是这些原则中是否有一些可以适当地指导政治生活，如果有的话，这样的原则必须采取什么形式。它们是否只是纯粹的道德原则？还是这些原则的衍生形式？还是专门用于政治领域的独立原则？

二 政治：超现实主义（Hyper-Realist）的观点

我首先要考虑一个我称之为“超现实主义”的立场，如果该立场是正确的，那它将解释为什么政治不容易受到规范性哲学研究的影响。它把政治描绘成人类之间为争夺统治而进行的斗争，这些人类的目标相互竞争，但为了实现这些目标而需要集体行动。因此，这一立场的核心部分是权力的行使——权力是指使他人符合自己的目标而不是追求他们自身的目标的能力。尽管人们在政治行动中可能会宣扬某些信念或拥护某些原则，但这些信念或原则不应因其表面的价值而被接受，而应仅被视为进行说服的一种手段或掩盖实际行动目的的方式。因此，在某种程度上，当哲学试图建立信念的真理或正当性时，它在应用于政治时完全没有抓住要点。由于信念或原则在任何情况下都不是行动指南，规范地评估它们只是在浪费时间。哲学要么是无关紧要的，要么只是参与了一场权力斗争，而其自身却没有识别权力的存在（如果它最终确实为某个团体或另一个团体的信念提供了辩解）。

我不确定是否有人持有以刚刚确定的鲜明形式的超现实主义，但雷蒙德·格斯在最近的书中的观点已经相当接近了。[②] 或许奇怪的是，格斯

---

① 关于哲学方法这种特定的观念对政治哲学的抑制作用可以从脚注 3 中关于韦尔登的引文中清楚地看到。关于更全面的分析，请参看 Bernard Williams，“Political Philosophy and the Analytical Tradition”，in Bernard Williams，*Philosophy as a Humanistic Discipline*，ed. Adrian Moore（Princeton，NJ：Princeton University Press，2006）。

② Raymond Geuss，*Philosophy and Real Politics*（Princeton，NJ：Princeton University Press，2008）.

认为自己捍卫的是“政治哲学的现实主义进路”，而他所提出的对政治的现实主义陈述似乎没有与之任何形式的、真正的哲学联系。在审慎地思考的各种情况下，面对不同的目标，如何最好地推进自己的目标的意义上，“政治思想”仍然具有空间。但这不可能以任何一般性原则来解决，更不用说那种政治哲学家视为自己有职责来辩护的原则了（例如，正义原则）。正如格斯本人所说的那样，“政治更像是一种手工艺品的创作，而不是像应用理论时出现的状况那样的传统观念”①。所涉及的技能在很大程度上包括根据情况做出灵活反应的能力，在追求自己目标的过程中，变革和新的障碍必须克服。像马基雅维利（Machiavelli）在《君主论》中所做的那样，可以就如何在政治上取得成功提出一些准则，但是在我看来，如果我们假设政治哲学与规范性辩护之间的关系必须以某种形式相关联，而不仅仅务实的（prudential），那么称其为政治哲学是很令人困惑的；在此阶段，我将对这种形式是什么样的问题保持开放。②

我对“超现实主义”进行说明的目的部分是为了将其区别于我将特别与伯纳德·威廉姆斯③的作品联系在一起的那种现实主义（我认为这确实为我的标题的问题提供了一个有趣的答案），同时也是为了表明如果（指导行动的）政治哲学是完全可能的，那么政治必须是什么样的。如果政治只是一个由自己的利益驱动并相互竞争权力的个体的问题，那么它

---

① Raymond Geuss, *Philosophy and Real Politics*, 15.

② 格斯曾经考虑过这样的指控，即他向我们推荐的不是政治哲学，因为它不是规范性的，但是在短暂地对描述性/规范性的区别提出疑问之后，他继续说：“对于政治理论研究没有单一的标准风格。一个人可以就不同的政治现象提出许多完全合理的问题，并且根据问题，不同种类的询问都可以是适当的”（Raymond Geuss, *Philosophy and Real Politics*, 17）。这当然是完全正确的，但它立即引起读者的疑问：“对于政治的各类问题，什么是合适的进行哲学思考的方法？”

③ 因此，我对最近根据盖斯、威廉姆斯和其他几位著作中的主题所创建的“现实主义政治哲学流派”的尝试表示怀疑。首席创造者（或引起问题的根源）是 William Galston, “Realism in Political Theory,” *European Journal of Political Theory*, 9 (2010): 385 - 411。但同时也请参看 Matt Sleat, *Liberal Realism: A Realist Theory of Liberal Politics* (Manchester: Manchester University Press, 2013), esp. chaps. 2 - 3; Mark Philp, “Realism without Illusions”, *Political Theory*, 40 (2012): 629 - 649; Enzo Rossi and Matt Sleat, “Realism in Normative Political Theory”, *Philosophy Compass*, 9 (2014): 689 - 701。要充分了解格斯与威廉姆斯之间区别的距离，请参看 Bonnie Honig and Marc Stears, “The New Realism: From Modus Vivendi to Justice”, in Jonathan Floyd and Marc Stears, eds., *Political Philosophy versus History: Contextualism and Real Politics in Contemporary Political Thought* (Cambridge: Cambridge University Press, 2011)。

为哲学思考提供的范围将非常有限。从事我在别处所说的“作为哀叹的政治哲学”仍然是可能的，在这种情况下，政治的现实世界与另一种世界（或天堂）形成鲜明对比，在后一种世界中，某些正义的道德美德得到了实现。[①] 但是，在必须就公共政策或机构变革做出决定时，这并没有产生适合提供指导的规范性原则。然而，超现实主义的政治观点是狭隘的和单方面的。争取权力的斗争固然会发生，但它们是在体制语境下进行的，没有体制的语境，斗争就不会是政治性的。我认为，必须将政治视为解决分歧的一种手段，并通过程序和通过几乎所有受其管辖的人都认为是权威的制度来解决集体行动问题。如果必要的话，必须强制执行做出的决定，但是大多数受制于这些决定的人必须将这些决定权威性作为遵从的理由。因此，合法性问题（是什么赋予制度或程序恰当的地位，以使其判决被视为权威）是政治的核心。这些制度和程序采取的形式是非常可变的，在我现在所确定的广义意义上，这反过来将影响狭义上的政治活动（如超现实主义者所描绘的那样）。如果决策规则是“握有海螺壳的人为该群体做出决定”，那么可以预见的是，获得海螺壳将需要经过斗争。在另一个极端情况下，如果决策采取商讨的形式，而这需要经过近乎一致的同意才能使决策具有权威性，那么仍然可能存在论辩上的操控，但是行使更粗鲁的权力形式的机会就少得多。在这两者之间，我们发现了一些熟悉的做法，例如通过折中来解决分歧、轮流做出决定等，这些做法使所有参与者都觉得通过接受权威他们可以有所收获。

目前，列出一些关于许多不同活动的提醒可能是有用的，这些活动我们通常会认为是“政治性的”。[②] 仅将清单限于国内民主政治，我们可能包括：起草或修改宪法的制宪会议的成员；就即将出台的预算内容与财政部官员进行谈判的支出部门负责人；审查一项拟议的立法的议会或国会委

---

① David Miller, “A Tale of Two Cities; Or, Political Philosophy as Lamentation”, in David Miller, *Justice for Earthlings: Essays in Political Philosophy* (Cambridge: Cambridge University Press, 2013). 与政治无关的乌托邦（apolitical utopias）由来已久，（可以说）柏拉图的《理想国》是最杰出的作品之一。

② 有人可能会比较和对比迈克尔·沃尔泽列出的提醒从而平衡时下流行的政治观点。这些提示作为其文章中协商的一种形式，请参看 Michael Walzer, “Deliberation, and What Else?” in Michael Walzer, *Thinking Politically: Essays in Political Theory*, ed. David Miller (New Haven: Yale University Press, 2007)。

员会；在即将举行的选举中游说选民支持自己的党派激进分子；就某些政策问题游说民选代表的非政府组织成员；试图赢得官僚成员的政党领导候选人。请注意，其中只有最后一个接近于例证超现实主义的政治观点，即称政治为争取统治的斗争。所有这些都在不同程度上涉及讨论、谈判、说服，因此，从广义上讲，给出的理由反过来容易受到规范性评估的影响。正如我一直假设的那样，如果对政治制度、程序、法律和政策的规范评估是政治哲学的主要任务，那么就没有理由认为政治的本质排除这一点。

三　伯纳德·威廉姆斯：政治道德主义与政治现实主义

然而，我们的下一个问题是关于这种评估采取的形式，特别是应该在所谓的“政治的”意义上，而非“道德的”意义上。在这里，我们转向威廉姆斯对“政治道德主义”的批评，对他而言，一方面“政治道德主义”的范式代表是功利主义，另一方面其范式代表是罗尔斯的正义理论。[①] 相关的指控是，在这些理论中，政治安排是由道德反思制定的标准来评估的，这是先于并独立于政治的。根据威廉姆斯的说法，使这种评估尤其不合适的是，伦理上的分歧是政治需要面对的一种环境——不是通过解决它，而是通过倒向论证的这一端或者另一端。假设我们可以将我们偏爱的正义理论运用于政治问题，就是与事实相反，假设这样的理论一旦提出就将得到广泛的认可。如果情况确实如此——如果在与公共事务相关的道德原则上达成共识——就几乎不会需要政治本身了。

威廉姆斯的替代方案——他的政治现实主义版本——使合法性成为政治哲学的核心问题。他所谓的“第一个政治问题”是国家如何能够确保“秩序、保护、安全、信任和合作条件”，同时满足“基本合法性要

---

① Bernard Williams, “Realism and Moralism in Political Theory”, in Bernard Williams, *In the Beginning Was the Deed: Realism and Moralism in Political Argument*, ed. Geoffrey Hawthorn (Princeton, NJ: Princeton University Press, 2005). 威廉姆斯将这两种政治哲学区别开来，他们分别列示了“制定模式”和“结构模式”（1－2），但是这种区别对接下来的内容并不重要。还要注意出于这些目的，威廉姆斯对“道德的（moral）”采取了一种广泛的理解，这与更为具体的“道德（morality）”概念不同，后者是他批判的对象，请参看 Bernard Williams, *Ethics and the Limits of Philosophy* (London: Fontana, 1985)，“伦理（ethics）”与“道德（morality）”之间的区别在他对政治现实主义的辩护中没有任何作用。

求”，即这么做的方式应该对于其管理的人们来说是可接受的。[①] 威廉姆斯否认这种“基本合法性要求”本身就是通常意义上的道德原则，而是“内在于作为政治存在的事物的一种要求”，相对于这样的一种社会——其中一个群体对其他的群体施行暴力的。[②] 不管政治哲学还发挥什么作用，它必须为这个问题提供答案，而且威廉姆斯断言功利主义、罗尔斯的理论以及其他形式的“政治道德主义”都未能够提供一个这样的答案。

虽然由威廉姆斯提出的这一立场有些零散，但也值得仔细研究。可以区分三个问题。首先是目标的地位，这些目标的实现会激发“第一政治问题”。为什么这些目标不能被那些对威廉姆斯的现实主义形式不友好的人视为道德目标或任何政治安排都必须满足的约束？第二个问题是他所援引的政治的力量，他认为它比其替代品更值得意愿，威廉姆斯认为这些替代品的负面特征是“一群人在恐吓另一群人。”第三个问题是“基本合法性要求”本身。怎么满足这一要求？谁需要被说服统治他们的国家是合法的？对于这一目的，什么样的理由是必要的或者充分的？[③]

威廉姆斯用霍布斯的术语解释“第一政治问题”，他的思想似乎是，构成政治哲学标准内容的原则和价值——自由、分配正义、民主等等——只有在人们能够受保护免于“持续的恐惧和暴力死亡的危险”的时候才能够被追求，[④] 因此，任何政治机构都必须首先根据其特定的能力来被评价——即其在面对不断变化的形势下为抵御这些罪恶提供基本安全的能力。但是，什么使威廉姆斯列出的基本善有所不同？它们为什么不只是重要的道德价值、可能会被包含在更广泛的原则中，比如说功利？（例如，边沁将安全描述为功利主义立法者应追求的最重要的次要目标——其他则是生存、富裕和平等。[⑤]）威廉姆斯在这里的想法也许是，

① Bernard Williams, *Ethics and the Limits of Philosophy*, 3 – 6；同时请参看 Bernard Williams, “Human Rights and Relativism”, in Williams, *In the Beginning Was the Deed*, 62 – 63。

② Bernard Williams, “Human Rights and Relativism”, 5.

③ 关于这一问题更全面的讨论，我不试图在此进行说明，请参看 Edward Hall, “Bernard Williams and the Basic Legitimation Demand: A Defence”, *Political Studies*, 63 (2015): 466 – 480。

④ 霍布斯的这一表述于 Thomas Hobbes, *Leviathan*, ed. C. B. Macpherson (Harmondsworth: Penguin, 1985), 186。

⑤ Jeremy Bentham, *Theory of Legislation*, trans. Richard Hildreth (London: Trubner and Co., 1871), 96 – 99. 关于这一点，同时请参看 Philp, “Realism without Illusions”, 633。

这些原则和价值是不可否认的，但是其他原则和价值不是这样的。例如，在讨论人权时，他认为有一小部分权利的目的是保护人们免受被普遍承认的邪恶，例如酷刑和否认宗教言论。[①] 但是，首先，即使像威廉姆斯一样我们接受道德上的分歧无处不在，但是对于道德原则来说，“事实上应该受到质疑”并不是决定性的。因此，有人想辩护政治哲学是道德哲学的一个分支，这些人可以这样回应威廉姆斯，即他向我们展示的一切就是政治必须涉及对道德善子类别的追求，这一子类别的一个特征是其不可争议的地位。但是，其次，它们真的不可争议吗？也许在某些基本层面上是这样的：如霍布斯对自然状态的著名描述所呈现的，没有人会否认如果能够逃避自然状态是更好的。但是，请考虑一下哈里·莱姆（Harry Lime）在《第三个人》中稍微没那么著名的言论，为了伟大艺术创造，其言论关于以下事件的比较效果：三十年的战争、恐怖、谋杀，和关于波吉亚人统治下的流血事件，以及在瑞士五个世纪的和平、民主和兄弟般的爱。在此期间，意大利解决霍布斯问题的成功率远不及赫尔维特联邦（Helvetian Confederation），但同时产生了“米开朗琪罗、达芬奇和文艺复兴”而不是布谷鸟钟。哈里的评估对我们来说难以理解吗？当我们被要求在不同的政治安排之间做出选择时，威廉姆斯强调的基本善难道不能与其他价值进行权衡吗？这难道不是有意义的道德问题吗？

考虑下威廉姆斯关于政治作为人类实践的论述。它具有两个主要特点。首先，它是旨在作出一个决定而不是建立真理的活动。威廉姆斯告诉我们，将对立方视为反对者，而不是“纯粹犯了错误的争论者，或者追求真理的同谋者”。[②] 其次，尽管当然必须强迫异见者来实施相关的决定，但这并不仅仅是强制性的情况，因为做出这些决定的制度和程序需要满足基本合法性要求（BLD）。这意味着，至少对那些必须经历其影响的大多数人来说，即使那些不同意其实质的人也认为该决定是权威的（我稍后将回到认为 BLD 并不令人满意的人的立场）。

撇开后面的讨论来说明合法性在这里意味着什么，我发现这一关于政治的言论在分析上没有什么可争辩的。但是有人可能仍然会问：为什

① Williams, “Human Rights and Relativism”, 62 - 64.

② Williams, “Realism and Moralism in Political Theory”, 13.

么需要政治而不是其他事物？其中肯定隐藏着一些评价性要素，威廉姆斯没有明确指出。首先，他必须假设至少需要在人类生活的某些领域采取可强制执行的集体决策。可以推测无政府主义者会不同意，尽管目前尚不清楚这是否只是威廉姆斯意义上的没有政治的情况下会发生什么的经验上的分歧，也不清楚是否的确存在着评价性的分歧——即无政府主义者是否会觉得政治（被理解为包括对决议的强制执行）引起了她的强烈反感，以至于她不期待政治的存在，即使代价是（例如）许多重大的集体行动问题都没有解决。更有趣的问题也许是，假设两种情况下的强制的实质相同，为什么相比起由自己认为不具权威的制度来强迫实行，由自己认为是权威的制度来强迫实行更好。（回想一下，此时我们要求对这样的政治进行评估，而不是对民主政治或受宪法限制的政治等等进行评估。）通常的回答是，你在第一种情况下被给予一个理由（某种类型），在第二种情况下则没有任何理由（除了"如果你不这样做，将会导致不好的事情发生"）。但是，为什么这很重要？同样的，常见的回答是，当我们向人们提供遵从的理由（尽管不是无政府主义者会接受的理由）时，我们对他们表示尊重，而当我们只是强迫他们时，就没有表现出对他们的尊重。这个答案没有错，但是它是否援引了不同的政治原则或价值？在所有使用权威的情况下，表示尊重的意义都将保持不变，这可能是父母面对孩子的权威，或者足球裁判面对一名球员的权威。在每种情况下，我们都可以说，由于可以向被命令的人提供遵从的理由，当合法地行使权威时，命令者和被命令者之间的关系要比强制遵从更好。但是，"更好"在这里似乎意味着"在道德上更好"。对人的尊重是一项道德原则，而不是狭义的政治原则。[①] 这并不是要否认在政治中权威最重要，其中最重要的是做出的决定应该是由合法程序或制度所做出的。由于风险通常很高，作为未能从相关决策中获益的人，如果合法程序或制度做出相反的决策，他们的处境可能会更好，因此，这些人必须识别做出决定的过程的权威的立场。从这种意义上讲，人们可以说合法性是一种独特的政治价值——它是在那个领域中发挥最显著作用的价值。但是从同样的意

---

① 关于这一点，请参看 Alice Baderin，"Two Forms of Realism in Political Theory"，*European Journal of Political Theory*，13（2014）：140。

义上讲，我们可以说勇气是一种独特的军事价值，因为战争是它具有最大范围和重要性的领域。然而我们也说勇气是一种道德品质，当我们将人们评估为勇敢还是胆怯时，我们就是在进行道德评估。因此，到目前为止，我们还不清楚，跟随威廉姆斯的观点，通过将合法性问题作为核心政治问题，我们必须否认我们对政治权威的捍卫（与粗鲁的暴力相比）本身就是一种道德的捍卫。

威廉姆斯认为，"可能会被问到 BLD（基本合法性要求）本身是否是道德原则。如果是的话，它就不代表先于政治的道德"①。相应地，威廉姆斯提出了一个问题。这里"先于"的表述是模棱两可的。从某种意义上说，威廉姆斯是对的，因为如果没有政治这样的东西，就不会出现合法性的问题；对辩护的需要的出现正好是因为政治牵涉到诸如国家之类的制度，这些制度要求人们遵从他们做出的决定。但是从另一种意义上说，仍然存在着一个开放性的问题，即当合法性要求得到满足时，在其中发生作用的是以某种方式内在于政治本身的原则，还是可能应用于政治和其他领域的道德原则，正如我以上所表明的关于权力及其与对人的尊重的观念的联系一样。

因此，我们需要检查 BLD 本身，以及威廉姆斯如何设想实现它。这是他的思想最难确定的地方之一。他说，首先，不可能有关于合法性的普遍适用的说明：合法性依时间和地点的不同而不同，并且取决于政治统治的人民已经持有的信念。特别是，尽管自由主义原则是唯一对我们有用的原则——现代西方社会的居民——但没有理由赋予它一般性的特权地位，来作为对合法性问题的解决方案。② 另一方面，威廉姆斯不愿意说任何在引发遵从的意义上"有效"的东西都可以，因为他察觉到这样的问题，即人们被强迫来接受信念。因此，他运用了一种"批判性理论

① Alice Baderin, "Two Forms of Realism in Political Theory", 5.

② 威廉姆斯并未明确将自由主义作为 BLD 唯一可接受的解决方案的主张适用于哪些主体。他说："目前，BLD 及其历史条件只允许采取自由主义的解决方案，"（Alice Baderin, "Two Forms of Realism in Political Theory", 8）。所讨论的历史条件是"现代国家"所展示的历史条件，也涉及诸如官僚形式的组织形式和"不再令人抱有幻想（disenchanted）"的权威——例如，这表明当代中国能够符合这种类型的权威。但是，如果"当下"是要排除中国这样的社会，那么关于 BLD 和自由主义的主张就有可能变成循环的：自由社会需要通过自由原则使其合法化。

原则”，即不允许通过行使其声称是合理的强制手段才能被接受的信念所支持的合法性。[①] 他还对这一问题避而不答，即所提供的合法性形式是否应该仅仅对相关的人们来说是可接受的，在相关合法性形式援引人们应该接受的观念的意义上，给定他们相信的或者实际上应该被接受的信念。他认识到，任何政治秩序都不会被其统治下的每个人都视为权威——就像他所说的那样，有些人可能是“无政府主义者，或者完全是不合理的，或者是土匪，或者仅仅是敌人”[②] ——这引起了一个问题：多少比例的人必须接受拟议的合法性来满足 BLD。在我看来，这些困难反映出威廉姆斯的不确定性，即关于多大程度上威廉姆斯想提供一个完全“现实”或者“社会学的”关于合法性的解释，在这一解释中，重要的是要有足够多的人应接受国家告诉他们的进行辩护的故事（毕竟，这足以解决霍布斯式问题本身），或者他的野心是否更具规范性，如此我们就可以在某些情况下对人们说，他们应该接受国家的权威，因为它对合法性的主张是合理的（尽管不一定以自由主义为形式）。

四　政治合法性：威廉姆斯与罗尔斯之对立

下一个要问的问题是，什么实质上可以算作合法性。在本主题的讨论中，通常区分“输入（input）”合法性和“输出（output）”合法性。也就是说，一个政治制度可能由于其血统（历史渊源或制度形式）或由于它为它所统治的人民提供的东西（和平、繁荣、社会正义等）而声称是合法的。通常，这两种合法性形式是结合在一起的。现在，威廉姆斯无疑将一个国家应该提供基本的“霍布斯式的”善作为合法性的必要条件，但是这种输出的合法性显然是不够的，否则他所提出的问题（在不同的历史条件下，需要什么来满足 BLD?）就不会出现。威廉姆斯必须设想，不同的政治体制可能都会成功提供基本善，但并非所有这些体制都

① 关于威廉姆斯对于批判性理论原则的最全面的讨论，请参看 Bernard Williams, *Truth and Truthfulness* (Princeton, NJ: Princeton University Press, 2002), chap. 9。

② Bernard Williams, “Toleration”, in Williams, *In the Beginning Was the Deed*, 136. 为了更全面地讨论威廉姆斯对待那些不接受合法性说明的人，请参看 Sleat, Liberal Realism, 123 – 126。

能满足适应于特定民族的BLD。那么，面对他所认为的目标民族，如何防止（非现实主义的）政治哲学家提出自己的理论作为对BLD的回答呢？例如，以罗尔斯为例：他不会简单地将其正义理论重塑为现代自由主义社会的合法性理论吗？[①] 相关的主张是这样的，在这样的社会中，一个政治系统是合法的，当且仅当其制度、法律和政策足以体现著名的两个正义原则。威廉姆斯对“政治道德主义”的批评会是什么呢？当然，他可能会继续相信罗尔斯的理论是错误的，但这与说罗尔斯的理论类型（type）是错误的不同——它没有符合要求来成为这样的类型，即政治的。

实际上，很难确切地了解威廉姆斯对罗尔斯所提出的反对意见针对什么。他指出，罗尔斯在《政治自由主义》中将他的“关于正义的政治观”描述为“能够应用于一个特定类型的主体的道德观，也就是，政治的、社会的和经济的制度”，但威廉姆斯省略了罗尔斯随附的脚注，在这一脚注中，罗尔斯解释说：“说一个观念是道德观念的时候，我的意思是，在其他事物中，其内容是由某些理想、原则和标准赋予的。”[②] 在这段文字中，罗尔斯使用的“道德”可能是以一种令人遗憾的宽松方式来覆盖规范的整个领域（“理想、原则和标准”），由此“政治价值”就可以简单地算作“道德价值”的一个子类。罗尔斯在其他地方明确表示，作为正义的政治观念，“作为公平的正义并不适用道德哲学”[③]。威廉姆斯对《正义论》的另一种抱怨是，正义理论不自量力，企图提供一种“普遍的”正义理论，但威廉姆斯认识到，到《政治自由主义》时期，这一野心已被减少到提供与现代宪政民主国家公民相关的说明，在这一方面，

---

① 我们可以看到罗尔斯就是这么做的，例如，请参看 John Rawls, *Political Liberalism* (New York: Columbia University Press, 1993), 136 - 140.

② John Rawls, *Political Liberalism*, 11. 威廉姆斯提及了这一点，请参看 Bernard Williams, "From Freedom to Liberty: The Construction of a Political Value," in Williams, *In the Beginning Was the Deed*, 77。

③ John Rawls, "The Domain of the Political and Overlapping Consensus", in John Rawls, *Collected Papers*, ed. Samuel Freeman (Cambridge, MA: Harvard University Press, 1999), 482. 同时也请参看 John Rawls, *Justice as Fairness: A Restatement* (Cambridge, MA: Harvard University Press, 2001), 14. 当罗尔斯否认他的正义论并不是“应用的道德哲学”时，他似乎认为后者蕴涵着将一个“整全理论”应用到政治问题，例如，功利主义。因此，对于罗尔斯来说，“道德”有时意味着“整全”，而在其他时候仅意味着“规范”。

罗尔斯所提供的与威廉姆斯的区分相一致，即合法性本身（tout court）以及适用于自由主义社会的形式的合法性。[①] 那么，这一反驳是否是罗尔斯没有直接解决的“第一政治问题”？但是罗尔斯可能会回答说，即使他的正义理论比对第一个政治问题的直接回答更为广泛，但至少答案被包含在内，根据定义，只要符合正义的两个原则的社会必须是一个提供基本善的社会（秩序、保护等），根据威廉姆斯所说，这是政治提供的基本目的。而且罗尔斯当然专注于稳定问题[②]（一个基于他的原则进行组织的社会是否在其内部的成员中获得对于这些原则的支持），因此，不能指责他无视威廉姆斯的提醒：解决第一个问题不是一劳永逸的事情，而是一个持续的挑战。

我认为，对罗尔斯的真正指控必须是他的社会正义理论的野心太大，因为他的社会正义理论被理解为对自由主义社会而言具有一般性的政治合法性。它超出了使自由秩序合法性的必要范围，并且在这样做时就包含了许多人会在道德上觉得存在竞争的原则。在此公平机会的平等（相对于形式平等）原则可能是一个例子。正如对平权行动的持续争论表明，许多人认为，只要将工作和其他职位分配给最具有资格的候选者，就可以满足正义的相关要求。从更深的意义上讲，他们并不要求影响人们是否具有必要资格的背景条件是公平的。现在，一个很好的问题是，罗尔斯的理论是否对目标受众而言过于“自由主义”，因为这可能导致“普遍”的反思平衡（在这种平衡下，每个人都可以承认该理论充分地将自己对正义的判断系统化了）是不可能的。[③] 这将挫败罗尔斯对他的理论的

---

① 请参看威廉姆斯对《政治自由主义》的书评，Bernard Williams，“A Fair State”，*London Review of Books*，19，no. 9（1993）：7－8。威廉姆斯对后期的罗尔斯剩下的抱怨似乎是他的社会正义理论没有得到足够现实的社会学的支持，尤其是它未能认识到它如何依赖于美国历史经验的特殊性。

② 罗尔斯说“稳定的问题是政治哲学的根本”（*Political Liberalism*，xvii）。通常针对他的指控是，他过度关注这个问题，从而扭曲了他对正义的说明——这种指控来自像巴里和科恩这样的哲学家，他们可能更容易采用“政治道德主义”的指控。例如，请参看 Brian Barry，“John Rawls and the Search for Stability”，*Ethics*，105（1995）：874－915；G. A. Cohen，*Rescuing Justice and Equality*（Cambridge，MA：Harvard University Press，2008），327－330。

③ 关于调查的相关经验证据，请参看 *Democratic Procedures and Liberal Consensus*（Oxford：Oxford University Press，2000）在第7章中讨论了对罗尔斯正义理论的影响对于罗尔斯所探讨的反思均衡的不同版本，请参看 Rawls，*Justice as Fairness*，section 10。

希望。并不能因此而认为该理论必须失败以回应基本合法性要求。

要求较低的自由主义合法性理论会是什么样？如果我们援引威廉姆斯来进行解释，我们找不到很多资源。威廉姆斯在对朱迪思·什克拉（Judith Shklar）的“恐惧自由主义（liberalism of fear）”[①] 的讨论中表示赞同，他强调了自由主义国家用来控制国家官员行使权力的熟悉手段。[②] 但他认识到“防止国家压迫”不可能是自由主义合法性的全部。人们恐惧国家压迫之外的其他事情——他们还恐惧贫穷、失业、不佳的健康状况等。一旦有政治手段可用来打击这些罪恶，那么很自然地将消除这些罪恶方面取得的成功加入国家合法性的条件。此外，威廉姆斯说，一个对合法性的自由主义解释还必须考虑以下两个论点：“在种族和性别方面对劣势进行合理化是无效的”以及“产生劣势的等级结构不能自我合法化”。[③] 这里的含义就是为了拯救自己，一个自由主义国家必须在某些领域中看上去是在追寻平等主义政策：它必须采取措施来使得基于种族和性别的歧视是非法的，而且必须质疑这样的社会等级制度，即不能通过援引其有利的后果来得到辩护的社会等级制度，特别是对那些等级制度下相对不利的人们的影响。满足这些条件的自由主义国家可能不需要完全实施罗尔斯的第二条原则（公平的机会平等加上差异原则），但是它将朝着同一方向前进。似乎对于威廉姆斯来说，对社会正义的承诺也必须在现代自由主义国家的合法性叙述中发挥很大作用，而他与罗尔斯的分歧远不在于实质性问题，而在于我们如何理解那一承诺的地位。

当然，有可能会停滞在恐惧自由主义原始版本所建议的观点上。自由主义国家的合法性主张就是它提供了控制政治压迫和统治的最安全和稳定的方式。但是，实际上这是否足以满足现代社会中的 BLD，特别是考虑到现代社会所产生的生活前景上的巨大不平等？对于那些发现自己处于分配最低端附近的人来说，如何才能辩护这种政治秩序？将罗尔斯的正义理论表示为自由主义社会的合法性理论的一种可能方式是，表明

---

① Judith Shklar, “The Liberalism of Fear”, in Nancy Rosenblum, ed., *Liberalism and the Moral Life* (Cambridge, MA: Harvard University Press, 1989).

② Bernard Williams, “The Liberalism of Fear”, in Williams, *In the Beginning Was the Deed.*

③ Williams, “Realism and Moralism in Political Theory”, 7.

这代表了社会阶级之间的妥协：第一条原则所涵盖的权利（私有财产/言论自由等）对经济和政治精英的成员具有最大的价值，并且保护他们的根本利益；而通过限制不平等的范围，第二个原则向非精英阶层保证了社会制度也将对其有利。① 这当然不是罗尔斯本人设想的两个原则得到辩护的方式，他会说这样做是“以错误的方式使政治哲学具备政治性（political)”②，但在这里，我将其“现实”的资格呈现为一个合法性理论，并建议从这一观点来看，它实际上比最小形式的自由主义更为现实（例如洛奇克提出的最小形式的自由主义），如果后者得到实施，将无法为处于不利地位的弱势群体提供支持自由主义秩序的充分理由。

我已经表明威廉姆斯对罗尔斯的任何一击都没有真正达到目标。尽管威廉姆斯试图通过使合法性（主要是政治制度的财产）而非正义成为其中心概念来使政治哲学更具“政治性”，但当我们考察这两种观点的实质时，威廉姆斯认为的合法性和罗尔斯所说的正义似乎是相似的。合法性可能还有其他更具体于社会的组成部分：如果我们问为什么总统制在美国是合法的，而议会制在英国是合法的，答案将包括提供历史叙述。但这不是哲学可以直接提出的问题。③ 哲学可以做的所有事情都指向共同的要素，即法治、代议制政府、个人权利等，对于一个自由主义社会，这些要素有可能使这两种制度都被视作合法的政府形式。

然而，说威廉姆斯并没有击中罗尔斯，并不是说他对“政治道德主义”的批评也是如此。他可能已经发现了当代政治哲学的一种趋势，即使如之前所表述的，罗尔斯本人并不受制于这一指控，但是罗尔斯的作

---

① 这里有一个问题，就是差异原则，特别是其“严格”形式的差异原则——只有在其为提高最贫困人群的处境服务时，社会和经济上的不平等才能够被允许——是否能够以建议的方式得到辩护。有人可能会想象：精英阶层的成员询问如果这对处境最糟糕人群的情况没有影响，为什么不应该让她进一步受益，或者更一般地说，为什么为在收入水平以及每个人都保证有权使用的资源的形式上，为每个人提供一个相当慷慨的“水平（floor)”是不够的。

② Rawls, “The Domain of the Political and Overlapping Consensus”, 473. 罗尔斯担心的是，这种形式的辩护只会带来一种妥协（modus vivendi）版本的自由主义，随着不同阶级之间力量平衡的改变，其形式也会发生变化。

③ 这给渴望实现“现实主义”的政治哲学带来了一个问题，正如朗西曼（Runciman）指出的那样：“风险是现实主义政治哲学被夹在两个选择之间：按照对合法性非哲学解释的标准，它看上去相当抽象，但是从理想的政治哲学的标准来看，它看上去很薄。”（David Runciman, “What is Realistic Political Philosophy?” *Metaphilosophy*, 43 [2012], 67.)

品促进了这一趋势。[①] 正如我们所看到的那样，罗尔斯并没有通过对“道德”一词不加思考的使用来帮助自己。那么将政治哲学视为“应用的道德哲学”意味着什么？

五 为什么政治哲学不是应用道德哲学：不连续性的命题（The Discontinuity Thesis）

有些人认为这是前进的正确方式，这些人将从适用于所有人类行为的原则开始，无论该行为是否发生在政治环境中，然后使用这些原则评估政治制度及其制定的法律和政策。此处的候选理论可能是功利主义和自由主义权利理论：这些主张旨在考虑如何在行动时为（私人）个体提供指导，同时也为评价制度和公共政策提供标准。然而，可能会引发关于前进方向的问题：如果所讨论的原理在应用中被认为是完全通用的，为什么要假设它们将政治哲学视为应用的道德哲学，而不是相反的情况？有时有人提议，例如，功利主义应首先被视为一种法/政治哲学，而其次才应被视为一种道德哲学，其依据是可以参考法律、政策和制度对人类福利的总体后果进行有意义的评估，然而就个人行为而言，无论从认知上还是在动机上都是不可能的且要求过高的（规则功利主义者当然会对这一挑战做出回应）。尽管如此，当哲学家提出这些学说时，他们通常是从个人层面的案例入手，然后继续论证说，在制度被评价时必须遵循同样的原则，情况的确是这样的。因此，自由主义的权利理论家通常从涉及个人的自然状态的例子开始，以确立该理论的一般形式，然后着手研究哪种国家（如果有的话）与这样确立的原理相一致。但是，这是否表明从规范的角度来看，个体级别的例子更基础，还是仅仅通过首先展示简单的案例才能更好地体现目标读者的直觉？

因此，要使“政治哲学不是应用道德哲学”的指控成立，就必须证

---

① 杰里米·沃尔德隆（Jeremy Waldron）提出的批评是，受罗尔斯影响的政治理论过于关注政治生活的目的或目标，而忽略了关于应该实现这些目标的政治制度的规范性问题。See Jeremy Waldron, “Political Political Theory: An inaugural lecture”, *Journal of Political Philosophy*, 21 (2013): 1 – 23.

明上一段中提到的那种统一的规范理论存在根本上的错误。我们需要建立一个我所称的“不连续性的命题”，该命题认为，政治评价所涉及的标准与适用于个体行为的标准不同，并且是不可还原的。通过查看实践中用于评价政治制度和政策的概念和原则，我们可以对这种可能性进行一些探讨。它们可以分为三类。第一，有些不能应用于个体（或许除在隐喻意义上之外）——它们仅识别制度所具有的属性。“民主”、“代议制”和“合法的”是属于第一类的评价术语的例子。[①] 第二，有些用语既可以适用于个体行为，也可以适用于制度和政策，但思考它们的含义在两种应用环境之间变化似乎是合理的。例如，这就是罗尔斯关于正义的一种主张，当他将正义描述为适用于社会基本结构的政治价值时，他首先关注的是这种正义：他并不否认还有其他形式的正义可以支配个人行为。[②] 关于相对于“原始自由”的“作为政治价值的自由”，也可以做出类似的言论。[③] 然后，第三，有些原则适用于两个领域，而没有任何明显的含义变化：例如，功利或理解为作为个体的道德主张的权力。

要建立不连续性命题，需要证明前两个类别中的原则在政治哲学中起着至关重要的作用，并且证明这些原则并非源自于第三类中更基本的原则。关于这类说明性的论证可能会说，必须至少部分参照其民主特征来评估制度，而民主的价值不仅相对某些第三类价值（如功利）而言是工具性的。然而，这有可能将问题变成关于价值的简单的一阶争端：我们想象一下，民主主义者坚持认为，具有民主特征的机构具有内在价值，而作为其反对者的功利主义者则认为民主确实是相关的，但这只是因为它倾向于提供促进最大幸福的政策。然而，问题不在于民主作为价值是否比功利更重要。问题是关于合适在政治哲学中使用的原则。为了建立

---

① 当然，一个人当然可以作为“代表”（如果她已经当选），也可以是其年龄和性别的“代表”，但这只是该术语的描述性用法，而当我们描述议会机构为“代表”（或抱怨他们不是），这是一种赞成的形式。

② 罗尔斯一直坚信这一点，请参看 John Rawls, *A Theory of Justice* (Cambridge, MA: Harvard University Press, 1971), sec. 2。尽管稍后将社会正义描述为一种特定的政治价值，请参见 John Rawls, “Justice as Fairness: Political Not Metaphysical”, in Rawls, *Collected Papers*, or Rawls, “The Domain of the Political and Overlapping Consensus”。

③ 请参看 Bernard Williams, “From Freedom to Liberty: The Construction of a Political Value”, in Williams, In *the Beginning Was the Deed*。

不连续性，我们必须能够证明通过仅仅援引同样适用于个人行为的原则来对制度进行评估是不适当的；没有必要证明功利之类的原则在政治评估中根本不起任何作用，仅需证明属于前两类的原则起着必不可少的、不可还原的作用。

我们可以列举哪些政治特征来支持不连续性命题？政治机制及其产生的法律和政策以非常重要的方式影响着许多人的生活，这些人一般别无选择，只能承受这些法律和政策的影响，并且无论是否同意，都有义务遵从政治上的规定。[①] 这些特征结合起来的作用是总体上使政治辩护比道德辩护的要求更高；所给出的辩护必须是受政治统治的人民能够接受的。正如我们所看到的，关于威廉姆斯的“基本合法性要求”（罗尔斯关于正义原则的“重叠共识”的想法也是如此），在这里确定“能够接受”的确切含义是一项艰巨的任务。其内容游移在“实际上会接受”和“应该接受”（后者会诉诸所涉人民的主观信念之外的事物）之间。我们知道，事实上，总会有人拒绝甚至是最好的政治权威形式。我们希望能够说，尽管如此，他们还是有充分的理由接受这些形式为合法的，这意味着我们有理由对他们相信的其他事物有所了解——因此在拒绝权威（或其输出）时，他们面临着内在矛盾的问题。我在下面简要地重提这一困境。政治辩护的更苛刻的本质与不连续性命题的相关性在于，与一般道德原则相反，独特的政治原则（在我的提要中的第一和第二类）旨在发挥这种辩护的作用。考虑到上述政治的一般环境，它们是人们应该能够接受的原则。

人们可能仍然想知道，上述政治辩护是否也可以是哲学上的。这一辩护听起来可能太务实了，不足以成为基础。在较早宣布政治哲学之死时，对过去的政治哲学的指控之一就是所谓的，它不过是装扮成哲学的意识形态。它声称为这一类提供基础，这类原则的基础本质上是不能够被提供的。如果对于一个特定的社会来说，有效的政治原则是其中的人

---

① 在各国需要在多大程度上依靠暴力而不是自愿服从来实现其目标这一点上，人们可以持不可知论，同时提出这一点。相关的要点是国家对其所管辖人民生活的影响的程度，以及通常除了承受这种影响之外没有其他现实的选择。克里斯托弗·莫里斯认为，现代国家的主要特征是权威而不是暴力：请参看 Christopher Morris, “State Coercion and Force”, *Social Philosophy and Policy*, 29 (2012): 28 – 49。

们必须能够接受的原则，那么这似乎使政治辩护过于依赖于人们实际上愿意视为合法的事物——而哲学则是应该在批判性的显微镜下检查人们的信念。因此，政治哲学可能被认为是不可能的，不是出于逻辑实证主义鼎盛时期的一般原因——即任何形式的实践哲学都是不可能的，而是出于更具体的原因——即政治辩护的本质使得哲学无法参与其中。然而，这取决于关于哲学本身性质的命题，该命题本身容易引起争论。它认为，本质上（sub specie aeternitatis）哲学必须始终超越特定社会的偶然性信念体系，并从远处进行批判性观察。毫无疑问，威廉姆斯整个职业生涯和罗尔斯的后期都强烈反对这一观点。对于威廉姆斯而言，历史理解对哲学至关重要。特别是"如果哲学家们想完全了解我们的道德观念，他们就不能完全忽略历史。原因之一是，在许多情况下，我们概念的内容是偶然的历史现象"①。但这并不是从哲学上停止使用这些概念的理由：

> 以下三项活动之间没有内在的冲突：第一，在我们的思想框架内采取行动和争论的一阶活动；第二，在更一般的层面上反思这些思想并试图更好地理解它们的哲学活动；第三，了解形成这些观点的历史活动。②

我要从中得出的观点是，认识到可用的政治思想必须是在我们社会中可以用来使政治秩序具有合法性的思想（而哪些思想会通过检验是历史上偶然的事情），以及对这些思想进行哲学审查，这两种活动之间并不存在矛盾。简而言之，这就是政治哲学能够和应该做的。

六 结论

现在让我尝试总结一下我提出的论证。我的目的是评估一种指责——

---

① Bernard Williams, "Philosophy as a Humanistic Discipline", in Williams, Philosophy as a Humanistic Discipline, 191. 关于在哲学的历史语境下哲学的形成，请参看 Larmore, "What is Political Philosophy?"

② Larmore, "What is Political Philosophy?" 194.

即尽管政治哲学不再是"死亡的"，但是政治哲学的复兴形式已将其转变为道德哲学的从属分支，这是错误的。相反的主张是，政治的本质不允许以这种方式对它进行（规范）研究。我首先考虑了我所称的"超现实主义"观点，即政治本质上不过是一场争取统治的斗争，并认为这既过于狭窄，而且实际上忽略了政治本身最鲜明的特征。至少在标准情况下，争取权力的斗争是在一个公认的具有权威地位的框架内进行的，除了基本的暴力之外，它还包括许多形式的互动。① 因为除了通过威胁等手段企图进行统治之外，政治还包括说服、论证和提出理由来（支持和反对法律、政策、程序、制度设计等），由此适应于政治哲学所提供的那种规范评价。其次，我转向威廉姆斯提出的更为合理的现实主义形式，这种形式试图从政治本身的思想中汲取规范性要求——政治与蛮横的统治或暴力形成对比。我认为，威廉姆斯将合法性问题放在政治以及政治哲学的中心是正确的，但是错误地认为可以在不涉及道德价值的情况下来理解合法性。一方面，对善的提供和获得是政治合法性的必要条件，而善的内容则是通过对人类基本需求的道德反思来确定的。另一方面，为了解释为什么制度通过满足"基本合法性要求"来行使政治权力很重要，必须援引诸如对人施以尊重的道德原则。而且，威廉姆斯未能说明为什么满足自由主义社会合法性的要求不能采取罗尔斯等推进成熟的正义理论的形式，而必须涉及诸如"恐惧的自由主义"之类的更简易的东西。最后，威廉姆斯对罗尔斯的抱怨——指责他是"政治道德主义者"——似乎与罗尔斯的理论实质无关，而只是有关于他选择呈现的方式，特别是在他的早期著作中。我已经表明，"道德主义"的指控只能适用于特定的哲学，即直接将一般道德原则应用于政治的哲学而不考虑行使政治权利所带来的辩护负担的哲学——这种负担解释了为什么由政治力量独特地塑造的政治原则也需要政治评价。

既然我们确实遇到过这样的哲学，那么由威廉姆斯提出的现实主义批评，以及当罗尔斯坚持某种可行的自由主义必须是"政治的"而不是（道德上的）整全的时候所提出的批评，具有一定的合理性。这是对最近

① 可能需要对其进行修改，以处理诸如"国际政治""革命政治"等现象，这些现象的框架不如国内政治清晰，但即使如此，我也要坚持例如革命政治与革命暴力之间的区别。

的“政治哲学”的有效批评：通过完全忽略合法性的问题[①]，最好的结果是仅仅具有抱负；而最坏的结果是，它提倡的政策如果得到实施，将使自由主义社会难以随着时间的推移而自我复制，例如，通过确保其成员中有足够的人相信自由主义价值。[②] 在此，威廉姆斯提醒人们，第一政治问题永远不能一劳永逸地解决，特别是自由主义必须足够灵活，以应对它可能在不同情况下受到的攻击。这一提醒仍然是有益的。

---

① 对可行性的更一般性问题不做说明：提出这个问题就是引发另一种现实主义——关于“分离”和“置换”现实主义版本之间有价值的区别，请参看 Baderin，“Two Forms of Realism in Political Theory”。我已经说明了在政治哲学中应用可行性约束的重要性，请参看 David Miller，“Political Philosophy for Earthlings，”以及 Miller，“A Tale of Two Cities”，两篇文章都在 Miller，*Justice for Earthlings* 这本书中。

② 我在想，例如，关于支持开放式移民的自由主义论证未能提出这样一个问题：一个愿意接纳所有外来者的社会，而不考虑其数目或进入者的文化背景和政治信仰，能否随着时间的推移维持其自由主义制度。或支持“开放教育”的自由主义论证，在教育上仅旨在发展学生的批判能力，而不考虑植入自由主义价值、国民忠诚度或其他对他们的政治体系做出承诺的方式。关于后者，请参看 Ian MacMullen，*Civics Beyond Critics：Character Education in a Liberal Democracy*（Oxford：Oxford University Press，2015）。

作为一个职业的乌托邦恐惧症：理想和非理想政治理论的职业道德

迈克尔·弗雷泽（Michael L. Frazer）[*]
（译：朱慧兰）

摘要：迄今为止，政治哲学中理想和非理想进路的支持者之间的争论已被定性为关于规范理论元层面（meta-level）的争论。本文的论点是，理想/非理想之间的争论可以被重新定义为规范理论中基础层面（ground-level）的争论。具体而言，可以将其理解为在职业道德的应用规范领域内的一场辩论，而被研究的职业正是政治哲学本身。如果学术界的政治理论家和哲学家共同体不能帮助我们解决我们在实际政治生活中面临的问题，那么他们就没有达到他们职业的道德要求。因此，戴维·埃斯特伦德（David Estlund）所说的“乌托邦恐惧症”的温和形式是政治哲学家职业道德的适当组成部分。温和的乌托邦恐惧者认为，尽管花费稀缺的时间和资源来构建乌托邦可能有时候是能够得到辩护的，但它永远不会自我证成（self-justifying）。只有在可以合理地期望乌托邦主义有助于影响或改善非乌托邦政治思考的情况下，乌托邦主义才是可辩护的。

关键词：乌托邦；乌托邦恐惧症；理想理论；非理想理论；戴维·埃斯特伦德；盖·科恩；大卫·米勒

一个人全神贯注于对创造的研究和学习，但是即使他正在努力和思

---

[*] 作者为东英吉利大学政治与社会理论教授。

考自己的任务，这些任务从来没有那么值得掌握，即使他认为自己可以对恒星进行编号并测量宇宙的长度和广度，但是如果突然有消息传给他，即关于他的国家可能遭受的一些重大危险，而他可以减轻或消除这种危险，他会丢掉所有这些问题并将它们抛在一边吗？

——西塞罗，《论义务》1：1541①

一 引言

只要罗马着火了，有些活动就比那些不被允许的探索（fiddling）更有价值。西塞罗认为，对任何体面的公民来说，他甚至都会放弃最崇高的科学和哲学探索形式，如果这些探索与他的公民责任相冲突的话。他说："正义所规定的义务应优先于追求知识及知识所赋予的义务，因为前者关注我们同胞的福利；在人类眼中，没有什么应该比这更神圣。"②

正义的责任可能会压倒对知识的追求，而这些对知识的追求可能是对关于正义本身的知识的追求——假设这种知识只以知识的身份具有价值，实际上并没有帮助我们履行公民责任。无论我们是在考虑布满繁星的天堂还是天堂似的乌托邦，当公共集会场所的烟雾开始渗入图书馆时，善良的罗马人都必须放弃学习，并抓起水桶来帮助扑灭火焰。

诚然，现在作为天文学家或政治哲学家的公民的职责比西塞罗时代要复杂得多。正如本杰明·康斯坦特（Benjamin Constant）③ 最著名的文章所反复提到的，古代世界与现代世界之间的主要区别在于，劳动分工的大幅度增长，不仅在经济学上，而且在道德和政治上也是如此。所有现代个体都是（或应该是）国家公民，但他们也选择（或应该选择）一种职业。尽管某些道德和政治任务仍然是所有人的责任，但大多数任务已被委托给特定的职业。只要我们确信更大的社会结构仍然有效，在知

---

① 来自沃尔特米勒（Walter Miller）的翻译，请参看 *The Loeb Classical Library Edition*（Cambridge，MA：Harvard University Press，1913）。线上资源，请访问 http：//www. loebclassics. com/。

② Walter Miller，*The Loeb Classical Library Edition*，1：155。

③ Benjamin Constant，"The Liberty of the Ancients Compared with that of the Moderns"（1816），in *Political Writings*，trans. and ed. Biancamaria Fontana（New York：Cambridge University Press，1988），308 -328.

道自己要付钱给别人履行本来应该由我们承担的职责的前提下，我们就可以从事关于我们的职业的特殊任务。不必在第一丝烟雾出现时带着水桶从图书馆赶来，至少在警笛声使我们确信职业消防员正在赶去的情况下没必要这么做。

然而，尽管现代劳动分工减轻了我们大多数人的道德和公民负担，但它使某些人的特殊道德和公民责任更加沉重。使我能够在大火燃烧时留在图书馆的原因是，其他人有责任训练多年掌握有效的灭火技术、在消防局值班接听电话以及做好准备在接收通知的时候有效扑灭任何火灾，而不是抓起偶然看到的水桶。反过来，消防员则依靠官僚来管理他们的工资和设备，依靠工程师来设计他们的设备，依靠工厂工人来制造设备，依靠政客们讨论和分配每年的消防预算，依靠大学讲师们训练遵循政治规则的、有抱负的政客等等。如果这个链条中的任何一条链断裂，或者任何人未能履行自己的职责，那么我们每个人只能依靠自己抓起水桶来灭火。

职业道德是应用道德哲学的领域，与现代社会中每种职业的特殊责任有关。关于这一主题的文献量因职业而异；关于医学、商业和法律的职业道德的论文数量庞大且持续迅速增加，有关作为职业的政治和官僚机构的材料数量虽然很少，却同样在增长，但是有关作为职业的学术道德文献却非常匮乏。现有的关于“研究伦理（research ethics）”的文献更多地关注一套法典化的、官僚地强制执行的规则，而不是一套广泛的价值、义务和美德。其中一些正确地应用于所有研究——例如，禁止抄袭和伪造数据的规则。然而，大部分最初是为了在生物医学实验中保护人类受试者而设计的。人文主义者和社会科学家合法地反对“道德帝国主义”——试图将这些规则强加于其不适用的领域。①

未能得到认可的是，所有的学术研究都引发了重要的伦理问题。甚至政治哲学家和理论家，在他们的扶手椅上舒适地坐着，需要考虑他们的活动以及他们对稀缺的社会资源的要求，如何在更大范围的经济、市

---

① Zachary M. Schrag, *Ethical Imperealism*: *Institutional Review Boards and the Social Sciences*, 1965 - 2009 (Baltimore, MD: Johns Hopkins University Press, 2010). 同时请参看 Will C. van den Hoonaard, *The Seduction of Ethics* (Toronto: University of Toronto Press, 2011)。

民和道德劳动领域中得到辩护。在英国，我们可能会抱怨政府“影响议程（impact agenda）”有害的影响，基本观点是：为扶手椅付费的公众有权要求对我们活动的价值进行核算。这一基本观点无疑是正确的。具有讽刺意味的是，规范理论家们（从全球贸易模式到个人饮食习惯的一切事情，他们都花了很多精力进行道德审查）对自己的职业实践所做的道德评价却很少。

除了帮助我们更好地履行职业职责外，专注于职业道德还可以帮助阐明我们职业中存在的争论——包括但不限于所谓的理想/非理想政治理论争论。这场争论通常被定性为关于规范理论的元层面的分歧。规范真理和关于世界的事实之间、理想的发展与实现这一理想的指导之间、乌托邦与现实之间到底是什么关系？我希望这篇文章能帮助证明理想/非理想的辩论可以被重新定性为规范性理论内部基础层面的争论——更确切地说，是在规范性理论的分支中，涉及当今众多不同职业中的职责委派。尽管人们已经认识到理想/非理想的争论已经引起了极大的关注，因为它提出了有关政治理论的职业的基本问题，[①] 但人们尚未意识到如果认为这些问题属于职业道德的范围内，这些问题会得到最有效的解决。

我的论点是，如果学术界的政治理论家和哲学家共同体无法帮助我们解决我们在实际政治生活中面临的问题，那么他们就没有达到他们的职业的道德要求。政治哲学是健康的现代社会中公民分工的组成部分。我们被给予时间和资源来对政治问题进行深入思考，这不是因为我们的才华使我们在道德上全神贯注地花费稀缺的资源来考虑任何我们感兴趣的问题，而是因为年轻的公民需要老师，而成熟的公民则需要挑战者，以激励他们认真思考他们在公民生活中面临的选择。完全脱离政治哲学的职业，只关注乌托邦理想的设计，这是不被允许的，就像消防职业只关注不存在摩擦的火柱和比光速还快的消防车这样的白日梦。二者都无助于拯救大火中的罗马。

因此，戴维·埃斯特伦德形容为“乌托邦恐惧症”[②] 的温和形式实际

---

① 请参看 Marc Stears，“The Vocation of Political Theory：Principles，Empirical Inquiry and the Politics of Opportunity”，*European Journal of Political Theory*，4，no. 4（2005）：325 – 350。

② David Estlund，“Utopophobia”，*Philosophy and Public Affairs*，42，no. 2（2014）：113 – 134.

上是针对政治哲学家适当职业道德的组成部分。使用温和的恐惧症这一术语，我指的是对所有没有实际意义的政治哲学理论的健康的怀疑（a healthy dose of suspicion）。尽管极端的乌托邦哲学家也反对所有这样的乌托邦理论，但温和的乌托邦恐惧者承认，为建立这样的理论花费稀缺的时间和资源有时是可以得到辩护的，但它从来都不是自我证成的。相反，乌托邦主义只有在可以合理地期望有助于影响或改善非乌托邦政治思考的情况下才是可辩护的。

如果我们愿意的话，我们可以在从事现实工作的政治“理论家”与构建“乌托邦”的政治“哲学家”之间进行分工，后者可以以某种方式影响或改善他们的更具实践意识的同事的工作。然而，尽管允许这样的职业化，但这不是必需的，我将继续互换使用“哲学家”和“理论家”这两个术语来指代任何在规范性政治问题上进行学术研究的人。根据温和的乌托邦恐惧者的说法，不允许的是对于所有对此主题进行思考和撰写著作的人都将注意力集中在建立乌托邦上。因此，我们必须保持警惕，以免使得我们职业的激励机制仅鼓励乌托邦理论化，我认为这是很危险的。

我论证的结构如下。首先，我从职业道德的角度重述了现有的理想/非理想理论争论，从其对如何最好地实现我们职业的社会价值目标的健康的分歧转向一个存在着更多问题的分歧，即我们职业的实践是否是有任何用处。即使埃斯特伦德在这一点上是正确的，即不具希望的乌托邦政治理论仍然可能是真实的和有价值的，但是，这并不意味着追求这些无用的事实是我们的职业责任的全部。然后，我将讨论埃斯特伦德的论证如何反映出许多职业共同的病态，即封闭的专家共同体逐渐忽视了职业的外部目的以及由此伴随的职责。最后，我将概述职业政治理论内外公民之间的适当关系。尽管这种关系为学者们提供了进行广泛的教学和研究活动的空间，但使这些活动得到辩护的始终是它们直接或间接地反馈到共同生活中的方式。

二 职业的分歧

与当今政治哲学中的许多主题一样，理想/非理想的争论始于约翰·

罗尔斯。[1] 罗尔斯从逻辑上称其具有里程碑意义的正义理论为一种“现实乌托邦主义”的形式。[2] 之所以是乌托邦，是因为它超出了即时可能性的范围，但这一理论同时是现实的，因为它对于实际的人类仍然是可以实现的，因此是希望的适当对象。

我不希望就这个中间立场是否过于理想化或不够理想化进行争论。重要的是罗尔斯捍卫他的现实乌托邦主义，认为这是迈向更彻底的现实的、非理想的理论的必要步骤。虽然罗尔斯认为非理想理论的价值是自证的，但他却认为自己程度有限的乌托邦主义需要被捍卫，并根据其与我们实际上面对的世界政治问题的关系来捍卫这一立场。他认为，现实的乌托邦主义是得到辩护的，因为它为“系统地把握这些更为紧迫的问题提供了唯一的基础”[3]。

罗尔斯声称成功的［半（semi）］理想理论是成功的非理想理论所必需的，这一言论十分强。阿马蒂亚·森（Amartya Sen）可能是对的，即这样的理论既不是必要的也不是充分的，“拥有可确定地完美替代方案的可能性并不表示在判断其他两种替代方案的相对优劣时有必要或确实有用”[4]。然而，即使森是对的，理想的理论化仍然有很多方法可以真正改善我们的现实政治思考。

一方面，存在着基础研究辩护，它正确地指出，不可能提前预测理想理论的某个特定部分将如何在未来指导我们的选择。今天看来是乌托邦的明天可能就变成了宪法的基础。这种不可预测性是所有学科基础研究辩护的核心，这些研究的实践影响通常会在工作完成很长时间后才变得清晰。

理想对非理想理论的重要性在本质上也可能是与教学有关的。尽管一个乌托邦地图可能无法为我们在这个世界上指导方向，但绘制假想的

---

① 关于一个全面的概述，也是我在这里更简要地概述了这个故事所欠缺的，请参看 Zofia Stemplowska and Adam Swift，“Ideal and Nonideal Theory”，*The Oxford Handbook of Political Philosophy*, ed. David Estlund（New York：Oxford University Press），373 – 390。

② John Rawls, *The Law of Peoples*（Cambridge, MA：Harvard University Press, 1999），4.

③ Rawls, *A Theory of Justice*, rev. ed.（Cambridge, MA：Harvard University Press, 1999），8.

④ Amartya Sen, *The Idea of Justice*（London：Allen Lane, 2009），99. 同时请参看 Sen，“What Do We Want from a Theory of Justice?” *Journal of Philosophy*, 103, no. 5（2006）：215 – 238。

地图集可能会帮助我们成为绘制景观更逼真的、更好的制图师，而对我们的学生进行导航艺术培训的最佳方法可能是让他们同时考虑这两种地图。

然而，另一种完全不同的可能性是，理想的理论化无助于改善实际的政治决策。它可能是完全无用的，或者如查尔斯·米尔斯（Charles Mills）所言，实际上可能是有害的，因为它从意识形态上分散了我们的注意力而没有看到周围明显的不公正现象。[①]

本文的论证不要求我在关于理想理论对现实世界政治思想是否必要、有用、无用或有害的争论中选择立场，因此也不需要我在基于这一立场是否是得到辩护的问题上给出答案。我只希望赞扬相关文献中所有参与者所提供的具有正确的、富有成果的、职业的分歧，而不是选择立场。理想/非理想争论的这一阶段，远不像那么多人抱怨的作为不幸的元层面的自我沉溺和冥思苦想，[②] 而恰恰是所有职业人员都应该参与的有关实现其职业社会上有价值的目标的最佳方法的讨论。

毫无疑问，在罗尔斯的影响下，对于与现实政治生活之间仅有微弱联系的理想的争论成为具有政治哲学职业最典型的特征的实践。我们很容易将这些实践视为理所当然，并假设只要我们认真遵循占主导地位的职业准则，我们就已经履行了最重要的道德和公民责任。

职业伦理学家知道事实并非如此。例如，阿瑟·阿普鲍姆（Arthur Applbaum）捍卫了他所谓的“实践实证主义，其思想是实践规则、角色和制度没有任何必要的道德内容——它们只是他们事实上的样子，而不是他们道德上应该成为的样子”。如果实践实证主义是正确的，那么一个“行为者在未对角色的合法性或其所规定的行为的内容进行判断之前，就不能屈从于其角色义务的权威”[③]。虽然这并非适用于所有社会角色——父母或朋友的角色很可能具有内在的道德内容——但对于大多数职业而言，这绝对是正确的。因此，我的论证将基于职业实证主义狭隘的基础

---

① Charles W. Mills, “‘Ideal Theory’ as Ideology”, *Hypatia*, 20, no. 3 (2005): 165 – 184.

② 通常这些抱怨都是听说的而没有记录，因此没有可参考的引用。

③ Arthur Isak Applbaum, *Ethics for Adversaries: The Morality of Roles in Public and Professional Life* (Princeton, NJ: Princeton University Press, 2000), 10.

上。无论对于通常的社会角色来说情况如何，职业不一定具有道德地位。职业本身并不具有公民或道德价值，尽管它们可能是实现公民或道德价值的重要社会工具。

因此，某些职业根本就不应该存在。例如，出于道德理由，不应该存在着职业的虐待者，这样的理由相关于为什么不应该存在着业余的虐待者的理由。阿普鲍姆认为，"如果我们的职业仅仅是制度化的罪恶，那么它们是制度本身的事实就不能提供任何辩护理由……但是由于我们的大多数职业都是针对值得具有反思能力的从业者承诺的善和目的，即使规则不完善，他们也不是没有合法性的。这就是为什么我们需要关于得到辩护的职业的反对和不服从的标准"①。

到目前为止，概述的理想/非理想争论是应该在所有职业中进行的那种反思性讨论的模型。人们有一种强烈的直觉，即政治哲学作为职业只有在提供明显的公民和道德善的情况下才是正常运行：有关如何最好地处理现实政治生活中面临的问题的指导。关于该职业所采用的主导手段是否是实现这一目标的有效手段，存在着强烈的分歧。最后，尽管未达成共识，但改革后的职业实践开始出现。

无论理想理论是否是必要的或者有用的，都有一种日益增长的观念，即我们将大量的时间和精力投入其中，而我们却可以通过其他方式更好地实现我们的职业目标。米尔斯（Mills）进行了这样的询问，即如果罗尔斯真的相信理想理论是非理想理论的必要预备，"那么，为什么直到他去世前的三十多年，他仍处于起步阶段？为什么不仅在他自己的著作中、还在他的大多数追随者的著作中，这种承诺的理论上的关注转移都被无休止地延期了？"② 自从罗尔斯逝世以来，我们看到了各种形式的理论化的兴起，这些形式具有更实际意义的方向，包括伯纳德·威廉姆斯（Bernard Williams）和雷蒙德·格斯（Raymond Geuss）的反道德现实主义（anti-moralistic realism），杰里米·沃尔德隆（Jeremy Waldron）的"政治的政治理论（political political theory）"和大卫·

---

① Arthur Isak Applbaum, *Ethics for Adversaries*: *The Morality of Roles in Public and Professional Life*, 259.

② Mills, "'Ideal Theory' as Ideology", 179.

米勒（David Miller）的“世人的政治哲学（political philosophy for earthlings）”。[①]

然而，与此同时，也有一些人试图朝着相反的方向发展政治哲学——这些人坚持认为罗尔斯的理想理论版本不够理想化，他的现实乌托邦过于现实，并且不够乌托邦。科恩认为，真正的正义理论不一定是人类可以合理预期实现的目标。他说：“如贾斯汀尼安（Justinian）所说，如果正义是每个人都得到应得到的，那么正义就应该将相应的给予她，不管有什么制约因素使之不可能。”[②]

有时，科恩表明，不够乌托邦的理论化可能会对实践的非理想理论产生负面影响。他声称因为一种理想无法得到实现而拒绝这一理想“会导致困惑，而困惑会导致混乱的实践：在某些情况下，理想可以得到推进，但没有像可能的情况中那么坚决地得到推进，因为这一理想的内容并不清晰”[③]。此观点也得到亚当·斯威夫特（Adam Swift）的辩护，他认为“即使在非理想的情况下，我们也需要基本的、独立于环境的规范性哲学主张来指导政治行动”[④]。

他们的论证，无论其合理性如何，都将对我已经指出和称赞的争论作出贡献。相关的目标保持不变：改善我们实践的、非乌托邦式的政治思考。然后有人认为，实现这一目标的最佳方法是区分政治哲学本身和应用政治理论，前者规定了原则，而不论这些原则的可达到性，而后者采用了这些原则并加以使用，以及结合社会可行性的经验证据，从而发

---

① 关于前者，请参看 Bernard Williams，“Realism and Moralism in Political Theory”，in *In the Beginning was the Deed*：*Realism and Moralism in Political Argument*（Princeton，NJ：Princeton University Press，2005），1－18；and Raymond Geuss，*Philosophy and Real Politics*（Princeton，NJ：Princeton University Press，2008）。关于后者，请参看 Jeremy Waldron，“Political Political Theory：An Inaugural Lecture”，*Journal of Political Philosophy*，21，no. 1（2013），1－23；and David Miller，“Political Philosophy for Earthlings”，in *Justice for Earthlings*：*Essays in Political Philosophy*（New York：Cambridge University Press，2013），16－39。

② G. A. Cohen，*Rescuing Justice and Equality*（Cambridge，MA：Harvard University Press，2008），252－253.

③ Cohen，*Why Not Socialism*?（Princeton，NJ：Princeton University Press，2009），80.

④ Adam Swift，“The Value of Philosophy in Nonideal Circumstances”，*Social Theory and Practice*，34，no. 3（2008）：363－387，at 363.

展科恩所谓的“规章制度”。[①] 因此，是否将纯粹政治哲学和应用政治理论视为分离的职业，或者（正如科恩有时暗示的那样）是否最好地将它们作为一个科学的组成部分加以探讨，是一个开放的问题。无论哪种方式，这两种做法都相互依存。政治理论依靠纯粹的哲学为基础，由此建立在对不敏感于事实的道德原则基础上，而政治哲学则依靠应用理论来实现对现实世界的影响，这也最终证明它作为一种职业存在。

尽管我不希望将这一论证作为一种职业道德来评价其合理性，但重要的是要认识到，关于这是否实际上是科恩的观点的问题仍然模棱两可。[②] 尽管他所说的某些观点可能会被用来支持这一立场，但科恩也明确拒绝了“道德、社会和政治哲学和理论的整个存在的首要原因……就是指导我们现实的实践。”对于科恩来说，对实际行动的指导的关注有时似乎是该职业完全可选的要素。他说：“一个人可能会或可能不会在乎实践，但他/她仍然在乎正义，因此，即使人们根本不在乎实践，也可能会对正义的内容感兴趣。在我看来，政治哲学是哲学的分支，而不是规范的社会技术的分支。”[③] 与该学科的任何子领域一样，作为哲学的政治哲学也是关于“我们应该思考什么，即使我们认为应该思考的事物并没有任何实践上的影响”[④]。

在日常关于正义的讨论中，通常人们认为正义是值得在实践中追求的事物。如果科恩在正义不应该直接支配我们现实的公民生活这一点上是正确的，那么就产生了一个问题，即为什么我们应该投入时间来研究正义。米勒问道：“更重要的难道不是思考能够指导我们共同生活的价值观和原则吗，无论它们是什么？”[⑤] 然而，只有在我们接受从罗尔斯开始指导理想/非理想争论的假设的情况下，米勒的问题才有意义，这一假设是：政治理论的任务是指导政治实践。因此，科恩式乌托邦主义的捍卫

---

① Cohen, *Rescuing Justice and Equality*, 253. 关于几乎同样的论点的另一个辩护，请参看 Estlund, “Human Nature and the Limits (If Any) of Political Philosophy”, *Philosophy and Public Affairs*, 39, no. 3 (2011): 208 – 237。

② 关于科恩观点的模糊性，请参看 Stears, “The Vocation of Political Theory”, 333。

③ Cohen, *Rescuing Justice and Equality*, 306. 这里被拒绝的观点并非来自于斯威夫特（Swift），而是罗德尼·菲弗（Rodney Pfeffer）未发表的手稿。

④ G. A. Cohen, “Fact and Principles”, *Philosophy and Public Affairs*, 31, no. 3 (2003): 211 – 245, at 243.

⑤ Miller, *Justice for Earthlings*, 233.

者有理由反对基于我们职业道德的、从未被质疑的承诺。

三 一个不具希望的职业?

为了解决类似米勒的反驳，埃斯特伦德开始反驳他所称的“实践主义（practialism）”的观点，即“只有实践政治理论才有价值”。[①] 像先于他的科恩一样，埃斯特伦德投入大量的精力来争辩“关于正义的真理不受成功实现的可能性的考量的限制。”然而，与科恩不同，他还致力于解决他视为独立的问题，即假设该真理没有实践意义，“理解正义的真理是否有价值或是否是重要的”。[②]

尽管罗尔斯认为我们的政治抱负应该足够现实以给我们实现这些抱负的希望，埃斯特伦德捍卫了他所谓的“不具希望理论”的真理和价值。这个“悲伤的名字”是故意的。虽然埃斯特伦德承认，“历史暗示了未来意料之外的道德成就的可能性是巨大的，高度理想主义的政治理论可能在未来会找到一些辩护，”但他实际上想“辩护那些捍卫标准的政治理论，即使这些标准不会被达到，即使我们肯定知道这一点”。[③]

埃斯特伦德为这种理论化的辩护最令人震惊的是，他选择放弃的论证的数量之多。对于埃斯特伦德来说，基础研究和教育学的辩护都不能充分说明不具希望的乌托邦主义的价值。埃斯特伦德想要一些说明，来证明他所设想的没有任何积极的实证价值的（无论是间接的还是弱的说明）不具希望理论的一个特定实例具有其他重要的价值。

然而，给定的政治理论没有积极的实践价值这一事实，并不意味着它就不会产生消极的实践影响。埃斯特伦德承认，不具希望的理论是非常危险的。正确但仍然无法实现的理想可能会误导某些人“在自己的追求中采取行动，这可能是糟糕的。对永远无法实现的事物的追求的行动可能是浪费资源的，甚至是灾难性的。”[④] 由于乌托邦通常由相互依存的组

---

① Estlund, “What Good Is It? Unrealistic Political Theory and the Value of Intellectual Work”, *Analyse und Kritik*, 2 (2011): 395 - 416, at 396.

② Estlund, “Utopophobia”, 115.

③ Estlund, “Utopophobia”, 118.

④ Estlund, “Utopophobia”, 120.

成部分构成，因此，局部的改革可能弊大于利；在这里，通常情况下，可实现的第二好的状态通常不是直觉上最接近不可能的理想的可实现集合中的要素。[①] 因此，发现对正义的追求是不具希望的理论家有强烈的职业责任去警告人们不要追求这样的理论；这样的失败是乌托邦式的，埃斯特伦德承认这是值得担心的。然而，值得注意的是，埃斯特伦德坚持认为，尽管存在这些危险，无希望的政治理论可能不仅是正确的，而且是有价值的。

然而，认为一个不具希望的理论是为真的这一事实赋予这一理论以价值，这样的观点是错误的。这个世界充满了我们可能会知道的无数、基本上无价值的真理，无论是政治哲学的还是其他方面的真理。例如，电话簿包含一生中极其不重要的事实。真理的价值本身使我们没有理由将不具实践意义的政治哲学真理优先于任何其他种类、其中包括有希望的或实践的政治哲学真理——也许是关于科恩所谓的规章制度的真理。埃斯特伦德从不否认这些也符合真理的标准。他将自己的立场描述为“包容的（inclusive)”，并坚持认为“存在着两种道德真理和见解，而且任何一方都不基于某种错误”[②]。

当然，与电话簿中列出的真理不同，政治哲学的真理（不具希望的或其他的）并不是对所有人来说都是容易获得的。有人可能会说，就像许多形式的智力活动一样，由于展示了特定的技巧，不具希望的乌托邦理论可以被证明是有价值的。然而埃斯特伦德并不认为这可能作为不具希望理论价值的依据。他说，设想在任意任务过程中显示技巧的情境——也许是记住所有在电话簿中列出的不重要的事实，而不是查找这些事实。任何足够困难的任务，无论多么愚蠢或毫无意义，都可以通过表现出一种厉害的方式来完成……但这不是什么厉害的成就。非实践性知识工作的价值不会是任何形式的技能所能完全代替的。[③]

---

① 在这里，埃斯特伦德利用了 R. G. Lipsey and K. J. Lancaster，“The General Theory of the Second Best”，*Review of Economic Studies*，24，no. 1（1956）：11 - 33。关于这一话题的整体概述，请参看 Geoffrey Brennan and Philip Pettit，“The Feasibility Issue”，in *The Oxford Handbook of Contemporary Philosophy*，ed. Frank Jackson and Michael Smith（New York：Oxford University Press，2005），258 - 279。尤其是 261 页。

② Estlund“Utopophobia”，123.

③ Estlund，“Human Nature and the Limits（If Any）of Political Philosophy”，413.

鉴于有大量可能的论证受到埃斯特伦德的反对，人们可能会认为，来确立不具希望的乌托邦政治理论的价值本身就是无希望的。有时，似乎埃斯特伦德可以做的最好的事情就是尝试将举证负担转移到实践主义者一方。他说："仅仅因为无法提供任何证据来支持一个命题，并不表明这一价值命题是为假的。"①

然而，即使我们假设实践主义是错误的——不具希望的、不切实际的政治理论也不是没有价值的——这仍然不能为我们的职业选择提供道德基础。正如它充满了无价值的真理一样，世界也充满了具有内在价值和工具价值的实体。② 可能在某些情况下，某些东西真正具有价值，但追求这种价值的任何理由总是被更为紧迫的追求其他价值的需要所取代。因此，知道某物有价值的知识只是给我们一个追求、促进或尊重它的初步（prima facie）理由——而这个理由很容易被其他原因所压倒。如果我们在追求无用的真理和追求有用的真理的选择之间来构建自己的职业，后者的实践价值在直觉上似乎会超过前者的不具实践的价值，无论这两种价值可能是多么真实。

然而，埃斯特伦德掌握的最好论证是，不具希望的、乌托邦式的政治理论将不是唯一一种可能被这些相关论证所禁止的职业活动。他促使我们考虑所谓的"纯数学"的职业，我们对这一学科领域的追求的理由并不是因为其可能具有的实践价值。③ 尽管埃斯特伦德对这一类工作的价值并没有充分的说明，而且"尽管他们自己的看法并没有解决这一问题，但许多数学家自己很清楚地指出，激发他们研究的动力不是任何模糊或明显的实践价值，而是好奇心本身"④。不具希望的乌托邦政治理论家和纯粹的数学家都认为他们从事的是重要的工作，尽管没有实践价值。尽

---

① Estlund, "Human Nature and the Limits (If Any) of Political Philosophy", 404.

② 关于所有实体都至少具有一点内在价值的论证，请参看 Scott A. Davison, *On the Intrinsic Value of Everything* (New York: Continuum, 2012)。

③ Estlund, "Human Nature and the Limits (If Any) of Political Philosophy", 405.

④ Estlund, "Utopophobia", 133. 埃斯特伦德引用于 David Hilbert, "Mathematical Problems: Lecture Delivered Before the International Congress of Mathematicians at Paris" (1900), 网上的版本，请查询 http://aleph0.clarku.edu/~djoyce/hilbert/problems.html and G. H. Hardy, "A Mathematician's Apology" (1940). Published online by the University of Alberta Mathematical Sciences Society (2005) at http://www.math.ualberta.ca/mss。

管埃斯特伦德不能就上述两种直觉提供充分的辩护，但他的确得出了“初步建议，即了解一些本身具有重要性的东西是有价值的”①。

四 职业化的危险

然而，我们有好的理由对数学家和政治理论家关于他们的工作价值的看法持很大程度的怀疑论态度。在任何分工中，将职业分配给那些被这些职业需要并重视这些工作的人是有用的。从数学和政治哲学到会计和消防，所有职业都包含可以通过这种方式进行有价值的活动。不管一个人追求某种特定职业最初、工具主义的辩护是什么，对于从业者，真正的职业都将其经常经历的视为具有内在价值的。当职业分工有效运作时，且当主体遵循他们关于内在价值的个人愿景时，会产生意想不到的结果，即工具上有价值的社会任务主要由最有能力执行这些任务的人执行，即从本质上重视这些活动的人。

埃斯特伦德承认，从外部看，基础研究或教育学论证的辩护可能是大多数形式的学术工作的正当理由，但从事这项工作的人并没有实践上的动机。用他的话说，尽管这种工作的内在动机纯粹是对重要真理的好奇心，但外在动机可能仍然是间接上实践的。②

我不想进入棘手的元伦理学的问题，即我们对实体的实际价值的看法是否可能存在系统性的错误，是否可以说人们被内在驱动来追求某种形式的知识被认为是错误的行为，或者这些知识是否仅由于内在被认为有价值的而获得内在价值。无论如何，我们不必坚持认为职业人员错误地认为他们的工作内在地具有价值，从而来指出尽管他们这样做的理由是有效的却不是广泛共享的——用罗尔斯的话说，他们不是公共理由。在一个多元的民主社会中，对稀缺公共资源的主张只能通过公共理由来得到合法的辩护，而不能仅通过那些共享整全的世界观的人所能接受的理由得到辩护，给定这些世界观起到联结封闭共同体的作用。

像任何形式的共同体一样，职业共同体可能减少我们对那些在这一

① Estlund, “Human Nature and the Limits (If Any) of Political Philosophy”, 395.

② Estlund, “Human Nature and the Limits (If Any) of Political Philosophy”, 407.

群体之外的人的关注，从而将世界划分为偏爱的群体内的人和不受偏爱的群体外的人。正如有身份认同政治（identity politics）所定义的一个时代一样，如安东尼·阿皮亚（K. Anthony Appiah）指出的，重要的是要认识到不仅“男人、同性恋者，美国人和天主教徒”是身份群体（identity groups），而且“管家、美发师和哲学家”也属于这类群体。[①] 身份群体不可避免地在成员之间建立团结的形式。这在道德上可能是完全可以原谅的；阿皮亚认为，“在不同身份中保持中立，远不是一个有吸引力的道德理想，对我们作为个体而言，这几乎是无法理解的”[②]。

像任何身份群体的成员一样，职业人士都有强烈的动机要比一般公众更偏向他们的职业相关的人士——甚至存在着真正道德上的辩护来这样做。像某些但不是全部的其他身份团体一样，许多职业人士也有合理的理由要求自己有管理权、来执行自己的内部规范。阿皮亚指出：“例如，老师、医生和银行家在做很多事情的时候，对局外人来说，来监管这些人是否符合道德规范是很难而且成本很大。”[③]

有时，需要正规的职业自治机构来使职业具有这种自治权。然而，自治常常以阿皮亚所谓的一个名誉世界（honor world）的形式自发产生。阿皮亚解释说：“在一个名誉世界中，人们会自动尊重那些遵守其守则的人以及蔑视那些违反守则的人……由于这些反应是自动的，因此该系统实际上维护起来的成本很小。它只要求我们以自然的倾向的方式来做出回应。”[④] 然而，使名誉成本小并且自动的事物也使我们难以进行反思性审查。

当名誉世界具有排他性时，这是一个特殊的问题，因为这种排他性可能在道德上是有问题的，而且不可能做出改变，除非在名誉世界内的某个人以某种方式关注处于这一世界之外的人们，并试图将其作为一件名誉的事情来在团体内以道德上合适的方式对待团体之外的人。这样的

① Kwame Anthony Appiah, *The Ethics of Identity* (Princeton, NJ: Princeton University Press, 2007), 65.

② Kwame Anthony Appiah, *The Ethics of Identity*, 91.

③ Appiah, *The Honor Code: How Moral Revolutions Happen* (New York: W. W. Norton, 2010), 194.

④ Appiah, *The Honor Code: How Moral Revolutions Happen*, 191.

改革者总是面临在群体中失去名誉，遭受边缘化甚至被驱逐的可能性。由于这一群体至少部分地是通过赋予内部人的利益和价值观特权（相对于外部人）来定义的，因此那些希望赋予外部人特权的人将被指控为不忠。自我憎恨的种族叛徒相对于以种族定义的身份群体来说，就像业余的文化修养低的人相对于一个像政治理论的职业。

因此，自治的职业共同体极有可能发展这样的规范，即内部职业人士的内在价值优先于外在的、为这些职业实践提供公共理由的工具价值。这就是为什么阿普鲍姆所描述的那种职业的自我反思和自我批评如此重要——而且常常是缺乏的。如果任其独立运作，一个职业很可能会低估或忽略该职业最初旨在服务的外部目的，甚至可能开始以公共上不可辩护的方式来管理该职业。

放弃日常的职业实践并质疑其更大的社会目的并不容易，尤其是当该职业与政治理论一样复杂时。正如斯泰尔斯（Stears）所言，不仅仅是“寻求其职业目的的政治理论家……面对着众多与一系列问题相互关联的决策：逻辑上的、认识论上的、经验上的和策略上的”[①]。（请注意，道德问题通常被排除在这一清单之外）相反，从对该职业完全社会化的成员自然而然的内部观点出发，所有这些问题都不能从道德上和政治上充分的方式进行处理。我们必须从外部看一个政治理论，以执行米尔斯所描述的“布雷希特式的陌生化和疏远（Brechtian defamiliarization，estrangement）的行动”。他敦促我们尝试通过特定的人的眼睛看待事物，这样的人

> “……第一次接触正式的学术伦理理论和政治哲学。换句话说，忘记你多年来阅读的所有文章、专论和介绍性文本，这可能会使你社会化，让你以为这是应该研究规范理论的方式……你难道不会自然而然地做出这样反应：怎么会有人认为以上帝的名义是进行道德研究的适当方式？……这种自发的反应，不是天真或头脑简单，实

① Stears，“The Vocation of Political Theory：Principles，Empirical Inquiry and the Politics of Opportunity”，327.

际上是正确的反应。[①]

如果米尔斯要求的陌生化太困难了，那就想象你上次在一个聚会上，你与一个陌生人在一起，并说你是做什么谋生的。当被介绍给职业的政治理论家时，普通的陌生人会试图展开一场关于政治的对话。你可能尴尬地尝试改变主题，解释你研究的不是初选和全民公决，而是第一原理和乌托邦理想。这样做是在逃避对方合理地认为作为你职业的目的。如果你不研究政治，这个不在政治研究者共同体里的人可能会问，为什么你被认为是政治哲学家?

埃斯特伦德很高兴承认这一点，即如果正确的自由、正义或平等理论对政治实践没有影响，将那些研究这些概念的人归类为政治哲学家很可能是错误的，他认为这完全是语义问题。[②] 然而，思考政治是政治哲学家的职责，这并不是一个空洞的语义断言。这是对职业道德的重要和有意义的断言。[③] 我们已经在学术分工中被分配了一个主题，而这又是更大的社会分工的一部分。正如我已经说过的，正确地对每种职业的分配是辩论和分歧正确的主题——无论是在有关职业的内部和外部。然而，我们必须小心，不要将内部的观点和价值观优先于外部的观点和价值观。

五　职业人员、公民和公民生活

当然，聚会上我们的新朋友仍然很可能会误以为政治理论家负有特殊的责任来思考职业共同体之外的人可能认为的政治问题。一方面，这可能不是一开始就可以分配给特定职业的工作。

在现代早期，许多人认为，相比起职业常备军，真正的国防的善由民兵保障更好。如今，很多人认为不应有任何职业的政治家，而应该只有公民官员（citizen-officials）。即使某项活动不应该由业余公民进行，也

① Mills, "'Ideal Theory' as Ideology", 169 - 170.

② Estlund, "Utopophobia", 131.

③ 许多人以前就提出过这一主张，而且是完全正确的，他们没有意识到他们在谈论我们的职业道德。爱德华·霍尔（Edward Hall）对本卷的贡献就是一个例子。

不意味着从事该活动的职业最好保持现状。发型造型、外科手术或牙科也不应该随便由任何一个人来进行，但这并不是理发师的职业的论证，即使在欧洲的大多数历史上都是如此。理发、牙科和外科最好分为三个不同的职业。当今的政治哲学职业是否应该进行类似的划分，也许将科恩所认为的纯粹哲学与他所考虑的应用理论相分离？即使最好将这些活动中的前一项工作留给职业人士，也许后者应被视为运转正常的民主制度中所有公民的责任。

大致上，这就是为什么斯威夫特拒绝谴责政治哲学家未能指导政治实践的原因。他认为，当我们坚持将现实世界政治放在乌托邦理想之上时，我们“正在就该特定目的的重要性进行判断，而不是对该学科的基本特征作出要求”[①]。令人瞩目的是，他说，

> ……比起政治哲学家，我们不太可能因为小提琴家们没有提供促进正义的指导而批评他们，好像对确认正义的真理感兴趣意味着如果这个人没有告诉我们如何实现正义，这个人就应该受到更多而不是更少的责难……我与许多人一样感到沮丧，他们抱怨并没有足够的研究来表明：对于那些关心减少世界不公正的实际任务的人们来说，正义的认识论者所确定的真理意味着什么。但是我发现，相比起对根本不关心正义的人，我们很难做到对政治哲学家感到不耐烦。[②]

的确，不仅仅是政治哲学家，所有民主公民都有责任帮助减少世界的不公正。同样正确的是，作为一种职业，政治哲学仍然非常贴近我们所有人都从事的关于正义和其他价值观的讨论。沃尔德隆观察到，“政治理论与公民对话之间存在基本的连续性”[③]，他指出，“认为我们在政治哲

---

① Swift, “The Value of Philosophy in Nonideal Circumstances”, 364.

② Swift, “The Value of Philosophy in Nonideal Circumstances”, 367.

③ Waldron, “What Plato Would Allow”, *Nomos XXXVIII*: *Theory and Practice*, ed. Ian Shapiro and J. W. DeCew (New York: New York University Press, 1995), 138 – 178, at 147. 我要感谢罗伯特·兰姆（Robert Lamb）分享了有关该主题的未出版手稿，尽管我们之间存在分歧，但该手稿极大地帮助我阐明了我对此事的想法。

学上的思考和论证与公民参与的政治中的思考和论证存在着质的不同是错误的。”它就是“没有最后期限的认真的公民讨论”[①]。尽管沃尔德隆对职业的看法经常与罗尔斯的观点形成鲜明对比，但罗尔斯同样将他的现实乌托邦主义视为对公共话语的一种贡献。罗尔斯政治哲学所特有的理想化和抽象化只是“当对普遍性较低的共同理解破裂时继续进行公开讨论的一种方式”[②]。

政治理论家的职业活动与普通公民对话是（或应该）连续的，这一事实并没有免除我们承担任何特殊的职业义务，而是有助于我们更好地准确地确定这些义务的所在。正如斯威夫特本人承认的那样［与斯图尔特·怀特（Stuart White）共同撰写］，政治哲学家“接受了特殊技能的训练——作出谨慎区分、理解如何评估和审查有关价值的论证、支持和反对政治原则的论证”，从而使她“拥有特殊的技能来帮助她的公民来做政治选择”[③]。尽管斯威夫特和怀特承认：“期待全体公民在哲学上是敏锐的，甚至政治家在哲学上是敏锐的，这种期待可能是天真的，但是在决策过程的所有阶段，期待一些人提高政治论证的质量并不是不现实的。政治理论家是受过训练可以为该事业做出贡献的人。”[④]

考虑到当今公民生活的令人难过状况，可以理解政治哲学家可能想撤回到他们自己想象的世界。不具希望的乌托邦政治理论与幻想和科幻小说的流行流派经常被进行比较[⑤]，这些流派以为那些因日常生活中痛苦的现实而变得悲惨和尴尬的青少年提供庇护而闻名。

公平地说，埃斯特伦德在这一点上是正确的，即严格来说，不具希望的乌托邦式的政治理论仍然是关于现实世界的。要求人们遵守不具希望的乌托邦标准，而不管他们永远做不到这一点，“这并不等同于设想任何关于这个世界的事实为假的事物……这并不是说：如果人们是更好的，

---

① Waldron, “What Plato Would Allow”, 148.

② John Rawls, *Political Liberalism* (New York: Columbia University Press, 1996), 44.

③ Adam Swift and Stuart White, “Political Theory, Social Science, and Real Politics”, in *Political Theory: Methods and Approaches, ed. David Leopold and Marc Stears* (New York: Oxford University Press, 2008), 49 – 69, at 54.

④ Adam Swift and Stuart White, “Political Theory, Social Science, and Real Politics”, 54.

⑤ 例如，请参看本卷中雅各布·利维（Jacob Levy）的文章。

那么这就会是所需要的。它说的是，这是需要的，而且要求在其范围内包括的主体比他们自己能够做到的还要更好”[①]。无论所提供的逃避空间有多大，埃斯特伦德实际上拒绝“关于最可辩护的正义原则”的奇幻或科幻小说的政治理论，这些原则可以任意地假设地球只包含一种物种或一种性别，或者地球是平坦且无穷广阔的。[②]

人们未能意识到的是，一个关于世界的事实是我们在道德上并不完美，即使我们应该这样子，也永远不会成为这个样子。尽管询问一个道德上完美的生物会如何组织其政治生活这一问题可能很有趣，但这种活动与询问单性别或不朽物种会怎么做几乎没什么不同。主要的区别是，尽管我们大多数人都不希望没有性别，并且我们可能渴望或者可能不渴望永生不死，但我们都应该遗憾的是我们在道德上没有比我们实际上的情况更好。在这方面，虽然许多所谓的政治哲学实际上可能是幻想或科幻小说，但科恩和埃斯特伦德特殊类型的哲学科幻作品（phi-fi）也适用于另一种文学体裁：米勒称之为作为哀叹的政治哲学（political philosophy as lamentation）。[③] 这是关于我们堕落的本性的一种可悲的反映，正如奥古斯丁（Augustine）所言：“真正的正义……只有在其创始人和统治者是基督的联邦国家中才存在。”[④] 因此，我们应当哀叹——用麻布和灰烬，以巨大的呻吟和咬牙切齿——没有一个尘世的城市能够足够近地接近正义，因此不值得我们加倍努力来使之更加接近正义。

然而，尽管情况可能糟透了，但现在还不是进行奥古斯丁式哀叹的时候。罗马尚未完全沦落为野蛮人；他们手中火炬的火焰尚未吞没这座城市。[⑤] 我们甚至还没有达到要保护城市的社会结构崩溃的地步，也没有达到公民必须依靠自己的剑的力量和自己水桶的承载能力的地步。军队

---

① Estlund，“Utopophobia”，128.

② Estlund “Human Nature and the Limits（If Any）of Political Philosophy”，413.

③ Miller，“A Tale of Two Cities；or，Political Philosophy as Lamentation”，in Miller，*Justice for Earthlings*，228 –249.

④ Augustine，*The City of God Against the Pagans*. II：21，ed. and trans. R. W. Dyson（New York：Cambridge University Press，1998），80.

⑤ 在组成时，野蛮人只是在夺取美国两个主要政党之一的控制权的过程中出现，但他们的胜利尚未完成。

仍然在运作，消防员仍守在电话旁，甚至一些政治理论家仍在工作。不是全部，但是有一些，如果我在这篇文章中正确地进行了研究，我们有充分的理由希望不久以后会有更多人加入他们。

人类本性限度之内的正义

尼拉·K. 巴德瓦尔（Neera K. Badhwar）*

（译：张可）

摘要： 与约翰·罗尔斯相反，G. A. 科恩论证正义的基本原则不受到我们的本性或社会的本性的限度所限制，即使在人类于社会发展的历史上的最佳时期时也不会如此。正义就是其所是的样子，即使它将永远不会得以实现，不管是完全的实现，还是就它是否会实现而言。同样地，戴维·埃斯特伦德论证，由于我们的内在动机是可以受到正义感染的，这些动机不能对正义的正确观念施以限制。科恩和埃斯特伦德同意，如果对特定的正义观念进行实践的尝试很可能导致普遍的伤害或不正义，那么它就不应当得以实践，但是这一点并不蕴含着正义的观念本身是错误的。我主张（i）我们无法在独立于所有心理事实的情况下对正义原则的可靠性，以及如果这些原则被实施可能出现的效果进行判断；（ii）如果一个正义原则被实施后，将使得那些致力于实现正义的个体难以或不可能过上幸福和有价值的生活，即使环境是有利于正义地生活的，正义的原则也是不可靠的；（iii）如果没有在（i）和（ii）中提到的限制，我们将没有理由否定种族主义者、性别主义者，或者其他在历史中被倡导为是可靠的错误的正义原则，这些原则是科恩和埃斯特伦德也会否定的。简而言之，正义仅仅在它被限定在人类本性的限度之内时才是正义。

关键词： 正义，人类本性，好的生活，好的社会，约翰·罗尔斯，G. A. 科恩，戴维·埃斯特伦德

---

* 作者为俄克拉荷马大学和乔治梅森大学哲学教授。

"正义的观念必须通过我们所知道的条件得以证明，否则它就无法得到证明。"①

——约翰·罗尔斯

一 介绍

在《正义论》以及其后期作品中，约翰·罗尔斯展示了他所认为的理想社会的图景——一个被有利的环境和对正义原则的严格服从所刻画出来的社会。② 这个社会的成员有正义感，并且他们依赖于彼此进行正义地行动。③ 有利的环境在于，人们于其中受到教育，拥有经济上的手段，以及奠定一个民主宪政所需要的种种技能。④ 正义原则在这个如罗尔斯在《万民法》中所称的"现实的乌托邦"中，是由理性的、自利的，以及相互冷淡的代表人，于无知之幕背后，出于一个现实的对人类心理学和社会学的观点，所选择出来的。⑤ 所以，尽管鉴于这样的背景，对严格的服从的预设是不现实的，但是这些原则本身是现实的，这是因为，它们考虑了"关于人类心理的普遍事实"⑥。如果有正义感的人们缺少将给定的正义观念付诸实践的能力，这里的错误在于这一正义观念。根据罗尔斯，一个关于正义的政治观念（但它不必然是一个道德观念）必须是可实践的，它必须"落入关于可能事物的领域中"⑦。因此，即使对于人类来说不是严格意义上不可能服从的原则，如果只有圣人或英雄才能被期待去服从它们，那么它们就必须被排除在政治正义的原则之外。那些没能产生可以受到普遍服从的原则，即使是它们处在有利的环境中，它们也不能是正确的正义原则。

---

① John Rawls, *A Theory of Justice* (Cambridge, MA: Harvard University Press, 1971), 454; *A Theory of Justice*, rev. ed. (Cambridge, MA: Belknap Press, 1999), 398.

② Rawls, *A Theory of Justice* (1971), 8-9, 245-246.

③ Rawls, *A Theory of Justice*, 145.

④ Rawls, *A Theory of Justice* (1971), 8-9, 245-246.

⑤ Rawls, *A Theory of Justice* (1971), 136ff; Rawls, *A Theory of Justice* (1999), 118ff; Rawls, *The Law of Peoples* (1999), 5-7, 12.

⑥ Rawls, *A Theory of Justice* (1971), 145; Rawls, *A Theory of Justice* (1999), 125-126.

⑦ Rawls, *Justice as Fairness*, 185.

大多数对于罗尔斯的正义理论的批判指向其作为理想的部分。[①] 然而，G. A. 科恩所批判的是这个理论的现实元素：也就是这样一个观点，即正确的正义原则必须考虑关于人类心理学和社会学的普遍且深刻的事实。根据科恩的观点，正义并不受我们的本性或人类社会的本性的限度所限制，即使在人类和社会发展之最佳历史时期，这样的限制也不存在。正义正是它所是的样子，即使它将永远不会得以实现，不管是完全的实现，还是是否究竟会实现而言，而这是由于我们内在的不完美所造成的。[②] 戴维·埃斯特伦德采纳了同样的立场并论证，由于我们的自然的动机是可以受到正义的感染的，因此它们不能对正确的正义观念产生限制。[③] 另外，科恩和埃斯特伦德都同意，正确的正义观念并不受将其实施将会产生负面后果的可能性所限制，不管社会环境是什么样的。如果对于实践特定正义观念的尝试很可能导致普遍的伤害或者其他的不正义，那么它就不应当被实践。然而，这并不意味着，正义观念本身是错误的。确实，即使没有人遵守一个正义概念，这个观念也可以是正确的。

埃斯特伦德和科恩的主张，即就算没有人能够满足正义的要求，正义依然就是正义所是的样子，这种观点会使人想起康德的观点，即道德要求出于纯粹实践理性的动机，即使没有人曾这样被促动过，又或者永远不会有人被如此促动。[④] 在这篇文章中，我将对这样一种观点进行表述，即我们的自然能力以及实践一种正义观念可能会引发的负面效果，

---

① 例如，见 Charles W. Mills，“‘Ideal Theory’ as Ideology”，*Hypatia*，20，no. 3（2005）：165 – 184；Amartya Sen，*The Idea of Justice*（Cambridge，MA：Harvard University Press，2009）；David Schmidtz，“Nonideal Theory：What It Is and What It Needs to Be”，*Ethics*，121，no. 4（2011）：772 – 796；Michael Huemer，“Confessions of a Utopophobe”；Jacob T. Levy，“There Is No Such Thing As Ideal Theory”。

② G. A. Cohen，*Rescuing Justice and Equality*（Cambridge，MA：Harvard University Press，2008）and *Why Not Socialism?*（Princeton，NJ：Princeton University Press，2009）.

③ David Estlund，“Human Nature and the Limits（If Any）of Political Philosophy”，*Philosophy and Public Affairs*，39，no. 3（2011）：207 – 237.

④ “如果我们更加仔细地审视我们的计划和奋斗，我们在每处都会遇到自我，它总会出现”，即使当自省没有反映出当前的自我利益，我们永远不能明确的仍旧是，它没有在促动被要求的行动上起到任何决定性的作用（Groundwork of the Metaphysic of Morals，in H. J. Paton，*The Moral Law*［London：Hutchinson and Co.，1948］，chap. II，407.）。

对于正义观念的真值或其证明来说，是不相关的。如果埃斯特伦德和科恩的论证是成功的，它们将不仅仅会推翻罗尔斯对其正义观念的证明的关键部分，并且它们还会推翻从亚里士多德到当今的大多数哲学家对正义观念的证明。有幸的是，我认为他们的观点并不比康德的观点更加合理。在下一章节中，我将讨论科恩反对将基本的正义原则基于人类的能力之上这一观点，其中，那些人类能力包含动机层面的能力，在第三章，我将对埃斯特伦德的论证予以表述。尽管他们的论证存在重叠的部分，但是，它们之间的区别足以让我对它们进行分别讨论。我对他们的观点进行反对的主要论证是（i）我们无法在独立于所有心理事实的情况下对正义原则的可靠性，以及如果这些原则被实施可能出现的效果进行判断；（ii）如果一个正义原则被实施后，将使得那些致力于实现正义的个体难以或不可能过上幸福和有价值的生活，那么即使环境是有利于正义地生活的，正义的原则也是不可靠的；（iii）如果没有在（i）和（ii）中提到的限制，我们将没有理由否定种族主义者、性别主义者，或者其他在历史中被倡导为是可靠的错误的正义原则，这些原则是科恩和埃斯特伦德也会否定的。简而言之，正义仅仅在它被限定在人类本性的限度之内时才是正义。

二　人类本性的限制：科恩的批判

科恩给出了两个相关的论证来反对这样一个主张，即我们必须（在其他条件之外）出于人类本性的基本事实以及实践正义原则可能会带来的效果而对基本的或终极的正义原则进行选择：他给出了一个元伦理学的论证和一个规范性的论证。

A. 元伦理学的论证

科恩主张，基本的正义原则——以及，所有的根本的道德原则——都是对事实不敏感的，并且因此不能回应或反映任何关于人类本性的（描述性的）事实。正如他所说，“所有反映了事实的原则之所以反映了事实，仅仅是因为它们反映了不反映事实的原则，而后面这些原则形成了所有原则的终极基础，包括那些反映了事实的原则的终极基础”[①]。因此，罗尔斯的正义原则不是根本的原则。它们充其量要么是出于相关的事实从根本的原则中衍生出来的非根本的原则，要么就仅仅是规章制度。

科恩利用了遵守承诺这一原则来解释他的观点。[②] 是什么证明了这个原则呢？就说是这样一个事实吧，即如果承诺者不遵守他们的承诺，那么被承诺者将无法完成他们的计划。但是这个事实仅仅由于以下这两件事获得其规范性效力，不管这个规范性的效力是什么，即（i）这样一个事实，即完成他们的计划的能力对于人们的幸福来说是至关重要的，同时（ii）我们应当关心人们的幸福的这一原则，其中，我们应当关心人们的幸福是因为他们值得受到这样的关心，或者因为这样做会展示出我们对他们的尊重，以及他们具有值得尊重的属性。科恩提出，这背后存在的是一个与事实无关的原则，P4：“人应当尊重那些具有相关特性的存在，人类或者不是人类的个体。”[③] 即使没有什么个体具有这些特性，这个原则仍旧是正确的，不过，当然了，这个原则应用于人类或其他个体，仅当他们拥有这些特性。一个基本的原则的真值与其应用性不是同一件事。基本的规范性原则是与事实无关的，或者是先验的，正如算数的真值一样。[④] 这样的原则最普遍的形式是“如果做 A 是可能的，那么人应当做 A”，其中，A 是值得做的事情。[⑤] 即使我们没有做 A 的能力，这仍旧是正确的，不管这种能力的缺失是组织上的缺失还是技术上的缺失，还是内在与我们的本性之中的。[⑥] 在这后一种情况中，我们的“这种构成”是有缺陷的，尽管我们不能为此受到责备。对可行性的考量不能对基本的规范原则的内容构成限制。

所有人都会同意，无法践行一个道德原则的组织上的或技术上的能力缺失，并不意味着这个原则是错误的。具有争议的是科恩的这一观点，

---

① Cohen, *Rescuing Justice and Equality*, 254.

② Cohen, *Rescuing Justice and Equality*, 234 – 235.

③ Cohen, *Rescuing Justice and Equality*, 235.

④ Cohen, *Rescuing Justice and Equality*, 255 – 256. 埃斯特伦德还将道德原则和数学原则做比喻。我将在下文对此进行讨论。

⑤ Cohen, *Rescuing Justice and Equality*, 251.

⑥ Cohen, *Rescuing Justice and Equality*, 155. 也见 Cohen, *Why Not Socialism*? chap. IV。

即，即使一个内在的能力缺失也不能表明一个原则是错误的。我将在下文通过关联科恩的第二个论证对这一点进行讨论。

有人可能会反对说，在 P4 中出现的术语表明了对人类本性的相关事实的一种理解，因此科恩并没有展示出，基本的原则是对事实不敏感的。但是依照科恩，这是对他的论题的误解，他的论题并不是关于时间的，关于因果的、认识论上的，也不是心理学的，他的论题是一个逻辑学的论题，它主张“对不敏感于事实的原则的断言在逻辑上是先于对【于事实敏感的】原则的断言的”[①]。这是一个关于“对原则的信念的结构”的论题。[②] 我们可能仅仅由于与事实的接触而意识到这些原则，但是“对于事实敏感的原则的承认伴随着对不敏感于事实的原则的承认”[③]。这是一个清醒的人必然对她“自己的规范信念”的想法。[④] 不能遵守一个基本的原则不是一个问题，这是因为，“对一个原则的接受不是一个行动，而是出于一个信念或态度”[⑤]。对于政治哲学来说，重要的问题“不是我们应当做什么，而是我们想什么，即使当我们所应当想的不会具有任何实践上的影响力的时候”[⑥]。根本的正义原则不必要指导我们的行动，但是对于“表明正义是什么”而言是必要的，并且对于证明能够知道我们的行动的衍生原则和规章制度来说是必要的。[⑦] 根本的原则“表述了我们的根本的坚定信念”[⑧]。

但是我们为什么要接受，证明信守诺言的根本原则是 P4 或者任何有着 P4 那样逻辑结构的原则呢？一个更加合理的候选是部分基于事实的 P4 *：“我们应当（仅仅）因为人类具有值得尊重的属性而尊重人类。”这个原则仅当人类确实拥有那些属性时才是一个正确的原则。这似乎是

① Cohen, *Rescuing Justice and Equality*, 254 -256。

② Cohen, *Rescuing Justice and Equality*, 254。

③ Cohen, *Rescuing Justice and Equality*, 247。

④ Cohen, *Rescuing Justice and Equality*, 256。

⑤ Cohen, *Rescuing Justice and Equality*, 254。正如在非直接的功利主义中的根本原则一样，科恩的根本原则作为正确行动的标准，但是与效用的根本原则所不同的是，即使没有人能够践行它们，它们仍旧作为标准而运作。感谢匿名的审稿人提出了这个问题。

⑥ Cohen, *Rescuing Justice and Equality*, 268。

⑦ Cohen, *Rescuing Justice and Equality*, 284, n. 10, 276 -277.

⑧ Cohen, *Rescuing Justice and Equality*, 267。

大多数清醒的人类对他们的根本的坚定信念进行思考的方式。而这对于理解和证明信守承诺原则来说，是足够的。我们不是通过将某些相关的属性普遍化至所有个体身上来达到对我们为什么应当向别人保守承诺的理解或证明。但是如果我们确实识别到我们对人类的尊重原则的更加广泛的启示，我们没有理由不能或不应当让自己承认某种与对人类的普遍化可类比的普遍化："当且仅当人类和其他个体具有值得尊重的属性，我们应当尊重他们。" 而这不是一个对事实不敏感的原则。

我的 P4 * 类似于内在于罗尔斯关于人类的这样的观念中的根本原则，其中，人类是这样一些个体，他们将自己视为是在其道德能力上自由且平等的：这个原则是，人类值得受到平等地、正义地对待，这（仅仅）因为，他们是自由且平等的人。[①] 由于这种对人的观念，以及从而得出的原则，支持了罗尔斯对原初状态和正确的正义原则的选择，这可以推出，他的正义原则同样预设了一个既是规范性的，也是事实性的根本原则：如果人们不是自由的和平等的，这个原则将不会是一个正确的原则。[②]

B. 规范性论证：人类能力的不相关性

对于科恩的论题，即我们的根本的坚定信念超出了人类的能力，他对它的第二个论证是，当人类的能力确实被认为是排除了一个道德原则的时候，我们需要问，如果我们有能力遵守那个原则，那么我们会如何看待那个原则。[③] 仅当我们 "理清了能力的事实时"，并且回答了那个问题的时候，我们才 "抵达了规范性的终极目标"。因此，如果我们仅仅因为没有人能够做 A，所以就排除了 "一个人应当去做 A"，那么我们就必定同意 "如果做 A 是可能的，那么人们应当做 A"。

---

① Rawls, *A Theory of Justice* (1971), xviii, 504 - 506; Rawls, *A Theory of Justice* (1999), viii; 441 - 443. (罗尔斯，《正义论》) 罗尔斯认识到，道德的行动者在他们就正义感及形成他们自己关于善的观念的能力层面上，是不平等的，但是他论证道，如果 "特定的底线被满足，一个人是有权同所有其他人一起享受平等的自由的"。

② 然而，这种 "混合的" 原则并不能满足科恩，他只评论说，罗尔斯对人作为平等且自由的观念 "要么体现了一个对事实不敏感的规范原则，要么预设了这样一个原则"。(Cohen, *Rescuing Justice and Equality*, 241.)

③ Cohen, *Rescuing Justice and Equality*, 251.

就其表面看来，这个论证是吸引人的。因为，只要是有道德感的人都会同意这一点，例如，如果我们能够通过挥舞一个魔棒来将所有不应得的苦难从这个世界上驱逐出去，那么我们就应当这样做。或者，如果我们有女超人和男超人的能力，我们就应当利用这些能力去对抗各处的罪恶。就目前为止，我们与科恩是保持一致的。但是我们同样也认为，由于我们作为凡人是无法驱逐痛苦的，我们也不能抵抗各处的罪恶，因此我们不去这样做就不是不正义的。换一种说法，就我们的能力缺失这一事实而言，我们相信，这里不存在任何包含“应当”的命题——或者，至少那些“应当”的命题都不适用于我们。它仅仅适用于有魔棒或者超人能力的虚构的英雄们。对于我们来说，遗留下来的仅可能是一个偶尔出现的伤感愿望。因此，如果我们想要一个能够将“应当”命题施加在我们身上的原则，正确的根本原则是“当且仅当做 A 是可能的时候，一个人应当去做 A”，其中，A 是值得做的一件事。我们没法证明科恩的观点，即“以下形式的主张：如果做 A 是可能的，那么你应当做 A”体现了“根本的正义”。[①]

然而，也许当科恩说，正确的根本正义原则会超出我们人类的能力时，他指的仅仅是我们的心理能力——也就是，人类的动机——而不是我们的生理能力。例如，当我们对我们关于正义的信念和我们对特定情形的判断的检验反映出，社会主义的平等原则是一个可靠的根本的正义原则时，那么，它就是一个可靠的原则，即使我们不知道如何使其运作，甚至也不知道我们是否过于自私或贪婪，从而无法依照它生活。[②] 由于这种对我们的信念和判断的检验是唯一反映基本原则的方式，社会主义社会倾向于是专制并且贫穷的这一事实并不展示出，社会主义的平等原则是错误的。它仅仅展示出，我们不应当将其践行出来，至少我们要等到我们已经改进了我们的本性，并且解决了经济计算问题（calculation

① Cohen, *Why Not Socialism*? 251 – 253. 威廉 · A. 高尔斯顿（William A. Galston）称这样的不现实的理论化“等同于科幻小说的政治哲学——一种可能揭示我们实际生存的世界的特性的幻想行为，但是不能对我们应当在这个世界中如何运作有任何指导”。（“Realism in Political Theory”, *European Journal of Political Theory*, 9, no. 4 [2010]: 385 – 411, at 403.）

② 在 *Why Not Socialism*? 中，科恩主张，基本的人类本性对于社会主义来说是足够好的了，主要的问题是我们无法在一个没有价格体系的情况下解决计算的问题。

problem）的时候——也就是，当我们学会了如何在没有价格体系的情况下运行经济的时候。① 我们“不出于我们期待我们相信一些事情可能会有的效果来决定我们相信什么，不管是关于事实的信念，还是关于价值和原则的信念”②。我们通过发现什么是真的或正当的来决定我们相信什么。

的确，有些后果是与真理或证明不相关的。例如，神创论不能仅仅因为它使得很多人为他们的宗教信仰感到安全因而是正确的，进化论也不是因为相信它会使得人们没有安全感而就是错误的。但是，当一个医学原则被践行时，如果它经常导致患者的死亡，那么它就是错误的。这个后果对于其真理和证明来说都是十分重要的。没人会说，错误是在于患者，而不是在于那个医学原则。③ 由于正义的原则有其实践上的重要性，相较于算数原则来说，它们更像是医学原则。因此，一个道德原则如果被付诸实施后，即使在最适宜的环境中，如果它仍经常导致相互的不信任和不幸福，那么合理的说法似乎是，这个原则是错误的。

除此以外，与科恩相反，当我们通过对情形和关系的特定判断进行检测来发现正确的原则时④，我们对于什么是正确的判断似乎不可能独立于所有对于人类样貌的考虑，以及对将特定的原则制度化可能会带来的效果的考虑。这一点可以通过科恩在《为什么不是社会主义?》中对社会主义正义的论证——尤其是，他对运气平等的正义原则的论证——的讨

① 关于一个价格体系的必不可少的认识论功能，见 Ludwig von Mises, Human Action, part V chap. 26。The Library of Economics and Liberty, http://www.econlib.org/library/Mises/HmA/msHmA26.html#Part%205,%20Chapter%20XXVI.%20The%20impossibility%20of%20economic%20calculation%20under%20socialism; and Friedrich A. Hayek, “The Use of Knowledge in Society,” *American Economic Review*, XXXV, no. 4 (1945): 519 – 530. Reprinted online at http://www.econlib.org/library/Essays/hykKnw1.html。罗伯特·海尔布隆纳（Robert Heilbroner）补充道，社会主义的计划者缺少依照他们在“社会主义”中拥有的信息行动的动机，http://www.econlib.org/library/Enc/Socialism.html。

② Cohen, *Rescuing Justice and Equality*, 277.

③ 要注意的是，这个事实是与“如果利用这个医学原则来拯救患者是可能的，那么一个人应当利用它救患者”的真值是相容的。这再一次展示出科恩的无关于事实的原则在实践上的不相关性。感谢丹尼尔·C. 罗素（Daniel C. Russell）指出这一点。

④ Cohen, *Rescuing Justice and Equality*, 4 – 5.

论得以阐释。然而，在我开始进行我的讨论之前，我们需要注意下面这两件事：（i）尽管科恩相信，即使我们对于社会主义正义来说不够好，或者即使我们不能搞清楚如何在一个复杂经济中，在面对生产问题时使用我们的内在慷慨，社会主义正义仍旧是正确的，但是，他在《为什么不是社会主义?》中还表明了，基本的人类本性——也就是，人类的本性除去资本主义腐败——对于社会主义正义来说是足够好的；① 以及（ii）科恩是一个多元论者，他主张存在很多的基本道德原则，这之中包括了很多不同的基本的正义原则，其中，运气平等主义是分配正义的正确原则。②

科恩在《为什么不是社会主义?》中的任务是让我们这些非社会主义者同意，社会主义原则和基于这些原则的行为是比资本主义的原则更好的，而这些都不诉诸人类的能力。科恩利用了一个野营之旅的类比试图说服读者，就像一个于其中所有事情都自由地被所有人分享，并且人们之间的关系像朋友或家人的野营之旅，比一个利用市场原则运行的野营之旅更好一样，一个于其中人们有同等物质前景，并且彼此抱有“互惠态度”的社会，是比一个于其中人们不平等，并且市场参与者是受到贪婪和恐惧所驱动，并且通常仅仅将彼此视为是利益的根源的方式对待彼此的社会更好。③④ 既“基于效率”又“基于友谊”，一个社会主义的野营之旅比一个资本主义的野营之旅更好，这是因为，只要每一个人都致力于他人的发达，那么人们就会试图保证每个人都或多或少有平等的机会发达。⑤

如果正如科恩所认为的，人们在野营之旅中的表现通常例证了社会

---

① Cohen, *Why Not Socialism*? Op. cit. , chap. IV.

② Cohen, *Rescuing Justice and Equality*, 271.

③ Cohen, *Why Not Socialism*? Op. cit. , chap. II.

④ 这个关于市场参与者的具有倾向性的观点已经被很多人质疑过了。见 Robert Wuthnow, *Loose Connections: Joining Together in America's Fragmented Communities* (Cambridge, MA: Harvard University Press, 1998); Badhwar, "Friendship and Commercial Societies", *Politics, Philosophy, and Economics*, 7, no. 3 (2008), 301 – 326; John Tomasi, *Free Market Fairness* (Princeton, NJ: Princeton University Press, 2012); 以及 Jason Brennan, "Is Market Society Intrinsically Repugnant?" *Journal of Business Ethics*, 112 (2013): 271 – 281 and *Why Not Capitalism*? (New York: Routledge, 2014)。

⑤ Cohen, *Why Not Socialism*? 4 – 5, 6.

主义的正义，那么社会主义的正义既没有高要求，同样还是具有吸引力的——至少就野营之旅而言是这样的。针对目前所描述的社会主义的野营之旅击败了资本主义的野营之旅这一点，科恩是正确的。根据科恩的看法，社会主义的分配正义要求一个大体的物质前景的平等——这种平等是大体上的，因为根植于人们偏好上的不平等跨越了收入和休闲享受，而不是根植于社会环境的不幸或内在的本性，而这种物质前景上的大体上的不平等是可接受的。[①] 换句话说，正确的社会主义分配正义的根本原则是运气平等主义。[②]

然而，野营之旅的社会主义正义是要求不高且有吸引力的这样一个印象，在科恩提供必须要被处理的不平等的例子时，变成了一个幻想，这是因为，这些不平等的例子不只是物质上的不平等。他主张，如果野营之旅的某些人就是自然地比其他一些人更加享受自然，那么他们就必须通过做超过他们份额的不愉快的任务来均衡当前的境遇。社会主义的分配正义指示的是一个极端的平等——一种包含了对不仅仅是物质事物的，而且甚至还有对心理事物的重新分配。[③]

现在，科恩对于人们在野营之旅中通常的行为方式的诉诸已不再服务于他的论证目标，因为人们完全不是以他所表明的方式在行动的。在实际的野营之旅中，那些比其他人更加享受自然的人并不认为他们自己必须为了这种"不公平"而做出"弥补"，例如，通过做比平均分配到他们身上的清理任务更多的任务来进行弥补。[④] 相反，他们可能认为那些不那么享受自然的人应当培养自己更加享受自然的能力，或者培养自己享受其他事物的能力，例如打扫卫生，而不是把所有人的享受级别降至他们的水平。这种降级别的做法被大多数人认为是不正义的，这不仅仅是因为那些被拖累的人这样想，我相信还有那些因为自己而导致别人应该被降级的大多数人也会这么想。这是因为，大多数人都对他们自己的幸福负有责任，并且不愿意向那些更加有能力享受自己的人身上施加

---

① Cohen, *Rescuing Justice and Equality*, 2; Cohen, *Why Not Socialism*? 17 - 18.

② Cohen *Why Not Socialism*? chap. II.

③ Cohen, *Why Not Socialism*? 12 - 14.

④ 科恩并没有告诉我们，如果这些自然爱好者比其他不那么欢快的同伴更加享受所有他们所做的事物，包括打扫卫生，那么这个自然爱好者的义务是什么。

负担。[1] 与此同时，那些不介意向其他人身上施加这样的负担的人——那些同意这种平等主义的人——很难被看作是正义的或善良的。拥有“既然你比我更加享受这个旅程，那么公平的就是你应当做更多的脏活”这样的想法，似乎是一个非常丑陋的态度。一个要求对享受程度进行重新分配的社会主义野营之旅——并且是出于正义的事由而进行重新分配——既不是实际的，也在很多人看来是不理想的。

那么，对于我们当中的大多数人来说，对于我们关于一个理想的野营之旅的判断的探察会导致这样一个结论，即如果与事实相反，人们要求或期待相等的心理状态，那么野营之旅将会是糟糕的。因此，运气平等主义的社会主义是失败的，即使在野营之旅的例子中也会是这样。这种评价诉诸我们所认为的人们的样貌，以及他们对于科恩的社会主义正义观如何看待。就科恩自己觉得他所设想的野营之旅是有吸引力的而言，他必须要预设，那些在野营之旅中付出更多的人不会由于其他人的缺陷而导致的不平等义务而感到生气，并且那些受益的人不会变得得寸进尺从而提出更多的要求。因此，科恩自己对他的判断的检验内在地诉诸他所认为的人们的样子，以及他们（会）如何看待他的野营之旅的社会主义正义。这怎么会不是这样呢？当我们检验我们对于一个假定的理想关系的直觉时，我们不可能囊括我们关于人类心理的所有信念，从而达到对其进行统领的基本原则。

如果我的看法是对的，即科恩的运气平等主义的社会主义正义观会让大部分人觉得它就野营之旅而言是荒唐的，那么这种观念就一个大规模的政治经济系统来说，一定会让他们觉得是更加荒唐的。这是因为，这个观念意味着，如果结果是人们的偏好没有导致“一个可比较的对生活总和的享受”，其中偏好本身源自基因上的或社会上的运气，那么这就是不正义的。[2] 如果这些偏好没有导致这样的情况，那么那些更幸运的人就要为了平均化整体的享受而被禁止按照他们的偏好行动吗？科恩没有

---

① 有关一个相似的论证，见 Richard W. Miller, “Relationships of Equality: A Camping Trip Revisited”, *The Journal of Ethics*, 14, nos. 3/4 (2010): 231 – 253。

② Cohen, *Why Not Socialism*? 19 – 21. 科恩自己并没有在这里说，仅当导向低一层次的享受的偏好是基因的或社会的运气的结果时，那个低一层次的享受是不正义的，但是，这一点是运气平等主义会要求他说的。

对此进行表述。如果我们将运气平等主义运用到其他的关系中，我们会获得的启示是同样荒唐的，例如，如果我们将它运用到两个学生的关系中。如果一个学生就是自然地比另一个学生更享受学习，那么她应当通过做更多她不享受的事情来平等化对享受的分配吗？在学校和大学里，就好的成绩和好的论文发表是内在智力或幸运的环境的结果，而不是努力或选择的结果而言，它们应当被平等地分配吗？还有体育事项中的胜利和荣誉呢？除非科恩可以展示出，这样的重新分配会与其他的基本的正义要求，或道德的某些部分（作为一个“极端的多元论者”，科恩相信道德原则可以相互冲突）[①] 不相容，否则，他的立场中的逻辑会导致他接受对所有这些领域中的事项进行重新分配——享受，成绩，论文发表，胜利，和荣誉。不管怎么说，我们可以轻易看出，大多数人会认为觉得这是代表正义的想法是荒唐的，并且从它之中推出的系统也是不正义的。这是因为，与平等对待每一个人相反，它遏制住那些自然更快乐或者更有才华的人，并促使他们不那么快乐和有才华，而这样做就是为了让那些更加快乐或有才华的人降至不那么快乐或有才华的人的等级，并制造出一个平等的后果。只有那些深深厌恶更加快乐和更加有才华的人才会接受这种正义观。如果将运气平等主义的要求消减，并且只要求物质前景上的平等，这也不会使得这种观点变得更好。让我再一次重申，这些判断依赖于我们关于人们的样貌的直觉，以及关于践行科恩的正义观会产生的后果的直觉。

当然了，科恩会论证说，不管鉴于我们当前的构成，我们会说的或者做的是什么，更好的情况是，我们是那种愿意一直孜孜不倦生产的物种，即使我们的大部分收入会被拿走进而得到重新分配，并且我们为了平等化不幸福而感到高兴。一个这样的世界将会是一个理想的世界，其中人类是如此的慷慨。但是还存在其他的想象中的理想世界，在我的观点和许多其他人的观点上，那些世界对于我们来说与科恩的世界对于他来说同样具有吸引力的。在我的理想世界中，更好的情况是，我们是那种可以开心地生产我们想要生产的东西的物种，而不由于其他人拥有更多或更加有能力生产更多的事物而感到生气，也不轻视那些不如我们一

---

① Cohen, *Rescuing Justice and Equality*, 5.

样聪明或多产的人，我们相互尊重彼此的权利，为我们自己的生活负责任，在必要的时候帮助彼此，友好地解决纷争，并且在没有一个持有权力的权威形象来告诉我们做什么的情况下做出所有以上这些事情。[1] 这个世界在我看来是比科恩的社会主义或约瑟夫·卡伦（Joseph Caren）的市场社会主义（下文对其有更详尽的讨论）来说更好的世界。无疑，其他人会有其他的理想的人类观念及理想的体系。

鉴于这些处在不同人的关于分配正义的坚定信念之间的区别，对"我们的坚定信念"的检验是无法单独（正如科恩对他自己的信念的看法）确定正义的要求的。我们还需要让我们的坚定信念以及关于人类本性的隐含的观点曝光于以下这些事实之中，即关于我们的能力的事实，关于自主性和自尊的要求，关于幸福的源泉，以及在一个社会中践行给定的正义原则可能产生的后果，其中，在这个社会中，人们有着强烈的正义感。对于这一点，我们既需要细心的日常观察，也需要可靠的社会科学。也许如果我们出于人类本性的事实来对我们的坚定信念做检验，我们将会看到，由于人们是非常不同的，很多诉诸不同的人的理想是同等有价值的，或者至少是可允许的，只要它们没有以胁迫或欺诈的方式来吸引或留住支持它们的人。那么，正确的事情将是让人们自由地如他们所意愿地生活：像资本主义者们，或市场社会主义者们，或某些神的信仰者们，或者甚至是在他们自己的社会中的彻头彻尾的社会主义者们那样生活。[2] 之后，我们将会拥有一个像是罗伯特·诺齐克（Robert Nozick）在《无政府，国家与乌托邦》中的乌托邦。[3] 诺齐克设想出了一个理想的世界作为乌托邦的架构，一个允许社会主义的、资本主义的，以及其他类型的共同体于其界限之内繁荣发展的架构，只要没人违背其他人的权利。（当然了，只有热爱自由的自由市场资本主义会允许那样的社会在其边界内繁荣发展，因此在真实的意义上，被设想出来的资本主

---

① 见杰森·布伦南在 *Why Not Capitalism*? 29 – 36 中提出的被丰富地设想出的理想资本主义世界及其五个原则。

② 正如我将在下一章节所指，在美国和以色列，仍旧存在一些——非常小数量的——规模很小的社会主义团体。

③ Robert Nozick, *Anarchy*, *State*, *and Utopia* (New York: Basic Books, 1974). 也见布伦南在"为什么不是资本主义?"中对这个想法的讨论。

义仍旧基于其可欲求性和其可行性而获胜。)

对这一章节进行总结：科恩没有展示出正义的基本原则必须是对事实不敏感的，他也没有展示出我们的人类本性以及践行那些原则可能产生的后果是与这些原则的真值不相关的，他还没有展示出的是我们可以检测我们就某些特定议题的判断，而在不隐含地参考我们关于人类本性的观点的情况下展露出我们对于正义的坚定信念。接下来我会对埃斯特伦德的论证进行讨论，并为人类本性的限制的重要性进行论证。

三　人类本性的限制：埃斯特伦德的批判

埃斯特伦德的目的不是知晓正义的要求，他只想展示出，不管关于正义的真理是什么，正义不能被我们的自然的动机层面的能力或能力的缺失而限制。埃斯特伦德愿意“为了论证的目的”而承认，如果一个社会或者建构出那个社会的人们就是不能满足某个特定的正义理论的标准，那么这个理论就是错误的。[①] 因此，他会“为了论证的目的”而同意，如果我们因为自己没有超能力而不能通过一个魔棒消除痛苦，那么任何要求我们拥有这样的超能力的理论都是错误的。但是广泛的——甚至是普遍的——不服从不表明人们缺少按照正义的要求而行事的能力。因为，不服从可以是因为人类不能“集结意志……来做可以被可靠地规定的或在道德上被要求的事情”，并且，他们的“对于集结其意志的能力和能力缺失就其本身是受制于道德评价的”[②]。埃斯特伦德拒绝“人类本性的限制”，因此“如果一个规范性的政治理论在忽略人类本性的情况下施加标准或要求的——也就是说，施加那些由于人类本性以及其所蕴含的动机层面的能力缺失，而永远不会被满足的要求，那么这个理论就是有缺陷的，并且也是错误的”[③]。例如，如果“出于类人的本性，人们比那些社会主义的或平等主义的理论所要求的人们更加的自私和具有偏见”，那么这并不驳斥那些规范的政治理论。也就是说，如果正义要求人们为了他

① Estlund, “Utopophobia”, 116.

② Estlund, “Human Nature and the Limits (If Any) of Political Philosophy”, 207.

③ Estlund, “Human Nature and the Limits (If Any) of Political Philosophy”, 208.

们的国家而牺牲自己的孩子，那么，即使人们不能做出这样的事，这仍旧是正义的要求。[①] 因为，这并不是说他们真的不能如此做。正确的“具有压迫性的威胁和动机”可以带来正确的行为。[②]

埃斯特伦德像科恩一样承认，如果一个施加标准和要求的理论是在忽视这些人类本性的事实的情况下提出这些标准和要求的，那么基于这样的理论来构建制度是无用的，但是这样的理论本身不会在引起反对的意义上是错误的或者不现实的。如果践行一个正义原则会引起广泛的不服从，那么我们就不应当践行它，但是这个原则本身仍旧是可靠的。埃斯特伦德解释道：如果人们不能够意愿按照正确的正义原则而正当地行动，那么尽管我们仍旧应当践行并遵守正义原则，并且这仍旧是正确的，但是同样正确还有，如果正义原则将不会被遵守，那么它就不应当被践行。“应当”不在结合项中分布。[③]

埃斯特伦德支持他自己的观点的第一个论证，即遵守一个理论或原则的广泛的动机层面的能力缺失不会使得理论或原则是错误的，始于关于比尔的一个例子。比尔不能使自己不去将垃圾扔到街边，而是将它放到垃圾桶里——他过于意志薄弱或者自私了。[④] 很明显，这种动机层面的能力缺失没有抵消对于他不再将垃圾扔到街边的要求。他的动机层面的能力缺失使得他意愿去做正确的事是不可能的，但是这并没有使得做正确的事是不可能的。如果所有人都不能使得自己意愿去不将垃圾扔到街上，即使这种动机上的能力缺失是人类本性的一部分，只要他实际上可以做不同的事，那么这个判断就不会改变。对于一个不能忍受与一个女人一起开商务会议的男人来说，这个判断同样适用于他。[⑤] 即使所有男人都基于本性而在动机层面上具有这种能力上的缺失，按照这样的情况行动仍旧是错误的，并且他们仍旧会被要求以不同的方式行动。即使这些

① Estlund, “Human Nature and the Limits (If Any) of Political Philosophy”, 211.

② Estlund, “Human Nature and the Limits (If Any) of Political Philosophy”, 211.

③ Estlund, “Human Nature and the Limits (If Any) of Political Philosophy”, 215 – 106. 在这里，埃斯特伦德借用了一个弗兰克·杰克森（Frank Jackson）和罗伯特·帕盖特（Robert Pargetter）在不同的语境中给出的论证。

④ Estlund, “Human Nature and the Limits (If Any) of Political Philosophy”, 220.［埃斯特伦德，“人类本性和政治哲学的界限（如果存在这样的界限的话）”］

⑤ Estlund, “Human Nature and the Limits (If Any) of Political Philosophy”, 208.

特质和行为是可以原谅的，这也不仅仅是因为它们是人类本性的一部分才可被原谅。[①]

埃斯特伦德的关于意志薄弱的或自私的比尔的例子以及那个男偏执者的例子是具有说服力的，因为我们已经知道，这些特质是坏的，以及这些行为是错的；并且这些特质是习得的特质，它们是比尔和那个偏执者的品格中的一部分，而不是天生的内在特质；以及，人们对于他们的品格和行为以及某些去改变他们的品格，或者至少以不同的方式行动的能力，是负有某些责任的。[②] 我们都具有变成意志薄弱的人，或对他人的权利和需求冷漠的人，或偏执的人的潜能（capacity）——这个潜能无疑是人类本性的一部分——但是这个潜能会通过我们接受的抚育和我们自己的选择而变成道德特质。比尔对于不能意愿自己做对的事的能力上的缺失不会抵消一个他应当做对事的要求，也不会使得他免责于他所做的错事，因为他是有能力做正确的事的，并且也有能力避免做错误的事的。[③] 这对于那个偏执的人来说也是适用的。

一个既是坏的，又属于人类本性一部分的特质的更好的候选是残忍。埃斯特伦德指出，某种程度的残忍是人类本性的一个广泛元素，但是对于这样一个结论，即我们不应当要求人们不去残忍行事无法被推及出来。[④] 反对这一点的论证会是“荒唐的”。某些动机是“受到正义感染的，而不是塑造正义的”[⑤]。因此，仅仅是一个对人类动机的诉诸不能对有关正义的真理进行限制。

埃斯特伦德对于这点的看法是正确的，即，仅仅是对内在的人类动机的诉诸——我将称它们为“倾向”，从而使得它们与习得的动机相区分，也就是，那些属于我们习得的道德特质的一部分的动机——是不能证明或驳斥正义理论的，或者，更加普遍地说，这是不能证明或驳斥伦

① Estlund, “Human Nature and the Limits (If Any) of Political Philosophy”, 231.

② 亚里士多德主张，重复地出于正确的理由做正确的事是对于年轻人的一个好的道德教育的核心（Nicomachean Ethics, Bk. II.）。但是这对于成人的品格改变来说，也同样适用。

③ 在这里，我将关于我们如何对我们的品格负责这一困难的话题放置一边，因为这个话题不会影响埃斯特伦德的论证和我的论证。

④ Estlund, “Human Nature and the Limits (If Any) of Political Philosophy”, 224.

⑤ Estlund, “Human Nature and the Limits (If Any) of Political Philosophy”, 227.

理理论的，这是因为，它们中的某些倾向是可以受到正义感染的。为了使他的论点更加丰满，现在考虑一个控制他人的倾向，或者一个使得他人为我们犯下的错误或闯下的祸做替罪羊的倾向，或为了他人的遭遇感到高兴，因为这样一比较会使得我们自己的生活显得更好的倾向（幸灾乐祸）。这之中的某一个或至少一个倾向似乎在每个人身上都能看到，更糟的状况或许是，它们在所有人身上——或者总的来说——都能看到。也许这些倾向在人类历史的某一阶段帮助满足了我们的生存需求，但是它们已不再具有这种功能。它们也不是持久的幸福的源泉，它们也不是我们与他人的平和的信任关系的源泉。那么，显然，它们不能仅仅因为它们是内在的倾向，而成为正确的正义观念或者道德观念的限制。

对于仅仅诉诸我们的倾向的不足以证明或驳斥一个规范性理论这一点的另一个理由是，大部分倾向既不会受到正义的感染，也无法对正义进行塑造，它们既不内在地好，也不内在地坏。它们中的大部分是在道德上中性的倾向。即使是团体内偏见和自我中心的（偏袒自己的）偏见，都常常因为它们构成了对他人的要求的偏执或淡漠而受到责备，但同时它们对于生存和爱及友情来说也是必要的。很多道德上中性的倾向相对立地成对出现。如果存在一个会导致他人痛苦的倾向，那么也会存在帮助他们以及希望他们幸福的倾向；如果存在一个陈述事实的倾向，那么还会存在一个编造故事的倾向；如果存在一个无畏行动的倾向，那么还会存在一个充满恐惧地行动的倾向；如果存在一个遵从权威的倾向，那么还会存在一个违抗权威的倾向，等等。就这些倾向自身而言，它们既不好，也不坏。

正是因为我们有一些不好的倾向，以及一些道德上中性的倾向，因此没人接受埃斯特伦德所拒绝的那个影响深广的论题，也就是，仅仅是诉诸人类的倾向性就可以对有关正义的真理进行限制。那些诉诸人类本性的哲学家们所主张的是，一个可靠的正义理论或其他的道德原则是不能在没有将基本的人类倾向考虑进来的基础上被建构出来的，这是些在大多数人的幸福中发挥了关键作用的倾向，例如对我们的孩子的爱，对我们的财产的依附感，以及对那些我们所爱的人的偏袒。① 一个诉诸人类本性的正义理论或道德理论在大体上需要告诉我们，我们需要从我们的倾向中培养出哪些特质来在好的人类社会中获得好的生活——也就是，可欲求的和有价值的生活，这样的社会中将会存在相互的信任，合作，以及普遍的昌盛。由于这样的一个答案会是一个对所有人都适用的答案，因此，算作是一个好的生活的生活必须是一个于其中每个有能力获得它的人都能在原则上试图在与他人对好生活的追求相兼容的情况下获得它。因此，一个可靠的正义原则不能要求人们以与过好的生活或维系一个好的社会相违背的方式行动，例如它不能要求我们将我们的孩子、自己的财产上交给国家，或者在我们所爱之人与陌生人之间保持完全的不偏不倚。

如果这是正确的，那么埃斯特伦德的主张，即柏拉图的共产主义要求父母放弃自己的孩子，并让他们由国家抚育是正义的，或者约瑟夫·卡伦的市场乌托邦要求人们在即使他们的收入将被平等分配到所有人身上时仍旧最大化自己的生产，而不考虑人们的倾向以及这样的要求会在物质上产生适得其反的效果，这些主张都就是什么使得这些要求是正义的而言犯下了乞题的问题。② 如果个体的和社会的幸福大体上与有关正义的真理是不相关的，那么什么是与它相关的呢？如果一个理论违背“人类本性的质地”，以及，如果践行这样的理论，将会导致广泛的不幸福、贫穷，以及相互的不信任，那么称这样的一个理论为正义理论，听上去是矛盾的。

---

① 在这里，我部分地同意玛莎·纳斯鲍姆（Martha Nussbaum）的观点，即“了解我们的本性似乎同了解我们深信为是最重要的及必不可少的事物是同一回事”［“Aristotle on Human Nature and the Foundations of Ethics”, *World*, *Mind*, *and Ethics*: *Essays on the Ethical Philosophy of Bernard Williams*, eds. J. E. J. Altham and R. Harrison（Cambridge: Cambridge University Press, 1995）, 86－131］。然而，我只是部分地同意这一点，因为尽管这样的评价性信念是不可或缺的，但是，我们需要记住的是，很多关于最重要的事物的通常的评价性信念都已在包括关于人类的赤裸裸的科学事实在内的很多事物面前不再可靠。最好的例子是种族主义的和性别主义的信念。所以，我同意伯纳德·威廉姆斯（Bernard Williams）的观点，关于人类本性的理论必须同样将关于人类本性的赤裸裸的科学事实考虑进来（Williams,“Replies”, *World*, *Mind*, *and Ethics*, 194－202）。

② 关于埃斯特伦德对于约瑟夫·卡伦的市场乌托邦的讨论，见“Human Nature and the Limits（If Any）of Political Philosophy”, 214 ff。

这些要求还出于另一个理由是错误的：在预设某些人有权力强制其他人以某些方式生活，而不能以另一些方式生活的时候，他们预设的是，这些人被赋予了某种特殊的权威，这种权威基于能够制造和实施正义法则、管理好经济，以及甚至将别人的孩子抚养好的智慧。这种关于某些人身上具有优越的全局性的智慧的信念可能在柏拉图的时代被相信过，但是在我们的时代，这样的信念是不能经受检验的。而它之所以经受不起检验的原因正是由于我们内在具有的认知的和情感的本性。[①]

在一个正义理论中将人类的倾向性考虑进来的重要性，可以进一步通过考虑以下这一点得到支持，即如果我们的心理状态是非常不同的，那么我们有关正义的观点也会有所变化。例如，假定由于试图自己抚养孩子会可预测地导致堕落的孩子以及凄惨的父母，因此我们将自己的孩子交给国家官僚来抚养将会对我们以及我们的孩子来说都是更好的。那么，我们中的大部分人会被驱动而放弃我们的孩子，并且我们会认为这样做既是正义的，也是在理性的意义上自利的。或者，假定我们在这样一个系统中生存，其中所有的产品都得到平等地重新分配，这相较于生存在一个我们能够保留住（大部分）我们自己生产的东西的系统中，是在个人层面令人满足，并且对社会来说更加有益的。如果是这样的话，那么我们中的大多数人都会被驱动如此做，并且要么使得完全的社会主义成为现实，要么使得约瑟夫·卡伦的市场乌托邦成为现实。

然而，鉴于我们的本性，所有的证据都指向相反的方向，例如苏联的能够比大型集体农场生产更多食物的小型私人土地，[②] 以及所有

---

① 全局性的智慧要求一种对不同种类的人和社会的理解，以及能够正当地按照这种理解行动的能力。但是我们的理解和能力都是具有局限性的。我在“The Limited Unity of Virtue”, *Nous*, 30, no. 3 (1996): 306 - 329. 中讨论了关于这一点的一些理由。对于这些局限性的实验上的证据，见 John M. Doris, *Lack of Character: Personality and Moral Behavior* (Cambridge, U. K.; New York: Cambridge University Press, 2002.)。关于进一步的讨论，见 Robert Adams, *A Theory of Virtue: Excellence in Being for the Good* (Oxford: Clarendon, 2006); Daniel C. Russell, *Practical Intelligence and the Virtues* (New York: Oxford University Press, 2009), 以及我的 *Well-Being: Happiness in a Worthwhile Life* (New York: Oxford University Press, 2014) 的第六章。

② 见 Robert Conquest, *The Harvest of Sorrow* (Oxford University Press, 1987), 他主张，私人土地构成了耕地总量的 3.8%，并生产了 21.5% 的总产出 (339)。

大型社会主义制度，甚至大多数小型社会主义制度的失败。[①] 十七世纪普利茅斯殖民地的教训是尤其具有指导价值的。居民共同耕地（根据他们的能力），并平等地分享收成（根据需求）。然而，没过多久，总督威廉·布拉德福德在他的回忆录中记录道，一方面是人们的需要，一方面是人们的能力不足，这两方面因素都同时大大增加，不久人们就经历了饥荒。随着这之后出现的瘟疫，殖民地中一半的人都死了。[②] 同等重要的是，每个人——年轻的，老的，妻子们，丈夫们——都抱怨说这个系统对他们是不正义的。当总督给了每户人家私有土地时，这个实验才结束，并且仅当那时，殖民地才又富裕起来。很难看出，什么理论可以支持这样一个观点，即这些例子仅仅展示出，问题在于人类的本性，而不在于当下所讨论的正义理论。什么能够称它为正义做证明呢？

针对这些正义观念的反驳并不适用于最具常识性的要求上，例如，尊重别人的权利，或者不要残忍待人。如果残忍被理解为不出于任何好的理由导致别人遭受痛苦，那么要求人们不要残酷待人就不会违背重要的人类需求，也不会导致不幸福、愤恨或者贫穷。确实，残酷导致了受害者的不幸福，但没有对犯错的人有多少影响，并且，一个于其中所有人都很残酷的社会将会缺少相互的信任，这于是也会使得为了互惠互利的目的而合作的能力是缺失的。与此相反，大多数人都意识到，就算仅仅是隐约地意识到，对每个人权利的尊重以及对彼此的善意，对于一个

---

① 对这一现象的唯一的例外是北美的哈特莱特殖民地，其中每个殖民的成员处在二十到一百二十之间（http：//www. hutter - ites. org/），以及一些以色列基布兹。第一个基布兹，德加尼亚·阿莱夫，在 1910 年建立，并且至今仍旧存在（http：//www. degania. org. il/en/degania - homepage/history/）。但是德加尼亚·阿莱夫不是完全的社会主义的。它为自己的农场和工厂雇佣工人，因此保证了需要的工作可以得到完成，并且它足够的小，以至于可以通过社交上的不赞成而允许其成员控制住懒惰的邻居。因此实际上，德加尼亚已不再是社会主义的了。从 1960 年代起，德加尼亚首先将消费私有化，接着在 2007 年，它的经济要求其成员去找工作，并靠他们自己的收入生存。大多数的基布兹或多或少都是这样的，尽管据称它们仍旧继续从以色列政府获得特殊的税收管理。见 Ari Mushell，“Capitalist Yet Socialist?” http：//blogs. timesofisrael. com/capitalist - yet - socialist/ Feb. 19，2015。

② William Bradford，*Of Plymouth Plantation*，1620 - 1647，ed. Samuel Eliot Morison（New York：Modern Library，1967）：Volume 1，Chapter 16，Document 1 http：//press - pubs. uchicago. edu/founders/print_documents/v1ch16s1. html；http：//www. forbes. com/2008/11/27/ thanksgiving - economy - history - oped - cx_jb_1127bowyer. html。

好的社会来说是至关重要的——也就是说，一个拥有相互信任、合作，以及普遍繁荣的社会——并且一个好的社会同样对于一个可欲求的以及值得过的生活也是至关重要的。

埃斯特伦德的有些陈述主张，他会同意，这些考虑对于可靠的正义原则来说是相关的。例如，他说，“对正义观念进行限定的永远都不是作为人类本性特质的特征，因为我们还需要在每一个情况中对于这些特征的价值或重要性究竟是否值得考量而进行判断”[1]。他甚至允许，对于父母来说，如果“一个深刻的道德论证”可以允许他们拒绝为国家放弃他们的孩子，那么拒绝为了国家放弃他们的孩子，可能是可允许的。这意味着，他会将我上述的那些关于某些要求和某些相互不信任及不幸福之间的关联的考虑，视为是与可靠的正义原则相关的，因为幸福和相互信任是在道德上重要的议题。但是，他从来没有提及过幸福或不幸福，他也没有提到过相互的信任或普遍的繁荣，爱与友情，并将它们视为是道德的考虑。并且，他的很多陈述，以及他的论证的大体上的力度，表明依照他的立场的逻辑而言，他无法视这些话题为在道德上重要的。这是因为，他主张，正义的内容“可能……先于关于人类或者任何存在的偶然事实”[2]。就像科恩一样，埃斯特伦德主张，正义的原则是（或者“可能”是）先验的。如果正义的环境，例如有限的利他，没有达到，那么“正义将无法应用”到我们身上，但是仅仅是这样一个我们无法实现某种正义观念的事实不能表明它无法应用到我们身上。

不幸的是，正如我们已经看到的，在这样的观点中，正义可以要求我们以与好的生活和好的社会相违背的方式去行动。而这犯下了对什么构成了正义这一问题的乞题的错误。关于正义的为真的事实，毕竟是与关于宇宙起源的事实十分不同的，同时也与某些深奥的数学理论的为真的事实相区别。[3] 一个关于宇宙起源的理论可以是为真的，即使它对我们

① Estlund, “Human Nature and the Limits (If Any) of Political Philosophy”, 228 – 229. ［埃斯特伦德，“人类本性和政治哲学的界限（如果存在任何界限的话）”］

② Estlund, “Human Nature and the Limits (If Any) of Political Philosophy”, 228 – 229.

③ 在“What Good Is It? Unrealistic Political Theory and the Value of Intellectual Work”一文中，埃斯特伦德主张，正如即使理解一个真的并且重要的数学理论没有实践上的价值，但它仍旧是有价值的一样，理解真正的正义理论也是有价值的，即使它没有实践上的价值。

的生活没有任何影响。相似的，一个数学理论也可以是真的，即使它既无法直接地促进我们的好，也无法间接地增进我们的好（例如，通过帮助解决一个科学问题而促进我们的好）。但是，正义问题的关键就是去使得我们在一个好的社会中过好的生活。这是因为，不管正义的问题是不是必定首先事关对自由的保护，或者对平等的获得，或者对幸福的增进，它无疑事关一个正义的社会必须允许人们通过相互信赖、合作，以及普遍的繁荣来过上可欲求的、有价值的生活。因此，那些认为正义的观念可以在其实践会导致广泛的不幸福、愤恨以及相互的不信赖的情况下，仍旧是为真的正义观念的人，他们需要说明，究竟是什么使得这样的正义观是为真的。并且，他们不能仅仅通过诉诸他们自己的直觉或坚定的信念（科恩）来回答这个问题。他们也不能仅仅通过臆测正义的内容甚至可以是“先在于任何关于人类的……恰好的样子的事实”，从而不对这个问题予以考虑（埃斯特伦德）。[①]

对于对人类本性的限定的拒绝，以及对于那些我们中的大多数人都会感到不适的理论的支持的拒绝，还有另一个启示。那些理论即使对科恩和埃斯特伦德来说，也应该是有问题的，也就是说，他们的理论会使得他们无法拒绝甚至是他们自己也会对其感到不适的正义观念。例如，考虑这样一个观点，即正义要求那些自然的下等人去做那些自然的高等人的奴隶。或者，它要求女人去做男人的女仆，因为女人缺少自立的能力。这些观点曾经被有学识，勤于思考的人所持有，而那个关于女人的观点甚至现在也在世界上被很多人所持有。需要明确的是，这些观点的支持者主张的是，这些观点中的正义观念是建立在这些不同群体的人的

---

① 埃斯特伦德将自己的观点比喻为康德关于将绝对命令基于理性，而不基于任何人类所特殊持有的特征的观点（“Human Nature and the Limits [If Any] of Political Philosophy”, 228 – 229）。但是他并没有说，理性是如何能够允许，更不用说命令，一个人牺牲自己的孩子，或者让人在陌生人与我们关心的人之间保持完全的公正。这是埃斯特伦德的观点与康德的观点之间的一个重要的区别。因为，对于康德来说，只有绝对命令是先验的，我们的完全义务和不完全义务不是先验的。例如，对于发展一个人的才能的不完全义务，以及将别人视作是就其自身而言的目的，而不去操纵或欺骗他们的完全义务，都是从绝对命令、同时结合着一些相关的人类本性的事实中衍生出来的（*Groundwork of the Metaphysics of Morals*, chap. II）。对于埃斯特伦德来说，即使是康德会称之为正义的完全义务的事物的内容，也是从独立于人类动机的考虑中衍生出来的，或者，从独立于“任何关于人类……恰好的样子的事实”的考虑中衍生出来的。

不同本性之上的：这体现了我们需要谨慎对待对于人类本性的诉诸。但是这里的问题并不是这些观点对这些群体的本性的诉诸，而是它们对于这些群体的本性抱着错误的观念。因此，并不值得惊讶的是，我们可以仅仅通过指出以下几点就能看出他们的主张是不正义的，（i）他们通过一个群体的下等本性以及另一个群体的上等本性而进行的证明是基于错误的前提的——这些前提本身是无知、偏见，或者自我欺骗的产物；（ii）所有这些群体实际上拥有同样的人类本性；（iii）这些观念导致那些被压制的人过上了极度被剥削的，以及缺少尊严的生活，并且满足了那些压制者的自我臆想。[①] 就我所看到的，这些理由足以拒绝这样的令人反感的正义观念了——或者认为它们是令人厌恶的。但是如果埃斯特伦德和科恩这么做是正确的——主张一个正义理论可以在独立于我们的心理状态或者在有利的环境中践行它可能会产生的后果的情况下是为真的，那么他们就必须承认，这些理论也可以是为真的。

对至此所进行的讨论进行总结：对于不是所有内在的倾向性都是正确的正义观念的限定这一点而言，埃斯特伦德是正确的。但这并不能使他得出结论，即没有先天倾向是这种限定。有些倾向性，例如对我们的孩子的爱，对我们所生产的事物的依附感，以及对自己的偏袒和对那些我们所关心的人的偏袒，对于一个可欲求的、有价值的生活和一个好的社会来说，是关键的，但是有些倾向性，例如控制别人的倾向，或者拉别人当替罪羊的倾向，既不有助于一个好的社会，也不有利于有价值的生活。来自有正义感的人们，以及那些生活在有利于正义的环境中的人们的对一套正义理论的广泛的不服从，可以体现这套理论的缺陷，而不是体现人们的缺陷，这是因为，只有一个违背了好生活以及好社会的条件的理论才会经历如此剧烈的失败。这样的一个理论是不可靠的，因为它就其正义观念以及对正义的期待而言，是不现实的。这一点同样适用于个人道德的原则，例如康德的诚实原则。这个原则不包含任何说出真

---

① 正如约翰·斯图尔特·密尔在 *The Subjection of Women*, ed. Susan M. Okin (Indianapolis, IN: Hackett, 1988) 中所主张的，女人的本性已经由于她们接受的道德教育和社会环境所扭曲了，并且被变成了一个人造的事物，就像一棵树，它的根有一个在温室中，有一个在冰里（第一章和第四章）。女人在法律上的屈从地位和男人在权力上对女人统领通过喂养了男人的自我崇拜和自我幻想而对他们也有所伤害。

相之外的例外，甚至在不说出真相可以防止一个杀人犯谋杀你的母亲的情况下，也不能有例外。[①] 我们可以十分确定的是，没有人接受这样的康德主义的原则，也没有人会按照这样的原则生活，这是因为，这样做对于他们的幸福来说是有害的，并且对于他们的最深刻的价值来说，也是有害的。同样重要的是，这样做会使得那些依照这个原则来说有良心的人遭到恶人的伤害。因此，依照这个原则生活会在牺牲善的情况下增进恶。

但是，对于那些不具有这样的缺陷的理论或原则，并且并不要求大部分人的完全服从，甚至是不需要任何人的完全服从的理论或原则，我们应当说些什么呢？埃斯特伦德主张，任何会“意味着对实际制度或行为有所批判的”原则或理论都是“不够现实的”[②]，因此我们没有好的理由去拒绝一个会要求一些几乎不会被满足的事情的不现实原则或理论。[③] 例如，一个民主制下的公民可能无法满足这样的要求，即他们“在公开的场合以及私下都是高度有德性的（但是并不是超过人们所能够的范围）”，并且制度是以这样的方式得以设计，以至于“法律是正义的，权利得到保护，脆弱的人得到关照，少数群体得到拥护和尊重，等等。”但是这样并不意味着这个理论本身是不可靠的。[④]

然而，在对这样一个理论进行描述时，即一个意味着对实际体制或者行为进行批判，认为它们不够现实的理论，埃斯特伦德明确了一个可以维护现状的现实的理论。但是一个维护了现状的理论，不管这样的现状是如何在道德上贫瘠的，都不能算作是一个规范性理论。所有规范理论，不管它是道德的规范理论，还是政治的规范理论，都必须为社会和个体提供它们需要满足的标准。因此，它必须包含对某些制度和行为的批判。这所展示出来的，并不是说，这样的理论都不够现实，而是这样的理论都不能完全是描述性的。如果它要求人们成为他们所能够成为的

---

① Kant, “On a Supposed Right to Lie Because of Philanthropic Concerns”, trans. James W. Ellington, in *Grounding for the Metaphysics of Morals/On a Supposed Right to Lie Because of Philanthropic Concerns*, 3rd ed. (Indianapolis: Hackett Publishing, 1993).

② Estlund, “Utopophobia”, 115.

③ Estlund, “Utopophobia”, 120.

④ 埃斯特伦德称这种理论为“不可救药的有志向的理论”（“Utopophobia”, 117 - 118）。

样子，或者做他们所能够做的事，并且这样做是与一个好的生活和好的社会相容的，那么这个理论就是现实和可靠的。

正如埃斯特伦德指出的，大多数（所有?）人都会违背诚实或正义原则，即使这个原则是正确的，不管那种违背以什么样的形式呈现，但是它们都有可能在一个人的一生中的某些时刻出现。这一点是正确的。同样地，即使在一个可靠的正义观念上，大多数（所有?）人都会在某些时刻无法做到正义行事。即使他们接受事实上是正确的原则，他们仍旧可能会如此。在那些情况中，错的是人，而不是原则。这是因为，出于假设，原则是不会违背一个好的生活或好的社会的条件的。不现实的是，在实际上期待个体或社会是完全有德性的，并且将体制建立在这样的预设之上，并且没有任何应对不正义的法律或不正义的人的制度或机制。[①]这里所讨论的原则向我们展示出我们可以对其向往的理想，这些理想是大多数人在他们一生中的大部分时候可以满足，并且确实满足的，并且失败是被允许的。这为何是如此，是道德心理学的一个重要的问题，但是这不是我们需要在这里回答的问题。[②] 就目前而言，重要的一点是，我们的不完美之处对于我们应当如何回应有时出现在我们自己身上或别人身上的道德错误，[③] 以及我们需要什么样的体制来处理正义的失败，有着重要的启示。现实的道德或政治原则或理论不会期待自己能够完美地构建人们渴望的理想，但是所有不现实的道德理论，不管是个人的还是政治的，都必须期待，在不存在大规模强制和宣传的情况下，每个人都无法做到即使是依照其标准的最低限度的体面。一个不现实的正义理论必须同样期待，如果它被践行了，那么它将会不可避免地阻碍我们对于在一个好的社会中过上可欲求的和有价值的生活的尝试。这是对一个可靠的正义理论的真正的检验，而一个不现实的理论无法通过这样的检验。因此，按照大卫·施密兹的说法，这样的一个理论甚至是不值得我

① 见文集中的迈克尔·休谟尔《一个恐乌托邦者的自白》。

② 但是见脚注67。

③ 关于对这一点的讨论，见本文集中爱德华·霍尔的“关于无限制的乌托邦主义的怀疑主义”；以及 Neera K. Badhwar and Russell Jones, “Aristotle on Friendship,” forthcoming in *The Oxford Handbook of Love*, ed. Christopher Grau and Aaron Smuts（New York：Oxford University Press）。

们渴望的。[①]

四　结论

一个可靠的正义理论——更加概括地说，一个关于个人或政治道德的理论——不能不包含关于人类本性的事实。如果没有人有能力按照一个正义原则生活，或者如果因为这样的正义原则是与一个好的生活和好的社会的要求相违背的，因此没有人能够受到这个原则的驱动，那么这个原则对于我们来说就不再会是具有规范性的了。内含于我们关于一个好的社会的本性所做出的判断的，是我们关于人类本性的信念，以及某些施加在个体和社会上的要求可能会产生的效果。没有了人类本性的限定，我们将无法对种种令人不适的，但是可以作为梦想被追求及被证明的正义观念进行限定。

① David Schmidtz，"Nonideal Theory：What It Is and What It Needs to Be"，776. s

一个恐乌托邦者的自白*

迈克尔·休谟尔（Michael Huemer）**

（译：张可）

摘要：政治哲学中的理想理论家们试图对一个完美的政治社会进行描绘，并且通过在一个所有人于其中都会服从这些政治原则的世界中对这些原则的后果进行参考的情况下评价这些原则。我主张，我们对理想理论的需求不是让它为实践上的考察设定目标，也不是让它去定义正义，更不是让它对种种不正义进行排序。我们也不需要它帮助对遥远未来中的非常不同种类的社会进行理论化。理想理论引导我们犯下了以下这三种错误：它引导我们提出没有任何一个行动者能够践行的规则，它引导我们对道德德性做出非常夸张的断定，并且它还引导我们给予抽象的哲学推理过多的信任。一个回答规范性问题的更好的路径是去依赖于一种类比论证，这种论证始于我们对具体情景的不受争议的直觉。

关键词：理想理论，乌托邦，正义，罗尔斯，直觉主义，特殊主义

一　关于汽车的理论

两个哲学家，艾达和诺拉，在外面开车时听到了一声撞击声，艾达因此丧失了对汽车的控制。当她们把车停在路边并下车时，诺拉指了指

---

* 我想要感谢大卫·施密兹，戴维·埃斯特伦德，以及为这篇文章带来他们的聪明的、有趣的，以及有帮助的评论的贡献者们。我已经尽我所能对那些我知道如何处理的问题进行了处理。

** 作者为科罗拉多大学波尔德分校哲学教授。

左前方的轮胎。

诺拉：那个轮胎看上去没气了。我要去换轮胎。

艾达：喔！先别急。换轮胎可能是我们需要做的事情。但是在我们对一些理论上的问题做出回答之前，我们并不能知道情况正是如此。

诺拉：真的吗？例如像什么样的问题呢？

艾达：首先，我们需要明确完美汽车的本性是什么，我们因此才能知道哪些对我们的车的改变可以改善它。

诺拉：天要变黑了。也许我们应该现在就换轮胎，然后我们可以在回家的路上对完美汽车进行讨论。

艾达：但是除非我们能对完美汽车进行明确，否则我们就不知道自己的目标是什么。

诺拉：我不认为完美汽车会有瘪了的轮胎。

艾达：是的，你现在开始看到了一个理想理论的重要性。但是即使瘪了的轮胎是一个问题，我们不知道它是否会是一个比车身上的灰尘更加严重的问题。除非我们对于完美汽车有了更加清晰的认识，否则我们无法回答这个问题。

诺拉：好吧，告诉我你所认为的完美汽车是什么样的。

艾达：正如我们已经同意的，完美汽车将永远不会有瘪了的轮胎。

诺拉：我可没这么说。我不明白一辆车如何可以被做成永远不会出现瘪了的轮胎的状况。

艾达：你没明白。我们现在不是在讨论什么是可行的，我们在讨论的是什么是可欲求的。既然完美汽车是不能有瘪了的轮胎的，那么它一定是某种气垫运载工具，可能是某种利用了反重力技术的产品……

诺拉：既然我们没掌握反重力的技术，我认为我们应该坚持使用轮胎。

艾达：不要做一个自我挫败者！历史上出现过很多伟大的技术进步。

没有人在日常的实际生活中像艾达这样思考。然而，政治哲学中对“理想理论”的讨论的动机会让人非常不适地想起艾达上述的论证。

当然了，艾达和诺拉所面临的直接的实际问题绕到了一个对于她们来说出现时机不恰当的理论反思，但是这并不是我的批判的重心。我想要从上述对话中指出的问题关心的是，艾达给出的论证中的一个特定的内容：这些论证是不可靠的论证，并且其不可靠性可能会为揭示出政治哲学中的相似论证的不可靠性。

在下文中，我主张（i）政治哲学不需要理想理论，以及（ii）理想理论通常对政治哲学的目标有所危害。我的观点不是说理想理论没有其发挥作用的余地，而是说，理想理论的效力被高估了，而不那么理论化和理想化的路径则通常没有受到重视。但是首先，我要简要地介绍理想理论的概念。

二　什么是理想理论?

理想理论不是一个理论，而是一种理论化的方式。有时，理想理论被视作是与普遍的理想社会相关的——也就是说，一个体现了所有社会价值的社会。让我们称它为“普遍的理想理论”。更通常来说，理想理论被称作是一个尤其与正义相关的理论，而正义只是众多价值中的一种价值。让我们称它为“理想正义理论”。

什么是理想正义理论呢？在当代的文献中，关于它通常会有两件事被提出来。一个是，理想（正义）理论旨在描绘一个完全正义的社会，不管这样一个社会是不是可达到的。另一个是，理想理论旨在明确正义的原则，如果所有个体都要完全服从这些原则的话，我们最好采纳这些原则。这两种论述都出现在罗尔斯的观点中：

> 从理想理论开始的理由是，我相信它为对这些更加紧迫的问题的系统性理解提供了唯一的基础。[……] 至少，我将会预设，我们无法通过其他的方式获得一个更加深刻的理解，并且一个完全正义

的社会的本性和目标是正义理论的最根本的部分。①

> 在对正义的概念进行评估的时候，原初状态中的人们预设他们会采纳的原则将会是一个被严格服从的原则。他们对此产生共识的结果将基于这个基础而得到制定。②

我将分别将这两个版本的理想理论称为“完美理论”和“严格服从理论”。③

尽管它们通常被称作是同一件事，但是，严格服从理论与完美理论非常不同。如罗尔斯所描述的，严格服从理论包含了一个具有争议的方法论上的承诺，这个方法论上的承诺不是被仅仅描述一个完全正义的社会的目标所要求的。罗尔斯在第二段引文中所提出的是，在对正义原则进行决定的时候，一个人应当部分地在对特定原则被普遍服从所带来的后果进行评价的基础之上进行决定。人们可以在不拒绝对完美社会进行理论化的基础上拒绝这个方法论。例如，假定我是一个自由主义的直觉主义者，并且我相信人类有一定的自然权利，我们能够通过伦理上的直觉知晓它们。我可能会继而认为，一个完全正义的社会会是这样一个社会，其中，那些权利从来没有被违背过，并且我可能会认为，对这样的一个社会进行描述是有趣的。关于对权利完全尊重的后果的信念不需要在我对描述我们自然权利的原则进行选择时起到任何作用，我也不需要参与到任何罗尔斯主义或其他建构主义的目标中去。

可以应用到理想正义理论中的事物也可以平等地运用到普遍理想理论中去：我们可以区分普遍理想理论的严格服从的版本和完美社会的版本。在普遍严格服从理论中，我们对规范性的社会原则进行选择，我们的选择部分上是基于每个人都服从那些原则的后果。在普遍的完美理论中，我们试图描述一个完美地体现了所有社会价值的社会。

---

① John Rawls, *A Theory of Justice*, rev. ed. (Cambridge, MA: Harvard University Press, 1999), 8.

② John Rawls, *A Theory of Justice*, 126。

③ 参见罗拉·瓦伦蒂尼（Laura Valentini）对严格服从理论、乌托邦理论和终极状态理论（end-state theory）的区分（“Ideal vs. Non-ideal Theory: A Conceptual Map”, *Philosophy Compass*, 7 [2012]: 654－664）我说的“完美理论”是瓦伦蒂尼的“乌托邦理论”和“终极状态理论”的结合。

三　四个理想理论家

在转向我对理想理论的批判之前，让我们首先对这种理论化的几个范例进行述评。

A. 罗尔斯

罗尔斯的正义理论是理想正义理论的一个例子，它既包含了严格服从的含义，也包含了完美主义的含义。罗尔斯为他的两个正义原则进行论证，其论证的基础是，在原初状态的思想实验中，人们会对这些原则做出选择。[①] 在对这两个原则进行选择的时候，在罗尔斯的规定下，原初状态中的人预设了这些原则一旦被采纳，它们将会被严格地服从。这个预设对于这种思考来说是至关重要的。例如，这些人被认为是因为差别原则最小化了他们所要面临的风险而偏向差别原则——也就是说，它使得他们所可能会面临的最坏的结果尽可能地好——这同时是基于这样一个预设，即政府将会忠实地践行这个原则。

如果我们放弃对严格服从的预设呢？原初状态下的人们可能会担心政府的领导者不知道如何最大化最弱势公民的福利。或者，对被选中的政策的践行将会被官僚体制的无能所损害。或者，立法者以及政府机构将会被那些伪装在帮助穷人，但实际上在扩大自己利益的群体所蒙骗。一旦我们将像这样的一些现实的担忧引入，不再明确的是，采纳差别原则是否会最小化人们面临的风险。也许更好的是采纳那些对于领导者来说更容易进行应用，而对于寻租者来说更难进行操纵的原则。罗尔斯对严格服从的预设因此对他的正义理论起到了很大的影响。

罗尔斯主张，完全正义的社会将是一个于其中他的正义原则会被完全遵从的社会；因此，他提供给我们的同样还是一个在完美主义意义上

---

① 这两个原则分别是："第一个原则：每一个人都拥有平等的权利获得平等的基本自由的最广泛的整体系统，这个系统是与一个对于所有人来说的相似的自由系统相容的。第二个原则：社会和经济的不平等要以这样的方式被安排，以至于它们同时是：（a）对于最不利的人们来说是最有益的［……］，并且（b）依附在对于所有处在机会的平等公平的条件下的人开放的部门和位置"（Rawls, A Theory of Justice, 266）。第二个原则中的（a）是"差别原则"。

的理想正义理论。

B. 科恩

在《为什么不是社会主义?》中，G. A. 科恩（G. A. Cohen）提供了一个普遍完美理论。他要求我们去设想一个友好的野营之旅，其中，一组野营者全部自愿地分享自己的资源（锅，咖啡，独木舟，等等），并且全部自愿地为各种需要被完成的任务做出贡献（钓鱼，做饭，打扫，等等）。所有人都平等对待彼此，而没有人会由于自身在天赋、运气，或者遗传上的优势而期待特权。科恩说，这个情景体现出了社会主义关于社会和平等的关键价值。理想的社会因此会是一个于其中，我们可以以某种方式将野营之旅的互动模式延伸到整个社会的这样一个社会。他承认我们并不知道该如何达到这样的社会，但是他认为我们没有理由轻视这个理想，我们也不应该放弃试图达到这个理想。[①]

C. 卡伦斯

约瑟夫·卡伦斯（Joseph Carens）发展了旨在展示一个社会如何可能达到社会主义的理想的理论，其中，这个理想是在没有牺牲经济生产的情况下的完全的平等。卡伦斯的提议是，每个人都应当以下面这样的方式被征税，即每个人税后的收入是平等的；然而，所有人都应当出于社会责任感而自愿地努力带来尽可能多的税前收入。让我们称这个体系（包括对公民利他行为的规定）为“卡伦斯市场”。这样的市场如何能够产生呢？卡伦斯认为，我们可以将人们社会化，从而使得他们可以从践行他们的社会责任当中衍生出与人们当下从增加私人的可支配收入当中衍生出的同样的满足感。[②]

---

① G. A. Cohen, *Why Not Socialism?* (Princeton, NJ: Princeton University Press, 2009), 80, 82.

② 来自 Joseph Carens, *Equality*, *Moral Incentives*, *and the Market* (Chicago: University of Chicago Press, 1981), 96:“我将会采纳的基本立场［……］是，所有的人类动机都是社会化的产物，并且，在理论上可能的是，在平等主义的系统中将人们社会化，从而使得人们足够重视在履行他们赚取税前收入的社会责任时相关联的满足感，就像在 PPM［私有市场］系统中的个体重视从获得消费收入中衍生出来的满足感一样。”卡伦斯没有主张，他的系统会带来一个完美社会，这是因为，他认为他的市场还是保留了某些不可欲求的资本主义的特征（Carens, *Equality*, *Moral Incentives and the Market*, xi, 178.）。然而，我们似乎可以公平地将它视作是某种理想理论。

D. 布伦南

为了不让理想理论看上去是政治光谱上的左派独有的立场，杰森·布伦南提供了一个资本主义的理想。布伦南设想了一个资本主义的社会，其中，有着公共精神的公民自愿地合作，并且在彼此之间进行交易，他们总是尊重彼此的权利，总是愿意通过私人慈善来帮助那些需要帮助的人。

布伦南在《为什么不是资本主义?》中所做的一部分是对科恩的《为什么不是社会主义?》的戏仿。不过，布伦南对他自己的理想理论是认真的：他认为，描绘乌托邦是一个有价值的计划，并且，乌托邦的正确版本是资本主义的。[①] 理由是，在理想的资本主义的社会中，各种各样的生活方式都会是可获得的，这可以考虑到存在于这个世界上的各种各样的人。[②] 那些想要生活在合作社的人们可以如此生活，而那些想要在商业世界中竞争的人也可以自由地如此生活，等等。

四 理想理论背后的误导动机

A. “理想理论设立了目标”

我们为什么要参与到理想理论中来呢？有些人主张，理想理论是规范性的社会理论的必要的基本部分。一个论证是，正如罗尔斯所说的，“直到理想被确定下来……否则非理想理论就会缺少一个目的，一个目标，只有参照它们，非理想理论所探寻的问题才能得到回答”[③]。斯滕普洛斯卡和斯威夫特（Stemplowska and Swift）对此表示同意：

---

① Jason Brennan, *Why Not Capitalism*? (New York: Routledge, 2014), chap. 4. 为了公平起见，布伦南的乌托邦比其他版本的乌托邦都要更加现实，因为它并不要求在大多数人的动机结构中做出剧烈的转变。

② 比较罗伯特·诺齐克（Robert Nozick）的“各种乌托邦的架构”（*Anarchy*, *State*, *and Utopia* [New York: Basic Books, 1974], chap. 10）。

③ *The Law of Peoples* (Cambridge, MA: Harvard University Press, 1999), 90. 关于一个相似的评论，见 Rawls, A *Theory of Justice*, 8; Ingrid Robeyns, “Ideal Theory in Theory and Practice,” *Social Theory and Practice*, 34 (2008): 341 – 362, at 344 – 345。

> 在不知道长期目标的情况下，一个看起来增进正义的行动……可能会使得对长期目标的获得更加之不可能，或者甚至就是不可能的……［理想理论］告诉我们从长远来看，我们应该试图到达的目标是什么。①

作为对参与到一个完美理论中去的证明，这个论证是没有说服力的；它通过预设规范性政治理论必须追求完美而犯下了乞题的错误。对理想理论的明智的批判者将不会主张追求完美，同时不知道完美社会可能会是什么样子的。明智的批判者会说：我们不需要，或者也不应当，将我们自己视为是追求完美的。也许我们仅仅应当将满足设立为目标。或者，我们也许应当将解决特定的，限定在一定条件下的问题设定为目标——例如，当前移民政策中的种种不正义，或者对少数族裔的不平等对待。②

为什么有人会满足于这样的适中的目标，而不去追求完美呢？也许这是因为适中的目标似乎是更可达到的，或者因为它们对于处在某个特定时间的特定理论家来说是更加重要的。罗尔斯和他的支持者们并没有提供这样一个论证，即政治哲学家必须将完美视为他的目标；他们所做的仅仅是对此进行了预设。

现在来比较我在第一章提出的艾达和诺拉的例子。错误的是，如果没有一个关于完美汽车的理想，那么诺拉就没有能够追求的目标。但是，她的目标是去换轮胎，并且让车子再次发动起来。这是一个适中的目标，并不能说这个目标就不是真正的目标。生活中充满了这样的适中的目标。

我预期在这里会出现这样一个反驳：正如斯滕普洛斯卡和斯威夫特在上面提议的，旨在处理某个具体的，处在一定限定之内的社会问题的行动可能会与最终达到完美社会相冲突。除非我们已经进行了相当多的

---

① Zofia Stemplowska and Adam Swift, "Ideal and Nonideal Theory", in *The Oxford Handbook of Political Philosophy*, ed. David Estlund (Oxford: Oxford University Press, 2012), 379. 关于相似的评论，见 A. John Simmons, "Ideal and Nonideal Theory", *Philosophy and Public Affairs*, 38 (2010): 5 - 36, at 34。

② 因此，查尔斯·米尔斯（Charles Mills）对理想理论的著名批判是由处理种族不平等所促动的，而他认为关注理想理论会使得对这一问题的处理变得不那么可能［" 'Ideal Theory' as Ideology", *Hypatia*, 20 (2005): 165 - 184. ］。

对理想理论的考察，否则我们无法知道情况是不是这样。如果情况最终就是这样的，那么我们也许应当放弃坚持做那个行动。因此，我们可能会说的是，我们必须在处理特定的社会问题之前对理想理论进行考察。[①]

但是现在让我们比较在瘪了的轮胎的例子中出现的类似的推理。诺拉提出通过换轮胎来解决车子当下面临的重要问题，而不是先去考察理想理论。艾达对此表示反对，她认为直到她们明确了一个完美汽车的本性，否则她们是无法知道换轮胎将不会以某种方式阻碍她们获得一辆完美汽车；因此，她们必须在换轮胎之前对理想理论进行考察。

诺拉的回应应当是什么呢？可能是这样的："在考察理想理论之前，我对于换轮胎会以某种方式阻碍车获得更好的后果的最初信任度是非常低的——事实上，我对此的信任度太低了，以至于花费大量资源对这个可能性进行考察是没有价值的。既然你既没有说那个可能被阻碍发生的更好的后果是什么，也没说它可能会以什么样的方式被阻碍，因此你的评论没有改变我的信念。所以，我的计划还是换轮胎。"

相似的，假定我现在对移民政策进行考虑。我有一个论证说，几乎所有对移民的限定都是不正义的，同时对从贫穷国家到富有国家的移民施加的限制是尤其有害和不正义的。[②] 这个论证是建立在对这些例子的伦理上的直觉的；它不是建立在对完美的正义社会的理论之上的。我是应当保留我对这个问题的判断，还是应当在放宽移民限制可能会以某种方式阻碍完美的正义在某一天实现的基础上延缓倡导宽松的移民法呢？在没有具体的理由认为情况会是这样的，以及没有说法表明它如何会是这样的情况下，我对这个问题的回答是否定的。

这并不是说，我认为放宽移民限定不会制造其他的问题，这也并不是说，理论家不应当处理由放宽移民限定而形成的问题。这里的观点仅仅是，反驳的人必须要明确表明所谓的问题具体是什么；鉴于我们对完美正义的本性无所知，说这个政策会具有以某种未知的方式干涉终极正义的普遍可能性，不是一个有力的反驳。

---

① 也见 Simmons，"Ideal and Nonideal Theory"，22 – 24。

② 见我的 "Is There a Right to Immigrate?" *Social Theory and Practice*，36（2010）：429 – 461。

B. “理想理论定义了正义”

完美理论的辩护者们可能会认为我的论证是乞题的，因为我预设了我们可以在没有完美的理想的情况下追求对正义增进的改善或者其他的政治价值——而这正是他们所否认的。他们可能会说，不正义仅仅是从完美的正义社会中偏离出去的东西，如果对于一个完美正义的社会一无所知，我们无法判断一个特定的行动或事态是否构成了不正义。正如西蒙斯所说，“在没有理想理论的情况下潜入非理想理论是盲目地允许对不正义进行不理性地随意判断，以及对任意一种改变抱有渴望”①。存在两种理解这一点的方式：第一，也许西蒙斯在这里主张的是，在没有关于正义的理论的情况下，任何对某个特定不正义的推定的确认都必定是不理性的判断。第二，也许他主张的是，任何对某个特定行动或事态是否正义的理性评价都必须是基于对完美正义的信念，或许这是一个这样的信念，即一个关于这个特定行动或事态是否与完美正义相一致的信念。

让我们再一次比较艾达和诺拉的例子：诺拉不知道完美汽车是什么样的，她也没有对统领车子或其大体运动的规则的全面理论。这并不意味着她对瘪轮胎是一个问题的这一信念仅仅是不理性的判断，换轮胎对于她来说也不是盲目的。通常来说不正确的是我们出于普遍的理论对具体的例子下判断，通常来说我们也不会通过参考关于完美的标准来对事情进行评价。现在让我们再来考虑这两个例子：

(i) 有人问我我对电视剧《权力的游戏》怎么看。我不具备对美学价值或甚至是娱乐价值的普遍论述。我没有读过一篇美学领域的文章，同样我对那个领域中的主要理论也一无所知。我不知道一个完美的电视剧应该是什么样的，假设完美电视剧这个概念是合理的，不过我怀疑美学专家们就这一点和我是在一条战线的。但是，

① Simmons，“Ideal and Nonideal Theory”，34. 参见 Brennan，*Why Not Capitalism*? 71（对科恩对乌托邦式理论化的辩护进行的令人满意的解释）：“如果你设想一个社会，其中人们有时会做错事，那么你就是在设想一个存在某些不正义的社会，并且因此在设想一个不那么完全正义的社会。因此，如果你关心正义的要求，你就必须问乌托邦会是什么样子的。”

尽管我对这些是如此无知，我回答说："这个电视剧挺好的。"

(ii) 有人问我认为下面这两个人谁是更好的人类：是莫汗达斯·甘地？还是被定罪的连环杀人凶手泰德·邦迪？我没有一套普遍的、抽象的德性理论。我不知道一个完美的人类会是什么样的，如果这样的一个概念可能存在的话。然而，我试着回答说，甘地比邦迪要好。

这些例子不是反常的例子；它们是有关人类判断的非常普通的例子。它们表明，评价——不管是绝对的评价还是比较性的评价，美学的评价或是道德的评价——通常都在没有参考任何关于完美的标准的情况下被做出。我在上述这两个例子中的回答都不仅仅是猜测或是盲目的确信。我知道《权力的游戏》是一个不错的电视剧，并且我知道邦迪比甘地要差。实际上我会将这些判断视为是能够对令人接受的普遍理论施加限定的：任何关于美学价值的理论或者德性的理论都必须将这样的判断容纳进来。

因此，如果理想理论的支持者们想要主张，关于正义的评价依赖于关于完美的理论，那么他们欠我们一个关于这个结论的实质性的论证。为什么对正义的评价要与对美学价值、德性等等的评价有那么大的区别呢？

C. "理想理论使得比较成为可能"

另一个为理想（完美）理论辩护的论证是，为了做出比较性的判断——例如，评价两种不正义中哪一个更加严重，我们需要关于完美社会的概念。在罗尔斯的观点中，我们部分上是通过理想理论提供的原则之间的优先性来做出这样的比较判断的。例如，由于关于正义的理想理论优先考虑个人自由，而不是平等的财富分配，因此，对自由权利的违背比不平等的分配要更加严重。[①] 更普遍地说，有人可能会认为，一项不正义的严重性事关不正义的实践或后果究竟在多大程度上偏离完美的正

① 见 Simmons, "Ideal and Nonideal Theory", 34："（相较于不那么严重的不正义）对更加严重的不正义的优先考虑可以通过对被当前不正义违背的理想理论的原则的词典式的优先次序来理解。"

义社会的实践或后果。

我对这个论证的回应从我先前的评论来看应当是明确的：这个论证依赖于一个认识论上的错误。当我判断邦迪比甘地更差时，我并不是通过参考一个完美的人类来做出这个判断的；我不具备这样的一个理论。当我判断《权利的游戏》是比《游侠》更好的电视剧时，我并不是通过参考一个关于完美电视剧的论述来做出这个判断的。当诺拉判断瘪了的轮胎是比车身的灰尘更加严峻的问题时，她也没有通过参考一套关于完美汽车的理论来做出这个判断。我们没有理由认为，比较性评价普遍上是通过参考对完美的理解而做出的，我们也没有理由认为关于正义的比较性的判断在这一方面是特殊的。

D. “今天的乌托邦是明天的现实”

参与对理想理论的讨论的另一个理由是，在今天看来是幻象的事情，可能会在有一天变为现实。因此我们有道理制定高目标。正如布伦南所说，在人类大部分历史中，暴力带来的死亡在过去更加普遍。如果一千年之前的人描述我们当今的社会，他们很可能将今天的社会视为是乌托邦。也许类似的剧烈的改进，在今天看来是过于乌托邦式的，但是会在未来变成现实。①

我和布伦南一样乐观：有一天我们的生活会比我们现在的生活更好。然而，我还是认为乌托邦式的理论化大体上是无用的。

现在来比较艾达在瘪轮胎故事中的假设，即，我们可能有一天会发展出反重力技术。这可能是正确的，但是这个可能性对于艾达和诺拉的旅程没有任何实践上的影响。反重力技术对于她们现在来说是无法获得的，并且她们也不知道如何使它变得可能。你可能会认为，她们当下的行为可能还是会影响她们在遥远未来的某个时刻获得反重力技术的前景。但是艾达和诺拉完全不知道反重力是否会变成可能，并且也不知道大体上它将如何变成可能。在这样的情况中，对于她们在今天做的某件事可能会以某种方式帮助或阻碍未来反重力技术的发展的判断是无意义的。对这样一个可能性的讨论并不会帮助她们解决任何困难，也不会帮助她

---

① Brennan, *Why Not Capitalism*? 71 - 72.

们追求任何她们可以理性追求的目标。

G. A. 科恩对于未来社会的判断也是一样的，其中，所有人都像在一个友好的野营之旅中那样互动。我们当下并没有那样的一个选项，我们也完全不知道它是否将成为可能，我们甚至也不知道大体上它将如何出现。在这个情况中，对这个可能性的讨论是没有意义的。它并不会帮助我们解决任何问题，也不会帮助我们理性地追求任何目标。

我认为未来充满希望：我们的遥远的后代将会过上比我们更加好的生活，这不仅会是因为技术上和经济上的进步而出现，它可能还会因为体制和文化上的进步而出现。但是我们无法对这些发展进行预测，我们也无法理性地试图帮助或阻碍它们实现。假定在公元1500年的某个人试图为2016年的世界做计划。这个人无法合理地猜测我们的社会会是什么样子的，甚至连大概猜测一下都不可能。因此，如果有人在公元1500年为二十一世纪制定计划，那些计划一定是没有价值的。这是因为，在过去的几个世纪中，变化发生的步伐急剧加快，未来的社会对于我们来说，比我们的社会对于公元1500年的居民来说，更加不可预测。因此，我们现在可能为未来制定的计划几乎一定是没有价值的。这里的重点是，布伦南对进步的可能性的普遍评论——即使这个评论是正确的——并没有为我们提供好的理由参与到乌托邦式的理论化当中去。

在过于遥远以至于无法被利用起来的可能性，与足够近以至于有价值的可能性之间，不存在一条鲜明的界限。我对于科恩的乌托邦是一个无意义的猜测的主张因此是一个主观判断：在我的判断中，一个社会主义于其中能够运作的社会与我们的社会相距甚远，以至于我们无法有效地对那个社会或者对达到那个社会的计划进行讨论。①

E. 严格服从理论的命运

以上的论证关注的是完美社会或完美正义的理论。我目前考虑过的

---

① 有人可能会疑惑，为什么我自己对无政府主义的辩护［*The Problem of Political Authority* (New York: Palgrave Macmillan, 2013), part 2］不是一种类似乌托邦的东西呢？答案是，无政府式资本主义系统并不要求对人类本性的变更；它与普通程度内的人类自私与冲突是兼容的——至少我是这样主张的。

三个论证以口号的形式来看分别主张（i）理想理论为我们制定目标，（ii）理想理论定义了正义，以及（iii）今天的乌托邦可能会是明天的现实。所有这些主张都是关于对完美社会进行理论化的必要性或价值。在这里明显缺乏的是对第二章所定义的严格服从理论的辩护。也就是说，上述所有论证都不是以下这样的一个论证，即正确的规范性政治原则应当通过下面这样的方式被明确下来，即通过询问每一个候选原则会在所有被公开承认的政治原则都得到完美服从的世界中带来什么后果。这个方法论上的主张似乎以一种听上去熟悉但是却完全不同的主张的方式出现了，即，我们应当以实现完美社会为目标。

关于后果在评价政治原则中起到的作用还有待商榷。但是如果我们要对后果进行考虑，为什么相关的后果是那些在一个所有公开采纳的原则都能够得到严格服从的世界中采纳一个原则会带来的后果呢？为什么相关的后果不是在我们这样的世界中采纳一个原则会带来的后果呢？

有些伦理学家支持规则后果主义，这个理论主张，正确的事永远是服从最高的道德规则体系，其中最佳的规则体系是这样一个体系，如果它被普遍践行，它将会带来最好的后果。[①] 类似这样的想法时不时会在普通的道德推理中被援引，例如当人们问："如果所有人都那么做了呢？"的时候。比如，你不应当穿过一个新建的草坪，即使这样做并不会在草坪上留下明显的印记，但是如果每个处在相似立场中的人都以相似的方式行动，那么草坪就会被毁掉。（但是需要注意的是，我们不需要通过支持纯粹的后果主义规则来意识到这种思路是有说服力的——有人可能会主张，如果每个人都做 x 是不好的，那么这就可以算作是不去做 x 的理由。）也许严格的服从理论是被这样相似的想法所促动的。

但是不管人们如何看待横跨草坪，似乎存在更加直接地相关类比能够展示严格服从理论是错误的。政治哲学中的严格服从理论事关对政治或法律原则的选择，这些原则要被公开承认，并且要通过国家得到执行。我们通常不认为这样的原则应当依赖于对这些原则严格服从的后果，与此相对的是这个原则的现实的可预期的种种后果。现在来考虑这样两个

---

① 见 Richard Brandt, *Morality*, *Utilitarianism*, *and Rights* (Cambridge: Cambridge University Press, 1992), chap. 7。

例子：

（i）应当存在这样一个规则吗？根据这个规则，法官必须避免处理那些包含他们自己的家庭成员的案例——例如，当一个法官的妻子是被告时，这个人不能做这个案例的法官。假定我们通过这个规则在一个所有被承认的正义原则都得到完全服从的世界上会带来的后果来评价这个规则。在这样一个世界中，法官永远是完全公平并且客观的，即使他们自己的家庭成员正在受审。因此，有人可能会主张，我们不需要这样的回避规则。

可能存在其他的理由支持为什么回避规则是一个好的想法，但是让我们先将它们放置一边。当下的要点是，对于我们不需要回避规则的主张的那个推理是完全没有说服力的，而这就是因为它依赖于对完全服从的预设。更加具有说服力的是这样一个论证，即因为我们事实上不能期待法官在处理包含其家庭成员的案例时是完全客观的，因此法官不应当参与到那样的案例中去。这是一个好的论证；它不能被我们单单规定对所有正义原则的完全服从而被否定。

（ii）对一个国家来说，关于毒品的政策应当是什么样的？假定娱乐性用药所带来的伤害超过了毒品带来的享乐，以及当毒品使用被法律取缔时被剥夺的自由。如果情况是这样的，那么这似乎会制造出使得国家取缔这些毒品的证明。

然而，这个证明似乎依赖于关于毒品的法律将会在很大程度上被服从的预设。事实上，这样的法律面临着大量的不服从的问题。在美国，这种不服从的后果包括（a）每年在执法上的数十亿的开支；（b）偷窃与暴力犯罪率的增加；（c）警察腐败的增长；（d）政府侵蚀公民自由的压力；以及（e）对将近五十万人的监禁，这严重地伤害了监禁者及其家庭。①

现在假定一个理论家通过坚持，重要的事情是一个政策在所有人都

---

① 见我的“America's Unjust Drug War”, in *The Right Thing to Do*: *Basic Readings in Moral Philosophy*, 5th edition, ed. James Rachels and Stuart Rachels (New York: McGraw-Hill, 2010), 223–236；以及 William Chambliss, “Another Lost War: The Costs and Consequences of Drug Prohibition”, *Social Justice*: *A Journal of Crime*, *Conflict and World Order*, 22 (1995): 101–124。

服从它的世界中可能带来的后果，从而回应禁令带来的种种问题。这无疑是错误的；重要的是可以被现实地预期的后果。

因此，在法官回避的例子和毒品政策的例子中，正确的政治上和法律上的规范是不能基于它们在一个严格服从的世界中会带来的后果而得到明确的。如果理想理论家们相信，对于一个社会的基本结构的原则是如此不同的，以至于它们应当基于它们在一个严格服从的世界中的后果而被选择，那么这些理论家欠我们一个对这个信念的证明。

五 乌托邦式的幻象

A. 无行动者的规范

至此，我仅仅批判了支持理想理论的论证。我现在要转向理想理论通常在哲学上被误导的种种方式。

第一个问题是，完美理论的理论家们通常被引导去阐明无行动者的规范，也就是，这些陈述在事实上表明的是某些事应当被做出，但是这些表面化的命令可以被合理地导向的行动者却是不存在的。我认为所有这些主张要么是错误的，要么是荒谬的：例如“应当”（ought）和“应该”（should）这样的谓语将一个可能的行动与一个行动者关联起来；除非存在某个要去做 x 的人，否则不能说 x 应当被做出。

通常来说，这些无行动者的规范是在名义上与社会相联结的（注意：不仅仅是与国家）；也就是说，社会被认为应当是某一种样子的，它应当采纳某些原则，或者应当带来某种后果。① 戴维·埃斯特伦德谈到了“所有人一起”应当做的事情。② 约瑟夫·卡伦斯的理论不仅仅规定了要被国家采纳的政策，它还规定了公众如何对那些政策进行反应——卡伦斯所倡导的是一整套内容，其中包括了政策和人们如何对它们进行反应。

卡伦斯的建议的主体会是谁呢？它的主体不会是国家，因为国家缺

---

① 见 David Estlund, “Human Nature and the Limits (If Any) of Political Philosophy”, *Philosophy and Public Affairs*, 39 (2011): 207-237, at 235-237。

② *Democratic Authority: A Philosophical Framework* (Princeton, NJ: Princeton University Press, 2008), 266. 埃斯特伦德（“Human Nature”, 217）还将卡伦斯系统视为一个有效的规范政治理论。

少践行它的权力。国家可以践行卡伦斯系统中它所能予以实施的那部分（也就是重新分配税收的体系），但是这样做将会是具有灾难性的，因为这个系统中的其他部分（也就是公民最大化税收前收入）是不会出现的。国家因此不应当在卡伦斯市场做它自己的那一部分工作。戴维·埃斯特伦德正确地指出，我们不愿意做 x 的事实不在普遍意义上让人怀疑我们应当做 x，不管我们对此的拒绝会是多么固执的。① 但是其他的行动者不情愿服从某些计划确实质疑了我们应当追求它的这一想法。在这个例子中，公众可能的反应解释了为什么国家不应当试图践行卡伦斯市场，以及为什么国家不应当在卡伦斯市场中发挥其作用，以及它不应当做任何相关的事情。

卡伦斯的理论也不能合理地让公民个体成为主体：例如，情况不是我应当使得卡伦斯市场出现，因为我无法这么做；情况也不应当是我（枉然）试图使得这个体系出现；情况更加不是我在这个系统中做我分内的事，等等。对这一点的理由不能赖于对我自己的行为的预测（就这一点，我再一次与埃斯特伦德持共同意见）——然而，它确实部分上赖于对他人行为的理性预测。我不应当试图践行卡伦斯市场，因为我知道我将不会成功地剧烈改变社会中的其他行动者的行为。

因此，只有在卡伦斯的理论能够同时让每个人成为主体，以及让每个人都加入其中的国家的时候，它才是有道理的。但是任何将社会作为主体的推定的规范，或者将所有人作为主体的规范，或者将所有人都参与的国家作为主体的规范，都是一个无行动者的规范：构成一个行动者的既不是社会，也不是所有人，也不是所有公民都参与其中的国家。

需要注意的是，我现在并不是在施加一个严格的个人主义的限定，这样的限定会说，只有个体才有义务，有行动的理由，等等。我并不是在否认集体行动者的存在，我也没有在否认，我们可以合理地谈论一个团体应当作为集体做些什么。例如，国家可以被看作是一个行动者；国家实施行动，有义务，等等。相似地，埃克森美孚公司，天主教堂，以及美国哲学学会，它们都是行动者。

但是，不是任何人们的集合都是一个行动者。我不知道一个集体行

---

① Estlund, "Human Nature", 207 - 214.

动者的要求是什么，但是似乎个体必须具有某种合理强健的与彼此协作的机制。这些机制可能包括对一个他们所属的组织进行正式决策的过程，或者甚至在一些例子中是不正式的规范。因此，一个非常小的社会——例如，一个原始的部族，或者一个合作社——可能是能够获得足够的团结，从而构成一个行动者的。

但是无疑的是，一个上百万人口的集合，其中大部分人对于彼此来说都是陌生人，并且其中不存在任何有效的协作机制，这个集合是不能构成一个行动者的。因此，谈论这样的一个集合体应当做什么，是没有道理的。例如，我们没有道理去谈论所有的美国人一起应当做什么。

现在，你可能会认为，一个社会的成员确实拥有必要的协作机制，鉴于他们有一个民主政府。我认为这样的提议是可疑的，因为我不认为国家（甚至是民主国家）可以合理地谈论一个社会。不过，即使我们将国家的存在视为是为社会奠定了集体行动者，我们仍旧需要认识到，国家的局限性决定了这个行动者的局限性。换一种说法，如果一个社会进行集体行动的方式是通过国家，那么一个社会能够带来的东西就受到了一个国家能够带来的东西的限制。换句话说，如果社会是通过国家进行集体行动的话，那么社会会带来的东西就局限于国家能够带来的东西。正如我们在上面所看到的，卡伦斯的提议并不能通过国家带来，任何一个要求严格服从的提议也不能通过国家带来。

我对于一个将政府作为主体的规范理论没有反对意见，不管依照这个理论，这个政府将会谨慎行事是如何不可能的。我同样也对将个体作为主体的理论没有反对意见——即使这个理论将所有个体都作为主体（也就是，每一个个体都是主体）——不管大部分个体谨慎行事是多么不可能的。我的反驳是，卡伦斯的理论不能将政府作为主体，不能将个体作为主题，也不能将其他的行动者作为主体；出于这个理由，它不能是一个正确的规范理论。

B. 疯狂的标准

理想理论趋向错误规范的方式还有另一种。对于描述完美状态的侧重使得理论家们倾向于提出规范的极端版本，其中，这些极端版本在众多温和版本中是被广为接受的。例如，慷慨大方这一德性以及对社会的好的关切，它们都是德性，然而自私是一个恶。理想理论家们因此倾向于将极端版本的利他主义视为道德理想，其中，一个行动者对他自身的关切不能比他对一个于他来说完全陌生的人的关切要多。我认为这是错误的。这不仅仅因为我认为我们不能使得人们变成那个样子；我不认为这样的一个人会是一个完美的人类。还因为我认为这样的一个人会是个疯子。

这个要点在电视剧《豪斯医生》中得到了戏剧化的体现。[①] 一队医生试图对病患本杰明·伯德进行确诊，他因为出现了无法解释的晕昏而被送进医院。伯德恰好是一个成功的商人，他几乎将自己的所有钱都用去做了慈善。在医院的时候，他遇到了另一个需要肾脏移植的病人，伯德于是提出捐出自己的一个肾。豪斯医生提出，不管伯德的状况是什么，他的状况必定有一个神经学的组成部分。亚当斯医生对此表示反对，她说：病人的大脑没有任何问题；他就是一个非常大方的人。

哈德利医生（也被称为“13”）于是与伯德进行交谈。她（伪造地）提到了她有多囊性肾脏的疾病，并且她需要肾脏移植。伯德立刻向她提供了自己的肾脏，于是出现了接下来的对话：

> 哈德利：但是你已经承诺将肾脏捐给别人了。
>
> 伯德：我还有另一个肾脏。拯救一个人的生命是好的；但是拯救两个生命是更好的。
>
> 哈德利：如果你捐赠两个肾脏，你就会死的。
>
> 伯德：通过透析我可以活好几年。
>
> 哈德利：是的……但是[illegible]后你就会死掉。
>
> 伯德：那之后我可以捐赠我的其他器官。心脏，肺……我可以再拯救四个或五个人。

哈德利缓慢地离开这个屋子，然后给另一个医生打了电话说，“这个

---

① David Shore (writer), Sara Hess (writer), and Greg Yaitanes (director), “Charity Case” (television series episode), House, M. D., season 8, episode 3, aired Oct. 17, 2011 (NBCUniversal Television Distribution).

人简直是疯了"[1]。

为什么这样一个病人会是个疯子，而不是一个非常有德性的人呢？理由不可能仅仅是因为他的偏好在统计上来说非常不寻常的。相反，我认为这里的理由是这样的。人类有一系列本能和情感，它们构成了人类动机系统的核心。正常的情感与本能范畴是非常广的，但它不是无限制的。伯德所展现的自我牺牲的程度超过了与一个正常运作的人类的动机系统相一致的程度。健康的人类有时会为了他人牺牲自己，但是这样的牺牲是受到爱的驱动而针对某些人的，而不是受到对全世界的全体功利的抽象重视的驱动。对于一个拥有好的生活前景的个体来说，这个个体最终受到驱动而向陌生人捐赠了他的心脏，肺，肾的唯一合理方式是他（a）有一个神经病学的特殊状况（正如在《豪斯医生》中的例子一样），或者（b）这个个体有一个与我们大大不同的动机系统，这个系统与我们熟悉的人类的本能和情感系统相分离。在这两个情况的任意一个情况中，我都认为这样的个体不是我们能够合理视为对于我们来说的理想人类。

极端的利他或极端的自私都是某种对于人类来说的病态。一个不那么极端的（但是仍旧是程度高的）利他主义是令人钦佩的，同样，一种程度不那么极端的（但是仍旧很高的）自私是令人厌恶的。在这两种极端之间，存在范围广泛的正常的动机体系。相较彼得·昂格（Peter Unger），如果你没能将收入的大部分用作慈善，即使这真会是客观上来说的最好的事情，你也不是一个糟糕的人。[2] 理想理论的危险在于它试图引导我们为人类动机建立一个病态的理想，然后因为我们没有满足不合理的理想而以不公平的方式谴责我们自己，既谴责作为个体的我们，也谴责作为一个物种的我们。这种自我谴责并没有使得我们变得更好，却使得我们变得郁闷。

C. 抽象化的危险

政治哲学中的理想理论通常依赖于非常抽象的哲学推理。罗尔斯正

---

① David Shore (writer), Sara Hess (writer), and Greg Yaitanes (director), "Charity Case" (television series episode), House, M. D., season 8, episode 3, 32: 44 – 34: 26.

② 我在这里指涉的是 Peter Unger's *Living High and Letting Die*: *Our Illusion of Innocence* (Oxford: Oxford University Press, 1996)。

是这样的一个典型：他自己在《正义论》中的核心论证依赖于高度抽象的主张，这些主张关于对正义原则进行推理的恰当限定，再加上一些抽象的规范性直觉，例如建立在道德上随意地特征上的资源分配的不公平。[①] 这样的理论应当从一开始就受到质疑，因为抽象的哲学推理通常来说倾向于是错误的。就这个话题的历史来看，当一个哲学家认为她对一个理论有一个具有说服力的抽象证据时，这个理论几乎永远是错误的。我们对此有所知，是因为就大多数话题来说，哲学家们为许多不相容的观点做辩护。因此，基于预测，我们没有理由认为发展一套抽象的正义理论会导致我们对于哪些政策或制度是正义的作出更加可靠的判断。西蒙斯担忧的是，不基于一个理论的行为就像是盲目地探索。但是相反，我们应该担忧的是，根据一个哲学理论来行动几乎就像在幻觉中探索。

一个批评家可能会反驳道，我现在也在依赖抽象的哲学推理，即使我正在反对依赖于抽象化的哲学推理。先前段落中的论证可推定地支持了一个这样的普遍哲学理论，即通常的哲学理论倾向于是错误的。

对此进行回应，需要注意的是，我并没有将那个主张作为起始的前提；我获得的结论是，抽象的、普遍的哲学理论倾向于是不可靠的，这是基于这样一点，即具体的经验证据几乎是不会出错的：历史上哲学理论之间的分歧正是一个例子。除此以外，我在这里得出的结论不需要建立在高度的自信之上，因为我所做的仅仅是对从理想理论中得出的结论做出质疑。如果你认为理想理论很可能是错误的，那么它就给你理由质疑建立在这样的理论之上的结论。

但是替代的选项是什么？难道我们应当放弃尝试对正义的要求进行明确吗？难道我们应当普遍地放弃哲学研究吗？

对于普遍的哲学研究来说，我不知道最好的结论是什么。但是对于政治理论来说，我建议我们可能需要发展出一个比一直以来被普遍践行的方法论更加可靠的方法论。这个更好的方法论将会建立在对具体事例的本质上不受争议的直觉之上，而不是建立在某个理论家认为有说服力的普遍的、抽象的原则之上。我将会在接下来的章节对此进行更多的讨论。

---

① Rawls, *A Theory of Justice*, 11 - 19.

六　非理想非理论之请愿书

A. 非理想非理论

在罗尔斯的分类当中，政治哲学包含两个部分：理想理论和非理想理论。理想理论试图描绘完美的正义或者完美的社会。在罗尔斯的观念中，非理想理论试图搞清楚我们如何能够获得理想理论描述出来的后果。

我想要提出另一个应对正义问题和其他社会价值的路径；我称它为“非理想非理论”。在非理想非理论中，相较于试图描绘一个完美的社会，我们试图描绘的是应当在实际上被采纳的政策和制度。我们不需要表明这些政策或制度将会带来乌托邦；我们仅仅主张它们可能比可选的其他选项要更好（这就是“非理想”的部分）。相较于诉诸一个普遍、抽象的对正义原则或其他社会价值的论述，我们诉诸关于特定事例的直觉（这就是“非理论”的部分）。

例如：先前在我对移民限制的立场上，我已经做过暗示。我认为这些限制是不正义的理由，简要来说是这样的。假定我碰到了一个叫马文的人，他试图去一个市场买一些他急需的食物。假定我有意识地、强制地阻止马文到达市场，结果是他会挨饿。排除一些特殊的因素，我的这个行动会是非常错误的。我不是从一个关于错误、权利，或者正义的普遍原则中推出的这一点；相反，这一点似乎是显而易见的。移民限制似乎是与这个行动可类比的：他们强制阻止有需要的人们到达他们通过与有意愿的伙伴进行贸易的方式而使得其需求得到满足的地方。除非存在某些我所没有注意到的关键的不可类比性，不然的话移民限定就是非常错误的。

当然了，对于这个论证，还有更多可以说的，并且我们必须考虑在马文的例子与移民限定之间可能存在的不可比性。但是目前的论证已经足以表明，我对于我们如何明确不正义的政策与制度是如何看待的；对于其他议题来说，我们可以给出相似的论证。[①] 需要注意的是，这个论证

---

① 关于移民的议题，见我的“Is There a Right to Immigrate?” op. cit. 我在我的“America's Unjust Drug War,” op. cit.；“Is There a Right to Own a Gun?” *Social Theory and Practice*, 29 (2003): 297–324; and *The Problem of Political Authority*, op. cit. 中将这个路径应用到了其他议题上。

没有通过提及完美社会的本性而得以发展；同样需要注意的是，关键的规范性前提是一个关于具体事例的在本质上不具争议的直觉。

关于恰当的具体事例的几个指导方针：重要的是读者对于这个事例具有明确的直觉，不同的个体大体上有相同的直觉，尤其是，这些直觉不与读者的特定的政治意识形态紧密相连。通常来说，我们必须援引一个在形而上学上可能的例子，但是我们不需要援引一个可能会出现，或者实际上从没有出现过的例子，鉴于读者对它抱有明确的直觉。对一个例子的熟悉可能会影响到我们调动明确直觉的能力，对于例子的描述的明晰度可能也会产生这样的影响。与依赖对于这些例子的直觉的普遍动机相一致的是，对例子进行相对具体的描述是重要的。因此，在上面讨论的例子中：马文走向当地的市场去买食物，如果我们仅仅是说“行动者 A 寻求获得资源 R 的途径”，这个例子将会丧失其有效性。

这种对政治理论化的路径与道德特殊主义有着明显的相似性，道德特殊主义表明，不存在不包含例外的道德原则，并且道德判断必须基于具体案例才能被做出。① 特殊主义者应当认为我在政治哲学上采纳的路径是有吸引力的。然而，我并不因此就一定承认道德特殊主义，因为我并不主张，不包含例外的道德原则就是不存在的。我仅仅主张我们现在不知道足够数量的具有丰富信息的普遍道德原则，因此不能以其为基础而对关于正义的政策和制度进行可靠的评价，我们也不处在能够轻易获得这样的知识的处境中；因此，就目前而言，更加可靠的路径是以与具体事例相类似的事例为基础做出评价，因为我们对那些事例是抱有坚定的直觉的。

B. 直觉是可靠的吗?

有些人主张，对具体事例的伦理直觉是不可靠的，因为这些直觉通常是不一致的，或者是被与道德不相关的因素所影响的。② 除此以外，由

---

① 见 Jonathan Dancy, *Moral Reasons* (Oxford: Blackwell, 1993).

② 见 See Peter Singer, “Ethics and Intuitions”, *Journal of Ethics*, 9 (2005): 331 –352; Unger (昂格), op. cit.; Joshua Greene, “From Neural ‘Is’ to Moral ‘Ought’: What Are the Moral Implications of Neuroscientific Moral Psychology?” *Nature Reviews Neuroscience*, 4 (2003): 847 –850. 对伦理直觉的普遍质疑，也见 Walter Sinnott-Armstrong, *Moral Skepticisms* (Oxford: Oxford University Press, 2006)。

于根据定义来说，直觉不是基于论证的，我们有理由担心它们可能仅仅反映了某个特定的理论家的偏见。尤其是就正义的课题而言，直觉可能仅仅反映了某个人的政治上的意识形态。

对此进行回应，首先让我解释为什么重点的可替代路径对这些担忧没有提供任何解决方案；之后我将简要地解释这些担忧应当如何得到最好的处理。

如果就具体事例，我们拒绝对伦理直觉的依赖，那么另一种能够获得规范性结论的方法论将会依赖于更加抽象的、理论化的主张。但是如果就这些例子的具有误导性的直觉支持了对这些直觉的怀疑论，那么是不是具有误导性的抽象的理论也支持对抽象理论的怀疑论呢？错误的具体直觉倾向于在特定的困难情况中出现，例如那些包含了在后果主义和义务论的行动理由之间存在冲突的例子，而不是像上述讨论的挨饿马文的例子。与此同时，就我们所知，大多数被严肃推举的抽象哲学理论都是错误的，其中有些理论的支持者认为这些理论是具有决定性地被证明过的。无疑，抽象哲学理论化看上去比对具体事例的伦理直觉的正确性要低。

就直觉会被意识形态影响的这一担忧来说，诉诸抽象的理论化并不会提供解决方案。[①] 那些从不同的意识形态取向出发的人们在他们对抽象哲学论证的优势的评价上抱有剧烈的分歧——例如，情况并不是，接触到罗尔斯正义理论的自由主义者们尤其被其说服；也不是说，接触到诺齐克的以权利为基础的论证的左翼理论家们尤其被其说服。抽象的规范理论，包括政治哲学中的大部分理想理论的成果，都没能克服偏见的影响；它们仅仅作为了表达偏见的工具。

那么，我们如何处理对关于具体事例的直觉之可靠性的担忧呢？我在别的地方对这个问题进行过讨论；[②] 在这里我将仅仅简要地表明，最好的路径是明确最普遍的偏见，这些最普遍的偏见会干扰我们对具体事例

① 对于这一点，存在一些例外：某些形式上的伦理直觉，例如对“比……更好”的传递关系是免于意识形态偏见的影响的，我在“Revisionary Intuitionism”, *Social Philosophy and Policy*, 25 (2008): 368 – 392, at 383 – 387 中对此有所讨论。

② “Revisionary Intuitionism”, op. cit.

的判断，避免使用那些展现了偏见的特定直觉，并继续依赖那些我们缺少特定理由对其保持怀疑的直觉。这个路径展现出了对种种挑战的敏感，但同时避免了在消除坏的方面时，把好的方面也一并去除了。

尤其对意识形态上的偏见进行处理时，我们应当努力从意识形态上中立的直觉出发对社会议题进行思考——也就是说，从那些会被大多数人分享的而不会受其政治上的倾向性影响的直觉出发。例如，自由派，保守派，自由主义者，无政府主义者，社会主义者，以及温和主义者，都能够同意我不应当强制不让马文去市场买食物；这个直觉因此对于政治论证来说是一个恰当的起点。它并不受到意识形态或其他偏见的攻击。

除此以外，我们应当注意避免在前文（章节 V）讨论的问题。在发展规范理论时，我们应当限制我们自己仅仅考虑表达给特定的、存在的行动者的提议，这样的行动者有能力使得被提议的事情发生。我们应当基于政策和制度在一个它们会得到现实程度的服从的世界中的被预期会产生的后果而对它们进行评价。我们必须考虑不服从的后果，这种不服从既可能发生在普通的公民身上，也可能发生在政府行动者身上。我们还应当仅仅采纳那些会被合理地正常的、心理上健康的人们所遵从的规范。

“现实的乌托邦”是什么以及不是什么

威廉·高尔斯顿（William·A. Galston）*
（译：朱慧兰）

摘要：政治理论不是纯粹的理论工作；它旨在是实践的和指导行动的。为了发挥这一作用，政治理论的要求必须是可能的，并且其采用的可能性标准必须适合于政治领域。由于人类在道德和正义上的能力各不相同，一个罗尔斯所理解的合理公正的社会绝对是不可期待的。尽管他有相反的担忧，我们并不需要一个公正社会的可能性来避免顺从和愤世嫉俗。一个自满的政治会阻碍可行的改善，一个具有乌托邦式理想的政治会以行善的名义造成伤害，在二者之间存在着一条具有原则性的道路。

关键词：政治可行性；理想理论；非理想理论；乌托邦主义；道德能力

一 政治理论与理想理论之对立

约翰·罗尔斯（John Rawls）将他的公正社会理论描述为“现实的乌托邦”，这一表述展现了规范政治理论的双重本质。一方面，理论寻求一种立场，从这一立场理论可以评价现有的政治安排并为之提供规范上有吸引力的替代方案。另一方面，这一立场和由此得出的结论必须通过一

* 作者为布鲁金斯学会治理研究教授。

个现实检验。如果要保持临界距离（critical distance），则现状不能成为我们的基准。某些事情可能是现实的，但不是实际存在的。但它至少必须是可能的，对指导政治理论的关于可能性的理解必须适合于政治领域。

我同意罗尔斯的现实乌托邦概念所隐含的一个假设：政治理论旨在指导行动。回顾一下《正义论》的著名开篇：

> 正义是社会制度的第一美德，就如真理是思想体系的第一美德。如果一个理论不为真，那么无论其多么优美和简洁，都必须予以拒绝或修改。同样，如果法律和制度不公正，无论其多么高率和安排妥当的，都必须加以改革或废除。[①][②]

如果我们能够获得关于正义的真理，这一真理不仅仅具有沉思性。这具有命令的力量（imperative force），来自于罗尔斯的“必须如此（must be）”。

这一政治理论观念不仅仅具有沉思性，还具有杰出的渊源。亚里士多德在《尼各马可伦理学》中说：“我们目前的研究与哲学的其他分支不同，具有实践目标；我们并不是为了了解美德的本质是什么而研究美德的本质，而是为了使我们成为有美德的人，否则我们探究的结果就毫无用处”[③]。亚里士多德所理解的政治理论同样属于实践哲学这一类。

近年来，出现了一种关于政治理论的替代观念，即纯粹是寻求真理和沉思，有时被称为“理想理论”。根据艾伦·哈姆林（Alan Hamlin）和佐菲亚·斯滕普洛斯卡（Zofia Stemplowska）的说法，理想理论具有独特目的，即“确定、阐明和澄清一个或多个理想的本质”，并探讨诸如可比较性、优先性以及多种理想和原则之间的取舍等问题。与旨在塑造社会安排的理论不同，理想理论无须考虑可行性。[④]

出于与亚里士多德对柏拉图形式理论的批判有关的原因，我不认为

---

① John Rawls, *A Theory of Justice* (Cambridge, MA: Harvard University Press, 1971), 3.

② John Rawls, *A Theory of Justice* (Cambridge, MA: Harvard University Press, 1971), 3.

③ Aristotle, *Nicomachean Ethics*, II. i. 7.

④ Alan Hamlin and Zofia Stemplowska, “Theory, Ideal Theory, and the Theory of Ideals”, *Political Studies Review*, 10 (2012): 53.

理想理论是一个独立的理论。[①] 例如，对正义进行这样的独立于任何立场的思考能够产生确定的结果，这一点是值得怀疑的。考虑三个熟悉的概念：正义的行为、正义的人和正义社会。形容词“正义的”在这三种情况下并不表示相同的意思，这反映了形容词所形容的名词之间的差异。如果没有对一个社会是什么这一问题的理解，我们就无法研究正义社会的本质，而这种理解将包括对一个社会可以成为什么样的局限性的某种说明。简而言之，我们不能在不提出可行性问题的情况下发展公正社会的观念。这就是为什么罗尔斯坚持他所追求的乌托邦必须是“现实的”这一点是正确的。

尽管我觉得理想理论是行不通的，但是本文的论证并不依赖于这一前提。相反，我的重点是将政治理论理解为实践哲学，可以作为行动指导。在这一领域，即使是理想理论最坚定的捍卫者也承认现实可能性的问题是不可避免的。

二　可能性的种类及其在政治理论中的角色

可能性的某些领域是没有问题的。我假设，每个人都会同意这一点，即如果 X 在逻辑上不可能，则在政治上也是不可能的。令人惊讶的是，这一原则在政治理论上确实发挥了某些作用。例如，假设一个乌托邦的观念除其他特征外，还包括两个原则：第一，每当一项提案可以使某些人的生活变得更好，而不使任何人的生活变得更糟时，社会应该接受并实施这一提案。第二，至少某些个体选择不应受制于集体决定。阿马蒂亚·森（Amartya Sen）在一篇著名的文章中证明，在一定的背景假设下，这两个特征是相互矛盾的：社会要么采用帕累托原则（Pareto principle），要么采用自由原则，但不能同时体现两者。[②] 社会选择理论的其他公认的

---

① Aristotle, *Nicomachean Ethics*, I. vi. 1 - 16. 我也没有被科恩（G. A. Cohen）的伪柏拉图命题说服，即最基本的规范性原则（包括正义原则）必须是不反映事实的原则。关于为什么我没有被说服的原因，请参看 William A. Galston, “Realism in Political Theory”, *European Journal of Political Theory*, 9, no. 4 (2010): 405 - 406.

② Amartya Sen, “The Impossibility of a Paretian Liberal”, *Journal of Political Economy*, 78, no. 1 (1970): 152 - 157.

结论对可能的乌托邦有类似的逻辑约束。

可能性的另一个无争议的领域是法理学。我假想每个人都认为与自然基本规律的相容性标志着乌托邦与科幻小说之间的分界线。（想象一个被提议出来的乌托邦，其经济安排取决于永动机的存在。）当然，科学的进步和新发现常常会取代长期存在的真理。尽管如此，有些法则对于我们了解世界的运作方式仍然至关重要，只要没有证据表明这些法则值得怀疑或不应该被相信，我们就不能够忽视它们。

第三个没有争议的领域是生物学。我们是具有独特生理结构的有机生物，任何关于人类社会的理论都必须考虑到我们物种的这些基本特征。这样的推测很有趣：如果我们通过光合作用而不是通过摄取食物来使自己获得营养，社会安排将有何不同。我们所知道的农业部门将不复存在；烹饪艺术也不会（或者，我害怕的餐桌上的交谈也不会存在）。这种与事实相反的思考有理论上的效用，并说明我们社会生活的基本特征为何如此。但是它们将没有实践或规范的用途，因为这些特征除了是它们实际本来的样子，不可能变成其他的样子。

可以肯定的是，人们长期以来一直认定的基本生活的某些特征实际上是可变的。自从历史的开端以来，人们一直认为受精和人类生殖只能以一种方式发生，而神圣的干预是不孕症的唯一治疗方法。（许多圣经故事都基于这种假设，欧洲君主制历史上的一些重要时期也是如此[①]）体外受精的发明以及其他生殖技术扩大了可能的范围，这些变化产生了重要的社会影响。与此不同的是，长期以来被认为根植于人类生物学的社会角色的性别差异实际上更多的是社会构建的，而不是性别本质主义者愿意承认的。

因此，对于人类生活的某些特征是不可改变的这一假设，我们必须谨慎。但是只有当我们有好的理由怀疑科学的进步或社会变革会影响我们先前认为是固定的人类生物学的某些方面时，我们的态度才应该从谨慎变成怀疑。从摄入到光合作用的转变不是其中之一；众所周知，农业

① 关于一个精彩的例子，请参看 Jennifer Gordetsky et al.，"The 'Infertility' of Catherine de Medici and its Influence on 16th Century France", *Canadian Journal of Urology*, 16, no. 2 (2009): 4584 – 4588。

是人类生活中不可或缺的一部分。

如果本质上我们争论的不是政治理论中逻辑、法理和生物学的可能性的角色，那么当我们讨论可行性条件在理想理论中的角色时，我们在争论什么呢？

三 可能性的观念

争论的一个维度是适合政治领域的"可能性"观念。

康德在《理论与实践》中写道："存在着这样的想法，即迄今不成功的事物永远不会成功。这样的想法甚至不能辩护任何人放弃务实或技术性的目标。"他继续说道："这一结论甚至更适用于道德目标，相当于职责，只要实现这样的目标并不是可证明不可能的。"① 正如朱胡莱卡（Juhu Raikka）观察到的那样，这种可能性的观念深刻地影响了当代政治理论家，特别是那些通过康德或罗尔斯受到启发的人。②

对于某些领域来说，"不是可证明不可能的"可能是一个适当的可能性观念，但政治并不是其中之一。证明"X是不可能的"几乎是不可能的。根据我们对证明标准理解的严格程度，它只能排除逻辑上的不可能；科学探究可以而且确实经常修改完善的自然法则。即使我们将证明的想法扩大到包括基于我们没有理由怀疑的科学法则的前提，它仍然只是排除几乎与政治无关的标准。此外，它必定是不充分的（underinclusive），除非有人认为不可能的领域仅包括那些可以被证明如此的事情。我们知道，即使对于公理化的数学系统也并非如此，因此我们没有理由相信这对政治来说是正确的。

证明是一个并没有程度的标准。你只能证明一个命题或者是没有证明这一命题。它排除了所有关于可能性（probability）的考量。正如戴维·埃斯特伦德（David Estlund）正确地指出的："应该并不蕴涵合理地

① "俗话说，理论上可能是真的，但在实践中却不适用", in Hans Reiss, ed., *Kant's Political Writings* (Cambridge: Cambridge University Press, 1970), 89。

② Juha Raikka, "The Feasibility Condition in Political Theory", *The Journal of Political Philosophy*, 6, no. 1 (1998): 32.

可能的。”[①] 这并不意味着我们有义务去追求极不可能的目标。在某种程度上，成功的不可能性的程度和我们的道德义务是相关的，特别是当对道德目标的追求蕴涵着道德成本时。

即使当不可能依赖于人类动机的特征时也是如此。为了便于讨论，假设列宁和斯大林本能够建立一个纯粹的共产主义社会，如果这一系统成功地创建了一个新苏维埃人民群体，这一群体的唯一愿望是最大化由政党领导人所定义的总体福祉。平等、社会和谐和公民精神方面的潜在收益可能是可观的。但是，创造这样一个群体的不可能性完全足以消除采取这种政策的任何义务。（我认为，尝试的成本如此之高，以至于足够禁止进行这样的尝试）

不可能的后果远远超出了人类的动机。例如，科学证明是可能的某些事情实际上是如此不可能，以至于我们将它们纳入我们的考量之中是疯狂的。想象一个盒子里面装满了两种气体，A 和 B，由一个不可渗透的隔板隔开。如果我们将这一隔板抽开并等待一段适当的时间，则几乎可以确定 A 和 B 在整个盒子中的随机分布。所有 A 分子和 B 分子保持分离的可能性（probability）非常低。但这种可能性并不是零。[②]

现在假设 B 是致命的，即使在 A 和 B 随机分布的浓度下也一样。存着侥幸心理认为随机运动把所有的 B 都留在了另一边，来闻一下 A 最初位于盒子的那一侧是疯狂的。即使一个邪恶的恶魔向你保证——如果你嗅一次而且没事的话，康德式永久的和平（或者如果你更倾向的话，罗尔斯的万民法）将成为人类的永久环境，而且在任何其他情况下这都不会发生——你也没有义务这样做。当实现道德目标变得充分不可能时，就不存在责任。

我同意埃斯特伦德的观点，我们应该拒绝他所称的“自满的现实主义（complacent realism）”[③]。如果理论仅描述和认可现状，那么毫无疑问，这样的理论是无用的。他想捍卫这样一种理论，即“将现实世界的

---

① David Estlund, *Democratic Authority: A Philosophical Framework* (Princeton, NJ: Princeton University Press, 2008), 265.

② Reza Abbaschian and Robert Reed-Hill, *Physical Metallurgy Principles: SI Version* (Boston: PWS-Kent, 1992), 200.

③ Estlund, *Democratic Authority*, 259.

标准保持在比其实际所能达到的更高的水平上"①。我怀疑我们都想这么做。关键问题是，为什么现实世界不能满足这些标准。

有三种具有希望的解释。一是缺乏理解或想象力：如果人们可以被说服他们以前没有考虑过的某些改变是可能的，那么他们就能够接受这些改变。另一个是人们对其他人或不熟悉的社会安排怀有偏见，时间和劝说可能会改变这样的偏见。美国人民很快改变了对同性恋权利和同性婚姻的看法，这主要是因为他们对同为公民的同性恋者更加熟悉，并且对反对平等权利的主张越来越感到不适。第三种可能性是，不平等权力的关系使某些人可以压迫他人或以他人的利益为代价来促进自己的利益。再次说明，明智的政治策略有时可以带来根本的变化。一旦《投票权法》赋予了非洲裔美国人权力，南方的白人政客别无选择，只能将其纳入考虑范围，而改变的实践导致态度转变。

在这种情况下，世界未能达到更高标准的理由被证明是可塑的。今天不可行的事情可能在明天或后天可行。在这种情况下，要求不高的规范成为可实现的道德进步的敌人。

这种道德上的可能性激励这位成为美国最伟大的总统的人。在与斯蒂芬·道格拉斯（Stephen Dougla）的辩论中，亚伯拉罕·林肯（Abraham Lincoln）对《独立宣言》做出了令人难忘的解释。林肯说，当它的作者断言所有人都是平等的时，他们知道并不是所有人都会很快地接受这种平等，或者很快就会这样做：

> 他们的目的仅仅只是宣布权利，以便在情况允许时尽快执行该权利。他们的目的是建立一个所有人都应该熟悉的自由社会的标准准则——即不断地寻求，不断地为之努力，尽管从未被完美地实现，但不断地向其靠近，从而不断地传播和加深其影响力，并增进对所有人的幸福和生命的价值，对世界上所有人来说都是如此，无论他们的肤色。②

---

① Estlund, *Democratic Authority*, 262.

② 亚伯拉罕·林肯，关于德雷德斯科特决定的演讲，斯普林菲尔德，伊利诺伊州，1857年6月26日；对于最后一次林肯－道格拉斯辩论中的重复，奥尔顿，伊利诺伊州，1858年10月15日。

林肯假设或希望，道德平等原则会改变世界各国人民的信仰和情感，朝着该原则的进步将引发良性循环，从而导致进一步的进步。经验证明了他的信念，即根深蒂固的偏见具有可塑性。（这也表明，如果不是被强迫，有些人不会改变自己的行为。）

但是，人类的所有与道德相关的特征是否与他们的信仰和情感一样具有可塑性？一些个体能够到达高要求的标准，这是一个为真的命题。人们往往倾向于从这一命题推理得到这样的结论，即所有人能够达到高要求的标准，并以此为基础塑造现实的乌托邦概念。未经审查的背景假设是，人类具有实质上平等的道德能力。但是，在有太多证据反对这一假设的情况下，我们为什么要接受它呢？

考虑一下将手榴弹扔进一个散兵坑的情况。我们知道，个体有可能会跳进这个坑里面，在牺牲自己的同时挽救他们的同志。我们还知道个体这么做是高度可值得意愿的。但是，我们既不希望所有人都以这种方式行事，也不认为没有这样做是道德缺陷的标志。相反，我们为这样行动的个体提供特殊的（通常是死后的）认可。

同样，一些公民会有规律地根据他们所理解的什么对国家最有利来采取行动，而不论这样做对自己的福祉有何影响。献给他们所有的尊敬。但是，在什么意义上期望每个人都应该这样做是合理的呢？是的，可以想象一个人们的确是这样的世界，这个世界看起来比我们生活的世界更具吸引力。但是那个世界相当于一个自我封闭的数学系统，其中的结论是根据公理得出的，但与该系统之外的任何事物都没有关系。

如果你正在寻找一位攀登崎岖不平的山脉的登山者，那么对他来说可行的事情对其他人来说将太困难了这一事实并不重要。但是，如果你要带领一个多元化的团队远足，那你就不能从处于最佳状态的人那里汲取经验。一个身材走形的退休人员跟上一个苗条又健康的大学生可能不是绝对不可能的，但是其不可能的程度已经足够将其排除作为整个团队的行动基础。对某些人可能的事物并不意味着对所有人都可能。

因此，对于被认为在所有人或者几乎所有人能力之内的行动以及不在这一范围之内的行动，社会作了粗略和可使用的区分。道德要求仅限于前者，而后者则构成了对人类卓越和超道德的行为的社会理解。一个社会希望或积极创造条件来发展非同寻常的能力并不是不切实际的乌托邦；但是，期待道德或者是其他方面的卓越品质会遍及整个群体是一种乌托邦。

X（对一些人）既是可值得意愿的又是可能的，这一命题并不保证这样的结论，即一般情况下 X 应该成为个人或制度的理想标准。榜样不应为普通人树立标准。政治共同体由道德能力明显不同的主体组成。这就是为什么超道德的范畴在政治理论和道德理论中都能发挥实际作用。

当然，我们不需要满足于人们实际的样子。政治共同体证实了许多政治理论家的主张：以道德为基础的公民教育可以有所影响。但是它的功效是有限的。即使我一生致力于体育锻炼，我也永远不可能四分钟内跑一英里。仅有一小部分人一开始就拥有卓越的跑步能力，通过专业的培训可以得到发展。同样，有些人具有利他或奉献于共同利益的非同寻常的能力。但是没有理由相信最好的公民教育形式能够使这种行为在整个群体中普遍存在。

亚里士多德在《政治学》中指出："属于大多数人的共同财产受到的关注最少：他们首先考虑自己的事情，而很少考虑共同的事情，或者只考虑属于自己那一部分的事情。关于别的事情，他们以有其他人在考虑为理由而不重视……"① 尽管有些主体对公共空间的关注与对自己的区域的关注相同，但没有理由期望大多数人在大多数时候对什么是他们的、什么不是他们的不进行区别对待，无论我们考虑的是有形财产或孩子，现实的乌托邦将这一点纳入考量。

民主公民身份也是如此。埃斯特伦德说："我们并没有理由相信如果选民排外性地只关注自己的利益或与他们特别接近的人的利益，民主程序会带来灾难以外的东西。"② 我同意，但关键词是"排他性地。"要求选民重视自己的利益或与其亲近的人和爱的人的利益的程度，不应该大于他们重视其他公民的利益的程度，这是错误的乌托邦主义。大多数人在大多数时候都会在某种程度上按照自我偏好采取行动，并且在一定范围内他们这样做是没有错的。挑战在于在自我偏好和公民意识之间定义一个高要求但合理的平衡。

---

① Aristotle, *Politics*, II. 3.

② Estlund, *Democratic Authority*, 268.

两种考虑因素决定了这种平衡。首先，一定程度偏向于对自己和家人的幸福感是道德上可辩护的。作为公民，我们有义务重视共同体中所有儿童的利益，但我们没有义务赋予他人的孩子同我们孩子利益同等的重要性。其次，无论我们希望什么，或者无论道德理论的内容是什么，一定程度的自我偏好来自于我们的本性。我们可以通过反思和选择来限制它，但是我们不能希望消除它。因此，选民应该问的问题不是一成不变的"作为一个共同体我们应该做什么?"而是"我们应该怎么做才能符合可得到辩护的自我利益?"

鉴于这一点，我认为我们可以理解和应用欧若拉·奥尼尔（Onora O'Neill）在抽象和理想化之间的重要区分。她这样刻画这一区分：

> 直截了当地来说，关于讨论中的事物的来说为真的谓述，抽象是归类（bracketing），而不是否认（denying）……理想化是另一回事：它很容易导致真值为假的情况。假设及其衍生的理论在赋予谓述时会进行理想化——经常是增强的、"理想的"谓述，而且这些谓述对于相关的情境来说是为假的，因此会拒斥对于这一情境来说为真的谓述。例如，如果假定人类具有人类甚至实际人类都明显无法实现的进行理性选择、自给自足或独立于他人的能力，那么结果就不仅仅是抽象；这是理想化。①

经验理论和规范理论都存在一个问题，即与事实相反的前提常常导致不合理的结论。例如，经济学家经常假设主体是理性的、以自我利益为导向的并拥有所有相关信息。可以在此基础上构建优美的理论，但是它们产生的预测可能会错得很离谱。通过结合更现实的假设，例如违反理性的认知扭曲和动机倾向，行为经济学可以更准确地说明我们实际做出的决策。

正如安德鲁·梅森（Andrew Mason）所建议的那样，确实可以通过将理想化表现为反事实来消除理想化虚假的污点：如果我们在经济学家

---

① Onora O'Neill, *Towards Justice and Virtue: A Constructive Account of Practical Reasoning* (Cambridge: Cambridge University Press, 1996), 40 - 41.

所说的意义下是理性的（即使我们不是），那么将会有什么样的预测呢?[①]这个问题产生的答案可能具有理论意义。但是，如果我们有好的理由相信反事实不能成为现实，那么这些答案既没有经验上的意义，也没有规范意义。"如果我们都愿意采取公正的行动，只需要就正义原则达成共识，那么正义是什么?"这是一个有趣的理论性的问题。但是，由于这种假设是深刻而永久的反事实，它不能为我们所知的政治得出合理的结论，更不用说可行的结论了。我们所理解的政治是这样的：在政治领域中大多数人的动机不完美是不可矫正的。

正如佐菲亚·斯滕普洛斯卡（Zofia Stemplowska）所建议的，通过在我们的规范理论中假设"虚构"，我们也可以学到"某些约束对于塑造我们认为理想或公正的事物至关重要"。例如，"假设人性比我们认为的更具可塑性，这将使我们看到相对僵化的人性的观念如何塑造我们认为公正的事物"[②]。这在理论上是有意义的，但是，如果我们有充分的理由相信关于更大可塑性的假设是极度反事实的，那么我们没有理由接受可能产生的结论的规范约束力或指导行动。

不切实际的乌托邦式的政治理论常常忽略"什么对于一些人是可能的"和"什么对于所有人是可能的"之间的区别。在捍卫他的"不具希望的现实主义"观念时，埃斯特伦德说，即使有好的理由相信，一个良好社会的愿景在实践中永远不会实现，它仍然可以作为规范标准：

> 想象的理论只是在构想事物能够如何或者应该如何的景象，即使认识到事实不会是这样子。因此，例如，假设该理论提出了民主的观念，其中公民在公共和私人领域都具有美德，并相应地设计了制度，因此在想象的世界中，法律是正义的，权利得到保护，弱势群体得到了照顾，等等。很明显，这是不现实的。但是，我们不是说这样的要求超出了人们实际上的行为；自满的现实主义是毫无价

① Andrew Mason, "Rawlsian Theory and the Circumstances of Politics", *Political Theory*, 38, no. 5 (2010): 663.

② Zofia Stemplowska, "What's Ideal About Ideal Theory", *Social Theory and Practice*, 34, no. 3 (2008): 327 – 328.

> 值的约束。我们也不是说这在道德上是乌托邦式的。假设这一理论中包含的美德标准人们都有可能达到。人们能够拥有美德，只是实际上并非如此而已。他们的失败是可以避免的，而且是应该受到谴责的，但事实上，这也是完全可以预见的。到目前为止，该理论没有明显的缺陷。就我们所说的而言，这一理论对人们和制度所设的标准可能是合理和正确的。即使他们可能做到，但人们实际上不会达到这样的标准这一事实是人们的缺陷，而不是理论的缺陷。[①]

以上的言论中，关键假设似乎是，所有公民都可以在所要求的意义上在公共和私人领域具有美德，这种美德不仅存在于文明危险时刻，而且是稳定持久的。我否认这一点。我可以证明我的否认是正确的吗？当然不能够；我没有通过康德的测试。但是那又怎样呢？这并不是正确的测试。提供证据的负担在于作出以下断言的人：根据记录的历史开始以来大量人类经验，我们的观察被证明与建立合理的人类可能性极限无关。[②]

假设大多数人未能达到模范主体可以达到的标准就是"人的缺陷"，这种假设很危险。这种表述为旨在使人们变得比实际的样子更好的政治计划敞开了大门——同时为在人们无法（不可避免地）达到该标准时采取越来越严厉的措施敞开了大门。[③]

承认道德能力的不平等是人类境况的永久特征，并不是要放弃甚至也没有危害人类平等原则。尽管道德能力存在差异，我们仍可以继续将人类的道德价值视为是平等的，或者，如果你愿意，人类也享有同等的

---

① Estlund, *Democratic Authority*, 264.

② 我感谢匿名审稿人指出埃斯特伦德可以采纳我关于道德不平等的论点，并构建一种将这些差异考虑在内的不具希望现实主义的版本——例如，通过描绘一个所有公民在公共和私人场合都一样做到他们能够具有美德的程度的社会。这就提出了一些关于公民教育的局限性以及可以在多大程度上意志软弱能够被纠正的有趣的问题。但这些是另一篇论文的问题。

③ 假设我们所有人都存在无法弥补的缺陷，而我们作为个体和公民的任务就是在这些限制条件下尽力而为，这一假设在政治上远没有那么危险。正如尼布尔（Niebuhr）所坚持的那样，如果我们都是罪人，我们应该对自己的成就保持谦虚，容忍他人的缺点——并以我们对社会进步的期望来衡量。话虽如此，尼布尔并非对美国社会的弊端感到自满，他所启发的他那一代的自由主义者也并非如此。

基本权利。[1] 我们不平等的方面影响着我们对政治生活的合理期望，以及在一定程度上，我们应该如何塑造我们的政治体制。这些不平等不允许某些人认为其他人的价值较少或使其处于结构上的从属地位。正如托马斯·杰斐逊（Thomas Jefferson）所理解的那样，民主和能力不平等在理论上和实践上都可以并存。

四 人性

正如约翰·罗尔斯比他的许多追随者都理解得更好，政治理论并非始于《正义论》。理想政体（乌托邦）的建构至少可以追溯到柏拉图的《理想国》。在至少五百年中，思想家一直反对这种做法。正如马基雅维利（Machiavelli）在《君主论》中所说的那样："在我看来，追寻一个事物真正的事实比想象它更合适；因为许多人描绘了共和国及公国，但实际上从来没有人知道或者或见过，因为一个人实际生活的方式与一个人应该生活的方式相去甚远，以至于为了应该做的事而忽略了已经做到的事，如此他摧毁的比他保留的还快。"[2] 马基雅维利的逻辑很简单：因为在政治领域上，邪恶的远多于美德，而且因为美德限制了我们为增进自己的利益而被允许做的事，有美德的主体相比起那些较少道德顾忌的人注定会失败。我们不能够被要求来共同谋划自己的失败；我们应该做的事情在很大程度上取决于我们的道德环境，而在道德环境中，不道德行为占主导。

推测马基雅维利会对罗尔斯的理论有何反应是有趣的，尤其是对这样一个假设的反应，即我们几乎所有人都拥有一种足以确保遵守我们大家都接受的正义原则的正义感。我怀疑佛罗伦萨（Florentine）会问为什么有人会作这样的假设，以及为什么那些做出这一假设的人认为其含义

---

① 正如一位审稿人指出的那样，我们如何将这些想法整合在一起仍然令人费解。这个难题引发了我在这里无法充分解决的问题。我倾向于相信熟悉的表述，例如"每个人都被视作为一个单位，没有人可以被视作比一个单位更多"，从中我们可以捕捉到一种直觉，而这种直觉不会被道德能力的不平等所驳斥。如果是这样，那么同等道德的重要性（weight）可能比同等道德的价值（worth）更接近标准。

② Nicolo Machiavelli, *The Prince*, chapter XV.

应在现实世界中约束我们。

无论这种批评的优点是什么，当罗尔斯将其正义理论描述为“现实的乌托邦”时，他提及这一批评，或者至少不屏蔽这一批评，这暗示着也可能存在不现实的乌托邦。他提供了将两者区分开的标准的一般说明。受到休谟的影响，在《正义论》中，他将“正义环境”描述为包括适度稀缺的假设：“自然资源和其他资源并没有丰富到合作计划变得多余的程度，同时条件也没有艰苦到富有成效的事业必然会失败的程度。”[①] 简而言之，正义的政治共同体需要合理有利的物质条件，这种条件在某些情况下会得到实现，而在其他情况下则不会。在《万民法》中，罗尔斯受到卢梭的影响，卢梭的《社会契约论》按照“以人类实际的样子和法律可能的样子”进行。罗尔斯说，“人类实际的样子”的限制“指的是人的道德和心理本质，以及该本质在政治和社会制度框架内的作用”[②]。

那么，可以从三个维度确定现实和不现实的乌托邦之间的区别。前两个相对没有问题。无论在撒哈拉以南非洲最不幸运的地区情况如何，适度稀缺似乎是对欧洲和北美情况的合理描述。尽管法律的性质和环境对法律的内容施加了一些限制，但我们大多数关于法律的内容的争论都应该在这些限制范围内进行。可以肯定的是，在特定情况下，政治力量的平衡可能会导致值得意愿的法律改革是不可能的，但这很难排除随着共同体政治环境的变化而使改革成为可能的可能性。三十年前，同性婚姻合法化似乎是不可能的；今天却是不可避免的。法律的可塑性反映了公共意见和政治安排的可塑性。

正是“人类实际的样子”这一原则起了最大的作用，也引起了最多的争议。正如罗尔斯所说，“卢梭当然不是说他现在所看到的人们的样子，即具有腐败的文明的所有弊端和习性［如《第二卷》（Second Discourse）中所述］。相反，他的意思是作为按照人类本性的基本原则和倾向行事的人类”。但是卢梭（或我们）如何确定这些原则和倾向？罗尔斯继续说道：“这些原则和倾向作为参考，我们可以根据这些原则和倾向来解释美德和恶习、目的和愿望、最终的目的和欲望——总之，人们在不

---

① John Rawls, *A Theory of Justice* (Cambridge, MA: Harvard University Press, 1971), 127.

② John Rawls, *The Law of Peoples* (Cambridge, MA: Harvard University Press, 1999), 7.

同的社会条件下所具有的特点。"①

这些特点与社会条件之间的联系为罗尔斯的底线提供了线索。在公认的对卢梭的乐观解读中，罗尔斯认为人类本性上是善良的。他说："说人的本性为善"，就是说"在合理和公正的制度下成长的公民……将遵循这些制度、以此采取行动，以确保其社会世界持续存在"。因此，生活在一个公正的社会中，就足以从人类欲望的泛滥中消除反社会情绪。当罗尔斯坚持认为公正的社会安排可以保持稳定，因为这些社会安排可以凭本身获得支持，以上就是罗尔斯想要表达的部分意思。

卢梭将自爱（amour de soi）（对自己的利益的关心）和自尊心（amour propre）（相对于他人的，对于自我地位的关心）区分开来。卢梭的解读者经常把后一种关心看作是对更高的地位、尊敬、本质上稀缺的地位资源的欲望的来源，这些欲望引发了无休止的社会冲突。罗尔斯坚持认为，这种解读是对卢梭的误解。自尊心有两种形式，自然的和不自然的或"变态的"。前者是"对与他人关系中的安全、牢固的地位的自然关注，包括对他人平等接受的需要"。后者的不自然的自尊心形式表现为"虚荣和傲慢等恶习，渴望超越他人并支配他人，并受到他人的钦佩。"罗尔斯总结说，这是不自然或变态的自尊心，它是"要超越他人，并使他们处于低于我们的位置"②。

自尊与承认与他人是平等的是完全相容的，因此与处于公正的社会安排的核心的互惠也是相容的。只有追求平等的荣誉的愿望是与生俱来的，因为自尊是人类的一项基本善。渴望统治别人并被认可为优于他人的愿望是有缺陷的社会制度的结果，也是破坏性的竞争的结果。③ 我们不必陷入为物质和社会优越而进行的无休止的斗争；对平等的渴望植根于人性。④

罗尔斯意识到这些关于人类和社会可能性主张听起来可能是过于乐观的。他预料到这种批评，因此引用了卢梭在《社会契约论》中的断言：

---

① John Rawls, *Lectures on the History of Political Philosophy* (Cambridge, MA: Harvard Uni-versity Press, 2007), 215.

② Rawls, *Lectures on the History of Political Philosophy*, 198 – 199.

③ Rawls, *Law of Peoples*, 34 – 35.

④ Celine Spector, "John Rawls's Rousseau: From Realism to Utopia"（作者自存档的论文）。

"道德事务中可能性的局限比我们想象的要窄。是我们的软弱、恶习和偏见缩小了这一范围。"[1] 但罗尔斯承认，他采用了卢梭关于人性的观点中唯一避免了极端悲观主义的解释。如果我们接受这一许多卢梭学者所赞成的观点，即不自然的自尊心不可避免地是人性在社会中出现的样子，那么"社会契约中所描绘的那种政治社会就完全是［即不切实际地］乌托邦式的"。如果人性不是自然地倾向于平等的，那么一个由正义原则构成的，例如由作为公平的正义构成的平等主义社会就变得"行不通"。[2]

对此我们应该怎样看待？

一方面，罗尔斯的乐观主义在一定程度上显然是有必要的。改革者一遍又一遍地证明，不公正可以被克服，社会可以变得更好。因为抱有根深蒂固的偏见，怀疑论者认为这样的改变是不可能的。但是，通过每一次对不正义的克服，这些改革者都在与怀疑论者进行着对抗。而当环境改变时，坏意见就可能让位给更好的意见。

另一方面，让现实的乌托邦的条件能够推动我们对人性的理解，这是本末倒置的。如果人性是一个有意义的概念，而不仅仅是社会建构，那么它的局限性将影响我们对社会可能性的理解，而不是反过来的。

一种将本末重置的方式是思考人类的动机是否像他们的信念一样具有可塑性。世俗和宗教的大量思想传统声称人类的动机并不像信念一样具有可塑性，而且人类与生俱来的动机是混杂的。犹太教区分好意和坏意（yetzer ha-tov 和 yetzer ha-ra），以及塔尔木迪克（Talmudic）将政府与后者联系起来的著名言论："科哈尼姆（kohanim）（牧师）的副手夏尼娜拉比（Rabbi Chanina）会说：'为政府的完整祷告，因为若不是害怕政府的威严，人必活活吞灭自己的邻舍。'"[3] 圣奥古斯丁（St. Augustine）将力比多统治（libido dominandi）（对权力、法则和统治他人的欲望）视为基本的人类动力。詹姆斯·麦迪逊（James Madison）辩称，为抵制暴政，共和制机构应迫使个体和机构相互对抗："必须让野心抵消野心。"麦迪逊预料到这样的指责，即这是对我们物种的过于负面的看法，并问道：

---

① 引用于 Rawls, *Law of Peoples*, p. 7, n. 10。

② Rawls, *Lectures on the History of Political Philosophy*, 200.

③ Babylonian Talmud, *Mishna Avot* 3：2.

"政府本身不就是对人性的最大反映吗?"并继续说道:"如果人们是天使,那么就不需要政府了。如果要由天使来统治人,那么对政府的外部或内部控制就没有必要了。"但是没有一个前提是为真的,也不可能会是真的,这就是为什么假设统治者或公民拥有比他们实际上更多的美德是危险的。莱因霍尔德·尼布尔(Reinhold Niebuhr)说:"人的正义的能力使民主成为可能,但人的不公正的能力使民主成为必要。"以上的假设均不是社会制度的产物;不公正的能力与正义的能力一样,在我们本性中根深蒂固。正是由于这一点,尼布尔将悲观主义和乐观主义混为一谈。他宣称"原罪是基督教信仰的唯一可凭经验证明的教义"。

在这个问题上,世俗或宗教思想并不是不存在分歧的。在基督教内部,被称为贝拉基主义的异端学说否认了原罪,并断言没有上帝的恩典,人类也可以通过自己的努力实现自己内在的善的能力。从拉尔夫·沃尔多·爱默生(Ralph Waldo Emerson)到亚伯拉罕·马斯洛(Abraham Maslow)的美国思想家都否认邪恶的内在性。爱默生说:"我们的年轻人被原罪、恶的起源、宿命等神学问题所困扰……这些是灵魂的腮腺炎、麻疹和百日咳……一个简单的头脑不会了解这些敌人。"①

我的意思不是说,罗尔斯跟随卢梭赞同人的善良学说显然是错误的。而是说,通过将正义感作为我们道德本质的一部分、同时将不公正视为社会制度的产物,罗尔斯在这一历史上长期存在的辩论中选择了立场。我们当中那些认同麦迪逊的人会相信:统治的欲望与合作能力是同等原始的,这注定会认为罗尔斯的前提以及由此得到的社会图景是不好的乌托邦。罗尔斯没有提供任何令人信服的理由来支持他在这一辩论中的立场。

然而,他的确提供了促使他作此选择的理由,并且为他的理论的基本动机提供了线索。重复一遍:罗尔斯发展了人性的观念,使他认为自己对正义社会的论述是可行的。正义不能在地球上实现,这一相反的结论将是道德的和人类的灾难,或者说他相信是如此的。现在,我比较详细地重述他的例子:

---

① Ralph Waldo Emerson, "Spiritual Laws", in *Essays*, *First Series* [1841].

> 只要我们有好的理由相信，在国内外可以实现一种自我维持和合理公正的社会秩序，我们就可以合理地希望我们或其他人有一天能在某个地方实现这一目标；我们可以为朝着这一目标前进做些事情。仅凭这一点，除了我们的成功或失败之外，就足以消除顺从和愤世嫉俗的危险。通过展示社会世界如何实现现实乌托邦的特征，政治哲学提供了一个政治努力的长期目标，并且朝着这一目标前进的努力赋予了我们今天可以做的事情以意义。[①]

这一赌注非常高，罗尔斯坚持认为：如果建立一个合理公正的社会是不可能的，并且如果人类过于以自我为中心并且是不道德的，以至于无法以正义感行事，那么“与康德一样，有人可能会问，人类生活在地球上是否是值得的”[②]。

我认为这一主张基于两个前提，这两个前提我们都没有好的理由去接受它们。首先，如果人类在道德和正义上的能力不同——正如我所证明的那样，他们的确如此——那么像罗尔斯所理解的一个合理公正的社会是不应该被期望的。即使这样，一个正义观念仍可以指导可行的改革，从而改善世界而不是要将这一世界完美化。这就是之前引用的林肯的“自由社会的标准准则”。我不理解：为什么即使我们知道理想与现实之间的鸿沟是永久的，但努力使我们的社会和世界变得更好仍不足以为我们的行动提供意义。

其次，我不明白为什么需要有公正政治的可能性才能避免顺从和愤世嫉俗。当然，还有其他意义和目的的来源——艺术、哲学、宗教或尽我们最大的努力成为好伴侣和父母以及过上体面的生活。我将从全新的角度理解罗尔斯的观点：当我们在政治领域投入太多希望时，我们最有可能沦为顺从和愤世嫉俗的牺牲品。幻灭是幻觉的结果，而不是低期望的结果。清醒地认识到改善与完美之间的永久鸿沟，是保持我们的道德和情感平衡的最佳机会。

---

① Rawls, *Law of Peoples*, 128.

② Rawls, *Law of Peoples*, 128.

五 结论：平衡政治风险

这个关于理想理论的看似学术的辩论有一个政治背景。许多现实主义者，不只是自由主义现实主义者，担心当变革不可避免地达不到高期望时，无法实现的需求会为政府暴力提供依据。许多具有野心的改革者，尤其是自由主义的理想主义者，担心基于经验的可行性概念会保留不公正的现状，而这种现状可能会因更具有野心的愿望所采取果断的行动而改变。每个群体的立场都建立在无可争议的证据上。那些害怕野心的人可能指出自法国大革命以来任何数量的乌托邦革命运动；那些惧怕谨慎的人可以列举过去两代人成功的社会运动，这种运动发生时面临着这样的断言，即关于种族和性别关系或同性取向的法律地位的根本性改变是不可能的。

埃斯特伦德担心“有时我们期望太低的原因是我们没有规范性的标准来推动我们对这个问题的理解，即我们是否可以现实地期望更多问题”①。但是，人们对此有一种与之相对立的担忧：我们有时期望过高，而原因是我们没有关于可能性的标准来推动对于我们想要的是否可行这个问题的理解。

同样，佐菲亚·斯滕普洛斯卡断言：“除非我们知道存在完全遵从时什么是值得意愿的，我们可以针对非理想情况采用一个改革的方向，而并不必然使我们远离完全遵从的最终目标。”② 当然我们可以这样做。但是，如我所论证的，如果完全遵从不是可行的标准，假设这一标准可行，那么基于这一假设的政策可以被证明是要求过高的，从而使我们远离了要求不高但现实可实现的目标。

我的观点很简单：无论我们走哪一条路，都有道德风险和潜在收益。通过尝试太少或者尝试太多，我们都可能失败。生活在我们所知的世界中，通过尽可能精确地刻画对我们这样的生物可行的与无法实现的事物之间的区分，我们可以减少这些风险。但是，我们永远无法完全确定那

① Estlund, *Democratic Authority*, 269.

② Zofia Stemplowska, “What's Ideal About Ideal Theory?” 32.

条线的位置，这是政治领域的本质。无论我们的政治理想是什么，这些理想所指导的行动都永远不会完全没有道德风险。

当然，风险的不可避免性并不能证明任何我对现实的乌托邦的解释是正确的。但这确实表明了为什么这一说法——或许我的进路期望得太少、同时有让可补救的不公正保持原样的风险——是没有说服力的：相反的风险也是可能的，并且（至少）同样危险。认真对待政治理论的政治实践对此十分理解。存在着一个区域，其中我们的目标是否可行仅取决于判断和推测。以行善为名，我们可能造成伤害。以避免伤害为名，我们可能忽略了本来可以做的好事。政治不是单向的赌注，理论不应鼓励政治家相信这是单向的。

政治价值是什么？政治哲学和对现实的保真

马特·斯莱特（Matt Sleat）[*]

（译：朱慧兰）

摘要：本文旨在捍卫这一主张，即政治哲学应适当地以政治现象为指导，政治哲学寻求提供一个关于政治现象的理论，尤其是以其规范化的伪装为政治现象提供理论。它主要通过政治价值这一问题来展开。首先本文论证，要使任何价值有资格成为政治领域的价值，就政治作为人类活动的构成特征而言，它必须是可理解的。然后，本文检查了在实践中实现价值的前提条件应在多大程度上在我们的考虑中发挥作用，即它们是否是适合或属于我们的社会世界的价值。我们可以将本文的这些部分理解为分别对两个相关问题的回答：（i）这是否真的是一个政治价值？——这个问题问的是，这一价值是否适合于政治领域？（ii）这对我们来说是政治价值吗？最后一部分回应了人们经常抱怨的问题，即政治哲学不应该对现实的政治世界作出任何让步，并论证顾及政治的现实，尤其是政治活动的构成条件，赋予了作为政治理论化（而不是其他）这一工作意义。此外，这些相同的条件提供了可理解性的限制，超过了这一限制，理想和价值在任何意义上都不再是政治领域的理想和价值。

关键词：理想理论；道德主义；政治价值；现实主义；乌托邦主义

* 作者为谢菲尔德大学政治理论教授。

“这不仅仅是不正确的，它甚至也不是错误的。”

——沃尔夫冈·保利（Wolfgang Pauli）

我们大多数人充其量对什么是政治只有模糊的理解。甚至那些“为（for）”政治生存或“因为（from）”政治生存而“从事（do）”政治的人［利用马克斯·韦伯（Max Weber）的区别］，即记者、政客、公务员、政党官员和志愿者、竞选者、游说者等等，除了对他们所从事的活动有些模糊的认识外，也不太可能有其他任何看法。在这个清单中，我们可能还会增加当代政治哲学家，至少在分析性的英美传统中，他们在最近几十年中很少研究他们所研究现象的性质的问题，而宁愿侧重于关于政治活动应以实现的价值和目标为导向的这一类规范性问题。[①] 这些是重要的问题：社会如何回答这些问题很重要，政治哲学当然会对这些问题有所贡献。但是我们可能认为，政治哲学无论如何都不应该将自己与实际政治实践的本质联系起来，并认为这样做会以现实政治的混乱和偶然性来污染哲学反思的纯粹性。

本文将辩护相反的观点：政治的实际实践对政治哲学施加了特殊的限制，这些限制是理论家应该敏感的。换句话说，政治哲学应恰当地以它试图表达的政治实践为指导。正如我们将要看到的那样，这并不是由现在熟悉的（非理想理论）的担忧所驱使的，即当代政治哲学已经变得过于抽象，因此不能在当下为我们提供行动指导建议。[②] 核心主张是更符合当代政治哲学的现实主义精神：尽管不可避免地需要抽象和理想化，但任何理论都必须对它理论化的现象保持适当程度的保真度，以便成为关于（of）该现象的理论和服务（for）这一现象的理论。[③] 无论它在抽象

① 对于二十世纪理论家对政治的几个定义的有趣的概述（并试图综合），请参看 James Alexander, “Notes Towards a Definition of Politics”, *Philosophy*, 89, no. 2 (2014): 273 - 300。

② 当代政治哲学，特别是其理想形式，对行动的指导不足——这样的担忧是非理想批判的核心，我将在最后一节讨论。

③ 关于最近对现实主义重新产生兴趣的有益的、有时是批判性的概述，请参见 Alice Baderin, “Two Forms of Realism in Political Theory”, *European Journal of Political Theory*, 13, no. 2 (2014): 132 - 153; Michael Freeden, “Interpretative Realism and Prescriptive Realism,” *Journal of Political Ideologies*, 17, no. 1 (2012): 1 - 11; William Galston, “Realism in Political Theory,” *European Journal of Political Theory*, 9, no. 4 (2010): 385 - 411; Charles Larmore, “What is Political Philosophy?” *Journal of Moral Philosophy*, 10 (2013): 276 - 306; Adrian Little, Alan Finlayson, （接下页）

化或者理想化中去掉什么，存在着一些特定的关于政治实际本质的事实，这些事实是任何政治哲学都应看作是给定的。

本文探讨这种保真必须采取的形式及其对政治哲学的限制，并且主要是通过关于政治价值这一问题来呈现。首先，本文论证政治价值必须与政治作为人类活动的构成性特征相一致。这里的目的不是要在道德价值观和政治价值观之间划一条清晰界限，而是要说明政治现象本身提供了条件，在这种条件下，如果被看作是政治领域的价值，任何价值（包括但不限于道德价值）必须保持一致。政治价值可能起源于政治之外，但对于它们作为政治领域的价值来发挥作用，也就是说，作为我们渴望在实践中实现的价值，一种用来评价政治主体行为的评价标准，或者作为我们试图了解政治生活的方式的一个范畴，我们必须能够将这些价值视为与政治生活的构成性特征相一致的。下一部分我将检查在实践中实现价值的前提条件应在多大程度上作用于我们的考量中，即它们是否适合我们的社会。思考这些部分的一种方式是回答我们可以提出的两个不同但相关的价值问题："这是一个政治价值吗?"也就是说，"这是否是适合政治领域的价值?"然后，"这对我们来说是一种政治价值吗?"这是一个进一步的问题，即它在多大程度上是适合或属于我们的社会世界（包括但并不被后果性的考量所穷尽，即渴望在当下实现那一价值是否合理）。然后，最后一部分回应戴维·埃斯特伦德（David Estlund）的主张，该主张被认为是某种形式的理想理论的代表。这一主张是：如果政治理论不关注政治现实，这不是政治哲学的缺陷。在区分政治理论和关于特定政治价值的理论（正义、自由等）时，我将论证，在前者的情况下，这是政治的构成性特征：即提供了为理论化政治这一工作赋予意义的条

（接上页）and Simon Tormey, "Reconstituting Realism: Feasibility, Utopia and Epistemological Imperfection", *Contemporary Political Theory*, 14, no. 3 (2015): 276 – 313; Mark Philp, "Realism without Illusions", *Political Theory*, 40, no. 5 (2012): 629 – 649; Enzo Rossi and Matt Sleat, "Realism in Normative Political Theory", *Philosophy Compass*, 9, no. 10 (2014): 689 – 701; David Runciman, "What Is Realistic Political Philosophy?" *Metaphilosophy*, 43, nos. 1 – 2 (2012): 58 – 70; William E. Scheuerman, "The Realist Revival in Political Philosophy, Or: Why New Is Not Always Improved", *International Politics*, 50, no. 6 (2013): 798 – 814; Marc Stears, "Liberalism and the Politics of Compulsion", *British Journal of Political Science*, 37 (2007): 533 – 553。

件。此外，面对着理想理论的主张——政治价值的意义能够完全独立于任何政治领域特征的说明来得到理解；为了对这一主张进行回应，我认为政治价值的含义只有在关于作为一个人类活动独特领域的政治的描述中，至少是最小意义上可行的说明中，才能够得到澄清。因此，坚持政治哲学不必向政治现实让步是错误的。

一 政治的一般条件

政治是人类的一种特殊活动。它可能与人类生活的其他领域有关，例如道德、经济学和法律，但不能还原为其中任何一个领域。① 考虑政治领域特殊性的一种方法是根据其构成性特征，即政治生活中对于政治来说是本质的方面，并有助于和其他社会实践区分开来的方面。由于它们是政治的本质要素，这些特征也应被视为任何政治哲学中的既定点或固定点（这是我所主张的）。以政治价值的理论化为例，为了使价值被有意义地理解为政治领域的价值，它们必须与政治领域的构成性特征保持一致。这些构成性特征可以被称为政治的一般条件（the general conditions of politics），因为它们是特定政治领域的必要特征，所以任何价值都必须与这些条件相符才能成为该人类活动领域的价值。通过将注意力集中在什么对政治作为一种特殊的实践来说是一定为真的，我们可以了解该实践本身为任何适当的关于这一实践的理论上的或哲学上的思考提供可理解性的条件。可以预料人们将对这些条件可能包含的内容持不同意见，但认识到这一点很重要——即关于需要认真对待政治一般条件的主张与关于这些条件可能是什么的主张是不同的。然而，对于一个政治哲学，与

① 这种想法经常被表述为“政治自治（autonomy of the political）”。这并不必然是有帮助的，尤其是因为它意味着（或被认为意味着）政治是一个完全自治的领域，具有自己的内部逻辑，必然将道德或经济学等其他领域的价值或考量排除在外。认为政治是人类活动的一个完全独立的领域，这种想法是完全不现实的。因此，这种主张被更好地理解为不可还原性之一：政治与这些其他领域有关，但是其目的、价值、局限、手段等却截然不同，以至于不能还原为这些领域。关于这一主题有趣的讨论，以及如何在古典现实主义思想中看待这种对政治自治的主张，请参看 Alison McQueen，“The Case for Kinship：Classical Realism and Political Realism”，https：//www. academia. edu/14160494/The_Case_for_Kinship_Classical_Realism_and_Political_Realism（将于29/03/2016 可访问）。

（或不与）一般条件相一致意味着什么；作为对于这一点的探索，我在本文应将重点放在我所认为的三个强有力的候选阐释，这基于特定的（广泛地现实主义的）理解政治本质的方式：政治是在分歧的情况下通过权威和合法暴力提供秩序的一种尝试。①

A. 分歧

政治必须发生在某种环境下，并且是对这一种环境的回应，即一群人需要达成关于特定主题的具有普遍约束力的决定，这些主题被认为是公共的并存在着分歧。因此，举一些说明性的例子：关于公共善分配的问题；税收负担应如何分配到整个群体；国家是否应提供公共卫生保障；堕胎是否应是非法的；国家与教会之间的关系应该是什么；对于征兵和义务教育的需要；言论自由和宽容的限制在哪里；少数民族是否应该享有特殊权利，等等。但是，我们的分歧不仅在于目的。我们经常在追求集体目标的方式上也存在意见分歧，就像我们在目标应该是什么的问题上存在的意见分歧一样。例如，即使我们同意最富有的人应该缴纳最高的税率，仍然存在着关于如何最有效、最公正地从中收取税收的方式的争议。此外，个人通常会被要求在竞争的和不相容的规范和概念框架中来做出集体决策。与自然科学不同，在确定公共政策问题（基督教、功利主义、社会主义、保守派、康德、马克思主义、尼采、自由主义等）的正确方法论或认识论上，人们并没有达成共识。② 因此，我们发现自己处于不利于我们的立场，即不仅是不同意该做什么，而且对于我们应该如何共同前进的决定的正确辩护方式和考量也相互不同意。

政治发生在特定的情境中，并对这些情境做出回应，即关于我们应该做什么这一问题存在着分歧和冲突，也就是杰里米·沃尔德隆（Jeremy Waldron）所称的“政治环境（the circumstances of politics）”，这一表述很

① 以下内容均不应意味着我在此关注的政治一般条件已穷尽了可能属于该范畴的所有内容。当然，任何完整的说明都需要再多说些，当实际上还有很多需要说明的时候。

② Richard Bellamy, “Dirty Hands and Clean Gloves: Liberal Ideals and Real Politics”, *European Journal of Political Theory*, 9, no. 4 (2010): 415。

有帮助。[①] 正如他在其他地方所言，这使得区分很重要，即我们应该做什么的问题以及当我们不同意我们应该做什么的时候应该做什么。[②] 尽管我们都对第一个问题有自己的看法，但政治专门为第二个问题提供答案。对于政治的性质以及出于即将讨论到的理由来说也很重要的一点是，即使在做出集体决定之后，我们对于应该做什么的分歧也仍然是经常存在的。在作出判断之后，政治环境不会得到解决，相反这些环境是政治发生的永久背景。这在很大程度上是为什么权威和合法性的概念必须对任何对政治的合理理解都至关重要的原因。

B. 权威

除了在需要共同约束的决策者中提供秩序之外，政治没有自己的实质内容。虽然在分歧的情况下可以通过多种方式达成集体决定（例如，抽奖或施加其中一方的意志），但政治试图通过权威解决争端。也许仅靠暴力就可以解决争端，但是我们已经认识到，这是强制性的而非权威性的统治，或者换句话说，根本就不是政治性的统治。政治统治是权威统治。在一个权威性的秩序中，被统治者遵从统治者，因为他们认识到统治者的决定具有某种规范性力量，这给他们带来了遵从的义务。无论个人是否出于自己的利益接受这一决定或是否不同意所做出的决定，都应承担这些义务（在一定范围内）。因此，政治的特征在于一种特殊的统治关系，统治者的命令被转变成权威的决定，受这一决定影响的人必须遵从这些决定。

C. 合法的暴力

主张权威地统治就是主张有某种规范性（但不必然是道德的）的基础，这一基础可以证明使某人的决定得到遵循的法律上（de jure）的权力。也就是说，政治统治也必须是合法统治。因此，对于那些生活在任

---

① “特定群体中成员感到有必要就某一事项制定一个共同的框架、决定或行动方针，即使在对该框架、决定或行动应当是什么存在着意见分歧，这就是政治环境”，（Jeremy Waldron, *Law and Disagreement* [Oxford: Oxford University Press, 1999], 102）。

② Jeremy Waldron, cited in Alice Baderin, “Political Theory and Public Opinion: Against Democratic Restraint”, *Politics*, *Philosophy*, *and Economics*, 15, no. 3 (2016): 216.

何政治秩序之下的人来说，作为一种合法政权的形式，相关的政治秩序必须是可理解的。[①] 权威是合法的，正是由于这一事实，它的决定才具有必要的规范性力量，由此使得由于压倒性力量的威胁而形成的遵从，变成从某种意义上统治者的决定创造了受统治遵守的义务，无论被统治者是否同意这些决定。当我们认为必须对任何权力进行授权来对它所统治的那些人强制执行其决定时，这种需求最为紧迫，因为我们假定，鉴于分歧的不可根除性，总是有可能至少会有一些人、有时有很多人不同意已经做出的决定。正如马克·菲尔普（Mark Philp）所说，"使统治成为政治的部分原因是，它面对一些可能不遵从的人行使权力"[②]。在成功的政治秩序中，大多数人会基于以下理由遵守其决定：它被认为是合法的权威。然而，在必然通过强力的情况下，对于需要能够通过强制实施解决方案的能力的执法机构，这种需要是政治固有的，因为如果没有执法机构，始终存在着风险，即分歧会化为政治打算解决的关于利益和价值的不受限制的冲突。这种能力可能只是一个政权必须诉诸的不得已的手段，而且社会团体总是有充分的理由试图替代暴力，但这通常是效率低下的，因为有更多的间接诱因来获得遵从。[③] 然而，无论出于何种原因，都不会总是存在完全遵从，在这种情况下，一个政治秩序不仅必须具有事实上存在的（de facto）能力来通过强制性暴力（或其威胁）确保遵从，而且还必须具有这样做的法律上的（de jure）权利来这么做。因此，对于一种统治形式是否具有政治性的问题很重要：生活在该统治之下的人是否仅出于对胁迫的恐惧而让自己遵从，还是因为他们将自己的处境理

---

① 这涉及所谓的"基本合法性要求"及其在政治领域内产生的主张。请参看 Bernard Williams, *In the Beginning was the Deed*, ed. G. Hawthorn (Princeton, NJ: Princeton University Press, 2005), chap. 1; Edward Hall, "Bernard Williams and the Basic Legitimation Demand: A Defence", *Political Studies*, 63, no. 2 (2015): 466 – 480; Paul Sagar, "From Scepticism to Liberalism? Bernard Williams, the Foundations of Liberalism and Political Realism", *Political Studies*, 64, no. 2 (2016): 368 – 384; Matt Sleat, "Legitimacy in Realist Thought: Between Moralism and Realpolitik", *Political Theory*, 42, no. 3 (2014): 314 – 337; Cf. Charles Larmore, "What is Political Philosophy?" *Journal of Moral Philosophy*, 10 (2013): 276 – 306。

② Mark Philp, *Political Conduct* (London: Harvard University Press, 2007), 55.

③ Raymond Geuss, *History and Illusion in Politics* (Cambridge: Cambridge University Press, 2001), 17.

解为受制于具有规范约束力的合法权威的一种集体决策。

政治是一种以分歧、权威和合法暴力为特征的实践。它可能还具有许多其他特征，但是这些至少是政治理论试图涉及的人类实践或活动的一些特征，也是政治价值被断言、声称、讨论、批评的环境。作为政治的构成，政治价值必须将其视为政治领域的固定特征。这意味着，要使一种价值成为政治价值，它就必须与政治的存在完全一致。它不能与一般条件相矛盾，例如一个关于价值的信念与政治的任何一个特定构成性特征不一致（比如说，政治自由是政治权威的缺乏），作为对价值本身的理解所建立的假设，也不能使自身在实践中的实现依赖于对一般条件的克服。在这种情况下，该价值将不是政治领域的价值，而是在一个缺少政治或政治需求的世界中的价值（也就是说，我们可能会考虑这样一个世界的吸引力，但这个世界不是我们自己的世界）。这不是适合政治活动的价值。

作为固定想法的一种方法，尝试给出一些例子来说明如何以这种方式发现价值不足以有所帮助。首先，在分歧的情况下，政治价值必须是合理的。阐述一种希望去除这种竞争的价值，对于任何政治空间都是不合适的。例如，一种假设自由社会将是所有人拥有相同的目的或价值或者甚至只是相同的概念框架来就公众关注的问题做出决定的关于自由的观念，就其本身而言就不是政治性的，因为这一观念假设政治所回应的分歧并不存在。正是在我们不同意做什么的情况下，自由的价值才最合理（这一点我们很快会讲到）。同样［举一个由安德鲁·梅森（Andrew Mason）为该问题所做的辩护的例子］，如果一个正义理论要求所有人都赞同相同的原则，以使社会变得完全公正，（由此驱动他们的是公正行事的承诺，而不是对惩罚和制裁的威胁作出的反应），那么，这显然也与分歧的一般条件相矛盾。我们对正义的分歧是使我们分裂的最深、最普遍的分歧，因此，就正义问题提供具有共同约束力的决定是任何政治秩序中最重要的任务之一。在一个重要的意义上，认为一个完全公正的社会中，人们会同意一个相同的正义原则，这种想法是将完全正义的可能性置于政治领域之外，并进入了一个本来就没有政治的最初动力的世界。[①] 这可能是对社会的一种令人敬佩的愿景，但它不可能是一个政治社会。

如果未能充分重视分歧，通常也可能导致同样的失败，即未能充分重视对政治权威的需求以及进行合法胁迫的可能性。从政治思想史和更多当代作品中，我们都熟悉的一组有问题的价值是这样的一些价值：它们否认政治需要暴力，因为自由、正义、民主、自治或合法性要求我们仅遵从那些我们共同制定的法律。根据这种解释，通常是受到卢梭式或康德式的启发，当我们仅遵守自己的意愿时，我们才是自由的，政治团体才是合法的等等。政治是与受统治于他人相对立的领域。然而，政治秩序的目的恰恰是在对应该做什么这一问题存在分歧（“当我们不同意应该做什么时我们应该做什么”）的情况下提供权威性的决定，并能够在必要时合法地胁迫那些不遵从的人。假设人们能够或将会同意，即使这仅仅是假设，以使他们都可以遵守法律但也是遵从自己，这种假设是为一种情境进行理论化，在这一情境中，这些一般条件以及合法暴力的可能性并不存在。这种立场否认了这一可能性：一旦你接受政治发生在真正分歧的空间中，这种分歧使得一种权威成为必要的，这种权威不仅能够做决定还能够合法地执行其决定，那么这种执行似乎不可避免地就会违反你的意愿。正是出于这个原因，卢梭在自己的《社会契约论》中提出了自己的问题，即“找到一种共同体形式，以其全部联合的力量捍卫和保护每个成员的人身和财产安全，并且在这样的共同体之下，每个成员都使自己与其他所有成员团结起来，并只会遵从自己的意愿，因此仍然和之前一样保持自由”，这一问题只能通过拒绝武力与自由之间的矛盾来回答。[②] 然而，政治理论的最佳途径并不在于否认合法暴力与自由之间存在着张力，也不在于试图通过哲学的独创性来消除这种经验性的存在，而是帮助我们设法找到一种可以接受的方式来生活。

政治必然蕴涵着对他人的意愿的遵从的可能性。认识到这一点意味

① 梅森对此的回应是主张理想理论应“承认在一种重要方式上它是非政治性的”，但是如果再加上诸如“我们应如何回应那些我们认为不合理地拒绝这些程序的人？”这样的非理想的问题，这样的回应就没有问题。由于我在第三部分中讨论的原因，我认为这种辩护是不合理的。

② Jean-Jacques Rousseau, *The Social Contract*, trans. C. Betts (Oxford: Oxford University Press, 1994), 54 – 55.

着我们应该承认政治是如何不可避免地在自由方面产生的代价。意见分歧和争执的盛行确保了在某些情况下，我们总是发现我们的政府以关于某些价值（例如正义或者平等）特定的解释为名来推行政策，我们并不同意这些解释，而且我们会合理地觉得这是对我们的活动的一种限制。即使我们完全承认政治秩序有权做出这种具有共同约束力的决定，这也是正确的。在这种情境下，因以这种方式限制我们的自由而感到愤慨似乎是合理的。因此，对于政治来说，一个合适的关于自由的理念必须认识到这种代价，并使之与“生活在自由政治社会中意味着什么”相一致。然而，任何使我们有理由反感一个权威机构的存在的价值（这样的机构有权利来暴力执行有集体约束力的决定），对于政治领域来说，都并不能够被看作是合适的概念。一个不允许有合法暴力的权利的权威政府的自由理念，不能成为关于自由的政治理念。如果存在这样的价值，那么它就不属于政治范畴。①

二　政治价值的前提

到目前为止，我已经说明的是，独特的政治价值必须与政治的一般条件相一致。如果不一致，那么由于它们与其必要的构成特征不一致这一事实，它们就不能是政治领域中有意义的价值。关于政治价值，我们可能还会提出一个相关但也非常重要的不同的问题——考虑到我们所在的政治社会的事实，对于我们来说这是否可以是一个价值。解决此问题的一种好方法是伯纳德·威廉姆斯（Bernard Williams）对“圣贾斯丁的幻觉（Saint Just's Illusion）”的讨论。

圣贾斯丁是雅各宾派领导人，以其狂热进行恐怖活动而臭名昭著，他企图根据与罗马帝国有关的公民美德的理想重塑法国社会。圣贾斯丁企图将共和主义理想强加于法国社会，这造成的人类破坏在道德上显然

---

① 伯纳德·威廉姆斯（Bernard Williams）的“From Freedom to Liberty: The Construction of a Political Value”（in Williams, *In the Beginning Was the Deed*）在这里给我很大的启发。我没有跟随他来区分自由（freedom）的“原始政治（proto-political）”价值和自由（liberty）的政治价值，但我认为这里所说的与那种思考如何建构政治价值的方式是一致的。

是错误的，我们可以合理地提出道德上的论证来反对他的行为。然而，他的错误有多个方面，而他对于伦理的误解只是其中之一。另一个方面是历史解释。正如本杰明·康斯坦特（Benjamin Constant）在他的论文中区分的古代和现代的自由，雅各宾派所使用的古代自由观念，围绕并依赖于个人对公共生活的强烈奉献，这被看作是不适合现代世界的。这是基于一个相当普遍的思想进行的，即“政治自由的前提因不同的社会形态而不同”，并且，无论我们采取什么样的先决条件，在这些条件不存在的情况下，自由的观念就不能满足那个社会对自由的需要。[①] 就其本身而言，忽视共和主义自由的历史先决条件可能是相当无害的，尽管在圣贾斯丁的情况下，这又伴随着另一个（更具政治性的）错误：未能理解两种不同类型空间之间的区别，而这种区别是合理而自然的。首先

> 是我们实际社会和政治生活的空间，在其中我们会遇到各种政治和伦理要求和理想，对它们进行争论、使自己适应它们、并试图在其中形成一种可以接受的生活的观念。关于另一种空间，我们可能仅以非常模糊的方式意识到，这一空间关于人类到目前为止形成的其他的观念、理想和世界的图景，也许还在其他地方存在，但这些观念、理想和世界图景并不属于我们的社会和政治空间，甚至都不是我们现在可能过的生活的开端，严格来说，对我们来说是不相容的。[②]

圣贾斯丁误以为罗马共和主义的理想归属于第一个空间，当时它确实与十八世纪末的法国环境并不相容，以至于不可能成为一种生活方式。可以肯定的是，当时法国人可能将共和主义视为人类理想的表达，并且知道能够讲述一个将这些理想与自身理想相联系的（正如我们今天所能做到的）历史故事。但是古罗马是一个与其社会结构、经济形式以及人们

① Bernard Williams, *Making Sense of Humanity* (Cambridge: Cambridge University Press, 1995), 139.

② Bernard Williams, *Making Sense of Humanity*, 136.

的需求、信仰和动机截然不同的世界，以至于这些价值观在他们实际的社会和政治生活空间中没有任何位置。[①] 他的错觉，即他的“幻想”，使他对世界的乌托邦式幻想和世界真实的样子产生了误解。

重要的是要认识到，圣贾斯丁所表现的一般性错误不应被视为概念性或哲学性错误。它是对社会和政治理解上的失败，在这种理解下，我们将一种特殊的价值观看作属于我们的政治和社会世界事物，但是它并不是。并不是因为这种理解无法在相关于任何政治共同体的一般条件上获得合理性，而是因为它依赖于一个与我们的现实世界相距太远的社会世界的观念，在这样的世界中，这一距离“必须通过相关性和实践可理解性的政治考量来进行衡量”[②]。圣贾斯丁认为共和主义自由代表政治上对自由的融贯的阐述，这并没有错，但是他误判了十八世纪法国拥有共和主义自由的前提，而他这样做没有意识到罗马人的自由并不适用于他的法国同胞。

从圣贾斯丁的例子中得出的一般观点是，如果一个社会缺乏实现某个价值的必要先决条件，那么即使这一价值与政治的一般条件相一致，也不可能成为社会中的人们的价值。适当地讲，这样的价值可能被认为是政治价值，但是对于那些人们来说，它不能成为政治价值。这些价值并不代表能够整合到他们可以连贯地生活的那些价值。今天对于我们来说，这种价值的例子可能包括：特定的正义观——依赖于高水平的道德和宗教和谐，而在我们这样多元的社会中却不存在；对尊严或者荣誉的美德的贵族式或基于战争的解释；自由，当现代社会是商业社会，如果它们将基本的经济竞争视为违反了我们追求的自由；民主，如果在广泛的不参与政治和分裂文化情况下要求公民持续不断地直接参与；基本权利，如果由于种族、人种或宗教而无法提供资源给某些群体；或依赖于目前并不存在的更高级别的阶级团结的平等。必须强调的是，这里存在着许多问题，所有这些问题都正确地被视为政治判断的问题：任何特定价值的前提是什么？他们在我们现在的社会中是否存在？如果他们并不存在于现今社会，那么他们对我们来说有多远？考虑到需要进

---

① Bernard Williams, *Making Sense of Humanity*, 140.

② Williams, *In the Beginning Was the Deed*, 92.

一步判断未来与现状相似的程度，后一个问题可能特别难以回答。我们必须始终考虑到政治能力可能使我们诧异，有时候是尤其令人惊讶的，但这并不意味着在这些问题上没有深思熟虑的判断可以做出。当然，尽管哲学容易顺从于作者所偏爱的价值，但目前哲学无法仅凭其自身的资源就确定这些问题中的任何一个，因此不能简单地预先假定一个特定的答案。为了接近问题的真相，至关重要的是，我们的判断应该以以下的事物为指导：一个敏感的、诚恳的和真实的关于我们的社会如何架构的理解；其主要制度和实践运作的方式；其人民实际的信念和动机。进行虚妄的思考，或者实际上是不同但相关的诱惑——希望忽略抹去我们所处环境的这些特征，认为这些特征仅仅是对我们所偏爱的理想的阻碍，由此就有可能被圣贾斯丁的幻想所笼罩，并且无法注意我们实际的社会和政治空间与我们的理想可能展示出的可行的选择之间的差异。

三　理想理论与对现实的保真

后来被称为理想理论的理论实际上代表了各种立场的光谱。通过成为非理想理论的目标，这样的一个立场得以确定。本质上，这是一个这样的争论：规范理论在实践中得以实现的可能性的事实应该在多大程度上影响我们对该理论的评价。如果一个理论是为一个缺乏实现它的前提条件的社会提出的，或者可能更令人担忧地，如果人们可能无法现实地期望任何人类社会实现其应用的前提条件，那么该理论是否存在缺陷？如果一个理论对可行性的限制不够敏感，这一限制什么是可能的，并且在这种情况下有效地使其自身无法为此时此地的我们提供“行动指导”建议，这是否被认为是一种理论的缺陷？如果人的本性就是如此，以致人们极不可能依靠特定的正义原则生活呢？[①] 非理想理论家倾向于认为这些问题回答是肯定的，尽管在人性方面的事实或其他可行性约束应如何改变我们如何进行政治哲学思考，特别是在其规范性方面，人们存在很

① 有关这些问题的出色讨论，请参阅威廉·高尔斯顿（William Galston）在本卷中的文章。

大分歧。[①] 另一方面，理想理论家拒绝了这种观点。正如戴维·埃斯特伦德在他对理想理论的有影响的阐述中所论证的那样："社会正义、政治权威、政治合法性以及许多其他道德－政治概念的道德理论都不会因为这一事实而表现出任何缺陷，如果关于这些事物所谓的要求或先决条件是不可能得到满足的话。"[②] 更简洁地说，"……关于正义的真理不受成功实现正义的可能性的考量所限……"[③] 根据理想理论，政治哲学的目的是通过抽象和理想化对政治提出一个观点，这一观点不受与理论是否可能在实践中实现有关的事实的束缚。这些与哲学家了解问题真相的任务完全无关。正如我们所记得的科恩（G. A. Cohen）的回答那样，哲学是要告诉我们要思考的事情而不是要做的事情，"即使我们应该思考的事情对实践并没有任何影响"[④]。如果事实证明在这个世界上正义是无法实现的，也许在任何人类世界中都无法实现，尽管这可能令人深感遗憾，但至少我们知道什么是正义。正如埃斯特伦德所说，我们并不是一无所获，因为理解有价值的东西本身就是有价值的。[⑤]

鉴于已经讨论过的问题，我想在此关注的问题与理想/非理想理论辩论中表达的问题有些正交关系（orthogonal），并且与政治现实主义更加紧

① 关于理想理论和非理想理论所包含的各种主张和立场一个很好的说明，请参看 Laura Valentini, "Ideal vs. Non-Ideal Theory: A Conceptual Map", *Philosophy Compass*, 7, no. 9 (2012): 654－664。

② David Estlund, "Utopophobia", *Philosophy and Public Affairs*, 42, no. 2 (2014): 113－114.

③ David Estlund, "Utopophobia", 115.

④ G. A. Cohen, *Rescuing Justice and Equality*, MA: Harvard University Press, (2008), 268.

⑤ David Estlund, "What Good Is It? Unrealistic Political Theory and the Value of Intellectual Work", *Analyse & Kritik*, 33, no. 2 (2011): 395－416. 亚当·斯威夫特（Adam Swift）提出了类似的观点："我们有兴趣了解或理解正义的真相，而这与我们实现正义或指导行动的兴趣截然不同。这一点看似是合理的。我认为没有理由否认寻求这样的真理的人是正在进行政治哲学思考"（"The Value of Philosophy in Nonideal Circumstances", *Social Theory and Practice*, 34, no. 3 [2008]: 363－387, at 366）。正如艾伦·哈姆林（Alan Hamlin）和佐菲亚·斯滕普洛斯卡（Zofia Stemplowska）所说的一样："一些要求是否仅仅因为其自身是不可行的或者因为正义不会这么要求就不是一个关于正义的要求？这一问题对于我们理解正义很重要。例如，所有父母快乐地抛弃子女可能是可行的。但是，除非我们询问如果这是可行的，正义是否会要求父母这么做，否则我们不会完全理解关于作为父母的正义。"（"Theory, Ideal Theory and the Theory of Ideals", *Political Studies Review*, 10 [2012]: 48－62, at 55）

密相关。[①] 因此，重要的是要明确我的目标是理想理论的一种特殊形式，可能不包括某些理想理论家的著作，尽管如此，这些作品还是非常杰出的，例如约翰·罗尔斯的作品（这可能使我们怀疑“理想理论”一词仍然有用的理由）。然而理想理论家和非理想理论家都关注以下问题：（例如）正义理论的适用性或可实现性是否应该以任何方式在我们对其的评价中发挥作用，但我要重点关注和拒绝的主张是，政治领域的本质不应影响我们对其的理论化，包括确定政治价值的意义。

埃斯特伦德自己的理想理论版本拒绝了非理想主义者和现实主义者的指责。针对后者，他构想了一种对理论的现实主义反驳，其结构如下：

> 政治社会的特点是拥有法律和执法机构（例如警察、法官和陪审团）。
>
> 如果所有人的行为举止都是完美无瑕的，那么就不需要法律和执法机构了（这并不是说所有犯罪都是不道德的）。
>
> 因此，任何假设人们道德行为完美无缺的理论都不能成为政治理论。

“［这样的理论］是否将政治本身预设为不存在的？”他问道：“如果这样，听起来像是政治哲学上的致命缺陷。”[②] 埃斯特伦德对自己的问题完整的回答值得在此引用：

> 通过一个定义，针对此反驳，人们做了很多工作。除非某个理论赋予法律、警察、刑事法院等实质性角色，一种理论的主题就会被认为是政治之外的东西。假设一个理论提出了令人信服的论证，

---

① Matt Sleat, “Realism, Liberalism and Non-Ideal Theory: Are There Two Ways to Do Realistic Political Theory?” *Political Studies*, 64, no. 1 (2016): 27 - 41. 非理想主义和现实主义的考量的区别在这篇文章中得到了详细说明。非理想和现实主义者对现实应该如何影响我们对政治理论的考量的不同意味着，一种理论完全有可能受到一种指控而不受另一种指控的影响。因此，例如，我可能最后要讲的一种可能性是，一种理论可能是现实的（就政治而言，正确地说），但却可能缺乏实现的任何合理的机会。因此，从非理想理论的角度看，一种理论看起来是理想的，但从现实主义的角度来看，可能就并非如此，反之亦然。

② Estlund, “Utopophobia”, 130 - 131.

> 其结论是：在法律、警察和法院具有实质作用的情况下，社会不能以政治正义、权威或合法性为特征。根据给定的政治的定义，这不是政治哲学。但这仅仅是因为人们已经将政治定义为如此。就不把它算作政治哲学吧。这将完全保留其拥有关于正义、权威和合法性理论的正确的主张。①

埃斯特伦德在此关注法律和执法，因为他已选择处理人们永远不会成为道德天使的特定事实（如果这是一个事实），但我假设这一观点是可以被普遍化：如果政治理论没有充分考虑到政治的本质，这不是政治理论的缺陷。当然，有关政治的这些事实并不影响政治价值的含义。我想对这两种说法都提出质疑，理由是它们违反了我对任何现象的理论化的一般要求：为了使得某一理论成为关于某一现象的理论，这一理论必须与这一现象的必要构成性特征相一致，没有这些特征这一现象就不会是这一类的现象。如果并非如此，那么这一理论就缺乏必要的关于现象的保真度，而这使得这一理论无法成为关于这一现象的理论，因此这一理论也无法服务于这一现象。

类比在这里可能会有所帮助。首先从一个公认的粗略科学类比开始：想象这样一个场景，一个睿智的年轻科学家声称发现了所有关于氢的先前理论，即氢（以其最常见的同位素形式）如何以及为什么与其他元素反应的方式是不正确的，并且在她的博士研究期间，她发展了更好的理论。然而，当她发表了自己的研究成果后，事实证明，只有当她假设氢具有两个质子、两个中子和两个电子时，该理论才起作用。给定我们知道实际上氢只有一个质子、没有中子、只有一个电子，那么对她的理论正确的反应是什么呢？按照该理论本身，这一理论可能具有内部连贯、没有任何矛盾、没有缺陷的推理，也没有前后不一致的等优点。但是即使那是真的，我们会坚持认为它仍然是一个糟糕的理论，尽管在它不是关于氢原子的理论的特殊意义上是糟糕的，因为我们知道关于氢原子组成正确的事实：它完全没有资格被称为关于氢的理论［这是物理学家沃尔夫冈·保利（Wolfgang Pauli）所说的那句话的意思，“这不仅是不对

① Estlund,“Utopophobia”, 131（强调为后加）。

的，甚至也不是错误的"]。

诸如政治之类的社会实践显然与原子完全不同，并且如果认为前者的理论需要满足与后者相同的认识论要求或人类需求（这尤其是实现准确且可重复的预测），这样的想法显然是错误的。但是，尽管如此，仍然普遍存在的要求，即要使某种东西成为关于特定现象的有效理论，它必须考虑这一现象给定的构成性特征。因此，让我们转向一个人类实践理论的类比，这一实践在这方面可能是不足的。

想象一下，你和你的伴侣正期待着你们的第一个孩子，而作为即将成为父母的你很紧张，你注册了"什么才是好父母?"的一个课程，授课的人称自己是抚育孩子的专家。你参加了第一次课程，专家首先说"育儿是一种自愿的经济关系，旨在使利润最大化"。然后，专家继续提出一系列良好养育子女的理想，并根据对什么是养育子女的理解来确定应该遵循的价值：应该根据他们从养育孩子中获取多大的收益来评价父母；利润最大化是养育子女的理想选择并作为父母的指导；父母对子女没有自然的照顾或爱护的责任，只要双方都同意，父母可以自由与他们希望的任何人建立育儿关系；父母与子女之间存在的任何义务，仅是由于双方之间自由订立的协议而产生的，并且双方均可在协议本身的条款内选择自由切断这一关系；育儿是指个体之间的关系，这些主体在理性方面是平等的，因此都应被理解为对自己的决定完全负责；等等。显然，对这位"专家"的正确回应应该是完全不同意他所说的。但是，我们应该不同意什么呢？

一方面，关于什么是一个好父母的问题上存在分歧，而有人可能会认为教育专家的理想是错误和极其不合适的。但是，真正出问题的不仅是他提供了一个不好的育儿理论，而且他根本没有提供关于育儿的理论。他没有成为自己声称具有专业知识的实践的专家。他所说的只是与成为父母的实践的理论无关而已。这样的原因是因为它所体现的特征不正确或完全没有意识到这一点，即作为一种特殊的人际关系的实践和形式，我们通常将什么看作是养育子女的构成性特征；而且这种实践和形式与其他实践截然不同，例如经济交换或者友谊。这样的特征可能包括：它主要是一种伦理关系，而不是经济关系；育儿发生在家庭单位（无论如何定义）内，其中特定主体对其子女负有特殊责任，通常包括从出生到子女成年的这段时间（假设直到成年双方在理性和责任方面是不平等的）；爱与关怀的美德将成为这一关系的核心；其目的不能是利润；它可能是自愿的，但不总需要是自愿的（或者至少肯定不应该用这些术语来直接理解）；等等。尽管这一说明不同意以上所提供的理论，但至关重要的是，分歧取决于一个问题，即该理论是否类似于对养育的实践的任何合理描述。这是一个存在合理分歧的问题，而且毋庸置疑，成为父母意味着什么存在重大争议。但是至少会有一些对这种实践的描述，我们通常会认为这些描述是完全不可行的或严重错误的（例如，我们的专家提供的那种）。缺乏对我们作为父母养育实践的构成性特征的任何理解，我们可以说它不能作为养育理论发挥作用，因此，它的理想也不能作为育儿实践的理想（即使对于其他人际关系而言这可能是一个合理的理想，我的结论也是成立的）。①

让我们回到政治领域：埃斯特伦德的第一个主张是，如果没有充分考虑实际政治的本质，这不是一个政治理论的缺陷。的确，在这一点上，埃斯特伦德对理想理论的辩护听起来很像他在考虑以下问题：是否应将某种被视为政治哲学的事物看作只是一个语义问题，一个关于政治意味着什么的相互竞争的假定的问题（也许是更不重要的问题，即政治哲学和道德哲学之间的学科界限应该是什么）。而且由于这些只是相互竞争的假定，如果它不能为关于任何事物的内容“赋予实质性角色”，这不会是政治理论的缺陷。这些分析表明，事实恰恰相反。这显然是这一科学家的理论的一个缺陷，即它未能提供关于氢原子的实际组成的充分的（在这种情况下，我们可以说是正确的）说明。育儿专家采用的理解在我们看来是关于育儿这一实践的构成的错误或有缺陷的理解。在这两种情况下，失败都可以被表述为：没有成为关于其试图理想化的现象的理论。对其现象保真的失败使我们怀疑是否提供的确实是关于该特定现象的理论。通过类比，一个政治理论是否蕴涵一种可行的描述或者一种对于政治实践的理解，也应被视为至关重要的问题，以帮助我们评价它是否确

① 类似的论证也可以用于其他实践：例如，我们可以合理地认为，没有考虑到利润动机的商业理论，或者忽略了运动员为了取胜而竞争这一事实的体育理论，都不可能成为一种服务商业或者体育的恰当的理论，因此也不是关于商业或体育的理论。

实是关于政治领域的理论，而不是其他理论（或者，实际上是一个什么都不关于的理论，因为这一理论不与任何现象相关）。如果一个政治理论无法作为政治理论被理解，那它就是有缺陷的。当然，政治更像是养育子女的实践而不是氢的结构，尤其是因为养育子女也是一项需要解释的实践，这意味着完全有理由相信关于政治领域的特征存在着竞争性的说明（关于氢的竞争性说明的可能性较小）。然而，我们有理由认为，对政治的描述有更好的和更坏的、更合理和更不合理的。尤其是在描述简直令人难以置信的情况下，我们有充分的理由批评那些理论并没有作为政治理论，就像我们可以以专家未能提供育儿理论为由批评专家一样。它可能是关于经济、道德、法律等其他方面的理论，但不能将其视为政治理论。因此，似乎很难认为那种限定条件与政治哲学的任务无关，这种限定条件必然关注政治的实际本质。

当然，反对埃斯特伦德理想理论的主张不是说，像科学家或育儿专家那样，埃斯特伦德犯了相同的基本错误，即其理论蕴涵着一个关于政治的不合理的描述。这不是正确的反驳，因为他对现实主义指控的回应是——理想理论根本不需要对政治进行任何描述。对此的担忧不是理想理论犯了事实上的错误，而是它不认为关于政治的事实具有任何重要性。然而，类比的目的是表明，如果一个理论不能合理地被理解为一种关于其目标现象的理论，那么这是一种理论的失败，而且为了进行这种评价，我们需要询问它是否对其目标现象来说是一种合理的描述。因此，如果我们不知道什么是政治，那么我们就无法知道我们在谈论什么或试图理解什么是政治。[①] 对于理想理论的担忧是，这种评估不能在不参考任何关于政治领域的说明来进行，而理想理论否认这种参考是必需的。因此，我们没有任何标准可以评估理想理论提供的是否真的是政治理论、是否是服务于政治领域的理论或者是否是关于其他事物的理论。在这里理论必须屈服于现实。

关于一个政治理论对于政治现实的保真，埃斯特伦德对此不屑一顾的部分原因似乎是这样的一个假设，即关于政治实际特征的问题只是关于借助定义的任意假定或论证。没有理由来认为这是对的。很少有人会

---

① John Dunn, *The Cunning of Unreason* (London: HarperCollins, 2000), 8.

否认关于政治的真信念与假信念之间没有区别，并且我们对这一点的信心当然不会因担心这种区别不能最精确地得出而受到损害，也不会因为担忧没有一个超人类的有利位置可以让我们一劳永逸地确定这些信念。① 实际上，我们拥有许多理论和经验资源，这些资源可以帮助我们了解政治领域的本质，并将其从不太可信的说明中区别出来。正如我们已经看到的那样，不需要任何特别复杂的理论就可以通过合理的标准来找出一些极其不合理的说明，而这些说明通常能够被大部分人所认可。这不太可能排除任何明智的人会主张的（上面提供的类比是故意选择极不寻常的例子来证明了这一点），但是我们不应该认为它排除了一切。哲学的抽象推理和概念分析工具也可以为我们提供一些帮助，来让我们思考融贯的政治理论是什么样的。然而，关于什么算是可靠的描述，这一问题应该更多地依靠经验性的考虑，就像在关于政治的本质的问题上，其回答更多地依赖于概念性的思考。抽象理性的资源（例如概念分析）将发挥重要作用，但其作用是有限的，我们的理解将需要经验性的考虑以及其他领域（如人类学、社会学、经济学、心理学和历史学）的分析来进行补充。因此，政治哲学必须是高度不纯粹的，并不是在我们考虑到现在希望将理想付诸实践之后就转向现实世界的意义上，而是在另一种意义上——充分利用我们对政治是什么、其功能、其局限性、其目的和手段的理解来设定什么算是关于政治的哲学思考的条件。② 这不仅仅是假定，而且是在听从对我们能够获得的关于政治的最佳理解的指导。③ 当然，并不是只有哲学才能对一个理论是否适当地理解政治这一问题做出裁决。

埃斯特伦德的第二道防线是，即使我们同意这样一种主张，即不考虑关于政治相关事实的理论不应被称为政治哲学，但这丝毫不影响这一理论获得关于政治价值的真理的能力。在这里，埃斯特伦德的论证似乎是在利用政治理论和政治价值理论之间含蓄的但值得加以明确的区分。政治理论提供了什么是政治的说明。通过这样做，政治理论还帮助我们

① John Dunn, *The Cunning of Unreason*, 7.

② Bernard Williams, *Philosophy as a Humanistic Discipline*, ed. A. W. Moore (Princeton: Princeton University Press, 2005), 155.

③ 这也是埃德·霍尔（Ed Hall）在其对本卷的贡献中所论证的一点。

解释了为什么政治是一种这样的活动而不是其他形式的活动，并且可能帮助我们解释政治与其他人类活动的关系。到目前为止，我一直在讨论的这些理论必须具有政治的所给定的构成性特征，才能被有意义地理解为政治理论（如果这些理论无法以这种方式理解，那么这就是这些理论的失败）。提供政治理论的尝试在最近几十年中已经不流行了，尽管二十世纪的著作，例如卡尔·史密特（Carl Schmitt）的《政治概念》、迈克尔·奥克肖特（Michael Oakeshott）的《人类行为论》、谢尔顿·沃林（Sheldon Wolin）的《政治观》、伯纳德·克里克（Bernard Crick）的《捍卫政治》和汉娜·阿伦特（Hannah Arendt）的《人类状况》表明，人们也只是在最近才对“什么是政治?”这个问题缺乏兴趣。[①] 政治价值理论试图阐明特定政治价值的含义或内容，而在最近几十年中，这种做政治理论的方法的典范仍然是约翰·罗尔斯的《正义论》。[②] 埃斯特伦德（像科恩一样）有理由将理想理论看作是关于政治价值的理论，而不是关于政治的理论，其目的是揭示正义、自由等的含义。而且，他对上述现实主义指控的回应表明，他认为这些理论是足够独立的，至少在某种程度上一个人可以提供一种政治价值理论而又不需要或假定任何政治理论，而且，即使两者之间存在某种联系，那么一个政治哲学的缺陷，即它不是关于政治的，就不会对政治价值理论产生任何影响。埃斯特伦德声称，政治价值的含义和内容不依赖于任何特定的对政治的假定或描述。

然而，正如育儿专家的例子所证明的那样，描述性和规范性很难分开。适用于任何实践的价值理论将取决于对实践的可行解释，在这些实践中，这些价值应作为将要实现的理想、评价的规范性标准或理解的范畴发挥作用。换句话说，对实践的合理描述必须先于相关规范理论的提出。如果不是这样，那么就像我们的养育专家提出的理想和判断被发现是有缺陷的，因为他们眼中的养育与真正的事实并不一样，政治理论家

---

① Carl Schmitt, *The Concept of the Political* (London: University of Chicago Press, 1996); Michael Oakeshott, *On Human Conduct* (Oxford: Oxford University Press, 1991); Sheldon Wolin, *Politics and Vision: Continuity and Innovation in Western Political Thought* (Oxfordshire: Princeton University Press, 2004); Bernard Crick, *In Defence of Politics* (London: Continuum, 2005); Hannah Arendt, *The Human Condition* (London: University of Chicago Press, 1998).

② John Rawls, *A Theory of Justice*, rev. ed. (Oxford: Oxford University Press, 1999).

提出的理想和判断也会如此。有缺陷的政治建议将不可避免地源于关于政治领域的错误信念，而这一领域正是这些建议所要应用的领域。我们应该能够预见，适用于以一系列构成性特点为特征的领域的价值和理想不适用于这些特征不成立的、非常不同的领域。例如，无论分歧和合法暴力的使用是否是政治秩序的构成性特征，如果对于一个自由的社会将会是怎样的这一问题，我们得不到任何结论，这将是令人惊讶的。同样，政治权力和权威是否必须不对称地分配给其民众，或者这是否只是前平等主义（pre-egalitarian）政治的一个短暂特征，关于这些问题，我们当然应该认为是和政治社会中的平等问题相关的。从这个意义上说，价值的含义和内容不能与其发挥作用的领域和意图指导的活动独立地进行理解。再一次声明，如果一个人并没有重视什么使得政治成为一种特殊的实践、哪些特征是固定的、哪些特征有时是可以改变的，这个人就无法作出以上的判断。这是一个条件，它属于规范判断或规定，来源于任何应用于政治的非政治方面，例如经济学、宗教或技术，甚至与道德有关（正如埃斯特伦德明确构想的理想理论的发现，因此他谈到“社会正义、政治权威、政治合法性和许多其他道德政治概念的道德理论……”）。重申导言中提出的重要观点，这里的重点不是在道德和政治价值（或者可以说政治和其他价值）之间进行严格的区分，而是要坚持这一点：尽管某些价值在其他某些意义上是值得意愿的、有吸引力的或受偏爱的，但在将其看作为适用于政治领域的价值之前，我们应该保持谨慎。

关于现实应该在限制或决定对政治的哲学思考中发挥作用的任何建议，特别是当它在对应该做什么、正义的要求是什么等问题进行规范性思考时，常常遭到这样的批评：当允许现实能够限制激进批判的可能性或者减少提出关于乌托邦式的生活景象的可能性时，以上的观点使得相关反思变得令人反感地保守或令人厌恶地遵守现状。这种担心是错置的。请记住，只有那些与政治总体条件不相容的价值和理想才不适合政治领域。这不会是一个可能价值的空集，它当然会包括某些政治哲学家在整个时代（包括今天）提出的解释。但是没有理由认为这种观点所排除的会和它可能允许的一样多。对我们或者其他社会来说，可以算作政治价值的价值将永远是所有可能政治价值的一个子集，因为没有一个政治秩序可以同时拥有每一个政治价值的前提条件。例如，现代自由的先决条件就不可能是古代自由的先决条件。然而，这允许存在一些政治价值，这些价值对我们而言不是政治价值，而以探索属于前一类但不是后一类的价值为形式的乌托邦式或激进的推测是一种合理的活动。我们可能会问，花一生来探索仅在与我们自己的情况截然不同的条件下才有意义的价值是否是明智的追求。还存在着关于智力动机的问题：为什么以这种方式学习政治，而不是通过专注于我们仍然难以正确理解的实际政治世界？然而，错误的事业与不明智的事业之间存在显著差异。而且，本文一般性的观点是，本文所提供的说明只排除了最古怪的乌托邦主义，即无法被理解为政治的乌托邦主义。

可行性：个体和集体[*]

佐菲亚·斯滕普洛斯卡（Zofia Stemplowska）[**]
（译：张可）

摘要：这篇文章为可行的行动提供了一个论述。它批判了对可行性的条件性论述，并提供了一个被我称之为是约束性论述。我主张，由于约束性论述对行动的动机失败问题的处理，以及对集体行动的处理，它是一个更好的论述。粗略地说，根据这个论述，当一个行动者或数个行动者知道如何做出一个行动，并且对动机具有恰当的回应性时，这个行动就是可行的。这篇文章展示出，有些对行动的集体要求看上去是可行的，但实际上是不可行的。

关键词：可行性，尝试的能力，意志薄弱，集体行动，集体要求

由于很多事情我们能够一起做——好的事情和坏的事情——我们受制于很多做出特定行动和不去做特定行动的规范性要求。在接下来的内容中，我将会论证，有些直觉上可行的要求，尤其是那些集体性的要求，

---

* 我要感谢杰弗里·布伦南（Geoffrey Brennan），金伯利·布朗利（Kimberley Brownlee），西蒙·卡尼（Simon Caney），布莱恩·凯里（Brian Carey），马修·克雷顿（Matthew Clayton），阿兰·哈姆林（Alan Hamlin），本·杰克逊（Ben Jackson），乔纳森·光（Jonathan Quong）和亚当·斯威夫特（Adam Swift），以及为了纪念阿兰·哈姆林（2014 年 5 月）的 MANCEPT 工作坊的与会者们的评论和建议。值得被额外提及的是西蒙·卡尼，马修·克雷顿，和乔纳森·光，因为他们在短时间内给出了详细的书面评论。我同样还感激大卫·施密兹（David Schmidtz）和乔治·鲁德布施（George Rudebusch）作为推荐人给出的评论：它们是有建设性的评论的模范，并且其帮助是超义务的。

** 作者为牛津大学政治学教授。

不是事实上可行的。因此，我的目标是对什么是可行的行动进行修订。我尤其主张，如果我们转向我称之为是对可行性的约束性论述，我们能够在最大程度上保留对可行性的条件性论述的精髓。① 提供一个关于可行性的论述所面临的风险有两方面。首先，我们需要取得概念上的直觉性——如果我们使用的概念在直觉上对我们来说似乎是正确的，那么这会是更好的。其次，我们对可行性的论述对我们的规范性要求的内容有所启示。如果正如我们中很多人接受的，即，“应当”意味着“是可行的”，那么情况则会是如此。但是即使我们否认这一点，只要我们同意，而且我认为我们应当同意，可行性是与被要求的事物的内容或状况相关的，那么情况仍旧是如此。②

一 什么是可行性?

什么能算作是可行的行动呢?③ 将可行性仅仅看作是可能性（possibility）以及/或者是一个行动者成功做出那个行动的可能性（likelihood）的一个功能，可能是非常吸引人的。但是任何这样的论述都受制于一个有力的反例，也就是埃斯特伦德展示的令人难忘的鸡跳舞的例子。④ 假设没人能够做任何事诱使我在我的学生面前像鸡一样跳舞。（事实上，一个

---

① 条件性论述并不是关于可行性的唯一论述。例如，见 Alan Hamlin, “Political Feasibility”, e - IR 29 August 2012, http: //www. e - ir. info/2012/08/29/political - feasibility/ [accessed 1 November 2015] 和 David Wiens, “Political Ideals and the Feasibility Frontier”, *Economics and Philosophy*, 31 (2015): 447 - 477。我关注条件性论述是因为我打算保留其精髓，即使我将不对其名称予以保留。

② 相关讨论见 Geoffrey Brennan and Nicholas Southwood, “Feasibility in Action and Attitude”, in Toni Rønnow-Rasmussen et al. , eds. , *Hommage á Wlodek: Philosophical Papers Dedicated to Wlodek Rabinowicz*, (http: //www. fil. lu. se/hommageawlodek/site/papper/Brennan&Southwood. pdf, 2007) [accessed 1 May 2014]; 和 David Wiens, “ ‘Going Evaluative’ to Save Justice From Feasibility — A Pyrrhic Victory”, *The Philosophical Quarterly*, 64 (2014): 301 - 307。关于反对“应当”意味着“是可行的”的理由的讨论，也见 G. A. Cohen, *Rescuing Justice and Equality* 和 Anca Gheaus, “The Feasibility Constraint on the Concept of Justice”, *The Philosophical Quarterly*, 63 (2013): 445 - 464。那些相信存在真正的道德困境的人也有理由拒绝这一点。

③ 我所关注的将始终是行动的可行性。

④ David Estlund, *Democratic Authority* (Princeton, NJ: Princeton University Press, 2008), 13 - 14.

足够高额的金钱奖励可能会成功诱使我如此，但是让我们假设不会有这样的奖励）因此，极其不可能（unlikely）并且近乎不可能（impossible）的是，我将会如此跳舞。但是，的确，我们仍旧应当认为像鸡一样跳舞对于我来说是可行的。可能性（possibility）/可能性（likelihood）论述将会在这里给出反直觉的答案。

与此相反，对于可行性的条件性论述对这种例子的处理方式，简略地说，就是将可行性规定为是可能性以及/或者一个行动者成功做出一个行动的可能性的功能，并赖于行动者对此的尝试。如果一个行动是在尝试的条件下可能的①（possible）或者是合理地在概率上可能的②（probable）——这取决于我们所参考的论述是什么——那么它就是可行的，并且，在尝试的条件下，它越可能，它就越可行。因此，布伦南和绍斯伍德将可行性定义为“一种关于成功的合理概率，这种成功建立在尝试的条件之上”③。吉拉伯特和劳福德-史密斯（Gilabert and Lawford-Smith）采取了一个对什么是可行的“二元测试”，和一个在他们的二元测试所勾画出的可行性领域内，什么是更可行，什么是更不可行的“纯量测试”。他们在严格的约束——也就是，不可能克服的约束——和宽松的约束——也就是，易受影响的约束之间，做出了区分。根据二元测试，“在环境 Z 中，只有当 X 导致 O 的 φ 行动不是与强硬的约束不相容时，那么 X 去做 φ 从而导致 O 就是可行的”。依据纯量测试，“如果鉴于松弛的约束，同时鉴于 X 与 Y 的尝试，X 导致 O1 要比 Y 导致 O2 在概率上更加可能，那么 X 导致 O1 就比 Y 导致 O2 更加可行”④。我们现在有好几个元素了，现在对它们进行固定可供我们稍后对其进行以后使用（这些元素将在文章的结尾处以列表的形式出现）。现在让我将“行动 Φ 对于行动者 X 来说是可行的”简化为“行动 Φ 是可行的”。我将在同等含义上使用“做 Φ”，“正在做 Φ”，“践行 Φ”，以及如果需要强调的话，“成功做 Φ”这几个用语。我还将“行动者 X 做行动 Φ”定义为“行动者在环境 C

① Pablo Gilabert and Holly Lawford-Smith, “Political Feasibility: A Conceptual Exploration”, *Political Studies*, 60 (2012): 809 – 825.

② Brennan and Southwood, “Feasibility in Action and Attitude”.

③ Brennan and Southwood, “Feasibility in Action and Attitude”, 10.

④ Gilabert and Lawford-Smith, “Political Feasibility”, 815.

中，于时间 T 成功地践行了行动 Φ，因此导致了事态 S”。因此，一个行动 Φ 总是以涉及其所导致的事态 S 的方式被定义。一个行动者因此可能成功地践行 Φ1，这导致了 S1，并与此同时没能践行会导致 S2 的 Φ2（例如，“撰写长篇小说”和“撰写捕获人心的小说”；“实施心脏复苏术”和“拯救了一个生命”）。条件性的论述意味着，一个行动者可能要么由于她没有做出尝试从而没能做一个行动（而这个论述将这些行动的失败视为是与对可行性的计算无关的），要么因为某些事情在行动者的尝试与其导致某一事态之间进行了干扰（也就是说，这个行动可能像修建一座长长的桥一样难），从而没能做某个行动。我始终预设“尝试”包含了一个被恰当维持的企图，以至于行动的失败将不会是源于行动者过早放弃。[①] 最后，行动者 X 可以是一个作为行动者的集体。我所说的集体行动者 X 指的是所有那些从 X1 到 Xn 的个体，其中每个行动者各自的行动 Φ1 到 Φn 构成了集体行动 Φ。

条件性论述因此可以被重新表述为：

> 方案 1（可能性“possibility”版本）：如果鉴于行动者 X 尝试去做 Φ，行动者做 Φ 是（更[②]）可能的时候，一个行动 Φ 是（更）可行的。

> 方案 2（可能性“likelihood”版本）：如果鉴于行动者的尝试，行动者（更）可能做 Φ，那么 Φ 就是（更）可行的。

两个版本之间的区别将不会对我的论证构成影响，但是还是让我表明，我偏向方案 2。我们有好理由不去将那些其实践仅仅为可能的（在尝试的基础上），但是不太可能被行动者做出的行动归为可行的行动。[③] 就这一点，我追随布伦南和绍斯伍德的观点，并对他们的具有说服力的例

---

① 我就这一点跟随 David Wiens，“Motivational Limitations on the Demands of Justice”，*European Journal of Political Theory*（forthcoming）中的想法。

② 或者也许“更容易实现”。

③ 除了 Gilabert and Lawford-Smith，“Political Feasibility”，之外，Alan Hamlin，“Political Feasibility”，也表明这是可行性含义之一。

子进行了调整。[1] 在一个心脏手术中帮你修复你的心脏是可能的——当然，如果你和我极度幸运的话，这将会是一个意外——但是当你在我家里心脏病发作的时候，这对我来说不是一个可行的行动。我们过后将会说明什么能够解释我们对于这种行动不可行的直觉。

目前来说，我并不打算解决下面这个问题，即，成功行动要在多大的可能性上是成功的，才能使得一个行动是可行的。为了符合语法规则的措辞上的简洁性，我将这样的行动之成功表达为“可能被做出的(likely)”，而不是“具有一定程度的概率”，并且我将会在下文中预设成功的概率必须在50%以上。尽管如此，这并不是我的论证所在，我接受那个可能性可能会低于或高于50%。

条件性论述中的条件分句能够恰当地处理鸡舞的例子：你将会像鸡一样跳舞的可能性（likelihood）在你对此进行尝试的条件下是很高的——如果你对此进行尝试，它会是一件简单的事情。然而，对条件从句的使用进一步产生了以下两个问题。首先，为了不将缺少动力的鸡舞者跳舞排除在可行的行动之外，这似乎将那些真的不能够促动自己像鸡一样跳舞的人的行动也囊括进可行的行动中了。这是一个关于如何处理动机失败的例子的问题。

其次，这似乎也不能很好地解释某些集体行动的例子。为了看清这第二个问题，现在来考虑两类广义上的集体行动。第一类集体行动要求协作，也就是说，一个既定的个体所需要做的事情依赖于其他个体所做的事情。踢足球——至少是成功地踢足球——是一个要求协作的集体行动的例子：我是否要将球往前踢还是往后踢依赖于我的其他队友在球场上的位置。如果存在这样的协作机制的话（例如，存在一个足球队，它有一个经理人，等等），我将称这样的行动为协作的行动；如果协作是需要的，但是不存在一个协作机制的话，那么我将称这一类行动为不协作的行动。第二类集体行动仅仅由数个个体的参与构成，但是每个个体所需要做的事情不依赖于——也就是，不回应于——其

[1] Brennan and Southwood, “Feasibility in Action and Attitude”, 8 - 10. 其他人也对此表示怀疑：参考大卫·韦恩斯在“Political Ideals and the Feasibility Frontier”, *Economics and Philosophy*, 31 (2015): 447 - 477 中的“有限的可能性论述”。

他人所做的事情。[①] 通过不停地触摸圣彼得大教堂中的圣彼得雕塑而抹掉了雕像的右脚，正是我们可能会称之为是联合行动的一个例子：很多人就是要去摸它的脚（我所预设的是，没人能够单枪匹马地抹掉它的右脚）。

关于可行性的条件性论述的问题是——正如上述所说——它表明一个联合的集体行动比一个协作的集体行动要更加可行，即使在某些例子中，相反的结论似乎在直觉上看上去是正确的。例如，看一看这样一个联合的集体行动：地球上的每个有如此能力的人都在下周二摸一下自己的鼻子。如果每个人都去如此尝试，他们将很可能成功（因为对于任何一个有能力如此的人来说，这是能够被非常轻易地完成的行动）。因此，如果可行性所追踪的是基于尝试的成功的可能性，那么每个人都在下周二摸自己的鼻子，就是一个可行的行动。[②] 但是，将一个要求每个人都在同一天摸自己的鼻子的行动看作是可行的，似乎挺奇怪的，更何况这其实就是非常奇怪的。将这样一个行动看作是比一个协作的集体行动更加可行，例如在一个足球比赛中执行一个进球的目标，这也是奇怪的。但是，需要再一次说明的是，这种理解是建立在对于上述概述的理解之上的，这是因为，根据上面的概述，在尝试的条件下，在一个足球比赛中执行一个计划的可能性，仍将依赖于技术和运气，而这使得它更不可行。更概括地说，条件性论述主张，对于任何一个行动来说，如果这个行动被尝试了，那么它就势必会成功（例如，思考蝙蝠），三十亿人去做这个事情和三个人去做这个事情是一样可行的。不合理的是，它会主张，为了保证世界和平，我们应当（例如）选择一个所有活着的人都善良对待彼此的政策（针对那些能够如此做的人），而不是去选择一个改革联合国维和部队的政策。

---

① 在这里，我不明确表达是否每一个处在这个集体中的人都必须参与，或者仅仅是充分数量的人参与就够了，理由是，我在这里并不试图确定每个给定的个体所必须做的事情。相似地，我对集体行动的定义对于谁是参与者，或者谁必须参与进来，保持不可知的态度。

② 有人可能会反对说，条件性论述并不说明这一点，因为这个论述中的“行动者”必须被理解为是每一个被要求如此行动的人，但是因为这个例子中每一个被要求如此行动的人都不能被称作是“一个行动者”（它仅仅是一个不同个体的集合），那么这里实际上就不存在一个能够成功做尝试的行动者。然而，我们要注意的是，我可以将以上的行动重新刻画为一个需要行动者1，行动者2……行动者30亿所要践行的行动，如果是这样的话，那么这个行动的成功将会在他们每一个人试着在下周摸自己的鼻子的条件之上极为可能实现。

这留给了我们一个两难困境。如果可行性不是建立在尝试的条件之上的，那么似乎仅仅因为人们不想做某些事，比如像鸡一样跳舞，各种各样简单的事情就会对人们来说是不可行的。但是如果可行性是建立在尝试的条件之上，那么各种集体行动就会不合理地变成可行的行动，并且我们的可行性概念会推荐我们对错误的政策进行选择。我会在下文提出避免这个两难困境的方法。在第二部分，我主要关注动机的问题，在第三部分中，我关注集体行动的问题。

二 缺少动机的行动的可行性

在任何一个关于可行性的论述中加入条件从句的原理显然是这一点，即，仅仅缺乏行动的动机似乎不能充分表明行动者缺少践行那个行动的能力，并且因此使得那个行动是不可行的。这一点在鸡舞反驳中得以充分体现。为了阐明我的论证，让我预设，仅仅当行动者有动机去行动的时候，行动才会发生，并且让我称所有这些行动者缺乏动机去行动的例子为动机失败的事例。那么，最简单地并且也可能是最自然地理解动机失败貌似没有排除可行性的例子的方式是，行动者能够使得她自己被恰当地促动——也就是说，她对自己的动机状态抱有充分的控制。我们因此可以将这些例子形容为行动者仅仅是不愿意做 Φ，但是在动机层面有能力做 Φ。[①] 然而，我们中的很多人同样也担心，有些动机失败的例子的情况不是仅仅不情愿做 Φ，而是我们可能会称作真正的动机无能的情况：

---

① 在这一讨论的节点，有人可能会理所应当地担忧"仅仅是不情愿"是否是一个不可能性，或者甚至是一个范畴错误。例如，有人担心如果决定论是正确的，那么就不会存在简单的不情愿这样的事情；不情愿永远暗示着动机层面的无能，因为不情愿的行动者不能选择做出与她实际做出的事情所不同的事情。我跟随华莱士（Wallace）以及其他一些人认为，决定论不需要排除行动者有能力做出与她实际做出的事情不同的事情，但是在这里，我希望将决定论的问题放置一边。见 R. Jay Wallace, *Responsibility and the Moral Sentiments* (Cambridge, MA: Harvard University Press, 1994)。我并不被这一话题所困扰，因为我在别的地方论证过，在关键的规范性环境中（处罚，责备，责任）我们应当将那些处在决定论的指导性控制下的行动视为似乎是处在我们的终极控制下的。见 Zofia Stemplowska, "Holding People Responsible for What They Do Not Control", *Politics, Philosophy and Economics*, 7 (2008): 355 - 377 and "Harmful Choices", *Journal of Moral Philosophy*, 10 (2013): 488 - 507。

行动者不能意愿做这个行动。这种能力缺失要么可以体现为，不知何故，行动者的尝试是有缺陷的，要么体现为行动者不能做出尝试。这种真正的动机无能的典型例子通常被认为是包含“临床的”例子的，例如恐惧症、成瘾性、强迫症——所有这些哲学文献都正确地或错误地（通常上是错误地）预设了行动者的意志被这些心理机制抑制住了，发挥作用的是某种异化于她的东西。这里的想法是，有些动机失败的例子是与下面这样的例子相提并论的，如，行动者于其中不能践行行动 Φ，因为例如（她沉浸在一个生动的生物小说中）她脑中的一个钉子使得相关的突触不能以允许行动者被促动做 Φ 的方式被触发。最常见的情况可能是，在我们完全精疲力尽的时候，我们还是愿意保持醒着的状态。我们不得不承认的是，在这种情况中，我们通常处在真正的动机无能的状况中，而不是仅仅不情愿的状况。[①] 因此，与吉拉伯特和劳福德-史密斯的观点相反的是，尝试不是“人们永远能够做成的事情”[②]。因此，这里的困难变成了如何区分仅仅是不情愿（但不会排除可行性）的例子，和真正的动机无能（会排除可行性）的例子。在讨论行动的可行性时，明确规定我们只对非临床的例子感兴趣，是不能对我们的讨论有所帮助的。这样一个举动只会将如何区分这两种情况的问题退回原点。这是因为，这样一个举动要么乞题了——在缺少一个好理由的情况下，我们排除了临床的例子，从而仅仅预设所有剩下的例子都是不情愿的例子——或者，与以上一点的角度不同，这个举动仅仅从思虑中剔除了某些例子，但是将如何区分两种例子的问题留给了剩下的例子。[③] 存在许多做出这样的区分的尝试。例如，韦恩斯近来就反对埃斯特伦德论证道，在有一个“真诚的意

---

① 一个可能的情况是，一个人在完全有动机不去睡觉的情况下屈服于入睡，但是我的直觉（根据我的一手体验）是，促进自己保持清醒的能力有时在睡眠来临之前就消失了。

② Gilabert and Lawford-Smith, “Political Feasibility”, 818.

③ 在这个讨论的节点，一个吸引人的做法是为动机失败本身不能说明行动无能的这一观点找到一个不同的原理，从而将明确不同种类的动机失败的整个问题绕开。因此，David Estlund, “Human Nature and the Limits (If Any) of Political Philosophy”, *Philosophy and Public Affairs*, 39 (2011): 207 - 237（在一个关于道德要求的争论的语境中）提出，即使是真正的动机无能也不能排除行动者践行一个行动的能力。换句话说，即使是那些真的不能处在正确的动机状态中从而践行行动 A 的行动者，也能够拥有践行行动 Φ 的能力。然而，我并不分享这样的直觉，也就是，一个人是否有做 Φ 的能力的这个问题可以在不对其动机失败的本质进行探讨的前提下得到解决。

图”情况下试图做Φ的时候，动机上的失败应当被看作是我称作为真正的动机无能的事例，它排除了行动者做Φ的能力，而不仅仅是一个行动者由于不情愿做Φ、因此其做Φ的能力没有被排除的例子（并得出关于以下这一点更进一步的结论，即，对那些没能带着真诚的意图去尝试行动的行动者，我们如何对他们进行恰当的要求）。[①] 在不试图对韦恩斯的富有见地的分析进行公平对待的情况下，让我说明为什么我认为我们可以质疑这一策略会对我的问题有所帮助。我的质疑背后的一普遍的理由是，一个带着真诚意图的尝试可以从内在得到定义（对于一个做出这样的尝试的行动者自身来说看上去是如此的），以及/或者通过参考行为而从外在得到定义（她已经为此做出了一定的牺牲，等等）。[②] 以内在的方式进行定义的问题是，它可能会面临自我欺骗的可能性：行动者可能仅仅是不愿意如此尝试，但是却欺骗自己说她的尝试是真诚的（设想一个可能同沉浸于愉快的诱惑作斗争的人）。而以外在的方式进行定义的问题是，我们总能合理地询问任何一个从外在的角度进行定义的标准：“如果不顾及牺牲及其他的一些事情，她真的就是不情愿做Φ呢?”一个对动机层面的（相对于某些其他层面的）外在的定义不能排除这样的一个可能性——因为它不能指向任何超出可被观测的行为的事物——即，如果行动者真的去尝试了，她本可以做出那个行动：“如果她真的尝试变得忠贞，她就会变得忠贞。”

最终，在不对如何做出上述的区分的全部可能性进行总结的情况下，让我给出下述两点想法。首先，我认为，假定这个问题能够被解决的话，相信这一问题只能通过结合未来的经验研究才能得到解决，并不是不合理的。也就是说，如果情况是，某些动机失败是真正的无能的一个事例，而另一些动机失败的情况不是，那么可能的是，只有复杂的神经系统的数据（或者与此相对等的数据）才能够帮助我们解决这个问题。然而，由于我们目前没有这样的数据，我自己对此有一个提议。当存在一个可

① David Wiens, “Motivational Limitations on the Demands of Justice”, *European Journal of Political Theory* (forthcoming).

② 我们还可能在未来有一个关于大脑论述——突触是以正确的方式被触发，但是我们（尚且?）没有能力明确在脑活动和动机状态之间的一个一对一的对应关系。

被设想的动机，其中，这样一个动机能够将行动者的动机状态与需要被践行的行动达成一致，在这样的情况中，动机失败是一个仅仅是不情愿尝试行动的例子。不管这样的一个动机是否在事实上存在于我们的世界当中，依照这个观点，只要这个动机可能具有上述的能力，那么这样的动机就是存在的。因此，在这个观点中，"永恒的美丽"或"不朽"是可以算作存在的动机。因此，我的提议将可行的行动定义为如下：

> 提议 3：如果存在一个动机 I，鉴于 I，X 会尝试做 Φ，并且鉴于 I，X（更）可能做行动 Φ，那么行动 Φ 就是（更）可行的。

这个提议通过一个关于动机的存在从句替换了关于动机的条件从句：如果一个行动者是对于动机具有回应性的，那么她就不受制于真正的动机无能。（在这个论述中，这个行动是否是可行的要进一步取决于其他可对践行行动 Φ 的障碍。）这使得像鸡一样跳舞的这个行动对于大部分人来说是可行的，但是使得心脏手术对他们来说是不可行的，因为一个通常的人可能可以成功地做第一件事，而不是第二件事。很多关于动机失败的例子，包括很多"临床的"的例子，将会在目前的论述中被算作是不情愿的例子，同时伴随着关于其可行性的对应结论。我将简短地对一个反驳进行说明，它表明这个论述高估了行动的可行性，并低估了可行性的另一个难题。但是，让我首先指出，我的提议仍旧允许真正的动机无能情况的存在。例如，通常来说，在精疲力尽而睡去之前存在一个节点，在这个节点上，即使给这个人整个世界也不足以让她有动力保持清醒。

然而，提议 3 仅仅为可行性提供了一个充分条件。因为，我们希望得出的是，不存在任何例如能够促使你去谋杀任何人的动机，但是这并不意味着，在这个例子的其他特征的基础上，这个行动对你来说是不可行的。一个关于动机层面的能力的更加全面的论述应当询问的，不仅仅是一个行动者是否对任何动机具有回应性，它还应该问，她可能出于什么样的理由而不具有对那些动机的回应性。如果她没有回应动机的原因仅仅在于她将行动 Φ 视为是（规范性上）不正当的，那么我们不应当将她视为是真的动机层面没有能力回应该动机。这一点应当从反事实的角度进行理解，也就是，如果行动者没有将行动视作是错误的，那么她就会是对动机具有回应性的。[①] 不正当性在这里旨在既包括道德上的不正当行动，也包括伦理上的不正当行动（对于那些对二者进行区分的人来说）。鉴于这一点，诸如不去杀人这样的行动来说，以及诸如拒绝转变宗教信仰或者对树木进行朝拜这样的行动来说，即使它们从未出于行动者在道德上和伦理上的信念而得到尝试，它们仍旧是可行的行动（假定没有其他的阻碍的话）。与此相反，如果做一个行动对一个行动者来说是尤其可怕的，以至于不存在一个足够有力的动机能够促使这个行动者去做这个行动，即使行动者针对这个行动没有任何规范性上的反对理由，这个行动对于这个行动者来说仍是不可行的。我认为下面这一点是正确的：恐惧症对人们能够去做的事情有所限制，但是规范性信念体现人们的样貌，而不是对他们有所限制。经过修改之后，我的提议为如下：

> 提议 4：如果存在一个动机 I——或者，如果行动者 X 没有将行动 Φ 视为是不正当的行动，那么将会存在一个动机 I——鉴于 I，X 会尝试做 Φ，并且鉴于 I，X（更加）可能做 Φ，那么行动 Φ 就是（更加）可行的。[②]

---

① 因为这是一个反事实的条件，因此存在一个排序的可能性，即，行动者既使得自己对于所有的动机都不敏感，并且也不再将这个行动视为是错误的。在这里，我会硬着头皮承认，在这种例子中的行动对于行动者来说已经不再是可行的了。引入反事实从句同样还引出了这样一个问题，即，为什么反事实从句不能被彻底抛弃，以及为什么可行性赋予了一个行动的可欲性这样一个功能，以至于如果一个行动被行动者视为是如此之错误，以至于没有一个关于这个行动的动机 I 可以被她回应，那么这个行动就应当被视为是对她来说不可行的。然而，避免这样一个举动有着三个关键的优势：第一，正如上面提到的，出于规范性的信念而缺少追求去践行一个行动的动机体现了我们的能动性，而不是限制了我们的能动性。第二，有时人们可能会意外地或者出于一时激动而做出他们认为是在道德上荒唐的行动，一个将可行性从可欲性中分离出去的关于可行行动的论述，可以更加轻松地解释这样的情况：这个行动毕竟是可行的。第三，这样的一个论述能够更加轻松地将道德上的赞扬赋予给没去做不可欲的行动的人们：这样的行动是可行的，但是他们选择不去做它们。

② 对于以下这样一个例子，即，一个人因为做 Φ 是她全心全意想要去做或者想要其发生的唯一一件事，而没能回应不去做 Φ 的动机，这个提议为其提供了合理的解释吗？尽管这个人没有回应相应的动机，但是没能止住做 Φ 似乎是由于她的不情愿，而不是由于真正的动机上的无能，并且止住做 Φ 的行动对于她来说是可行的。这样的人并不难想象：在这里仅仅去想象一个在其当下生活的种种条件下，其唯一的愿望就是攀登珠穆朗玛峰的人，是不够的——我们必须预设，相较于看到任何其他的事态出现，她宁愿只做这一件事情。我准备好硬着头皮承认，在这种独特的单一心态的例子中，对于这样的人来说，止住不去做 Φ 事实上是不可行的。

接下来，让我回到上面提到过的一个反驳，这个反驳指出，我的提议过度包含了可行的行动，因为这个提议所追踪的是人们对于可设想的动机的敏感度，而不是对实际的动机的敏感度。例如，假定在普通的环境中，我不能使得我自己去靠近一只蜘蛛，但是如果我的孩子的幸福会为此而存在风险的话，那么我就会去接近那只蜘蛛。那么，我们可能会担心，在普通的情况中，我是真的在动机上缺乏能力接近蜘蛛的，即使在其他的情况下我是有能力接近它们的。但是与这个担忧相对的是，我认为，被正确地检验的动机所展示的是，如果一个行动的结果是不同的，一个行动者是否还能够意愿那个行动，在这样的例子中，她在普通的情况下对于意愿这个行动的不情愿不代表真正的动机失败，它所体现的是在普通环境中，她对这个行动进行评估，并认为做出这个行动所要付出的努力是不值得的。这一点可以通过 G. A. 科恩所使用的一个区分得以重述。[①] 一个行动可以在两个维度上得以评估：行动的困难度（在评估连续体的一端体现了行动的不可能性），和行动的代价。骑自行车载你从牛津到希思罗机场很困难，但（如果我喜欢你）代价并不高。亲吻一只青蛙并不困难，但是它的代价高（例如，我可能会对此感到厌恶）。一个认为可行性依赖于一个行动者对行动的体验的观点，会追踪这一行动的代价。但是，正如我的关于动机的观点所表明的，我们应当避免这样一个结论，即，一个代价十分高的行动是不可行的；如果改变其代价意味着我们将能够使得我们自己意愿去践行那个行动，那么我们就将动机失败体现为是不情愿的一个事例，并且我们应当从一开始就视那个行动为可行的。换句话说，可行性最好被理解为是追踪一个行动的困难度这一维度的。

出于同样的原因，上述的提议还主张，对于我来说，去做一个我十分有动力去做的事情（亲我的宝贝女儿）不应当比我不愿去尝试的事情（亲一只青蛙）更加可行。但是，反对这样的想法就会导致我们将可行性和激情相混淆。反对这个想法可能还会意味着我们会步入一个滑坡，其底端是一个我们想要避免的判断，即，如果我对于像鸡一样跳舞一点热情都没有（因此这样的行动让我感到非常困难，甚至是不可能的），那么

① G. A. Cohen, "On the Currency of Egalitarian Justice", *Ethics*, 99 (1989): 906 - 944, 918 - 919.

对于我来说，如此做就是不可行的。如果可行性的程度是追踪意愿的程度的话，我们自然会达到这一滑坡的底端，除非我们对此给出一个特设的规定，即，完全的不情愿并不意味着不可行性。

现在来考虑另一个反驳，即（像提议 3 一样）提议 4 低估了可行的行动。我认为这样一个反驳是有力度的，并且应当使得我们对这一提议进行修改。假定行动者仅仅在有些时候回应同一情境中的同一动机——出于超出她控制范围的理由。例如，十次中有九次，一千美元的奖励会使得她多做一个小时的工作，但是在剩下的那一次中，她没有如此做。假定所有其他的动机都不存在，鉴于这样的动机，似乎尽管行动者有接近 90% 的可能性成功做 Φ（因为只要她尝试去做多余的工作，她每次都会成功做 Φ），Φ 对于她来说仍旧不是可行的。这似乎是反直觉的。根据我们的假定，尽管在十分之一的例子中，行动者是真的在动机层面不能够去做 Φ 的，她在十分之九的（完全一样的）例子中是能够如此做的这一事实，似乎表明她实际上是具有（稍稍有些缺陷的）大体上的能力去尝试做 Φ。如果是这样的话，我们可以将提议 4 简化为如下：

> 提议 5：如果存在一个动机 I——或者说，如果行动者没有将行动 Φ 视为是不正当的，那么就会存在一个动机 I——以至于鉴于 I，X 将可能做 Φ，那么 Φ 对于 X 来说就是可行的。

然而，提议 5 只体现了一个行动是否可行的二元例子。而对于那些有程度之分的例子来说，我们需要更加复杂的注解来避免表明以下一点，即，一个行动者回应一个动机的热情可能会影响一个行动的可行性。让放在提议数字旁边的星号标志来表示它是代表纯量的可行性的。提议 5 * 消除了存在于下面这两件事之间的歧义：做 Φ 的可能性是追踪一个更大的对一个动机进行回应的可能性，还是追踪一个在对一个动机进行回应之后成功地做 Φ 的可能性。

> 提议 5 *：如果存在一个动机 I——或者说，如果行动者 X 没有将行动 Φ 视作是不正当的，那么就会存在一个 I——以至于，鉴于 I，X 会尝试 Φ，并且鉴于 I，X（更加）可能做 Φ，那么 Φ 就是（更

加)可行的。

总而言之，一个关于可行性的论述不应当将那些仅仅不选择去做某个行动的行动者身上的动机缺乏算进来：他们缺乏动机这一点并不使得那个行动变得不可行。但是这样的论述不应当将那些承受真正的动机无能的行动者身上的动机缺乏排除。基于这样的理由，我们应当支持通过对动机的回应性来约束可行性的论述，而不是关于可行性的条件性论述。这种约束性论述保留了条件性论述的精髓，但同时摒除了后者不合理的预设，即，对于某个人来说，去尝试做某件事是否在动机层面是可能的毫不影响这件事对这个人来说是否是可行的。

三　集体行动的可行性

世界上每个（有能力的）人摸自己鼻子的联合集体行动看上去之所以那么不可行，部分原因是我们所面临的行动是一个我们没有方法对其进行决定、交流，以及一起协作进行的集体行动：不存在集体主体这件事。[①] 因此，尽管在每一个人进行尝试的条件下，这个行动能够被践行，但是我们手边并没有一个现实的论述说明，让每个人都试着在下周二摸自己的鼻子可能会包含什么。

并且，为了做出澄清，当下的难题不仅仅在于我们所问的问题的迷惑性。当然了，我们可以对两个问题抱有兴趣。首先，让每个人下周二摸自己的鼻子是可行的吗？其次，对于我（或者其他人）来说，让每个人都在下周二摸自己的鼻子是可行的吗？明显的是，第二个行动对于我（或者任何其他人）来说是不可行的，并且，条件性论述也不能表明这对我来说是可行的。[②] 然而，尽管条件性论述表明第一种行动是可行的，但是第一种行动其实也是不可行的。当前的难题也不仅仅在于下周二近在咫尺，而在于让所有人摸鼻子这件事需要在同一天之内发生，然而，根据我们的预设，并不存在一个集体的行动者，其组成部分（其中所涉及

① 我假定也不存在一个单个的主体，例如一个能够使用所有被涉及的个体的独裁者。

② 见 Gilabert and Lawford-Smith, “Political Feasibility”, 818。

的个体）能够进行合作。

与此相对，在“在尝试的条件下”这个分句旨在解决的典型的单一行动者的例子中——鸡舞例子——我们知道一个行动者尝试践行这个行动包含了什么：行动者所需要做的就是去决定像鸡一样跳舞。[①] 当然，正如上个章节所展示的，一个人做决定时究竟发生了什么，这是一个谜题。当一个协作的群体，例如一所大学的足球队在做决定时究竟发生了，同样是一个谜题：协作究竟是如何发生的？不过，这个谜题的程度与大批人摸鼻子的例子中存在的谜题的程度，有所不同。让三十亿人同时摸自己的鼻子，我们要么需要大规模的协作——但是，如果是这样的话，那么我们所面临的就不再是一个联合的集体行动——我们要么需要魔法。一个关于可行性的论述不应当将需要依赖魔法才能得到践行的行动归为可行的行动。

鉴于（某些）联合的集体行动和非协作的集体行动的问题是这样一个谜题，即，由于这些行动所涉及的个体处在暗处，尝试这个行动对于他们来说究竟意味着什么是不明确的，因此，我们应当通过改进我们对可行性的理解来对此进行处理。事实上，如果我们回到个体行动的例子中去，我们就会注意到，关于如何做 Φ 的知识对于 Φ 的可行性来说是至关重要的。关于知道“如何做 Φ”这一点，我旨在表达两件事情。首先，一个人需要知道的是，如果这个行动成功了，它将会使得一个事态 S 达成（手术将会拯救一个生命，而不是作为一个骇人的艺术项目的一部分）。这之所以如此是因为，鉴于以上我对行动 Φ 的定义，行动在部分上是通过它们所获得的事态而得到定义的。如果一个行动者不知道按住一块石头（除此以外她绝不会想去摸的一块石头）将会打开一个秘密的逃脱通道，那么她就不知道她能够逃走，并且也不知道逃走对于她来说是不可行的。其次，一个行动者需要知道做 Φ 所可能会包含的事情（例如，通过将一个健康的动脉移植到一个冠状动脉来拯救一个生命，而不是仅仅通过在人的身体里杵来杵去来救人性命；通过按住石头来打开一个通道）。在这里，“知道如何去做”也包含着这样一些例子，例如，尽管一

① 我并不是在说，决定去做 Φ 是在做 Φ 中来展现能动性的唯一方式，它只是其中一种展现的方式。

个网球选手并不明确地知道如何掌控她的身体，但是她知道如何得分；对此我们可以说，她的身体自己掌控自己。

当然，知识仅仅在部分上是认知能力的一个功能，获取资源的一个渠道，除此以外，知识还依赖于动机。因此，即使一个人故意用手指堵住耳朵不听“wiedza”这几个字母，这个人还是有能力知道如何用波兰语拼写“知识”的。也就是说，知识当然也依赖于对知识来源的获取。所以，即使一个人是世界上最聪明并且最有动力的人，如果这个人只说英语一种语言，并且在一个沙漠岛屿上，没有书和网络，这个人是没有能力知道如何拼写这个波兰词语的。与上一章节中对动机能力的分析相一致的是，我们可以说，如果存在一个动机 I（或者，如果一个行动者没有将找寻或获得这样的知识视作是不正当的，那么就会存在一个这样的动机），以至于，鉴于 I，这个行动者将会知道 K，那么她就是有能力知道 K 的。并且，由于在不知道如何做 Φ 的情况下做 Φ 是不可能的（或者，在集体行动的例子中，我们需要的是 Φn），我们貌似能够直接在我们对可行性的定义中放弃对知识的参考，而仅仅依赖于这样一个想法（简单来说），即如果存在一个动机 I 使得行动者鉴于 I 可能会做 Φ，那么这个行动就是可行的。

然而，事情比这要更加复杂。对我的提议——正如它目前被表述为的样子——最自然的解读是：要么预设了行动者被提供了一个动机来践行一个行动，从而使得这个行动对于行动者来说是可以想象的，要么就预设了行动者事实上已经尝试去做了这个行动，因此这个行动对于她来说是可以想象的。（条件性论述同样面临相似的问题，因为这个论述问的也是如果行动者尝试去做那个行动，之后会发生什么，因此行动者被预设为拥有做这个行动可能包含的知识。）但是对一个对于行动者 X 来说的 Φ 的可行性的正确评估，需要考虑 X 是否处在下述的处境中，其中在特定的情境 C 中，于时间 T 上，实际上知道 Φ 所包含的东西（也就是说，知道成功地做 Φ 将会导致 S 以及如何去做 Φ）。[1] 鉴于这一点，我们应

① 当然，她处在这个处境中可能完全是因为一个做 Φ 的动机被提供给了她，但是这一点是不能被预设的，因为并不是所有可行的行动都是这样的。如果行动者的知识来源于一个动机，那么这个动机必须是一个与一个实际上已经被提供给她的动机（或者是她恰好拥有的动机）完全不同的动机。

当将我的提议修改为如下。我将其称为是关于可行性的约束性论述，因为可行性在这里被视作为是被行动者对动机及其知识的回应性所约束的：

提议6：如果存在一个动机I——或者说，如果行动者没有将行动Φ视作是不正当的，那么就会存在一个动机I——以至于，鉴于I，X将很可能做Φ，并且行动者关于如何做Φ的知识并没有被包含在这个动机之中，那么行动Φ就是可行的。

提议6*：如果存在一个动机I——或者，如果行动者X没有将Φ视作是不正当的，那么就会存在一个I——以至于，鉴于I，X将会尝试做Φ，并且，鉴于I，X（更加）可能做Φ，并且行动者关于如何做Φ的知识没有被包含在这个动机之中，那么行动Φ就是（更加）可行的。[①]

接下来，让我表明，在这个提议中的行动者可以被明确为是集体行动者。一旦我们表明这一点，我们就能弱化最终的条件，从而反映这样一个事实，即，并不是所有被包含在一个集体行动中的个体都需要看清全局。也就是说，集体行动的某些事例在下述情况下是可能的，即不是所有被涉及的人都需要意识到自己如何致力于行动Φ，或者甚至是否致力于该行动；个体行动者所需要知道的就是她需要去做Φn（也就是，不管出于什么理由，她去做Φn是被要求的：因为它将会对实现Φ有帮助，或者因为某个人命令她去做它，等等）。我们同样需要注意的是，在集体行动的例子中，在说“一个动机I”时我所指的是“一系列动机，以至于对于每一个其行动有助于集体行动的行动者来说，都存在一个动机”。

提议7（集体行动）：如果存在一个动机I——或者如果行动者X1……Xn没有视Φ1……Φn为不正当的，那么将会存在一个动机

① 严格来说，这个提议能够延续这样一个思路：“除非I实际上于时间T被提供给行动者，而不是仅仅是被假设的。”但是我们可以回避这个难题。

I——以至于，鉴于I，所有行动者X1……Xn可能[1]会去做Φ1……Φn，其中单个行动Φ1……Φn构成了行动Φ，并且每个行动者X1……Xn关于如何做Φ的知识，或者关于Φn是被需要的知识，没有被包含在被提供的动机中，那么行动Φ就是可行的。

提议7＊（集体行动）：如果存在一个动机I——或者如果行动者X1……Xn没有视Φ1……Φn为不正当的，那么将会存在一个动机I——以至于，鉴于I，所有行动者X1……Xn（更加）可能会去做Φ1……Φn，其中单个行动Φ1……Φn构成了行动Φ，并且如果每个行动者X1……Xn关于如何做Φ的知识，或者关于Φn是被需要的知识，没有被包含在被提供的动机中，那么行动Φ就是（更加）可行的。

在这个论述中，一个三十亿人中每个人都在下周二摸自己的鼻子的行动能够被正确地归为不可行的，因为不存在三十亿人都能知道在下周二如何做它的情况，也不存在他们都知道他们各自的贡献是被需要的情况。（当然，可能的是，这在未来是有可能变为可能的，在那样的情况中，这个行动就会变成是可行的。）但是这个论述同样允许我们理解这样一个直觉，即，有时即使是联合的或者非协作的集体行动也是可行的。例如，每个需要被涉及的个体都有能力知道消除儿童卖淫会包含的事物（例如，顾客将需要停止对其进行索求，儿童需要在不会被驱逐的前提下具有对寻求儿童保护服务的匿名渠道，等等）。同样可能的是，每个人都知道他自己需要去做的事，并且知道他需要这么去做（例如，一个执法官可能需要知道，鉴于其他人曾经是如何对待这个孩子的，她应当如何和一个孩子沟通，但是她不需要知道的是，例如，她的同事需要对这个孩子的委托人说些什么）。如果是这样的话，那么消除儿童卖淫似乎就是可行的（不过鉴于某些被涉及的个体的实际动机，这是极度不可能的）。

但是这个约束性论述可能会面临这样一个反驳，即，它将过多的集

① 其中我们可以用标准的数学公式来计算一个联合行动的组合概率：也就是说，由不同行动者一起来分别做Φ1……Φn就足够了，我们不需要每一个Φn都是可能的。

体行动排除在外，并将它们视为是不可行的。这个反驳可以借由埃斯特伦德构建的下述假设场景而进入讨论：

> 斯莱斯和派奇打高尔夫：假定除非我们将一个病人切开再缝起来，否则他的状况就会恶化并且死去（尽管不会充满痛苦地死去）。手术和缝合会拯救他的生命。如果存在一个不包含缝合的手术，死亡将会变得更加令人痛苦……不管他们之中是否有一个人会去处理那个病人，斯莱斯和派奇各自都会去打高尔夫。这里面有谁做了不正当的行动吗？当且仅当斯莱斯将会做手术时，派奇应当去对病人进行缝合（缝合是可能的，但是如果不存在需要缝合的伤口，那么缝合就是没有意义的并且会给病人带来伤害）。但是假定斯莱斯将不去做手术。那么派奇不妨还是去打高尔夫球。斯莱斯应当去进行切割手术吗？他不应当，因为反正派奇不会去进行缝合，因此这个手术将只会使得病人的死亡更加痛苦。那么斯莱斯也不妨去打高尔夫球吧。尽管病人必然会死去，但是这两个人都没有不正当地行动（或者出于忽略而不正当地没有去行动）。①

埃斯特伦德在这里感兴趣的并不是这两个人的行动的可行性，他感兴趣的是，斯莱斯和派奇是否没能够满足任何道德上的要求；但是这个场景阐明了我们应当如何对可行性进行思考（以及，事实上，我认为我们可以在这个例子中通过考虑可行性的问题来理解道德要求的问题）。埃斯特伦德所关心的是，这个例子中是否存在道德上的失败，其中，对于一个集体行动的道德失败来说（他预设了，并且我对此表示同意的是），我们必须能够指出进行不正当行动的个体。虽然埃斯特伦德没有讨论是否存在真正的道德失败，但是他确实表明："我们中的很多人是通过这样一个直觉来回应这个例子的，即，这个例子中存在某种道德上的违背行为……"并且他还讨论了"通常人们对一个病人由于没有得到治疗而死去所报以的回应，是道德上的侵犯或者愤慨"。如果我们接受这些直觉，

---

① David Estlund, "Prime Justice", in Kevin Vallier and Michael Weber, eds., *Political Utopias* (Oxford: Oxford University Press, forthcoming).

“疑难是，”他指出，“找出做出这一行动的行动者”，从而让我们能够闭合处在某些道德上的违背行动和找出其涉及的个体如何违背了道德上的义务之间的“规范性缺口”。[①] 根本上来说，埃斯特伦德指明了三组信念间的不一致性，并且这其中至少有一组信念必须被抛弃：1. “道德失败：病人在没有得到治疗的情况下死去是不正当的。” 2. “没有义务，就没有不正当：‘如果一件事在道德上是错误的，那么就存在关于某个行动者就他们实际所做的行动而言应当履行或者没有履行的义务。’” 3. “不存在违背要求的行动者：在这个例子中不存在在道德上被要求做（或忽略不做）的但他们实际上没做的行动。”[②]

事实上，我认为我们应当放弃这之中的第一组信念，但是我举出这个例子的理由并不是去论证这一点，而是去考虑下面这个问题：斯莱斯和派奇是否被要求去做可行的事情？答案似乎是显而易见的：对于他们来说，去做手术（并且因此拯救一个生命）当然是可行的了。但是我不认为对这个问题的回答因此就是如此明了的。下面是我的理由。我预设这个问题中的每个行动者都有一个好的理由相信另一个行动者可能不会出现在手术台上，或者，削弱一点来说，他们没有好的理由假定他们应当使得自己是可用的。不然的话，如果斯莱斯有一个理由相信派奇将会出现在手术台，或者拥有一个能够使得派奇出现的方法，那么相较于他所拥有的证据来说，他就不应当去打高尔夫球：这样的话，即使结果是派奇实际上去打高尔夫球了，斯莱特仍旧违背了一个道德义务。因此，我们应当预设没有一个行动者能够就彼此的计划进行交流，并且每个人都有好的理由相信另一个人将不会出现在手术台。但是如果事情是这样的话，不明晰的是，拯救一个病人是一个可行的道德要求。当然了，通常上来说，医生们能够合理地明白彼此需要在手术中做什么并且从而拯救一个生命，但是在这个具体的事例中，情况不是这样的。因此，在我的论述中，进行手术和拯救生命的要求是不可行的。

---

① 他补充道：“关于有些事情在道德上是不正当的直觉，在这里并不能通过说明它事关条件性的义务来得以解释：也就是，只要其他人如此做了，那么每个人都应如此行动。这个条件性义务的前提并没有得到满足，因此也不存在任何被违背的条件性义务。” David Estlund，“Prime Justice”.

② David Estlund，“Prime Justice”.

鉴于这一点，斯莱斯和派奇被要求去做的是对于他们各自来说不可行的事情。因此，如果“没有得到治疗而自生自灭”中的“自生自灭”指的是由一个有意识的行动者做出的行动，而不是一个世界中的事态，那么我们应当反对对这个例子中“病人没有得到治疗而自生自灭”的描述。毕竟，由于斯莱斯并没有理由相信派奇会在那里，他并没有让病人没有得到治疗而自生自灭，派奇也没有。因此，没有人让病人没有得到治疗而自生自灭。如果他们能够就彼此的计划进行交流并且协作，那么他们本会使得病人没有得到治疗而自生自灭，但是情况是，他们不能就彼此的计划进行交流并协作。如果我们拒绝埃斯特伦德所做出的（正确的）预设，即，对于一个集体来说，失败的行动必须意味着集体中的个体都失败了，那么我们就能保留我们的想法，即他们一起使得病人死去了。[①] 但是既然我们不应该这么做，我们就应当放弃这个信念，即这个例子中存在一个道德上的失败，这个失败超出了例子中的行动者以正确的态度回应那个情境所可能造成的失败。如果这两个人在这个情况中感到喜悦，或者甚至希望这样的情况发生，并且不为所发生的事情感到后悔，那么我们仍旧可以谴责他们两个人。但是这里的谴责并不是关于他们是否满足了做手术的规范性要求。

关于拯救一个病人的生命是不可行的结论，可能可以被视为是对关于可行性的约束性论述的反证法。但是为了表明驱动我得出这一结论的直觉，我们现在要考虑另一个例子。假定现在有两个个体，每个个体都在一个独立的房间，其中配有一列一千个顺序排列的数字按钮。为了拯救第三个人的生命，每个行动者都必须按下一个与另一个人所按的相同的按钮。假定他们不能够就此与对方交流。如果是这样的话，我认为，让他们拯救另一个生命的要求就是不可行的。如果出于意外，他们按下了同一个数字按钮，那么拯救一个生命对于他们来说也确实是可能的，但是让他们每个人都按下与对方一样的按钮于他们来说，并不比一个没有医学知识的人做心脏手术来说更加可行。在这两个例子中，行动者都无法知道成功地做出那个行动所需要的是什么。

---

① 但是比较 Holly Lawford-Smith, “The Feasibility of Collectives’ Action”, *Australian Journal of Philosophy*, 90 (2012): 453 – 467。

的确，倘若我们不断减少上述例子中按钮的数量，那么认为拯救生命的要求是不可行的直觉就会越来越弱。但是这是因为，我们承认某种运气成分与一个行动是否可行是相容的；否则的话，没有行动可以被算作是可行的。我们因此认为，尽管电话可能会出故障，但是打一个电话是可行的，我们还认为开车去商店也是可行的，尽管途中可能会出现意外。我不知道一个行动者需要拥有多少的控制力才能使得我们将一个行动视为是可行的。如果这个控制低至50%，那么这可能可以解释为什么我们会认为，在两个按钮的例子中，拯救生命是可行的行动。但是，我们允许对可行性的判断依赖于行动成功的可能性这一事实，并不意味着我们应当放弃这样一个直觉，即，成功的可能性必须是一个行动成功的可能性——其中有一个行动者做这个行动——而不是在没有包含恰当的行动者的情况下，世界的状态配合在一起产生了一个成功的后果。这是为什么我们能够说，如果我有相关的技巧的话，行走在一根紧紧的绳子上对于我来说是可行的，但是我们不应当说，如果我只能在你对我催眠，并且我不能促使你来催眠我（我对催眠的理解在心理学上是不准确的，但是在哲学上关于催眠的一个熟悉的想法是，催眠师的意志将会替代行动者的意志发挥作用）时才能如此做，做这件事对我来说仍旧是可行的。在后一个例子中，也许对你来说，使我走在绳子上是可行的，但是这样做对我来说是不可行的。

行动的可行性依赖于存在一个有意图的行动者，不管是单独的行动者还是集体的行动者，其中，这个行动者可以做那个行动。因此，正如我所宣称的，回到之前的那个心脏手术的例子中去，做这个手术对于我来说是不可行的（尽管如果我超级幸运的话，我可能会成功地完成手术）的理由是，我完全不知道这样一个行动会包含什么。即使在可行行动的连续体的极端情况下，一个关于可行性的论述也不应当将可行性与可能性混淆。约束性论述避免了这一点。[①] 当然了，这仍然使得一个大的问题

---

① 严格地说，我们可以说可行性是关于可能性的，但是它所关于的是那些由知道如何做需要被做的事的行动者所做出的行动的可能性；而不是使得某些后果可能的关于事件的可能汇集；它所关于的是行动，而不是关于事情的发生。参考 David Wiens's "Restricted possibility account"，在他的"Political Ideals and the Feasibility Frontier", 447 – 477。

没有得到回应，即，什么算作是一个有意图的行动者所做的行动，而不仅仅是一个身体活动，但是我们认为我们可以在依赖一个对能动性的不精确的理解的情况下利用我所提议的可行性论述。或者，对这一点的更加积极的表述方式是，关于可行性的论述应当同一系列不同的、能够被囊括进来的能动性论述一起运作。

总而言之，我们应当采纳下述对可行行动的约束性论述，如上概述：①

种种定义：

［a.］“行动 Φ 是可行的”意味着“行动 Φ 对于行动者 X 来说是可行的”。

［b.］“行动 Φ”要么意味着“被一个个体所做出的行动 Φ”或者“由 X1……Xn 所做出的 Φ1……Φn 所构成的集体行动 Φ”。

［c.］“行动者 X1……Xn 做 Φ1……Φn”意味着“每个行动者 X1……Xn 分别做 Φ1……Φn”。

［d.］“行动者 X”要么意味着“一个单独的行动者”，或者意味着“一个由所有那些单独的 X1……Xn 所构成的集体行动者，其中每个单独的行动者各自做 Φ1……Φn，并构成集体行动 Φ”。

［e.］“行动者 X 做 Φ”意味着“在情境 C 中，于时间 T 上，行动者 X 成功地做了行动 Φ，从而导致了事态 S”。

［f.］“知道”意味着“在情境 C 中，于时间 T 上，当行动被践行时知道”。

［g.］“知道如何做 Φ”意味着“知道成功做 Φ 会导致 S，以及如何做 Φ”。

［h.］“试着去做 Φ”意味着“恰当持续地尝试做 Φ，以至于任何做 Φ 的失败都不是因为行动者过早放弃”。②

［i.］在集体行动的例子中，“一个动机 I”意味着“一组动机，其中其行动构成了集体行动的行动者都各自有一个动机”。

① 我要感谢乔治·鲁德布施对我先前表述的批判。

② 见尾注 11。

可行性的约束性论述：个体行动。行动 Φ 是（更加）可行的，当且仅当存在一个动机 I（或者如果行动者 X 没有将做 Φ 视作是不正当的，那么会存在一个 I），以至于鉴于 I，

[1.] 行动者 X 可能尝试做 Φ，并且

[2.] 行动者 X（更加）可能尝试做 Φ，并且

[3.] 行动者 X 对于如何做 Φ 的知识没有被包含在对 I 的获得之中。

可行性的约束性论述：集体行动。行动 Φ 是（更加）可行的，当且仅当存在一个动机 I（或者如果行动者 X1……Xn 没有将做 Φ1……Φn 视为是不正当的，那么就会存在一个 I），以至于，鉴于 I，

[1.] 行动者 X1……Xn 可能尝试做 Φ1……Φn，并且

[2.] 行动者 X1……Xn（更加）可能做 Φ1……Φn，并且

[3.] 行动者 X1……Xn 关于如何做 Φ 的知识，或者对于他或她做 Φn 是被需要的知识，没有被包含在对 I 的获得之中。

我们对个体和集体行动者的可行性论述应当被限定在将行动者对动机的回应性考虑的基础上，以及将他们知道如何做出那个行动的能力考虑进来的基础上。这个约束性论述保留了条件性论述的精髓，因为它并没有将一个行动是否可行仅仅依赖为主体是否没有意愿如此行动。同时，条件性论述错误地考量了由于真正的动机无能所引起的问题，以及由于集体行动者不能一起做出所需要的行动时所出现的困难，而约束性论述则避免了这些隐患。

正义的环境是什么？*

戴维·埃斯特伦德（David Estlund）**
（译：张可）

摘要：社会正义会在人们没有道德缺陷的（想象中的）条件下失去其应用性吗？我将论证，这个问题的答案是：不会的——正义可能还是有其应用性的。这是我这篇文章中更宽泛的论题的一个启示，也就是，存在种种不同的条件，它们会被我们视为是高度理想的，并且是不现实的，然而，它们并不超出正义的界限。在休谟和罗尔斯那里得到尤其发展的"正义的环境"这一想法，可能看上去指向了一个更加现实的方向，但是我们可以看到，一旦我们在正义规范的需求条件、正义规范的出现条件，以及正义标准的应用性条件之间做出区分，事情就不再是如此。正如我主张的，即使在一个正义的机制不复存在或不再被需要的条件下，正义仍旧可以有其应用性，就像在内化的正义动机的情况中一样。

关键词：罗尔斯，理想理论，正义，规范，休谟

一　序言

社会正义会在人们没有道德缺陷的（想象中的）条件下失去其应用

* 我要感谢亚利桑那大学，女王大学（安大略），华威大学和得克萨斯基督教大学的给我带来帮助的听众。我要尤其感谢诺米·阿帕利（Nomy Arpaly），杰瑞·高斯（Jerry Gaus），查尔斯·拉莫尔（Charles Larmore），雅各布·利维（Jacob Levy），杰弗里·赛尔-麦考德（Geoffrey Sayre-McCord），和大卫·施密兹（David Schmidtz），他们以一种相对全局的方式帮助我使这篇文章及其论证成型。

** 作者为布朗大学哲学教授。

性吗？我将论证，这个问题的答案是，不会的——正义可能还是有其应用性的。的确，当我们被问到去想象一个充满了道德完人的社会，我们可以合理地问，我们是否应当预设他们是正义的。并且，不明确的是，当我们问：在一个人们具有包括正义在内的所有美德的世界中，正义是否仍旧具有任何应用性时，这会意味着什么。不过，我们仍旧可以问，当人们皆为道德完人时，正义是否还有其应用性，不管他们是不是正义的。我将主张，对于这个问题的回答是肯定的。[①] 如果这一点是正确的，那么正义理论作为一个研究领域甚至会囊括关于道德无瑕的种种条件。[②] 这是我的文章的更加宽泛的论题的一个启示，也就是，存在种种不同的条件，它们会被我们视为是高度理想的，并且不现实的，然而，它们并不因此就超出正义的界限。

存在一个关于正义的熟悉观点是我所同意的，即不管社会正义要求什么，它都是相对来说非常理想的——它一个高度评价性的标准。[③] 如果正义的社会存在的话，或者曾经非常接近过正义的话，它们也是少数，就算是在未来，也将不会有很多社会是正义的，就算没有任何一个社会将会是正义的，这也不是令人惊讶的事情。这种令人伤心的判断被很多人所分享，而他们对于正义的要求持有非常不同的观念。如果这是正确的话，那么如果一个社会是正义的，至少从历史的角度以及我们的期待来看，事情将会以那种方式不同寻常地、令人惊讶地，并且异常好。正

---

① 雅各布·利维（Jacob Levy）在“理想理论并不存在”（当前文选）中简洁地表达了一个相反的观点，其中，他写道，“如果我们能够规定对于道德法则的完全服从，不管它们的要求多么严苛，那么我们就没有理由不去规定，比正义更加好的美德，以及一个道德上足够好的人性，是根本不需要一个强制性国家的”。

② 这尚没有表达出，作为完全正义的标准的恰当环境，更加高等的、理想的情况是否是更加真实的或纯粹的情况。关于对这更进一步的主张的赞同，我在“Prime Justice”［in *Political Utopias*, ed. Kevin Vallier (Oxford University Press, forthcoming)］中展现了几点考量。

③ 这不能与对于“一个理想”，“理想主义”，“理想理论”等等这些术语的通常使用相混淆。尤其是，现在我们可以对下面两件事做通常的区分，即出于理论上的目的以简化的方式进行的理论化，和在高度评价性的标准的意义上的理想或理想主义。例如，见 Stemplowska and Swift, “Ideal and Nonideal Theory”, in David Estlund, ed., *The Oxford Handbook of Political Philosophy* (Oxford: Oxford University Press, 2012)。也见，珍妮·伊斯梅尔在《一个科学哲学家对政治理论中理想化的看法》（当前文选）中对一个相似区分的利用，从而对科学中的理想化和政治哲学中的理想化进行比较。

义因此是某种不现实的标准。它之所以是不现实的，是因为在更加普遍的意义上，它是理想的。

现在来考虑一个相反的观点，有些人对于不太现实的标准的实用性表示怀疑。他们可能会认为，不明确的是，如果对这些标准的满足是不太可以想见的，那么这些标准的用途是什么。从这个务实的考虑往回看，并且让我们预设正义不是无用的，他们因此推断说，正义是现实的。如果情况是这样的话，那么某些现实的社会，或者至少是一些不是不可能的社会，就会被算作是正义的，但是它们不会在先前所描述的不那么乐观的观点中被算作是正义的。为了不让这一点看上去是任意地降低了标准，后一种观点——我将称其为反理想主义的观点①——可能会诉诸“正义的环境”的想法。紧随休谟和罗尔斯，正义被理解为是对某种类型的社会问题的解决方案，这一解决方案本身通过一些不幸的环境得以定义，休谟和罗尔斯正是这样认为的。② 在这个观点中，正义仅仅在那些不幸的环境中具有应用性，因此，即使当事情是正义的时候，它们仍旧必定是不太好的。我们可以想象，事情是更加好的，但是那将超出正义的界限——它们也许以某种方式是“理想的”，但是它们将既不是正义的，也不是不正义的。正义的标准在某些条件下得以保存，这些条件都过于现实，并且远远不及非常高的理想。

不管对上述任意一种路径，无论我们还有什么其他可说的——也就是，对于理想的观点及其相反的观点——我相信，在任何对于正义的环境的恰当理解中，都不存在对于不那么理想的路径的支持。我的中心论证将会主张，一旦我们对下述几种条件进行区分，即拥有裁决的社会规则会具有一定效用的条件，裁决规则和相关的道德观念的规则所出现的条件，以及正义标准于其中有其应用性的条件，我们就会看到，正义的

① “实在论”是一个已经被使用过的术语，在这里使用它将会使得讨论变得具有迷惑性。然而，自称为是政治实在论的人似乎会接受我称之为是反理想主义的立场。见 Enzo Rossi and Matt Sleat, “Realism in Normative Political Theory”, *Philosophy Compass*, 9, no. 10 (2014): 689 - 701。

② 休谟的论述着眼于所有权。像罗尔斯和很多其他人一样，我在这里去掉了这个限定。我将在大体上讨论对于个体间的目标和坚定信念之间冲突的裁决。至于促发正义的条件是否是令人伤感的或者不幸的，我们几乎不可能从其他的角度解读休谟在《道德原则研究》(1777) 中第三部分开头的讨论。

标准能够在高度理想的条件下得以应用，即使这样的条件不是绝对理想的。这篇文章会为一组相互关联的主张做论证，每一个主张都否定这一点，即正义的环境似乎可以排除社会正义的标准具有高度理想的内容。对正义的环境的恰当理解，是不会排除对正义在下述种种条件中的或这些条件间的某种组合中的应用性的。即使在以下这些条件下，正义仍旧可能具有应用性，

- 我们不需要关于正义的社会规则。
- 不存在社会规则或其他裁决机制。
- 不存在相冲突的目标或利益。
- 不存在意见或坚定信念上的差异。
- 没有人在道德上有一丁点缺陷。

我的论证并不是说，即使上述没有一个条件是真的，正义仍旧能够具有应用性，这显然不是真的。我将论证的是，上述的每一个主张都是真的。我还将为下面两个论题做论证：

- 相互的好处可能会对究竟什么样的裁决机制会出现做出限定，但是这并不表明它会对于什么样的安排会成功地明确对正义做出限定（这很可能也不是真的）。
- 即使正义的想法将仅仅在一系列有关裁决的互惠的社会规则中出现，但是这并不支持关于正义的传统主义的观点——也就是，不管怎么说，正义是人类的创造物。

对于罗尔斯所命名的“正义的环境”的想法的具有开创性的讨论，不仅仅在休谟和罗尔斯自己身上出现，它同样在霍布斯和哈特身上出现。我将不会对以上所有这些哲学家的道德哲学提供任何解读，并且这里的所有讨论都不旨在对他们的观点进行批判。在此文中不同的地方，我确实考虑了几个针对罗尔斯作品的阐释性的问题，尤其是在最后一个部分，其中我主要是表达了我对其观点的同意。但是，这篇文章的主要任务不是阐释性的，正如我在上文中表明的。上述所有这些作者都提及了会被

自然地认为是具有道德缺陷的动机或倾向，但是不总是明确的是，这些缺陷是否被看作是对于正义观念之应用来说至关重要的。不管怎样，我希望展示出，这样的缺陷对于正义观念的应用不是至关重要的。

有几个初步预设对于介绍下面章节中的内容是有益的。第一，我们将不会在这里关注每一种正义和不正义，例如，应得的或不应得的处罚，或者单个正义德性所意味着的各种各样的事情。[①] 相反，粗略地说，在这里会得到讨论的那种正义明确了对于人际关系中欲望或信念间冲突的恰当解决方案。我们可以非常轻易地预设，我们所需要的解决方案必须是由制裁带来的威胁提供的，或者更加具体地说，是由政府所提供的。或者，从另一个角度来看，我们可以非常轻易地预设，在那些不需要政府或制裁的条件下，那种正义压根不具有应用性。我希望展示的是，这些预设都是错误的。

第二，这里的问题不仅仅是语义上的问题，它还是具有实质性的道德问题。如果有人主张用"正义"这个词来仅仅指涉包含例如国家、法律、我们熟知的道德缺陷，以及/或者其他可能会被武断地定义为对"政治事务"来说的关键元素的种种条件，那么关于道德上的不完美是否能够使得正义的理念不可应用这一问题的回答，将会通过某种明确的法令给出，不过在我看来，这是不合理的。不过，我主张，对于某些或其他关于对人际关系中的冲突的裁决机制来说，存在一种形式熟悉的行为上的需要（我将如此对其称呼），它并不必然仅通过人们皆在道德上完美才必然得以满足。除此以外，这种行为上的需要可能可以想见地（即使是不现实地）在不存在任何以制裁为基础的规则，或强制的政府的情况下被满足。这被用来展示，以这种方式理解的正义在本质上不是政治的，那就这样吧。主张政治正义依赖于政治元素的存在，并不特别有意思，不管"政治"可能被如何定义。现在，在表达完上述所有观点之后，我的主题并不局限在对道德完善这一问题的讨论。更概括地说，我强调正义可能会应用于不同的高度理想的条件中，而道德完善是其中之一。

---

① 更多关于这些想法的讨论，见"Justice as a Virtue"（by Mark LeBar and Michael Slote），"Retributive Justice"（by Alec Walen），in *the Stanford Encyclopedia of Philosophy*，ed.，Edward N. Zalta，（plato. stanford. edu）。

第三，我将对正义的标准进行讨论，但不预设关于这个标准的需要的任何特定论述。这种对正义概念的中性使用将会在例如我们问正义需要什么的时候发挥作用。在这样的设定下，“正义”并不指涉或预设任何具体的关于正义的内容的观念。对于我的论证来说核心的是去预设，正义的标准（不管它可能要求什么）不等同于在社会规则或任何传统中所体现的标准。这应当是一个共识。我的观点不仅仅是，任何实际的规范都可能是不正义的，我的想法是，正义的标准是处在更高的抽象层面的。这也是为什么与裁决相关的社会规则、习俗，或动机会体现同样的标准——也就是，它们所包含的内容是同样的一系列标准。① 正如信念以命题作为其内容，正义的规则和习俗以标准作为其内容。正如一个规则或一个效果可以体现某种正义的标准，一个人的动机、情感，或者态度，也可以体现这种标准。当一个人遵守了一个社会规则或习俗，她就服从了体现于其中的标准。如果在即使没有那些规则和习俗的情况下，她仍旧发展出了与那些规则和习俗所要求的一样的行动方式的动机，那么她还是服从了同样的标准，不过在这个情况中，这些标准是内化的标准。它们现在是她自己的标准，是她所持有并且接受的标准。因此，正义的标准在概念上不与社会规则相关联。这使得以下这一点是一个开放的可能性，即正义的标准与某种正义的机制是相关联的，不管这些机制是规则、习俗，还是道德动机。有人可能会推测，正义的作用就是如此这般的社会机制的内容。我将会对这种思路提出反驳。

第四，我将会讨论正义标准的应用性条件，我需要对此进行简单的说明。在所有这些机制的例子中——规则的、习俗的，或者道德动机的机制——我们可以对得以体现的规则本身进行考量，从而询问，在什么样的条件下，这个标准会得以应用。所有标准的应用性都要有其必要条件。礼仪并不是评价一个金融决定的标准。效率也不是评价一个人身体

---

① 不管这是否是重要的，这样一个关于标准的抽象的想法对于休谟来说是完全可以接受的。“……任何事物的真正的完善都在于它与其标准相一致”（David Hume, *A Treatise of Human Nature* [1738], 1.2.4）；并且“……我们还追求某些其他的关于 merit 和 demerit 的标准，它可能没有太大的差异”（Hume, Treatise. 3.3.1，休谟，《人性论》）；并且“……它们单独被视作是德性和道德的标准。它们单独产生特定的情绪（feeling）或情感（sentiment），道德上的区分正依赖于这些感受。”（Hume, Treatise, 3.3.1，休谟，《人性论》）。

健康的标准。正义至少不是一个应用到那些人们之间的利益或意见不存在冲突的条件中的标准。[①] 在这样一个没有问题就没有正义的想法中，还是存在某些为真的事实的。但是，这对于理想的正义观念的损害来说，不如人们以为的那么严重。

二 将正义从对社会规则的需求中分离出来

以如下的方式将我所称之为社会规则的东西从社会习俗中区分出来，将会是有益的，即，将我们自己限定在那些仅有助于裁决个体间冲突的社会规则中。一个关于裁决的社会规则不仅仅明确对冲突的解决方案，它还伴随着社会或官方对不服从标准的制裁。我们可以将一个关于裁决的习俗视为这样一个情况，其中，即使不存在对不服从的处罚机制或威胁，这样的一个标准仍在实践中得以遵守，并有赖于大多数其他人也对其进行遵守。我们将二者从以下的例子中区分出来，其中，标准得到了服从，但这并不是因为我上面所定义的任何社会规则或习俗，而是完全因为个体将这些标准拥为或采纳为他们自己的动机。[②] 我将会称这些——规则、习俗，和动机——为帮助行为上的需求（这一点很快会讨论到）得以满足的三种机制。

众所周知，休谟说过，“如果人们抱着一份热忱自然地追求公共利益，那么他们绝不会梦想着通过这些规则来约束彼此”[③]。这种休谟主义的想法将会最终和谐地与我的种种目标相一致，但是首先要注意的是，对于正义的高度理想的标准的批判如何能得以利用。休谟在论证的是，从因果关系的角度来说，正义的想法源于人类生活的真实处境，这些处

---

① 也见 John Rawls, *A Theory of Justice*, rev. ed. （Cambridge, MA: Belknap Press, 1999）: 除非这些环境存在，否则正义的德性将不会有存在的契机，正如如果没有对于生命和肢体损害的威胁，那么将不会有身体上的勇气存在的契机（sec. 22，p. 128）。对于特定事物处在一个关于应用性的谓语的范围之内或之外的种种方式，稍微更加全面的讨论，见 Ruth Chang，“Introduction”，in Ruth Chang, ed. , *Incommensurability*, *Incomparability*, *and Practical Reason* (Cambridge, MA: Harvard University Press, 1997), 28。对于所有谓语来说为真的，对于如同“正义”这样的道德谓语来说也为真。

② 有些标准在本质上是互惠的，但不是所有标准都是这样的。

③ Hume, *Treatise*, 3. 2. 2.

境在某些特定的方面距离理想很远，人类对于裁决的社会规则的需求以及对这些社会规则的发展正是从这些处境之中产生的。就我的论证目的而言，我们可以允许休谟就这一点是正确的。很多人从中获取的教训似乎是，不管正义要求的标准可能是什么，出于这样一个休谟主义的理由，它是不能从那些不幸的处境中分离出来的——也就是，它无法在那些处境之外有所应用，这些处境解释了正义标准在规则中的出现。为问题提供解决方案的这些规则为正义标准的应用性设定了条件。这是我要挑战的想法之一。正义机制出现的必要条件不是（至少不必然是）正义的应用性的必要条件。这将会允许我们看到至少一个高度理想的环境，也就是一个正义的道德动机遍布的环境，尽管在这个环境中规则不是必要的，但是，这个环境并不因此就是就正义而言不恰当的。

我们应当首先考虑正义是否仅仅在对裁决的社会规则的人类需要存在时才得以应用。在论证的第一阶段，我将主张，情况并不是这样的，这是因为，那些需求可以通过习俗或体现相似标准的动机所满足。这是第一个重要的结果，但是这尚不能挑战这样一个提议，即正义仅仅在对这个或那个裁决机制的人类需求存在时才得以应用，即使这个需求仅仅是内化的道德动机。我将在这之后转向质疑一个关于将正义与人类需求联系到一起的这一更普遍的策略。（见章节“谁需要正义？”）

这个需要被审查的提议首先是，一个正义标准的应用性依赖于一些条件的存在，其中，存在一个对体现这样的标准的社会规则的实践上的需要。这个我将要批判的提议利用了下述两个想法：

对正义的需要：一个社会将会需要某些针对裁决冲突的社会规则（或者是一些我之后会予以考量的其他机制）所依赖的种种条件。

正义的应用性：正义的标准于其中得以应用的种种条件。

为了将三个条件放在一起，我在这里引入第三类条件，我会在过后对其进行讨论：

正义的出现：一个正义机制将会出现、进化，或者得以发展的种种条件。

对社会规则的需要（规则需要）是衍生的，我们必须要对某个特定的行为的组织的需要（我将称之为行为上的需要）进行预设。尤其是，这些规则将会大体上通过避免不确定性及斗争的方式，有助于带来更加平和以及高产的行为。细节在这里是不重要的。我们需要去考虑的是一些环境，于其中一批在社交中互动的人们能够从以一种正确的方式组织起来的行为中大大获益。我们要去进一步假定的是，如果不是为了针对裁决分歧和冲突的社会规则的出现，这样的行动将永远不会得到恰当的组织。以这样一种衍生的方式，人们对于这样的社会规则抱有很大的需要，从而满足对这样的组织行为的需求。

去说这样的行为以及衍生的规则是“被需要的”，基本上就是去主张，它们是人们的利益所在。我们可能会疑惑，哪些人们的利益呢？我想要对这个话题进行标注，过后再对其进行讨论（见章节“谁需要正义?”），但是我们现在可以在一个简单的预设的基础上继续我们的讨论，也就是，这样的行为和规则在相关的意义上被需要意味着，拥有它们将会对每个人带来相互的好处，如果你愿意的话，还可以加上，相较于对好的生活的细微改进来说，对于彼此来说有益的相关利益是更加急迫或紧要的。

原则上来说，这个被需要的行为之组织可以以不同的方式在没有社会规则的情况下得以产生，我们将会对两种这样的方式予以考量。如果我们可能达成一个社会习俗，其中，被需要的行为之组织是存在的，每一个个体的行动都依赖于对其他人的行为的期待之上，但是不存在制裁带来的威胁，也不存在对社会规则的需求——就我们当下的目的来说，规则被定义为包含了制裁。也许它们在过去被需要过，也许它们从未被需要过，不管怎么样，在已然存在这样一个习俗的情况下，这些规则不被需要。也许规则会因为这样的习俗实际上不会出现而被需要，但是被需要的要么是规则，要么是一个习俗，要么是能够产生那种行为的某种方式。

所有人都同意的是，在组织行为被需要，以及社会规则存在的时候，正义是有其应用性的。正如我所说的，问题是，这是否是正义得以应用的唯一情况。但是一旦我们考虑了习俗的例子，正义的观念就像在被执行的规则的情况中一样，在习俗的例子中也明显有相当的应用性。我们可以假定，这个机制的内容，也就是这个标准，是不会改变的，而它们所帮助满足的需求也是同样的：正如我们已经描述过的，与解决冲突相关的恰当的行为之组织。因此，作为第一步的是，对特定的蕴含裁决的意义上的“规则”来说，存在这样一个条件，其中正义的标准即使在不存在对社会规则的需求的情况下也是可以得到应用的：当存在一个行为上的需求和一个习俗的时候。

通过以这样的方式将标准从特定的社会规则的机制中区分出来后，我们可以轻易看到的是，存在第二种方式使得行为上的需求可以在原则上在不存在社会规则的情况下得以满足。现在设想，例如在休谟主义精髓的影响下，一种处在这样的正义传统中的某种长久和平的生命阶段。可以构想的是，在这样的阶段中，人们将会变得依赖于那种遵守规范的动机，看到他人持有这种动机就称赞他们，并且因为自己持有这些动机而感到自豪。（我们甚至会将他们视为是正在以休谟主义的方式变得持有那些道德动机。）在这里重要的不是对这一种情况进行预测；让我们预设这就是正在发生的事情。换一个角度看，从更加普遍的意义上来说，假设人们（可能是通过这个产生习俗的机制，或者某些其他的功能性解释，或者是通过某些完全不同的方式）变得有动力以同样一种方式行动，就像在那个习俗之下行动一样，唯一不同的是，现在要遵守那个标准的动机并不依赖于这样的遵守是基于习俗的。假设如此行动的动机对于每个行动者来说都有其效力，不管别人是否被期待以相似的方式行动，但是假定他们都以同样的方式行动。正如我们可能会说的，规范在这种情况下是被内化的。出于简洁的需要，让我们将这个情况中的这些动机称为协作的正义动机，其中不存在有关正义的社会规则或习俗，即使它们在过去可能存在。[①] 有关正义的协作的动机可以满足恰当的组织行为的需求，这是因为，通过规则和习俗所产生的行为正是由这些协作的动机所产生的行动（取模 modulo 动机）。因此，我们可以看到，

① 我并不将这些动机称作是“协作的”规范，这是因为，那样可能会误导我们去追问谁是协调人。这并不是我们需要关注的问题，并且这里也不需要一个协调人。

可能存在这样的条件，其中规则和习俗都不是被需要的，因为存在一些协作的动机来满足行为上的需求。[①] 如果我们承认在没有裁决的规则和习俗的情况下仍旧具有应用性的正义标准在这里也是有应用性的，那么我们将能够区分应用性的条件和裁决规则或习俗被需要的条件。的确，即使是从一个更宽泛的休谟主义的路径来看，我也不认为我们能通过什么方式否定这一点。即使正义的标准以某种特定的方式将体现在裁决机制中的标准作为其内容，其中这些裁决机制是从特定的人类需求中产生的，种种内化的裁决动机正是这之中的一种机制。那么，在不存在对社会规则或习俗的需求的条件下，正义仍旧是能够具有应用性的，因为存在一个关于正义的人民的替代机制。这不仅使得正义能够独立于对规则的需要而得以应用，它还能够在人们视为是高度理想的，或者是非常不可能的条件下得以应用——这样的不可能的条件是，正义的动机足以产生我们所需要的行为，即使同时还存在着（我们所定义的）社会规则或习俗。

对于马克思来说很重要的一个想法是，这样的机制可能出现，但是只能在规则和习俗的机制出现之后的历史阶段才会出现，正如他仅就“政治解放”和“人类解放”所做的对比，其中，“真正的个体能够在他自己之中找到抽象的公民”，这是一个早前从政治体制中培养出来的社会功能，在那些政治体制中，人们仅仅将自己视为是一个法人。马克思和其他认同这个图景的人可能将这种成就视为是超出政治、法律和国家的。我将仅仅论证，它不是超出正义的。如果我是正确的话，那么马克思主义的理论的后几个阶段，会落入作为一个考察领域的普遍正义理论，而不是居于这一领域之外。

正如我们早前所看到的，休谟说，“如果人们自然地抱有热忱地追求公共利益，那么他们就不会梦想通过这些规则限定彼此”[②]。这一段受到很多其他作者追随的内容，是一把双刃剑。一方面，它表明，如果人们

---

① 规则和习俗的情况可能还会包含道德动机（moral motivation）的标准。我所称之为是“道德动机（moral motives）”的情况之独特之处就在于，协作的行为既不是制裁带来的威胁的产物，也不是他人对互惠行为的期许的产物。

② Hume, *Treatise*, 3. 2. 2.

的兴趣、理解，以及动机从来都不是相互竞争或者相互冲突的，那么我们就不会有对于被正义标准组织起来的行为的需求，（与正义不被需要有所不同的是）正义将无法得以应用。我愿意承认这一点。但是在另一方面，我不经意地以为，它向我们表明，有些时候正义还是有其应用性的，这是因为，人类处境中的某些东西使得他们不相一致，但是在这样的情况下，仍旧不存在对裁决的社会规则的需求（通过这些社会规则，人们“对彼此进行限制”，正如休谟所言），或者甚至也不需要习俗，而这是因为，在人们之间可能会存在内化的正义标准，通过这些标准，人们追求“公共利益”，就算不是“自然地”追求，那么也仍旧是“抱有热忱”地追求。休谟说，在那样的情况中，将不会存在通过规则对彼此进行限制的需求。不管我们是否能在休谟那里找到下面这一点，更进一步的观点是，尽管在那个情况中，将不会存在对基于制裁的社会规则的需要，但是，对公共善的热忱本身是一个被需要的机制，它以令人愉快的方式存在，这样的机制被哈特称为是“相互的宽容（相互限制）”机制。大致来说，公共的利益是某种恰当的安排，除了处理其他的事宜之外，这种安排还可以解决目标和信念上的冲突和分歧。那些冲突不会仅仅因为所有参与者都有动力以某种明确的方式处理它们而消失，因此正义是有其应用之处的。指向正义的动机将会具有（也许是从规则中继承而来的）协调行为的内容，从而能够对人们的其他利益间的冲突进行裁决。这里的要点是，在那样的偶然的情况中，正义的应用性不能够因此被否定，这是因为，它仅仅是第三个机制，它体现了在规则和习俗中体现的同一标准，并且它可以满足某种特定的组织行为。当然了，正如我先前所提及的，就像任何其他的标准一样，正义仅仅在特定的条件下才有其应用性。如果人们不具有任何导致他们处在相互冲突状态之中的态度——也就是，如果人们没有自利的欲望或固执的信念，而这些欲望和信念是规则或习俗或指向正义的动机可能会加以约束的——那么正义将不会有其应用性。但是那些应用条件是与高度理想的世界相兼容的，在那样的世界中，人们会因此对有关正义的规则和习俗没有需求，因为他们就自己的协调的动机而言是正义的。

政府的作用大致上是对法律的传播和强制执行，在我看来，它显然是社会规则的一个重要形式。因此，如果习俗或正义的协调动机的存在可以满足行为上的需求，我们将不会需要政府去发挥那个作用。传统上人们对于这样一个问题抱有兴趣，即道德完人是否仍旧需要政府，我将在下文转向对这个问题的讨论。① 就目前而言，我们需要注意的是，不存在一个通过下述说明而被采纳的立场，即，存在一个可构想的对动机的安排，它使得政府是不必要的。我将在下文论证，道德上的完善不会保证这样的安排，其中，政府可能仍旧是必要的。

三 多重表征和明确说明

可能不存在任何具体的行为可以先于任何机制被算作是不正义的行为，这是因为，存在多种并且是无限多的关于行为的协作模式，而这其中任何一种模式都可以被算作是一种能够明确正义内容的模式。我们可能称这种能够明确正义内容的模式为真正的合格的模式。我们有时候会认为，采纳一种对正义内容明确说明是任意的。的确，当我们对现代国家中的财产规则的数量之大及其复杂性进行考量的时候，可能的是，同样存在其他可能是正义的模式。如果某些具体的变化可能会使得某种特定的安排变得不那么正义，我们通常可以在系统中的其他地方促成另一种变化，从而从正义的角度使其抵消第一种变化。这种步骤可能可以被重复很多很多次，并在每一次变动中产生新的正义的系统。如果是这样的话，可能存在大量不同的例如说财产系统，它们从正义的角度来看是同等合格的——也就是说，它们能够同样恰当地明确哪些行为可以被算作是正义的，哪些可以被算作是不正义的。这样的话，我们可以讨论关于正义的多重表征，以及正义安排之发展中的明确说明的前期阶段。不对多样性进行夸大是很重要的。并且，不是所有模式都可以被算作是一种对正义的具体说明。（例如，考虑在没有上述的抗衡的变化的情况下，在一个正义的系统中出现的初期变化。）但是，确实存在实现正义的多样性，并且这种多样性可能是大量的。

如果没有一种合格的模式会通过合格的社会规则或其他机制的出现

---

① Gregory S. Kavka, "Why Even Morally Perfect People Would Need Government", *Social Philosophy and Policy*, 12, no. 1 (1995): 1 - 18, 援引麦迪逊（Madison）的著名声明。

而得以选中，那么是不是就没有什么能够被算作是正义的或不正义的呢？我们应当允许下面这样的一种可能性，即有些行为将会被所有合格的模式或一套合格模式中的每个部分所禁止。[①] 处在相互重叠的集合中的是正义内容的一部分，我将会称这一部分为“自然地具有决定性的”。但是，肯定会存在一部分内容，它并不是通过这种方式为所有系统所共有。我们可以为了论证的目的而承认，有关正义的社会规则或习俗是必要的，它们能够为正义提出更加全面的说明，并且使得我们可以在道德上合格的模式中进行选择。

一个通过规则在某个时刻选中的安排，可以保持其被选中的状态，不管规则本身是否得以维持。例如，让我们来考虑一个在左侧开车的法规。如果习俗或者甚至是内化的动机与那个标准相一致，那么在左侧开车就能够保持其被选中的状态，即使法规即将到期或被废除。同样的想法还适用于裁决相关的社会规则或习俗。它们不需要为了维持其选择能力而维持其自身的存在。相似地，一旦某些机制已经做出了对正义的说明，那么我们甚至不需要内化动机的机制来明确行为之正义。设想这样的动机随着时间的推移而逐步减弱。至少在某段时间内，这会算作是落入了某种不正义的领域。不管这些机制是否存在，行为的标准仍旧得以应用，即使某些机制必须在早前存在从而才能达成其对正义的明确。行为标准的应用性最终并不是源于任何积极的规则、规范或实践是于当下存在的，也不是源于它们是在当下被需要的。合理的是，如果所有机制都衰退过久，对正义的说明也因此衰退，这时，对另一个正义机制的需求将会出现。如果在所有合格的机制中存在某些内容上的重叠，也就是正义标准的自然地具有决定性的那一部分，那么正如看上去似乎是的那样，某些对正义的要求可能还是存在的。

如果不是任何稳定的行为秩序都足以将服从的行为算作是符合正义的行为，那么我们应当询问的是，哪些行为模式是在那个意义上适用于正义的，而哪些不是。这是一个艰难的问题，我将在下一个章节对这个问题进行讨论。然而，对这个问题进行承认就足以表明我们不可避免地

---

① 与这个想法类似的想法是哈特对自然法则的最小内容的讨论背后的想法，这种最小的内容是所有恰当的“相互限制系统”所共有的。见 Hart, *The Concept of Law*, 195。

需要诉诸一个高阶的标准，依照这个标准，整个系统（基本的社会结构?）需要被评判，因此只有某些系统是正义的安排，因而是合格的（被理解为是对正义做出了说明的）安排。让我们将这种高阶的标准称作正义安排的标准。它之所以是高阶的，是因为正是这些安排本身体现了正义的行为的标准。

于是，这里既存在一个诉诸正义安排的需求——这些正义的安排通过合格的候选选项对正义进行说明而表明哪些行为是正义的，哪些是不正义的——还存在一个诉诸正义标准的需求，这些正义的标准通过某个合格的安排的出现而得以明确。即使对某些特定的安排的明确是一种人造物或创造物，高阶的标准的状态自身不能够融贯地成为一种人造物或创造物。但是，它处在人类制造物的各种可能性之间——可以想见的是，裁决的机制能够被设计出来——并且它将某些人造物或创造物算作是正义的机制，而不将另一些视作如此。

有人可能会期望仅仅通过诉诸搞清楚哪种安排有机会真的出现，从而避免诉诸这样的正义安排的标准（也许有人会希望对所有的正义标准抱有大体上传统主义的态度）。假定只有那些能够有益于每个人的安排会真的出现。这可能会将某些安排从所有可构想的可能性之中选中。例如，相互有利就有其被选中的前景。我将在下一章节转向批判这种熟悉的讨论路径。

冲突或分歧本身可能不足以在对合格的裁决安排进行挑选之前将任何行为算作是不正义的；行为的正义标准将不会就此得以应用。但是不管是冲突还是分歧，它们都足以给予一个裁决系统之可能性以意义，并且在任何这样的系统出现之前，某些可能的系统会被一个高阶的正义标准予以否定。这些条件，正如罗尔斯所说，是“关于正义问题出现”的条件。① 正义的标准已经发挥了一些作用。我们可以通过这样的方式来对此进行表述：正义的应用性的条件有两种：a. 非人造的合格的正义安排的标准于其中能够得以应用，它们可以将某些可能的安排归类为是裁决

---

① Rawls, *A Theory of Justice*, sec. 22, 112. 这样的合格的安排的标准之存在，其本身不足以保证，在所有这样的安排之中，存在要么是被禁止，要么是被允许的行为，因此，它本身不足以将任何行为算作是正义或不正义的。

的系统，这些系统可以成功地明确哪些行为是正义的，以及 b. 合格的安排已经于其中以某种方式在实践中被选中，因此某些行为已经被明确为是正义的，而其他的行为是不正义的（或者那些尚不是自然地具有决定性的行为）。并且，我们还不应当忘记的是：即使所有的机制都消失了，这种对正义的说明可能仍会得以维持，从而在那样的环境中使得特定的行为被算作是正义的或不正义的。[①] 在某种程度上来说，由于正义的内容通过不管是哪个出现了的机制得以明确，这似乎表明，如果有人想要对现行的机制进行批判，他们似乎没有可以依赖的独立的批判基础。但是对于人们来说，我们永远可以质疑已经出现的机制是否真的处在合格的安排的集合之中——这样的合格的安排是这样的一些安排，即如果它们出现，它们不仅能够明确解决方案，并且能够算作是真正的正义的规范。这是一个具有实质性意义的道德问题，而不是一个社会学的问题。

最后，似乎如果不存在规则或习俗，那么我们将不会有任何根源来明确，在对规范的相互竞争的不同解读之中，哪个解读（已然是，或通过裁决而是）是正确的或具有权威的。关于这个问题，我们需要注意两件事。首先，不管在那个有权威的根源之前存在什么样的非决定性，相似的非决定性可能还是会在对这个根源本身的解读中出现（法庭，书面的法规，或者别的什么形式）。因此，这并不是一个具有决定性的解决方案。其次，即使某些这样的根源是被需要的，这与满足行为上的需求的机制仅需要道德动机这一点是相兼容的——也就是说，这样的机制既不是制裁，也不以来自其他人的相似行为动机为条件。因此，这样的一个问题，即是否出于某些理由我们需要这样的处在动机本身之外的协调根源，与我们当前关注的问题并不是尤其相关的，我们的问题是，正义是否可能会在没有规则或习俗的情况下得以应用或得到满足。

---

① 值得予以考虑的是，一旦我们处在对正义明确说明之后的阶段，被明确的正义的标准可以通过回顾性的方式应用于处在说明之前的种种条件之中。就现在而言，我可以看到每种回答的优势及劣势。瑞秋·科洪（Rachel Cohon）表明，依照休谟，“我们在所有时刻和地点认可［人造的德性］……”（Rachel Cohon，“Hume's Moral Philosophy”，http：//plato. stanford. edu/archives/fall2010/entries/hume - moral. ）

四 谁需要正义?

我们已经注意到，存在这样一个问题：哪种关于裁决的安排是符合正义的呢？假定出于裁决的目的，鉴于人类对这样一个安排的深刻需求，那些被算作是真正地决定正义的行为安排，是在真正的人类社会条件下最可能出现的安排。对于这个策略来说重要的是这样一个建议，即在特定的条件下，对规则或某些其他的正义机制会出现一个需求。这里所指涉的需求是什么呢？这所意味的可能是，可能存在一些条件，其中正义的标准可以得以应用，并且，除非存在某些这样的机制，否则正义无法得以应用。只有当正义会出现时，一个机制才是被需要的。或者，如果正义会出现，那么一个机制可能才会被认为是被需要的，而这是道德上的要求。然而，这两者都不是我想要考虑的提议，这是因为，它们并没有将正义与人类需求以任何一种方式关联起来。

第三点是，对某些正义的机制的需求会出现这件事，它可能意味着，存在某些特定的人类需求，它们被理解为是尤其重要的，并且事关人类的基本利益，而它们只有在存在某些正义的机制的情况下才可能得以满足。这所重要说明的不仅仅是，如果正义将要达成，而正义的达成是应当的，那么机制才被需要。这在现在对于需要被满足的基本的人类需求做出了重要的指涉。在这个路径之上，正义的内容最终需要通过首先理解被如此定义的正义的功能，从而得以理解，这个功能也就是，满足某种人类需求。我相信，在正义和人类需求之间的这样的关联通常被认为是具有避免异想天开、将正义维持在现实的状态的优势。这里的想法可能是，体现高度理想的标准的机制很可能不是人们会需要的东西。不管怎么说，我想要对这样在普遍上基于需求的路径进行质疑，而这继而会瓦解任何所谓的调节的压力，这样的压力被主张是施加在正义的标准之上的。

当我们说，人们迫切地需要某种裁决机制的时候，我们应当询问的是：什么样的人会有这样的需要？当人们处在冲突之中的时候，我们很难保证，每一个人都能从一个裁决机制的出现当中获益。有人可能会在正义的规则或其他的机制不存在的情况下，过得更好，并且在广泛分歧和冲突中付出了某些代价的情况下仍旧保持其优势。它们可能赢得战役并渡过难关。

当然了，可能存在某些裁决的方法是较于现状来说对所有人都更好的，包括最有权力的那些人。这个关于正义是相互有益的想法，部分上是休谟的策略，这个策略的目标是展示出，正义是“人造的”——也就是，正义是由人们为了特定的目的而创造出来的。这是一个关于正义规则如何出现的主张，加上一个这样的哲学观点，即标准自身如何可以根植于特定社会规则的功能性因果历史之中。这个因果的说法激发出了帕累托效率的想法，并且，我们可以轻易地让这一点表明某些在因果过程中有规范价值的事物。也就是说，为了给出一个这样的具体的说法，假定当且仅当情况既是 a. 帕累托优于（对某些人来说是更好的，但是不对任何人来说是更坏的）现状，又是 b. 帕累托优于或者至少不差于就现状而言的帕累托的其他改进时，一个裁决方法才会出现。这可能出于下面的这个理由而是一个重要的可能性：首先，如果人们处在冲突之中，那么拥有裁决机制将会对至少是某些人来说是有益的。然而，由于不同的方法可能会有益于不同的人，有些方法可能在实际上会被那些有意形成阻碍的人所阻碍。接下来，我们可能会注意到的是，如果任何机制是以那种方式双重帕累托优先的，那么没有人会有兴趣阻挡它。出于那个理由，当我们问，什么样的机制可能会出现的时候，我们可能会关注这特定的一组解决方案——也就是，相互有益的那些方案。继而，似乎作为一个有益的副产品，这将我们引领至一组在规范性上有吸引力的例子中去，也就是那些对所有人来说都好的例子中去。

相互有益的吸引力可以是具有欺骗性的。如果有些事情相较于其他的选项来说，对所有人来说都是有益的，那么没有人会处在抱怨的立场之中。但是那个可能性的可爱之处过于轻松地将我们的关注点从可能是直接的选项中拉远，这样的选项虽简单明了，但是仍旧具有某些不同选项的效力，而那些选项将不会对所有人来说都是有益的。可疑的主张不是，如果存在一个对于所有人来说的解决方案，那将是非常棒的。可疑的主张是这样一个建议，即只有相互有益才是足够好的。假定除非存在就现状而言对所有人来说都是有益的机制，否则不会有任何机制出现。这并不能支持这样一个想法，即相互有益对于正义来说是必要的——也就是说，对于明确正义和不正义的行为而言是一个合格的候选安排。即使其他的安排不会真的出现，我们也没有理由怀疑将会存在某些安排，如果它们出现，那么它们将会完全地并且合理地明确哪些行为是正义的，而哪些又是不正义的。这些安排作为符合正义的安排，并且被上述讨论的正义安排的标准如此归类，它们相较于作为可能出现的安排来说，是有区别的。

当然了，我们仍旧可以问，相互有益是否恰好适用于这个道德问题。如果它也适用于这个道德的问题，那么这会是某种巧合。但是事实上，这一点并不那么适用于这个道德问题，至少我是这样认为的。说得稍微隐晦一点，我的理由是，指出某些安排不是对所有人有益的，与这个安排是否是正义的要求之间，没有关系。[①] 我将不会在这篇论文里对最后一点进行论证，因为我不认为我的其他论证依赖于这个主张。

五　正义仅仅在非理想的条件下才得以应用吗?

正义的应用性条件似乎包含了下面这两个类别中的特定事情：在那些必须找到一个方法共同前进的人们之间出现的相互竞争的利益，以及相互冲突的判断。上述两个例子中的任一个例子都可以使得人们相互冲突，于是，关于正义的解决方案的问题就出现了。[②] 由于在任一个类别中的起因都足以导致正义问题的出现，因此它们两个对于正义问题的出现来说，都不是必要的。

当然了，两种类型的冲突通常是同时存在的。如果不存在基本的目标或欲望上的冲突，可能仍旧会存在由于无法理解彼此而出现的实践上的冲突。可能的是，你和我都欲求河上搭一座桥，但是我们仍旧可能就

---

① 这里的大体想法与布莱恩·巴里（Brian Barry）的 *A Treatise of Social Justice*, Vol. 1：Theories of Justice（Berkeley：University of California Press，1989），以及 G. A. Cohen, *Rescuing Justice and Equality*（Cambridge，MA：Harvard University Press，2008）中的想法相似，并且这里的想法是承蒙以上作品中的种种想法的。

② 休谟和罗尔斯主要关注的是利益间的冲突，但是罗尔斯写道，"缺少一致性是正义的环境的一部分，因为即使是在欲求追随大致一样的政治原则的诚实的人们之间，分歧注定会存在"（Rawls, *A Theory of Justice*, sec. 36，196）。

这件事如何达成而陷入不可调节的分歧。这可能会让我们于未来处在冲突之中，而对于如何针对这样的一个冲突达成某种正义的解决方案的问题就会出现。冲突的根源（大体上来说）是认知上的局限，而不是欲望的冲突。欲望的冲突对于正义的出现来说是充分的，但是在根本上，冲突的欲望不是必要的。

同样地，假定不存在那种正确的认知上的局限来激发正义的问题。的确，假定人们对任何事实或学说都没有分歧。但是，如果存在冲突的利益或欲望，那么关于什么样的裁决是正义的这个问题，就会出现。我们之前（第三章）已经考虑过，是否即使在不曾存在任何说明正义的社会规则或习俗的情况下，正义标准仍旧会得以应用。目前我们需要的就是，至少在存在或曾经存在这样的说明正义的机制的情况下，即使（奇异的情况是）不曾存在任何其他种类的分歧，正义的应用性可以单单被利益的冲突所激发。反过来也是这样。

这两种条件——竞争与分歧——有时被视作分别对应用性条件来说是必要的。如果情况是这样的话，并且如果事情是以那种方式如此的话，情况就是非理想的，那么正义将仅仅会在两种情况都存在的情况下才能得以应用。我已经论证过，这样的想法是错误的，但是我们可能会推测，通常在做出这样的主张时，还伴随着下面这样一个解释：我们可能会认为，正义应当被如此定义，即，它以某种方式对人类生活的常规环境具有回应性。罗尔斯对于这些问题的处理至少是如休谟的处理同样具有影响力，众所周知，前者说，“正义的环境有可能被描述为是常规的条件，在这些条件下，人们的合作既是可能的，又是必要的”①。正常的人类生活肯定包含了这两种条件，而这些条件在正常的生活中“为正义的问题创造条件”②。然而，这些都不是得出这样一个结论的基础，即这两种条件的任一，或者二者同时对这些问题的应用而言不是必要的。在我们的正常的条件下，正义的问题得以应用不是因为这两种条件存在，也不是因为这两种条件中的某一个条件——也就是在竞争和分歧之间——是存在的，正义问题之所以得以应用是因为这两种情况中至少有一种是存

① Rawls, *A Theory of Justice*, 126.

② Rawls, *A Theory of Justice*, 130.

在的。

如果不存在信念或目标上的冲突使得人们相冲突，那么正义就不会得以应用。雅各布·利维（Jacob Levy）主张，一个如同罗尔斯的理论的理论，其中，原则是在对它们的完全服从的假设下得以选择的，“……这样的理论在预设不存在正义的环境……”。这是因为，他相信，如果存在“有限的善意或合理的分歧”，那么将不会存在完全的服从。因此，对完全的服从进行预设就是去预设这两种条件都不存在，而在这样的情况中，正义的环境是不能得以应用的。具体而言，也许利维在这里表达的正义的环境，是关于正义本身的内容的合理的分歧。然而，如果是这样的话，不明确的是，我们为什么应当认为这样的合理的分歧将会产生不服从。但是即使我们放弃这一点，其他的分歧仍将会出现，并且使得人们处在冲突之中。相似的是，我们为什么要认为“有限的善意”（或者，从上下文来判断，他想的可能是冲突的目标）会保证不服从？正义的机制通常不意味着去解决目标上的冲突，而是去确定在这些冲突存在的情况下，什么样的措施应当被实施。例如，仅仅因为我们同意在选择不同的餐厅时抛硬币，这并不意味着我们中的任一个改变了我们的偏好，即使在我们都接受了抛硬币的结果，并且前往结果所指向的餐厅的时候，那些偏好仍可以在冲突中得以维持。不管是目标上的冲突或是信念上的冲突，它们对正义的应用都是充分的，但是对完全服从的预设，并不蕴含着任何一种冲突是于当下存在的，不管这个预设可能服务于何种理论上的目标。

六 道德上的缺陷是正义的环境吗？

假定不存在冲突的目标和认知上的失败。就目前而言，一切听起来还不错。然而，可能还是会存在（正如永远都会存在的）某种程度上的个人层面的道德缺陷。我们知道道德上的缺陷对于正义的应用来说不是必要的，因为我们已经看到了，不管是竞争的利益，还是特定的认知上的分歧，它们都对于正义的应用来说是充分的。

我们不应当太快地跳过这一点，因为我相信很多人已经倾向于预设正义在人们都于道德上完善的条件下是没有其应用性的——由于这里的问题是，正义是否在这种条件下得以应用，因此道德上的完善指的是在正义之外的方面的完善。[①] 至少只要还可能存在分歧或利益的冲突，即使不存在道德上的缺陷，这样的想法仍旧是个错误。道德上无瑕的人们似乎不会出现相互冲突的利益或欲望，但是这一点很难被相信。现在考虑不同的人们，其中每个人都有一个痛苦的并且会过早死去的父母，而他们的状况可以通过一剂药得以完全治愈。这里的主张是，只要没人是道德上有缺陷的，那么就不存在任何规则甚至是正义的动机出现的机会。但是，如果正义被暂时地放置一边，我们很难仅仅在每一方拯救其父母的深深愿望中找到任何道德上的缺陷，即使这样做会要求另一个人付出其生命。由于所有人都会面临很多这样的场景，即使没人（在前正义的环境中）是有道德缺陷的，正义的问题似乎仍旧会出现。[②] 道德上过分的自私似乎是可能的，正如一个人一点也不关心他人的苦难，而只关心他自己，但是那种极端的自私对于正义问题的出现来说，不是必要的。

霍布斯对于强制的政治权威的需要的论述是休谟对正义的环境的论述的一个明显的先驱，霍布斯识别出，即使在不存在恶的情况下，我们仍对裁决机制有所需求。他论证说，在存在任何制裁的规则之前，如果要做出一个契约，“基于任何合理的怀疑，它会是无效的”。然而，如果存在或当存在可信的具有威胁力的制裁时，“恐惧将不再是合理的”[③]。当然了，霍布斯怀疑这样的保证是否会在没有武力威胁的情况下存在，我们不需要在这里否定这种休谟所直接拒绝的心理学上的猜测。我们可以就注意霍布斯和休谟之间的共识，即我们对强制执行的社会规则的出现

---

① 迈克尔·桑德尔（Michael Sandel），作为反对罗尔斯的人，主张正义是一种仅仅在自私的恶存在的情况下存在的德性。Michael Sandel, *Liberalism and the Limits of Justice* (Cambridge: Cambridge University Press, 1982). 安德鲁·李斯特（Andrew Lister）对桑德尔的论证进行了讨论，并且表述说，由柏拉图的《理想国》中的格劳孔所代言的古代的论证，即正义“作为相互保护的契约出现在平等但不能持续统领彼此的人们之间”。见 Andrew Lister, “Hume and Rawls on the Circumstances and Priority of Justice”, *History of Political Thought*, 26, no. 4 (2005): 664 – 695。

② 我对休谟的理解是，“自私”不能被看作正义可以解决的道德上的缺陷。我们的“自然的”道德的想法先于正义的发明而存在，它们会对应当出现的不公正带着喜悦进行思索。“……我们的自然的未经教化的关于道德的想法，没有为我们对自己的情感的偏袒提供一剂解药【‘对我们自己’，以及‘对我们的关系和熟人’】，而是让它们自己服从于那种不公正，并且给予其一种额外的效力和影响力”（Treatise, 3. 2. 2）。

③ Hobbes, *Leviathan*, chap. 13 (any edition).

的需求，在本质上并不是由于任何道德缺陷而出现的。即使是道德上完善的人们也可能会需要政府，或者需要其他的社会规则，尽管这依赖于习俗或协调的道德动机是否是可能满足行为上的需要。

在这个语境中，对这样两个观点进行区分是重要的：

> a. 那些道德上完善的人们，除了正义的问题之外，可能（或者肯定会）拥有相冲突的目标和信念，从而使得他们具有对某种正义机制的需求，协调的动机正是这样的一个机制。
>
> b. 即使是正义的人，正如在其他方面是道德上好的人们一样，可能不会在字典序列上优先正义，因此可能还是会存在对强制的社会规则的需求，从而使得行为上的需求得以满足。

这看上去可能会危及我的主张，即正义的协调动机能满足行为上的需求。但是这并不会危及我的主张。即使这样的动机不是道德完善所蕴含的，这里的道德完善包括了对应有的正义的要求的服从，但是这种动机层面的解决方案仍旧是可设想的。即使是道德上完善的人们也会需要社会规则，甚至是政府，即使他们是依据一个对正义的通常的说明而言是正义的。然而，即使道德完善并不保证这一点，仍旧可能存在道德动机上的安排，它们在即使没有政府或其他制裁的情况下，也能满足行为上的需求。

道德上的错误在罗尔斯处理正义的环境问题时被提及，但仅仅作为某种旁白而存在。他指出，尽管道德上的错误有时可以导致深刻的分歧，但是它并不是一个关键的元素：

> 某些缺陷（知识的、思想的、判读的缺陷）从道德错误中产生，从自私和过失中产生；但是很大程度上，它们【那些认知上的缺陷】仅仅是人类自然处境中的一部分。因此，个体不仅仅有着不同的生活计划，并且还存在哲学和宗教信仰上的多样性，以及政治和社会学说上的多样性。①

---

① Rawls, *A Theory of Justice*, 127.

这种正常的认知上的不完善是冲突的根源，罗尔斯在其后期作品中称之为是“判断的负担”[①]。我们在这里没有理由不同意罗尔斯：这种冲突的根源并不依赖于任何道德上的缺陷。

很重要的一点是，当罗尔斯写到以下这些想法时，即“在圣人的联结中所达成共识的一个共同的理想中，如果这样的社会能够存在，那么关于正义的争执将不会出现。每个人都会通过他们的共同的宗教而为了一个目标而无私地工作，并且对这个目标的指涉（假定这个目标得到了明确地界定）将会解决关于正当的每一个问题”，我们不能对他有所误解。但是一个人类社会是通过正义的环境而被刻画出来的。[②] 假定正义在那个情况中没有应用性。但是那些所想象出来的条件不是那种道德上的完善，（除此以外或与此不同）而是一系列行动者，他们的压倒性的动机全都是共同的，并且是具有决定性的。这超出了正义的应用条件，但是正如我已经论证过的，我们没有理由因此认为，这样的情境是由个体的道德无瑕所蕴含出来的。

道德上的缺陷不是正义的应用性的一个必要条件，但是现在来考虑这样一个观点，即道德缺陷属于一系列条件，它同时伴随着冲突的利益和分歧，它对于激发正义问题来说是充分的。我们很难看到，道德缺陷本身如何可能在独立于竞争的目标和利益或者冲突的判断和信念的情况下，将人们置于冲突之中。尤其是，一个就其程度而言是不道德的自私品质，仅会由于人们的目标的不同，而在人们之间产生冲突。在正常的情况下，利益的冲突确实会使人陷入困境，并通常仅仅因为人们在道德上来说不够关心他人的利益，而需要相应的解决方案。道德缺陷起到的是一个使问题加剧的作用。但是不管利益的冲突是否会由于道德缺陷而加剧，它们都会使得正义的问题出现。一个相似的观点同样应用于这样一个事实，即有些时候人们的相冲突的信念或相冲突的坚定信念，依赖于其中某个信念以某种方式在道德上有缺陷。需要再一次说明的是，来自道德的观点可能会加剧事态，但是道德缺陷本身不会激发正义的问题，除非它使得分歧产生。道德缺陷自身不是冲突的根源，而只能算是一个

---

① John Rawls, *Political Liberalism* (New York: Columbia University Press, 1993), esp. pp. 54ff.

② Rawls, *A Theory of Justice*, 129 – 130.

潜在的增强剂。它对于正义的应用性来说，不是充分的（正如我们所看到的，它也不是必要的）。

除此以外，即使道德缺陷是第三类单独激发正义应用性的充分条件，它也不会是一个必要条件，因为其他条件的任意一个条件都是充分条件。那么，出于这些过度具有决定性的理由，正义的应用性不能在某些被想象出来的场景中被否定，在那些场景中，道德缺陷要么消失了，要么被预设不存在。例如，不管这样做的利益是什么，对在道德无瑕的环境中什么是正义的和不正义的进行理论化将不会是一个概念上的错误，去问道德无瑕是否以某些方式是正义的要求的一部分，也不是概念上错误的，等等。我们没有理由，包括从正义的环境的这一想法中出现的理由，去认为，这种高度理想的条件是处在正义的应用范围之外的。

七 正义的自我限定的应用范围

关于一个标准的应用性的限制，存在一个重要的普遍观点，我们在对正义的环境进行思考时，有时会提及这一点。

> 自我限定的应用范围：由于任何标准①仅仅在给定特定条件的情况下才得以应用，它因此不能否定那些条件。那将会使其支持它们不会得以应用的情况。但是在那样的情况中，它们没有应用性。

这说明，正义的标准不能否决这样一个事实，即人们由于利益或意见上的分歧而陷入冲突，并将这一事实视为是不正义的。就这一点所表明的，它倾向于支持完全消除理想化的那些批评家。然而，这一点对于这样一个可能性来说并不构成挑战，即正义即使在所有人看来都是高度理想的条件下，仍旧是有应用性的。如果存在正确的那种重要分歧，那么即使存在某些完美的利益间的和谐，以及普遍的道德上的完善——这是十分理想的情况——正义仍旧是有其应用性的。相反，如果存在利益

---

① 正如任何谓语一样。见 Chang, *Incommensurability*, *Incomparability*, *and Practical Reason*, "Introduction"。

或欲望上的冲突，正义仍旧有其应用性，即使在一个高度理想的环境中，其中不存在道德上的丝毫缺陷，并且在任何判断、信念、坚定信念中都不存在分歧，正义仍旧得以应用。

理想理论并不存在*

雅各布·利维（Jacob·T·Levy）**

（译：朱慧兰）

摘要：在本文中，我反对理想与非理想规范政治理论之间存在着明晰区别，这种区别用于区分理论化的“阶段”，以便在妥协于有缺陷的政治世界之前，理想的政治原则可以被推导和检验。这种区别采用了熟悉的罗尔斯所提出的形式，并且在过去几年重新引起了人们的兴趣。我将论证，这种关于范畴上的区分（能够允许一个理论化阶段的序列的区分）的想法是一种误解，因为完全“理想”的规范政治理论是一个概念性错误，等同于采用简化的入门物理学模型（“真空中的无摩擦运动”），并试图发展理想的空气动力学理论。政治组织和正义首先是关于道德摩擦。我将检验逻辑上和认识论上的论证，这些论证认为我们需

* 这一研究得到了加拿大社会科学与人文研究理事会（the Social Sciences and Humanities Research Council of Canada）的资助。感谢黛安·什尼尔（Diane Shnier）、伊莉莎·穆伊尔（Elisa Muyl）和莱阿·古耶尔（Léa Gruyelle）为本文提供的研究帮助，以及感谢麦吉尔艺术研究实习奖（McGill's Arts Research Internship Awards）对什尼尔和穆伊尔的工作的支持。对于较早的草案的讨论和评论，我感谢政治理论协会年会（the Association for Political Theory Annual Meeting）上的听众；多伦多地区政治思想研究会议；斯坦福大学政治理论研讨会；麦吉尔宪法研究小组；布朗大学政治理论项目的线上研讨会；以及本卷的其他贡献者。我特别感谢阿拉什·阿比扎德（Arash Abizadeh）、娜奥米·崔（Naomi Choi）、约瑟夫·卡伦斯（Joseph Carens）、戴维·埃斯特伦德（David Estlund）、梅根·罗斯·布洛姆菲尔德（Megan Rose Blomfield）、雅各布·雷克恩里奇（Jakob Reckhenrich）、约翰·托马西（John Tomasi）、克里斯托弗·弗赖曼（Christopher Freiman）、迈克尔·休谟尔（Michael Huemer）和珍妮·伊斯梅尔（Jennan Ismael），他们在讨论中及之后提供的评论，以及大卫·施密兹（David Schmidtz）在这几年内就这些主题创造的持续对话的平台。当文章即将完成时，埃斯特伦德具体评论了我的几份草稿。

** 作者为麦吉尔大学政治学教授。

要独特的理想化的理想理论假设，以便得出或了解一种真正的正义或政治道德理论；我认为这些论证是不够令人满意的。如果得到谨慎地使用并得到辩护，完全遵从、共识和关于共识的普遍知识的公共原则（the publicity principle）这样的假设有时候是有用的；但是在生成规范理论时，它们与其他理想化和抽象化的假设在范畴上并没有区别。所谓的“非理想”理论就是一个整体：非理想理论是很多种类的理论，而不是只是一种——也就是我们了解正义和不正义的多种方式，通过这些方式，我们试图回答有关在我们的政治世界中应该做什么的实践理性的问题。

关键词：理想理论；非理想理论；现实主义政治理论；完全遵从；共识；历史上的不正义；道德认识论；正义环境

一　理想、理想化和摩擦

理想与非理想规范政治理论之间常规、清晰的区别区分了理论的“阶段”，因此在妥协于有缺陷的政治世界之前，可以推导和检验理想的政治原理，实际上，理论家在转向非理想理论之前，应该先处理理想理论，以避免过早接触那些缺陷而污染我们的愿望和原则。这种区别采用了熟悉的罗尔斯所提出的形式，并且在过去几年中重新引起了人们的兴趣。这种兴趣大部分来自坚定的理想理论捍卫者。[①] 但是，也有很多来自于寻求结构化和严格的方法来进行非理想理论化的人；这些理论家找到了这样一种方法，即接受现成的表面上的理想理论，然后将该思想应用

① 关于捍卫的不同方式，请参看 G. A. Cohen, *Rescuing Justice and Equality* (Cambridge: Harvard Uni-versity Press, 2008); David Estlund, "Utopophobia: Concession and Aspiration in Democratic Theory", in Estlund, *Democratic Authority: A Philosophical Framework* (Princeton, NJ: Princeton Uni-versity Press: 2008); Estlund, "What Good Is It? Unrealistic Political Theory and the Value of Intellectual Work", *Analyse und Kritik* (2011): 395 -416; Estlund, "Human Nature and the limits (if any) of Political Philosophy", *Philosophy and Public Affairs*, 39, no. 3 (2011); A. John Simmons, "Ideal and Non-Ideal Theory", *Philosophy and Public Affairs*, 38, no. 1 (2010): 5 -36。我认为这些是当代理想理论的主要阐释者和捍卫者。

到非理想的环境中。[①] 理想理论的幽灵甚至困扰着非理想世界中一些有关正义的最佳著作。

在这篇文章中，我打算消除这种幽灵。在政治哲学或关于正义的理论化领域中，不存在理想理论这样的东西。

关于范畴上的区分的想法——这一区分能够允许一个理论化阶段的序列——是错误的。希望一个规范的政治理论是理想的，这种想法在某种绝对意义上是一个概念上的错误，等同于采用简化的入门物理学模型（“真空中的无摩擦运动”），并试图发展一种理想的空气动力学理论。[②] 就像空气动力学一样，政治生活也是关于摩擦的：没有摩擦，就没有政治或正义。或者，举一个更接近我们的学科领域的类比：理想的规范政治理论不像具有完美竞争和完善信息假设的微观经济模型——从根本上简化了在重要方面有用的假设。相反，它像具有过剩和稀缺的不可能性

① 例如，请参看 Burke Hendrix，“Where Should We Expect Change in Non-Ideal Theory?” *Political Theory*，41，no. 1（2013）：116 – 143；Liam B. Murphy，*Moral Demands in Nonideal Theory*（New York：Oxford University Press，2000）。一些不直接主张或仅主张一种或另一种理论类别的重要文章包括 Laura Valentini，“Ideal vs. Nonideal Theory：A Conceptual Map”，*Philosophy Compass*，7（2012）：654 – 664；Pablo Gilabert，“Comparative Assessments of Justice，Political Feasibility，and Ideal Theory”，*Ethical Theory and Moral Practice*，15（2012）：39 – 56；Pablo Gilabert and Holly Lawford-Smith，“Political Feasibility：A Conceptual Exploration”，*Political Studies*，60（2012）：809 – 825；Zofia Stemplowska，“What's Ideal About Ideal Theory?” *Social Theory and Practice*，34（2008）：331 – 340；Zofia Stemplowska and Adam Swift，“Ideal and Nonideal Theory”，in David Estlund，ed.，*The Oxford Handbook of Political Philosophy*（Oxford：Oxford University Press，2012）；Charles Larmore，“What Is Political Philosophy?” *Journal of Moral Philosophy*，10（2013）：276 – 306。对于与当前论点精神相同的作品，请参看 David Miller，“Justice For Earthlings”，in *Justice for Earthlings*（Cambridge：Cambridge University Press，2012）；David Schmidtz，“After Solipsism，” unpublished manuscript［currently in press and due to be published in *Oxford Studies in Normative Ethics* 6（forthcoming，2017）］；Andrew Sabl，*Hume's Politics*（Princeton，NJ：Princeton University Press，2012）；Judith Shklar，*The Faces of Injustice*（New Haven，CT：Yale University Press，1990）。

② 根据我的记忆，我在看到了大卫·施密兹（David Schmidtz）更令人回味的比较之前，即“在预测降落伞的行为时忽略了风阻”，就在使用这种类比了，但我们的想法肯定是相同的（David Schmidtz，“Nonideal Theory：What It Is and What It Needs to Be”，*Ethics*，121，no. 4［2011］：772 – 796）。关于一个反驳，请参见本卷中的 Jennan Ismael，“A Philosopher of Science Looks At Idealization in Political Theory”。伊斯梅尔强调作为包括物理在内的探究模式的理想化的价值，但这仅表明一个或另一个理想化对于一个或另一个目的来说是有用的。在以下我将说明，我不否认这一点；理想理论的主张实际上更强。她简要地承认，她的论证并没有为罗尔斯发现的理想和非理想的排序提供任何特殊的支持，并且排序是我在这里拒绝的重要部分。

的附加假设的微观经济学：一个混乱的局面，因为微观经济学理论恰恰是一种思考对有限商品的选择的方式。

进行理论化就是进行简化和抽象化，也就是理想化。拥有一个规范的视野至少要在某种程度上说是理想主义的：我们想象，至少在某种程度上世界可能与现状不同，而且要好于现状。但是我要论证的是，理想理论所依赖的特定理想化充其量只是某些人可能会选择的一些理想化，而不是那些能够为我们独特地提供有效规范原则或目标的理想化。在某些方面，它们是特别奇怪的理想化，尤其是类似于去掉摩擦的理想化。这并不意味着它们可能永远都没有用，但是这的确证明它们不在政治思考中占有至关重要的地位，如果没有有力的理由来支持这样做的话。我将检验并拒绝理想理论家提出的理由，这些理由使他们认为这些特定的理想化是必要的，他们认为实际上如此重要以至于辩护了一个理想理论和非理想理论的序列，二者在范畴上截然不同，前者是先验的，依赖于理想化，而后者是应用的，并不依赖于理想化。如果那些关于理想理论的必要性的论证失败了，那么对于这一顺序以及范畴上的区分的辩护也将失败，理想理论本身也将失败。

关于正义理论的不同理想化的程度存在着有意义的区别，必须存在着关于哪个更有用以及何时进行的富有成效的辩论。但是这个光谱不需要范畴上的区分和不同阶段的顺序。规范理论家总是有责任确定他们认为世界中哪些特征是可改善的、他们正在进行哪些理想化、哪些是他们不会进行的或者不是正在进行的理想化以及为什么。关于“理想理论”的理念在理想化的光谱内创造了一个区域，这一区域被认为不受这些问题的束缚，这是虚幻的。为了辩护对政治和正义的需要，看起来与政治生活相关的理想理论必然隐含着非理想的前提。那些未能满足这一要求的理想理论也就是不相关的，最好的结果也只是成为一种道德理论，与关于正义的政治理想的阐述之间存在着难以沟通的鸿沟。

因此，从某种意义上说，我在本文中的目标是比较狭窄的。在范畴上来说，它是理想理论：其思想是存在着某种特定的理想化，这种理想化允许我们清晰地区分理想和非理想理论，理想理论以优先于非理想理论的方式，在识别道德真理上取得特权。我并不是要批评这样的理想化（从简化或抽象的意义上来说）。我也不是以任何笼统的方式批评规范理论中的理想主义。实际上，我将论证作为一种理想化和规范的理想主义，在关于理想理论的论证中并不存在着一种一般的联系，尽管当它们被混为一谈时，我的某些论证会质疑一些类型的规范理想主义。最后，也许是最重要的一点，我没有批评我们可能所称的更为理想的理论。关于理想化或理想主义，理论呈现出不同的程度，对此我没有异议。我要否认的是关于范畴上的区分的主张、关于优先地位的主张以及（通常）是两者的组合。在本文的其余部分中，我对“理想理论”一词的使用将始终限于特定的理论类型，即声称某些特定理想化具有独特、优先和/或特权地位的理论，并且我将排除仅仅是更为理想的理论。（这还将使我和读者免于进一步使用这种晦涩的新词。）

然而，从另一种意义上讲，我的论证的目标范围比某些读者可能首先想到的范围要广；尽管罗尔斯是最熟悉的例子，但我的论证不仅限于罗尔斯关于正义的理论化。由于它们在文献中的普遍性，我将具体批评针对在罗尔斯的争论中使用的某种特定含义的理想理论，以及对完全遵从的特定理想化。我还将讨论罗尔斯关于共识的理性理论中的假设：为了清楚地思考政治正义理论，我们所做的部分工作是想象一个秩序井然的社会，其中所有人都肯定同样的正义原则。完全遵从蕴涵着共识，但有时却以某种方式被忽略了；如果我们尚未同意同样的正义原则，那么我们几乎不可能承诺遵守这些原则。但是，完全遵从和完全共识是从社会生活中十分重要且不同的特征中抽象出来的，这需要进行独立的讨论。

来自罗尔斯文献中的另一种理想化，即不存在历史上的不正义，也将与讨论相关。但是我并不是将指控限制在罗尔斯式的理想理论上，或者实际上仅限于正义理论。科恩（G. A. Cohen）的理想理论的变体不仅是罗尔斯理论的激进主义；在某些相关的方法论上，它是另一种不同的事业。但是我确实认为它犯了一些错误，对此我将在这里进行讨论。更广泛地说，理想的关于政治的规范理论也是如此。罗尔斯式的共识假设推广到其他模型，这些模型试图通过否认政治生活的基本的、异议性特征来推导政治的基本规范性真理。民主理论的哈贝马斯流派及其在协商民主理论中的分支（实际上是任何从最初的关于普遍同意的理想化中派生出的关于民主的原则的论述）通常提供了理想理论的另一个实例：没有政治、没有摩擦的民主政治。

有时候，这种没有得到充分认识的联系（在理想理论下罗尔斯式对于共识的要求以及强调共识的协商民主模型之间的联系）意味着我的论证将关于“理想和非理想理论”的辩论与所谓的“政治现实主义和道德主义”的辩论联系起来。① 理想理论是政治道德主义的一个子集，由现实主义者（如伯纳德·威廉姆斯）和在其之前的学者（如汉娜·阿伦特）所刻画。② 但在这种意义上，很多非理想理论也是道德主义，部分原因是非理想主义经常接受这样的工作——关于将已经解决的（和道德主义的）理想理论应用于非理想世界的情况的描述。说不存在着理想理论，我也必须同时否认存在着非理想理论。否认理想理论关于共识的假设或许恰当地使得这一点——即想象非理想理论的任务是道德化令人不悦的事实——更加困难，从而可能使非理想理论的实践至少接近某种现实主义。

二 理想理论的逻辑

理想理论在当前讨论中处于主导地位，首先由罗尔斯提出。罗尔斯认为自己正在做理想理论，并发展一种正义观念，这种正义观念优先于世界上的诸多问题，例如惩罚理论、补偿性正义或正义战争的理论。但是他不仅仅将这描述为自己碰巧从事的研究，或者只是众多选择中的一个。③

我考察的是规范良序社会的正义原则。尽管正如休谟所言，正

① 关于现实主义，请参看 William Galston, “Realism in Political Theory”, *European Journal of Political Theory*, 9 no. 4 (2010): 385 - 411; Bernard Williams, “Realism and Moralism in Political Theory”, in *In the Beginning Was the Deed: Realism and Moralism in Political Argument* (Princeton, NJ: Princeton University Press, 2005); Williams, “Political Philosophy and the Analytic Tradition,” in *Philosophy as a Humanistic Discipline* (Princeton, NJ: Princeton University Press, 2008)。关于否认理想/非理想和道德主义/现实主义两种区分是紧密联系的论证，请参看 Rossi and Matt Sleat, “Realism in Normative Political Theory”, *Philosophy Compass*, 9, no. 10 (2014): 689 - 701。

② Hannah Arendt, *The Human Condition* (New York: Harcourt Brace, 1958).

③ 有时，戴维·埃斯特伦德用这种方式描述了他对乌托邦理论的看法：他是在描述一个人可能会做的事情，捍卫一个人可能在众多选项中选择的一个研究项目的合法性。请参见 Estlund, “What Good Is It?” 但这绝对不是罗尔斯的陈述。

> 义可能是嫉妒的、谨慎的美德，我们仍然可以问一个完全公正的社会会是什么样。因此，我主要考虑的是所谓的与部分遵从理论相对的完全遵从……前者研究指导我们如何处理不公正现象的原则……我认为，从理想理论着手的原因是，它为系统地把握这些更为紧迫的问题提供了唯一基础。至少，我应该假定无法以其他方式获得同样的见解，而一个完全公正的社会的性质和目标是正义理论的基本组成部分。①

这种信念和这些假设是我坚决否认的，然而，我并不否认完全遵从可能是一个有用的理想化。

罗尔斯认为，在考虑候选的正义理论时，他假设的选择者会基于完全遵从和普遍认可的假设［以及它们将应用于一个没有“负担（burdened)”的社会的假设，包括“不正义”的历史；我们将在下面回到这个问题的讨论］来对其进行构建。他们的目标是理解并选择正义要求的事物以及正义社会的样子。非理想的考量只能以从属的方式来被考虑。面对正义的违背，正如在理想阶段所规定的那样——面对犯罪、品格的松散、不愿遵守正义的高标准、不公正的法律、没有得到补偿的历史性错误或目前不公正的对自由的限制——一个人应该担心如何最好地接近正义条件。缺乏对正义要求的普遍遵从可能会给执行带来困难，而执行必须由非理想理论来解决。

但是，在最开始选择正义观念时，绝不能将这些考量作为考量因素。在确定可接受的理论阶段，“这要求是过高和过分苛刻的”是不合适的反驳。② 这一对严格遵从的担忧（后来更多地描述为完全遵从）一直是理想理论分析的核心。戴维·埃斯特伦德和科恩（G. A. Cohen）以不同的方式强调，“我/我们不会”不能成为拒绝某种理解正义的方式的理由，即使这是意图为正义的实施设置不可逾越的边界的声明。罪犯的恶意——

① John Rawls, *A Theory of Justice*, rev. ed.（Cambridge: Belknap Press, 1999）, 8.

② 在罗尔斯自己的理论中，必须有一个条件来讨论承诺的压力。参见西蒙斯（Simmons）的讨论。如果我们对承诺的约束给予很大的重视，那么我们可能会认为罗尔斯本人违背了埃斯特伦德的否认，即动机上的限制与评价正义或义务的主张有关——也就是说，罗尔斯不是以当代文学为标准的理想理论家。作为罗尔斯的解释，我不确定对此有何看法。

从字面上说，用不会（will not）代替会（will）——可能会告诉我们，要实现正义有多么困难，但决不能成为正义定义本身的要素，以免我们失去以正确的名称称呼不公正现象的能力。①

正如以上对休谟和罗尔斯的引用中所提到的那样，正义是一种补救美德。在富足或无限慷慨的情况下，“关于正义的谨慎的、嫉妒的美德将永远不会被人们所期望……在那种情况下，正义是完全无用的，将是一种无用的仪式，不可能在美德目录中占有一席之地……似乎显而易见的是，在这种情况下，如此广泛的仁爱会中止对正义的使用，财产与义务的划分和障碍也不会被考虑”②。

目前一些当代的正义论者否认休谟的说法，最明显的是科恩，对科恩而言，正义就像柏拉图式的道德范畴，而不仅仅是指导洞穴生活的单纯的休谟式的“规章制度”。③ 但是罗尔斯并没有拒绝休谟的这一点（正如科恩抱怨的那样）。这就提出了一个难题：罗尔斯如何在仍然依靠休谟对正义及其环境的理解的前提下致力于一种理想的（根据他的理解）正义理论？

约翰·西蒙斯（John Simmons）为这个问题提供了最完善的答案，他说“完全遵从”是罗尔斯允许自己寻求“现实乌托邦”的一个不现实的假设——这是唯一违反了卢梭式对了解“人类实际的情况以及制度可能的样子”的要求的假设。应该首先对正义理论进行分析、论证，并对这些理论进行选择，而不必提及人们是否会如此做，也不必提及人们是否会违反原则。我们以最佳和最融贯的形式在理想原则中进行选择，而不

---

① 关于一个反驳，请参看 David Wiens，“Motivational Limitations on the Demands of Justice”，*European Journal of Political Theory*，即将出版，网上的版本请查看 DOI 10. 1177/1474885115578446. 同时请参看 David Estlund，“Reply to Wiens”，*European Journal of Political Theory*，即将出版，网上的版本请查看 DOI 10. 1177/1474885115602369。

② Hume，*A Treatise of Human Nature*，III. 1. 休谟还认为，正义仅适用于适度稀缺的情境，而且我们现在所认为的救生艇伦理学在正义范畴之外。我认为这是正确的，但与我们目前的担忧无关，因此我将其搁置一旁。

③ 我反对这一言论，请参看 Jacob T. Levy，review of *Rescuing Justice and Equality*，in *Political Theory*，38，no. 4（2010）：593 - 596。正义是法律的美德和法律制度的美德；它是权利（ius）。我认为，科恩的论证是对正义观念的攻击，而不是对正义观念的拯救。请参看 Stemplowska and Swift，“Ideal and Nonideal Theory”，*Compare Allan Beever*，*Forgotten Justice*：*The Forms of Justice in the History of Legal and Political Theory*（Oxford：Oxford University Press，2013）。

必担心不遵从的行为是否会危害系统的稳定性。我认为这一主张在很大程度上依赖于对理想理论优先地位的考虑。它与我们的一些道德判断的正常实践以及（如我们将要看到的）司法判断相对应，正义的理想也类似地从中得以延伸。我将其称为理想理论的逻辑辩护，以区别于稍后讨论的认识论辩护：在没有完全遵从、公共原则和共识要求的情况下，我们逻辑上无法得到正义观念，因为我们将允许我们得到的理论因与恶意和不良行为者相妥协而受到破坏。

但是，正如詹姆斯·麦迪逊（James Madison）所说，“如果人们是天使，那么就不需要政府了”。所谓规范政治正义的理想理论是在一个假定的前提下得到的，即假定无论其所要求的是什么，人们都会完全遵从；但是如果可以假设人类完全遵从任何理想理论所蕴涵的道德要求，那么这些理想理论并没有从事辩护关于正义的规范政治理论工作。认真对待“严格遵从”将意味着假设不存在犯罪，但犯罪本身证明国家对于各种方式的暴力的控制是正当的，同时也意味着假设不存在有限慈善（limited beneficence），而有限慈善是正义理论中财产正义和强制提供社会福利的基础，而且更通常的是，这意味着假设不存在使政治和正义变得必要的失败。为了将我们限制在休谟式的正义环境中：通过设想我们得出的任何规则都将得到普遍合作，存在着深层的悖论，即关于得到管理我们有限仁慈的规则的悖论。为什么不简单地想象更多的慈善？实际上，我认为这就是科恩所做的：他完全拒绝了正义环境以及正义的司法性质，以至于他可以自由地阐明一个互不相关的友爱的慈善理想，并且只是为了赋予它更大的政治重要性而将其称为正义。但是罗尔斯没有这么做；他考虑的是从候选理论中选择一种正义理论的模型，方法是通过想象这些理论都在严格遵从和普遍共识的前提下运作，以与对正义环境的承认相兼容。尽管该方法通过让我们想象任何原则，甚至是普遍的慈善，都可以得到遵从，来有点轻率地回避了正义的问题，但罗尔斯的确认为我们是在关于正义的诸多理论中进行选择，这一开始就过滤掉了科恩等人的一些理论。

完全遵从在某个时刻可以是微观层面上一个用来分析的融贯工具、一次交易或者是事例的一个类别。当我们试图弄清楚如何在一家餐厅的几个人之间分配晚餐账单时，我们的计算一开始就不会受到诸如“如果吉姆承担的部分高于他想要承担的，他可能会从后门溜走并完全不管我们”这样的想法的影响。为了确定每个人应该承担的部分，我们假设每个人将实际支付我们共同决定每个人需要支付的部分。否则，理论将受到道德风险和不确定性的困扰。公平要求按照完全遵从来进行分析，即使稍后会与行为不端者达成妥协。

同样，在私法理论中，考虑到权利优先于补救——毕竟，作为休谟式正义理论的核心，因为它符合从权利（ius）中衍生的法学美德。[①] 从概念上讲，在我们能够考虑非法入侵或转换的问题之前，我们必须先知道谁拥有所谈论的事物。遵守契约的规则先于特定的违约行为，并提供衡量违约赔偿金的基准。正如这句话所说，损害赔偿的目的是使受害人完整（whole）；它取决于对受害人在受到伤害之前的状况的理解。权利优先被考虑，其次是对权利的侵害的补救。普遍遵守正义规则是默认的做法；违反规则的罪行就是在这种背景下进行衡量的。[②]

在一个规则领域或另一个规则领域的范围内，这似乎就足够了。但是，显然这些规则领域完全在休谟式总体框架之内。在确定谁拥有什么时，我们会暂时考虑一个假想的世界，在这个世界中所有权（ownership）规则得到了普遍遵守。但是“为什么要有所有权规则”这个问题仍然使我们回到休谟式的答案——或者，如果有人更倾向的，就是康德的“非社会社交性”（unsocial sociability）。

我在上面餐厅账单的例子中提到了公平所要求的事物。罗尔斯式的“作为公平的正义”和对理想的、统一的、封闭的、共享的社会合作体系的社会的分析，使得从对在特定的或专属于某个领域的情境下严格遵从的重要性——划分账单的规则、财产所有权的规则——到每一个（社会）

---

① 同样，请参看 Beever, *Forgotten Justice*。用他的话来说，我在此赞同他的论证，即尽管我与他的说法有其他分歧，但交换正义对作为分配正义的正义的理解是基础性的。

② 即使在这里，也可能揭示出，大多数普通法是在很长一段时间内围绕补救的方法而发展的；在制度上，令状（writrs）先于权利。但这当然是因为仅在违规或侵犯的情况下才需要采取司法行动。人们假定社会的运行持续地基于这一条件——大多数时间下大多数权利都受到尊重，因此，相比起对权力进行全面的普查，制度的认知精力花在确定令状上更好。因此，人们可能会认为普通法的历史与（默示承认的）权利优先于（机构发展的）补救的观点是相容的。我也不想过多地关注普通法的古怪历史。尽管如此，我还是找到了一个例子，如果没有任何事物作为证据来反对理想理论的认识论辩护的话，这种论证将在第三部分中讨论：英国法律学会了如何通过确定侵犯权利的方式逐步确定权利。

事物的案例一次性地被归纳和概括了。

考虑到罗尔斯－科恩对基本结构的争论，很容易忽略这一事实。似乎是科恩而不是罗尔斯在主张宏观社会道德和微观个人道德的同构性，并认为我们关于野营平等分担的直觉告诉我们社会主义的基本道德吸引力。我认为这具有误导性。尽管进行的是野营旅行，但科恩的理论确实具有将整个社会的规则引入个体的结构；它是从宏观到微观的缩小，而不是从微观到宏观。使科恩式正义社会的公民焕发生机的精神是对个人对整体社会规则的承诺。相比之下，罗尔斯确实在进行某种微观到宏观的扩大。公平要求切蛋糕的人不得首先选择其中一块；这种对日常公平的洞察是解读作为公平的正义的基础。

不管作为公平的正义的其他优点或缺点如何，我认为罗尔斯的理论以一种不合法的方式扩大了关于完全遵从的假设，这是到目前为止很多困惑的来源。在对诸多正义观念之间进行的建构主义选择进行建模时，他将正义视为对公平的一种大样本研究（large-N generalization），而不是（以休谟的方式）将其作为基于独特的宏观层面问题的、社会的、独特的类别。休谟式正义的补救性质、非人格化、与法律的和司法概念（包括制裁）的传统牵连，使它变得更有意义，而不仅仅是显而易见的个人公平。回想一下，对于休谟而言，正义是一种“人为美德”，正是出于这些原因，正义与自然美德是不连续的。

罗尔斯朝着更好的方向发展，他强调基本结构、对稳定性的重要性的理解以及他对“承诺的约束”的论证作为我们处理完全遵从假设的限制。我们也许可以想象出一种更为平衡的罗尔斯理论，这样的理论明确地揭示了正义与公平之间、宏观或结构性考虑与微观或个体性考虑之间的类比不当。一些罗尔斯的读者（尤其是《政治自由主义》的读者）可能会合理地认为，真正的罗尔斯提供了一种具有这种平衡的理论，并认为我在这里的论证更多的是赞同罗尔斯主义者——即接受了理想理论的理念并进行论证的人，而不是赞同罗尔斯本人。[①] 我承认这可能是对的；

---

① 有人认为按照伯纳德·威廉姆斯（Bernard Williams）刚开始的观点，罗尔斯的观点与政治现实主义更加兼容。关于这一观点的论证，请参看 Robert Jubb，“Playing Kant in the Court of King Arthur”，*Political Studies*，63，no. 4（2015）：919－934。

当然，罗尔斯是这样思想家中的一员——这些思想家通常比他们坚定的支持者更有趣、更复杂。

但是在我看来，通过将绝对优先地位赋予理想理论，罗尔斯本人破坏了可能的平衡。我将补充说明，他还使他的理论容易受到例如科恩的攻击，这些攻击试图在一个错误的方向中调解矛盾。以一般的方式考虑理想的正义理论，其中“正义”被理解为是社会制度结合在一起的一个可能特征（尤其是如果正义是它们的“第一美德”），这使得社会摩擦不存在，而“正义”正是社会摩擦的一个方案。如果我们可以规定对道德规则完全遵从，尽管这是高要求的，那么就没有理由不规定比正义更好的美德，而且一个道德上足够良好的人性根本不应该需要一个具有强制力的国家。

有时人们认为这一反驳适用于格雷戈里·卡夫卡（Gregory Kavka）的一个著名论证，因为这一论证声称反驳了麦迪逊的“如果人是天使”的主张。[①] 他认为，即使是天使也会遭遇真诚的道德分歧（例如，关于堕胎）以及关于道德考量的重要性而产生的真诚的实践分歧（例如，关于二手烟是否足够有害，以解决有关一个人是否有义务避免在他人周围吸烟的问题），这些真诚的道德分歧有时无法依靠个人道德判断，而需要依靠集体决策。此外，他认为，我们不能假设天使会在没有强制的情况下达成所需的集体解决方案，因为他们仍然也会存在真诚的分歧，关于什么时候“与邻居和睦相处”及“同意已达成的方案”等这样的高阶社会道德考量优先于例如关于堕胎的问题所产生的一阶道德分歧。他得出的结论是，即使我们避免了争夺（例如）物质善的所有权的争执，也没有任何纯粹的道德美德会导致我们不需要强制解决争端的制度。他承认可能存在着拥有无限道德知识和无限道德美德的主体——大天使——这一主体可能会使自己摆脱这些困境；无论他们是否会依赖于他们知道（而我们不知道）的道德最终形态。正如他在脚注中以罗尔斯式的话语来指

---

① Gregory Kavka, “Why Even Morally Perfect People Would Need Government”, *Social Philosophy and Policy*, 12, no. 1 (1995): 1 - 18. 请参看一个回应, Eric Cave, “Would Pluralist Angels (Really) Need Government?” *Philosophical Studies*, 81 (1996): 227 - 246。

出，这就像在说，即使天使也将承担判断的负担。[①] 这与马克·菲尔普（Mark Philp）的观点相吻合，作为对现实主义理论的辩护的一部分，“如果我们可以依赖哲学或者道德来为我们的问题提供明确并广泛合理的答案，我们就不怎么需要政治了。我们拥有政治，这一事实标志着在缺乏关于原则的理性共识的情况下，我们需要建立、识别和执行规则来统治人们的行为”[②]。

首先要注意的是，即使卡夫卡的论证从麦迪逊手中拯救了政府，也并没有从休谟手中拯救正义，而且当它被视为对正义的理想理论化的辩护时，它被错误地运用了。卡夫卡没有表明权利（ius）的法律美德将在解决天使的争端的过程中发挥任何作用。他将其视作是理所当然的，并自由地使用“权利”的概念来描述他们的道德纠纷，但他并没有检验这种假设。

然而，更重要的是，即使卡夫卡的论证完全成功，也根本不能为罗尔斯理想理论的实践进行辩护。相反，它表明，即使面对充分的真诚和善意，也无法获得严格遵从和共识。它表明，缺乏共识和遵从不仅是不真诚的信念（bad faith）和不良意愿（bad will）的结果。之所以出现这种情况，不仅是因为科恩的绑架者在索要赎金时混用了第三人称和第一人称的说明，也不仅仅是因为埃斯特伦德的道德上懒惰的行动者说他们“不能”做他们“不愿意”做的事情。换句话说，在微观情境中完全合理的完全遵从假设在政治的正义领域中并不合理。微观层面的部分不遵从可能是不良意愿的结果，但是对政治正义的部分遵从是政治生活的主要特征。这将休谟的正义环境与杰里米·沃尔德隆（Jeremy Waldron）所谓的“政治环境（political circumstances）”相呼应，二者突出地以相关问题的分歧的程度为特征，而这些问题都不可避免地需要共同的答案。[③]

一个对理想理论的反驳可能是：我们不应该预设完全遵从，因为它假定了全面的道德善意，而如果有了这一点，我们根本就不需要政府。

---

① 它也接近杰里米·沃尔德隆对“政治环境”的描述，请参看 Waldron, *Law and Disagreement*（Oxford: Oxford University Press, 1999）——如上所述，这也接近于汉娜·阿伦特（Hannah Arendt）提出的构想，其影响力得到了沃尔德隆的认可。

② Mark Philp, “Realism Without Illusions”, 635.

③ Waldron, *Law and Disagreement*, 102.

通过证明善意与遵从问题无关，以及将遵从问题直接与意见分歧联系起来，卡夫卡的论证（如果是正确的话）从而击败了以上的主张。在这里值得回顾的是，在罗尔斯的理想化假设中，基本的共识与严格遵从相伴而生：他为秩序井然的社会建模正义，在这个社会中，“每个人都接受并知道其他人都接受同样的正义原则”[①]。卡夫卡的论证表明的是，两个理想化的假设相互交织：如果我们没有达成共识，那么我们就不能假设严格遵从。只要我们处在政治环境中，我们的（宏观、政治）正义理论就必须解决遵从问题。由于道德上无辜的分歧（再次，想想判断负担），甚至在道德善意的背景下，政治环境也出现了。仅通过特别强调政治环境的挑战，就可以借助卡夫卡来克服对罗尔斯理想理论的有限慈善的挑战。无论是其中哪一种方式，我们只能做政治哲学和对正义的政治概念进行理论化，正是为了解决遵从问题。卡夫卡识别出系统中与休谟所说的不同种类的摩擦，但结果却是相同的：一个政治正义理论是对摩擦的一种回应，而想象摩擦并不存在将使我们陷入一个不合理的事业。

埃斯特伦德提出的重要论证也是如此。[②] 埃斯特伦德坚持认为，尽管给定休谟的观点，正义也可以被应用——作为一个道德评价和义务的相关范畴——即使在不需要制度化的规则或执行机制的情况下，即使在没有意见或信念上的分歧的时候，即使没有人在道德上有任何不足。他说：“我的论证不是说，即使这些情况都不对，正义也可以得到应用，这显然是不正确的。”他的意思是说，与休谟的理论所能允许的相比，这是一个支持更具野心的和要求更高的正义理论的论证。但是，就像卡夫卡的论证一样，它也表明摩擦可能有多个原因。真诚的分歧或对规则和制度的需求可以代替正义的情况下有限慈善。

一方面，合理的分歧足以使我们处于正义环境中，这一理解使得科恩的努力——允许制度外友爱的精神来吞噬正义——失败了。这可能会回答我上面的反驳，即完全遵从的假设提出了这样的可能性——即想象出如此有野心的道德善来使我们遵循这一点，即这一道德善使我们完全脱离了政治哲学的范畴。另一方面，这几乎一开始就消除了分析上的吸

---

① Rawls, *A Theory of Justice*, 4.

② 本卷中的 David Estlund, “What Is Circumstantial About Justice?”。

引力，而完全遵从应该是具有这一吸引力的。作为建模的预设，完全遵从需要共识。对此，我并不是说，即使在缺乏共识支持某些规则的情况下，人们不能遵守已经商定的规则；实际上，在这种情况下，遵从是合理稳定的社会和政治生活的正常特征。我的意思是，我们不能把完全遵从作为一个不附带共识预设的预设。（罗尔斯把这些预设结合起来是对的。）

如果我们有理由不同意正义观念，并且如果我们合理地不同意关于二阶的问题——什么时候遵从我们认为不正义的规则，或者如果我们同意一个需要有时候不遵从不正义的规则的二阶答案（尽管我们在一阶问题上具有分歧，即什么规则是不公正的），那么意见分歧蕴涵着不存在完全遵从的可能性。一个主体未能遵从的失败是另一个人实质上的不同意。

因此，如果说正义环境包括有限的慈善或合理的分歧，或两者兼有，那么罗尔斯式的理想理论，或一般情况下的完全遵从理论，仍然在建构行动正义时抹去了正义的环境。①

这反过来又意味着，以理论家宣称的方式，建构部分遵从或者分歧的理论并没有污染我们关于正义的思考。可能仍然存在这样的情况，即将严格遵从和共识围绕着一些规则进行建构会是有用的，但这些是在其他预设中可能的理想化的假设，而并不是理想理论家所说的范畴上独特的先决条件。就像其他理想化的假设的用处一样，这两个理想化假设的用处也必须得到证明，而不是被当作理所当然的。也许有时候会有理由克服像是大卫·施密兹提出的反驳：

> 在现实世界中，遵从程度是内生变量，这意味着遵从程度取决于人们被要求遵从什么。如果撇开遵从的问题，就好像遵从问题在实践执行的后期阶段才是相关的，那么这样来构建一个“理想”理论是不能令人尊敬的。事实上，当我们选择一个正义的原则，我们

① 我应该强调的是，我在这里对卡夫卡和埃斯特伦德的评论是有条件的，即便我们能以分歧替代有限的慈善等，我仍然怀疑在人类社会中，有限的慈善与正义规则出现的条件是紧密相关，而且这些正义规则出现的条件与我们对于正义持续的理解更加相关，而不是在与埃斯特伦德在“What is Circumstantial About Justice?”中允许的更相关。但在这里我不提供对这些怀疑的论证。

也选择了与之相随的特定遵从问题。如果它让克格勃（KGB）来实现遵从，那么这一原则就一定是一个糟糕的原则。[①]

但回应这一反驳的理由必须每次都需要得到说明。它不能仅仅是这样的——允许关于遵从的考量被计算，进而给予那些有不良意愿和不真诚的人道德上的否决权。如果没有理由认为对于一个规范或者价值（或者尤其是正义）的真正的理论上的说明，完全遵从是一个必要的逻辑特征，那么这样的尝试是失败的——即将完全遵从作为理论化一个范畴上独特的理论化阶段的一个定义上的特征，且这样的理论化必须优先于关于应该做什么的合理的思考。

施密兹在这里进一步指出餐厅公平和政治正义之间的不对称性。只要我们愿意的话，仅仅在我们当中，我们对晚餐账单的公平分配的同意能够得到透明的制定和执行。政治正义通常被认为是某种程度上的由外部机构，如国家，强制执行的一套规范。正如我在其他地方所说的，国家不仅仅是分配正义的机器。[②] 他们是社会制度，有自身的组织上的动态学和倾向性。即使餐厅和政治的例子面临一个类似的结构，这一结构围绕着这样的一个问题——“我们是否会遵循这一规则?”但是当我们引入另一个问题时，即“当需要制定和实施这一规则的时候，国家会怎么做?”他们就面临一个完全不同的结构。这是一个遵从的问题，那种由麦迪逊的名言的后半部分指出的问题：“如果是天使统治人，外部还是内部对于政府的控制就都不是必要的。”在我看来，理想理论文献有一个奇怪的特征：它已经如此完全集中在这一问题，即公民间的遵从是否是一个有效的建模预设，而忽略了隐含的国家的遵从的预设。

随着“完全遵从”被理解为一种限制类型的遵从，在微观和适中（mezzo）但不是宏观层面操作，或在某些但不是全部的问题上，或者在休谟正义的边界之内，就变成只是其中一个理想化的模型预设。这同样适用于严格公共性原则（publicity principle）和共识的要求。在特殊情况

---

① David Schmidtz, *Person*, *Polis*, *Planet* (Oxford: Oxford University Press, 2008), 8.

② Jacob T. Levy, *Rationalism*, *Pluralism*, *and Freedom* (Oxford: Oxford University Press, 2014), 58.

下，他们可能是非常有用的，作为实现实践理性的更好判断的途径；但是他们本身并不是目的，即不是关于理想（idealness）的技术性标准，即不是一个理论必须符合这样的标准才能在范畴上被看作是提供了规范理由。①

罗尔斯还在理想理论的智力活动中增加了另一个要求，就是需要想象一个以很多方式没有负担（unberdened）的社会，这些方式中包括通过“不正义”的历史。通过想象这样的历史不存在，我们设法了解正义的轮廓；然后我们（必须在顺序中排在后面）以那样的标准衡量现实世界，并考虑怎么回应已经发生的“不正义”。可以说，这是被投射在过去的历史上的完全遵从的要求：我们试图理解正义，就像每个人始终完全遵从它的要求，并将补救措施的考虑推迟到我们确定了衡量不公正的标准之后。

这在一开始是合理的。在普通的私法正义中，在没有人冤枉任何人的情况下，这种反事实的案例是一个必要的基准。在没有任何小偷的情况下，谁会拥有相关财产？如果契约已经被执行，当事双方会得到什么？如果你没有无意地伤害了我，我的健康状况会是什么样的？或者如果你没有破坏我的商品，他们的价值会是多少？认为这会扩大似乎是合理的。为了知道一直存在不公的历史需要我们来回应这一事实，为了知道这有多么严重并需要什么样的回应，我们首先需要知道反事实的正义的世界是什么样的。

但在这里，在微观层面为真的事物在宏观层面并不为真。随着不公正的影响幅度和持续时间的增长，反事实变得越来越荒诞，因此越来越不可能提供一个有用的基准。在政治生活中，这些幅度和持续时间确实很长。休谟评论说，“几乎所有目前存在的政府，或在历史中留下记录的政府，无论是侵占、征服或两者兼而有之，被发现在成立之初并不存在任何公平的同意或者人们自愿的遵从”。在这一评论中，只有第一句话的

---

① 在我的对于约翰·托马西（John Tomasi）所著的 *Free Market Fairness*（Princeton，NJ：Princeton University Press，2012）的书评中，我表明托马西落入这个陷阱，从而过度关注来展示“自由市场公平”被算作一个理想理论，代价是概率论证，但这样的论证可能会让他的理论更加合理。Jacob T. Levy，review of *Free Market Fairness*，*Journal of Politics*，75，no. 2（2013）：1－3，DOI：http：//dx. doi. org/10. 1017/ S0022381613000303。

第一个词是有问题的。当大法官马歇尔说，“征服赋予了资格，这是征服者的法庭所不能否认的”，他对这个问题就表达了他的态度。一旦“不正义”进入政治和法律秩序的基础——而且一直是这样的——使用“不存在不正义的（no-injustice）”的反事实历史作为那一秩序中的基准是不合理的。例如，我们不能指望美国法院裁决独立宣言的合法性，并得出结论——美国的存在是非法的。一个人不需要是一个彻底的法律实证主义者来认识到一个法律体系不能够内部融贯地推翻自己的承认（recognition）规则或者基准（grundnorm）规则。

但是，如果我们必须构建一个“不存在不正义”的反事实基准以诊断或提出对历史不公正的补救措施，那么我们就是在被理论要求做那些法律制度在实践中无法做到的事情。[①] 我们甚至不必达到异乎寻常的而只需要是真正的个人身份问题并要求使用反事实来为过失进行补偿，在这样的反事实中，没有一个现实存在的政党会存在，因为历史将会有很大的不同。例如，对奴隶制的赔偿不能基于这样的言论——在一个没有大西洋奴隶贸易也没有美国奴隶制的反事实世界中，某个存在的非洲裔美国人可能拥有什么资源；这一个人将不会存在于那一个世界中。这个问题更加简单。被用来衡量不正义的所谓理想理论基准却没有变得更简单。我们不能同时想象我们所有的制度和社会事实不存在。如果我们必须这样做以便前进到面对现实历史的应该做什么的问题，那么我们将永远不会继续前进。当然，无论如何我们都会继续前进，并尝试以某种方式回应“不正义”的历史，而不是对我们可能获得的原则的应用。我们在理论上就像马歇尔所做的那样，无论在法律实践中是多么不完美：在我们如果没有继承它们的话就无法想象的情况下，在我们无法想象过去并不存在的情况下，对于目前正义要求我们做什么的思考是由不能够被忽视的“不正义”现象所组成的。

---

① 我在这里的想法是由与蒂莫西·瓦利戈尔（Timothy Waligore）的众多谈话而形成的，同时也受启发于他的论文，“Rawls, Self-Respect, and Assurance: How Past Injustice Changes What Publicly Counts as Justice”, *Politics*, *Philosophy*, *and Economics*, 15, no. 1 (2016): 42 –66。

三 认知论证

理想理论的捍卫者在这一点上可能会提出另一种稍微有些不同的却也重要的主张："直到确认理想，"正如罗尔斯所指出的（并且西蒙斯也同意的），"非理想理论都缺乏一个目标、一个目的，而借助这一理想，非理想理论的问题就可以被回答"①。

这似乎是关于理论间关系一个逻辑主张——没有理想理论，非理想理论缺乏一个目标——但实际上，这是一个认识论上的主张。除非理想被确定——被我们这些被要求进行判断的人类确定，非理想理论就缺乏目标、一个目的，而借助理想理论，非理想理论的问题能够被回答（强调是后加的），被我们试图用一种理论来回答。根据这一说法，在逻辑上正义并不是先于"不正义"之前，就像光明并不是逻辑上先于黑暗一样。而是说，寻求对"错误"进行回应，我们必须首先定义什么是"正确"。

然而，当我们认识到这只能说是关于道德知识和道德学习的主张时，它直觉上的吸引力就消失了。例如，我们知道，人们为了回应奴隶制的社会事实，制定了自由的理想。② 他们通过看到理想受到侵犯而认识到这一理想，而不是认识到之后才看到。我认为亚当·斯密（Adam Smith）的《道德情操论》中的道德学习模型在此方面是正确的：我们遇到使我们不高兴的错误，然后我们思考并归纳出这些错误之所以成为错误的原因，并进入在特定情况下以及一般原则之间来回推敲的过程，情况通常是在关于错误的特定情况和一般原则之间，有的时候是关于什么是正确的原则。

尽管朱迪思·什克拉（Judith Shklar）欣赏罗尔斯以"现实的乌托邦"方式进行理论化的尝试，但这种对于理想理论的认识论辩护与她提出的"不正义优先"的强有力论证完全矛盾。什克拉和扬里斯·马里

---

① Rawls, *Law of Peoples*, 90.

② Orlando Patterson, *Freedom in the Making of Western Culture* (New York: Basic Books, 1991).

昂·扬（Iris Marion Young）都证明了政治理论强调反面的认知力量。[①]一旦我们看到将不正义放在首位至少是一种可能的认识论策略，那么范畴上的理想理论就不能说是认识论优先的。

如果我们以某种方式获得关于正义或“不正义”的道德真理来作为起点，我们就会获得有关另一范畴的知识。确定一个远离的方向，或者确定一个作为终极目标的方向，以前者作为起点并没有比以后者作为起点更荒谬。[②] 我们没有理由将光明看作逻辑上先于黑暗；我们所设想的理想理论的优势仅仅是认知上的：看到光明比看到黑暗更容易。关于规范性问题，在我看来，这通常是错误的。与对正义原则的阐述和抽象相比，对不公正行为的愤怒和惩罚更接近我们的道德心理学的基本事实。不管从个人层面还是集体层面，我们（至少经常）从负面案例开始我们的道德学习，而不是（或者至少并非总是）从积极理论开始。罗尔斯“假设无法以其他方式获得见解”，并且这种假设使范畴上的理想理论成为必要。但是，这一言论是错误的，其虚假性使这种认识论论证无法用于理想理论。

在我对史密斯的道德学习的说明中，其道德学习包括一个对例子和原则、邪恶与理想之间来回推敲的过程。赞同罗尔斯的读者当然会联想到反思平衡。这种来回推敲对于我们的道德心理是如此基本，以至于在许多不同的理论中没有找到类似的东西是令人吃惊的。但是反思平衡不必从理想化的假设开始。它可以从对恶与伤害的持续反思开始，然后以一般的方式思考这些恶与伤害，在“不正义”这一面寻找原则。我认为什克拉和扬都在进行这样的工作。反思平衡也不一定必须在一套已定的理想原则中开始。这标志着对于联想的重要限制。尽管是反思平衡，理想的和非理想的罗尔斯式排序限制了反思本身。一旦我们制定了理想的

① Shklar, *The Faces of Injustice*; Iris Marion Young, *Justice and the Politics of Difference* (Princeton, NJ: Princeton University Press 1990). 关于说明规范性制度分析在智力上的进步基于避免罪恶而不是理想理论，请参看 David Wiens, “Prescribing Institutions Without Ideal Theory”, *The Journal of Political Philosophy*, 20, no. 1 (2012): 45 – 70。

② 尽管我不同意森在 *The Idea of Justice* (Cambridge, MA: Harvard University Press, 2009) 中所提出的反对理想理论的所有观点，但以爬山隐喻为代表的认识论论证——我们不必知道珠穆朗玛峰来知道“上坡”的方向——似乎是绝对正确的。

正义理论（当然包括使用反思平衡，并允许将一些严重的邪恶作为我们道德判断的固定点），我们便开始尽可能好地将其应用在非理想情况中。然而，我们无法以这种方式从那一过程中学习——即能够合理地被引用到已经确定的理论化的理想阶段。这样做将污染理想理论。

关于这一点，我认为科恩和埃斯特伦德在他们各自的名言警句中都体现了对罗尔斯和西蒙斯的观点的赞同。对于科恩来说，我们应该考虑的正义与世界上应该做的事情之间的区分是一个艰巨的任务，前者并没有从我们通过尝试做要做的事情中进行学习的事实中得到更多信息。对于埃斯特伦德而言，我们必须保留能够思考正义的空间，从而能够得到具有野心的且高要求的结论。例如，允许世界范围内执行的失败来反馈给我们应该以什么为道德目标的理解，这为意志薄弱、恶意、顽固或邪恶提供一个机会来牢固自身，并将我们从批判立场中剥离开来，进而可以正确地描述“不正义”。尽管科恩不同意寻找一种选择正义原则的程序的建构主义，并且埃斯特伦德也不承诺这一点，但他们俩都有理由赞同建构主义程序的这一方面。

代表理想理论的另一个认识论主张是：理想理论愿意确定遥远和最终的目标，这可以防止目光短浅、短期思维和局部规范性最优。我们的确无须知道珠穆朗玛峰的位置即可识别一座山峰的上坡和下坡，但我们的目标不应是攀登某个我们碰巧站立的山丘。西蒙斯强调，除了完全遵从之外，理想理论的作用还在于将我们的注意力吸引到通往更高山丘的可能道路上，以防止我们止步于第二好的平衡状态。只有掌握了理想理论，我们才能确定我们应该走的道路。

在此，在实质性的、规范的立场下，将理想理论的假设的认识论和方法论案例纳入其中的风险很大。（在我看来，非常可疑的建议）让完美（perfect）始终是好（the good）的敌人，倾向于达到最好的形式上的可能性（formal possibility），而不是达到更好（the better）的可能性（probability），这并不依赖于理想理论策略来识别最好的。我们可能会将“不正义”在分析上处于优先地位，但仍然遵循关于应该做什么的规则。我们应该如何权衡短期和中期的改进，以应对长期胜利的微弱可能性，这与我们是否能够确定或可以想象地取得这些胜利完全独立。此外，次优定理表明，达到某个遥远的规范目标与朝其方向移动之间没有必要的关系。

尽管次优定理与最优理论的确定是相容的，但是它与以下的观点并不是完全相容的：即这种确定的价值在于它为我们提供了一个朝之努力的规范目标，或者这种确定保护我们避免以对完美的追求为代价而陷入局部的好的结果。

正如我们所看到的那样，即使在“完全遵从的假设没有扩大”这一观点上我是正确的，这一假设确实对局部和即时的微观公平具有真正的认知上的好处。但是，在这些长期案例中，获得认知优势的理由还不清楚。我认为这种论证实际上是康德式的：因为我们必须能够并且愿意保留进步的可能性，所以我们必须预设我们能够确定通向它的道路。但这最好的情况也在方法论上是可疑的。能够确定一条路径的道德命令并不能以任何可靠的方式产生实际的能力。

对遥不可及的理想的强调也使得理想理论的方法与规范上有野心的理论的独特又实质的优点相融合。到现在为止，我关于理想理论的所有论证都没有针对它这样的野心，也是故意不针对它的。理想主义者担心我们过度依赖政治可行性的约束。这种观点是正确的。（这是埃斯特伦德的“乌托邦恐惧症”论证中的真理之源。）一些理想理论的反对者强调对可实现的改良主义目标的需要，并否认传统上认为的理想理论可以提供这些目标；如果要使政治哲学成为行动的指导，那么它向我们提供的事情必须是可实现的。一个太过于遥远的规范图景会就像是在新罕布什尔州问路时的遭遇的传统回答：“你无法从这里到达那里（Y’can’t get theah from heah）。”因此，根据这一论证，规范理论应该向我们展示我们可以从这里达到的地方。

在性情上，我是一个改良主义者，而不是一个革命家，但我知道这种论证很容易被夸大。作为一个一般命题，理想主义者对它的回应是正确的。政治哲学不是为了让我们停滞不前，而且仅仅阐明一个可以轻松到达的目标的话，反对者就会指出：这样的目标为我们的规范性期望施加了一个不可接受的权威标准。我的本来正确的理想不能仅仅因为道德观念错误的人坚持己见而变成错误的。它可能变得更加难以达到；它甚至可能变得无法达到；对此，考虑到所有事情，我要做的正确的事情可能就要与其他事物进行妥协。但是，在规范性辩论中，我的对手振振有词地将自己的反对视作我是错误的证据。“你说正义要求平等，但我坚决反对平等，我有足够的力量阻止你实现平等，因此你的目标无法实现，因此你对正义的要求是错误的；”这样的论证并不成立也不可能成立，我们必须能够将妥协称为妥协。① 经济和社会学可行性的约束通常不是这样的，但严格的政治可行性的约束有时是这样的——而且我不认为这是规范性理论仅限于描述不会与强权者愿望相冲突的目标。

我确实认为，存在着规范性理论化，它如此具有野心以至于是有害的。② 正如埃斯特伦德所言，我是个具有乌托邦恐惧症的人，认为接受遥不可及的、几乎难以想象可以实现的善经常是一种分散注意力的事，从合理的改进的可能性上分散注意力，并认为煎蛋的梦想促使人们恶意地渴望打破鸡蛋。但是，那些具有野心的理论化实践的心理学和社会学学说并不是本文的重点。埃斯特伦德认为这些担忧与关于乌托邦思考的概念上、逻辑上立场的问题截然不同，这一点上他是对的。③ 我的反驳不是针对理想理论化的有野心的结论，而是其错误的开端；正受到威胁是它在概念上的立场。

西蒙斯强调遥远的道德视野的重要性，这使两者相融合。它将有野心的理论的价值视为坚持理想理论优先性的理由。在我看来，这就是一个错误。此外，方法论上，理想理论对于产生乌托邦理论或具有危害的

---

① 比较科恩（G. A. Cohen）在 *Rescuing Justice and Equality* 这篇文章中关于让有才能的人管理社会来作为对他们才能的使用的回报的讨论，我认为这基本上是完全错误的讨论，但在结构上很有启发性。

② 由于部分原因与查尔斯·米尔斯（Charles Mills）的重要文章有些重叠，“‘Ideal Theory’ as Ideology”，*Hypatia*，20，no. 3（2005）：165 – 183. 在我看来，米尔斯的论证的力量广泛地被低估了。指出理想理论可以产生非常有野心的、要求苛刻的规范性改革议程，指出这一点并不是对他的批评的回应，或者至少不是直接的回应。对理想理论的呈现作为对现实事态（真正的民主进程、真正的宪政历史）的理想抽象，这使得难以诊断它们自身作为“不正义”的主要来源的过程和事态。在 *Lectures on the History of Political Philosophy*（Cambridge，MA：Harvard University Press，2008）中，罗尔斯没有负担地承认，他的政治哲学观念包括一个和解特征；它可以帮助公民了解道德价值真实存在的地方以及其中蕴含的道德改善的可能性。政治哲学可以使真实的制度合法化，以便使内部的道德改革似乎可以实现。但是，我认为，米尔斯的部分观点是，这种合法化与和解也可以掩盖现有制度对“不正义”的深切共谋或承诺。

③ 这意味着标题中对 Stanley Fish 的提及可以完成：没有理想理论之类的东西，这也是一件好事。但是，这件事情的好处并不是本文的重点，我的意思是说，我的论证对于那些意识到理想理论并不可获得的人来说也很有说服力。相比之下，请参看 Colin Farrelly，“Justice in Ideal Theory：A Refutation”，*Political Studies*，55，no. 4（2007）：844 – 864。

有野心理论而言既不是必要的，也不是充分的，即使它们之间存在某种选择亲和性，即使它们诉诸相同的秉性。根据我的观点，马克思被认为是一个具有危害的、野心勃勃的理论家，但他并不需要理想理论的工具来使自己得到相关的结论。将“不正义”放在首位并见证世界的邪恶可能会产生消除一切“不正义”和邪恶的并不温和的愿望，为此付出代价是巨大的。首先观察邪恶的方法与发现整个世界都充满邪恶以至于要求进行真正的彻底改变是相容的。①

在这里我应该补充一点，方法论上，理想理论对于产生非有害且有野心的理论来说既不是必要的也不是充分的。这是理想主义、理想化和理想理论之间产生混淆而变得不利于我们的时刻之一。理想理论家有时认为废除奴隶制是他们普遍拒绝改良主义并拒绝让顽固的反对派促进尤其是理想构想的关键案例。废奴主义者是激进主义者，致力于奴隶制在道德上是不可容忍的事实，并适当地关注着遥远的废除奴隶制的道德视野。这都是对的；但这并不能使废奴主义者成为理想的理论家。如果有人这样做，他们会把“不正义”放在首位。尽管他们之中有乌托邦主义者，以及精心编织了完整的自由理论的人，但废除奴隶制本身并不依赖于这种理论。遥远的道德视野有野心但也很困难；不过这是邪恶所造成的。在欣赏和拒绝奴隶制的邪恶之前，无论是感知的还是真实的，一个完整的自由理论并不是必要的。

四　正义与政治

我的目的是说明，在进行关于正义的理论化中，休谟式的正义环境，或者接近于这些环境的事物不是可以放弃的假设；这些假设有助于设定研究的意义。实际上，我认为，休谟式的正义环境不会穷尽所有不可放弃的考虑因素。康德的“非社会社交性（unsocial sociability）”是比休谟的有限慈善要广得多的概念，但并不是可丢弃的。人类是天生的社会动

---

① 请参看 Lorna Finalyson, “With Radicals Like These, Who Needs Conservatives? Doom, Gloom, and Realism in Political Theory”, *European Journal of Political Theory*, 纸质版即将出版，DOI 10.1177/1474885114568815。

物，聚集在小于整个人类的群体中，彼此之间存在着具有争议的界限；同时，他们自然地进行合作和竞争；人们在群体中工作，但在自尊心（amour-propre）发挥作用时，将自己作为独立的个体与自己的同伴进行比较；倾向于遵守有助于团体凝聚力的准则，并严厉惩处违反这些准则的行为。相互脆弱性（Hobbes）、死亡率（Heidegger）、出生率与多元性（Arendt）、有限的知识和信息（Hayek，Oakeshott）、政治环境（Waldron）、语言交流而非心灵感应——这些都是在将人、社会、政治条件理论化的开始时就加入的考虑因素。也许其中一些比其他的更根本；也许有些就不是根本的。[我从未理解过阿伦特（Arendt）的观点，即人类境况部分是由于作为陆地生物所构成的，并且在某种深层意义上会因为长期的太空旅行遭到损害或改变] 但是，有好的理由说，伟大的理论家常常从他们关于人类局限性的各种描述开始的，而没有参照任何这些局限性而构建的理论既不是正义理论也不是政治理论，而只是臆想与虚构。用这个令人不愉快的老笑话来说明：一旦你对正义进行理论化，一旦你所做的是政治哲学，我们就会知道你是哪种理论家，我们只是在相互讨价还价而已。

在规范理论的理想化程度中存在着一个合理的宽阔的光谱——从将这个世界看作是无法改变的到将这个世界看作是很容易进行改革的。但这是一个光谱，而不是一个有等级的、绝对的区分。因此，我并不是说我对理想理论的批评可以算作是对现在被认为是非理想理论的辩护：接受理想理论所赋予的东西然后致力于解决妥协、实现或纠正问题的理论。我的结论更像是威廉姆斯及其追随者对政治现实主义的批评，而不是目前在理想理论的阴影下进行的非理想理论。适用于政治和法律生活的原则部分是由人类社会生活的问题和局限性构成的；它们不是从道德真理的领域中引入然后被应用到一个或多或少有点难以控制的世界中。[1] 如果我们一直在进行某种规范性的想象，即世界不是现实世界，那么我们想

---

① 我更深入地讨论了这个观点，并提到奥古斯丁在世俗巴比伦政治生活的原则和伦理与天堂道德真理之间的区别，请参考 Jacob T. Levy，"Against Fraternity：Democracy Without Solidarity"，in Will Kymlicka and Keith Banting，eds.，*The Strains of Commitment*：*The Political Sources of Solidarity in Diverse Societies*（Oxford：Oxford University Press，forthcoming）。

象的仍然是这个世界：这个世界，而不是我们对规范的理解可能不适用于的其他世界。[①] 我非常喜欢臆想性虚构，并且花了不止一个晚上讨论例如“如果我们拥有技术来成功地攻克了稀缺性或者不道德性的问题，或者如果我们有一个根本的解决信息的问题的方案，社会将会如何组织?”之类的问题。这种事情很有趣，有时可以使得社会组织的某些特征变得有趣。然而，作为理解实践理由问题的第一步，对于我们应在自己居住的世界中做些什么，这并不是我们必须从事的事情，甚至通常不是应该做的事情。

① 人们通常会说“我们的规范直觉”，但我认为这个词低估了我们的规范感是一种进化特征的可能性，至少在相关的范围内，这种可能性提供了关于道德真理或什么对社会中的人类是有益的可靠信息。随着社会条件或人类社会生活环境的变化，它们便不太可靠了。例如，我不认为我们能在一个刀枪不入的神仙的种族内真正了解道德。请参看 Jakob Elster，“How Outlandish Can Imaginary Cases Be?” *Journal of Applied Philosophy*，28，no. 3（2011）：241－258。

探寻罗尔斯的现实乌托邦的极限*

安妮特·福斯特（Annette Förster）**

（译：朱慧兰）

摘要： 约翰·罗尔斯（John Rawls）在《万民法》中介绍了一个现实的乌托邦框架，在该框架中，通过他的国际理论的进一步发展，罗尔斯探讨了切实可行的政治可能性的局限。本文探讨在理想理论以及与理想理论相关的语境下现实乌托邦主义中明显的悖论，以试图探索罗尔斯理论的范围和局限性。然后详细讨论罗尔斯的现实乌托邦背后的思想，并将该概念与理想理论进行对比，以评估《万民法》中引入的罗尔斯的现实乌托邦框架在多大程度上不同于其他形式的理想形式，以及确定现实乌托邦主义的局限性。

首先，我将论证，为解决潜在的可行性约束，罗尔斯试图将他的现实乌托邦框架与更传统的理想理论框架区分开。然后，我继续研究《万民法》中的现实乌托邦主义与《正义论》中的理想理论之间的区别。由此我得出的结论是，罗尔斯只是部分地解决了建立可行的政治可能性的挑战。实际上，罗尔斯关注理想和非理想理论中的理想主体，同时强调社会的封闭性和自给自足，但这忽略了自由和体面社会不遵从的可能性，也忽略了可能导致或促使不公正、冲突和不稳定的社会间的相互依赖性。我认为，尽管存在这些缺陷，但罗尔斯的进路仍然激发了人们对理想理

---

* 我感谢本卷的其他作者对我的论文进行的批判性的讨论、评论家提出的建设性的批评、大卫·施密兹提出的有益的意见和建议，以及莎拉·宾厄姆的善意帮助。

** 作者为亚琛工业大学政治科学教授。

论框架的原则的功能的新见解，来作为现实世界的政治政策朝着和平、稳定与正义前进的指导方针。

关键词：约翰·罗尔斯；理想理论；现实乌托邦；《万民法》；国际正义

“我们将政治哲学看作是现实的乌托邦：也就是说，作为可行的政治可能性的极限的探索。”①

一 引言

约翰·罗尔斯赋予政治哲学四个角色，现实乌托邦主义就是其中之一，其目的是“探究可行的政治可能性的极限”。在《万民法》（LP）中，罗尔斯的目标确实是具有野心的；他的目标是“说明建立一个自由的、体面的万民的世界社会是如何可能的”，由此“人类历史上最大的恶——不正义的战争和压迫、宗教迫害和对信教自由的剥夺、饥饿和贫穷、更不用说种族灭绝和大屠杀——［……］最终都将消失”②。为了追求这一目标，罗尔斯发展了现实的乌托邦主义框架。

现实的乌托邦主义的概念可以被定义为“在它不反映现有的社会安排的意义上来说，它是一个对乌托邦世界的描述；但在不违反我们对人性的认识的意义上来说，它又是现实的”③。乍看之下，［一个现实的理想化的“不存在的地方（no place）”］这一概念是自相矛盾且难以理解的，它冒着将过多的注意力放在一个要素上而牺牲另一个要素的危险。由于罗尔斯在其理想理论中现实乌托邦主义具有核心位置，对于理想理论的讨论来说，对该框架的范围和局限性的探索是有价值的。

本文探索罗尔斯的现实乌托邦主义，将其与理想理论联系起来，并

① John Rawls, *Justice as Fairness* (Cambridge, MA and London: Harvard University Press, 2003), 4.

② John Rawls, *The Law of Peoples* (Cambridge, MA and London: Harvard University Press, 1999), 6, 7.

③ Chris Brown, "The Construction of a 'Realistic Utopia': John Rawls and International Political Theory", *Review of International Studies*, 28, no. 1 (2002): 7.

研究其范围和局限性。我将重点放在罗尔斯在LP中介绍的国际理论上，在其中罗尔斯引入了现实乌托邦的概念，并且与早期的著作相反，罗尔斯赋予了现实世界的条件更重要的角色。在此过程中，我提出了以下论点：首先，我将论证为了证实不可行的主张是假的，罗尔斯试图将他的现实乌托邦框架区别于更传统的理想理论（包括他自己的理想理论的）各种阐释。其次，我将论证LP中概述的现实乌托邦主义思想与《正义论》（TJ）中提出的理想理论思想是不同的。LP中的罗尔斯并没有展现固定的理想正义原则，而只是展现一个合理正义的、秩序良好的自由社会和不公正的体面社会之间和平、稳定和公平合作的不断发展的框架。[①]最后，我认为罗尔斯只是部分解决了建立切实可行的政治可能性的挑战。实际上，罗尔斯对于理想和非理想理论中的理想主体关注以及作为封闭和自给自足的单位的社会的关注，都可能导致“不正义”、冲突和不稳定，而不是他所寻求的和平的、稳定的与公正的国际秩序。基于这些主张，我的问题是：罗尔斯能否成功提出现实的乌托邦准则，以塑造自由民主国家的外交政策？

因此，我首先要根据罗尔斯在LP中的思想，详细描绘乌托邦主义的理想理论框架。然后，将现实的乌托邦概念与理想理论的一个更一般的版本联系起来并进行对比，以探索罗尔斯的框架与其他形式的理想理论的不同之处，并确定他是否可以逃避由其批评者所提出的可行性约束。为此，我将介绍有关理想理论局限性的主张，其中包括阿马蒂亚·森（Amartya Sen）和雷蒙德·盖伊斯（Raymond Geuss）的批评。同时，我还介绍了查尔斯·贝茨（Charles Beitz）和安德鲁·库珀（Andrew Kuper）讨论的概念上的缺陷。在本文中，我将分析这种批评在多大程度上适用于LP中提出的现实乌托邦主义。作为结论，我将讨论理想和非理想理论中对理想主体的权利和义务的分配是否会导致冲突、不稳定和“不正义”，当非理想主体可能会滥用其权利和/或不履行他们的义务时。

① 我感谢戴维·埃斯特伦德对体面社会概念的具有间接的评论。

二 理想理论与现实乌托邦主义

理想理论中创造了一个可以说极度简化的世界图景。运用此图景，一个人可以专注于问题的必要的方面，而不被细节分散注意力。[①] “理想理论如神话般的天堂岛来发挥作用。我们听过有关天堂岛的精彩故事，但没有人去过这个地方，一些人怀疑它是否确实存在。[……] 到达天堂岛是我们的最终目标。它为我们到达一个（最低限度的）正义的社会提供了一个应该行动的方向。”[②] 通过提供这种和平、稳定和公正的国际合作体系作为指导行动的激励机制，天堂岛的这一计划可以帮助通过现实的判断并评估可能做出的改进。因此，这一理想确实可以充当指南针，以确保行动者在朝着理想目标迈进时方向始终如一。然而，无论是如何安排行动的过程，还是如何应对在过程中构成挑战的非理想情况，这种理想图景都没有提供帮助或指导，而这正是非理想理论所要处理的。如何面对政治（和道德）决定构成了非理想理论的核心，来“寻找在道德上允许、在政治上可能以及可能有效的政策和行动方案”[③]。非理想理论试图在转变的时候提供指导；来从现实世界中寻找转变到接近理想的世界。因此，一切都回到了理想理论：走向理想是非理想理论的目标；后者必然以前者为前提。

罗尔斯以建构主义的方式，在 TJ 中进行了“原初状态”的思想实验。[④] 在 LP 中，他发展了一个特殊的理想理论框架，他称之为“现实乌托邦主义”，这一概念不同于他先前的主张，也不同于后来他在《作为公平的正义》（JF）中运用到国内理论中的主张。[⑤] 现实乌托邦主义的概念

---

① David Schmidtz, “Nonideal Theory: What It Is and What It Needs to Be”, *Ethics*, 121, no. 4 (2011): 776; Ingrid Robeyns, “Ideal Theory in Theory and Practice”, *Social Theory and Practice*, 34, no. 3 (2008): 353.

② Robeyns, “Ideal Theory in Theory and Practice”, 344 – 345.

③ Rawls, *Law of Peoples*, 89.

④ John Rawls, *A Theory of Justice* (Cambridge, MA and London: Harvard University Press, 2005 [1971]), 17 – 21, chap. 3.

⑤ 在 JF 中，罗尔斯将其作为公平的正义的概念描述为“现实的乌托邦主义：它探讨了现实可行的极限，即民主制度在我们的世界中（根据其法律和倾向）可以完全实现其适当的政治价值观——民主的完美，如果更愿意采取这一说法的话”（13）。

超越了通常被理解的可能性的极限，但又没有失去与在有利条件下能够现实地得到实现的联系。为了与“现实的”相适应，罗尔斯在他的理论中加入了不是完全理想（less-than-ideal）的元素：他将自由的民族和体面的民族描述为理想主体（尽管自由民主仍然是理想的政治情况）。[①]“民族”实际上是现实的乌托邦式的：理想情况下应该存在的（乌托邦式的）社会，实际上能够成为的（现实的）社会。在 LP 和 JF 中，罗尔斯对现实乌托邦的思考阐述了国际合作与正义的令人熟悉的原则。然后，罗尔斯提出了一个构想，即从规范的角度来看，在有利的条件下，什么是应该且现实地能够实现的。“可能性的极限不是由现实给出的。”[②] 这样，罗尔斯在理论与现实之间建立了直接而相关的联系。

罗尔斯在 LP 中描述的两个原初状态中：（1）自由社会的代表和（2）体面政权的代表被对称地定位为理性和合理的主体。这些主体独立地追求理性利益；然而，他们同时准备就合理的原则达成一致并遵守这些原则（互惠原则）。罗尔斯将自由和体面的社会称为“良序民族（well-ordered peoples）”。罗尔斯创造的这个术语是指基于普遍已知和公认的正义原则，一个自由和平等公民之间的合作系统。“一个良序社会的思想显然是个非常显著的理想化。”[③] 在这种模式下，每个公民都接受并承认相同的政治观念并具有正义感；这对于正义原则的应用是必要的。主要的政治和社会制度是建立在这些原则之上的，因此共同构成了一个合作体系。此外，罗尔斯将社会视为自给自足的单位。

为了确保在原初状态下达成一致的原则是公平的，罗尔斯介绍了他所谓的“无知之幕”。幕布掩盖了特定的知识——这些知识使主体能够选择对其所代表的社会有利的原则，但这样的原则不一定是公正的；此类知识可能包括，例如其政权的规模、经济实力或军事实力。对于罗尔斯

① “自由社会”是基于 TJ 所确定的两个正义原则的社会，由自由、平等、合理和理性以及充分合作的公民组成。在 LP 中，罗尔斯将“体面的民族”介绍为“其基本机构符合政治权利和正义的某些特定条件的社会（包括公民通过共同体和团体在做出政治决定方面发挥重要作用的权利）并领导其公民来为万民社会的一个合理的正义的法律感到光荣”（Rawls, *The Law of Peoples*, 3）。

② Rawls, *Justice as Fairness*, 5.

③ Rawls, *Justice as Fairness*, 9.

来说，代表们在原初状态下所同意的原则，即万民法的原则，构成了建立和维持公平的国际合作体系的规范基础。

罗尔斯的 LP 并不考虑一个理想的、正义的世界秩序的规范基础，至少这不是首要的考虑。LP 旨在为自由主义政权提供指导方针，根据这些指导方针，这些政权可以塑造其外交关系，以增强国际领域的和平、稳定与正义。这里的主要问题是，从规范的意义上讲，自由民主应该如何与其他社会联系起来。这些准则旨在在今天能够得到应用，并为现有的和未来的自由社会提供可行的现实乌托邦框架。① LP 中的详细讨论表明，"可行的政治可能性的极限"既不是理想的也不是完全正义的。罗尔斯追求一种现实的乌托邦概念，这种概念可以"在当下国际政治中有合法的购买力（purchase）"② 而不是在理想的"不存在的地方（no place）"。

这种差异使罗尔斯与"理想的乌托邦主义"（如柏拉图理想的城邦）区分开来，也可能使 LP 与罗尔斯的早期著作相区分。柏拉图认为，尽管一个理想城邦的概述不能够被证明是能够存在的，其价值并不会减少，③ 罗尔斯可能会认为柏拉图的概述不能满足罗尔斯的目标：在此时此刻起指导作用。

此外，现实的乌托邦必须能够适应不同的社会和历史环境。其目的是"设定思想框架"，而不是绘制"清晰的界限"，否则将有可能错误地判断更具体的或未来的情境所需要的东西。④ 在 LP 中，这一目标在讨论合理的多元主义原则时得到了阐明。然而，在 TJ 中，正义的两个原则是固定的目标，而在《政治自由主义》（PL）中，罗尔斯则更关注现实的多元世界，这一关注在介绍合理的多元主义作为"整全理论的多元主义"的概念时变得显而易见，这是"在持久的自由制度下人类理性活动的自然结果"⑤。在 LP 中，这一相同的概念指的是"具有不同文化和思想传统

---

① Annette Forster, *Peace, Justice and International Order*. Decent Peace in John Rawls' *The Law of People* (Basingstoke: Palgrave Macmillan, 2014), 1 - 2.

② Peter Sutch, *Ethics, Justice and International Relations. Constructing an International Community* (London and New York: Routledge, 2001), 177.

③ Plato, *The Republic*, trans. Allan Bloom (New York: Basic Books, 1991), 472d - e.

④ Rawls, *Justice as Fairness*, 12.

⑤ John Rawls, *Political Liberalism* (New York: Columbia University Press, 2005/1993), XXiV.

的合理的民族之间的多样性”[1]。因此，在存在着多元合理的理论和政治观念的世界中，罗尔斯的现实乌托邦框架可以提供指导。

因此，尽管一个由正义的自由社会组成的世界的理想被保留，体面的政权仍然可以被视为合作中的平等伙伴。合理的多元主义导致不同的合理思想和观念的发展，现实的乌托邦框架必须能够以灵活的方式进行调整和作出相应的反应。必须保留发展和机会的空间。罗尔斯的思想框架旨在为考虑的非理想理论提供一个背景、为如何应对“不正义”提供指导、阐明改革目标并确定需要纠正的最严峻和最紧迫的不公正。[2]“通过展示了社会的世界如何实现现实乌托邦的特征，政治哲学提供了一个政治努力的长期目标，并且实现这一目标的努力为我们今天可以做的事情赋予意义。”[3]

在这里，TJ 中的理想理论与 LP 中的现实乌托邦主义之间的对比是显著的：在 TJ 中，罗尔斯寻找一套固定的原则，供一个完全公正的社会使用——也就是理想社会的理想原则。在 LP 中，他提出了一系列可变的原则，以实现和平的、稳定的与公正的合作。什么是可以容忍的事实标志着与不公正的体面社会合作的门槛；人权仅限于原则的最小集合，这反过来又作为（不）干预的门槛。国际合作原则清单是能够改变的。[4]

对于罗尔斯来说，他概述的国际社会——万民社会（the Society of Peoples）——能够成为现实是其理论的必要组成部分，而这种可能性的存在这一事实导致人们对我们所生活的世界的态度发生了转变。[5]为此，罗尔斯发展理论并提出了一些原则，这些原则如得到实施，不仅可以帮助塑造一个和平的、稳定的和公正的国际秩序，而且可以帮助在国内层面建立一个正义的民主国家。在 JF 中，在一个完美政权永远不会实现的假设下，罗尔斯表达了他对实现“合理、公正但不完美”[6]的政治制度的

---

① Rawls, *The Law of Peoples*, 11.

② Rawls, *The Law of Peoples*, 13.

③ Rawls, *The Law of Peoples*, 128.

④ Rawls, *The Law of Peoples*, 36 - 37.

⑤ Chris Brown, Sovereignty, *Rights and Justice: International Political Theory Today* (Cambridge: Polity Press, 2002), 185.

⑥ Rawls, *Justice as Fairness*, 4.

希望。他写道："我们对社会未来的希望建立在这样的信念上，即社会世界允许一个至少体面的政治秩序，使得一个合理公正、尽管不完美的民主政体是可能的。"① 对在有利的条件下如何构造和实现（现实的）理想的认识，可以帮助引导世界朝着理想迈进。对这种可能性的认识说明了现实的乌托邦主义的潜力：规划前进方向和改革的指导方针的能力。"因为只要我们有好的理由相信，国内外都有可能实现自我维持和合理公正的政治和社会秩序，我们就可以合理地希望我们或其他人有朝一日能在某个地方实现这一目标；然后我们就可以以这项成就为目标做些事情。"②

为此，一个现实的乌托邦使我们能够评价现实世界的情况，并比较各种（政治）行动的选择以及结果。如果我们回到天堂岛的图景，那么指导我们的指南针将包含原初状态下确定的原则。现实的乌托邦思想框架与传统的理想理论不同，因为它包括非理想主体和许多或多或少合理的政治概念。万民法的原则以现有的国际规范为基础，并可以进行调整。通过构建"现实的乌托邦"，罗尔斯考虑了不适用和不可行的指控。下面我将探讨该策略产生的后果和影响。

三　探索现实乌托邦主义

罗尔斯的框架以及他从该框架中得出的相应见解吸引了来自不同对立阵营的批评。不仅那些通常对理想理论持有批评态度的人，例如雷蒙德·盖伊斯（Raymond Geuss）或阿马蒂亚·森（Amartya Sen），他们对罗尔斯的理论提出了批评意见；支持理想理论进路的哲学家也很迅速地表达了他们的反对意见，其中包括查尔斯·贝茨（Charles Beitz）和安德鲁·库珀（Andrew Kuper）。罗尔斯现实的乌托邦框架的演变很可能是对第一个群体的回应，并且充分激发了第二个群体的批评。接下来，我将介绍这两个阵营的中心论证，然后讨论它们对罗尔斯在 LP 中现实乌托邦主义的适用性。

根据批评家的第一个群体的代表，在理想化和简化的条件下制定的

① Rawls, *Justice as Fairness.*

② Rawls, *The Law of Peoples*, 128.

规范不能有效地充当非理想世界的准则。这些规范不能应用于非理想条件和主体，因此只能提供非常有限的指导，或者根本不能提供指导。为了使这些规范有意义并具有相关性，必须发展、重新解释这些规范并使其适应在现实世界中必须面对的挑战。[①]

正如盖伊斯指出的那样，人类并不是理想的主体。尽管他们可能有善的观念和正义感，但不能保证他们会相应地遵循这些原则。实际上，人类所拥有的各种不同的信念、价值或偏好在任何意义上都是不一致的。道德判断和欲望常常是模棱两可、矛盾和多变的。人类常常没有完全意识到自己的冲动和行为动机——无论这些行为是出于追求理性利益还是符合他们认为公平的原则。[②] 因此，人们可能会认为通过预设理想理论中的完全遵从，罗尔斯有意识或无意识地排除了人性的要素，或者按照罗尔斯的说法，人的特殊心理。尽管罗尔斯更关注 LP 中信念的多样性，但盖伊斯的论证等同地适用于罗尔斯在 TJ 和 LP 中的主张；与真实的人相比，处于这些原初状态下的当事方是理性、合理且完全遵从的。[③] 根据格斯的观点，罗尔斯的理论并不适用于现实，因为它关注的是不现实的主体。

正如森所理解的理想理论，先验进路的内在问题在于这样一个事实，即相应的原则无法应用于现实社会中的制度，因为根本就不存在完全正义的社会安排。由于正义的理由的多样性，在理想政权的特征上达成一致的可能性不大。对于森来说，在如何减少不公正现象上达成一致更有可能实现。[④] 例如，虽然可能很难就一个完全公正的社会的定义达成广泛共识，但在关于奴役和酷刑的极端不公正上面更容易达成共识。[⑤] 由于这些原因，在使世界变得更美好的过程中，一个完全公正的（国际）社会

---

① 对于这种批评，请参看：Robeyns，“Ideal Theory in Theory and Practice”，355；Henry Shue，“Rawls on Outlaws”，*Politics，Philosophy and Economics*，1，no. 3（2002）：307f.；Laura Valentini，“On the Apparent Paradox of Ideal Theory”，*The Journal of Political Philosophy*，17，no. 3（2009）：333。

② Raymond Geuss，*Kritik der Politischen Philosophie.* Eine Streitschrift，［trans.］Karin Wordemann（Hamburg：HIS，2011），12－14.

③ Rawls，*Justice as Fairness*，87；Rawls，*The Law of Peoples*，32－35.

④ Amartya Sen，*The Idea of Justice*（London：Penguin Books，2009），11－12.

⑤ Amartya Sen，*The Idea of Justice*，104.

的画面不是能够实现的。相反，需要采取旨在消除不公正现象的措施。而不是一个假想中将我们引向一个定义上不存在的地方的理想，因此无法帮助现实中面临的选择，“基于公共理性的、关于可以实现的选项的排序的一致同意”[①] 是最迫切需要的。

潜在的行动及其后果应该相互比较，而不是跟一个理想进行比较。森的比较方法主张对已经存在或可能存在的社会进行平衡：如果“我们试图在毕加索和达利之间做出选择，那么援引这样的判断，即世界上理想的画是《蒙娜丽莎》，是没有任何帮助的。[……] 实际上，根本没有必要讨论世界上最伟大或最完美的画来在我们面临的两幅画之间进行选择”[②]。由于美学与正义之间的类比可能并不明确，森后来介绍了第二个类比：在比较乞力马扎罗山和麦金莱山的高度时，知道珠穆朗玛峰是最高的山脉是没有帮助的。在这两种情况下，我们都不需要理想来在现实的选择之间进行选择。[③] 当全世界普遍要求正义时，目标通常不是理想的正义社会，而是消除特定的“不正义”，以及增强正义。[④] 森声称，“追求正义实际上是在进行比较；我们问自己，相对于另一项政策来说，这项政策是否会使世界变得更好一点，理想世界对这一比较过程几乎没有（如果有的话）任何贡献”[⑤]。

现实乌托邦的反对者的第二个群体的代表发现，第一，很难理解为什么自由人民和体面的民族成为原初状态下的代表，第二，为什么自由主义政权应该不仅理想地选择一套最小公分母集合的人权，而且应该以同样的方式选择对体面政权的宽容和尊重的原则。世界主义者倾向于建立一个每个人都得到平等地代表的框架；在这一框架下，强调和鼓励个人而不是社会的成长和潜力。民族的利益不一定与个人的利益相吻合。[⑥] 从逻辑上讲，个人为自己选择的公平的合作原则会有不同的结果。在无

---

① Amartya Sen, *The Idea of Justice*, 17.

② Amartya Sen, *The Idea of Justice*, 16.

③ Amartya Sen, *The Idea of Justice*, 101 - 102.

④ Amartya Sen, *The Idea of Justice*, 26.

⑤ Chris Brown, “On Amartya Sen and The Idea of Justice,” *Ethics and International Affairs*, 24, no. 3 (2010): 313 - 314.

⑥ Charles R. Beitz, “Social and Cosmopolitan Liberalism”, *International Affairs*, 75, no. 3 (1999): 519.

知之幕被揭开后，在体面政权中成为持不同政见者的这一可能性极大地激励人们支持广泛人权的选项。这种选择如何与体面的民族联系起来并对其产生影响从而成为非理想理论的问题。[①]

即使接受自由社会的观点，也不清楚为什么这些社会的代表不选择广泛的人权和平等的政治代表作为国际领域中合作的基础和前提。从自由主义的角度来看，自由和体面的政权在不同的原初状态下达成的最小重叠共识并没有达到理想的程度。基于正义的两个原则，自由主义民主仍然是最好的概念。因此，理想的万民法包括可在国内应用的一整套权利和自由，而对体面政权中的“不正义”的容忍更少。

应用性约束可以通过现实乌托邦主义和非理想理论来得到回应；现实乌托邦主义框架应确保无论是国内的还是国际的，在原初状态下选择的那些原则均适用于自由（和体面）社会及其外交关系。然后，对于这些原则如何在现实世界条件下得到应用或可以应用，非理想理论将提供指南。因此，罗尔斯在理想理论和非理想理论中都考虑到了可行性要求。[②] LP 并没有提出“未知的（veiled）哲学山巅”的观点；[③] 罗尔斯认为，这些原则并非来自与现实世界遥不可及的政治哲学家的象牙塔中。相反，这些原则是对世界上存在的事物的重构，并在现实乌托邦的框架内扩展到可行的可能性的极限。除了万民法的其中一项原则（向负担沉重的社会提供援助的义务）外，其他所有原则都是国际合作的既定标准。[④] 克里斯·布朗（Chris Brown）认为，“国际法是万民法的阴影”，因为前者明显“易受偶然事件的影响”。[⑤] 罗尔斯抓住现有的价值和实践，

---

① Andrew Kuper, “Rawlsian Global Justice: Beyond the Law of Peoples to a Cosmopolitan Law”, *Political Theory*, 28, no. 5 (2000): 651.

② A. John Simmons, “Ideal Theory and Non-Ideal Theory”, *Philosophy and Public Affairs*, 38, no. 1 (2010), 29.

③ Thomas W. Pogge, “Rawls on International Justice”, *The Philosophical Quarterly*, 51, no. 203 (2001): 253.

④ 万民法的八项原则是：（1）尊重民族的自由和独立的义务；（2）遵守条约；（3）考虑民族之间的平等；（4）不干涉；（5）进行自卫的权利；（6）履行（核心）人权的义务；（7）遵守战争行为的限制；以及（8）为负担沉重的社会提供援助的义务（Rawls, *The Law of Peoples*, 37）。

⑤ Brown, “The Construction of a ‘Realistic Utopia’: John Rawls and International Political Theory”, 12.

并据此进行推断。此外，在现实世界中，我们面临着各种各样的政治制度和社会合作体系；因此，罗尔斯不想限制其人民社会只包括自由主义民主国家。要求将自由主义民主作为公平的国际合作的前提，这违反了合理的多元主义原则，因此可以被视为帝国主义。

然而，理想原则是否适用于现实世界的主体的问题是真实且相关的。在理想化的过程中，罗尔斯的代表不会嫉妒，也没有对他人行使权力的意愿。嫉妒“通常被认为是应当避免和恐惧的事物”；因此，“如果可能的话，原则的选择不该因此受影响”，而这似乎是“可值得意愿的”。[①] 因此，无知之幕剥夺了代表们的知识以及人性固有的特质。然而，在非理想理论中，罗尔斯承认人们可能并不总是按照这些原则行事，但他认为假设他们通常会这样做就足够了。只要关于核心原则的重叠共识得到支持，就可以维持和平的、稳定的和公正的合作。稳定的公平合作体系并不需要完全遵从，尽管随着时间的流逝，对规范的遵从（norm-compliance）会通过罗尔斯所说的“道德学习”这一过程得到改善。在此过程中，人们逐渐将他们合理同意的准则视为互惠互利的准则。这些规范被内化为行为的理想，并且在假设合作伙伴平等地接受相同原则的指导的前提下发展了相互信任。[②] 在国内和国际上都可以观察到道德学习。

到目前为止，本文已经展现了一些论证，这些论证支持“罗尔斯的现实乌托邦框架充分考虑了可行性约束”这一论述。尚待探讨的是，万民法的原则是否可以作为自由政权组织和执行其外交关系的指南，以及这些指南是否构成有用的导航工具。为了回应森的上述言论，本文将提出一些论证来支持我的观点，即理想理论或作为理想理论一种特殊形式的现实乌托邦主义是相关的，并且在某些方面是一个必要的工具。“在没有理想理论的情况下讨论非理想理论只是在盲目地讨论。”[③] 抛开美学、山的高度和正义之间的类比的充分性所存在的问题，森的观察是正确的，即面临不同选项的选择时，无论蒙娜丽莎还是珠穆朗玛峰都是不需要的。需要的是选择标准。在山峰的例子中，唯一确定的标准是高度。如果不

① Rawls, *Justice as Fairness*, 87.

② Rawls, *The Law of Peoples*, 44–45.

③ Simmons, “Ideal Theory and Non-Ideal Theory”, 34.

知道标准，就不可能在乞力马扎罗山和麦金莱山之间做出有根据的决定。在 LP 的情况中，其目的是确定国际行为原则，在此基础上自由主义政权可建立一个和平的、稳定的和公正的国际合作体系。为此，罗尔斯主张采用万民法的原则，而现实乌托邦的属性形成了一个可用于确定这些原则的框架。如果没有这些原则，就不可能知道应该选择哪个标准来权衡不同现实世界政策的选择。

没有评估选项的标准或一组标准，可能会出现传递性或一致性问题。如果将选项成对进行比较，以森的美学例子为参考，出于某种原因，毕加索可能比达利更受青睐，出于另一原因，达纳尔比特纳更受青睐，而出于另一个原因，特纳却比毕加索更受青睐。为了有序地组织这些画，需要一个属性，通过该属性可以评价绘画的美。这一属性甚至可以用作理想绘画的标准。① 理想社会的蓝图对于做出替代性行动的比较判断不是必要的，而我们的判断所基于的标准才是必要的。理想理论的目的不是理想世界的轮廓，而是对公平合作的特定原则的确定。一旦达成这样的共识，即合作的一个核心原则是遵守商定的条约和承诺，并且在战争行为中接受特定的规范性制约是相互的（万民法的第二和第七条原则），当我们在替代行动方案之间面临现实世界的政治选择时，这些原则可以指导我们的行动。

然而，共享一个原则并不必然意味着每个主体都以相同的方式权衡替代方案，尤其是在需要考虑更多标准的情况下。也许在“关于社会优先性的观点上存在矛盾”②。不同的社会以自己的方式权衡特定的冲突的规范。正如森观察到的那样，当罗尔斯辩称关于正义的政治观念并不是一个，而是一个合集时，罗尔斯就意识到了这种多元性；作为公平的正义只是多种观念中的一种。尽管这些正义观念可能共享基本的思想，例如人的自由和平等，但这些共享的思想却以不同的方式进行解释。③ 理想理论中确定的原则为道德上可允许的、政治上可能的行动提供指导和方向，以及在加强和平、稳定和正义方面是有效的。尽管如此，当考虑哪

---

① 我提出的这一论证要归功于大卫·米勒。

② Sen, *The Idea of Justice*, 104.

③ Sen, *The Idea of Justice*, 11; Rawls, *The Law of Peoples*, 141.

种行动能最好地符合这些要求时，不同个体可能会得出不同的结论。罗尔斯的现实乌托邦提供了一种足够接近重现现实世界条件的结构，从而可以得出可行的原则。

历史提供了无数案例，来说明思想和理想如何影响现实世界的政治。《美国宪法》包含对抽象权利和正义原则的主张，并作为塑造美利坚合众国社会合作的指南。《美国宪法》是为政治进行公共辩护的基础，同时也是对所提出的政策进行公共批评的基础。仅提及可行的替代办法，《美国宪法》中提出的思想无法得到充分传达。[①] 同样，《德意志联邦共和国基本法》第一条对德国的社会合作和政治产生了自己的影响："人的尊严不可侵犯"是判断国家当局任何行动的基本准则。最后但并非最不重要的一点是，国际人权制度是基于普遍、平等和不可剥夺的人权的主张的；当我们发展出更丰富的实质性人格尊严观念和更全面的'全人类'观念时，这一主张'将始终包含某种乌托邦要素'。但这仍然是现实的乌托邦[……]来为自身实现提供方法（人权）。"[②] 因此，现实世界条件的理想化有助于使主体专注于相关因素和基本原则；正义观念可以得到澄清，并可以对持有的道德信念进行系统化。尽管如此，要完成这一任务（"赋予我们目前能够做的事情以意义"）——这就是盖伊斯和森的批评为理想理论的讨论做出贡献的地方——如果理想理论家的最终目的是提出可行的想法，至少在非理想理论中，他们需要考虑现实世界的主体、条件和影响。

从批评者的第二个群体的角度来看，他们并不认为罗尔斯完全接受现实世界的条件，并认为罗尔斯提出的原则还远远不够。相反，罗尔斯的批评者的第二个群体认为，应该以全球原初状态下来使个体人类得到代表，在这一状态下他们会选择更广泛的自由主义原则一个集合。罗尔斯在 LP 中的目标是确定和平的、稳定的和公正的国际合作原则，这些原则可以作为自由主义政权外交政策的指南。因此，自由主义政权在第一

① Samuel Freeman, "A New Theory of Justice", *The New York Review of Books*, 57, no. 15, nybooks. com/articles/archives/2010/oct/14/new - theory - justice.

② Jack Donnelly, "Human Rights", in John S. Dryzek, Bonnie Honig, and Anne Phillips, eds., *The Oxford Handbook of Political Theory* (New York: Oxford University Press, 2008).

个国际初始状态下得到代表。考虑现实世界——国家存在的世界——在有利的理想的条件下探索其可能性对于罗尔斯的现实乌托邦框架至关重要。历史可能使我们进入一个状态，即国家的影响逐渐减弱，重叠的领土上的联盟和共同体变得更加重要。[①] 此时此刻，当我们的目的是为自由主义政权的外交政策提供指导时，关注国家只是权宜之计。选择一个不同的观点（关注于个体人类的理想理论）是一个不同的课题。然而，现实的乌托邦所蕴涵的取决于我们现实中事物，并且可能会发生变化。

但是，为什么自由主义代表在理想的条件下选择的似乎是和未及理想主体的主体（体面的社会）达成看似未及理想的妥协［最少的人权(human rights minimalism)］？存在着多样的政治体制，这些政治体制并没有接纳一整套自由权利。从这一事实推断，并不能得到这一结论，即在无知之幕后的自由社会的代表应该确定他们所认为的宽容极限，而不是一个理想的原则集。代表们的任务是探索可行的政治可能性的极限，而不是可容忍的极限。在理想的世界中，罗尔斯的批评者可能希望他辩护的是：所有社会都应改革成为自由主义政权。

自由社会的代表选择可容忍的原因可以在现实的乌托邦框架中找到，这个框架与罗尔斯在 TJ 中的理想理论框架不同。现实的乌托邦主义和万民法不是理想的终点。这种得到发展的框架在通往完全理想的国际领域的道路上更像是一个重要的过渡阶段：一个由自由民族组成的无所不包、永恒和平与稳定的国际社会；最后，一旦民主制度的好处是显而易见的，体面的社会可能会改革成为自由主义政权。一旦达到这一阶段，在一个和平的、无所不包的万民社会中，某些原则可能变得多余，例如对战争行为的限制。[②] 由自由和体面的社会组成的万民社会标志着罗尔斯所认为的“我们能够现实地、融贯地期望中最好的”[③]，而不是理想的，这与他早先的想法明显不同。但是，为什么要追求“我们可以现实地希望的最好的东西”，而不是追求理想呢？

在大卫·施密兹（David Schmidtz）关于理想理论的著作中可能找到

---

① Pogge, “Rawls on International Justice”, 248.

② Rawls, *The Law of Peoples*, 37 – 38, 61 – 62.

③ Rawls, *The Law of Peoples*, 78.

答案。根据施密兹的观点，如果理想理论不是现实可行的，也必须至少是值得一试的。“因此，如果我们在高层建筑的屋顶上，我说，‘理想情况下，我会像超人一样飞翔’，然后你回答‘嗯，这值得一试’，那么你所说的实际上是错的。不值得尝试会使我对超人的愿景成为白日梦或无用的评论，而不是理想。因此，在 X 甚至不值得尝试的情况下，X 并不蕴涵采取行动的理由，因此不是努力的一个对象；相反，它在规范上是惰性的。然而，即使最终无法实现，定义一个值得尝试的目标也并非总是错误的。”[①] 从罗尔斯的角度来看，代表们在全球原初状态下选择了广泛的自由主义原则集，而这个全球原初状态可能就类似于施密兹的像超人一样飞翔的白日梦。尽管这幅图景如此美丽，却是无法达到的，因此也不适合作为行动指南；实际上，不适合是有点轻描淡写的，因为试图像超人一样从建筑物顶部飞起来可能会直接导致死亡。与超人模式的徒劳相比，建立一个良序的万民社会可能值得一试。此外，罗尔斯留了一道后门，让更多的权利和原则可以进来：他为进一步的原则（集）留出了余地，并假设体面的社会可能会自己进行自由改革。[②]

对于罗尔斯来说，拒绝一整套自由主义规范的进一步原因包括合理多元主义、自决权以及文化帝国主义的危险。有太多合理的政治观念；罗尔斯理想化的民主社会基于两个正义原则，而这只是许多合理观念（包括体面的协商等级制度）中的一种。“宣称自由民主已经或将成为普遍具有吸引力的说法是文化帝国主义的特征，这导致强加这种模式并作为规范，即使是基于尊重和说服而不是基于武力，即使只是‘弱’版本也是如此。”[③] “强”版本则包括威胁或使用武力。建立自由主义价值观的斗争则有可能变成暴力和帝国主义。

罗尔斯的现实乌托邦框架不同于理想理论的其他形式，因为它考虑了理想理论中已经存在的可行性限制，并选择了一套现实乌托邦的、非理想的公平国际合作原则。罗尔斯假设现实世界中的条件，并且与 TJ 相

① Schmidtz, “Nonideal Theory: What It Is and What It Needs to Be”, 776.

② 罗尔斯认为，“没有单一的可能的万民法，而是一系列合理的此类法律”，并且“原则陈述被公认地是不完整的”（Rawls, *The Law of Peoples*, 4, 37）。

③ Cathrine Audard, “Peace or Justice? Some Remarks on Rawls's Law of Peoples”, *Revue International de Philosohie*, 60, no. 237 (2006): 310.

反，它允许多样性和变化。原初状态的结果（万民法原则）是自由社会和体面社会之间的现实的乌托邦式的妥协，而不是严格遵守公平的国际合作的理想原则。然而，罗尔斯的主体在理想和非理想理论中都是理想化的自由主义（和体面）的社会。这样，罗尔斯的现实乌托邦概念就延伸到了极限，这将在下一部分中进行探讨。

四 罗尔斯现实乌托邦的极限和问题

回想一下，理想理论中确定的原则旨在指导自由主义外交政策，以加强国际和平、稳定与正义。为了取得成功，在非理想理论的框架内，这些政策必须在道德上是可允许的、在政治上是可能的并且可能是有效的。因此，首先考虑主体，其次考虑原则集，现实的乌托邦框架的极限变得显而易见。

在第一个国际原初状态下，代表们代表“其基本制度符合在第一层面选出的正义原则的民族”①。已经理想化的社会的代表，其基本结构是根据两个正义原则组织的，这些代表处在无知之幕之后。正如劳拉·瓦伦蒂尼（Laura Valentini）所说，在构建国际原初状态时使用的理想化“被视为关于主体和环境的现实，这是他的［罗尔斯的］‘万民法’需要应用的地方”②。在非理想理论中，符合万民法原则的理想化的自由和体面社会是与非理想社会（负担沉重的社会和非法国家）相关联的。

由于原初状态的建构，这些理想化可能不会对选择过程的结果产生影响。然而，在非理想理论中，罗尔斯对自由和体面社会不遵从的实例视而不见，这一问题应在该框架内予以考虑。③ 人们可能会争辩说，这些问题应在国内理论中加以解决。这一论证有两个方面的问题，第一，没

① John Rawls, “The Law of Peoples”, *Critical Inquiry*, 20, no. 1 (1993): 41.

② Valentini, “On the Apparent Paradox of Ideal Theory”, 353. 同时请参看 Alistair M. Macleod, “Rawls's Narrow Doctrine of Human Rights”, in Rex Martin and David A. Reidy, eds., *Rawls's Law of Peoples: A Realistic Utopia?* (Oxford: Blackwell, 2007); Lea Ypi, “On the Confusion between Ideal and Non-ideal in Recent Debates on Global Justice”, *Political Studies*, 58, no. 4 (2010): 551.

③ Macleod, “Rawls's Narrow Doctrine of Human Rights”, 145.

有一个关于体面民族的国内理论，第二，在考虑对外关系时，国内结构和民族政策是相关的，因此必须予以考虑。

在罗尔斯的辩护中，他并未充分意识到这一事实，即自由和体面的政权不是理想的主体。这不仅在他接受“有些存在道德污点的民族”时很明显，在其他的情况下也同样明显，即他声明民族可能无法适当地履行援助义务，因为对负担沉重的社会的同情可能太弱了，而需要相应的制度来激励各国政府遵守万民法，同时消除腐败的诱惑。① 罗尔斯提到“实际的、所谓的宪政民主政体的严重缺陷”②，指的是美国在推翻民主统治者时扮演的角色。“尽管民主民族不是扩张主义者，但他们的确捍卫自己的安全利益，而且一个民主政府可以轻易地援引这种利益来支持秘密干预，即使实际上的动机是经济利益。”③

尽管如此，罗尔斯简化了理想理论和非理想理论，以使参数数量易于管理。他指出，民族可能会利用其优越的谈判地位来促进自己的利益，这一举动直接违反了他们认为公平的原则。罗尔斯还无视以下事实：民族可能滥用对不合法政权发动战争的权利；他们可能不得不应对不利条件；或者可能发生内部冲突；例如，体面社会的统治者可能会通过镇压性政治来回应民众对民主改革的支持。

罗尔斯没有讨论如何判定自由和体面民族履行援助义务，或合理行使其对严重侵犯人权或对国际和平与安全构成威胁的非法国家发动战争的权利。什么构成威胁或严重违反行为是一个角度的问题。尽管理想主体可以合理地行使其战争权，而非理想主体则可能滥用这一权力；尽管最初授予的权利较小，但该权利可以演变为对大量现实世界政权发动战争的权利。美国 2003 年入侵伊拉克可能就是一个例子，美国政府援引国际安全和侵犯人权行为为军事打击进行辩护。关于这一点，值得考虑的是万民社会的立场，它不仅是一个防御性联盟，而且旨在通过干预或援助扩大自由和体面政权的数量。由于自由主义国家往往是经济上发达的

---

① Rawls, *The Law of Peoples*, 24.

② Rawls, *The Law of Peoples*, 53.

③ Rawls, *The Law of Peoples*, 53. 罗尔斯提到具有反动性的智利的阿耶兰德、危地马拉的雅克布 · 阿本斯和伊朗的摩萨德。

社会,[①] 在形成万民社会的过程中，它们处于强有力的谈判地位，很可能会倾向于达成它们的理性的而非合理的目标。援助可能会变成干扰和剥削，人道主义干预可能会变成侵略战争。罗尔斯没有在非理想理论中讨论任何这些。此外，考虑到他在国内和国际理论中都将社会视为自给自足的单位，罗尔斯没有充分考虑到这一事实，即一个社会的政策常常会影响其他社会的政策，尤其是当世界的联系变得越来越紧密的时候。结果，罗尔斯无视过去和/或现在由于自由社会的政策而出现过的或现在存在的“不正义”。西方社会（罗尔斯的自由主义民主国家）的财富和生活方式部分基于对欠发达社会的历史上（和当前的）剥削。此外，不是万民社会成员的政权被排除在平等伙伴之间互惠的公平合作安排之中，因此处于不利地位。[②]

为了得出公平的国际合作原则，理想地勾勒出公正的社会是一个合理的步骤。在将理想社会的规范应用于现实世界时，“我们实现这些规范的策略必须考虑社会的实际状况、其非理想的行为主体和现有的政治结构”[③]。自由和体面政权在制度和政策方面的缺陷需要得到解决，而不是关注于外部的挑战。[④] 因此，理想化行动者从理想理论向非理想理论的转移限制了该进路解决问题的能力。重要的是，罗尔斯没有在决定性阶段考虑可适用性限制，这为他的批评者的言论提供了根据：“总之，罗尔斯的［……］［理论］旨在适用的主体，也就是自由社会，并不存在，这就是为什么将这些理论应用于现实世界的环境中时，即使没有误导，它们也是不相关的。”[⑤]

托马斯·波格（Thomas Pogge）谈到了罗尔斯框架中出现的一些问题，这些问题涉及“负担沉重的社会”。他认为，“相对于作为一个整体的贫穷的社会，在协商能力、信息和专业知识方面”，富裕社会“在整个

---

① Steven Chan, “In Search of Democratic Peace: Problems and Promise”, *Mershon International Studies Review*, 41, no. 1 (1997): 75 – 76.

② Thomas W. Pogge, “‘Assisting’ the Global Poor”, in: Deen K. Chatterjee, ed., *The Ethics of Assistance: Morality and the Distant Needy* (Cambridge: Cambridge University Press, 2004), 262 – 264.

③ Valentini, “On the Apparent Paradox of Ideal Theory”, 356.

④ Macleod, “Rawls's Narrow Doctrine of Human Rights”, 145.

⑤ Valentini, “On the Apparent Paradox of Ideal Theory”, 354.

国际经济体系中享有极大的优势”[1]，特别是如果这些权力被共同使用的话。而正是在此背景下，谈判达成了有关贸易、税收、投资、专利、劳工权利或环境保护的条约和公约。[2] 通过塑造有利于它们的国际秩序，过去和现在的富裕社会对负担沉重的社会不得不面对的某些“不利条件”负有责任。富裕的社会不应该关注对处于不利条件下的社会的善意和援助，而应该停止实行不利于负担沉重社会的不公正国际经济秩序的实践，同时也应该停止受益于这种不平衡所造成的不公正的行为。[3] 公平的国际合作不应仅限于良序政权。

罗尔斯并非不知道这个问题。在理想理论中，他写道，需要纠正不合理的合作分配效应，必须协商公平的贸易标准，但他并没有提出一条原则来解决与非良序政权有关的问题。[4] 这些评论是基于这样的假设：“经济较富裕的大国不会企图垄断市场、合谋形成垄断联盟，或充当寡头垄断。”[5] 该假设适用于理想的行为主体，但不一定必然适用于现实世界中较富裕的经济体。为了解决这些问题，罗尔斯不必对历史上的“不正义”进行反思，在任何情况下这都不适合他的模型，因为无知之幕掩盖了这种知识；代表们只需要就公平合作的基本原则达成共识，并且都同意有义务去解决因违反这些原则而引起的任何问题。波格的“不伤害”和“不从不公正中获利”的原则似乎可以达到这一目的。此外，条约应在公平的条件下得到维持和谈判。如果罗尔斯不愿意在理想理论中承诺公平贸易的原则，他至少应该在非理想理论中讨论这个问题，在这一部分自由和体面的社会不是完全遵从的、合理的行为者，而前提就是要回到非理想理论中的理想主体的问题上。

总而言之，罗尔斯的现实乌托邦框架概述了可以适用当下的合理、可行和有效的政治行动的准则的原则，从而朝着更加和平、稳定和公正的合作体系迈进。通过考虑多元化、现有规范以及当前世界状况，罗尔

---

① Thomas W. Pogge, “Rawls on International Justice”, *The Philosophical Quarterly*, 51, no. 203 (2001): 251.

② Thomas W. Pogge, “Rawls on International Justice”, 251.

③ Pogge, “ ‘Assisting’ the Global Poor”; Pogge, “Rawls on International Justice”, 253.

④ Pogge, “ ‘Assisting’ the Global Poor”; Rawls, *The Law of Peoples*, 42 – 43.

⑤ Rawls, *The Law of Peoples*, 43.

斯增强了他的思想的适用性。尽管取得了这些成就，LP 对不遵守自由和体面社会的万民法的准则的行为仅提供很少的指导，而且既没有提供在良序社会中批评国内政治的框架，也没有提供防止滥用罗尔斯赋予其理想主体所享有的权利和义务的保障措施。

五　罗尔斯的现实乌托邦——不相关还是值得尝试?

为了作为使世界变得更美好的政治指导方针，来实际证明对解决现实世界的问题有所帮助，理想理论需要与现实世界联系起来；这些是现实的乌托邦的概念需要面临的挑战。在 LP 中，罗尔斯以现实世界为基础，并探索他认为可行的可能性的极限。在 TJ 中，他提出了一套固定的两个正义原则作为一个整全理论；[①] 在 LP 中，他介绍了一种关于合理的整全理论的多元主义的概念，相应地罗尔斯将其应用于 LP 中的政治制度。在此过程中，罗尔斯的理论变得更现实、更具可应用性和更具适应性，因此在当下作为导航工具更加富有成果。在 LP 中，罗尔斯的现实乌托邦提供了一个思想框架，这一框架可以解决不断变化的环境并在存在着各种合理理论和政治观念的世界中提供方向。对罗尔斯而言，对于和平的、稳定的和公正的国际关系，万民法的原则构成了我们可以“现实地期待”的、有秩序的政权之间的重叠共识，但共识的具体内容可能会有所改变。原初状态这一方法则被用来探究可行的政治可能性的极限。因此，TJ 可能被认为是一个理想的乌托邦观念，而 LP 是一个现实的乌托邦。

然而，这两个框架都容易受到必须解决的可行性约束的影响。罗尔斯的现实与乌托邦元素的结合增强了这些框架的适用性，同时也带来了特殊的挑战。罗尔斯将理想民族与非理想的环境联系在一起，而没有考虑这对他们的国内和外交政策的影响，特别是对于万民法不遵从的影响。“原则应该是理想的；而行动主体是现实且非理想的。”[②] 在这方面，罗尔

① Rawls, *Political Liberalism*, 489.

② Ypi, “On the Confusion between Ideal and Non-ideal in Recent Debates on Global Justice”, 551.

斯的理论并没有达到它应该达到的现实的程度。在这里，专注于一个要素会牺牲另一个要素。在理想理论中，理想化的条件和理想化的主体是合理的，由此来确定一组原则，然后可以将其用作指导准则。然而，非理想理论必须能够与非理想主体一起发挥作用，以便适用于现有的世界状况，并能够应对现实世界中的挑战。罗尔斯需要考虑自由和体面政权的不遵从，以及在非理想条件下由非理想行为者实施其原则可能导致的"不正义"。在这种情况下，波格的"不伤害"和"不从不公正中获利"的原则可以作为保障发挥作用。

在罗尔斯的现实的乌托邦框架，罗尔斯面临着一个困难的处境，一方面有可能被现实限制得太多，另一方面又有过分理想化和过分简化的危险。尽管在本文中讨论了许多缺陷，但由此产生的问题是，现实的乌托邦是否能够回应这些挑战：是否能够确定一些原则，作为良序社会的外交政策指导原则，是否可以作为通往天堂岛的指南针，以及该旅程是否值得一试。

尽管存在这些缺陷，但罗尔斯的现实乌托邦的结果（在这一情况下是万民法的原则）是有价值的。通过充当导向点、帮助相互权衡各种选择以及为政府政策提供辩护或批评，在自由主义社会的公平的国内结构和外交关系的发展上，这些原则提供了帮助。只要可以假定在通常情况下对这些原则的忠诚是确定无疑的，那么如果要使这些原则成为指导准则，完全遵从并不是必要的。非理想主体仍可以在其日常政策中执行这些原则。①

然而，需要考虑国内政策对国际领域的影响以及不遵从对公平合作原则的影响，以便现实的乌托邦框架提供指导、明确改革目标并确定需要解决的最严峻和最紧急的"不正义"。一个现实的乌托邦框架对于确定那些值得尝试的图景和概念是很有帮助的。

---

① Ypi, "On the Confusion between Ideal and Non-ideal in Recent Debates on Global Justice", 538; Robeyns, "Ideal Theory in Theory and Practice", 347.

正义之前的自由主义*

埃里克·麦克吉尔维（Eric MacGilvray）**
（译：朱慧兰）

摘要：理想理论的争论基于两个相互矛盾的主张：正义是“社会系统的第一美德”（“正义至上”），以及一个正义的社会是“每个人都接受并知道其他人都接受同样的正义原则”（“普遍同意”）的社会。根据“正义至上”，在有效地追求正义之前，我们必须解决关于正义的含义以及理想的公正社会是什么样的问题。然而，“普遍同意”蕴涵的是一个只能随着时间而发生的辩护的方案。我建议我们通过将自由而不是正义视为自由社会的“第一美德”来避免这种僵局。自由主义的自由具有两个截然不同的互补维度，这产生了两个截然不同且互补的道德目标：一方面创造使负责任的主体成为可能的社会条件（共和主义的自由），另一方面开辟一个社会空间，在这个空间中对负责任的主体的要求被放松或不存在（市场自由）。在这两个自由主义的自由之间寻求适当的平衡不可还原地是一个关于判断的问题。因此，以自由为中心的自由主义要求我们将正义视为政治行动的终点而不是起点，从而成为合法性与同意之间的联系。

关键词：自由主义；共和主义；市场；自由；正义；契约主义；理想理论

---

* 感谢本·麦基恩（Ben McKean）、迈克尔·内布罗（Michael Neblo）、皮尔斯·特纳（Piers Turner）、伊内·瓦尔迪兹（Ine Valdez）和大卫·施密兹（David Schmidtz）对本文的早期版本发表的评论。剩下的错误完全是我自己的原因。

** 作者为俄亥俄州立大学政治科学教授。

"正义是政府的终点。正义是市民社会的终点。这个终点一直被追求的，并将一直被追求，直到我们在追求中达到了这一终点，或者在追求中失去了自由为止。"

——詹姆斯·麦迪逊（James Madison），《联邦主义者》51

一 正义还是同意？

通常，理论上僵局的存在表明问题被错误地建构。在本文中，我将论证自由主义政治哲学中有关"理想理论"的优缺点的持续的争论就是这种情况。正如我所理解的，这一争论的麻烦在于，它是由对政治哲学的正确目标的两个相互矛盾的主张所驱动的；这些主张是在约翰·罗尔斯（John Rawls）的开创性著作《正义论》的开头提出的。[①] 第一个主张是，如罗尔斯所说，"正义是社会系统的第一美德，正如真理是思想系统的第一美德"；正如"无论一个理论多么优美和简洁，如果这一理论是不为真的，那么必须被拒绝或者修改；同样，无论法律和制度多么有效率和安排妥当，如果这些法律和制度是不公正的，那么都必须加以改革或废除"。罗尔斯总结说，正义是一种"不妥协"的美德。将这称为"正义至上"条件，或简称为正义至上。第二个主张是，一个正义的社会是"每个人都接受并知道其他人都接受相同的正义原则"的社会，并且在这个社会中，"基本的社会制度普遍满足这些原则，而且这是众所周知的"[②]。该主张承担了"合法性的自由原则"，这一原则成为罗尔斯后来工作的重点；也就是这一主张——"按照宪法行使政治权力才是完全适当的，通过共同人类理性能够接受的原则和理念，可以合理地期望所有

① 在这里，围绕着伯纳德·威廉姆斯（Bernard Williams）的晚期著作，即关于政治"现实主义"与政治"道德主义"的争论，我将理想理论争论与其他争论区分开来，这使这些主张（以及其他许多主张）受到质疑。特别请参看 Williams, *In the Beginning Was the Deed: Realism and Moralism in Political Argument* (Princeton, NJ: Princeton University Press, 2005)，以及 Raymond Geuss, *Philosophy and Real Politics* (Princeton, NJ: Princeton University Press, 2008)。关于有帮助的概述，请参看 William Galston, "Realism in Political Theory", *European Journal of Political Theory*, 9 (2010), 385 - 411。

② John Rawls, *A Theory of Justice*, rev. ed. (Cambridge, MA: Harvard University Press, 1999 [1971]), 3 - 4.

自由和平等的公民能够接受宪法的基本精神”[①]。将这一主张称为“普遍同意”条件，或简称为普遍同意。[②]

总而言之，正义至上和普遍同意定义了罗尔斯或多或少的一手复兴的政治哲学中的契约论或契约主义的立场，并继续定义了学术界自由主义的主流。不管他们其他分歧是什么，赞成这两个主张的人都将事实上（ipso facto）优先权分配给两个相应的任务：第一，确定正义要求的内容，从而确定一个完全公正的社会是什么样的；第二，证明相关的要求是所有理性的人都可以接受（或不拒绝）的要求。[③] 然而，这两个任务彼此之间存在着相当大的张力。一方面，正义至上蕴涵着进一步的主张，即关于正义的意义的问题必须在我们有效地追求正义之前得到解决——或者我们实际上无法追求其他任何政治价值，因为根据假设，其他的价值无法被追求，除非这么做和正义的要求相一致。换句话说，从这个角度来看，正义在道德和时间意义上都是“至上的”。另一方面，普遍同意蕴涵着一个辩护的任务，就像所有辩护的任务一样，这个任务只能随着时间的流逝而发生。即使我们承认原则上所有人都可以同意正义的要求，但实际上达成共识的过程最好的情况下也要花上几代人的时间。

正如正义至上和普遍同意定义了契约自由主义的条件一样，它们之间的张力也定义了理想理论的争论。[④] 例如，许多理想理论的批评都不同意这一点——面对实际生活在不公正的世界中的我们，契约主义者对正

---

① Rawls, *Political Liberalism*, 2nd ed. （New York：Columbia University Press, 1996［1993］), 137; cf. 217.

② 严格说来，只有在要受到一个给定的正义观念约束的社会（合理的）成员中，有关的同意才是“普遍的”，而罗尔斯在他后期工作中，在关于那是种什么样的社会这一问题中所采取的立场越发保守。范围的缩小不会影响我在这里寻求的论证，但是在理解“普遍的”一词时应牢记这一说明。

③ 后一种表述以及“契约主义”一词来自于 T. M. Scanlon；请参看他的“Contractualism and Utilitarianism”, in Amartya Sen and Bernard Williams, eds. , *Utilitarianism and Beyond* (New York：Cambridge University Press, 1982), 103 – 128，以及更加一般性地说明，请参看他的 *What We Owe to Each Other* (Cambridge, MA：Harvard University Press, 2000)。

④ 罗尔斯区分理想理论与非理想理论的方法，取决于我们是否假定对正义要求的是“严格”遵从还是“部分”遵从（罗尔斯，《正义论》，第 8 章，第 215—218 页）。这种方式将我在这里区分的两个问题合并起来，因为它提出了这样的问题，即当其他人不遵从时我们应该做什么（对于正义至上的担忧），以及我们应该愿意假设多大程度的服从（对普遍同意的担忧）。

义至上的承诺无法为我们提供应该如何行动的任何指导。正如阿马蒂亚·森（Amartya Sen）所说，“先验方法不能独自解决关于提高正义的问题，也不能比较关于建立一个更加公正的社会的替代性建议，缺少一个彻底飞跃到一个完全正义的世界的提案”：“我们可能确实愿意接受……珠穆朗玛峰是最高的山峰……但是在比较例如干城章嘉山和勃朗峰的高度时，这一认知既不是必要的也不会有什么帮助。”[①] 理想理论家回答说，除非我们知道“一个完全正义的世界”是什么样的，否则我们无法融贯地谈论“推进正义”；正如约翰·西蒙斯（John Simmons）所说：“在我们确定理想的组成部分之前，很难说我们是否正朝着正义理想迈进。”从这种观点出发，非理想理论在思考正义方面可发挥重要但明显从属的作用：“理想理论决定目标，非理想理论决定实现目标的途径。”此外，由于这条路线可能不是线性的，正义理论对于我们能够对中间步骤的相对正义作比较性的判断来说，既不是必要的也不是充分的：“两个较低的‘山峰’中哪一个更高（或者更加正义）这样的判断具有重要性的必要条件是——双方都是通往完美正义的最高峰的同样可行的道路。为了采取到达最高峰的路线，我们的确需要知道最高峰是哪一个。”[②]

就其本身而言，这是对森的反驳比较令人信服的回应。然而，对于“我们”需要知道最高峰是什么才能规划前进的路线这一说法，很难知道应该如何理解——也很难理解亚当·斯威夫特（Adam Swift）相关的言论：“我们需要基本的、与语境无关的规范的哲学言论来知道政治行动，即使是在非理想的情况下”[③]——因为严格地说，这些肯定是“我们”从未知道或拥有的，而且很可能永远不会知道或拥有。即使我们在分配的意义上而不是在集体的意义上使用“我们”这一词，从而这一言论的

---

① Amartya Sen, “What Do We Want from a Theory of Justice?” *Journal of Philosophy*, 103 (2006), 215 - 238, quoted at 218, 222. 森使用“超越的”一词来指代这样的观点——即认为主要的问题是：什么是一个正义的社会？（Amartya Sen, “What Do We Want from a Theory of Justice?” 216）——以我的观点，就是采用正义至上的观点。

② A. John Simmons, “Ideal and Nonideal Theory”, *Philosophy and Public Affairs*, 38 (2010): 5 - 36, quoted at 34 - 35.

③ Adam Swift, “The Value of Philosophy in Nonideal Circumstances”, *Social Theory and Practice*, 34 (2008): 363 - 387, quoted at 363; cf. Zofia Stemplowska, “What's Ideal About Ideal Theory?” *Social Theory and Practice*, 34 (2008): 331 - 334.

意思是我们每个人都需要一种正义理想来指导我们在非理想世界中的行动，但我们有的只是道德心理学可疑的一部分和政治哲学中无益的一部分：社会正义毕竟是只有通过“我们”共同行动才能实现的东西（如果能够实现的话）。简而言之，将正义至上从没有任何帮助的指控中拯救出来的努力使我们立即反对普遍同意的要求，以及杰里米·沃尔德隆（Jeremy Waldron）所说的“政治环境（circumstances of politics）”的要求：关于正义的要求的根本分歧，加上做出对于应该做什么的集体决定的必要性。沃尔德隆坚称：“无论我们企图在关于理想模式的阐述中去掉什么，我们都不应该企图去掉这一事实——即我们的生活和活动中充斥着那些不与我们分享同样的关于正义、权利或政治道德观点的人。”①

契约主义式的自由主义者当然完全清楚地意识到，在自由主义社会中，几乎不存在所有人实际上都会采用的道德原则，即使我们假定（以乐观的态度）这些人在真诚地被这些原则驱动来识别和遵守的意义上是合理的。② 因此，他们建议通过对同意的当事方以及提供同意的条件进行理想化，来满足普遍同意。罗尔斯著名的“原初状态”以及不同的其他契约主义者所设计的思想实验都是为了完成这项任务。正如这些设计的捍卫者和批评者所指出的那样，他们提出的理想化对由此产生的正义理论是否符合自由主义资格施加了压力。也就是说，在我们反事实地同意的意义上（即在适当条件下会或者应该同意的意义上），这一点是不太可能的——即我们已经向实际的、非理想的同胞展示了契约主义者认为他们应得的尊重，而且也很难理解正义如何或在何种意义上可以作为非理想世界中政治行动的方向。这还是契约主义立场所基于的两难困境：一

---

① Jeremy Waldron, *Law and Disagreement* (New York: Oxford University Press, 1999), 105. 关于一个类似的论证，请参看 David Enoch, “Against Public Reason”, *Oxford Studies in Political Philosophy*, vol. 1, ed. David Sobel, Peter Vallentyne, and Steven Wall (New York: Oxford University Press, 2015), 124 – 126.

② 这是斯坎伦（Scanlon）对合理的定义；例如，请参看“Contractualism and Utilitarianism”, 110 – 111. 罗尔斯认为，合理的人还必须预设“判断的负担”；也就是说，他们必须接受关于如何权衡相冲突的证据、定义关键术语以及平衡竞争价值的不确定性，而且这种不确定性严重限制了我们就基本道德问题达成共识的能力：特别请参见 *Political Liberalism*, 54 – 58。具有讽刺意味的是，沃尔德隆对“政治环境”的援引及其对罗尔斯正义理论的批评同时都基于罗尔斯思想的这一方面——从这种意义上说，这是一种内在的批判。

方面，认真对待普遍同意的要求需要我们推迟或淡化正义至上的要求——因此冒着对人们实际上持有的愚昧和自私的信念给予不适当尊重的风险。另一方面，认真对待正义至上的要求需要我们推迟或者淡化普遍同意的要求——从而冒着粗暴地对待碰巧不同意我们的人的风险。[①] 鉴于这一困境，不难发现理想理论的捍卫者和批评家所说的并不是同一件事情。我看不到以任何非乞题的方式来解决这一困境，因此，我认为现在应该退后一步，并重新思考定义最初理想理论争论的假设。

我建议通过在回到作为“自由主义”词源的“自由”这一词，并将自由而不是正义视为社会系统的“第一美德”。为了避免我已经确定的困境，这似乎不是具有前景的策略，因为人们至少可能像对正义一样来对自由不妥协——像俗话说的那样，“不自由毋宁死”——同样因为从政治的角度来说，关于追求自由需要什么，关于追求正义需要什么，在前一个问题上达成共识的前景至少和后一个问题一样渺茫。我分两步来回应这一反驳。首先，我将指出自由主义对自由的理解是内在地复杂的；并指出在将自由主义的自由指派或扩展到个体时，我们实际上是在做两件事：一方面，定义在什么条件下，他们可以被认为应该适当地对自己的行为负责，另一方面，定义在什么条件下，他们无需对自己的行为负责（第二部分）。[②] 其次，我将论证如此定义追求自由要求我们在这两种考量之间取得平衡，并论证这是不可还原的判断问题，因此至少在可预见的将来，我们不应该期望就追求自由主义的自由所要求的事情达成共识。简而言之，对自由主义的自由的承诺要求我们放弃普遍同意（第三节）。

---

① 亚当·斯威夫特（Adam Swift）在后一种观点上极其坦率，“什么才是真正的非理想的”，他说：“我生活在一个民主国家，其中太多人是这样的：（i）太缺乏反思性或太无知以至于无法理解概念上的区别，而这些区别会使他们正确地理解公平在对于政策或个人行动的任何总体评估中的位置；以及/或者（ii）过于自私以至于无法像他们应该的那样重视公平，因此无法为促进公平的政策投票，也无法在决定个人行为的时候被公平所驱动。”一个人不会因为他的进一步观察而完全觉得安心，即“由于我是民主主义者，也是自由主义者，同时我也重视公平，我不会真的想成为有无限权力的独裁者”：“The Value of Philosophy in Nonideal Circumstances”, 383 - 384, 382。

② 尽管第一次出现，但这两种类别并没有构成人类行为详尽彻底的类型：奴隶——一种范式的非自由人——不能适当地对其行为负责，因为他（至少在原则上）仅仅是其主人意志的工具。当然，奴隶也不会属于不对自己的行为负责的行为范畴，因为（原则上）奴隶生活中没有任何部分是不受其主人的意志约束的。

这就提出了一个问题，即以自由为中心的自由主义是否能够被纳入道德直觉，这种直觉植根于对平等尊重的价值的承诺，也是契约主义者对普遍同意的承诺背后的直觉——我无法否认这种直觉的力量。正如我的引言所暗示的那样，关键是将关于正义的一致同意视为政治行动的终点而不是起点，从而作为合法性与同意之间的联系（第四节）。

以下讨论的目的当然不是发展一种契约主义的自由主义的全面替代方案，我由此引发的问题会像我解决的一样多，而是试图展示从一个非常不同的（也是一个在许多方面更加传统的）[①] 道德角度来看，自由主义政治哲学以及自由主义本身的目标和挑战看起来是怎样的。正如我所建议的那样，理想理论辩论导致的理论僵局使我们有理由相信是时候找一个新的起点。这篇文章应该被看作一张期票，以便今后按此思路进行工作。[②]

二 两种自由概念

当我们问某人是否有自由去做某件事的时候，或者以前做某事的时候是否是自由的，我们问的可能是两个不同且看似矛盾的事情。一方面，我们问的可能是，让他们对自己所做的事情负责是否是恰当的，或者问的是他们是否能够适当地对自己的行为承担责任（例如，以奖赏或责备

---

① 这里值得一提的是，契约主义的教规围绕着康德和罗尔斯，也几乎被他们所穷尽，这两位众所周知的是不受约束的政治思想家。契约主义模式适合中间过渡期的自由思想家——孟德斯鸠、孔多塞、大卫·休谟、亚当·斯密、杰里米·边沁、埃德蒙·伯克、詹姆斯·麦迪逊、本杰明·康斯坦特、亚历克西斯·托克维尔、约翰·斯图尔特·密尔、TH·格林、亨利·西奇威克、霍布豪斯（LT Hobhouse）、杜威（John Dewey），以赛亚·柏林（Isaiah Berlin）、弗里德里希·海耶克（Friedrich Hayek）和卡尔·波普尔（Karl Popper）——以一种更加奇怪的方式，或者一点也不奇怪。的确，出于明显的原因，大多数思想家——休谟、边沁、密尔和西奇威克都是例外——都完全脱离了罗尔斯的《政治哲学史讲义》（剑桥，马萨诸塞州：哈佛大学出版社 2007 年版）的传统：孟德斯鸠、孔多塞、史密斯、康斯坦特、托克维尔和柏林都只被提及，而伯克、麦迪逊、格林、霍布豪斯、杜威、哈耶克和波普尔则完全没有被提及。这些思想家中的大多数（尽管不是全部）都将自由视为比正义更基本的政治价值。

② 我（读者可能已经猜到了）正在写一本书，书名是“自由主义的自由”，我将在书中更详细地探讨这些问题。

的形式)。[1] 换句话说，我们可能想知道他们是否恰当地受到P. F. 斯特劳森（P. F. Strawson）所说的“反应性态度（reactive attitudes)”的限制，我们负责任的实践依赖于这一态度。[2] 这种思维方式提出了两个广泛而困难的问题集。一个问题集与主体本人有关：一般情况下他们是否有能力做出负责任的选择（他们是否是小孩、瘾君子或者是某种程度上精神上有缺陷的人?)，他们在作出一个具体选择时是否拥有自身所有的能力(他们是否是喝醉的、在梦游或者是被催眠的?)，他们是否知道自己行为的后果（他们是否是无知的、被操纵的还是被欺骗的?）等等。简而言之，当我们问某人做某事是否是自由的，或者他们是否有自由去做某事时，我们可能在问的事情是他们是否是（或曾经是）负责任的主体，无论我们如何定义这一术语。随之而来的是，当我们说想要让某人自由(或更自由）时，我们在说的可能是，我们希望使他们成为（更）负责任的主体：确保他们在精神上是良好的、掌握恰当的信息的、没有受到操纵的等。

作为负责任的选择的自由这一思想提出了第二个同样困难的问题集，这一集合的问题与主体所处的社会环境有关。我们大多数（如果不是全部的话）的决定是被一种而不是另一种行事方式的预期成本和收益所塑造的，这种塑造可以是明确的和不明确的。在我们的行为受到这些考量因素影响的情况下，我们的行动是否是自由的，我们是否对自己的选择负责？在缴税时、绕道而行以避免交通拥堵时、遵循“适当的”餐桌礼仪时或者在我姐姐生日那天给她打电话时，我的行动是自由的吗？当我付钱给敲诈勒索者时、绕行以避开不安全的地区时、遵守“恰当的”性别规范或不发表不受欢迎的意见时，我的行动也是自由的吗？为了肯定地回答这些问题中的任何一个，我们必须讲一些我们与所讨论的约束之间关系的故事；特别是，表明我们在某种意义上对这些限制的存在负有

① 这一立场不应该与另一个主张相混淆，即一个主体因为一些限制是不自由的，仅当其他主体在道德上对这些限制负责：尤其请参看 avid Miller, “Constraints on Freedom”, *Ethics*, 94 (1983): 66-86, 以及 S. I. Benn and W. L. Weinstein, “Being Free to Act, and Being a Free Man”, *Mind*, 80 (1971): 194-211。

② P. F. Strawson, “Freedom and Resentment”, *Proceedings of the British Academy*, 48 (1962): 1-25.

责任的故事：因为我们在创建这些限制的时候发挥了作用，或者本能够发挥一些作用；因为我们接受了这些限制的内容，或者在反思后会接受；因为我们可以在我们不同意时进行争论等等。换句话说，如果在某种程度上并在这个术语的多种可能之一的意义上，我们是自我立法（self-legislating）的，那么我们就是自由的。

为了方便起见，并遵循大量先例，我将这种第一类自由称为共和主义的自由（Repub；lican freedom），因为它关注的是我们如何管理自己，从而使自己成为能够适当地为自己的行为负责的主体。正如当代最著名的共和主义哲学家菲利普·佩蒂特（Philip Pettit）所说，自由与责任之间"存在先验的联系"："不知道为什么必须实现这种联系的人将无法理解自由是什么，也无法理解使让某人负责的是什么。"[①] 当然，我在这里刻画的立场比大多数实际的共和主义者（包括我和佩蒂特本人）都愿意捍卫的更广泛的可能的"共和主义"留出了更多的空间。毕竟，从这个意义上讲，自由意味着什么取决于我们如何讲述满足自我立法和负责任主体的条件的故事，而且并非所有的故事都具有同等吸引力或合理性。正如我对"故事"一词的使用所暗示的那样，在对其面对的（一些）限制负责的意义上，任何特定的某个人或某个民族是自我立法的言论，在原则上的确都是可以争论的，而且几乎可以肯定事实上是有争议的。试图解决这问题是自由主义政治中主要关心的一个议题。而且，正如我们现在将要看到的，"不存在限制时自由才存在"这一主张也同样存在争议。

正如我所指出的那样，我们几乎没有在不存在约束的情况（如果有这种情况的话）下行动，即使我们像大多数自由理论只考虑由他人直接

---

① Philip Pettit, *A Theory of Freedom: From the Psychology to the Politics of Agency* (New York: Oxford University Press, 2001), 18. 佩蒂特的共和主义在他的著作中有更详细的描述和辩护：*Republicanism: A Theory of Freedom and Government*, 2nd ed. (New York: Oxford University Press, 1999 [1997]), 以及在最近的 *On the People's Terms: A Repub-lican Theory and Model of Democracy* (New York: Cambridge University Press, 2012)。关于我自己对共和主义的自由的解释，基本上与佩蒂特的一致，Eric MacGilvray, *The Invention of Market Freedom* (New York: Cambridge University Press, 2011), esp. chap. 1。

或间接施加的约束的话，结论也是一样。[1] 例如，我也许可以自由选择花钱的方式，但是我买得起的东西受到所有其他购买者（包括我自己的劳动力或其他资源的购买者或潜在购买者）的选择的限制，这些共同影响了总体价格而且是我无法控制的。我可能可以自由选择上班开车的路线，但是我到达那里需要多长时间会受到其他所有驾驶员选择的限制，这些共同构成了总体交通模式而且是我无法控制的。我可以自由选择与谁建立联系以及如何在各种社会环境中行动，但是我无法控制其他人对我的陪伴或我所做的事情好的或坏的反应。在这些情况下，我是自由的，因为我是根据其他人的行动或我希望他们会做的事情来决定自己的行动；我决定如何回应潜在成本和收益模式，而这一模式是由其他人的选择所创造的。但是从我控制模式本身的意义上说，我并不是自由的；实际上，在共和主义的自由的情境下，没有人控制模式本身：即使在原则上也没有关于自我立法的故事。

这一论证的另一面是，我的决定会以其他人无法控制的方式影响他们：当我选择花钱买什么、开车去工作的路线、与谁交往或如何行动时，我的选择对价格、交通、联系和行为的总体模式有边际影响——而且常常是我无意造成的影响。因此，这种自由的区别性特征不是不存在对（on）选择的限制：正如我已经指出的，我的选择受到其他所有人选择的约束。也不是在选择上（over）的控制：我可以鲁莽地、强迫地、无知地或者完全出于习惯来行动，而且在这种意义上的行动仍然是“自由”的。这里的自由包括的是不存在对（for）选择的责任：在这种意义上，如果除了选择之外，一个人并不因为自己的行为对其他任何人负责，那么他/她就是自由的。用稍微更具技术性的术语来说，如果允许一个人使其他人付出成本而不必为此承担责任，那么从这个意义上说，他/她就是自由的。我决定以什么价格出售自己的房子，即便因此我降低邻居的财产价值或提高邻居的财产税，我也无须承担任何责任。我决定开车上班的路

① 一个精彩的例外是托马斯·霍布斯（Thomas Hobbes），他认为“自由（liberty）或自由（freedom）表明（适当地）不存在对抗”，即“行动的外部障碍”，并且这一定义“至少可以像适用于理性生物那样适用于非理性和无生命的生物”：*Leviathan*, ed. Richard Tuck（New York: Cambridge University Press, 1996 [1651]），145（chap. 21）.

线，即便因此我浪费汽油或造成交通堵塞，我也无须承担任何责任。我决定如何应对我所面临的各种社会压力——与谁交往、寻求谁的支持、忽略谁的不赞成意见——即便因此我冒犯了某些人或鼓励某些人认为是不良的行为，我也无须承担任何责任。

为了方便起见，并再次遵循大量先例，我将这种自由称为市场自由，因为它涉及允许人们自己决定如何应对社会生活给他们带来的各种机会和风险。正如我们所看到的，在这个意义上，"市场"一词可用于指代与商品交易几乎没有关系（如果有任何关系的话）的广泛的社会空间——在这方面，它类似于弗里德里希·哈耶克（Friedrich Hayek）对"交易经济"（catallaxy）这一词类似宽泛的使用。[①] 从个体行为者的角度来看，[②] 市场是这样的一个行为领域，即我们可以在不向他人承担任何责任的情况下向他人施加成本。从作为整体的社会的角度来看，市场是这样的一个行为领域，即个人的无监督、无管制和不协调的行为会导致一种整体的结果模式，对此没人能预测、控制或承担责任；正如亚当·弗格森（Adam Ferguson）所说的那样，市场是"人类行动的结果，而不是对任何人为设计的执行"[③]。我在"市场"中做出的每个决定都对整体模式产生边际影响，但是我享受市场自由，不是因为我（在某种意义上）对这种模式负责，而是因为我对其不负责任：我的选择的影响，有时甚至是选择本身，在道德上（而且经常是确实地）对其他人来说是看不见的。

那么，这些就是自由主义者可以对一个人何时自由或在什么条件下行为是自由的这些问题的回答，这些回答看似是矛盾的：我将第一个回答与共和主义的自由一词相联系，即当我们能够恰当地为我们的行为负责的时候我们就是自由的，而我将第二个回答与市场自由一词相联系，即当我们不因自身的行为而为其他任何人负责的时候我们是自由的，除

---

① 例如，请参看 Friedrich A. Hayek, *Law*, *Legislation and Liberty*, vol. 2: *The Mirage of Social Justice* (Chicago: University of Chicago Press, 1976), chap. 10。

② 当然，"个体行动者"可能是公司团体，而不是"自然人"；例如公司或志愿者协会。在此，我将搁置这个棘手的问题，即这两种行为者之间可能在道德上存在什么差异。

③ Adam Ferguson, *An Essay on the History of Civil Society* (1767), ed. Fania Oz-Salzberger (New York: Cambridge University Press, 1995), 119 (part 3, section 2); cf. Hayek, *Law*, *Legislation and Liberty*, vol. 1: *Rules and Order* (Chicago: University of Chicago Press, 1976), 20, and Edna Ullmann-Margalit, "Invisible Hand Explanations", *Synthese*, 39 (1978): 263 - 291.

了这是我们的选择之外。在我看来，相比以赛亚・柏林（Isaiah Berlin）在他著名的论文《两个自由概念》中提出的具有巨大影响但模棱两可的“消极”和“积极”自由之间的二分法，我提出的这种二分法提供一个更清晰的框架来思考社会和政治自由。[①] 我将论证，共和主义自由和市场自由并非相互矛盾，实际上是互补的方式来思考自由。面临的挑战不是在它们之间进行选择，而是要确定应在其中分别应用它们的行动领域，而这是自由主义政治思想恰当的任务。

三　自由主义自由

在我看来，正如过去最受赞赏和最具影响力的自由主义者所理解的那样，自由主义是这样的政治意识形态——这种政治意识形态将共和主义自由和市场自由结合在一个单一政治视野中。由此可见，像自由社会一样，自由主义自由具有两个截然不同并且互补的维度，这产生了两个截然不同并且互补的道德目标：一方面，创造使负责任的主体成为可能的社会条件，另一方面，开辟一个社会空间，在这个社会空间中，负责任的主体的要求会被减轻或取消。自由主义思想家和受到自由主义理想启发的思想家有时试图在其中一个方向上消除这两个任务之间的张力——将责任或没有责任视为必要和充分条件来享受自由主义自由。然而，我想论证的是，如果不走出自由主义政治的非乌托邦主义界限（或者，你也可以称之为非理想的界限），就无法解决这种张力。因此，我们对自由进行理论化的目的不应是确定这些理论中的哪一个是正确的或优越的，而应确定它们的适用领域可能是什么。简而言之，自由政治包括一场正在进行的争论，这场争论关于我们应该让彼此承担什么责任以及如何承担责任，因此（反过来）也是关于市场自由适当的范围。

---

① Isaiah Berlin, “Two Concepts of Liberty” (1958/1969), in idem, *Liberty*, *ed. Henry Hardy* (New York: Oxford University Press, 2002), 166 – 217. 关于柏林文章的批评性文献内容丰富也无法概括，但许多评论家指出，存在着超过两个以上的自由“概念”，而且它们之间的分析关系区分得相当松散。就我个人而言，请参看 Eric MacGilvray, “Republicanism and the Market in ‘Two Concepts of Liberty’,” in *Bruce Baum and Robert Nichols*, eds., *Isaiah Berlin and the Politics of Freedom* (New York: Routledge, 2013), 114 – 126, and cf. MacGilvray, *Invention of Market Freedom*, 9 – 15。

首先应该清楚的是，市场自由的存在依赖于对共和主义自由的先验保证；也就是说，存在着一套有力的规则可以使有序的社会行为成为可能。还应该清楚的是（尽管这里的细节更具争议），为了共和主义自由，可以以各种方式适当地限制市场自由的领域。商业市场的正常运作取决于是否存在明确定义的财产权以及对反对盗窃、暴力和欺诈的公共强制保证，同时还应保证所有的政治机构都在调节或限制市场参与者可能给其他人带来的损失：例如，通过最低工资和最长工时法、工作场所和产品安全法、反歧视法、环境保护法等。从广义上讲，经必要的修改（mutatis mutandis），我已描述过的市场也是如此：我们有效地参与任何“不受管制”的社会空间的能力要求我们在人身安全和潜在合作伙伴的可靠性方面有一定的保证。因此，作为一个社会，我们已经决定：如果某些人使他人承担某些损失，那么这些人就应该负责，或者我们相互对对方负有责任。我可以自由决定将钱花在什么上面，但是我不允许购买被视为不合法商品的东西，例如人、麻醉品或含铅汽油。我可以自由决定开车上班的路线，但我必须开在公共马路上并遵守相关的交通法规。我可以自由决定与谁建立联系以及应遵循哪些社会规范，但是我无权加入（社会定义为）颠覆性组织，也不得参与（社会定义为）淫秽或不雅行为。

扩大市场自由的领域（例如，通过解除商业壁垒、放宽交通法规、取消对结社的限制或废除淫秽法规），是要将决策权力从一个场合转移到另一个场合，在原先的场合中，可识别的行为者能够承担公共责任，至少原则上能够为实现了的社会后果负责；在新的场合中，这一类的责任并不存在。更准确地说，由于责任永远不会得到完美的执行，也不存在完全的无责任，扩大市场自由就是将考量的平衡从更大的公共责任转变为更大的私人的无责任。在这种转变中，一种自由就失去了——共和主义自由；不受制于不负责任的或任意的权力的自由——并获得另一种自由——市场自由；做出选择的自由，而不需要因为自己的选择为他人负责。自由主义者不同意如何在这两种自由之间做出适当的平衡，但是他们同意共和主义自由应该在程序意义上享有优先权，即为了公共可说明的原因，应当以公众可见的、可争论的方式进行平衡。换句话说，共和主义自由不仅是拥有市场自由的必要条件，而且在自由社会中，保证和限制市场行为的规则是以一种特定的方式被建立和执行的，即与自我立法的要求是一致的，无论这些要求被如何定义。

然而，尚不清晰的一点是，拥有共和主义自由取决于市场自由的存在，当然，除非拥有共和主义自由需要我们将一定的决策权掌握在自己手中而不是国家手中。那么，自由主义者有什么理由对市场自由给予独立的重视呢？为什么我们至少在原则上不总是让人们对他们的选择负责，如果这些选择在未经他人同意的情况下给其他人造成了损失的话？我们为什么要允许人们浪费食物、说些伤人的话、忽视他们的健康或宠坏他们的孩子？让我提议这样做的十三种不同原因——尽管在概念上截然不同，这些不同的原因在实践中通常会相互冲突或增强：

(1) 不关心：一个给定的行为范围被认为是微不足道的，因此不值得管理。

(2) 传统：长期以来的惯例是让人们在一个给定的领域内做出自己的决定，我们不愿意破坏那些私人决策的习惯，或者我们根本就不会这样做。

(3) 保守主义：我们将遵从现有的私人决策习惯看作是一个原则问题，即使我们不能清楚地说明相关的理由是什么，也必须有一个很好的理由来解释习惯的存在。

(4) 不可行：不存在必要的行政或强制能力来规范给定的行为领域，否则，发展和行使这种能力的代价将是不可接受的。

(5) 认知上的谦虚：如果我们去规范一个特定的行为领域，我们觉得不能够制定一个好的规则，因为我们缺乏必要的知识或判断力。

(6) 稳定性：我们对规则应该是什么的看法具有深刻的分歧，以至于任何对给定领域进行规范的努力都会造成无法接受的社会冲突。

(7) 审慎性（Prudence）：在给定领域内施加规则会给国家带来太多权力，或者为将来的案件树立危险的先例。

(8) 多样性：与集中式或“一刀切”的方法相比，允许人们在给定领域内做出自己的决定可以带来更广泛的结果。

(9) 效率：与集中式或“一刀切”的方法相比，允许人们在给定的领域内做出自己的决定可以带来更有效的结果。

(10) 权力分散：允许人们在给定领域内做出自己的决定会终止或破坏统治阶级或派别对某些善的垄断。

(11) 至善主义：允许人们在给定领域内做出自己的决定，将会教给他们关于自律或自力更生的宝贵经验。

(12) 反家长主义：应该允许人们在特定领域内做出自己的决定，因为他们最了解自己的利益。

(13) 主权：人们有权在特定领域内做出自己的决定。

其中一些原因以常见的方式聚集在一起：例如，(2)、(3) 和 (5) 具有典型的“保守性”，(8)、(9) 和 (12)（至少）是典型的“自由主义”和 (7)、(10) 和 (11) 的特征是“共和主义”。出于当前目的，重要的一点是，这些理由以及我们可能援引的其他任何理由的影响力随着不同情况和时间变化。哪些决定似乎是无关紧要的；哪些传统似乎是值得尊重的；对什么进行管理是可行或审慎的；什么是我们愿意为之奋斗的；我们认为多样性、效率和自力更生有多么重要；我们认为人们了解自己的利益的程度如何；甚至我们认为人们拥有什么权利：目前我们对每个问题都持不同意见，并且随着时间的推移，我们对这些问题的看法已发生了重大变化，并且有可能在未来继续发生变化。由此可见，无论是现在还是在可预见的将来，我们不太可能就追求自由主义自由所需要的东西达成共识。

因此，自由主义自由不是要符合的条件，也不是需要被最大化的价值，而是要在共和主义自由和市场自由的相互竞争的主张之间取得平衡。从这个意义上说，它的功能更像是亚里士多德的美德，而不是契约主义的约束或功利主义的极大值，并且像亚里士多德的美德一样，其含义可能被阐明清楚，就像通过理性论证一样，其目标通过示范性行动得到发展。这并不是要否认我们对某些问题有相对固定的看法。在某些行动领域中，我们可以达成一致，即让人们对自己的行动负有公共责任是不自由的——例如，关于宗教信仰和习俗（在一定范围内）——就像在某些领域中，我们可以达成一致，如果不这样做就是不自由的——例如，在对待他人财产方面（同样在一定范围内）。目前，这些只是自由主义思想中确定了的判断的问题，但是，警告是至关重要的：判断是通过经验来确定的，经验的教训会随着时间的推移而通过新的经验得到进一步修改。这将需要对术语进行粗略的修改，来表明自由社会的公民今天享有的财产权和宗教自由实际上与被17世纪、18世纪和19世纪的“古典”自由主义思想家捍卫的权利和自由是相同的，甚至今天最怀旧的自由主义者，也可能不愿意经过反思来以当今权利和自由来交换1690年、1790年或1890年的权利和自由。

这就提出了一个问题，即如何能够使政治权威的行使合法化——如何以与自由主义者认为的所有公民应受的平等尊重相一致的方式行使政治权力——当人们对自由社会所基于的基本价值的实践意义存在着持续的分歧的情况下。正如我们所看到的，这是引起共和主义承诺的担忧——正义至上和普遍同意。我将简要考虑如何从我这里概述的以自由为中心的角度回答这个问题，并以此作为结论。

四　在契约主义之外?

我在开始这篇文章时指出，共和主义对正义至上的承诺要求我们通过以反事实的方式定义同意，来稀释对普遍同意的承诺。因此，契约主义式自由主义者花费了大量精力在元政治主题上，试图证明以一种给定的方式来构建同意（而这种同意理论对“合理”进行定义）实际上是合理的。在这种意义上，以正义为中心的自由主义就是以辩护为中心的自由主义。辩护（以说服他人为目的关于理由的交换）当然是任何政治观点（自由主义或其他政治）的重要组成部分。然而，共和主义进路将辩护的赌注提高到（我们可以说）不合理的水平。那些拒绝接受某个人偏爱的正义原则的人，他们并不承认自己处于理想的条件下，这样的理想条件使得他们会同意。而且如果他们的拒绝不是为了削弱这些原则的合法性，他们必须被看作是“不合理”的。如果有人希望说服那些不同意的人，这不是一种非常有希望的修辞立场，也不是一种自由主义的立场。毕竟，几乎没有（如果有的话）什么有趣的政治问题来期待所有真诚的人都同意或共同讨论，即使关于“宪法基本内容”的问题也是这样。[1] 因此，正如自由主义遵循契约论路线，其政治思想以一种保守和偏狭的奇怪混合为特征——强烈地集中在一种内在的批评上，而一个人会期待这种批评来自于那些将普遍同意作为他们的理想的人，但他们对那些并非以其所定义的自由前提为出发点的政治观点不感兴趣。

由此，我已经论证，我们应该放弃正义至上和普遍同意的契约主义观念，而应以自由为中心来考虑自由主义。然而，我也已经论证自由主义自由部分取决于共和主义的自我立法理想。那么，如果说统治我的规则和我对他人所负有的责任就是我赋予我自己的规则和责任，而不是我在某种意义上同意了的规则和责任，这会意味着什么？正如我认为的，回答这个问题的关键在于这样一个事实——即定义共和主义自由和市场自由的局限性是政治判断的问题，而作出政治判断总是涉及对未来的主张：道德主张和经验主张都是如此。也就是说，在捍卫给定的行动方针时，我们不仅在预测将要发生的特定后果，而且还将以特定方式评估这些后果。毋庸置疑，这两种类型的声明在本质上都是可出错的：我们认为将要发生的事情并不总是会发生，即使确实发生了，我们也不总是以我们期望的方式评估结果。拥有某些事情之后，这些事情的样子通常与我们的想象非常不同。

因政治判断是通过这种方式具有前瞻性的和可错性的，所以我们对政治合法性的理解也以同样的方式是有前瞻性和可错性的。因此，我建议我们以下列方式考虑合法性。[2] 每当政治上具有决定性意义的联盟在面对某些同胞的反对时采取行动，也就是说，每当采取政治行动时，如果成员们的决定是合法的，那么这些成员们必须相信：如果提供足够的论

---

① 杰拉尔德·高斯（Gerald Gaus）论证过这样一个观点，自由主义合法性只要求在一套共同的道德原则上达成共识。也就是说，对于哪些原则是得到辩护的共识，但并不（必然）是为什么如此的理由的共识。例如，请参看 Gerald Gau, *Justificatory Liberalism: An Essay on Epistemology and Political Theory* (New York: Oxford University Press, 1996)，以及近期的 *The Order of Public Reason: A Theory of Freedom and Morality in a Diverse and Bounded World* (New York: Cambridge University Press, 2011)。我想表明的是，如果没有大量的理想化，这种对于普遍同意弱的理解也不可能得到实现。

② 关于我对这一问题更加详细的讨论，请参看 Eric MacGilvray, *Reconstructing Public Reason* (Cambridge, MA: Harvard University Press, 2004), chaps. 6 – 8。

证和证据，就可以使持不同政见者接受他们的立场，并且他们必须已经并且必须继续做出真诚的努力以提供必要的论据和证据。同时，如果他们的决定是合法的，那么他们必须承认：如果没有足够的论证和证据，或者如果有足够的论据和证据可以证明其反面的论点，那么原则上可以驳回这种可辩护的前瞻性主张；而且至关重要的是，他们必须确保对自己的论证和证据进行自由和公开批评的必要条件得到保证。[①] 持不同政见者假设一组相反的实践承诺：指出正在行动的联盟的论证的缺陷、证据方面的缺失、事情未能按预期进行的方式等等——而且，当然，他们必须准备承认他们也可能是错误的。用更加个人的方式来说，如果你和我在公共政策问题上存在分歧，并且如果我们打算将我们的信念强加于整个政体上（例如通过投票），那么我必须相信你真诚地相信这一点——只要你有足够的时间和信息，你就可以说服我你所偏向的政策优于我的政策；而且你也需要相信同样的事情，我们每个人都必须有实际的机会说服对方。作为自由主义政体的公民，我们致力于只要我们之间还存在着分歧，就继续本着这种精神相互交往：我们的（共和主义）自由就依赖于这一点，因为如若不然，我们将无法恰当地对行动受制于政治权威的行使的各种方式负责。

契约主义观点将正义视为第一美德，因此至少在原则上要求我们提前解决基本的政治问题，与契约主义观点不同，以自由为中心的自由主义本质上是前瞻性的：它结合了对以下事实的理解——即我们的判断和理解总是可错的，并承诺会随着时间的推移不断改进它们。按照这种观点，合法性不是既定的事态，而是一个正在进行的计划；这一计划的实现掌握在普通公民手中（和思想）。这种观点并不像乍看上去那样相当具有空想性。普通政治常常给这种关系带来极大的张力：人们常常很难相信我们的同胞是意志善良的，不相信他们会按照自己的最好的态度行事，而且常常很难承诺自己会努力试图向那些不同意我们的人为自己进行辩护，这不仅是因为这么做通常要求我们走出意识形态舒适区——而且还因为我们经常有理由怀疑我们的对话者是否真的在倾听。就像我们对自由主义自由本身的实践意义的看法一样，我们愿意和能够维持必要的信

① 这些包括但不必然限于言论、出版和集会自由。

念的程度以及参与其中相应的适当行为的程度在不同情况下会随着时间而变化。但是，如果我们致力于共同建设和生活在一个自由社会的计划，这就是我们的承诺。我所勾画的合法性理论定义了自由政治的边界条件；它告诉我们为了使这种政治成为可能，我们必须相信什么和做什么。从这个意义上讲，以自由为中心的自由主义是罗尔斯所说的“现实乌托邦”：即使不是完全可能，实际的人也可能达到的一个理想[①]——尽管在我们每个人都有机会以自由主义政体的普通公民的身份在日常生活中满足它的要求的意义上，这种乌托邦比罗尔斯的更“现实”。

从这个角度来看，关于自由主义自由的适当含义的问题是日常政治的基本内容，而不是事先解决或位于更高抽象水平上的问题。这并不是说日常政治就是一切。有时候，我们对同胞真诚的信念存在着较大的张力，有时候，我们同胞的行动甚至不假装表现出真诚。在这种时候，我们甚至没有以我已经描述的间接和长期的方式进行自我立法，因此我们在共和主义的意义上不是自由的：我们只是服从暴力——或者，如果我们碰巧是在行为联盟中的成员，我们只是在强迫其他人服从暴力。无论我们的政治观点是什么，我们都有遵守那些我们不仅不同意的，而且认为是出于恶意的法律的经验。据我所知，这是政治生活中不可还原的事实。有时，如果赌注足够高，那么暴力就是对这种情况的适当反应：自由主义思想中有一种重要的传统，从 1690 年代的约翰·洛克（John Locke）到 20 世纪 60 年代的马丁·路德·金（Martin Luther King），一直在捍卫使用法律之外的方法，无论是暴力还是非暴力的手段，在特定情况下促进自由主义的目标。但是，当然，这些情况可能是什么样的问题，以及何时以及如何证明这种抵抗是合理的问题，都远远超出了本文的范围。

因此，这就是我为什么认为我们可以满足对平等尊重的自由承诺，而不必对契约主义的普遍同意准则有所承诺。我们是否还可以坚持正义至上？特别是，我们是否可以将以平衡共和主义自由和市场自由为目标的自由主义努力本身描述为一个以正义为中心的项目？换句话说，我们

---

① 关于一个“现实的乌托邦”的思想，请参看 Rawls, *The Law of Peoples* (Cambridge, MA: Harvard University Press, 1999), sec. 1。

是否可能会说，要回答我们应如何以及在多大程度上对我们的行为负责的问题，仅仅是回答正义要求什么的问题？我不反对表述这一观点的方式。然而，麦迪逊在这篇论文的题词中提供了一个有用的警告。他写道，正义是政府和公民社会的目标/终点；这不是我们的起点，而是我们一起努力后才能够得知的意义和含义。正如《联邦主义者》51更详细的文本所表明的那样，赋予任何权力，无论是多数派还是哲学派，使任何一方有权单方面地确定正义的要求，从而无视、推翻或假设不存在普通公民之间实际存在的关于正义的分歧，这样的行为使得“在追求中会失去自由”。鉴于我们每个人对正义的要求都有缺陷和可错的理解，自由仍然是麦迪逊的首要价值，就像对大多数自由主义者一样。

以自由为中心的自由主义将政治视为一个舞台，在这里公共生活的恰当目的和公共权力的适当范围随时可进行修订，并随时间而发生实质性变化。按照这种观点，自由主义理想是政治对抗的适当对象，而不仅仅是这种对抗发生的背景。实际上，自由主义政治所代表的理想与过去所代表的理想并不相同，我们有好的理由想象我们今天所代表的理想不会具有吸引力，对于后代甚至也不能完全理解。共和主义自由和市场自由的边界已经发生了巨大变化，并且可以预期会进一步变化，而且稍作反思就能发现，这种变化的抵制对自由主义理想的阻碍至少与对自由主义理想的促进一样多。因此，确保我们今天所理解的自由主义理想不会在未来被损坏或抛弃的唯一方法就是，通过我们自己以及志同道合的人们的努力。如果我们看一下自由主义政体的过去成就——对宗教宽容的广泛接受（但仍不完美）以及更广泛的言论自由和质询，那么对种族和性别等级制的相对（但仍然很不完整的）解构、（可能是暂时的）左右派极权主义的失败——来使我们想起自由公民身份的保证，我们可以期待我们仍然存在的许多道德失败，甚至只有通过我们自己的警惕来保存我们的成就，这一事实提醒我们自己我们的理想实际上是多么容易出错，我们建立在这些理想之上的制度实际上是多么脆弱。

理想化、正义和实践理性的形式*

西蒙·霍普（Simon Hope）**
（译：朱慧兰）

摘要：在现代道德和政治哲学中，当前关于理想理论和理想化的辩论通常不会审查思考形式本身。这是一个不幸的疏忽：关于思考形式的假设决定了这些辩论中捍卫的立场。我将论证，对正义和道德标准的本质和辩护的思考的适当形式是实践理性的形式。我将进一步论证，实践理性的形式不能支持现代道德和政治哲学中通常采用的许多理想化。

关键词：理想理论；理想化；正义；实践理性；道德概念

在本文中，我将论证三个主张。首先，关于道德和正义的哲学反思中哪些理想化（如果有的话）是能够得到辩护这一问题，不能独立于什么是适当的思考形式这一问题。通过引用实践和理论理性形式之间古老的区别，我的第二个主张是对正义和道德标准进行思考的适当形式是实践的而不是理论的。我的第三个主张是，实践理性的形式不能支持现代道德和政治哲学中通常使用的许多理想化。

在第一部分中，我给出了两个理由来说明为什么关于正义和道德的理想和非理想理论的辩论必须包括关于思考的适当形式的辩论。对于思

---

* 十分感谢罗恩·克鲁夫特（Rowan Cruft）、卡特琳·弗里克斯丘（Katrin Flikschuh）、阿德里安·哈多克（Adrian Haddock）、布莱恩·何（Bob Ho）、罗布·贾布（Rob Jubb）、塞姆·德·马格特（Sem de Maagt）、奥诺拉·奥尼尔（Onora O'Neill）、斯特灵大学的同事，以及UCL，亚利桑那、奥克兰和曼彻斯特的非常有帮助的听众。

** 作者为斯特灵大学哲学教授。

考必须采取的形式的限制可能因为实行理想化而不存在，我将通过讨论利亚姆·墨菲（Liam Murphy）对慈善的“非理想”解释来说明这一点。其次，关于思考的恰当形式的假设塑造了人们对理想化可接受性的立场。通过说明，我将考虑一些最近人们提出的关于理想化和抽象之间的区别的异议。然后，在第二部分，我将介绍实践理性和理论理性之间形式上的区别。最后，在第三部分中，我将论证，在这两种可能的形式中，对正义和道德标准的思考应该具有实践理性的形式。然后，我将说明这个结论限制了在对道德和正义标准的思考中理想化的使用。实践理性不能通过理想化来去除这样的条件，即使得这种理性可共享并能够指导行动的条件。

一 关于理想与非理想理论的当前（种种）争论中的空白

在过去的十年左右的时间里，关于正义的哲学思考的辩论如雨后春笋般展开，这场辩论经常被描述为“理想理论”和“非理想理论”的拥护者之间的辩论。[①] 然而，只存在两个阵营的提议似乎有点误导，对任何复杂的哲学问题的讨论似乎都是如此。“理想理论”的拥护者对能够使用的理想化的程度存在分歧，[②] 而理想化的批评者并未对此提出互为补充的反对意见：[③] 辩论在许多方面继续进行，双方的辩论只有部分的重叠。如果有一个问题将“理想与非理想理论之对立”标题下的各种辩论联系起

① 这一术语通常取自 John Rawls, *A Theory of Justice*, rev. ed. (Oxford: Oxford University Press, 1999), 8。围绕这一问题的辩论实际上要古老得多：比较 Michael Oakeshott, *Rationalism in Politics and Other Essays* (Indianapolis, IN: Liberty Fund, 1962)。

② 为了进行对比，例如 A. John Simmons, “Ideal and Nonideal Theory”, *Philosophy and Public Affairs*, 38, no. 1 (2010): 5 - 36; Laura Valentini, “On the Apparent Paradox of Ideal Theory”, *The Journal of Political Philosophy*, 17, no. 3 (2009): 332 - 355; David Estlund, “Utopophobia”, *Philosophy and Public Affairs*, 42, no. 2 (2014): 113 - 134; and G. A. Cohen, *Rescuing Justice and Equality* (Cambridge, MA: Harvard University Press, 2008)。

③ 比较一下不同的批评，例如：Amartya Sen, *The Idea of Justice* (Cambridge, MA: Harvard University Press, 2009); Charles W. Mills, “Ideal Theory as Ideology”, *Hypatia*, 20, no. 3 (2005): 165 - 184; Lorna Finlayson, *The Political is Political* (London: Rowman and Littlefield, 2015); and Lea Ypi, *Global Justice and Avant-Garde Political Agency* (Oxford: Oxford University Press, 2011)。

来，那就是："哪些理想化在哲学上是可辩护的，哪些不是?"关于正义的哲学思考，这是最常被问到的问题。但是关于任何伦理概念这一问题都可能会被问到，尽管我主要关注正义，我打算对涉及伦理概念的反思提出一个一般性的观点，正义只是这些概念中的一个。

围绕着理想理论和理想化的辩论通常是由这样一种假设所塑造，这种假设有可能缩小看起来将它们联系起来的问题的范围。理想化的所有实例都扭曲了世界的特征。正如奥诺拉·奥尼尔（Onora O'Neill）所指出的那样，"一个假设及其衍生的理论是理想化的，是指在将谓词（通常被认为是增强的'理想'谓词）赋予某事物时，相关谓词对现有情况的描述是错误的，由此否认了在这一情况下为真的谓词"①。关于正义的理想化的争论通常会考虑可以由理想化去掉的世界的有限特征。争论集中在理论化是否应该通过理想化去掉某些环境，诸如政治环境、历史的"不正义"的环境、有限的稀缺性的环境、不服从的环境或对可行性的各种限制等等。这组特征的共同点是，它们都是世界的特征，因为它们独立于理论而被理解：它们是现实世界的特征，而关于理论的提议正是在这个世界上得到例示。②

我不想表明关于理想化的争论是错误的。③ 我想表明的是，如果我们所考虑的仅仅是此类理想化，至少有两个好的理由来认为关键问题会被遗漏。我们会遗漏思考本身可以被理想化的可能性，我们会遗漏关于反思形式的假设影响现有争论的方式。

A. 因理想化消除关于对思考的限制

刚刚提出的有争议的理想化的例子都涉及世界的特征，这些特征与实例化某些道德或政治哲学的结论的任务有关。然而，哲学本身也是世

① Onora O'Neill, *Towards Justice and Virtue* (Cambridge: Cambridge University Press, 1996), 41.

② 关于代表性的例子，请参看 Holly Lawford-Smith, "Non-Ideal Accessibility", *Ethical Theory and Moral Practice*, 16, no. 3 (2013): 653 – 669; Colin Farrelly, "Justice in Ideal Theory: A Refutation", *Political Studies*, 55 (2007): 844 – 864; Galston, "Realism in Political Theory", *European Journal of Political Theory*, 9, no. 4 (2010): 385 – 411。

③ 我试图为这些讨论做贡献：请参看我的论文，"The Circumstances of Justice", *Hume Studies*, 36, no. 2 (2010): 125 – 148。

界的一部分——它是思想的建构，是由特定的知识遗产构建的、由具有有限认知和思考能力的思想家构建的。当前辩论的任何贡献者都不会否认这一点，但是这一点却意外地几乎没有受到任何关注。① 这很不幸，因为思考能力和思考所采用的形式也是世界的一部分，并且理论化可能会对两者进行理想化。

为了帮助证明这种思想并使之不那么模糊，我想简要说明一下它如何适用于标签为“非理想理论”的立场。利亚姆·墨菲的《非理想理论中的道德要求》处理的是一个道德问题，该问题在某些主体不遵守道德义务时产生。由于这样的世界并不理想，因此墨菲将自己的立场描述为非理想理论中的一项实践。他担心的问题是，在这种情况下，慈善会面临一些不公平：当有些人不尽其本分帮助有需要的人时，善良的人必须做更多。假设（尽管我不同意）这是一个问题。② 墨菲的解决方案坚持认为每个人只有在自己完全履行其慈善义务时才有义务做被要求做的事。③ 然而，这种解决方案包含一种彻底理想化的思考方式。

考虑一下墨菲理解的伦理思考的内在本质。墨菲思考的内在本质是，道德标准涉及一种衡量一个人必须完成的善行的量的标准。为了回答“慈善需要我做多少”，墨菲将让反思的主体计算出满足全球对慈善的需求的情况所需要的条件，然后将这总数公平地分配给所有自然和人为主体，以确定每个人的公平份额。墨菲（Murphy）承认，精确的计算可能超出我们的能力范围。但是，只要个人做出“真诚的”尝试，用“粗略的猜测”并辅以“专家的有根据的估计”来执行计算，该原则就可以作

① 例如，瓦伦蒂尼在她的论文（On the Apparent Paradox，341）中将关于“这样的理论化的价值”的讨论归为一类，这很引人注目。对于我的抱怨有一个重要的例外，请参看 Mills，“Ideal Theory as Ideology”。

② 我不明白，一个有公正、公平、仁慈、善良等等美德的主体如何会将弥补他人的错误行为认为是不公平的。这种想法就是将道德义务视为繁重的负担，而不是良好生活的必要要素。道德主体对道德概念的把握如何使作为行动理由的某些考虑无法发挥作用，在我看来，那种必要性是其中的核心部分。在严重的情况下，道德主体可能会后悔良好生活使他或她付出的代价，但这与认为他或她的义务尤其繁重以至于是不公平的情况不同。我采取的“使……无法发挥作用”的概念来自于 John McDowell，“Virtue and Reason”，reprinted in his *Mind*，*Value*，*and Reality*（Cambridge，MA：Harvard University Press，1998），chap. 3，at 55 – 56。

③ Liam Murphy，*Moral Demands in Nonideal Theory*（New York：Oxford University Press，2000），chap. 5.

为“基础标准，并以此主体评估他们的立场动机和经验法则”。[①] 我不太确定。在我看来，墨菲必须对思考本身进行重大的理想化，才能使他的计算更加清晰。

一个人不能问“慈善需要我做多少?”，好像可以独立于其他道德考量来计算出仁慈的标准。如果我没有做得很好，我的举动就不是善意的举动，因此要想做一个善意的举止，我必须考虑一下一般情况下表现得好是什么意思。[②] 此外，善意的主体提出的有关需要和协助的主张通常会产生令人难以置信的复杂现象，在此现象中，一系列不公正都牵涉其中。[③] 这种不公正现象的后果将以微妙的方式塑造道德生活的许多日常领域：毕竟，个人的就是政治的。这会给良好的行为带来很大的复杂性。

考虑到这些观点，墨菲的仁慈观念必须包括计算一个人需要做多少才能总体上表现良好。在这里，墨菲思想的理想化本质得到了揭示。通常，只有在得知良好行为的可能集的极限时，才能计算出需要做多少才能表现良好。墨菲的思想必须预设一个立场，而极限能够从这一立场得知；他承认我们不擅长进行计算，但他坚持原则上是可行的。然而，由于人类的认知和思考能力是有限的，人类互动的可能性以及表现出良好行为的可能性必须被理解为是无限的。[④] 行为良好的可能性集合的极限是难以被认识的，只有当我们有限的思考能力由理想化消除时，墨菲的道德数学才成为可以可理解地应用于人类互动的事物。如果这是正确的，我们无法知道墨菲提出的善意原则可能意味着什么。墨菲假定的思考立

---

① Murphy, *Moral Demands in Nonideal Theory*, 118 – 120.

② 奥尼尔和麦克道尔都很有说服力地指出一个人更广泛的道德观与个人实践判断的紧密关系：O'Neill, “Normativity and Practical Judgement”, *Journal of Moral Philosophy*, 4, no. 3 (2007): 393 – 405, at 402 – 403; McDowell, “Virtue and Reason”, 65 – 69.

③ 我试图在其他作品中让大家注意到这一点的重要性，请参看我的论文，“Kantian Imperfect Duties and Modern Debates Over Human Rights”, *Journal of Political Philosophy*, 22, no. 4 (2014): 396 – 415; and “Subsistence Needs, Human Rights, and Imperfect Duties”, *Journal of Applied Philosophy*, 30, no. 1 (2013): 88 – 100。

④ 有人可能认为这一主张需要加以限定：可能性的极限范围超出了我们的认知能力，但对于上帝或一个理想的观察者来说，情况会有所不同。我怀疑这样的限定是没有意义的，因为没有一个选择是针对我们的选择。关于这个一般问题的详细论证，请参看 Jonathan Lear, “Transcendental Anthropology”, in his *Open Minded* (Cambridge, MA: Harvard University Press, 1999), chap. 11。

场不是一个反思主体可以接受的观点，因此根本不属于反思的立场。

在这里，我的目的仅仅是利用墨菲的立场来说明一个观点，即假使世界上的某个特定的特征（例如不遵从）没有被理想化消除，关于如何解释该特征的理论化过程也可能是被完全理想化的。墨菲的立场的捍卫者无疑想要反对我刚才简要说明的反驳。这样的争论将围绕墨菲使用的理想化是否能够得到辩护的这一问题。如果我们将对理想化的哲学审查仅限于要应用理论结论的世界特征，那么这种争论甚至无法出现。那将是不幸的。

B. 思考的形式至关重要

现在，我将转向第二个理由，试图扩大关于理想化和理想理论的争论的范围，并试图将思考本身的形式纳入其中。毕竟，哲学思想本质上是反身性的：对某事进行哲学反思，同时也在反思哲学思考本身的本质。因为关于思考形式的预设影响了特定问题的回答，即哪些世界的其他特征是能够合理地由理想化消除的，所以对思考形式本身进行哲学审查是必要的。

举例说明这一点可能会有所帮助。考虑一下奥诺拉·奥尼尔（Onora O'Neill）的论述，实践理性必然是抽象的，但不能支持理想化。[①] 如之前所述，理想化篡改了世界的某些特征。相比之下，抽象并不否认谓述的存在，而是将他们归类（bracket）："从谓述中抽象出来的推理得到的断言不依赖于该谓述成立与否。"[②] 奥尼尔的概念区分很明显。将世界某些特征归类的陈述不同于篡改世界特征的陈述。

尽管如此，艾伦·哈姆林（Alan Hamlin）和佐菲亚·斯滕普洛斯卡（Zofia Stemplowska）最近发现奥尼尔的区别"在实践中很模糊"，而霍

---

① O'Neill, *Towards Justice and Virtue*, 39 - 41.

② O'Neill, *Towards Justice and Virtue*, 40. 我在几次会议上的谈话中发现，这种明显的区别被广泛误解，而误解的根源似乎是舒亨利的著名论文：Henry Shue, "Torture in Dreamland", *Case Western Reserve Journal of International Law*, 37 (2006): 231 - 239。舒承认奥尼尔的观点，他声称理想化给例子增加了一些积极的东西，而抽象则是删除了一些消极的东西（请参看 Shue, 231 和脚注 4）。这不仅是对奥尼尔的误读，也是荒谬的。如果我假定一个没有奴隶制的世界，我是增加了一些积极的（更多的自由）还是删除了一些消极的（更少的统治）事物？如果答案必须是其中一个，就没有答案。

莉·劳福德·史密斯（Holly Lawford-Smith）则宣称它“充其量也是很脆弱的”。[①] 他们发现的问题是：如果理想的正义模型/正确的行动不会产生错误的结果，理想化是无法以直接的方式篡改什么的。[②] 正如劳福德－史密斯所说，“［理论的］假设是否为假并不重要”。只要这种理想化消除了到达真相的障碍，并允许在稍后的某个慎思阶段重新引入现实世界的复杂性，那么理论模型就可以提供真正规范的结论。[③]

有人认为篡改是没有问题的，在我看来，这种言论成为现代道德和政治哲学中理想化的标准辩护。对正义或对任何其他伦理概念的思考被理解为渴望通过正确行动的理论模型（以及在社会正义、制度结构来调节正确行动的情况下）来准确地把握该概念是什么。有人认为，正义和其他价值的理论建模可以利用进行简化的理想化来更好地阐明这些价值是什么，因此，如果理论模型没有提供错误的结果，理想化就没有问题。因此，斯滕普洛斯卡在一篇重要的相关论文中坚持认为，除非采用简化理想化情况的方法，否则对正义的思考将无法理解其目标：“问题本身就已太过于复杂。”[④]

然而，请注意，劳福德－史密斯和斯滕普洛斯卡都理所当然地将重点放在正义需要的理论模型所产生的结果上。我发现很明显的是，他们俩都明确援引在科学理论化中使用的理想化来为关于正义的哲学理论中理想化的观点辩护。[⑤] 两位评论家都没有重视这样一个事实，即奥尼尔的主张是关于实践理性的主张。相反，劳福德－史密斯和斯滕普洛斯卡假

① Stemplowska and Hamlin, “Theory, Ideal Theory, and the Theory of Ideals”, 50; Holly Lawford-Smith, “Ideal Theory: A Reply to Valentini”, *Journal of Political Philosophy*, 18, no. 3 (2010): 357－368, at 366.

② Stemplowska and Hamlin, “Theory, Ideal Theory, and the Theory of Ideals”, *Political Studies Review*, 10, no. 1 (2012): 48－62, at 50－51; Lawford-Smith, “Reply to Valentini”, 363－366. Lawford-Smith 实际上为奥尼尔区别的脆弱性提出了一个不同的理由：“我们可以将归类重新描述为断言谓述的缺失”（366）。由于这与我所引用的奥尼尔自己关于归类的表述相矛盾，因此我放弃了这一观点。

③ Lawford-Smith, “Reply to Valentini”, 366.

④ Stemplowska, “What's Ideal About Ideal Theory?” *Social Theory and Practice*, 34, no. 3 (2008): 319－340, at 327.

⑤ Lawford-Smith, “Reply to Valentini”, 365; Stemplowska, “What's Ideal About Ideal Theory?” 323. 同样请对比 Valentini, “On the Apparent Paradox”, 354; Estlund, “Utopophobia”, 134。

设，相同形式的思考同时适用于科学理论化和关于我们应该如何生活的思考。如果这个假设被接受，那么实践理性就只能是关于实践的话题。我认为只有根据这一假设，斯滕普洛斯卡和其他理想化的捍卫者才能为“理想化增加明确性”提供辩护。道德和政治理论应该像科学理论一样，采用理想化方法来筛掉（我的科学家朋友通常指的是）现实世界的复杂性引起的分散注意力的和无关紧要的噪音。

我的印象是，关于科学和规范的理论化具有相同形式的这种假设广泛存在于现代道德和政治哲学中。① （我确实不确定）这可能是正统的观点。但是我确信这并不总是正统的观点。因此，可以通过亚里士多德和康德的思想在实践和理论理性形式之间的古老区别来挑战它。但是，同样，除非我们将围绕理想化和理想理论的争论范围扩大到包括思考形式本身，否则这种挑战甚至无法出现。

二　实践理性的形式

实践理性的独特形式以及它所涉及的知识的独特形式具有很多方面，并且仅在其中某些方面来得到考虑。例如，有可能从对应该做的事情的思考中抽象地考虑对某人正在做的事情的思考的本质，而不否认这些是实践理性根本上相互联系的方面。② 在这里，我的重点将放在对应该做什么的判断。为了弄清实践理性和理论理性的形式之间的区别，考虑一个例子可能是有用的。据我所知，伊丽莎白·安斯科姆提供了最好的例子。

A. 实践理性就是要产生自己的目标/对象

一名男子根据购物清单将物品放入篮子，而一名侦探则跟随该男子记录他放入篮子中的物品。安斯科姆提醒我们注意以下两者之间的区别：

---

① 正如 Maike Albertzart 在一次尖锐的讨论中指出的那样，许多道德现实主义的描述明确地与科学推理相类比，许多道德原则的描述明确地将原则描述为类似于理论定律：*Moral Principles*（London：Bloomsbury，2014），94－95。

② 跟随 Stephen Engstrom，*The Form of Practical Knowledge*（Cambridge，MA：Harvard University Press，2009），54－55. 恩格斯特罗姆的书是对后一个问题的典型讨论；Anscombe，*Intention*（Cambridge，MA：Harvard University Press，2000）是对前一个问题的讨论。

> 如果清单和该男子实际购买的物品不一致，如果仅此行为本身构成了一个错误，那么该错误并不在于清单本身，而在于男子的表现（如果他的妻子说：“你看，上面写着黄油，你却买了人造奶油”，他几乎不会这么回应：“这是个错误！我们必须改正过来，把这个词改成‘人造黄油’”）；然而，如果侦探的记录与该男子实际购买的物品不一致，那么就是侦探的记录出现了错误。[①]

与某些解读相反，该例子并非旨在说明欲望和信念在心理状态上的区别。它说明了两种形式的理性之间的区别。

如果侦探的记录与购物者购买的物品不符，那么侦探就犯了一个错误，因为侦探的推理就是要准确地呈现世界的状况。如果购物者购买的物品与他的购物清单不符，那么他也因为自己的推理方式犯了一个错误。然而，购物者的错误是非常不同的类型，在掌握这一点之后，我们开始了解两种推理形式之间的区别。购物者的错误在于“人的表现”，这是因为购物者从事指导思考主体的行动的理性活动。如果他购买人造奶油而不是黄油，那么购物者的行为将无法实例化他的推理中所采用的标准。因此，这里我们区分了两种形式的推理。实践推理不能独立地代表什么是正确的。与理论推理不同，实践推理就是要产生它所推理的目标/对象。

理解实践理性与理论理性形式之间的区别的关键在于理解这一想法——实践理性就是要产生其目标/对象。在通过理论判断的实践将概念应用于目标/对象时，思考主体已经有了判断的目标/对象，这一目标/对象独立于形成判断的思考过程。思考主体要么在给定的普遍性之下服从给定的特殊性，要么在给定的特殊性中寻求适当的普遍性。因此，例如，观察某人购物时，我可能会问：“他买的是黄油吗?”或（例如，如果我是处于一个陌生文化中的访学人类学家），我会问“他在做什么?”无论哪种情况，理论理性的运用都是要确定推理的目标/对象是什么，但是显然这不能自己生成推理的目标/对象。

相反，实践判断的目标/对象不是独立地被给予思考主体。实践判断

① Anscombe, *Intention*, 56.

的目标/对象是应该做什么，而这不是世界本身就具有的特征。例如，当主体判断自己应拒绝贿赂时，主体理解正是通过这一判断，他才拒绝贿赂。他的判断就是要决定应该做什么。因此，我们拥有的推理和知识在形式上不能是理论上的，因为如果推理和知识就是要产生其目标/对象，那么它的目标/对象就不可能是独立给予主体的东西。

到目前为止，我的评论可能表明，实践推理的目标/对象实际上是做应该做的事情，在这种情况下，我们已经知道了应该做什么。读者应该从他的思想中消除任何这样的观念！实践判断的目标/对象是应该做什么。实例化“什么”的实践不可能事先就准备就绪，因为这仍是等待被执行的实践。因此，在将概念运用到实践判断中时，思考主体并不是将这些概念运用到一个特定的独立于主体的行动。例如，购物者需要处理复杂的标准集。也许他的目标是买一周的东西，并希望物有所值，避免支持剥削性的公司，不要让他的妻子失望并在下午6点之前回家，等等。每个标准本身都不是实践判断的目标/对象。相反，实践判断的目标/对象是所有这些标准的统一，只有通过实践判断才能使这些标准统一。由此，实践判断的目标/对象就是应该做什么。①

因此，一个实践判断是通过统一思考对象所确定的多个标准来制定行动规范（因为统一是可能的——当然，可能存在一些困难的情况）。这些标准是理性的标准。主体关于应该这么做的知识是通过一个实践判断得出的，同时结合多种给予理由的标准，因此主体关于应该这么做的知识包括知道这么做的理由的强度。② 由此，实践判断就是要确定其对象。

---

① 前两段极其受助于：O'Neill，“Modern Moral Philosophy and the Problem of Relevant Descriptions”, in Anthony O'Hear, ed. , *Modern Moral Philosophy* (Cambridge: Cambridge University Press, 2004): 301 - 316, at 311 - 313, and Stephen Engstrom, “Constructivism and Practical Knowledge”, in Carla Bagnoli (ed.) *Constructivism in Ethics* (Cambridge: Cambridge University Press, 2013): 133 - 152, at 144 - 146。

② 这也许是我在这一节中提出的最具争议性的言论：一个主体当然有可能作出这样的判断——应该谢绝贿赂，但是还是非意志薄弱地（non-akratically）接受了贿赂？我认为，我们应该否认这种可能性，并与麦克道尔站在同一立场，认为对该做什么的无缺陷性知识必须包括对为什么要这么做的知识。请参看“Virtue and Reason”, section 3。我只能在这里表明我们为什么要这样想。粗略地说，做什么的问题是一个实践问题：它的答案必须提供行动指导。而对于一个能够选择做自己喜欢做的事情的、反思性的生物来说，行动指导必须包含一个可辩护的要素：理解做什么就是理解为什么要这么做。

我使用“就是要（is such as to）”这一说法来表示主体总是有可能不做应该做的事情。一个主体作出这样的判断——应该拒绝贿赂，但这个主体可能仍然会因为意志薄弱而收受贿赂，就像安斯科姆的购物者可能不经意购买了人造奶油一样。由于主体推理的形式，这种可能性表示一种错误。

因为得到理论理性的目标是独立于主体的，而实践理性本身就是要产生其目标/对象的，所以这是两种明显不同的理性形式。但是，很容易认为这种区别实际上是模糊的。例如，一个人可能会指出推理是医学实践的一个特征。医学显然是理论上的，然而（也许有人会说）它就是要带来良好的健康，这是它的目标。[①] 因此，抽象中看似清晰的形式上的区别在现实中显得很模糊。

一旦人们认识到两种理性形式并非彼此孤立地起作用，在实践理性和理论理性之间形式上的明显区别就消失了。继续以医学为例，将如此复杂的人类事业描述为理论或实践推理的一个实例是错误的。医学的实践展示了推理的两种形式。“这能治愈癌症吗?”和“我们应该如何应对存在于该患者中的癌症?”这两种判断之间的差异也存在于表达上。在前一种情况下，判断的目标/对象独立于思考主体，因此推理不能产生其对象。在后一种情况下，判断的目标/对象是应该做什么，应理解为在复杂的标准集的统一（尽可能的）。例如，外科医生应遵守道德规范并有效率地行事。而且，在了解到这是应该做的后，外科医生了解到她应采取相应的行动。

就像安斯科姆的购物者需要知道超市在哪里一样。外科医生的实践判断——“我们应该如何应对癌症?”当然也会利用有关例如有效治疗的理论判断。如果主体要在其行动中成功实例化指导标准，则相应地她需要充分了解世界是怎么样的。但是这些理论知识不是实践判断的目标/对象，因此形式上的区别不会模糊。这些理论知识在实践判断中也没有与在理论判断中完全相同的特征。例如，一个理论判断——患者对麻醉药的反应不良，仅仅能够识别相关事实。在实践判断——“我们应该如何应对该患者中的癌症?”中，相反，这样的事实是相关的，因为它是一个

① 非常感谢匿名的《社会哲学和政策》评论员提供了这个有用的例子。

障碍。实践推理涉及对世界的相关特征的准确理解，因为这些特征与塑造实例化该推理中所采用的标准的行为相关。①

在澄清了实践和理论理性之间形式上的区别之后，我想表明它的一个蕴涵的影响。实践理性的形式就是要产生其目标/对象，这就蕴涵着实践推理是生产能力、意志的使用。意愿的任何行使都必须受其可能生产的可能性的条件的限制；否则，它就无法具有生产力，因此，单纯的虚妄的想法并不属于意愿的行使。② 因此，对于实践判断来说，承认意志生产力的可能性的条件必须是内在的。在第三节中，我将说明这一点非常重要。

B. 实践理性的范围

在第1节B部分中提到的假设——即对正义和道德标准的思考从根本上说是理论上的，这一假设对于我刚才提到的形式上的区别似乎并没有阻碍。一个熟悉的观点认为，一个人对于实践理性中运用的标准的本质和辩护的思考处在实践理性的范围之外：对这些标准的本质和辩护的反思是一种理论理性的运用。③

然而，对实践理性标准的进一步思考可能会破坏这种对实践理性范围的熟悉观点。实践理性的标准允许使用不同类型。在塞巴斯蒂安·罗德尔（Sebastian Rödl）之后，④ 一个实例化这样目的的行动导致了这一目标的完成，就这一点来说，某些目的是有限的（例如，用键盘敲出该句

---

① 这一点受助于 Anton Ford, "On What Is In Front of Your Nose", *Philosophy Topics*, forthcoming 2016；以及 Anselm Muller, "How Theoretical is Practical Reason?" in C. Diamond and J. Teichman, ed. , *Intention and Intentionality* (Ithaca, NY: Cornell University Press, 1980), 91 - 107. 在早期作品中，通过表明实践理性的契合方向（direction of fit）并不完全是单方向的，我尝试着提出这一点。（"The Circumstances of Justice", 140）现在我后悔提出这种说法（这使得形式上的区分变得模糊），但是我对这一观点本身并不感到后悔。

② Kant, *Groundwork of the Metaphysics of Morals* [1785], trans. J. Timmermann, (Cambridge: Cambridge University Press, 2011), 4: 394.

③ 两个突出的例子：John Broome, *Rationality Through Reasoning* (Oxford: Wiley, 2013), 23 - 24; and David Velleman, *The Possibility of Practical Reason* (Oxford: Oxford University Press, 2000), chap. 10。

④ Sebastian Rodl, "The Form of the Will", in Sergio Tenenbaum, ed. , *Desire, Practical Reason, and the Good* (Oxford: Oxford University Press, 2010), 136 - 160, at 146 - 149.

子）。相反，其他目的是无限的，即实例化这样目的的行动显示的仅是无数可能性中的一个，也就是例示说明该目的规定的特殊行为方式。例如，考虑以正义的要求行事或者穿着时尚或保持健康。用键盘敲出了这个句子之后，我将来只能输入其他句子；在以正义的要求行事之后，以后的任何时候我都可以再次以正义的要求行事。在任何单独的时间里暂时有限的行为中，无限的目的并不会到达一个极限。罗德尔（Rödl）的区分有助于指出某些实践理性的标准比其他标准具有更大的普遍性。但是，由于“无限”这个标签可能会分散注意力，因此我将这些标准称为一般标准。

在一般标准的类别中，可以进一步区分。某些一般标准是极其平常的：用英文输入法打字。其他一般标准更有趣，因为它们在生命的塑造中得到例示。不过这需要更多的术语。在时间上有限的行动这一意义上思考“我应该做什么”，同时也可以是从更广泛的持续的活动这一意义上的关于“我应该做什么”的思考。在这里，“活动”是指一种持续进行的方式——仅在可能被停止（例如，丧失能力或遭到拒绝）的意义上是时间上有限的，而不是因为它已经完成——这由活动主体的思考所决定。因此，举例来说，虽然蜉蝣的生命周期是连续的，但在我的术语中却不是活动的实例。相比之下，一个人过着有意义的生活将是最广泛的一个活动的可能示例。①

在生命塑造中例示的一般标准以复杂的方式提供了行动指南。一般标准提供了有关个体化的、时间上有限行动的指南，实践判断塑造需要被执行的行动，这个行动则例示了诸多的标准。一般标准还指导活动，包含着中心排序概念（central ordering concepts），这些概念既构成了主体对有价值的东西的理解，又起到了联系和融合针对主体生活各个领域、角色或各个方面的诸多标准的作用。

实践的推理者必须具备一些一般的指导性标准。当然，可以想象：有人能够思考平常的任务（例如，烹饪），但是却没有使他们的至关重要

---

① 我的术语很大程度上受助于亚里士多德在 Metaphysics 1046b 中对于活动（energeia）和运动（kinesis）的区分，尤其是 Charles Hagen 的解读，“The Energeia/Kinesis distinction and Aristotle's Theory of Action”, *Journal of the History of Philosophy*, 22, no. 3 (1984): 263 – 280。同时请对比 Rodl, “The Form of the Will”, 146 – 147。

的活动可理解的中心排序概念。这样的命运降临在历史上的许多殖民者身上。[①] 然而，这样的人仅能在严重得到削弱的程度上进行实践推理。失去了使他们的活动可理解的中心排序概念之后，这样的人只能把日常任务理解为生命的延续，而不能理解生命是什么，以及为什么应该延长生命。如果这是正确的，则对（无缺陷的）实践推理来说，其本质在于思考主体具有一般的指导性标准。

最后，确定为活动提供指导的标准是主观的，特别是在属于思考主体的康德主义的意义上。这些标准是我本人（作为主体）通过采用他们作为自己的准则而制定的自己的标准，并承诺在适当的情况下根据实践判断来应用这些准则。[②] 或者（同义地）这是采用给予理由的概念（正义、善良、诚实等），这些概念被包含在标准中，作为中心排序概念来指导我的行为：我将要恪守的概念。[③] 除非我将我采用的标准作为准则来通过一个思考测试，否则我无法合理地做到这一点。因此，关于哪个一般标准应该指导我的活动的思考是这样的一个任务——决定哪一个标准是哲学上得到辩护。

接受对某种标准的辩护意味着采用相关原则作为指导我活动的准则。在制定自己的标准时，就我的活动而言，该概念的运用就是要产生相关的活动本身（在作出“我应该按照正义的要求生活”这一判断时，我理解到正是通过这一判断，我才是正义的）。看来是如此的——难道不是这样吗？——对实践理性标准的本质和辩护的思考本身就是一种实践推理的运用：对实践理性一个彻底反身的方面的运用，但是，尽管如此，这仍然是关于一个人应该做什么和正在做什么的推理。

三　正义和道德标准是实践理性的标准

我已经试图说明这一观点的重要性，即实践理性在形式上与理论理

---

① 这种可能性很好地得到了检验，请参看 Jonathan Lear, *Radical Hope* (Cambridge, MA: Harvard University Press, 2008), 尤其请查阅 pp. 56 – 62。

② 请对比 O'Neill, *Towards Justice and Virtue*, 164。

③ 此观点来自于 Adrian Moore, "Maxims and Thick Ethical Concepts", *Ratio*, 19, no. 2 (2006): 129 – 147, at 135 – 138。

性是截然不同的，而且实践理性的标准不是通过理论理性得到的。这就引起了一个问题，即理想化的拥护者是否有权做出这样的假设——对正义和道德标准的思考在形式上是理论的。我现在将要论证，我们应该拒绝这一假设。

A. 反对理论理性的优先性

对正义和道德标准的本质和辩护的思考是理论理性的运用，持有这种观点的一个理由是假设在我们得到应该如何行动的（实践上的）说明之前，我们必须有关于这些标准是什么的（理论上的）说明。在现代政治哲学中，持这种观点中最著名的大概是科恩（G. A. Cohen）的言论。如果我的理解是正确的，科恩坚持认为，我们必须首先探索正确的正义原则是什么，然后再考虑正义应如何指导行动的问题。科恩写道：

> 基本原则的目的本身不是指导实践，就像通过计算得出有关经验世界的真相不是计算的目的本身……这个目的并不是算术的构成部分：如果世界变得太混乱而无法运用算术，那么算术仍然会保持现在的样子。基本原则确实服务于这样的目的：（当与事实结合）它们告诉我们该怎么做，但是他们的基础与他们所服务的实践目的却是不同的。①

借用科恩自己对查士丁尼（Justinian）思想的不合理的应用，其思想是：正义让每个人都得到他们应得的，这可以独立于对每个人如何得到他们应得的——或者甚至独立于这是否是可能的。② 这是将正义的概念看作最终是来表征一个事态（state of affairs）的。这让我想到了一个非常流行的想法：例如，斯滕普洛斯卡断言，规范理论必须使我们能够“根据我们

---

① Cohen, *Rescuing Justice and Equality*, 266 - 267.

② 请参看 Cohen, *Rescuing Justice and Equality*, 252 - 253. 查士丁尼是这么说的：“正义是一种既定的、永恒的目标，它赋予每个人应有的东西。” *Institutes* I. i, trans. J. B. Moyle (Oxford: Oxford University Press, 1913). 我感到惊讶的是，科恩（Cohen）最初对这段落进行了准确的修饰，但立即放弃了对给予（giving）的重视，而将重点放在了正义的接收者（recipients）上。

应该到达的最终里程碑来判断我们已经取得的成就”①。

科恩在其他地方也宣称理论思考的优先性：他说思考的思想家可能关心正义是什么，但根本不在乎正义的标准应如何指导实践。② 这引起了大卫·米勒具有怀疑态度的回应，即为什么有人会在乎正义是什么，却不在乎我们应该如何行动或者不在乎我们在其中行动的社会制度的结构，这是让人难以理解的。③ 我认为应该提供一种更加具有怀疑态度的回应方式：如果不理解正义标准如何指导行动，那么似乎就不可能来理解正义是什么。

再考虑一下科恩对作为应得（what each is due）的正义的解释。或许这是我的想象的失败，但是我无法理解“应得”可能意味着什么，如果它没有指示必须要做的事情；或者如果它没有产生一种行动模式的话。说必须做某事就是确认一种限制，这种限制以义务的形式出现，使得一个或多个主体的意愿的行使受到约束。考虑某人应得的东西就是考虑别人应该被要求如何采取行动。它是将权利的拥有者定位在与其他人的一种特殊的实践联系中：这种联系由一种与权利相关的义务构成。我之所以称之为实践联系，是因为我们所讨论的包含在这一联系中的是不同主体的活动。因此，除非人们既能说明义务承担者的身份又能说明义务的内容，否则对权利的思考就是空洞的：这种思考将无法在任何正确的实践联系中定位权利所有者。④

① Stemplowska, “What's Ideal About Ideal Theory?” 332.

② Cohen, *Rescuing Justice and Equality*, 306 – 307.

③ Miller, *Justice for Earthlings* (Cambridge: Cambridge University Press, 2013), 232.

④ 对比 Michael Thompson, “What is it to Wrong Someone?” in R. J. Wallace, P. Pettit, S. Scheffler, and M. Smith, eds., *Reason and Value* (Oxford, Clarendon, 2004), 333 – 384, 以及 O'Neill, *Towards Justice and Virtue*, chap. 5。要否认这一点，就要持有这样一种观点，即存在一种可理解的方式来说“她应该拥有这个和那个”，其中的“应该”并不描述任何实际的联系。霍莉·劳福德·史密斯（Holly Lawford-Smith）断言这是可以理解的：对于一个在自然灾害中丧生的所爱之人的案例，“我们有很强的直觉，生活确实不应如此不公平，以至于让这成为现实”（“Reply to Valentini”, 359 n. 4）。除了她明确否认这点之外，我无法理解劳福德·史密斯的主张：一个我们已经抛弃的令人着迷的世界观所剩余的空白。劳福德·史密斯所描述的纯粹是主观臆想。因此，悲伤和哀悼是完全适当的，他们本身就是对所爱之人逝世的完全适当的反应。但是，应该发生的事情与意愿的行使有关。意愿不能纯粹的主观臆想，因此，纯粹的主观臆想不是一个关于“应该”的真正的例子。参见上文第二部分的 A 节。

因此，任何关于正义是什么的说明都无法独立于主体应该如何行动的说明。值得问的是，对于后者的说明需要什么。或许有人认为，我们所需要的就是一个关于应该做什么的充分的实质性说明——这是理论模型可以提供的。但是，如果这就是我们所需要的一切，那么这一说明就完全将行动主体排除在外了。这样的说明就会使得“应该做的事情”的实行者仅仅成为一个过程中功能性的组成部分，在这方面，他们完全可以被复杂编程的机器人代替，而且这对这个理论没有任何影响。以这种方式思考他者，并不是将他们看作是行动的（acting）。行动涉及对意愿的反思性行使。对我们应如何行事的说明必须认可这一点，也就是使得应该的行动得以实现涉及了行动者的生产能力的行使。因此，任何此类说明都必须对相关的行动者如何遵循正义标准提供辩护性解释。

更进一步，并将这一点与以上第 2 部分的 B 节相联系，愿意遵循一个原则就是要使这一原则成为自己的——也就是在这一原则通过了反思审查的测试的基础上，采取这一原则来作为行动的指导。对于思考主体，他们能够自由地采用任何他们认为合适的标准，行动指导不能够只是关于标准拥有充分内容的问题。如果没有推理能够证明采用一个标准是得到辩护的，那么这个标准就无法为一个思考主体指导行动。①

当考虑多个主体时，辩护那些标准的推理必须能够协调相关多方面成员的意愿。我在这里使用“协调”是一种特定的、也许是不常见的含义。我所想的不是可以使用博弈论等类似工具来建模解决“协调问题”的行为模式。我所想的是什么能够使得一个标准通过多元主体的反思审查，由此每个人都可以将这一原则看作是自己的。正如我已经指出的那样，采用一个标准来作为自己的，就是一种实践理性的行使。因此，反思审查的测试必须具有实践理性的形式：这是关于哪个中心排序概念决定一个人的活动的推理。（在下面我要说明一些有关要能够协调多元意愿的推理必须满足的标准）。

让我将这些要点结合在一起。如果不说明其他人应该如何行动，就

① Valentini，“On the Apparent Paradox”，342 n. 49，她的论文也将辩护问题独立于行动指导，尽管我没有看到她对此的推理。如果我所说的和我将说的话是正确的，那一定是她的论文中犯了错误。

无法说明每个人应得的是什么。没有说明其他人应该意愿什么，就无法说明其他人应该如何行动。而且如果没有说明来协调多元主体的意愿的推理是如何可能的，就无法说明其他人应该意愿什么。因此，关于什么是正义的推理必须是能够产生其目标/对象的：这是实践推理。正义的本质是由一系列包含着标准的原则所展现的，这些标准将主体的活动和制度连接起来，而主体的活动正是通过相关的制度来展开的，从而将其包括在一个关于义务的实践联系。正义的标准并非源于理想的事态。

实际上，关于正确理解我在第 2 部分 B 节中所说的一个无限的或者一般的指导性标准不可能要求任何一个对于理想事态的描述。当我们思考人类互动的无限可能性时，似乎给予理由的概念——正义、宽容、诚实、仁慈等（以及所有消极的概念：残忍、忽视、欺骗……）必须具有一般标准的形式。掌握这样一个一般标准就是要理解该标准在生活的开放式活动中所扮演的指导性角色。正是由于这种活动是无限的，所以对任何这样的标准的正确理解都不会涉及关于最终里程碑的确定，即理想的事态的确定。正确地掌握这样的标准就是要掌握思考对象如何能够采用这一标准，并将其作为他们在生活里开放活动中必须遵循的标准。这是为了掌握正义如何作为实践理性的标准来发挥作用，而不是要掌握任何理想事态所描绘的最终里程碑。[①]

B. 反对理想化的使用

一个人可能同意正义和其他道德标准是一般标准，而且同意：在不考虑实践的情况下，是不可能把握这些标准的本质，但仍然认为理想化对于思考这些标准的本质和辩护来说至关重要。如果反思审查建议将正

---

① 塞姆·德·马格特（Sem de Maagt）和一位匿名评论家向我提出，这一论证以理想化捍卫者可能预设某些形式的道德现实主义是虚假的为前提。调查理想化的捍卫者和批评家在多大程度上依赖于道德现实主义的问题的不同回答，这是非常有趣的。然而，我的论证并不是要以某些道德现实主义形式的虚假性为前提，而是要开辟一种拒绝相关形式的方式。如果我在第二节 B 部分中对一般标准的论证是正确的，那么对实践理性一般标准的本质和辩护的思考本身就必须具有实践理性的形式。而且，如果人们由此接受了正义和道德标准是实践理性的一般标准，那么就有可能排除道德现实主义的很多形式，如果这些形式要求对规范概念本质的思考是理论上的思考的话。所有这些都需要更多的说明。另外请参看 Engstrom，“Constructivism and Practical Knowledge”。

义作为一个中心排序概念，那么要接受正义作为一个一般标准，我们必须了解该标准的复杂本质、该标准与其他标准的关系以及该标准所在的伦理观的广泛结构。这种想法使我们回到了第1部分B节中提到的对于理想化的辩护：基于这些观点，理想化是必不可少的或非常有用的。

斯滕普洛斯卡提供了这一论证最强有力的版本。我们必须考虑道德和正义标准之间如何相互联系，并且斯滕普洛斯卡声称，在“彻底简化的宇宙”的情境之下，“得出两个原则之间的关系”要容易得多。此外，“通过假设这一情境，我们可以更清楚地看到，对于塑造我们关于什么是可值得意愿的事物的观点以及它们何时存在的观点来说，某些特定的约束是多么重要”[①]。另外，我们还必须考虑我们的标准对我们的要求，并且对于防止使得“现存的关于我们能够达到的要求”扭曲我们对“所给定的价值所要求的理解”来说，理想化是至关重要的。[②] 如果接受了这些主张，则消除分散注意力的噪声的理想化适用于关于我们应该如何生活的思考，就像其适用于科学思考一样。

然而，一旦接受了关于我们应该如何生活的思考具有实践理性的形式，关于理想化能够增加清晰度的主张必须被放弃。为了弄清原因，有必要回到解释实践理性形式的过程中得出的几个结论。它们是：实践理性的目标/对象是“应该做的事情”；推理的不同形式不是相互独立的；如果实践理性就是要产生其目标/对象，那么它必须承认意志具有生产可能性的条件。

实践判断的目标/对象是“应该做的事情”。这个目标/对象必然是抽象的，因为行动与规范之间总是存在差距：任何实践判断塑造“应该的行为”的方式都会使得行动的确切特征无法被确定。[③] 多种行动模式可以实例化一些标准，这些标准包括例如购买一周所需要的东西或者尊重他

---

① Stemplowska, “What's Ideal About Ideal Theory?” 327 - 328.

② Stemplowska, “What's Ideal About Ideal Theory?” 337.

③ 比较 O'Neill, “Normativity and Practical Judgement”, 399 - 400. 我认为，像康德所说的那样，即使对于某些规定了数学上精确性的消极命令来说，这也是成立的（*Metaphysics of Morals*, trans. M. Gregor [Cambridge: Cambridge University Press, 1996], 6: 375 n）。正如詹斯·蒂默曼（Jens Timmermann）曾经向我指出的那样，虽然杀死某个人的方式的数量是不确定，但是要实现禁止杀人的唯一方法就是永远不要用其中任何一种方式。然而，仍然有许多可能的行为模式来呈现谋杀完全不存在。

人权利。实践理性就是要产生自己的目标/对象，一旦采取了行动，行动必然是一个完全具体的历史事件。因此，在实践推理的最后，必须有从抽象标准到历史具体行动的思想转变。[1] 在这里，就行动主体而言，理智需要关于对世界状态的大量假设。除了偶然之外，这是意志具有生产可能性的条件，即事物就是人们所想的那样。因此，在这一方面考虑，这属于实践理性的形式，超过某个临界点之后，人们做出的假设越多，推理作为行动指南的作用就越弱。理想化在这里不是实践层面的：它们构成了有缺陷的推理。

这一点——理想化不是实践层面的——能够同样应用于关于理性和道德标准的本质和辩护的实践推理的高度反思的。在这一方面考虑，实践理性协调多元的意愿。我必须将一个关于什么能够使得一个原则通过多元的反思审查的全面讨论推迟到另一个场合。然而，以下内容是可以现在讨论的。通过多元的反思审查的推理必须是所有涉及的人在思想上都能够遵循的。[2] 该主张涉及一种非常难以确定的模态。然而，这一点也必须为真：一个主体是否可以反思性地识别一个特定的给予理由的概念，取决于该主体已经反思性地识别了的概念。[3] 因此，也可以这么说：在思想上可以遵循的推理必须建立这样的联系，即它使得特定的思想运动是可能的，即从一个人认同的概念到推理认同的概念的思想运动。（这种思想运动必须使得起始概念保持不变）。这必须是意愿具有生产可能性的条件。

因此，一个协调的意愿的多样性具有生产力的可能性的条件是复杂的。人类的思考和认知能力只有通过习惯成一种特定的历史和文化偶然的知识遗产才能实现。任何特定个人所认同的概念都是历史和文化的问题，其中蕴含着所有令人眼花缭乱的多样性。它们也是一个政治问题：例如，思考一下在几个世纪以来被殖民化毁灭的世界中，“不正义”的复

---

① 关于这一点，请参看 Ford，“On What is in Front of Your Nose”和 O'Neill，“Normativity and Practical Judgement”，403. 同时，请参考 Anscombe，*Intention*，79：实践理性的标志是，所要的东西与眼前的行动存在着距离。

② O'Neill，*Towards Justice and Virtue*，54ff.

③ Moore，“Maxims and Thick Ethical Concepts”，146.

杂历史是如何对某些具有政治意义的概念产生影响的。[①] 能够协调多个意志的推理必须要为其推行的标准所包含的文化和历史积淀进行说明。这种推理还必须说明该积淀和其所针对的主题领域所持有的概念之间的联系是什么。如果推理没有做到这一点，它就无法说明它所推行的概念如何与其他人所认同的概念相联系。

这些历史和文化偶然事件正是理想化在简化正义和正确行动中通常去掉的东西。例如，在一个非历史的语境下，一个主体或协商各方的理想共同体的关于行为和协商的理论模型，和一个主体的直觉以及动机的同质的图景共同发挥作用。关于文化观和厚伦理概念的异质性，以及“不正义”的历史的复杂相关性，都通过理想化去掉了。同样，精心设计的思想实验，通常涉及想象的场景，渴望从与历史上和文化上偶然的厚伦理概念完全独立的情况下，来孤立地测试道德直觉，然而历史和文化本身对任何一个特定主体来说都会赋予直觉以内容和反思意义。以上所有这些在理想化中去掉的东西都不是噪音。这些是确定协调多元意愿的具有生产力的可能性的条件所必要的。简化的这类理想化并没有增加清晰度，反而使人们无法思考正义和道德标准的本质和辩护（形式上是实践的思考）。

这一反驳还表明，这样的想法——只要在思考的后期阶段重新引入现实世界的复杂性，理想化就没有问题——从根本上是错误的。这么想就是将对道德和正义标准的思考理解为一个由多个步骤组成的过程。最根本的步骤是确定首要原则或经过慎重考虑后的直觉，正是在此处，出于斯滕普洛斯卡提出的理由，去除复杂性的理想化是必不可少的或非常有帮助的。在对这些标准进行了哲学上清晰而严格的解释之后，随后的思考可以重新引入由理想化去除的世界特征，以便确定这些标准在此时此刻对我们的要求。[②]

实践推理通常表现出乍一看似乎与刚刚描述的多阶段过程相同的过

---

① 关于进一步的讨论，请参看 Katrin Flikschuh，“The Idea of Philosophical Fieldwork”，*Journal of Political Philosophy*，22，no. 1（2014）：1－26；以及我自己的文章，“Human Rights as One Thought Too Many? The Maori Case”，*Jurisprudence*，forthcoming 2016。

② 最著名的例子一定是罗尔斯为揭开无知之幕而进行的“四个阶段的过程”（A Theory of Justice，rev. ed.，171－176）。

程。最明显的情况是推理某人正在做的事情，正如所指出的，这必须涉及从抽象标准到特定历史事件的呈现的思想运动。但是在关于应该做什么的更具反思性的实践推理中，情况也是如此。奥尼尔很好地把握了这一点：

> 判断什么是正义的任务始于固定正义原则。判断做什么事情是正义的不是分辨出哪些行动符合（或者会符合）那些范围广泛的和非常抽象的原则的问题，而是确定更严格的原则和在正义约束之内的生活方式的问题……这些相对不抽象、通常更为严格的原则反过来又为制度和实践的构建提供了框架，而且这些原则可以在给定的时间或地点被视为正义的。①

然而请注意，对实践思想的两个维度而言，这都是最初高度抽象的标准逐渐具体化的过程。这不是在进行简单的理想化、获得清晰的第一原则或者根本直觉之后，重新引入现实世界复杂性的过程。

实际上，对正义和其他伦理标准的思考不可能是一个首先采用理想化来使首要原则清晰、然后又重新引入被理想化抹去的事物的过程。实践理性的标准必须能够协调多元意愿，这使得在首要的、基本的思考步骤中对现实世界的复杂性的理想化变得不是实践的。重复上面给出的三个例子，文化多样性的深度、历史上的“不正义”的复杂相关性以及一个人所反思的给予理由的概念中所包含的历史、文化和政治沉淀，所有这些都从根本上基于这个问题——一些被提出的实践标准是否可以通过多元主体的反思审查。因此，所有这些考虑因素都不能在理想化中去掉只是在以后的某个阶段重新引入。对于首要原则的确定必须是对于可以协调多元意志的原则/给予理由的概念的确定。同样，理想化在这里不是实践的。斯滕普洛斯卡的主张是，如果没有进行简化的理想化，那么复杂性的程度就太大了。应该重新理解这一言论。如果无法准确地理解文化和历史的复杂性在人类理性中的特征，那么对道德和正义标准的思考

① O'Neill, *Towards Justice and Virtue*, 182.

将无法把握其目标/对象。①

四　结束语

目前几乎所有事情都需要说明，但是我希望我的要点已经清楚了。首先，我希望我已经表明了扩大现代道德和政治哲学中关于理想化的辩论范围的重要性，以涵盖思考本身的形式。其次，我希望我已经提出了一些理由来得出这样的结论——对正义和道德标准的本质和辩护的思考采取的是实践理性而不是理论理性。该结论最终应导致我们抛弃现代道德和政治哲学的几个正统方面，例如对进行简化的理想化的使用。

最后，我想再次强调一点，我所说的都没有预设理论推理与实践反思无关。尽管公正/正确行动的理想化模型错误地认为对“说明推理如何协调多元意志”的需要只是分散注意力的噪音元素，但是历史、人类学和思想史的理论学科代表了这些元素的最好来源。正是因为对道德和正义的思考在形式上是实践的，所以这些理论学科所传达的东西对它才重要。

① 这是通过另一条途径得出伯纳德·威廉姆斯的著名结论之一：理论的一个缺陷是，它“表现的理由的数量和其他理由的应用一样多［……］实际上，我们现在的问题是，我们没有很多而只有很少的”给予理由的概念。请参看 Williams, *Ethics and the Limits of Philosophy* (London: Fontana, 1985), 116 – 117。

规范，评价以及理想和非理想理论

罗伯特·朱布（Robert Jubb）[*]

（译：张可）

摘要：这篇文章讨论了理想理论和伯纳德·威廉姆斯（Bernard Williams）的政治道德主义（political moralism）的两种形式之间的关系，这两种形式分别为结构性（structural）观点和制定性（enactment）观点。这篇文章论证，理想理论，至少是在罗尔斯使用这个术语的意义上，仅仅就道德主义的结构性形式来说是有道理的。这些理论视它们的任务为对那些恰当地应用到政治行动者和政治体制上的约束进行描述。因此，它们关注的主要是统领行动的种种规范。相反，很多对理想理论的批判都建立在它们对政治理论化的制定性模式的认可之上，并为其所驱动。这种观点将政治行动者和政治体制视为促成或促进更好的事态的工具。制定模型将对不同事态进行排序的评价视为是在证明上发挥了基本的作用，而不是结构性模型那样将其所关注的统领行动的规范视为是在证明上发挥了基本的作用。这表明了关于理想理论的争论的一个重要特征。理想理论是否能够恰当地指导行动，将依赖于恰当指导行动的标准是什么，关于这点，不同的理论家持有非常不同的观点。例如，有些为理想理论辩护的流行策略失败了，但是可能更加不清晰的是，那些不同于理想理论的理论能够提供它们的倡导者所主张的行动指导。

---

* 作者为雷丁大学政治学和国际关系教授。

关键词： 理想理论，可行性，规范，评价，政治实在论，证明

一 简介

在政治理论和哲学上，关于理想理论的争论已经就其当前的形式进行十年了。阿马蒂亚·森（Amartya Sen）2006 年发表在《哲学期刊》(Journal of Philosophy）中的文章，“我们想从正义理论中获得什么?”（“What Do We Want from a Theory of Justice?”）似乎是这场争论最广为分享的起始点。[①] 森肯定不是第一个担忧当代政治哲学具有忽视现实世界固有特征的倾向的人。例如，在《正义论》发表后的二十年里，我们可以明智地通过这种方式来理解社群主义和女性主义对罗尔斯主义的自由主义的批判。然而，森的“先验路径”的批判重新铸造和振兴了理想化和抽象化之间的争论。他坚持认为，我们仅仅需要比较性的评价来明确像“地方性饥荒的持续或将某些人排斥在医疗渠道之外”这样的不正义，以及能够补救这些不正义的措施，这自那之后被视为是近来对理想理论的最重要的攻击。[②]

例如，亚当·斯威夫特（Adam Swift）在他和英格里德·罗宾斯(Ingrid Robeyns）所编辑的《社会理论和实践》（*Social Theory and Practice*）中，在一期针对理想理论的特刊中，斯威夫特在一篇文章中点名森为第一个理想理论的批判家，并且这是那篇文章余下大部分内容的关注点。[③] 在一些在先的澄清性工作之后，斯威夫特主要关注于反对森的评论，即“一整套对‘无暇正义’的说明在我们实际所面临的环境中指导我们的行为来说……既不是充分的，也不是必要的”[④]，从而为理想理论辩护。这不仅仅是紧随森的作品之后的讨论的一个特征。例如，大卫·韦恩斯（David Wiens）将他近来对理想理论提供行动指导的能力的攻击

① Amartya Sen, “What Do We Want from a Theory of Justice”, *Journal of Philosophy*, 103, no. 5 (2006): 215 –238.

② Sen, “What Do We Want from a Theory of Justice”, 224.

③ Adam Swift, “The Value of Philosophy in Nonideal Circumstances”, *Social Theory and Practice*, ed. Adam Swift and Ingrid Robeyns, vol. 34, no. 3 (2008): 365ff.

④ Adam Swift, “The Value of Philosophy in Nonideal Circumstances”, 365。

表示为是这样一个尝试，即它“超出了森的论证，其展示了政治理想在非理想的环境中是具有误导性的或缺乏信息的”[①]。对于韦恩斯来说，森的论证没有真的找准其目标，因此需要得到修正，而这不是其他的许多针对理想理论的批评家的问题。

当然了，森所开启的争论已经出现了断裂，它或者被放入了不同的、不总是被恰当区分开来的讨论中，或者与那些讨论所重合。劳拉·瓦伦蒂尼（Laura Valentini）关于理想理论的类型学的讨论将围绕理想理论的争论分成了三种，一种是完全和部分的服从间的争论，一种是乌托邦主义和实在论之间的争论，一种是终极状态的和过渡理论之间的争论。[②] 但是，类型学的讨论是具有误导性的。首先，它错误地同化了实在论针对当代政治哲学的乌托邦道德主义的不满，和森所做出的那种诉状。[③] 在实在论者中最广为分享的参考点貌似是伯纳德·威廉姆斯的“政治理论中的实在论和道德主义”[④]。这对森的在不同事态间进行比较的要求所产生的不利，至少同它对罗尔斯的先验理论化所产生的不利一样。威廉姆斯的讨论始于一组对比，其中对比中的一项覆盖了另一项。首先，他对比了就道德和政治事件之间关系的“制定”模型和“结构”模型这两种模型。[⑤] 之后他评论说，它们“都体现了道德优先于政治”这一点，因此，道德主义的形式也是优先的。尽管结构性模型将政治视为是要求道德“约束”的，但是，一个制定模型将政治视为是一个“道德事务的工具”[⑥]。二者因此都可同威廉姆斯所偏向的实在论做对比，这反而“给不

---

① David Wiens, “Against Ideal Guidance”, *Journal of Politics*, 77, no. 2 (2015): 433 – 446, at 435.

② Laura Valentini, “Ideal vs. Non-Ideal Theory: A Conceptual Map”, *Philosophy Compass*, 7, no. 9 (2012): 654 – 664.

③ Robert Jubb, “Playing Kant at the Court of King Arthur”, *Political Studies*, 63, no. 4 (2015): 919; 也见 Enzo Rossi and Matt Sleat, “Realism in Normative Political Theory”, *Philosophy Compass*, 9, no. 10 (2014): 690.

④ Bernard Williams, “Realism and Moralism in Political Theory”, in Williams, *In the Beginning Was the Deed*, ed. G. Hawthorne (Princeton, NJ: Princeton University Press, 2005), 1 – 17. 例如，见，William Galston, “Realism in Political Theory”, *European Journal of Political Theory*, 9, no. 4 (2010): 385 – 411, 其中，威廉姆斯的作品是“进入这个话题的最佳入口”（387）。

⑤ Williams, “Realism and Moralism in Political Theory”, 1.

⑥ Williams, “Realism and Moralism in Political Theory”, 2.

同的政治思想带来了更多的自主性”[①]。森的观点明显是一个制定的观点。其对于正义理论要明确道德上迫切的事务和可达成的社会进步的要求，恰恰以威廉姆斯所视为是制定性观点的明显特征的方式，将政治视为“针对道德事务的工具”。因此，将实在论视为是关于理想或非理想理论的，不是一个有益的想法，至少就这个始于森的讨论而言，它不是一个有益的想法。

将森视为这些讨论的起点所带来的困惑，使得我们在讨论理想理论时明确我们所要讨论的话题，变得尤为重要。我在这里要讨论的话题是理想理论和威廉姆斯所称之为是构成性的和制定性的观点之间的关系。我将通过利用可行性来辩护理想理论的方式来参与对这个话题的讨论。我试图在这里主张的是，仅仅通过引入可行性来为理想理论辩护，是一个错误的做法。它之所以是错误的是因为，它试图将使得理想理论没有意义或不可被理解的证明结构复制到其批判者身上。我将引用大卫·韦恩斯针对政治理论的结构的出色作品来展示这一点。至少就我在这里所理解的，这展现出了理想理论的一个重要特征。理想理论仅仅对结构性观点来说是有道理的，这种观点关注种种约束，以及受制于这些约束的行动者们。制定性观点关注于改善，因此也关注于带来这些改善的事态，这种观点相反会视理想理论为无用的。我在这篇文章中的主要目标是提出结构性的观点和制定性观点之间的联系，以及理想理论的吸引力。至少如果结构性观点能够具有某种基本的合理性的话，那么对这两个观点之间的联系给予关注会有助于转移一系列对理想理论提出的事实上乞题批判。这将会对这场争论中出现的令人困惑的术语进行澄清，并且因此使得争论发展出更加重要的问题，比如我们应当如何理解我们的政治理想的内容。例如，我们应当如何理解对平等的当代承诺？以及这些承诺与稳定的及具有代表性的民主国家需要满足的合法性要求之间的关系又是什么？[②]

同样重要的是，我们应当在讨论理想理论的时候，明确我们所用的

---

① Williams, “Realism and Moralism in Political Theory”, 3.

② Robert Jubb, “The Real Value of Equality”, *Journal of Politics*, 77, no. 3 (2015): 679 - 691.

术语都是如何被使用的。我将讨论的理想理论大致意味着一整套关于体制的和个体的权利、义务、特权、权力,以及豁免的完整而具体的说明,这些事务一起刻画了某个恰当地完美化的社会,或者一系列其他的关系。这似乎就是森所指的先验理论,他将这种理论形容为试图明确"完全正义的社会安排"①。这继而与罗尔斯对这个术语的最初使用足够接近,与此相似,他的使用也关注"完善"这个想法。② 因此,我对这个术语的使用应当能够大致覆盖那些批判理想理论的人以及倡导理想理论的人对这个术语的使用。例如,佐菲亚·斯滕普洛斯卡(Zofia Stemplowska)在对理想理论的辩护中认为,任何理论化都不能像理想理论那样产生可达到的和可欲求的建议。③ 这显然体现了我所表达的理想理论之外的东西,包括关于那些比我们所处的情况差的情况的理论化,这种理想化因此似乎是不能被恰当地描述为是理想的。④ 与斯滕普洛斯卡相比,我所感兴趣的是更加小范围内的抽象化和理想化。然而,我们已经看到的是,在理想理论的头衔下进行着不同的讨论。对某个人所使用的术语进行使用将不可避免地意味着排除对这一术语的某些其他使用。但是,不这样做将充其量意味着,我们会带着不同的目标进行对话。

我还将依赖一个在规范(norms)和评价(evaluations)之间做出的对比。这个区分追踪了一个类似于威廉姆斯在结构性观点和制定性观点的对比中旨在捕捉的区分。规范要求行动,而评价则对对象进行评估或排序,这个对象可能是具体的,例如绘画,或者是抽象的,例如种种事态。结构性观点着眼于种种约束这一点使得这种观点主要是规范性的。与此相反,制定性观点通常着眼于评价,因为我们需要评价来明确这些观点所追求达到的进步。当然了,特定的规范可能也会要求一些特定的事态出现,正如对事态进行评估或排序可能也会依赖于被做出的那些行动。然而,规范和评价可能会彼此联结这件事并不意味着它们能够还原

---

① Sen, "What Do We Want from a Theory of Justice", 226.

② John Rawls, *A Theory of Justice* (Cambridge, MA: Harvard University Press, 1971), 8 - 9.

③ Zofia Stemplowska, "What's Ideal about Ideal Theory?" *Social Theory and Practice*, 34, no. 3 (2008): 319 - 340, at 324ff.

④ 关于反对这种对理想理论的理解的更加详细的论证,见 Robert Jubb, "Tragedies of Non-Ideal Theory", *European Journal of Political Theory*, 11, no. 3 (2012): 229 - 246。

到彼此。规范仅仅能够被应用到行动者身上，而在没有规范的情况下，没有任何评价可以做到在想法上或（其他形式上的）行动上具有理性联结的作用。例如，一幅画可能会构成对一个规范的违背，这也许是因为其创作者承诺过不画这个主题的画，但是这幅画是不会违背一个规范本身的，因为画不能做出行动。而关于这幅画是坏的的评价则仅仅能够恰当地迫使某人与一个规范结合。在某种规范缺失的情况下，评价对行动者来说不具有任何效力。在没有规范的情况下，评价甚至不能要求行动者持有任何信念。鉴于既定的命题，只有表明何时应当相信那些命题的规范能要求人们对某些事持有对事物的信念。

这篇文章的余下部分将会如以下展开。在第一部分中，我概括了当下关于理想理论的争论的开端。我将试着展示出，森的文章展现了对评价优先于规范这件事的认可。政治理论中的主张应当指导我们如何使这个世界变得更好，如果它们不能做到这一点，那么它们就是没有意义的。我还主张，另外两个对理想理论的早期攻击同样关注产生排序在高处的事态。在文章的第二个部分中，我将试着展示，对理想理论的那个批判的一个普遍的回应通常预设同样的事情，即评价优先于规范。这个回应承认，理想理论不能直接为可能的改革者提供指导是有问题的。它试图通过以下这个方式来修正这个问题，即在理想理论中引入可行性条件，并因此产生出一个对实际可获得的选项的排序，这通常会促使我们选择能够最大化期望值的选项。我主张，这引发了一系列反后果主义的批判。正如大卫·韦恩斯所展示的，这种处理方式会自行失败。在第三个部分中，也就是文章的最后一个部分中，我主张，对评价的优先性的认可趋向于系统性错失理想理论化的意义。在我使用理想理论的意义上，理想理论描述的是这样的情境，其中，一系列特定的关系或实践被恰当地治理。治理（governance）是一个规范性的概念，而不是一个评价性的概念。只有相关的行动者遵循不同的规则，治理才会实现。为什么我们会期待基本的评价性视角来捕捉这样的一种来自治理实现的吸引力呢？我还主张，关注对不同选项的评价可能不是在使用理想来指导我们的政治选择上的进步。对不同的选项进行排序可能与试图理解在一个不法的世界中正当地行动所包含的事物一样艰难。

二　未来厨师店的食谱：理想理论无法做出规定

森在“我们想从正义理论中获得什么”一文中提出了一系列对理想理论的批判。然而，他有一个中心的主张是，理想理论“对于回答迫切需要我们注意的促进正义的问题来说，既不是必要的，也不是充分的”①。没有这一点，他对于以下这一件事的关注将会是不相关的，即通过承认我们关于正义的许多判断都是不完整的，从而开辟具有包容性的和解放性的种种可能性。如果正义理论想要为紧迫的问题提供答案，那么它们就必须是完整的，因此当它们是不完整的时候，我们能做的事几乎是不重要的。

森并不主张，不能回答那些问题的正义理论就不再是规范性的，并因此就是错误的理论，但这是查尔斯·米尔斯（Charles Mills）和科林·法雷利（Colin Farrelly）的看法。② 表明这一点对森来说是有利的，因为主张一个不能告诉我们现在要做什么的正义理论就不能指导行动并因此是错误的，这是错误的。一套针对与我们不相像的对象的正义理论就目前而言也可能是正确的。如果那些个体接受它的话，那么它无疑可以为像那样的个体提供恰当的指导。一个规范不能在此时此地指导我们的行动，并不意味着它就不能指导行动。否定这一点，意味着实际上否定，当一个条件句的前提是错误的时候，这个条件句仍旧可以是正确的。米尔斯和法雷利没有理由主张，对于与我们远远不同的行动者的规范性理论是失败的，除非他们同样认为，如果开关被打开那么灯就会亮这个陈述，在开关没有被打开的条件下将永远是错误的。③

---

① Sen, “What Do We Want from a Theory of Justice”, 237.

② Charles Mills, “‘Ideal Theory’ as Ideology”, *Hypatia*, 20, no. 3 (2005): 171; Colin Farrelly, “Justice in Ideal Theory: A Refutation”, *Political Studies*, 55, no. 4 (2007): 845.

③ 有三件事是这个论证所没有展示出来的，它们可能引导了法雷利和米尔斯在做出下面这个主张时犯了一个错误，即，没有能够在当下提供有益的指导的理论都是错误的。首先，它并没有展示出，没有为我们就当下做什么而提供指导的理论以某种其他的方式是有帮助的。的确存在许多没有意义的为真事实。其次，它并没有展示出，所有理论都在相关的意义上是条件性的。然而，法雷利和米尔斯的主张是恰当地具有概括性的。最后，它没有展示出，我们拥有评价或证明这些理论的认识论上的工具，其中，这些理论所处理的是与我们自己所处的环境远远不同的环境。但是，为真的事实并不一定是我们有途径可以获知的。

不过，森确实是与米尔斯和法雷利分享了某些重要的观点。他们三个人都承认，评价是优先于规范的。他们都通过正义理论是否具有明确我们当前事态所能够达成的进步的能力，来评价一个正义理论是否提供了有益的指导。对于米尔斯和法雷利来说，这是显而易见的。在米尔斯的论述中，不能现在就指导我们的行动，并且从而“使得我们变成更好的人，使得世界变得更好”的理论切断了“与实践理性的联系”[①]。相似地，法雷利主张，如果试图追随一套正义理论“不会在一个社会中导致对正义的可见的增进，那么它就不是一个规范性的理论”[②]。对于这两个人来说，恰当地指导行动意味着让其引导我们的进步，我们的世界的进步或我们的社会的进步。一个理论的规范性内容必须是由一套能够对那些进步做出明确的特定、局部的评价所给出的。森的比较性路径也“关注对不同的社会性安排的排序。”这样的一个路径可以展示出“对废除奴隶制、消除大范围饥荒，或消除疯长的文盲的社会政策的推行……导致了正义的增进”[③]。对于森来说，“回答那些需要我们迫切关注的关于正义的增进的问题”需要评价。相反，一个关注于明确完美得以实现的规范的路径不能回应我们世界中的“惊人的”不正义。[④] 在实践上相关的规范的内容是由用来对事态进行排序的评价所给出的。

这种评价对规范的优先性可能仅仅是语义上的。森、米尔斯和法雷利所坚持认为应当为规范提供内容的评价本身可能也会指涉规范。也许米尔斯坚持，除非一个理论或原则使得世界变得更好，否则它就不是规范性的，这本身与世界通过更多的诺言被（正当地）遵守而变得更好是相容的。不过，法雷利似乎不是这样认为的。他主张，对权利的理论化应当被成本－收益的分析所替换。[⑤] 这个论证促生了将一套统领行动者的规范替换为一套通过行动者个体的利益满足的总和来对事态进行的排序。他对将政治视为是事关物体（objects），而非行动的这一观点，不是一个粗浅的观点。

---

① Mills, “‘Ideal Theory’ as Ideology”, 170－171.

② Farrelly, “Justice in Ideal Theory: A Refutation”, 845：斜体被取消了。

③ Sen, “What Do We Want from A Theory of Justice”, 216－217.

④ Sen, “What Do We Want from A Theory of Justice”, 216－217.

⑤ Farrelly, “Justice in Ideal Theory: A Refutation”, 848ff.

森的讨论似乎反映了类似的优先考量。我们可以以两种方式来理解这一点。首先，森根据规范所达到的“对正义的增进”来判断规范的满足程度。正是对消除不正义的紧要性谴责了先验理论。先验理论之所以是不令人满意的，是因为它并没有达成对正义的增进。规范的意义所在并不仅仅在于其内容是由评价给出的。同样的评价还决定了这些规范是否是恰当的。森可能不会像米尔斯和法雷利似乎所做的那样，将规范作为为真的事实与它们构成种种改进这一点相结合，但是他似乎并不依据对规范的明确表达、辩护以及对它们进行的讨论所达成的“对正义的增进”，来判断规范的正当性。其次，森对正义的要求（demands）的讨论通常具有惊人的缺乏行动者（agentless）的特质。他所指的促成了正义的增进的究竟是谁呢？一个社会政策本身不是一个行动者。相同地，森所提及的正义的要求（requirements）通常不是行动者必须要做的行动或对行动的未履行。吃饱饭或有文化是一种状态，而不是一个行动者的行动。即使森所说的正义的确约束行动者，但是它约束人们不要通过奴役或虐待别人而将那些人视为病人。[①] 罗尔斯的差异原则所体现的正是出于作为行动者的行动者之间的对互惠的要求，但是这一点并没有在森的观点中得以体现。[②] 森对正义理论的恰当性以及对它们的内容的判断表明，相对于规范的视角，他给予评价性视角以优先性。他对威廉姆斯所称之为是制定性，而不是结构性的政治道德主义的模型的认可，以及对评价优先于规范的认可，似乎是深刻的。

当威廉姆斯对道德主义的制定性模型和结构性模型进行区分时，他使用了罗尔斯的理论来例举和说明他所指的结构性观点。[③] 在《正义论》中，罗尔斯显然想要提供一个不同于功利主义的理论，而威廉姆斯则用功利主义来体现一种制定的模型。威廉姆斯的方法论是不同于功利主义的理论中的一种。如果森和其他人都认为政治哲学首先是评价性的，正如我试图展示的，那么不奇怪的是，他们不会很喜欢罗尔斯的方法论。他们以一种实质性的方式将他们的理论围绕评价进行建构，其中，例如

---

① Sen, “What Do We Want from *A Theory of Justice*”, 218.

② 例如，见 Rawls, *A Theory of Justice*, 102ff。

③ Williams, “Realism and Moralism in Political Theory”, 1.

罗尔斯对正当优先于好的坚持，会是他们所反对的。[①] 罗尔斯的理想理论是那个方法论的一部分。它关注于完善以及对于他所规定的规范的完全遵从。它期求展示的是行动者在政治上所必须要做的事情，从而将彼此作为自由和平等的人来给予彼此完全的尊重。这之中所旨在产生的唯一评价，也就是，如果一个社会在某个明确的发展层面满足了两个原则，那么这个社会就达到了它所能达到的正义的程度，这个评价是从对规范的满足中衍生出来的。森对这一观点不友好于是就是可预见的。规范应当是从评价中衍生出来的，而不是反过来。如果森的理论是成功的，那么罗尔斯的理论就会是自我挫败的。

三　当前厨师店的食谱：可行的规定

针对这种批判，对理想理论的辩护有两种。第一种辩护通过力争理想理论可以在非理想的情况下是有用的，来反对森、米尔斯和法雷利。A. 约翰·西蒙斯提到了以上的三种批判，并将森视为它们的代表，他主张他们低估了理想理论的重要性。当森做出以下的主张，即在判断正义的局部的可行的改进时，我们不需要一个关于完全正义的社会的理想，就像在对实际的最高峰进行判断时，我们也不需要一个完美的最高峰进行参考时，他没有对三件事进行考虑。我们通常会需要理想理论来确定我们是“处在一个通向正义的制度结构的可接受的路径上”。没有理想理论，我们将会苦恼如何确定我们应当瞄准的目标，通向目标的步骤进行统治的“可允许性的标准”，以及应当给予其目的以优先性的特定的“严重”的不正义。[②] 没有理想理论，对改革我们的社会和政治体制的尝试将会缺少目标，并且我们还会因为不能理解它们应当重视的约束和优先性而冒着风险造成不正当的后果。在西蒙斯的论述中，尽管可能为真的是，理想理论并不总是对于对可行的政治改革进行排序来说是必要的，但是它还是起到了重要的作用。

---

① John Rawls, *A Theory of Justice*, 29ff.

② Simmons, “Ideal and Nonideal Theory”, 34.

这种论证在我看来，大体上是正确的。[①] 然而，不太可能的是，在理想和非理想理论之间存在特定的直接关联。例如，我们不应当期待存在一种算数法能够将一个转换成为另一个。考虑这样一些复杂的状况，其中，当人们彼此尊重的这一理想崩塌时，我们允许对他人使用武力和欺诈彼此。这些状况表明，从理想理论中衍生出非理想的规定是不容易的，尽管理想理论是有帮助的，或者甚至是不可或缺的。塔玛·沙皮罗（Tamar Schapiro）在这个领域中优秀且非常有力的作品表明了这一点。它最后主张，一个理想的规则的内容可能必须要遭到破坏，从而以某种方式得到重视、保留，或者修复其精髓，但是我们无法对于如何这样做给出普遍的规则。[②] 对于一个通过颠覆一个实践的方式来实现一个给定的理想的恰当或可允许的回应，将会依赖于那个理想，以及相伴随的实践，还有它们是如何被颠覆的。在这个意义上，为了理解潜在的理想的精髓如何可以被重视、保留和修复，关注潜在的理想的内容似乎就是恰当的。例如，有人可能会从这样的角度理解汤米·谢尔比（Tommie Shelby）的文章"正义，异常，和黑暗的贫民窟"（"Justice, Deviance and the Dark Ghetto"）。[③]

针对批判理想理论不能够指导行为的第二个回应在某种程度上更具妥协性。它承认，此时此地，我们所需要的是关注可取得的改进。相反于对没有被实现的理想的内容进行探索，从而理解如何去重视、保留或修复其精髓，第二种回应将理想与可行性约束混合在一起。例如，对于保罗·吉拉波特（Pablo Gilabert）和霍莉·劳福德－史密斯（Holly Lawford-Smith）来说，在可行性和理想理论之间进行平衡使得"明确拥有最大化的可期待的规范性价值的政治选项"变得可能，并因此"说明了对非理想环境的合理回应"。[④] 相似地，对于阿兰·哈姆林（Alan Ham-

① Robert Jubb, "Tragedies of Non-Ideal Theory", *European Journal of Political Theory*, 11, no. 3 (2012): 229 – 246.

② Tamar Schapiro, "Compliance, Complicity, and the Nature of Nonideal Conditions", *Journal of Philosophy*, 100, no. 7 (2003): 329 – 355; 和 Schapiro, "Kantian Rigorism and Mitigating Circumstances", *Ethics*, 117, no. 1 (2006): 32 – 57.

③ Tommie Shelby, "Justice, Deviance and the Dark Ghetto", *Philosophy and Public Affairs*, 35, no. 2 (2007): 126 – 160.

④ Pablo Gilabert and Holly Lawford-Smith, "Political Feasibility: A Conceptual Exploration", *Political Studies*, 60, no. 4 (2012): 818 – 819.

lin）和佐菲亚·斯滕普洛斯卡（Zofia Stemplowska）来说，提供一个给出体制性规定的理论要求将可行性和抽象的理想结合在一起。一旦我们找到刻画我们的境遇的可行性边界，一个在不同的竞争的价值间适宜的平衡就能够被确定下来。我们关于理想的理论将会提供无差异曲线，从而对那些价值之间的关系进行描述。它们继而会告诉我们在可行性边界上的最佳的（一组）点是什么。[①] 这将清除关于理想理论和非理想理论之间的争论，或者至少能够理清那些争论。

这两篇文章都主要描述了评价性的观点，因此应当被视作制定性观点。吉拉波特和劳福德-史密斯简单明了地预设了评价性的结论同时也是规范性的。否则的话，将可行性加入对假想的世界的评价性排序中将使得假想的义务在没有任何论证支持的情况下变成真实的义务，而这样就没有道理了。[②] 如果规范性不完全是从评价性的考量中衍生出来的，那么对假想世界的排序不会通过它们自身提供任何假想的义务。相似地，将关于这些世界中的哪些世界可能会被达成的信息加入进来，将不会使得那些义务变成真实义务，除非我们的义务是由评价所定义的。吉拉波特和劳福德-史密斯太过认可评价的优先性，以至于他们将规范性清除了出去，将其视作为不同的种类。

他们对罗尔斯在不同的制度框架中的选择的讨论表明，他们不仅仅在形式上清除了规范性。自由放任式的资本主义，国家社会主义，和福利国家资本主义在罗尔斯看来，并不会是失败的，因为他们没有“提供对于政治自由和经济平等的要求以最大化地可欲求及可行的实现”[③]。这使得他们的失败仅仅事关没有对某件事进行最大化，并且其失败是具有程度差异的。罗尔斯对自由放任式资本主义的批判并不是它比资产阶级所有民主或自由社会主义带来了更少的平等和自由。罗尔斯对它的批判在于，它压根就没有满足平等和自由的要求。那些要求通过两个原则一

① Alan Hamlin and Zofia Stemplowska, “Theory, Ideal Theory and the Theory of Ideals”, *Political Studies Review*, 10, no. 1 (2012): 53ff.

② Pablo Gilabert and Holly Lawford-Smith, “Political Feasibility: A Conceptual Exploration”, *Political Studies*, 60, no. 4 (2012): 818 -819.

③ Pablo Gilabert and Holly Lawford-Smith, “Political Feasibility: A Conceptual Exploration”, 820.

起得到明确，而自由放任式资本主义没有实现那两个原则。[1] 吉拉波特和劳福德－史密斯在一个规范性的要求上施加了一个评价性的排序。

哈姆林和斯滕普洛斯卡基本上来说也从一个评价性的角度进行了讨论。他们将自己关于理想如何与可行性约束进行互动的模型描述为是“目的论的和优化的”[2]。优化的路径是评价性的，因为优化要求排序，并且因此要求比较性的评价。在那个意义上，哈姆林和斯滕普洛斯卡对他们的模型“可能无法应用到一个义务论的路径”的担忧是正确的。[3] 义务论的路径对行动者进行约束，因此是规范性的、结构性的观点。他们对针对其模型的应用上的担忧有一个不那么具有说服力的回应，即，将规范性要求视为是等同于对理想的外在约束。不过，义务论者们不会认为规范性要求是对理想的外在约束。这是吉拉波特和劳福德－史密斯对罗尔斯的误解。规范性约束构成了理想。对于罗尔斯来说，一个社会如果是依照两个原则建构出来的，那么它就将其成员视为是自由和平等的。规范性约束不应当在哈姆林和斯滕普洛斯卡所提出的意义上被理解为是达成理想的障碍。

我们可以看到，对理想理论的关注于可行性的辩护，正如吉拉波特和劳福德－史密斯的观点和哈姆林和斯滕普洛斯卡的观点，也以另一种方式是评价性的，而不是规范性的。这些辩护是无法很好地应对针对最大化观点的一套标准反驳的。一个行动者在对预期的正义进行最大化时，可能会不得不违背基本的正义要求。这是因为，通向处在排序更高处的世界的路径可能通常包含着对那些阻碍正义的群体或个体的不正当清除。一个正义的世界大致将会在整体上导致比通向它的道路所要求的更少的违规，这就像是不正义的世界将总会包含更多的违规一样。以正义为目标似乎会要求违规的出现。规范性的观点则不那么显而易见地受制于这样的反驳。它们将它们自己指向特定的行动者，因此可以要求一个行动者按照会在总体上造成更少的规范服从的方式行动。在一个特定的境遇

---

① John Rawls, *Justice as Fairness: A Restatement* (Cambridge, MA: Harvard University Press, 2001), 137.

② Hamlin and Stemplowska, "Theory, Ideal Theory and the Theory of Ideals", 58.

③ Hamlin and Stemplowska, "Theory, Ideal Theory and the Theory of Ideals", 58.

中，其他行动者可能或可能不会做的事情不会进入这个行动者的考量之中。一个规范性的观点会以不同的方式对待行动的不同后果。不过，对事态的排序似乎必须是与具体个体不相关的，并且以相同的方式将那些事态的所有特征囊括进来，不管它们是谁产生的。

通过关注可行性而对理想理论进行的辩护当然会想要避免这些反驳，但是它们不一定能够做到这一点。哈姆林和斯滕普洛斯卡将规范性要求（demands）理解为是与对理想的可行性约束可类比的。这表明，以做选择的方式来理解对某些约束的违背，从而获得整体上的更少的违背，是受制于不同的可行性边界的。这使得它们的观点显得十分古怪。因为，那个选择是不能够在那些约束所应要实现的理想的基础上被做出的。这些约束阻止了理想的实现，而不是理想实现的一部分。这样一个对哪个可行性边界能在当下得到应用而进行选择的想法有道理吗？与此相反，吉拉波特和劳福德－史密斯以森的“综合结果”（comprehensive outcomes）的方式来对此进行思考，这不仅仅包含了发生的事情，还包含了它们是如何被导致的。[①] 不过，我并不确定以这种方式思考如何对他们的观点是有益的。对两个综合结果进行排序并不是件困难的事情。其中，一个以不正义的方式保持了正义，另一个以不正义的方式带来了正义。如果吉拉波特和劳福德－史密斯对假想的世界进行排序的坚持是有意义的，那么它必定意味着，后者要比前者排在更高的位置。与之不同的是，如果他们对假想世界进行排序的坚持只是空洞的说辞，那么不明确的是，加入可行性如何能够帮助他们回应这样的挑战，即理想理论无法在此时此地提供指导。

吉拉波特和劳福德－史密斯的模型，以及哈姆林和斯滕普洛斯卡的模型直接通过大卫·韦恩斯规范政治理论的“普遍模型”的方式得以相当直观的理解。[②] 例如，哈姆林和斯滕普洛斯卡在理想理论、非理想理论的连续体，以及关于理想的分离理论之间做出的区分，与大卫·韦恩斯在指示性原则和基本的评价标准之间做出的区分，如果不是几乎一样的，

① Gilabert and Lawford-Smith, “Political Feasibility: A Conceptual Exploration”, 820.

② David Wiens, “Against Ideal Guidance”, *Journal of Politics*, 77, no. 2 (2015): 437.

那么至少也是相似的。[①] 他们关于究竟如何对罗尔斯的要求平等基本自由的原则进行分类所产生的分歧，并没有体现出他们关于如果建构一个规范性理论有着根本的分歧。[②] 关于从经验上获得的指示是从抽象的理想或价值中衍生出来的这一普遍的观念，很明显是被他们的观点共同分享的。相同地，吉拉波特和劳福德－史密斯对可能世界进行排序的、通过可行性约束得以补充的，并从而提供指示的模型，能很好地与韦恩斯的论述相容。

韦恩斯自己对一个评价性的、制定性的观点的认可是十分明确的。对于他来说，"一套指示性的原则是通过这样一个事实得到证明的，即鉴于一套经验性的约束，它最优化地反映了特定的基本评价性标准"[③]。他对规范性政治理论的普遍模型的一个核心观点是，评价性的理论在证明上就规范性理论来说是具有优先性的。对于韦恩斯来说，规范在证明上不是基础性的。在这个意义上，韦恩斯就原则和评价性判断之间的关系所细心明确出的观念，从而从中所得出的结论，是发人深省的。依据韦恩斯，由理想理论所给出的指示性原则就此时此地提供指导上起不到任何作用，并且很可能只能给出具有误导性的建议。这个论证应当尤其为哈姆林和斯滕普洛斯卡或吉拉波特和劳福德－史密斯的观点带来困扰。可能的是，沙皮罗、西蒙斯以及其他人能够通过反对韦恩斯的论证的前提而规避其结论。不过，哈姆林和斯滕普洛斯卡，以及吉拉波特和劳福德－史密斯似乎共享了韦恩斯的论证的前提。他们对于展示非理想理论是"理想理论化的一个外延和补充，而不是其替代品"的希望似乎会由于韦恩斯而注定是不成功的。[④]

四　对未来厨师店的评论，而不是食谱：转向评价性

对于像罗尔斯的理论中那样的指示性原则是无用的这一结论，韦恩

① Wiens, "Against Ideal Guidance", 435ff.

② Hamlin and Stemplowska, "Theory, Ideal Theory and the Theory of Ideals", 53; Wiens, "Against Ideal Guidance", 437.

③ Wiens, "Against Ideal Guidance", 437.

④ Pablo Gilabert and Holly Lawford-Smith, "Political Feasibility: A Conceptual Exploration", 819.

斯的论证如下。任何一套给定的指示性原则，都是作为一个针对优化性问题的解决方案而得到证明的，其中，优化性问题是在一套给定的经验上的约束下，针对一套特定的基本评价性标准出现的。在罗尔斯的情况中，经验上的约束包括物质上的匮乏，其中那些受制于指示性原则的人具有正义感，并且他们所生存的社会是闭合的。[①] 罗尔斯的基本评价性标准是自由和平等。原初状态基于对正义原则的选择来建模道德约束，这一方式旨在展示这一点。那些条件使得自由和平等得以“发挥作用（operationalize)”。[②] 如果来自原初状态的论证是成功的，那么其条件就能够保证原初状态中获选的原则会在相关的经验性约束下，最优化自由和平等。然而，就我们所知道的，它仅在这些约束条件下对它们进行优化。在这些约束条件下，这些被产生并且理应以这种方式被证明的原则可能是不恰当的。对于罗尔斯的两个原则，我们只能辩护这一点：将罗尔斯的两个原则视作为一个改革所瞄准的目标，或者，如果我们所处的世界正是罗尔斯的种种预设得以满足的世界，将其视作为对可替代选项进行排序的手段。不过，我们并没有生活在那些约束之下。罗尔斯的原则优化了自由和平等，但是它所依赖的条件不能适用到我们身上。他的理论不能展示出，它所给出的指示性原则对于那些在不同的经验条件下制造出的可能性来说是恰当的，其中，我们的选择需要对那些可能性进行回应。

正如韦恩斯所说，指示性原则“是‘点解决方案（point solutions)’——在一系列（限定的）可能性中的特定的点上，它们将针对关于特定基本价值的认可在实践上的启示法规化”[③]。如此这般，“我们不能证明一个合理的预期，即在一套既定的事实上，能够最好地反映我们的基本价值规范性的原则将会在一套给定的不同事实的情况下，会比一套在内容上不相似的原则更好地反映我们的基本价值”[④]。如果规范是从价值中衍生出来的，那么规范需要鉴于它们被预期对其进行治理的特定环

① Wiens, “Against Ideal Guidance”, 437.

② Wiens, “Against Ideal Guidance”, 437.

③ Wiens, “Against Ideal Guidance”, 444；斜体被清除。

④ Wiens, “Against Ideal Guidance”, 444.

境而被非常谨慎地设计出来。如果规范需要鉴于它们被预期对其进行治理的特定环境而被非常谨慎地设计出来，那么忽略了我们的世界的种种特征的理想理论就不能于其中起到任何指示性的作用。通过建议将可行性约束加入进来会使得我们的理想能够指导行动，而对于针对理想理论的批判所进行的回应，因此是具有误导性的。

韦恩斯针对理想理论的不相关性和危险所给出的例子可能不如他所主张的那么有力。有些时候，他似乎在反对其批判者时做了手脚。例如，韦恩斯反对他所称之为是目标和基准的观点的论证，似乎最多只包含了西蒙斯赋予理想理论的三个角色中的两个角色，也就是，理想理论明确了一个目标，以及，理想理论也明确了种种不正义，其中，我们对这些不正义的清除必须得到优先处理。[①] 他没有明确表达，即使就我们在非理想环境中对待彼此的方式，理想理论可能还是可以帮助我们理解，我们可以施加在这些相处方式上的约束是什么。西蒙斯和沙皮罗都主张，理想理论是具有这样的作用，并且理想理论似乎有理由具有如此的作用。例如，当正义原则得到了完美的遵守时，支持禁止通过施加身体武力来预防对你的名誉的损害的推理，与当正义原则没有得到完美的遵守时，支持上述行动的推理，通常上来说是相似的。将边境从闭合改为开放似乎也不会改变我们应当如何解决下述冲突的方式，即一个人身体上的完整与另一个人名誉上的完整之间的冲突。禁止侵犯敲诈者可能会是一个对优化问题的“点解决方案”。然而，其依据似乎部分地脱离于种种条件，这些条件刻画了我们已经证明过的某个点。

这个观点还影响了韦恩斯反对使用理想理论来明确改革应当瞄准的目标的论证。在那个论证中，韦恩斯主张，表明一个理想理论给出了一个恰当的目标要求我们表明其原则刻画了最优的可行世界。理想理论是多余的，因为这要求独立地明确最优的可行世界。[②] 这使得理想理论的辩护者要为其指导作用提供证明。韦恩斯有效地问我们为什么应当相信他们的主张。不过，如果在不同的世界中对规定的证明之间存在一种连续性，那么我们就有理由相信他们的主张。我们将能够明确恰当的规定，

① Wiens, “Against Ideal Guidance”, 440.

② Wiens, “Against Ideal Guidance”, 442.

或不恰当的规定，因为证明上的连续性将会帮助我们明确一个规定应当在哪里得到应用，而又在哪里不应当予以应用。韦恩斯的观点依赖于认为我们没有理由认为一个规定能够在一套严格的条件之外成立，而那个规定最初是依赖于那些条件得以表述的。不过，认为正是因为一个基本的结构不是闭合的，因此不去虐待生存在一个社会中的居民就不再是一个正义的要求，或者只要出生并死在别的地方，奴隶制就可能是可允许的，这样的看法是古怪的。

不过，即使这样，不对韦恩斯的论证进行考虑仍旧是个错误。他展现出，无论何时一套指示性原则是通过一套评价性的标准得到证明的，那个证明都预设了一套事实。如果那些事实是不成立的，那么那个证明也是不成立的。尽管那可能不意味着原则是不恰当的，但是那应当使得那些想要使用这些原则的人停下来好好想一想。那些分享韦恩斯对评价优先于规范的认可的理论家们应当注意他们进行理论化的条件。如果他们不这么做，他们可能就没有什么理由相信他们所做的任何规定是正当的。与在他们计划将自己的理论付诸应用的环境中对相关的价值进行优化所相反的是，他们将会创造出一个针对另一套条件的点解决方案。

那些反对韦恩斯对评价优先于规范的认可的理论家们又是怎么想的呢？他的论证会说服那些理论家们放弃理想理论吗？韦恩斯认为他们应当如此。他论证道，这个模型完全是普遍的，它试图展示出，一个像罗尔斯的观点那样的义务论观点可以通过他的方式得以理解。如果这是正确的，那么西蒙斯和沙皮罗无法像我先前提及的那样通过拒绝韦恩斯论证的一个或多个前提来拒绝他的结论。然而，我认为韦恩斯的重构的模型歪曲了罗尔斯的观点。一个普遍的模型应当能够体现它想要描述的任何一个例子。如果韦恩斯的模型似乎是不能够恰当地解释罗尔斯的理论是如何运作的，那么我们可以合理地对他的模型的普遍性予以悬置。如果我们可以对他的模型的普遍性予以合理的悬置，那么他的结论就不是能够从所有的政治理论化中得出的。那些承认规范优先于评价的理论家们将可以正当地继续视理想理论为能够在不同的环境中恰当地指导行动。沙皮罗和西蒙斯将能够继续通过拒绝韦恩斯论证的一个或多个前提的方式来拒绝其论证的结论。

我已经表明过，韦恩斯对规范性的政治理论的普遍性论述明确表明了其对评价的优先性的认可。规范仅仅是作为在给定的条件下对优化特定评价性标准的问题的解决方案而得以证明。但是正如韦恩斯所表明的，这并不意味着规范不能是义务论的。如他所说，“优化地反映选定的评价性标准的指示性原则不需要……建议行动者去最大化对某些道德目标的实现”。相反，它们可能“规定了一系列禁止特定行动而不管其后果为何的限定”①。不过，义务论的规范仍旧必须通过它们如何“最佳反映我们的道德的评价性标准”这一点而得以证明。② 这可能是有问题的。道德评价通常是客观的。相反，义务论的规范对它们所针对的行动者进行约束。这种转变可能是困难的，因为它包含一个视角上的根本性转变。由于评价并不会对行动者进行指导，因此，一个规范必须被要求完成这种视角上的转换。那个规范可能不一定是一个政治理论或道德理论的规范，而是理性或根本的能动性的规范。不过，韦恩斯没有说为什么行动者必须体现种种评价。

让我们将关于规范如何能够从评价中衍生出来的问题放置一边。韦恩斯给予评价以在证明上的优先性似乎与对于正当的优先性相冲突，其中，权利的优先性通常与像罗尔斯的理论那样的义务论和理想化理论相关联。如果“关于正当的原则，并且也就是关于正义的原则，对于哪些满足具有价值这件事设立了限制”③，那么，我们很难看到那些规范如何能够被证明为是反映了对价值的评价。韦恩斯的评价性标准需要在独立于指示性原则的情况下得到明确，其中那些指示性原则理应反映那些标准。罗尔斯认为这是不可能的。例如，韦恩斯对罗尔斯理论中原初状态的作用的重述视罗尔斯所称之为的“正当概念的形式上的限定”为对某些更加基础的价值的优化。这种解读并不存在文本上的支持。罗尔斯将它们理解为关于规范如何运作的普遍主张，而不是将它们理解为对特定价值进行优化的原则。④ 韦恩斯对罗尔斯的解读将他视为是对其理论的最基本的结构犯下了根本性的错误。不管正当之优先性是否是正确的，罗

① Wiens, “Against Ideal Guidance”, 439.

② Wiens, “Against Ideal Guidance”, 439.

③ Rawls, *A Theory of Justice*, 31.

④ Rawls, *A Theory of Justice*, 130 - 136。

尔斯明显坚称这一点。在韦恩斯的普遍模型中，没有任何政治理论坚称正当具有优先性。所有政治理论将关于正当的原则证明为是对评价性标准的反映。

韦恩斯的模型很难对罗尔斯的理论的其他部分进行阐释。现在让我们考虑一下，当罗尔斯将他的理论描述为是建立在公民是自由和平等的观念之上的时候，他是如何展示他的理论的。这个观念要求更加明确的原则对特定种类的处理进行描述。[①] 自由和平等在那里并不是作为评价性的标准而运作的。这里的想法并不是我们依据公民在不同的事态中是如何自由且平等的，来对那些事态进行排序。这是吉拉波特和劳福德－史密斯在讨论罗尔斯关于不同的社会系统的观点时所犯下的错误。当罗尔斯讨论公民是自由和平等的时候，他所关注的是一种要求尊重的状态。他进一步倡导的原则使得对那个状态的要求变得具体。那一套规范一起实现了一个更加普遍的和抽象的规范，这个规范应当对处在一个特定的关系中的一系列特定行动者之间的关系进行治理。罗尔斯的观点的一个基本特征是关于行动者如何必须对待彼此的一个规范。由于我们知道他认为规范不是在证明上从评价中衍生出来的，就坚持说他一定是错误的，这样说似乎是傲慢的。

允许规范不是必须为价值的衍生物可以使得理想理论所起到的作用变得言之有物。如果善不是必须地优先于正当，那么规范就可以是基本的。于是让某些特定的行动者生活在特定的规范下就可以是一个要求。即使那些规范本身不是彼此融合的，这个要求可以是具有融合性的。自由和平等的公民必须一起向实现罗尔斯的两个原则的一个基本结构努力，这是因为，如果罗尔斯是正确的，那么两个原则明确了他们的政治体制如何必须对它们进行处理。即使罗尔斯的两个原则最终对于我们的世界来说是不恰当的，只要这两个原则对于一个与我们的世界相似的世界来说是恰当的，那么我们仍旧可以从这两个原则中学习。在不同的环境中是恰当的不同原则背后的原理间，可能存在某种连续性。这种连续性给我们理由将从一个理想理论中衍生出来的原则视为是相关的。这些原则

---

① 尤其见 John Rawls, *Political Liberalism* (New York: Columbia University Press, 2005) 47－88。

背后的原理将会为我们提供有用的信息，即使它们本身是不恰当的。并且不管怎么说，那些将规范视为是能够在证明上是基本的观点，将会拒绝那种会视评价为优先的指导。在非理想的条件中，那种指导将会倾向于要求行动者去违背义务论的限定，正如吉拉波特和劳福德-史密斯和哈姆林和斯滕普洛斯卡所做的。那些允许规范能够具有优先性的理论家们将会倾向于认为那个建议是错误的。那个建议不能理解种种义务论约束的重要性。

但是，如果韦恩斯的所谓的普遍模型的运作方式是正确的，这种从处在理想条件下的原则开始运作的方式对于任何一个始于评价的理论来说，都将是没有道理的。当并且似乎仅当人们准备好接受规范可以在证明上是基本的，并因此优先于评价时，理想理论作为一个活动是有道理的。理想理论在伯纳德·威廉姆斯的意义上是结构性的。一系列理想理论的批判家似乎拒绝这样一个想法，即规范可以以那种方式在证明上是基本的。韦恩斯明确地拒绝这一点，并且存在很强的证据表明，森以及法雷利，也许还有米尔斯，也是这么想的。他们对评价的优先性的坚持通常在他们对理想理论的拒绝当中起到了重要的作用，或似乎起到了重要的作用。如果我们有理由接受证明上是基本的规范的可能性，那么我们就同样有理由拒绝他们对理想理论的攻击。如果规范可以是基本的，那么理想理论的批评家们想要的那种指导将看上去就是工具性的，并且是不恰当的。同样的，给出基于理想的理论化而重视规范的建议，将似乎变为可能。

我还没有试图在这里展示，规范可以在证明上是基本的。我以上的讨论还没有对其相反面进行论证。韦恩斯试图通过他的模型来重建罗尔斯的理论，来展示出他的模型是普遍的。我已经论证过，那个重建是带有曲解性的。即使那个重建是准确的，它仍将不会是一个对规范不能在证明上是基本的论证。它最多展示出，将规范视为是永远通过评价而获得其正当性，不会阻止别人认为罗尔斯的观点是有道理的，以及与他的观点在结构上相似的观点是有道理的。同样不明确的是，一个对于规范不能在证明上是基本的论证会如何进行。一个问题是，这样一个论证将会面临这样一个问题，即论证理应驱使行动者的信念，并且因此预设了认识论上的或证明上的种种规范。在那个意义上，这里的讨论达到了某种僵局。分歧似乎是来源于关于不证自明的公理或基本理论认可上的分歧。

不过，在接下来的内容中，我希望主张的是，部分地看，将评价视为是优先的优势并不如其倡导者所主张的那么强有力。为了建议这一点，我通过这一主张应用在对手身上的标准来对其进行评价。它主张，理想理论理应是不充足的，因为它没有产生指导行动的规定。我已经说明了，这取决于认为规范必须有某种特征，一个它们也许不是必须拥有的特征。然而，理想理论在非理想的环境下不能尤其成功地产生某种指导行动的规定。如沙皮罗这样的理想理论倡导者，对这一点进行了展示。关于正义的理想理论中，不存在衍生出一个对不同政策进行排序的算法。来自像森和韦恩斯的对理想理论的批判似乎预设了理想理论的失败，但它仍旧是成立的。即使理想理论在此时此地指导行动上不是那么的无用，它可能仍旧比首要是评价性的理论所能起到的作用要弱，森和韦恩斯认为理想理论应当被这样的理论所取代。我们应当考察，接受一个首要是评价性的视角将会在实际上产生那种理想理论的批判家所要求的指导行动的要求。评价性的理论能够满足那些批评家所提出的挑战吗？他们的论证可以避免自我击败的后果吗？这里似乎存在两个让我们对此持有怀疑论的理由。

第一个对于理想理论的评价性批判的问题是，对各种向我们开放的可能性进行的评估很难得以准确地进行。我们倾向于系统性地不能理解我们的行动所将带来的一系列后果，或者我们回应那些后果的方式。不过，如果我们要去评价那些选项，我们需要知道它们将会带来的后果是什么。我们不能对那些我们甚至不能对其进行明确的成本和效益赋予评价性上的重要性。如果没有准确的预估，对不同选项的排序将很难被完成。这对于先验的理想理论来说不是一个特别严重的问题，这种理论以下面两种方式限定了它所关心的一系列后果。首先，一旦我们能够明确一个选项实现了一个先验的理想，一个要求那种实现的理论将不再需要进一步的信息。关于不同的选项，它不需要和一个评价性的理论知道的一样多，其中，一个评价性的理论需要将会带来非常广泛的后果的有关一系列价值的所有逐步改善都考虑进来。其次，理想指导特定的行动者以某种特定的方式行动。行动者必须以某种方式与彼此相关联。这些行动的内容可能仅仅以一种非常有限的方式依赖于其他的行动者做了什么，如果这种依赖关系存在的话。那些除了在极有限的环境下包含例外的关于禁止有意杀戮的规范，仅做出如此的规定。一个行动为了服从一个规范而必须考虑进去的种种后果，可能是非常有限的。这是准义务论的经验法则对于后果主义者来说具有吸引力的地方。对于计算行为后果的种种困难不需要是很重要的，因为没有那么多后果需要被计算。未来的阴影（shadow of the future）可能不是那么具有影响力。

一个通过对可能选项来排序，从而在此时此刻指导行动的任务要面临的第二个难题是明确并应用相关的评价性标准的问题。韦恩斯的模型将指示性的规范视为是作为对更加基本的价值的优化而得以证明的。所有优先是评价性的理论家们都将那种关系或像是那种关系的关系视为是合法的规范。这是使得某个理论家是一个首要评价性理论的理论家之所在。然而，那个关系依赖于一系列经验上的条件，其中，在这些条件下，规范在事实上优化或者反映了更加基本的价值。从规范恰当地导向评价性的标准意味着明确那些条件是什么，以及规范如何回应这些条件。只有我们明确知道在什么条件下具体的规范判断能够得到应用时，一个关于一个特定的境遇的具体规范性判断才能被用来理解相关的评价性标准。韦恩斯关于理想理论无用性的论证依赖于那个主张。否则的话，理想理论家们将有权预设他们的原则在不同的条件下恰当地反映了基本的评价性标准。如果他们能够预设这一点，那么理想理论将不会是无用的。它不会与一套特定的条件绑在一起。

这使得我们对我们的价值的理解潜在地具有很大的困难。例如，为了理解我们认为奴隶制不正当的观点，我们需要知道这是否是一个关于奴隶制的普遍判断，还是一组例如美国南部在内战前的典型事例。否则，我们对价值的形态和内容，或者与之相关的种种价值的论断，将会是错误的。即使我们确定了在什么环境下一个判断可以得到应用，我们仍旧需要知道它是如何回应那些环境的。区分开这两个任务将一点也不会是直接明了的。一个规范于其中回应一个价值的环境将依赖于我们认为这个规范如何回应那个价值。我们的最基本的道德和政治责任，正如罗尔斯的观点中所展示的一样，按照林肯的话说，即“如果奴隶制不是错误的，那么没有什么事是错误的”，将不再能够对于我们应当做什么提供最直接明了的证据。[①] 与作为表面上初步认定的限制的鉴定不同，它们的作用受到了严重的局限。那些责任必须通过明确它们优化那些最基本的价值所赖以的条件，从而与基本的价值联系起来。与此同时，我们需要理解它们是如何反映了那些价值的。因此，明确那些基本价值的形态可能是非常困难的。

为了应用那些价值并且因此产生一个排序，我们需要将同样的运作反过来进行。一个事态的相关特征需要通过我们的基本的评价性标准来得到评估。我已经主张过这可能是非常困难的，因为明确什么是需要被排序可能是十分困难的。然而，它同样会面临这样一个问题，即将我们的基本价值应用到一系列行动、事件，以及后果上在实际上究竟意味着什么。森的例子在这里是具有误导性的。我们不需要通过理论化来告诉我们就能知道，在所有条件都保持一致的情况下，减少文盲或饥荒是一种进步。这就像是奴隶制的不可接受性一样：如果我们知道我们的政体应当如何被组织起来，那么这便是我们已然明了的事情。如果一些理论意味着，在所有条件都保持一致的情况下，减少文盲和饥荒不是一个进步，那么我们会拒绝这样的理论。我们需要理论化帮助我们处理更加复杂的问题。一个评价性的理论家需要知道，当我们要付出的代价是对其他目标或理想的阻碍时，减少文盲和饥荒的相对重要性是什么。甚至连决定一个给定的事态会在多大程度上实现一个像福利这样看上去直截了当的价值，都是十分困难和极度具有争议的。更加复杂的价值如同自由或平等将只会产生更加严重的问题。我们没有明显的理由去假设将这些标准应用到复杂的政治问题中来评价不同的选项将是一个可能，即使我们可以明确这些选项中的所有相关特质。

如果理想理论因为它没有告诉我们如何在此时此地对可能的政策选项进行排序，因而是无用的，那么不明确的是，一个首要为评价性的观点如何能够就此为我们提供帮助。当我们需要建议的时候，这样的一个观点既需要更多的经验上的信息，也需要概念上的或者评价性的信息，而它对这些信息的需要似乎比我们所能够提供的要多。那些提倡对可行的社会进行评价的人批判理想理论，因为理想理论无法做出如此的评价。

---

① John Rawls, *Justice as Fairness*: *A Restatement*, 29.

然而，即使我们对规范必须回应评价这一点做出承认，这种承认也并不意味着追求这样的评价将会针对如何改善我们的社会而为我们提供有益的规定。那些将规范视为是基础的观点也不会比这更差。将规范视为是比价值更次要的，可能会制造两个严重的问题。首先，更加广泛的后果必须被评价性的观点考虑进来；其次，明确基本的价值以及实现这些价值的规范可能是非常困难的。如果为未来的厨师店书写食谱对于实际上建造出这些厨师店来说是多余的，那么很难说清的是，为什么对它们进行评论是一个合理的替代选项。

五 结论

我所主要关注去做的，是展示出下面两件事。首先，我想要展现出，一个首要为评价性的立场很难使得我们对理想理论理解是有道理的。如果理想理论是关于完美状态的，那么一个期待对事态和其内容进行排序的评价性的立场，将会使得理想理论看上去是没有意义的。理想理论在森所说的先验理论的意义上，回答了一个仅仅从一个拒绝善是必然地优先于正当的立场上来看才可理解的问题。其次，我想要提出，首要是评价性的立场有各种各样的问题，这些问题与那些对理想理论的批判者所用来要求理想理论支持者做出解释的问题是相似的。如果你从一开始就认为规范是评价的衍生物，那么对我们应当在非理想的世界中做什么给出具体的规定可能同样是非常困难的。为了给出那些具体的规定，你将需要关于事态的种种特征的信息，以及我们的基本的评价性标准的信息，而获得这些信息远远超乎我们的能力。

在尝试展示这两件事时，我的目标是表明，在我看来一系列关于理想和非理想理论的争议的文献中出现的错误观念。如果我的两个主张中的第一个是正确的，那么像森和韦恩斯那样的理论家们拒绝理想理论就是可以理解的。他们就一个看上去不同的问题上的立场决定了他们对理想理论的拒绝。否定评价是在证明上优先的理论家们可以合理地启动一系列可能在表面上与理想与非理想理论之争没有什么关系的论证，从而来为他们在辩论中的立场做辩护。这样的理论家们可能还是会担心理想理论不能提供首要是评价性的理论所要求的那种具体的指导。他们应当提醒自己，首要是评价性的理论家们很可能会更加糟糕。他们可以转向那个沙皮罗在十多年前就明确的任务，即，考虑清楚理想的内容和理想的精髓之间的区别。尤其是，那些允许规范可能是在证明上基本的理论家们应当对这一点进行关注，而不是关注对可行性的首要是评价性的讨论，在我看来，关注这样的讨论对于他们来说是一条死胡同。

正义、现实主义和对老人的家庭护理*

马克·菲尔普（Mark Philp）**
（译：朱慧兰）

摘要：从一个对老年人家庭护理的特殊案例的讨论开始，本文的讨论指出：在似乎存在着“不正义”但价值和成本存在多个竞争维度的情况下，难以从理想理论中得出实践判断。本文的论点是：对老年人的家庭护理的问题根深蒂固于现代西方文化中，在西方社会中，人们的预期寿命大大提高，并伴随着其他一系列社会和人口变化，这些变化使得对老年人的家庭护理变得困难和繁重，人们对于这些情况的构建和体验的方式是相互冲突的，而我们关于正义和权利的思考内在于这些冲突的方式，而不是独立地作为这些冲突的解决方案。本文支持一系列局部、有限和“现实主义”的应对措施，以减轻负担的某些部分，而不是假装要提供一个任何意义上理想的或完全公正的解决方案。从一个案例得到的论证对于本文中道德和政治哲学的现实主义的案例内在的。

关键词：衰老；现实主义；理想理论；认可；女权主义；家长的关怀；充足主义；正义；负担分配案例

---

* 感谢那些在哥伦比亚大学、华威大学和牛津大学讨论过本文早期版本的人，感谢社会哲学和政策评论家 Dan Butt（丹·巴特）、Liz Greenhalgh（丽兹·格林哈尔）、Andrea Sangiovanni（安德里亚·桑乔瓦尼）、Dave Schmidtz（大卫·施密兹），尤其感谢 Adam Swift（亚当·斯威夫特）的评论。

** 作者为华威大学历史与政治教授。

玛丽的母亲海伦（Helen）八十出头时失去了丈夫。有些人会进行调整适应；但很多人不会。海伦就没有适应这一事实。她卖掉了房子，搬到离玛丽不远的一间小公寓里，缩进了自己的小世界。她情绪低落，身体越来越不适，并且有一些记忆减退和健忘的迹象，她变得孤独，也越来越依赖玛丽。玛丽或她的丈夫每隔几天就会看望海伦一次，以确保冰箱里有食物，并清除掉腐烂的东西。玛丽偶尔会带她的母亲出去一日游。对此，海伦并没有特别感激。她不承认自己患有抑郁症——“我只是不想继续生活了”。她还假定玛丽会做任何需要做的事情。几年后，情况开始恶化。海伦会经常跌倒。玛丽为她安装了一个警报器，让她戴在脖子上，以便她跌倒时可以寻求帮助。海伦可以按下按钮，由此可以与紧急服务部门联系，他们就会联系玛丽，玛丽会过去帮助她，并确保海伦没有受伤。这样的联系变得越来越频繁，玛丽和她的丈夫发现将她从地板上扶起来越来越困难，也越来越难等在电话的另一端并放弃手中正在做的事情来帮助海伦（因为他们俩都有工作）。他们试图雇用看护人员来提供帮助；但是海伦不希望陌生人在自己的公寓里，清醒过来就会将他们赶出去，或者完全不配合让他们自己辞职。她声称自己不需要他人帮助，但饮食却不断恶化，晚上也出现了尿失禁的问题。这导致她在夜里多次跌倒，由此玛丽就不得不帮助她，帮她换衣服，然后让她回到床上。

玛丽变得沮丧。持续的要求、关于海伦是否会召唤她的无尽的不确定性、与母亲的正常关系的崩溃，代替的是这样的一种关系——她的母亲并不为此负责，而且玛丽必须照料她母亲的身体，对玛丽的时间和精力提出的极高的要求，这一切都损害了玛丽的利益。

一天晚上，海伦挣扎着起床去上厕所，在地板上滑倒并磕伤了头。她把警报器留在了床旁，无法求助。在 24 小时后海伦去世了。第二天晚些时候玛丽顺便来到海伦的住处，发现她母亲仍然在地板上。玛丽很悲痛，既伤心又内疚，但同时她又不由自主地有种解脱的感觉。

一 仅仅是坏运气吗?

玛丽的经历并不罕见，随着更多人寿命的延长，这可能会变得越来越普遍。我们知道，护理人员的情绪紧张程度可能会非常高。显然，男性和女性会对不同的事情感到有压力。男性的压力来自于需要处理不同的家长行为；女性的压力则是对工作的干扰以及与父母关系质量的下降的反应。尽管在美国，男性占父母照料者的25%，但很明显，在大多数家庭中，女性负担最重。[①]

情感上、身体上和物质上的消耗以及玛丽生活的总体价值的损失是令人遗憾的。作为一种普遍现象，这是我们应该尝试清楚地思考的事情，但是我们还需要准确地询问这是什么类型的问题。特别地，这是否引发了正义问题？如果确实如此，那么标准的正义原则能否有助于我们了解应该如何应对这些问题？我首先提出五种理解玛丽的情况的方法：

1. 我们可以说玛丽运气非常不好。人们的家庭生活是好是坏有一定的偶然性，但是解决这类事情不是其他任何人的责任，玛丽的生命的损失绝不应该被认为是需要纠正或补偿的伤害或“不正义”。

2. 相反，运气平等主义者认为，尽管人们应该承担自己的选择的损失（选项运气），但原生坏运气应该得到补偿。有一个崩溃的家长可能会被视为原生坏运气：结果是孩子的生活不尽如人意，对此社会应该做出回应和补偿。

3. 我们可能会将此案例视为涉及正义的案例，这个案例并非关于达到一个作为平等分配负担的理想，而是关于一个需要跨越的临界线——某种程度的充足主义。[②] 在发达的工业化社会中，国家应该试图避免某些不良后果：人们不应该死于营养不良，当他们的心理平衡受到干扰时也不应该伤害自己，同时他们也不应没有基本的保护和服务来确保他们的安全和福祉。这样一个“临界线”是发达工业社会旨在跨越的，从而确

---

① Ada C. Mui, “Caring for Frail Elderly Parents: A Comparison of Adult Sons and Daughters”, *The Gerontologist*, 35, no. 1 (1995): 86 - 93. 同时请参看 J. Jill Suitor and Karl Pillemer, “Support and Interpersonal Stress in Social Networks of Married Daughters Caring for Parents with Dementia”, *Journal of Gerontology*, 48, no. 1 (1993): S1 - S8; Jason R. Dura, Karl W. Stukenberg, and Janice K Hiecolt-Glaser, “Anxiety and Depression Disorders in Adult Children Caring for Demented Parents”, *Psychology and Aging*, 6, no. 3 (1991): 467 - 473。

② 关于这一问题存在着大量的文献基础，但特别请参看 Y. Benbaji, “Sufficiency or Priority?” *European Journal of Philosophy*, 14 (2006): 327 - 348; R. Huseby, “Sufficiency: Restated and Defended”, *The Journal of Political Philosophy*, 18 (2010): 178 - 197; and P. Casal, “Why Suffi-ciency is Not Enough”, *Ethics*, 117 (2007): 296 - 326。

保老年人能够尽可能长时间地继续独立生活，并确保存在着相关的服务来支持他们这样做，由此他们不会过于脆弱、没有安全感或在依靠他们的家庭而成为累赘。与玛丽相关的充足性临界线可能是注重避免（一定程度）具有负担的、海伦对她的依赖。关于国家对海伦的直接责任的程度，仍然有很多问题是我无法解决的。我在这里的关注点是：关于玛丽所承担的护理负担，我们可能将什么看作属于她的独立的责任。如何确定该临界线以及如何达到该临界线会带来进一步的困难：即使国家对玛丽负有充足的责任，但由于这些问题相关于个人自治和自主、家庭完整和关于行政系统问责制的问题，在实践中这一责任可能不是国家最有能力承担的。

4. 在我已经描述的案例中，玛丽是一个独生女，但是如果她有兄弟姐妹，那么问题就是这些家庭成员对他们的父母、对彼此以及对玛丽的责任，至于玛丽就成了对母亲负主要责任的人。这里似乎存在公平和正义的问题（至少是家庭内部正义）。这些可能不是国家可以解决的问题（也许是因为它不可避免地缺乏采取行动的详细信息）；或者它们可能不是国家应该解决的问题（也许是因为这样国家的干扰会过多；或者因为这应该是自愿的决策的问题；又或者因为这是国家不应该主张管辖的私人事务）。即使这不是国家的事，我们也可能认为在家庭内部利益和负担的分配方面存在正义问题。

5. 关于我们能够合理期待的成年子女对父母承担责任的程度，以及我们能够合理期待的他们对父母提供护理的程度，还存在着进一步的问题。同时还存在着其他的问题，即老年人为自己剩下的生命以及结束生命的决定所做的准备必须承担什么责任，以及如果他们没有能够做到，谁应该承担损失。

我在标题中使用“现实主义”一词，并从一个具体的案例入手而不是从正义原则入手，因为我想论证，我们的思维对历史背景下和语境下所塑造的玛丽和她的家庭所面临问题的现实越敏感，认为理想的正义理论可以提供决定性回应的想法就越不合理。从具体案例开始当然并不意味着不存在任何相关的规范性考虑，但我的关注点是指出理想与具体案例之间平衡的困难，并论证在指导我们对玛丽所面临的问题进行回应时，理想理论不可避免是不足的，在很大程度上是因为理想具有多样的且有争议的维度。[1]

二 护理负担

上述每个回应都有一定的吸引力，并都包含了广泛共享的直觉要素，至少在西欧和北美范围内是这样的。这表明有多种考量和原则在起作用，这是典型的情况，这种情况在正义上是次优的，但具有多个相互竞争的价值维度。按照森（Sen）的说法，这很难理解如何从理想意义上的正义要求转变为确切的案例，因为沿着一个价值轴的进展可能会包含在其他轴上的妥协或撤退。[2] 多个相互冲突的维度是理想理论在具体案例中提供判断和指导行动的结论的主要障碍。[3]

玛丽的案例旨在强调与衰老和为老年人提供护理有关的许多正义问题，并确定这些反对理想化的情况的特征。这样的特征之一是家庭照料者情感参与和心理负担的深度。大多数人发现应对年迈的父母很难——以至于不得不将他们视为必须“应对”的问题。成为一个对父母负责的人必然会改变亲子关系。存在着某种角色互换、抚养关系逆转，孩子必

---

① 本文从最近政治理论中关于现实主义的争论开始，但在一个不同的语境下发展这一论证。关于理想进路的直接批评，请参看，in I. Robeyns and Adam Swift，special edition of *Social Theory and Practice*，34，no. 3（2008）；Mark Philp，“Realism without Illusions”，*Political Theory*，40（2012）：629 - 649。[另请参阅本卷中伊斯玛（Ismae）的文章]。在本文中，我的目标不是理想理论对遵从的假设，而是在存在着多个相互竞争的价值的情况下理想理论是否可以指导行动的问题。但是，这篇文章还表明，尽管出于抽象、一般原则的兴趣，“理想化”剔除一个情况中的细节，但这样做并不能充分重视我们在这种细节上的根源——在这种情况下，根源可能意味着没有一个单一的“理想”解决方案。对“现实主义”的承诺来源于对以下事物的关注：历史背景、路径依赖、关于心理复杂性的保留以及在这些约束条件下对指导行动的建议的确定。

② 请参看 Amartya Sen，“What Do We Want from a Theory of Justice”，*Journal of Philosophy*，103（2006），215 - 238. 在衰老的情况下，多维度性可能包括安全、福利、自由、自治、团体等价值。同时请参看 David Schmidtz，“Ideal Theory：What It Is and What It Needs To Be”，*Ethics*，121（2011）：772 - 796。

③ 多重冲突的价值能否为权衡、划分优先顺序、损失界定临界线等提供系统的基础，这一问题仍然存在争议。森对这一问题的回答是否定的。T. Scanlon 的回答也同样是否定的，请参看 *What We Owe to Each Other*（Cambridge，MA：Harvard University Press，1998），125。但是也请参看 A. F. Sarch 的回答，“Multi-Component Theories of Well-Being and Their Structure”，*Pacific Philosophical Quarterly*，93（2012）：439 - 471。

须应对父母生活中的方方面面，而双方都可能将这些方面看作是极为私人和亲密的。他们可能不得不通过一定程度上身体的亲密来与父母打交道，这会改变他们以前的关系；他们可能必须控制其父母的生活领域，这是他们之前不曾参与的（例如财务和家庭事务）；随着关系的变化，过去的权威和权力问题、依赖情绪和不满情绪不可避免地会重新出现。那些承担这些负担的人可能会发现健康和社会护理专业人员的需求不仅本身具有挑战性（进行预约、提供支持等），而且具有额外的压力，因为它们牵涉到照顾者（以及他或她与父母的关系）隐含的期望，而他们觉得这样的期望是难以满足的。玛丽的处境不仅仅只是身体负担、经济损失甚至是时间的损失（尽管其中任何一个都可能是大量的），而且还包括情感冲突和损失，与之相联系的是主体不得不以令人不安和痛苦的方式与父母打交道，并且失去亲子关系的要素，从而失去了与世界的既定关系的要素。

每当家庭成员以这种方式对父母负责时，这些负担就会产生。作为兄弟姐妹、配偶或者父母，这不是我们唯一面对的沉重的关系，但是在这些角色中，可能涉及不同的理由和情感。例如，在结婚和生子方面，我们接受这些决定蕴涵着特定的责任。但是我们无法选择自己的父母，特别是作为被扶养人。孩子照料父母的关系至少有三个重要维度：它们发生在某种意义上是未被选择的关系中，但却有深深的情感，这是一个事实；它们包含转换，并且在各种维度包含现有情感关系的无序，其无序化的方式引起新的心理和实践挑战；并且孩子与父母的关系中的新维度与孩子的判断相联结——这些要求是他们有一定责任来承担的。

对玛丽的案例的一种回应是坚持认为我对情况的描述是不正确的：从玛丽的出生到她的母亲去世，以叙述的方式我们可能会更好地理解玛丽与母亲之间的关系。人类的本质就是拥有深厚的、持久的和复杂的关系，这种关系随着时间变化，而且这种关系中“给予”的平衡不断发展并且往往会逐渐逆转。对玛丽的困扰、亏损和“损失”的关注，就是没有能够将其视为关系及其质量的重要组成部分。

这一反驳肯定有一定分量。我们可能仍然对负担和利益分配的公平性（家庭之间和家庭内部）表示担忧，但是这种更广泛的叙述削弱了这种说法——玛丽遭受着原生坏运气。确实，她不得不分享母亲生命中最后一个紧张时期的机会或许被视为别人可能缺少的机会。

在某些文化中，照顾年长父母的期望显然有助于构建人们对这些情况的体验和他们对这些情况的反应（尽管即使是积极的框架也不一定意味着关系必然是公正的、非剥削性的或不具有负担的——最重的负担通常会落在女儿和儿媳妇身上）。在某些文化中，进行必要的空间调整来将父母包括在共同的生活中，相对来说容易，并且可能有强大的规范支持来这么做。在西方社会中可能确实如此，但这并非总是正确的。相反，在西欧和北美的许多地方，有证据表明，人们在抑郁、焦虑和一系列心理状况方面承受的损失与照料衰老的父母的责任有关。在现代、世界主义的、个人主义的社会和文化中，这是一个特别严重的问题。很大程度上是因为我们对个体的观念演变的方式、人们对自己生活和工作的抱负、地域和社会流动的程度、彼此之间以及他们与父母之间的关系的类型，以及空间被私有化和占用的方式。每个方面都使衰老的“传统的”家族的管理复杂化。①

而且，我们不能因为人们根植于他们的关系以及彼此之间相互承担的深刻的义务之中，就简单地坚持认为玛丽的案例是错误的表征，因为这些问题的组成部分通常是解决方案的一部分。这是因为我们都是现代个人主义者，并且拥有将我们与他人紧密联系和产生义务和责任感的心理和人性——即我们觉得自己在无法完全合理化的基础上来预设照料父母的负担，而且这种负担存在着我们难以预测或承担的损失。我们中的许多人都想这样做，但是却没有相应的条件。而且，现代的个人主义期望是那些最接近我们的人期望我们拥有的，例如我们的父母。给定我们拥有的价值和期望，我们在不这么做和这么做的时候都会感到痛苦。在父母衰老的某个阶段之后，当我们尝试将他们的需求纳入我们自己的需求时，我们的生活会变得更糟；正是因为如此，我们自己的父母常常不希望我们做我们认为自己应该做的事情。这产生了额外的负担——尤其是因为我们很少以表面意思来理解他们所说的话！

这个问题的要素可能已经存在了一段时间，但由于在过去是短期问

① “传统”之所以出现在引号中，是因为这样的说法不可避免地有些简单化、不合时宜和过于笼统。

题，这一问题可能更容易产生。寿命的急剧增长意味着照料某人可能长达一个人生命中的十年或二十年，而这几乎不会出现在四十或五十年前。而且，西方国家的寿命变长伴随着社会和地理流动性的增加，这也增加了家庭破裂、单亲家庭以及所有成年人都从事全职工作的家庭的案例。每个特征都可能使主体面临的关于父母的问题更加复杂。

因此，尽管有些人可能坦然地承担这样的负担，但大多数人都难以在毫无压力和愧疚的情况下满足他们面临的矛盾的要求。他们的苦恼和负担感是他们世界的症状：由于损失和他们自身所被构建的方式，他们承受着沉重的代价。此外，我们关于正义、个人自治和自我实现的观念是这一构建的组成部分。结束自己的职业是一种损失、限制一个人的地域流动是一种约束、我们年迈父母向我们有所要求等这些感觉——在每种情况中，我们都认为这种情况涉及责任，这些责任由原生坏运气而产生，即使（实际上是因为）我们也感到应该承担这种负担。

女权主义理论家正确地指出，这经常是妇女承担的负担。但是，在要求平等、选择及塑造他们个人生活的权利时，他们加强了对于我们认为我们应该过的生活的构建，而这种构建忽略了孩子与失败的父母之间存在的情感联系和责任感的深度。这些破坏了我们的生活，使我们无法成为我们认为应该成为的人：好孩子和成功的、独立的主体。① 女权主义帮助我们看到，这种“家庭内部”问题不能完全理解为私人问题，而且往往由于家庭产生的结构性的劣势，这些负担是系统性地、不平均地被分享的，其中女性承担着主要的负担。但是，即使这些负担在性别和阶级上更加平均地分布，它们仍然是负担，它们在分配和影响上仍然存在不平等，我们仍然应该感到，在人们缺少机会让自己过上同等幸福的生活的情况下，我们面对的是“不正义”的问题。

并非每个成年人对父母都有这种责任感，家庭成员可能会感受到不同的责任感和义务感。这可能是有差别的情感深度和反应能力或不同的脆弱性的结果。但是，在西方社会，这些问题的演变方式以及西方规范

① 现在我不能讨论有关政治理论中“护理”的大量文献，但是我的观点是：（a）与护理相关的价值维度存在冲突而且需要解决的情况下；或（b）关于在成就、个人主义的期望与人际关系的深度方面，如何解决我们对自己的期望的真实而深刻的冲突，这种构建都无济于事。

对我们提出的相互矛盾的要求，也塑造了我们回应的方式（并相信我们应该如此回应）。这样的事实应该有助于让我们感到这些挑战在某种程度上是一个集体问题。

当然，并不是所有亲子关系都会产生这种情感纽带；也并不是所有人都会做出我们认为应该做出的回应。回应和评估的矩阵可列出如下：

父母的行为　X 的父母过去对 X 不好　X 的父母过去对 X 很好

X 对父母衰老和需求的回应

为自己而非为父母服务　不可指责　可指责

为自己和为父母服务　矛盾的和繁重的

无私的　值得称赞的　幸运的

也就是说，尽管我们谴责那些对父母没有回应的人，而他们的父母付出了很多来保证对他们的照顾和关心，尽管我们也认为他们对父母的状况缺乏适当的情感回应，但我们认为那些不幸的人是可以免责的。有些人很幸运（也许有些值得称赞）能够在没有负担感的情况下回应父母的需求，而另一些人可能是值得称赞的，因为尽管父母过去对待他们不好，他们也仍然照顾父母（尽管我们可能会怀疑他们的思辨能力和自治）。但是在许多西方社会中，似乎有相当大一部分人属于中间的那一类——他们被自我和其他人的相互矛盾的要求所控制。①

负担不只是资源问题造成的。我们不能假设：如果只需要有足够的钱，这些问题就会消失。显然，金钱可以以各种方式提供帮助。尽管如此，已经存在的冲突的原则、情感投入和个人抱负使得这些情况不能用金钱解决。此外，我们还未能拥有许多（如果是不完全的）实践解决方案：我们的社会还没有为此做好准备；几乎在所有区域中我们都不拥有正确的住房组合和服务类型来支持老年人的独立生活（例如，减少他们

---

① 该矩阵没有考虑到理解他人需求或者代表他人行动或者组织护理以及预见和处理困难的能力差异。应对挑战的能力不同，接受挑战的心理能力也不同，这影响了责任和评估问题，这是我在这里无法探讨的。其中一些组成部分是随机分布的或偶然的；有些则是历史上和社会上更加确定的。

在购物时对车的依赖、使人们能够轻松到达底层以上的公寓、使他们住在靠近更多家人的地方并确保对流动性和自我护理能力等不断变化的水平做出回应等等），而且具备高度信任和安全感的居住地使得更广泛的社区支持是可能的。① 类似地，对于自己的父母正在衰老的人来说，更灵活的工作安排可能会减轻护理者的压力。这些事情中的部分可以被建立，但是目前在很少的地方存在。从长远来看，可以采取一些措施来减轻护理压力，但我们当前的世界并不是一个可以完全消除这种压力的世界，部分原因是我们也想要其他东西，而我们想要这些东西的欲望是现代心理中一个根深蒂固的特征，就像希望照顾父母的欲望一样。

即使从长远来看可以做得更好，根据这一说法，也不能使得负担完全消失。由于对成年子女的时间、资源和精力（情感和其他方面）的不可预测的需求，护理的部分压力包括关系颠倒的体验、隐私界限的破坏、对他们生活的打扰以及一种基本的损失感。进一步的问题就来自于一种需求，即对特定事物作出判断的需求，这一判断则关于父母可以应付的以及他们的判断可以被接受的程度和条件。这包括一个假设—— 一个现在不完全自治以及会对其能力受到轻视的程度持有不同意见的人负有默认的责任。一个普遍的问题是他们继续承担是否安全以及由谁做出决定。这只是众多决策点之一：我们应该尊重海伦的意愿——但是在这些情况下，劳累和情感上的代价往往是导致反复争执这个问题的一个因素，即对于她想做的事情来说，她具有的能力的程度。独立生活和短期记忆丧失有多相容？让人们独自生活与抑郁症有多相容？玛丽和对父母负有主要责任的任何家庭成员的负担，部分地是通过对这些边界问题的讨论而产生的。此外，面向未来的举措（例如，将事情安排好，从而在五年后情况恶化时更易于管理）依赖于老年人分享这样的看法——即现在这些举措就需要被实施。设备齐全且我们能够想象的庇护所、护理和疗养院是非常有益的，但前提是人们想要去这些地方。当人们不需要这些地方

① Atul Gawande 的 *Being Mortal*：*Illness*, *Medicine*, *and What Matters in the End*（London：Profile Books, 2014）指出在美国进行的一系列旨在改善老年人的临终关怀的实验，但这些实验没有得到广泛的实施或完全的成功。更广泛的结构问题是：在一个家庭流动性很高的世界中，有高质量的独立生活设施，与能够将服务保持在局部之间存在着张力。

的时候，他们几乎不会想要去这些地方，当他们需要这些地方时，他们可能会在很长一段时间内不认可（或无法认可）自己需要这些地方。在这种情况下，家庭的作用就是去讨论何种水平下的个人选择和决定是被允许的。

即使父母进入了养老院，负担也不会消失。以下的问题仍然存在：谁来探访、何时以及多久探访一次、谁来处理投诉并评估这些投诉的有效性、谁与工作人员协商这些投诉、医务人员应该咨询谁、谁具有代理权以及如何执行这一权力以及谁应该参与生命终止的决定等等。如果没有情感上的损失和失职的意识，这种决定就不能完全交给专业人员；而且，这不是专业人员出于好的理由（就其自身的问责制以及就老年人的需要——包括对倡导者的需要）就应该（或通常）鼓励的策略。因此，对于大多数人来说，一个完美、没有负担的情况不能可靠地得到保证，尤其是因为我们的孝顺包含着对父母的考量做出回应，也包含着评价这些考量在多大程度上是使其他人能够并且应该回应的考量——从而对父母行使监督主权，而行使这一权力本身就牵涉到一些不可消除的实践和情感上的代价。

当痴呆症影响人的性格和记忆力时，还会出现其他问题，这伴随着孩子陷入与父母隔绝的境地，但仍在某些方面对照顾他们负有责任。我们是否应该将探访患有严重痴呆症父母的孩子看作是沉迷于某种自我放纵的行为，因为他们的关心在任何方面都无法得到回报或认可？还是我们就是应该将其看作护理的连续负担的目的——即使父母没有回应，孩子仍然有责任确保尽力而为，因为没有其他任何人能够提供我们认为所需要的保证的程度？或者，也许孩子来探访是适应变化的现实的一种方式？在这两种情况下，探访都可能会带来负担，但是我们是否应该将这完全归为选项运气的一个案例？

人们对于父母衰老而产生的负担感最好被理解为根本“处于环境中的”——根植于他们的实际情况以及他们通常深厚的情感和个人关系中，并以一系列社会规范、道德原则以及引起相互冲突的要求的情感纽带为框架。因为其中一些冲突的需求发生在深层的情感水平上（或引发了深层的情感反应），所以对优先的解决方案进行理想化假设的原理在这种问题上的应用范围是有限的。阐明玛丽的经历的部分原因是，我们必须理解它的特殊性，即使我们承认在更抽象的层面上，它展现了一些逐渐普遍化的经历。她所经历的问题深深地植根于她的日常生活以及与父母的关系史中。这些深刻地塑造了她推理、判断自己及他人的方式。正如伊丽莎白·安德森（Elizabeth Anderson）警告不要用原生坏运气之类的概念来解读别人的经历，所以我们也应该抵制这种想法，即这些概念存在于照顾父母的人的评价性语言中。[①] 因此，在设计对玛丽的情景的回应时，我们需要在很大程度上从她和海伦所处的情境以及她们以不同的方式构建自己的处境来进行探究。她们的问题在结构上是由21世纪的寿命、社会规范和期望的变化所构成的，但这并不意味着它与其他人所经历的问题相同。同样，尽管我们可以确定哪些问题和议题可能会发展或变得特别繁重的维度，但为了评估玛丽所承受的负担以及如何最好地支持她，我们需要了解玛丽过去和现在的特殊处境，我们也需要了解这种可能性如何实际地发生在她和她母亲身上。

这可能是一个更普遍的现象——两方面的分裂，一方面是理性与抽象原则，另一方面是生活体验的现实。例如，蒙田（Montaigne）一直都感到这种张力："……无论一个人有多么智慧，他都无法单凭自己的判断就掌握导致他人痛苦的所有原因；当眼睛和耳朵在其中发挥作用时，也就是只能被作为自然结果的细节影响的器官，他的理解总是通过实际存在而得到增强。"[②] 我不清楚作为一个普遍的主张，这一观点能推广到何种程度。正义与公平原则取决于被所有人都认可的可能性。但是，对于任何包含这一原则的理论来说，如果认为我们的日常生活、情感生活和内心生活都是分散注意力的细节，那么这似乎是错误的。正是从这个细节中我们构建了我们的生活，而如果我们努力想要实现的原则具有必然的有效性和动力，它们也必须植根于这个细节中。因此，除非扎根于相关的相似生成条件，否则特定的原则组合将不可避免地缺乏广泛的普遍适用性。此外，由于价值观、原则、情感和承诺影响了许多面对这种情况的西方的人的思想，而且他们倾向于提出冲突的要求，人们的能动性

---

① Elizabeth Anderson, "What is the Point of Equality?" *Ethics*, 109 (1999): 287–337.

② Montaigne, "Of Diversion", *in The Complete Works*, ed. D. Frame (Everyman, 2003), III. iv p. 772.

不是遵循一个特定的原则，而是通过谈判解决他们认可的责任所产生的不可还原的冲突。作为这些社会的成员，我们应该能够识别这些相互矛盾的要求，但是，只要我们真的承认他们影响的深度——这些要求与人们对他们成为自己这样的人的观点之间不可分割的联系——那么我们应该承认，没有解决这些冲突的一般方法。

三 家族内部正义

如果玛丽有兄弟姐妹怎么办？在许多家庭中，责任的分配往往极为不公平。这可能是由于家庭成员的不同情感脆弱性或易感性、他们进行协商的地位或一定程度的原生坏运气所造成的。如果一个人不负有责任，成为这样一个人的强烈的情感后果会影响他和兄弟姐妹的关系。考虑一下玛丽是主要照料者的情况，因为尽管她有兄弟姐妹，但她在地理上是最近的。他们的存在可能是玛丽承担的损失的一部分。当他们偶尔去探访时，为了让玛丽的母亲感到高兴，他们告诉玛丽她应该做些什么来确保母亲的生活质量得到改善，对此，玛丽感到很委屈和不满。他们的评论强调了她的感觉，即他们在享受与母亲之间的关系，但这种关系却使得每天的护理让玛丽处于不利的位置；他们强调了玛丽的负担已经让玛丽和他们在情感上的疏远——因为他们无法从她的角度看这个世界。如果玛丽是一个独生子，这些问题就不会出现。但是，如果她有兄弟姐妹，事情就会变得更加复杂。

我们不需要预设这些兄弟姐妹有任何重大的错误：也许一个人住在中西部，另一个人住在加利福尼亚，而玛丽住在东海岸。海伦想住在其中一个孩子的附近，并且她选择了玛丽。相关的原因重要吗？可能是因为玛丽住在她母亲熟悉的小镇上，而其他两个孩子都不是这种情况；或者因为海伦对玛丽最有信心；因为她一直与她保持良好的关系；或者是因为相比起兄弟姐妹她被认为要做的重要的事情比较少。其中一些可能是好的原因；至少有一个肯定是不好的。但是，从很多方面来看，海伦的决定仅仅是经验的一个复合因素：动机越是令人怀疑，对玛丽的情感影响就可能越复杂。但是，即使是简单的动机，例如接近海伦以前居住的地方，也会产生许多相同的结果和影响。此外，无论海伦选择玛丽的原因为何，我们的故事都假定这个决定伴随了玛丽的一生，并且玛丽“承担”了与母亲有关的责任。的确，玛丽可能争取了这一责任，并鼓励她的母亲住得离她近一点。同样，这样做有很多可能的原因——继续扮演特定的家庭角色、想与母亲享有排他性的关系、不信任自己的兄弟姐妹、极大的便利、“负责任的人”的家庭角色等等。对于玛丽“接受”责任的这一想法，我们需要谨慎：尽管在某些情况下人们会积极选择这样的角色，但他们往往会在信息极其不完整的情况下选择这样做。而且，在很多情况下，成为主要护理人员的过程只是慢慢地发生在人们身上，父母、孩子、公共机关、医生等等之间的比率也不一样。确切需求的性质也逐渐得到理解。只有当海伦的能力开始下降时，玛丽的承诺才变得具体，并且对玛丽的性格以及对她与母亲的关系的确切要求也得以体现。衰老和随之而来的性格变化会极大地影响最初的“商讨”在实践中的含义，人们可能会发现自己已经陷入现在无法改变的困境（或者因为父母和其他人的决定已经陷入困境），尽管与照顾年迈的父母的愿望有关，但他们现在无法改变这样的困境，从而增加了负担、无助和不公平感。

玛丽承受的情绪负担的性质很复杂：她必须设法在一个角色上做出改变，而这一角色是其他兄弟姐妹没有的；她可能会发现越来越难以与他们沟通自己的挫败感和困难，因为他们对自己每天面对的情况缺乏了解。他们可能认为她只是对建议没有作出反应，尽管这些建议是真诚的，但暗示她对自己感到无法实现的事情负责。而且，她承担的负担看上去并不是与外界隔绝的。它是由一系列家庭关系产生的，这些家庭关系已经具有一定的动态和张力，这可能加剧她的孤独感、被“抛弃”感、她的需求感、其家庭或职业在本质上不如她的兄弟姐妹有价值的感觉。

在这种情况下，玛丽的兄弟姐妹对玛丽有什么亏欠？即使每个人都是动机极其良好的，这仍然存在确保一个平等、多方都同意的负担分配的内在问题。一种常见的情况是，境况的动态变化在无意间造成了不公平，而且是一种身处其中的人难以察觉的方式造成的——事实上，玛丽的观点不可避免地是有偏颇的。从她的兄弟姐妹的角度来看，如果他们不方便住得很近，那么玛丽更频繁地打电话是更合理的。例如，假设玛丽的兄弟弗兰克住得比较远，他在路程中花的时间是玛丽的三倍。就时间和精力的分配而言，如果玛丽一周要去母亲那里三次，那么弗兰克应该去一次（并待更长的时间）——因为弗兰克这样做一次需要的时间等于玛丽这样做三次花的时间。但这是一个经典案例（在托服务中很常见），其中时间成本不是唯一的衡量标准，而等同的时间可能会产生不均衡的负担。最常出现在那儿的人通常最终必须承担这一平常阶段大部分的责任。即使玛丽实际上没有花比弗兰克更多的时间陪伴母亲，因为她经常接触，落在她身上的任务范围将大大超过落在弗兰克身上的任务。这并不意味着弗兰克有任何恶意。确实，他对不干扰玛丽本周所做的安排越敏感，就越能加强玛丽对这些安排的责任；他越忽略玛丽的责任，就越会增加玛丽的工作量。

在这种情况下，A 的能动性必须成为某个 B 的责任。在多个 B 之间分配责任会威胁到融贯性，在这种情况下，所有参与方都认为这样做的成本太高了而不可接受。只有在相对理想和透明的情况下，玛丽和弗兰克才能共同承担最终责任。即使他们保持持续的沟通，他们仍需要某种方式来决定他们存在异议的地方，从而可能出现的就是一个责任的主要承担者——或者是必须对与海伦相关的事务拥有主权的人。甚至划分任务也需要一些决策，以确定模棱两可的任务是属于类别 M 还是属于类别 F。

我想在这里强调这一难题，并不是指出平等地、相互地可接受的系统的不可能性——就像在托儿的负担中实现真正的平等是困难的（但可能并非完全不可能）。相互可接受性很重要，因为不难想象这样的情境，即人们共同分享负担，但是由于在谁在何时做什么这些问题上发生冲突，往往伴随着紧张和不和谐。这些情况确实很棘手，因此更加麻烦。当然，如果弗兰克积极参与其中，他也会经历同样的亲子关系的损失，这可能是让玛丽感觉到她的经历得到理解和分享的基础。但是，不难看出，关于谁需要对这一情况负责所产生的持续性的摩擦，以及关于如何处理事情不可避免产生的不同的判断而带来的持续性摩擦，玛丽和弗兰克关系中很可能出现任何类型的“沙砾”。在三个兄弟姐妹的情况下，事情变得更加复杂。而且我们也没有提及父母无意中引发冲突的能力——告诉弗兰克将事情交给玛丽；赞扬弗兰克的无私和奉献精神，但没有赞扬玛丽（因为母亲这一代人假设女儿应该做这种事情，而儿子承担其他责任!）

等等。①

在许多情况下，那些参与程度较低的人往往低估了主要护理人员所面临的问题，从而为他们提供不合适的解决方案。如果海伦感到孤独，那么合理的解决方案是，应该更加频繁地带她出去、鼓励她加入当地团体等等。但是这些“解决方案”针对的是独立于其出现的实际和情感环境的设想的问题。更加频繁地带海伦出去，就意味着玛丽要烦扰和哄骗海伦，这让玛丽更加感到自己正在扮演一个角色，突显了母亲对她的依赖以及她自己相应的责任感。这样的提议并不是完全错误的，但是它们可能大大加剧玛丽的失败感和怨恨感。最重要的是，他们不能亲身体会玛丽的处境、不能从她的角度思考问题，也无法知道海伦如何看待这个情况。

四 补偿与赔偿

我们能让玛丽处境变得更好一点吗？这个问题有很多维度，我只概述一些可能不太明显的维度。一个令人担忧的问题是，随着人口老龄化和问题的加剧，国家可能只需要拒绝这样的观点——更广泛的家庭成本和父母照料的后果是处于其职权范围内的，并指出这是家庭在很大程度上需要进行自我管理的事情。只有当状况崩溃时，国家才能介入以确保达到一定的最低水平的身体护理和安全性。一个社会可能接受的不是全部的赔偿或补偿，而是对一小部分规定的集体责任，总体而言，这些供给可能包括：

i. 在玛丽照顾母亲而承担的直接损失这一方面提供帮助。

ii. 在满足实际护理负担方面提供帮助——例如，直接通过为海伦提供额外的家庭支持、为玛丽提供假期来减轻压力或者为海伦提

① 如果我们使用上面第二节中概述的回应空间的矩阵来刻画不同兄弟姐妹与父母经历和他们的倾向，并考虑不同经历、不同的回应以及每个兄弟姐妹不同动机和期望的影响，并且如果我们加上每个兄弟姐妹的经历和行为方式对其他兄弟姐妹的影响（其中 A 可能以 C 不会的方式体验 B 等等），那么不难看出关系容易变得紧张。

供临时护理。而且在家庭环境中，在玛丽可以离开的时候，有兄弟姐妹能够顶替她并承担责任，这同样有助于玛丽的生活变得更好。每个人也可能减少孤立感，从而减少与其他家庭成员的疏远。

iii. 认可玛丽的贡献和负担。在家庭案例中，并且在玛丽是独生女的情况下，实践上的支持所提供的好处的关键部分在于对玛丽面临的问题的认可。对许多人来说，主要的损失是因为他们无法为父母做更多的事情以及把父母当作负担而产生内疚感。通过认可他们所面临的挑战，并允许玛丽将其视为自己可以分担的负担，这项规定本身可能有助于玛丽的幸福。就是说，这是需要谨慎处理的事情——玛丽可能觉得不容易表达出她的需求和感受，以便利用这种支持。我们对玛丽的回应方式具有这种“认可”维度，这一维度很重要：即使我们无法解决她的问题，她在服务中或家庭中与之互动的人也可以认可她所面临的挑战并可以帮助她辨别和处理她认为最令人疲惫和最困难的那些方面，使她能够表达自己的观点以及自己的处境和需要做的事情的矛盾情绪，并得到他人的尊重。但这假定家庭成员之间的同情能力不会因现有的等级制度及其关系中的情感负担而受到影响。

这些建议并没有打算完全补偿玛丽的负担。但这本身可能很重要：玛丽面临的问题的一个维度是她自己担心成为关系的一部分，而这种关系并不是完全从成本效益、对等关系或赔偿的角度来进行考虑的。这意味着，任何解决方案都必须认识到人们常常需要认可和帮助，而不是减轻他们的负担，而实践上的支持形式也常常具有一个认可维度。

这些问题往往得不到很好的处理，但是可能会得到更好的解决。此外，尽管一些心理洞察力可能会有所帮助，但在这种情况下，现实主义政治理论的要素作为指导，可能会有所帮助，特别是在（认可理论和文化差异理论领域），将拥有数量不同的、相矛盾的情感承诺和怨恨的人聚集在一起进行理论化，而在这一理论化中，其目的是在互动中构建一种类似于权宜之计（modus vivendi）的手段，使护理得以进行，而不会引起分歧而爆发冲突，也不会重演家族式的统治、从属和剥削。从这个意义上讲，政体提供了一种隐喻，将家庭看作（并鼓励家庭将自己看作）一个单位，在这一单位中，以利益冲突和各种差异为特征的行为主体之间具有平等的地位，并且伴随着对于那些受其不平等和权力结构伤害最大的人的认可。即使在这里，我们也关注现实主义的“政治”过程——这一过程对于所涉人员来说足够好，并且使他们彼此之间可以保持和睦。就是说，这在一个冲突深远、涉及范围广泛，且常常部分为零和的竞技场中维持着文明。①

在家庭的语境下，现实主义式的过程的目的不是消除或完全补偿负担，也不是纠正过去的不平等及其伴随的损失。相比起解放性的或变革性的协议，它更像是一种协商的妥协，并且部分是关于认可的。在一个发生着更多事情的情况下，它解决的是一些分配的问题，但在这一情况下，其目标是解决一个有限的问题集，并部分地通过认可参与者的独特立场和体验来解决这些问题。对于这种世界产生的分裂且存在冲突的主体来说，这是一个分裂的世界中现实的家庭政治。它不假装完全合理或理想。它有很多无法解决的问题，但它旨在提供一种手段，使家庭成员可以在有限的目标中共同努力。这本质上是一个“政治现实主义者”的任务：确定相互矛盾的人们之间可行的折中办法。这并不意味着价值和理想没有地位：这些提议包括这些概念——近乎平等的幸福、自主权、对人的尊重、在基本需求和安全条件方面的充足等等。但是，对于此类原则所蕴涵的事物在更大程度的清晰度上是一种功能，它旨在研究我们如何在特定情况下使这些原则对这些人具体化。以玛丽和海伦为出发点就是：在这种情况下，我们被迫面对更抽象的结构往往难以理解的具体问题，并且我们开始理解我们自己关于正义和人类繁荣的观念的程度深深植根于关于问题的建构（认为自主权、期望互惠等等是有价值的），而不能作为完全外在于此的解决方案。

用正义的语言来描述这些情况是否有帮助？现代的正义观从正义的可替代性模型开始，在该模型中，构成正义内容的要素可以在相同的概念空间内进行排序，并且通常沿着一个单一维度进行排序（尽管它本身可能具有多个层次——就像对基本善的说明一样）。我们被鼓励将正义理

---

① 我在这里指的是罗尔斯的《政治自由主义》的观点（纽约：哥伦比亚大学出版社，1993 年），但没有任何期待在这种情况下，一个重叠共识是一个合理的目标。

解为按特定度量（资源、福利、能力、优势的获得等）进行分配，也许是以正义为尺度进行建模，并且一个关键假设是“不正义”可以得到纠正。相反，推动本文发展的一种思想是，生活中某些领域的多维相互联系的特性是如此这般，以至于很难理解所涉及的领域之间什么是平等的。这就是为什么补偿和赔偿可能不是适当目标的原因之一；认可和支持可能是我们所能做的最好的事情。

五 结论

还有很多与衰老和家庭有关的其他问题，在这里我无法进行说明。在勾画更广阔的领域时，我们可能会注意到衰老本身究竟带来什么责任这一问题，尤其是考虑到生命的最后阶段的不确定性；在他们能力已经开始退化时，存在着一些问题，即家庭能够在多大程度上帮助老年人做出生命最后阶段的决定——这与面临绝症的人所面临的问题截然不同，后者在某些时候会彻底丧失他们的功能；[①] 也存在以下问题：当兄弟姐妹对事物的情感依恋程度不同且常常存在着矛盾时，家庭如何处理关于父母的善的分配，以及在生命最后阶段参与护理的程度明显不同的情况下，关于公平的财产继承问题。这并不是一个详尽的清单——这只是指出在父母生命的最后几年或死后常常使广泛的家庭关系破裂的一些问题。没有一个是容易解决的，因为它们具有我所关注的案例的许多特征：冲突的价值的多个维度；难以将人们的依恋和反应中的情感和理性分开；以及家族过去的妥协与安排所造成的反复破坏，这些妥协和安排表达了共同的公平感。处理这些问题本身也成为从每个特定案例的紧急细节中寻求经验法则和粗略原则的问题，也成为寻求非完美的解决方案的问题，也就是说只能实现所有价值中某些价值的解决方案。

如果我们回到我在本文开头指出的四种回应类型，就可以发现冲突的考量之间存在不完美的平衡是显然的。每个说明似乎都有一定的分量：

---

① 请参看，例如，Joseph Raz，“Death in Our Life”，*Journal of Applied Philosophy*，30，no. 1 (2013)，它更多的是处理晚期疾病，而不是我所看到的与老年人心理变化相关的不同的互动方式。

1. 由于坏运气，玛丽最终承担照顾母亲的责任，她的生活由此变得更加糟糕。但这（玛丽的情况）并不是我们需要完全补偿玛丽的东西，部分原因是我们不可能完全补偿玛丽（在玛丽看来也是不可能的）。海伦可能没有计划也没有采取负责任的行动，而现在玛丽却是应该承担责任的人。国家的干预存在着道德风险，加剧了糟糕的计划和不负责任的行为；对于国家来说，处理所有此类事情可能成本太大或在信息上不可行。这进一步证明了玛丽的运气多么差，但是我们应该抵制父母的罪恶应该由孩子承担的思想。

2. 玛丽可能被视为在行使自己选项运气——她想照顾母亲，这样做的代价是自由选择的——但是即使她主动承担起了这个角色，并非所有她这一行为的所有后果都应视为选择而非原生运气，因为她所从事的活动具有无法还原的不确定性。如果玛丽放弃工作去照顾母亲，那么我们在确定自己正在行使选择权之前，必须先弄清楚是否存在可行的替代方案，而不是让她认为自己除了承担责任外别无选择！税收减免、为护理者提供福利、创造支持老人的服务以及为那些承担此类负担的人提供喘息的机会等等，这些是国家能够采取的方式来应对玛丽在提供照料方面承担的负担。这些举措认可护理者承受的负担是（在某种程度上）未被选择的、代价昂贵的而且是国家可能负有一些（也许是全部的）责任来承担的。显然，选项运气包括以下几个方面：玛丽希望与母亲保持良好的关系、成为护理过程的一部分、能够提供安慰和支持，但是海伦性格上的变化使她很难做到这些而不导致“原生运气的负担”，当我们的选项都是艰难的处境时，我们必须更严格地反思“选项运气”这一想法。

3. 国家应为因年龄和疾病而变得脆弱的人提供什么程度和种类的准备？我们可能说，在文明社会中，让老年人面对风险、不安全感、剥削或极度次优的生活方式是不能够容忍的，我们也许会赞同对海伦的更广泛的社会责任。在欧洲，我们倾向于从国家入手；在美国，人们往往从保险和个人为自己的未来做计划的责任入手。尽管有多种选择，但很明显，在某种程度上，许多人将其视为一种集体责任来确保这些措施得到可靠地实行，并且是以保护人们利益的方式来实行。如果这是正确的话，那么在玛丽的案例中声称国家面临着正义问题似乎是合理的，即使该案例只是使她能够以符合国家为所有最容易受伤害的群体所作的规定相一致的方式来承担自己的角色。

4. 最后，关于玛丽的家人应该为她做什么的问题。即使他们不能完全补偿她，也可以改善她的处境，并且某种意义上说，至少在家庭内部，需要"认可"之类的东西来承认她承担的负担，并尽可能地减轻她的负担。

与玛丽的案例相关的有许多不同的考量，这些考量在一定程度上加在一起得出这样的结论：在大多数标准的正义理论中，玛丽将不可避免地承担一些无法弥补的负担。在许多正义理论中，说仍然存在一些"不正义"是有问题的。现代正义理论倾向于"像一个国家一样来看待问题"（或从类似的单一道德角度看），坚持公私的区分，将正义视为公共领域的事，并将其与情感损失的私人领域区分开来。因此，对玛丽的案例的反应相当零散，其中公共和私人领域之间不容易分开，而且存在相互矛盾的价值，之间也没有明显的权衡方法。玛丽的案例很棘手。因此，该案例可以作为证据来反对这样的想法——我们需要直接得到理想原则来解决社会中"不正义"和负担不均的具体问题。然而，如果"现实主义"要提供替代方案，则它必须既应对一般的历史背景及其特征（伯纳德·威廉姆斯所强调的），又要应对从该背景下出现的一系列案例的细节，而现实是任何解决方案都会不可避免地带来一些负担的元素。①

我在这里说过的并没有任何观点否认存在着价值或原则，或者某些事态比其他事态更好。实际上，我依靠这样的因素做出特定的判断——这些判断尊重主体的观点；这些判断将他们面对父母衰老的情绪困扰视为人性的显示，而这是应该得到回应的（例如，某人对移民内心的敌意不应该得到回应）；这些判断赋予海伦的观点尽可能多的重要性（尽管我

① Bernard Williams, *In the Beginning Was the Deed* (Princeton, NJ: Princeton University Press, 2005). 某些原生坏运气（例如成为闪电的受害者）不会使我们感到不公正。但是玛丽的处境可能包括兄弟姐妹的失职、母亲的选择等等，这使她面临着让别人从中受益的原生运气，即使他们无法为此付出补偿。这看起来像是无法解决的原生坏运气，但却涉及"不正义"。

几乎没有对此进行说明)。我拒绝理想理论的部分在于否认可以采用某种方法在单个度量标准中协调所有不同的价值维度。相反，我们面对这样一个世界，在这个世界中，我们必须不断权衡相互竞争的价值、对概率进行评估、将某些事物优先于其他事物、与他人相矛盾的观点进行妥协并接受这样一个事实——我们能做的最好的事情不是我们可以想象的最好的，但对于所涉及的事物来说，我们能做的都是有缺陷和不足的次优方案，而且这些方案会有不同的观点。当然，如果我们剔除案例的细节和复杂性，我们可以找到原则，但我们将失去与在这个世界中推动我们的事物之间的联系。

玛丽的情况令人感到遗憾。它可以得到部分的缓解，但不能得到完全的缓解；而应该采取的措施将部分取决于参与该过程的人员的个人偏好和机会。玛丽可能有倒霉、不公平或“不正义”的感觉，这是无可指责的。有时做的事情可能会缓解她的这种感觉——也许到她将没有这种想法的程度。但是，这并不意味着原生坏运气已经消除；只是她找到了一种接受它的生活方式。相关地，人们生活在“不正义”之中，有时这些“不正义”不再困扰他们。有时候，这是妥协的标志；有时，即使并没有达到完全的公平或公正，也承认他们已经尽了最大的努力并且情况已经足够好了。根据这种观点，作为一个社会，我们不仅要考虑理想正义，而且要考虑如何能够以限制深层的“不正义”的方式来使人们生活在一起，在这样的社会中，命运不会完全掌控个人的生活轨迹，并且人们拥有足够的能动性和机会来使人们感到即使他们的命运相对较差，他们仍然能够创造些什么，从而创造自己的命运。

规范性事实对什么是可行的……重要吗？*

杰弗里·布伦南（Geoffrey Brennan）、杰弗里·赛尔－麦考德（Geoffrey Sayre-McCord）**

（译：张可）

摘要： 众所周知，G. A. 科恩曾论证过，根本的规范性原则（例如，关于正义的原则）是以一种真值独立于非规范性事实的方式“不依赖于事实的”。就我们这篇文章的目的而言，我们将科恩的这个主张视作是给定的。我们关注的是，这个话题的“另一面”是什么——对我们可能实现的事物起到决定性作用的那些非规范性事实是否是独立于价值的。我们的主张是，这些非规范性事实不是独立于价值的，以及，人们有理由认为不同可能选项的规范性性质可能并且有时候确实对于这些选项的可行性有着重要的影响。换句话说：关于可行性的种种事实在部分上依赖于科恩所说的“不依赖于事实的道德原则”。

---

* 这篇文章的观点始于北卡罗来纳大学教堂山分校与杜克大学合办的“哲学，政治，和经济项目”的顶点研讨课中的讨论。我们对那个研讨课中学生们有价值且激动人心的讨论表示感激。自那之后，我们还大大地获益于在以下几个场合中获得评论和建议：2016 年 3 月份北卡罗来纳大学教堂山分校举办的 PPE 教职工作坊，2016 年 6 月伦敦政治经济学院的 Choice Group，以及 2016 年 7 月澳大利亚国立大学 PPE 工作坊。我们尤其感谢迈克尔·休谟尔（Michael Huemer）的详细评论，以及来自布鲁克斯·布朗（Brookes Brown），戴维·埃斯特伦德（David Estlund），珍妮·伊斯梅尔（Jenann Ismael），丹尼尔·诺兰（Daniel Nolan），和巴里·马奎尔（Barry Maguire）的有益讨论。

** 杰弗里·布伦南为北卡罗来纳大学和澳大利亚国立大学哲学教授，杜克大学政治科学教授；杰弗里·赛尔－麦考德为北卡罗来纳大学哲学教授。

关键词：约翰·布鲁姆（John Broome），气候变化，G. A. 科恩，效率，不依赖于事实的原则，可行性，规范性事实

"……在政治思考中，相较于对普遍正义的假设来说，对普遍贪腐的假设不是一个更大的错误。有一部分关于人类的德性能够构成我们的希望的基础……"

亚历山大·汉密尔顿（Alexander Hamilton）①

一 介绍

在做选择的时候，有些事情必须要被视作是给定的——例如，自然法则；其他行动者行为中的无法受到你影响的那些方面；那些普遍通行的制度上的安排，你不得不为了当前的目的而将它们视为是给定的；可获得的资源，等等。在那些你不得不将其视为是给定的事情中，有些事情你自己造成的，但是即使是这样，在做选择的节点，你还是需要将你过往的行动视作是不可改变的。所有这些都会决定与那些对你来说可做的种种行动相关联的后果会出现的概率；它们也因此决定了什么是可行的。

在那些给定的事实的面前，我们面临的挑战是，我们需要搞清楚可做的选项中哪一个是最佳选项。而这一点包含了什么，取决于你认为是什么使得一个选项是更好或更坏的。经济学中的标准是去预设与种种选项相关的等级排列完全取决于行动者偏好的相对强度。在明显的规范性语境中，经济学之外的标准是去预设，行动者的偏好可能是重要的（当满足这些偏好是有价值的时候），但是许多其他的考量可能也是重要的：例如，一些可能的考量还包括其他人的偏好，或者所有会受到影响的人的幸福（这些情况中，这些考量取决于偏好是否被满足之外的一些事情），或者，尊重的重要性，或是来自正义的要求。

然而，在所有的情况中，做选择的行动者都要面临"优化实践"

① Alexander Hamilton, Federalist 76 in *The Federalist: A Collection of Essays, Written in Favour of the New Constitution, as Agreed upon by the Federal Convention, September 17, 1787*, two volumes (1788), by J. and A. McLean.

（optimization exercise）这件事。基于这种实践的一方面的是一些准则，鉴于这些准则，不同的选项可能会以更好或更差的方式被等级排列。基于这种实践的另一个方面的是一些约束，它们鉴于特定的环境，决定了哪些选项在事实上是可行的，不管这些约束是什么。

值得注意的是，偏好可以重复计算，并且通常会重复计算。首先，行动者和其他人的偏好通常被视为是对决定可能选项的相关价值来说十分重要的。（经济学家们通常仅仅将行动者的偏好视作是如此重要的，而其他人通常会将所有可能会受到影响的人的偏好视为是重要的。）不过，其次的是，行动者和其他人的偏好经常对于什么是可行的起到（通常是决定性的）作用，因为人们的偏好决定了他们可能会意愿去做的事，不管它是事关与他人合作，或是买东西，或是遵守法律。

一个对于思考“优化实践”来说有用的模型包含了这样一个东西，即明确一套能够说明依据相关标准①具有等效价值的重要事项的组合的无差异曲线，然后在这些不同等效价值的组合中，鉴于行动者所处的环境②，明确哪些组合实际上是可行的。沿着可行性边界达到的无差异曲线最高价值的点（这样的点有可能不止一个）是在既有环境中“最可做的”。当行动者的选择在决定结果是什么上时是具有决定性的时候，优化包含的是在这些点之间选择一个点。否则，对期望值的优化会出现在通过以下事项得到固定的环境中，即，由可做选项的整体价值所固定的环境，以及被可行事项所确定的界限所固定的环境，这种情况下，鉴于行动者的选择从而鉴于关于不同可能后果的不同概率的种种事实，优化包括了将期待值最大化。

G. A. 科恩在一篇著名论文的结尾诉诸了这个模型。他评论道：

---

① 在经济学的例子中，这些是行动者对其不具有偏好的不同组合，也就是说，行动者对于它们的态度是漠不关心的（“无差异曲线”的称号由此而来）。在其他的例子中，这些是被相关标准视为是在规范性上等价的（因此也就可以被恰当地称作是规范性无差别的事项，不管行动者是否实际上具有漠不关心的态度）不同组合。

② 有人可能会以下面两种方式来理解可行性：（i）可行性是二元的，因此根据事情是否是可能的，它们要么是可行的，要么是不可行的，或者（ii）可行性具有程度之分，其上限由可能会发生的情况所确定，但是在那个限度之内，依照假定行动者选择做它们后事情可能会发生的递减的概率，有些事情从而是更加可行的，而有些是更不可行的，可行性上不同程度的区分正是这样出现的。我们在这里对可行性的理解依赖于（ii）。

> 正义不是唯一要求得到（恰当地平衡的）实践的价值：有时会与正义相竞争的其他原则，我们也必须通过不同的方式对它们进行追求并给予重视。种种事实帮助决定了对相竞争的原则的应有的重视所需要的平衡：这些事实构成了在一套独立于事实的无差异曲线上决定最优点（可能不止一个）的可行组合，这个曲线的坐标轴展示了……相竞争的不同原则得以被实现的不同程度。[①]

科恩在这篇论文中的论证的中心主题是，无差异曲线的确是独立于事实的——相关的规范性原则（关于正义的规范性原则，但同时也包含关于所有其他价值的规范性原则）可以通过不参考任何关于通行环境的种种事实的方式得以表达。

就我们当下的目标来说，我们将科恩的主张——即，规范性原则是独立于事实的——视为是给定的。我们关注的是，什么可以被看作是这一问题的“另一面”——也就是，决定可行性组合的种种事实是否是独立于价值的。我们将会论证，这些事实不是独立于价值的，人们有理由去认为，关于不同的可能选项的规范性性质可以并且（有时）确实对这些选项的可行性具有重要的影响。换句话说：关于可行性的事实部分地依赖于科恩所说的“独立于事实的道德原则”。

在接下来的内容中，我们认为，可能会对可行性起决定性作用的规范性的种种元素是人们可能识别出来的[②]。因此，我们对情境中的规范性特征的看法是，它们通过对那些意识到这些特征的人的心理状态对可行性构成影响。但即使这么说，我们还是应当注意，即使它们的影响是通过某种中介而达成的，这一事实并不能说明它们就不构成任何影响力。[③]

---

① G. A. Cohen, “Facts and Principles”, *Philosophy and Public Affairs*, 31 (2003): 244 - 245.

② 我们的想法是，那些能够对可行性产生最明显的影响的关于价值的事实（而不是对可行选项的价值产生影响的事实）通过它们对人们的与行为相关的态度——人们的信念，欲望，以及其他会影响他们行动的态度——产生影响的方式对可行性构成影响。

③ 在以这种方式限定我们对人们所意识到的规范性特征的理解上，我们所想的并不是说，它们唯一的影响力就是通过这样一种意识而达成的。例如，同样可能的是，即使人们没有意识到不正义的事是不正义的，但是不正义产生愤恨，从而达成对行为的影响。我们做的仅仅是将这样的可能的例子放置一边，而去关注不正义通过人们对其的识别而产生影响的那些事例。

二 一个例子

通过一个例子来开启我们的讨论是有益的，这个例子来自于约翰·布鲁姆在他的《气候是重要的》[1] 中发展的关于气候变化的挑战的论述。基于以下的三个理由，我们认为这个论述路径是有帮助的：

1. 最具概括性地说，对于我们所启动的政策的规范性问题的“优化路径”来说，通常我们能通过具体的应用对其进行有用的展示。

2. 布鲁姆在《气候是重要的》中的分析提出了一系列具有哲学价值和实践价值的问题，它们本身值得更进一步的探索。[2] 特别是，布鲁姆的讨论之所以尤其相关，是因为他所关心的话题之一与将可行性视为是独立于可能选项背后的规范性原则的观点，有着直接的关联。

我们接下来的论证策略是，首先论证布鲁姆在他所考虑的例子中错误地将规范性原则视为是与他所认为的我们所面临的种种选项之可行性所不相关。在我们看来，他低估了规范性优势可能会对可行性所产生的影响，并且低估了作为一种策略而首先采取一个不那么正义的选项所要付出的代价，这样的选项基于它不要求任何人做出牺牲（而一个更加正义的选项可能会要求有些人做出牺牲）。

我们主张，从这个例子中我们能学到的东西可以通过重要的方式被普遍化为一个辩护，即，将行动者可能面临的选项之可行性视为并不总是独立于这些选项背后的规范性原则的。

因此，让我们首先来看布鲁姆的例子。为了澄清布鲁姆的思路以及我们想要对其发展的挑战，我们使用了一些简单的图解。在图 1 中，我们描绘了两组人的幸福。这两组人可以被看作是不同的年代的人（例如，

---

① John Broome, *Climate Matters*: *Ethics in a Warming World* (New York: W. W. Norton, 2012).

② 不过在这里我们将只关注与我们的主题相关的方面。

现今活着的人和未来一代人），或者是不同国家的人（例如，一组是富有国家的人，另一组是贫穷国家的人）[①]。在这两个例子中的任一个例子中，幸福和对幸福的分配都被视为是事关规范性问题的。我们将两组人分别命名为I和II，将I的幸福展现在横坐标轴（W）上，将II的幸福展现在纵坐标轴（W＊）上。被标注为FF'的可行性边界描绘了W和W＊的最大组合，这些最大组合鉴于不同的资源限制条件下是可获得的，其中，资源限制包括环境吸收二氧化碳及其他“温室气体”的有限能力。（由一系列无差异曲线In，In+，In++，In+++组成的）无差异图表展现了在规范性上等值的W和W＊的种种组合，其中离起点更远的无差异曲线展现了更高程度的规范性成果。

现在假设“恢复常态的情况（business as usual）”包含了一个低效点，B。这正是布鲁姆所预设的；我们在这里不对这个预设进行争论。B之所以被称作是低效的，意味着它仍旧是在可行性边界之内的。正如布鲁姆所说：“低效是纯粹的浪费；它对任何人都没有好处。”[②] 他进一步指明：“原则上，在不让任何人做出任何牺牲的情况下解决温室气体的外部效应是有可能的。”[③] 后面这一个主张反映了这样一个事实，即，我们可以在相较于B的前提下获得W或W＊的增长，或者同时获得两者的增长，而不要求任一方有所削减。[④] 值得注意的是，尽管B是一个低效点，它同样是一个纳什均衡点（Nash equilibrium）：它是一个当每一方（不管是个体还是国家）都鉴于别人做的事而尽可能地做得同样好时会出现的结果。因此，我们不能将E～S就B而言是可行的视为是理所应当的。

在这个基础上，我们可以将“没有牺牲的效益”（E～S）描绘为如

---

① 布鲁姆在这里关注的是“在不同年代的人之间的资源分配”，但是我们在这里倾向于关注在某个时间里，在全球范围内，在富有的人和贫穷的人之间所进行的资源分配。我们这样做的原因包含两个方面：首先，我们认为，按照贫富来区分两组人这一方面要在规范性上比当前与未来两代人之间的分配来说更具重要性；其次，我们认为这样的区分包含了对可行性的更加紧迫的挑战。然而，我们有意地将对布鲁姆论证展示为既能容纳对两组人做贫富划分的解读，也能容纳对两组人做代际区分的解读。

② Broome, *Climate Matters*, 40.

③ Broome, *Climate Matters*, 45.

④ 例如，可能的情况是，如果我付钱给II让他们不再排放温室气体，我的处境可能会比排放继续进行而更好，而II的处境也会比排放继续进行而更好。

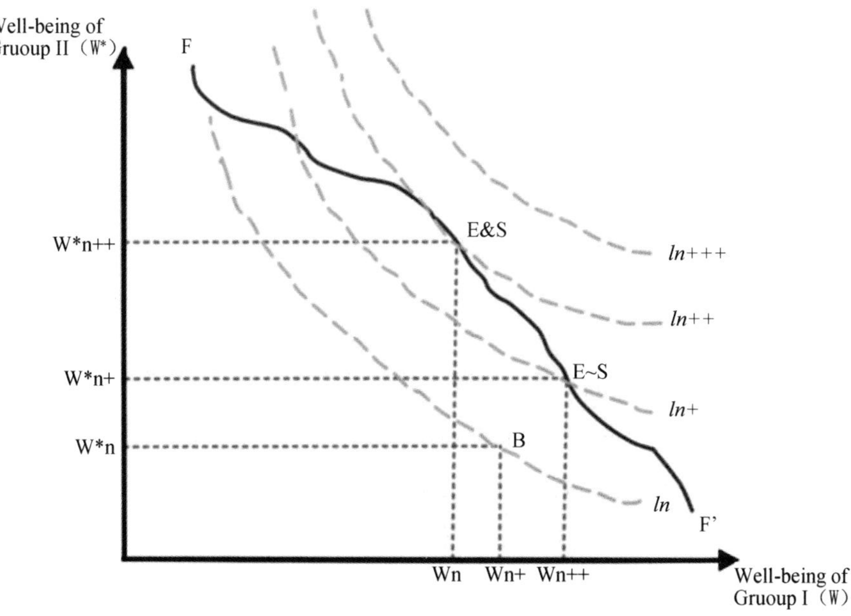

Figure 1.

下：在 E～S 这一点上，两组人都相较于 B 而增大了幸福。从 B 移动到 E～S 是一个向效益点进发的移动，在这之上没有出现任何牺牲。幸福 W，从 Wn+增加到 Wn++，而幸福 W＊则从 W＊增加到 W＊n+。我们还可以将“伴有牺牲的效益”（E&S）描绘为如下：在 E&S 这一点上，相较于 B，一组的幸福（W）有所减少，而另一组的幸福（W＊）则有所增加。幸福 W 从 Wn+（在 B 处）降低至 Wn，而 W＊则增加了——它从 W＊n 增加到 W＊n++。从 B 到 E+S 的移动是一个向效益点进发的移动，但是有一组人为此做出了牺牲。

重要的是，正如所展示出来的（这体现了布鲁姆的主张），E&S 在规范性上要优于 E～S：E&S 相较于 E～S（In+）而言，处于一个更具规范性的无差异曲线（In++）。因此，尽管 E～S 和 E&S 都比 B 更好，E&S 是三者中最好的。

这个图表旨在捕捉对我们就气候变化一事的处境上，布鲁姆对其的理解中的关键元素。特别是，我们当前的处境是，我们能够在不让任何人做出牺牲的情况下处理气候变化会造成的（至少是一些）伤害。从 B 移动到 E～S 可能使得我们移动到这样一个位置上，其中，自那之后，不再有任何改善是可能的，同时，没有人必须做出牺牲。然而，我们当前的处境是，伴随着一些人付出（相较于 B 的）牺牲，我们可能会移动到一个不同的位置，其中，一旦我们到达了那个位置，它仍会是有效益的（也就是说，自那之后，在没有牺牲出现的情况下，将不会改善的空间）：这个位置就是 E&S。布鲁姆论证说，并且我们对此也表示同意，由于对益处的分配和对气候变化进行说明的责任是更加正义的，这后一种可能性在规范性上是具有优先性的。就目前的情况来说，将我们自己限定在 E ~ S 会使得未来一代人或贫困的人承担比例不当的负担（即使承担这样的负担仍旧会使得他们的处境比不向任何效益点迈进的处境要更好）。

引人注意的是，即使 E&S 在规范性上比 E ~ S 更具优先性，但是相较于 E&S，布鲁姆还是更加推荐 E ~ S。这是为什么呢？布鲁姆的答案看似是这样的：因为 FF’ 毕竟不是一个真正的可行性边界——除了我们图表中所设想的约束之外，还有更多的约束需要被考虑进来。布鲁姆主张，一旦我们承认了那些约束，那么显而易见的是，E&S 可能也是不可能的。布鲁姆评论道，这是因为“政府非常不愿意在人们身上施加牺牲”，而这正如 2009 年的联合国气候大会上所展现的。[①] 鉴于这一点，他论证说，我们有“务实的理由”去改变我们的目标，并选择 E ~ S 作为我们的目标。如果不这样做，就相当于让（很可能是不可获得的）最佳状况成为（可达成的）“善”的敌人。

这个主张表明，我们的图表需要被重新解读。FF’ 线并没有展示出实际上可行的关于组 I’ 和组 II’ 的幸福的组合。FF’ 似乎忽视了对可行性构成影响的一些因素：具体而言，为了获得更好的结果，我们需要一些人的合作，而这些人的偏好被忽视了，同样被忽视的还有国家边界对人民的重要性，还有国际协定的必要性，就削减碳排放的代价应当在国家间如何分配一事的分歧，以及当前人类及贫困的人应当负担多少比重的代价这些更进一步的问题。FF’ 仅仅展示了什么程度的幸福会与总体资源相一致，而没有考虑人民以不同的方式有效利用这些资源的意愿（或不情愿）。

以这种方式理解的 FF’ 线反映了我们可能会称之为“资源边界”的

① Broome, *Climate Matters*, 47.

东西，而不是反映了“可行性边界”。在资源边界和可行性边界之间做出区分能够使得：指明资源可能允许的事实以及他人的偏好的事实（例如各种政府的领导者）可能会是不可行的。在这里，不需要质疑的是，人们的偏好会塑造什么才是可行的；不将这一点考虑进来会是一个巨大的错误。然而，与此同时，在资源边界和可行性边界之间做出的区别不能是一个太过鲜明的区别，因为可能获得的“资源”依赖于人们在多大程度选择努力去工作，以及大部分有创作力的人是否会花时间创造可能会在未来，而非现在，（或者是在世界上更贫困的地区，而不是富有的地区）带来广泛益处的事物。因此，尽管偏好对于可行性来说是重要的，不将它们看作是既反映了可获得的资源，同时也关键地塑造了我们可能会在未来拥有的资源，这是不对的。

不过，我们对布鲁姆选择 E ~ S 的理解不是他相信 E&S 是显然地不可行的；我们对他的选择的理解是，他认为选择 E&S 是冒险的。他似乎认为，达到 E&S 的概率足够的低，以至于选择 E ~ S 可能是合理的，E ~ S 明显是可行的。主张这样的解读是出于布鲁姆对 E ~ S 持有的不太明确的支持：他主张 E ~ S 应当是第一阶段的目标。因为 E ~ S 是更加能够即刻获得的，他主张将那一结果视作目标“……会推进政治的进程”①，他还主张，我们可以在这之后，再对资源进行更加正义的分配。他的主张是，“将这两个目标区分开来，在政治上是更有效率的……”——一方面是预防环境变坏，另一方面更加道德地改善对世界上的资源的分配。“改善对资源的分配……不是那么的紧迫。这应当被分开处理。”② 布鲁姆对于第二个目标应当得到处理的这个观点表明他认为对这一目标进行处理是可能的，即使我们是在处理好第一个目标之后才对其进行处理。③ 我们对这个论证的回应不是去主张 E&S 毕竟是可行的，或者追求它获得的成功是合理地可能的——我们无法做出这样的主张。我们可以强调的是，如果相较于 B，E&S 是不可行的（或者是不大可能的），那么相较于 E ~ S 来

① Broome, *Climate Matters*, 48.

② Broome, *Climate Matters*, 47.

③ 我们自己的观点是，正是因为与人们情愿去做的事相关的关键障碍，值得注意的是，经验、论证和兴趣通常改变人们意愿去做的事。我们的处境中的这些特征可能会通过我们自己的行动而得到改变。

说，我们就更有理由相信它是不可行的（甚至是不那么可能的）。[①] 唯一“改善世界资源分配”（不管代际的资源分配，还是贫穷的人和富有的人之间的资源分配）的可行的环境，是选民区中存在非常多支持获取更佳资源分配的人——这（鉴于例子中的种种事实）要求组 I 中的有些人要准备好对自己的幸福做出牺牲，从而达到更佳分配。假定存在这样的一个选民区的话。那么，对于他们来说，相较于从 B 向 E&S 移动所包含的牺牲，从 E ~ S 向 E&S 移动包含了一个更大的（很可能是大很多的）牺牲：（Wn + + – Wn）比（Wn + – Wn）要大。[②] 出于这个理由，布鲁姆似乎对于“区分”（一个更加正义的）分配的问题和（更大）效率的问题的论证不像是关于区分的论证，而更像是一个对完全放弃更加正义的分配所进行的论证。如果我们不能从 B 移动到 E&S，那么非常有可能的是，我们也不能从 E&S 移动到 E ~ S。换一种说法，如果我们可以从E ~ S达到 E&S，那么将通过改善分配而使得 B 到 E&S 的移动看作为一种“受阻”，似乎是不对的：E&S 在规范性上的优越应当被视为是一个积极的财富，我们可以利用这一点来施加影响，说服那些关心正义的人这个过程中所要求的牺牲是值得的（其中在这里包含的牺牲要比从 B 到 E ~ S 所包含的牺牲小）。

当然，如果政府就是拒绝在它们的公民身上施加牺牲，那么 E&S 就是不可行的，而 E ~ S 可能是我们所能期待的最佳选项：但是布鲁姆没有主张这一点。他提到，政府是“非常不情愿”向它们的公民身上施加牺牲的。但是在某些环境下，它们当然还是施加了那样的牺牲。除此以外，如果它们能够不以太大代价（例如，当前时代的代价）为前提而获得重大的好处（例如，对未来的好处），它们很可能更加情愿让公民做出牺牲。在这里需要强调的是，从 B 向 E&S 进行移动有两个好处，而不是一个好处：一个是改善环境质量的好处，以及对世界资源进行更加正义地分配的好处。一旦我们对两个好处都给予重视，它们可能会对人们情愿

---

① 也就是说，除非有些事发生了变化，从而改变了从 E ~ S 向 E&S 移动中所包括的牺牲。

② 我们预设了 E&S 是最佳的可行选项。如果存在一个甚至比它还更好的选项，我们对于反对以 E ~ S 为目标，而是以 E&S 为目标所提供的考虑将会反对以 E&S 为目标，而支持以那个更好的选项为目标。

所做的事情构成巨大的影响。实际上，至少在某种程度上，人们关心正义，并且能够看出某种分配是比另一种更加正义的，向 E&S 做出的移动可能不会包含总体偏好满足的减少。所以政府可能会发现，不管它们施加什么样的牺牲，出于可能会达成更大正义的机会，它们的公民可能会愿意做出那些牺牲。

在图 1 中，幸福的指标包含了我们可能会视为是物质上幸福的东西，以及各种与损害更小的环境相关联的好处。不过，我们所设想的衡量中不包括任何在那些与生活在一个更加正义的世界有关的人们身上累加的益处，包括那些关心世界更加正义的人们可能会得到的主观的益处。但是，这样的益处既不能被忽视，也不能被视作是在行为上不相关的。在很多环境中，不仅仅是政治环境中，人们将一种选项视为是在规范性上优越于另一个选项的这一事实能够对他们愿意做什么以及愿意牺牲什么，构成重大的影响。

一旦我们承认了这一点，一个选项（例如 E&S）在规范性上优于另一个选项的这一事实就构成了一个可能会让达成那个选项变得更为可行的考量（鉴于其中所包括的牺牲）。如果人们关心正义，并且能够被 E&S 更具正义这一点所说服，那么至少这一些人将会更加愿意做出牺牲并表达赞成的意见，并为了使得 E&S 变得可行而在其他方面改变自己的行为。

三　规范性判断在行为上的相关性

无须说明的是，人们的规范性判断可以并且确实对什么是可行的构成影响，因为这样的判断影响他们的行为这一事实，与规范性事实无法对此构成影响这一点，完全是相容的。毕竟，关于人们所做的道德判断的种种事实本身是关于他们的心理状况的价值中立的事实。

并且，人们通常做出错误的规范性判断，以及被严重误导的规范性判断，人们所做出的这些判断并不比他们所做的头脑清醒的判断要少，这些判断通常对人们情愿做什么，以及什么是可行的，造成严重的影响。规范性判断，不管是被误导的还是没有被误导的，通常既影响行动者自己的行动能力，也影响其他人就行动者选择去做的事进行回应的方式。

尽管是这样，正如我们即将要论证的，我们仍旧有理由认为规范性事实本身可以并且确实在有时起到了解释人们的道德判断的作用。所以，我们有理由认为，那些事实通过它们在人们的规范性判断上起到的作用，对什么是可行的构成了影响。尽管关于价值、正义、德性、正当性、理性等等的判断通常都是错的，并且有时是大错特错，它们仍旧时不时地与相关的规范事实相关联。当它们与相关的规范事实相关联的时候，这些事实就对人们做的判断构成了影响。① 我们的核心主张分为两个步骤：

(a) 人们的规范性判断对于他们的行为以及什么对于他们和其他人来说是可行的，具有一些影响力，并且是特殊的影响力；

(b) 我们有理由认为这样的判断有时通过它们的为真事实得以解释——也就是，通过实际上是在规范性上可欲求的事物得以解释。

我们视第一个元素（a）为一个弱的主张，尽管在一些特定的圈子里它不是完全不受争议的。第二个元素（b）则包含了一个更强的主张——并且因此使得对其进行论证的要求更高。这第二个元素，作为一个跨越文化和语境的更加具有普遍性的主张，可能是站不住脚的。但至少在布鲁姆的讨论中所延伸出来的例子中，以及在很多文化和语境中，我们认为它是成立的。我们在这一章节剩下的部分对第一个主张进行考量，在下一个章节中对第二个主张进行考量。

在经济学的大部分传统中，“优化”这一个概念被强化使用，没有比将个体视为是仅仅被自我利益所驱动的这一观点更加强的传统了，在这里，个体以一种狭隘的方式得以界定。在这个观点中，对道德考量的讨论除了就它们能够调整人们对他们自己的利益的理解而言构成影响之外，仅仅事关实际上对人们的选择不构成任何影响的事物。

---

① 一个对此做出不同假设的规范性分析，将规范性事实视作是与人们可能会相信的东西不相关，这样的分析似乎一看就是不可救药地不合理的，并且对规范性分析究竟意义何在这一件事提出了严重的质疑，使人不禁认为规范性分析就是一种操纵术。

正如不同的作者——休谟，阿马蒂亚·森，盖里·贝克[①]——所强调的，在对完全自我利益驱动的预设与对行动者理性的预设之间，存在明确的概念上的区分。前一个预设关于偏好的内容；后一个预设关于行动者的偏好对选择和行动的影响。因此，我们不能从自我利益的角度给出证明说明行动者的偏好就是那个行动者所拥有的偏好，并且说明对这些偏好的预期满足可能得到最大化。这个说明没有告诉我们任何关于那些偏好的内容的事情。尽管对自我利益的预设可能在某些设置中是一个有用的简化，但是它毕竟是一个简化——并且它对于经济学家们、社会科学家们以及各种规范理论家们所关心的设定中的种种行为来说，也起到了不好的影响。

一种说明这一观点的方式是说，很多个体（我们认为几乎所有个体），都对正确的事物和好的事物有所偏好。这并不是说，这种偏好非常强烈，以至于会压倒所有其他的偏好。确实，我们认为，存在很多证据表明，这个偏好通常会被其他偏好所压倒。这个主张仅仅是，善与正当出现在通常行动者偏好功能的“种种论证”中；它们被包含在人们的偏好的内容之中。

很多经济学家们可能会接受这个主张，但是继而评论说，这样的偏好其实与任何其他的偏好是一样的——它们并不值得特殊的对待。出于以下五个特殊的理由，我们认为这种想法是具有误导性的。

1. 在考虑规范性相关的事宜时，人们通常会进行批判、讨论和论证。人们要求彼此对于错误地行动或做错事进行论述。他们将道德的或其他的规范性考虑视作是为行动提供理由的，当出现意见上的严重分歧时，分歧会逐渐变为严肃的争论。当出现对正当或错误的概念上的分歧时，人们会争论、控诉、坚持己见，并且有时会对彼此进行处罚。除此以外，人们可能会被这样的争论说服，即，他

---

① David Hume, *An Enquiry Concerning the Principles of Morals* (London: A. Millar, 1751); Amartya Sen, "Rational Fools: A Critique of the Behavioral Foundations of Economic Theory", *Philosophy and Public Affairs*, 6, no. 4 (1977): 317 -344; Gary Becker, "Nobel Address: The Economic Way of Looking at Behavior," *Journal of Political Economy*, 101, no. 3 (1993): 385 -400.

们出于道德理由所做的某些事情其实并不是在道德上被要求的，或者他们会转而相信，他们应当做一些他们原本没有在做的事情，因为那些事情是在道德上被要求的。① 与此相反，事关非规范性事宜的偏好上差异通常会促进交易，与此相伴随的是这样一个评论“de gustibus non est disputan-dum”（“事关品味的事宜中不存在纷争”），它们不会激发批判、讨论和争论。

2. 道德考量在不同种类的情绪回应中是尤其特殊的，它们会在受制于道德考量的行动者身上激发出一些情感回应，而这些情感回应与道德考量本身是不同的。例如，如果一个行动者违背了她自己视为是道德要求的事情，她通常会感到内疚或懊悔。当她牺牲了她认为是道德所要求的事物，从而因此获取了稍稍多一些的收入（或者其他什么给她带来非道德上的满足感的事物）时，她倾向于为此感到内疚。如果将这种倾向性放入对未来前景的考量之中，我们会看到，它是一种超出对于做对的事的偏好所提供的动机的动机，如果把这种倾向性放入事后看来的考量中，它是进一步行动的原因，没有它，将不会有这样的行动。这当然只是一种倾向性；合理化的思考能帮助人们避免犯错，并且可以使得未达到一定程度的小错对人们的行为产生不同于更严重的违规所会产生的影响。但是，这些与经济学课本中通常出现的那种选择形成了强烈的对比，例如，在苹果与橙子之间做对比，其中，取舍可能会激发无法得到更多的其中一种事物（或两种事物）的遗憾，但是它不会激发懊悔或内疚。概括地说，道德偏好伴随着特定的以及在行为上显著的态度，从而使它们与其他偏好区分出来。

3. 与其说是指导选择的偏好，还不如说，规范性考量通常体现为是对不同行动选项进行限制的约束。② 有时候，道德考量通过使得某些行动变得是“不可想的”而对于人的心理状态发挥作用。在某

---

① 拿布鲁姆式的观点举例子，人们可能会被激发而去买碳补偿，因为他们认为对正义的考量要求他们如此行动。

② 见 Sen，“Rational Fools”；和 John McDowell “Virtue and Reason”，*The Monist*，62（1979）：331－350。

些例子中，形容词“不可想的”可能会就其字面意义得以使用。其中，相关行动是行动者无法给予考量的；先前的规范性考量保证了某个特定的选项不出现在可行的集合中。但是如果情况正是这样的话，那么我们要注意的是，在道德考量和其他考量之间，将不会存在权衡。行动者将不会在任何意义上放弃她的道德原则，即使追求这些原则的代价很高，因为在这个情况中，道德原则压根就不在权衡的考量之中。因此，关于相对价格的相似主张将会在这样的例子中被违背。就事实而言，如果前景在考量中是不可获得的，那么，没有什么价格能够足以刺激你以某种方式行动。当然了，在任何一个给定的例子中，一个特定的行动是否真的是不可想象的，是一项经验事宜。但是我们在这里的论证并不要求不可想象性在所有可能的情境中都成立，不管那个情境有多极端。这个论证所要求的仅仅是，在大范围内，某些特定的前景在事实上被排除了。如果事情是这样的，那么在那个范围内，那些前景将从考虑中清除出去，行动者将会对那个范围中的机会成本出现的变化完全没有反应。① 在那种情况下，规范判断作为一个对选项构成约束而塑造选择，而不是作为针对这些选项的偏好。

4. 道德偏好经常在投票情境中得到更加清晰的表达，这尤其与对政策的讨论相关联。正是因为人们意识到，他们不太可能对大规模竞选的结果造成影响，证据表明，出于可以设想的理由，他们更可能会为了自己的良心而投票。现在考虑这样一个例子：假设投票者面临这样一个选择，其中她认为在不同的竞选选项中，有一个政策是在道德上更好的，但是那个政策会使得她的应纳税额每年增加 5000 美元。根据她的良心，她所期待的通过投票所付出的代价是什么呢？答案是：不是每年 5000 美元的额外税收，而是那个总额乘以她的选票会起到决定性作用的概率。② 由于那个概率通常来说是非常

① 也许我们应当强调的是，这里的问题更是行为上的，而不是对规范性判断本身的形式和内容上的参考，也不是那些判断所建议的偏好。完全可能的是，一个个体有一个对于与某些义务论的要求相一致的行动“偏好”，并且这种一致性是她功效函数中的一个论据。

② 大致地说，这个概率是，在所有其他选民中会出现一个平局的概率。

小的，她出于自己的良心而投票的代价也相应地很小。这个例子与市场选择[①]的例子形成了对比，其中，一个为某个值得的事由付出5000美元的决定将一定会花费5000美元。

从这里得出的推断是，道德考量在民主竞选的环境中所起到的作用要比它们在其他一些环境中所起到的作用更加广泛，在那些环境中，行动与后果之间的联系要更加直接。这里的想法是，相较于选择一个资产组合，竞选更像是在足球比赛中欢呼——因此投票行为的内容倾向于更广泛地反映投票者倾向于支持的事情，而不是那些以更加狭隘的方式定义的投票者的兴趣。[②] 在投票者倾向于支持的事情中，必须要包含进去的是投票者认为就是（simpliciter）“好”的事情——同样地，投票者倾向于反对（也就是说，投反对票）他们视为是错的事情。不是所有的自发的“评价性态度”都是在规范性上可辩护的。投票者也会倾向于投票给长得好看的候选人[③]或者有着迷人声音的人，或者有能力在言辞表达上说服投票者的人。然而，规范性上的偏好尤其会在政治行为中得到某种程度的体现，但却不会在市场选择中有所体现，这似乎是可能的。

尤其是在“气候是重要的”的环境中，很多个体会投票给国家碳排放减少的政策，而这些政策实际上不在那些个体的利益中（并且也不在国家利益中[④]）。那些投票者可能会为国家减排投票，因为这是“对的事情”——即使如果这个政策被实施了，它会使得他们

① 或者更加概括地说，这里的例子可以是任何一种于其中选择者的选择会有效地对后果产生决定性影响的例子。

② 这里的思路最初是为了质疑任何一种认为投票者行为可以直接从市场行为中推出来的理论（正如早期“公共选择理论”试图做的），但是这个思路实际上具有更加广泛的应用性。

③ 关于相关的证据，可见 Anthony C. Little, Robert P. Burriss, Benedict C. Jones, and S. Craig Roberts, “Facial Appearance Affects Voting Decisions”, *Evolution and Human Behavior*, 28 (2007): 18-27。

④ 从任何一个国家自身的角度出发，对它来说最好的后果几乎可以肯定的是，其他国家减少它们的排放，而自己国家不减少排放。只有一种情况不是这样的，那就是，这一国家的行动对其他国家的行动具有重大的影响——以至于，例如，澳大利亚签署并且遵守一个国家碳减排条约仅仅在其能够影响其他国家也如此做的意义上，是有意义的。不过有人可能会质疑，澳大利亚对其他国家行为的影响是否那么重大。

付出的代价远远大于为他们带来的益处。[①] 当个体对其他人做出规范性判断时，在那些受评价者能够接触到关于他们的评价的环境中，这些评价能够通过受评价者需求尊重的欲求（或者对规避不被尊重的欲求）对其造成行为上的影响。通常来说，人们希望在评价他人时处在（更）高处，并且通常会通过调整他们自己的行为，从而达到这个目的。索斯坦·韦布伦（Thorstein Veblen）[②] 可能是经济学家中最强调对消费者选择产生的这些作用的人——尽管在如此强调的时候，他大体上是在呼应亚当·斯密（Adam Smith）的评论。[③] 对他人认可的渴求在斯密对人类动机的说明中起到了重要的作用——但是斯密在主张这一点上并不算特殊。从亚里士多德到霍布斯、休谟、康德和孟德斯鸠的一系列社会理论家，都认为社会尊重是人类志向的重点对象。

需要明确的是，认同和尊重有很多根源。一个人可以由于自己在网球上的精通或精致的裁缝技术或“本能智慧”，或者一个人的诚实、勇敢、专业良心和其他特定的道德特性，而得到尊重。但是在这个范围内，认同伴随着对质量或价值的评价，也就是，伴随着种种规范性判断。除此以外，很难想象的是，一个持有真诚地持有某个规范“偏好”的人会对那些展现了相应特质或行为的人不给予认可。例如，即使勇敢地行动代价很大（因此你自己可能不会勇敢地行动），但是你还是多多少少会自发地对他人的勇气给予认可：这也是为什么我们视勇气是“德性”的一个方面。与此同时，在观察者中积累的态度也足以激发出某些人勇敢地行动，即使她可能在没有社会认同的情况下不会如此行动。因此，如果“规范性偏好”可预

---

① 见 Geoffrey Brennan，“Climate Change：A Rational Choice Politics View”，*Australian Journal of Agricultural and Resource Economics*，53，no. 3（2009）：305－322；关于“表达性投票”的拓展讨论，见 Geoffrey Brennan and Loren Lomasky，*Democracy and Decision*（Cambridge：Cambridge University Press，1993）。

② Thorstein Veblen，*The Theory of the Leisure Class*［1899］（Oxford：Oxford University Press，2007）.

③ 如斯密在某个地方所说，“财富和伟大……的唯一好处”就在于它们作为“虚荣的主题”的合理性，Adam Smith，（1759/1984）*The Theory of Moral Sentiments*［1759］，ed. D. D. Raphael and A. L. MacFie（Indianapolis：Liberty Fund，1984），IV. 1. 8。

见地产生尊重和不尊重的态度，那么这些偏好可能也会产生一些其他偏好（例如，对苹果或橙子的偏好）不会产生的行为上的后果。[①]

这个简短讨论的目标是为了主张，规范性偏好与那些展现它们的判断一起，对塑造人们的行为起到了特殊的作用。它们不仅仅是大多数行动者偏好函数中的一个元素；它们以特殊的方式运作，会带来特殊的后果，并且很可能会在特定环境中变得十分重要——其中，投票的环境（与气候变化政策十分相关，但是更加具有普遍性）就是一个重要的例子。

四　规范性事实重要吗?

至此，我们已经关注过了人们的规范性判断，以及这些判断产生的态度、行动和反应，由于这些态度、行动和反应对于什么意愿做什么起到的影响，从而对决定什么行动、政策和后果是可行的起到了重要的影响。

在做这样一个主张时，我们反对了这样一个观点，即，一个对于什么是可行的的坚定的现实评估应当无差别地对待规范性判断和其他类型的信念和偏好。规范性偏好以及表达这些偏好的规范性判断承担了种种承诺以及可预计的行为后果，这些承诺和行为后果需要关心可行性的人们给予特殊关注。认为一个行动是错误的，或者判断一个政策是不理性的，通常会加深人们反对那个行动或政策的意愿，以同样的方式，认识到一些正义所要求的事情，或者在道德上有价值的事情，通常会加深人们努力使那些事情发生的意愿。

但是，在对此进行论证时，我们实际上还没有说明规范性事实——而不是人们的规范性判断——如何对什么是可行的构成影响。我们现在要做的就是对此进行论证。

我们需要提供的论证最好被看作是一个针对个人来说近乎是普遍的

---

① 对此的扩展讨论，见 Geoffrey Brennan and Philip Pettit, *The Economy of Esteem* (Oxford: Oxford University Press, 2004)。

论证。尽管这个论证被限定在适用于那些满足了两个条件的人身上，但是我们的想法是，很多人都能满足这两个条件。第一个条件是，他们实际上会对行动、品格特征、政治机构或社会政策做出规范性判断。第二个条件是，他们认为他们的某些判断是正当的——不仅仅是在他们认为他们有权利持有那些观点的意义上是正当的，而是在他们认为他们有好的理由认为他们的观点是正确的意义上是正当的。任何对例如理性、正义、德性、恶、价值，或权利持有实际性观点的人都在我们的论证的范围内，只要他们认为他们有好的理由持有他们的观点。

这样的人不需要认为他们自己的所有规范性判断都在这个意义上是正当的。例如，他们可能会怀疑自己的某些判断是出自自我利益、偏见，或缺少相应的理解而得出的，因此可能是不合适的。他们还可能持有一些其他的判断，其中，他们承认他们无法对它们进行辩护——这些判断让他们觉得就是对的，但是至少现在他们无法提供对此进行证明的理由。让我们将以上这些判断放在一边，来关注那些人们视为是正当的规范性判断。也许这些判断关注的是价值最大化的合理性，或者奴隶制的不正当性，或者是平等待遇在一个正义的社会中起到的作用，或者是公共政策对于人类幸福的价值，或者是政治宪法的重要性，或者是免于某些形式的强迫的道德权利。对于我们的论证来说，具体是哪个规范判断不重要，只要它们是人们真诚地做出的判断，并且是他们认为是正当的。

我们的论证的核心是这样一个观点，即，相信一个人的判断是正当的要求这个人同样认为，这个判断是敏感于它所关切的事实的。如果不这样想，那么这就意味着认为这个判断以及为其辩护所提供的考量是不依赖于事实的。

人们不能既（i）认为他们在做出他们的判断时，那些判断没有敏感于真理，又（ii）继续合理地认为这些判断是正当的。[①] 这对于我们可能会做的所有判断来说，不管是规范性的判断，还是非规范性的判断，都是适用的，只要这里的判断包含着主张事情正是某种样子的——不理性

① 我们可能还是会做出这些判断，并且因此在不认为我们正当地认为它对的情况下，认为那些事实上是对的事情是对的。但是在那些我们认为我们对某事的判断不敏感于就是我们所判断的样子的情况中，我们必须将其为真值（假定它是真的）视为是事关运气的。

的、不道德的、热的、重的、流行的、铜做的、痛苦的，等等。[①] 因此，认为你的道德判断（例如，关于正义的道德判断）是正当的，使得你认为那些判断是敏感于真理的，也即是说，当谈到正义时，你的判断是敏感于道德在实际上所要求和允许的事情。如果你不这么想，那么你就是放弃了你的判断是正当的这个想法。[②] 这并不是说，人们需要对自己的判断如何成功追踪事实从而使得他们认为自己的判断是正当的，有一个积极的论述。这也并不是要求他们认为自己的判断之成功追踪事实必须是不出错的，或者甚至是高度可靠的。他们仅仅需要认为他们的判断和他们做出那些判断所基于的考量是以某种方式（或多或少）敏感于为真事实的。

当然了，存在很多理由让我们对以下这一点保持疑惑，即规范性事实必须是什么样的，以及我们必须是什么样的，才能使得我们的规范判断能够被成功证明。有些人——虚无主义者、怀疑论者，以及谬误理论家们——论证说规范性事实并不是它们所需要是的那个样子，或者，我们也不是我们可能需要是的那个样子。因此，他们得出结论说，规范性判断是不正当的。还有其他人——主观主义者和相对主义者——论证说，一个对于规范性事实的本质的恰当理解将规范性的种种为真事视为易处理的，就是关于人们的感受的为真事实，或社会实践本质的为真事实一样易处理。因此，他们得出，对我们的规范判断如何可能追踪为真事实的论述，并不存在一个特殊的挑战。但是仍有人就规范性事实或我们的本质提出了具体的论述（以及，例如，对理性直觉的证明效力的论述），从而试图解释我们的规范性判断如何可能合理地敏感于为真的事实。因

① 在将规范性判断归在那些主张事情是某种样子的那类主张中时，我们反对一个熟悉的但是我们认为不恰当的说法，这个说法认为规范性“判断”仅仅是对品味或态度的表达，而不是对事情正是某种样子的表达。与此同时，对于任何一种认为其观点的成功依赖于它能够通过表达主义的工具来捕捉并支持规范性判断的确展现了世界是某种样子并且旨在说明这是真的观点，包括很多表达主义的观点，我们都将它们视为是完全处在我们的论证范围内的。这种雄心体现了准实在论复苏情感主义和相似的非认知主义观点的尝试。

② 也许在这里我们需要强调的是，这是一个对于一个人对自己的判断的观点的要求，如果一个人将那些判断视为是正当的话。当认为别人的判断是正当的时候（鉴于她所拥有的证据），我们可以毫无问题地同时认为那些判断事实上是与事实无关的。在这里被排除的情况是，她认为她自己的判断是与事实无关的，并同时认为她的判断是正当的。

此，他们得出，尽管存在一个对论述我们的规范性判断如何能够追踪真理的特殊挑战，他们的观点能够应对这个挑战。不过，很多人对规范性事实的本质或我们的判断如何能够敏感于它们没有特殊的说明。[①] 我们的论证将虚无主义者、怀疑论者，和谬误理论家们置于一边，他们都反对人们的规范性判断是正当的这一想法。但是我们的理论平等地向所有剩下的人发声，所有那些认为人们的有些规范性判断是正当的人。这一部分人包括所有对不同的政策、项目、机构和政治程序给出支持或反对的道德论证（真诚地给出论证，而不是仅仅试图进行操纵）的人，也包括那些其关注点不那么具有社会性，但仍旧是集中在道德领域的人。这一组人里面还包括了那些避开道德但仍旧持有规范性观点（例如，对理性、好的证据，或恰当的科学方法的观点），并认为它们是正当的人。所有这些人都致力于认为他们自己的判断是敏感于相关的规范性事实的（正如我们也是这样的）。

但是，去认为一个人的判断是敏感于规范性事实的，就是去认为不知何故但是那些事实（不仅仅是我们关于它们的规范性判断）能够在一些环境中，对我们关于它们的思考方式，以及对我们获得的规范性判断，构成某种影响。将一个人的规范性判断视为是正当的，将有说服力的论证视为是思考当下问题的正确方法，会使得这个人认为在获得那个判断的时候，以及在被那些论证所推动的时候，自己是能够被相关的规范性事实所影响的。

对于思考这种相关性的一个吸引人的方式是通过反事实依赖关系（counterfactual dependence）来对其进行思考。这一观点认为，如果相关的事实发生了变化，我们的判断也随之发生变化，那么我们的判断就可以算是恰当地敏感于相关事实的。反事实依赖关系的确是理解判断敏感于相关事实的一种方式。但是，难题立刻会出现。尤其是，至少对于我们的某些规范性判断来说，相关事实的变化并不会对判断产生影响。如果以谋杀无辜的婴儿取乐是被道德所要求的，情况会是怎样的呢？如果

① 这就像古往今来，很多人对于我们如何能够看见这个世界，依旧了解甚少。他们将我们的视觉判断视为是通过我们的视觉体验而得到证明的，尽管他们不知道视锥细胞与视杆细胞和我们基于它们被刺激而做出的判断是如何被不同的光的波长所影响的。

我们不能对此进行回答，我们就无法搞清楚我们的判断是否会在那些条件下发生改变。因此，我们不能认为，如果相关的事实发生了变化，那么我们的判断也会相应地发生变化。同样的问题也出现在对数学判断的考虑中。设想 27 - 13 = 14 这个判断。我们认为这个判断是真的，并且我们正当地做出了这个判断（因此，我们的判断恰当地敏感于与它相关的事实）。但是，相关的事实发生变化似乎并不会构成什么影响。如果 27 - 13 = 14 这个判断不是真的，情况会是怎样的呢？如果我们不能对此进行回答，我们就不能搞清楚我们的判断是否会在那些条件下发生变化。反事实依赖关系的标准在这里无法得到应用，尽管（我们认为）我们的数学判断通常是敏感于相关的事实的。

当我们的数学判断恰当地对应着它们相关的数学事实时，这是由于那些判断是敏感于那些事实的。当然了，这些事实是它们所是的样子，仅仅在部分上解释了我们为什么会做出那些判断。其他关键的元素是，我们恰好有一些数学概念，我们对它们有所重视，不管我们的智力能力是什么样的，这些能力能够拓展到一定程度从而使得我们用相对小的数字进行计算。但是，我们对事实的敏感仍旧是我们为什么会做出那些判断的重要原因之一。数学真理是我们对我们做出那些判断的最佳解释的一部分。即使说如果数学真理发生了变化，那么我们的数学判断也会随之变化是错误的（因为，在这个例子中，我们所预设的是，事实是不会变的），我们还是可以合理地认为，依赖于我们认为自己的判断以某种方式对应着事实是其所是的样子。① 重要的不是反事实依赖关系在我们做出判断的最佳解释中起到作用，重要的是，我们的判断之为真事实在我们做出判断的最佳解释中起到作用这一事实。

注意到这一点后，重要的是，我们还需要留意很多规范性判断是关于那些我们可以将其理解为（可能）与我们对其的理解有所不同的样子。很多我们判断为是理性的，或者正确的，或者好的，或者合理的事情，我们只是恰恰如此认为而已。如果事情在某些方面变得有所不同，那么我们认为是理性的、正确的、好的或合理的事物，可能在那些条件下就

① 一个稍微有些争议的对此进行说明的方式，是主张我们的判断之为真事实必须是我们做出这个判断的最佳解释的一部分。但是有人可能会以不同的方式理解恰当的敏感性。

不是我们原本以为的那个样子了。在这些情况中，我们可以很合理地认为我们关于正当性的判断会随着这一判断的真值变化，也就是说，如果事情规范性变得不同，相应的判断也会不同。将我们自己的判断视为是不敏感于事实本来的样子（以至于道德事实不构成对判断所依据的最佳解释），就是将这些判断视为在实际上不正当的。

因此，要再一次强调的是，在我们认为我们的规范性判断是正当的情况中，我们致力于将那些判断视为是不脱离于它们所关于的规范性事实的。也就是说，我们致力于认为我们的（正当的）规范性判断是以某种恰当的方式敏感于那些是其所是的事实。鉴于这一点，正如我们先前所论证的，这些判断通常对什么是可行的构成很大的影响，我们因此也致力于认为规范性事实也对什么是可行的构成影响，只要（正如我们以上所论证的）这些判断敏感于这些事实。

认为我们的规范性判断必须不能脱离于它们所关于的规范性事实，并不是说这些事实需要导致我们的判断。为了看清这一点，我们可以再考虑一次数学的例子，其中，我们不会倾向于相信数字本身是导致数学推理的原因。但是基于我们对于能够将事情搞正确的特定推理模式的依赖，而不是对其他的某些推理模式的依赖，我们仍旧可以理解我们的数学判断是恰当地敏感于数学事实。因此，有人可能也会对规范性判断持有相同的立场。即使正当性和不正当性不是原因，我们还是可以理解我们的规范性判断是基于我们对能够将事情搞正确的推理模式的依赖，而不是对其他一些推理模式的依赖，从而是恰当地敏感于规范性事实。除此以外，正如数字可以在不作为原因的前提下在我们的某些最佳解释中发挥作用，某些规范性事实可能也可以在不作为原因的前提下在我们的最佳解释中起到作用。①

对于我们的规范性判断如何可能恰当地敏感于它们所相关的规范性事实这一点，究竟哪种论述是正确的，存在很多不同意见。在这篇文章

① 见 Sayre-McCord，"Moral Theory and Explanatory Impotence"，*Midwest Studies in Philosophy*，Vol. XII（Minneapolis，MN：University of Minnesota Press，1988），433－457。这里的讨论是关于一种通过将事实包含在做判断的最佳解释中的方式来理解我们的判断何时会恰当地敏感于它们所关于的事实。不过我们的论证并不依赖于对这一特定的理解方式的接受。

里，我们有意地就这一点保持沉默。我们不会提供一个基于关于规范性事实的具有实质性的观点，或是基于规范性为真事实的本质的论证。相反，我们的论证可以采纳其所针对任何一个观点，并且仅仅致力于展现，不管人们恰好持有的观点是什么，只要他们认为自己的观点是正当的，那么他们就致力于将规范性事实，而不只是他们的规范性判断，视为是对可行性构成影响的。此处的意见差异有多大，以及是在什么样的环境中是如此的，我们对这些问题保持完全开放的态度。至于规范性事实（以及规范性判断）在多么重要的程度上于财富、权力、贪婪和恐惧面前塑造什么是可行的，更不用说身体上的障碍了，我们对此也没有确定的观点。但是我们认为，几乎我们所有人，并且我们将自己视为属于这组人，都致力于认为那些规范性事实在某些环境中，在某些时候，具有某种影响力。

因此，我们的论证不是说某种特定的观点（关于我们的规范性判断何时并且如何敏感于规范性事实）是正确的，也不是说出于这个观点，人们可以认识到规范性事实本身，而不仅仅是规范性判断，对可行性构成影响。相反，我们论证的是，只要你认为你的某些规范性判断是正当的，那么你就致力于认为那些判断是——以某种方式——对应着规范性事实的，即使你不知道它们是如何如此的。

这个论证因而转向了一个具有实质性的——但是我们认为几乎不具有争议的——关于一个人在什么样的意义上合理地视其判断为正当的观点：这些判断需要是那种判断者不将它们视为是脱离于为真事实的判断。这些判断当然可能在事实上是脱离于为真事实的；我们完全没有论证说它们就不是如此。我们还认为很多人满足我们的论证所依赖的这个条件，并且在事实上（基于他们的信念和经验）持有正当的判断，即使他们的判断正如可能会是的样子，是脱离于真理的。我们在这里的主张仅仅是，没有人能够合理地既认为他们的判断是正当的，又认为它们脱离于它们所关于的事实（规范性事实或其他事实）。

重要的是，正如我们致力于将我们自己的规范性判断视为是敏感于规范性事实的（如果我们认为这些判断是正当的），那么我们也致力于以同样的方式看待其他人的判断，只要我们持有与之相同的判断并且出于同样的理由认为它们是正当的。[①]

五 可行性

这是个好消息吗?这是一个认为道德——以及更普遍意义上的规范性领域——能够并且确实通过规范性判断从而对于什么是可行的构成影响的理由呢?也许我们有理由对此抱有希望。毕竟,我们当中那些持有他们相信是正当的规范性观点的人致力于认为规范性事实具有某些影响力,至少是对他们自己的判断(以及在其他人的某些判断)具有影响力。

但是,任何人们可能会为此抱有的乐观态度都必须在很大程度上被以下这一点缓冲掉,即,很多人持有错得非常无根据、糟糕和危险的规范性观点。正如我们已经论证过的,大部分人的规范性观点,在大部分时候,可能都是错的。除此以外,即使当人们的规范性判断是正确的时候,它们对人们的行为的影响可能会是错的。例如某个人可能会正当地并且正确地认为某些事态是理想的,而不去恰当地考虑在无视代价或可行性的前提下追求这一理想可能会造成的影响,而直接追求这一理想。或者,有的人可能会正当地并且正确地将某人视作是令人钦佩的,并因此直接去模仿她,而不去考虑那个人的处境与自己的处境可能会以什么方式具有差别。脱离情境的理想可能是鼓舞人心的,但是同样也可能是危险的。[②] 将潜在的规范性事实弄清楚是恰当的规范观点的一个方面。但是这不是唯一的方面。还有一些其他的事实也是相关的——至少,关于社会和政治秩序的运作方面的事实也是相关的。

除此以外,相较于被自己的规范性判断所影响,很多人都更加被利益、恐惧、嫉妒、欲望、灌输和广告而影响。这意味着,即使当他们的规范性判断是恰当地敏感于为真事实的时候,那些判断对人们的行为所构成的影响,以及对什么是可行的所构成的影响,将会被严重地削弱。

---

① 当然,我们可能会认为他人可以正当地持有他们自己的观点,鉴于他们持有的其他观点,但同时认为他们是错误地持有那些判断,或者他们做出那些判断所基于的理由是具有误导性的,尽管基于他们的处境,那些理由能够证明那些判断。

② 我们将这一点视为是由不去考虑可行性和代价的理想理论所引起的一个真实的风险。当然,这只是一个风险,但却是一个值得我们反对的风险。

将所有这些都考虑进来，人们的规范性判断对他们的行为所构成的影响可能更加合理地被理解为是由于恐惧而造成的，而不是出于抚慰。在这里，我们的目标并不是提供抚慰，而是去论证，如果我们认为一个人的规范性观点是正当的是有道理的话，那么认为规范性事实对可行性具有影响也是有道理的，并且认为规范性事实为我们提供了“希望的基础”，这个希望是，其他人也会加入美德事业，就也是有道理的。

暂时回到我们的例子中。尽管布鲁姆的某些详尽的建议依赖于关于政治过程（以及反映那些过程的国际谈判）如何运行的主张，但是他的建议的重点框架是规范性的。正如我们一样，布鲁姆也认为增加的幸福总和是一件好事（或者更加准确地说，环境变化可能会产生的严重减少的幸福总和，是一件坏事）。正如我们一样，他还认为，一个在全球范围内对幸福的更加平等地分配也是一件好事。他还同我们一样认为，人们应该按照不造成不正义的方式行动。在很大程度上，他基本上预设了这些主张都是正确的，并且是被广泛持有的（至少是被有良心的人所持有的），并且我们有好理由接受这些主张。他的书旨在说服那些接受这些基本的规范性事实的人们来接受，碳减排（在政府和个人层面）是道德上所要求的，并且或多或少是需要被即刻采纳的。

我们认为我们应当从表面意义上理解这一实践。这意味着我们同意布鲁姆自己所相信的，即，碳减排是来自道德上的要求。并且他认为他所提供的理由是证成其结论的理由。我们已经论证过，这使得他认为他自己的判断，以及那些他可能通过他认为是好的论证所说服的那些人的判断，是敏感于相关的道德事实的。就他将那些判断视为对人们意愿做什么构成影响而言，他同样也致力于认为相关的道德事实对什么是可行的构成影响。将这一实践就其表面含义去理解同样还包含了布鲁姆的一个信念（或者至少是一个合理的希望），即，至少某些读者能够被他说服，从而改变他们自己的行为。如果这后一个信念不存在，那么他的努力将会是几乎没有意义的。① 但是这个被投射出来的希望意味着，布鲁姆

① 这本书也可以被理解为是某种热情呼吁。但是这种解读无法与这本书中所包含的对行动的详尽建议相容——例如，购买低效品，或者出于“务实”的理由以“不包含牺牲的效率”为目标。

所理解的可行性不是独立于他的分析所依赖的规范性事实的。就基本的规范性基础能够对人们的态度及他们的行为构成影响而言，布鲁姆将致力于认为什么是可行的是不能够独立于规范性为真事实的。

我们认为，通常上来说具有实质性的伦理学和政治哲学的作品都是这样的。这是从这样一个预设出发的，即，被认真发展和探索的情况、例子，和论证，都能够捕捉到为真的事实，并且能够以不同方式说服人们改变他们的行为，从而对什么是可行的构成影响。

六 问题的关键

这篇论文的核心目的是去论证规范性考虑是与可行性相关联的。这个主张有一个弱的形式和一个强的形式。弱的形式表明，个人行为是被个体识别的规范性考虑所影响的，正如那些个体认为它们所是的样子。[①]强的形式表明，个体行为是被规范性考虑所影响的，正如那些考虑本身的样子，因此，个体行为是被规范性事实所影响的。

我们通过一个例子来介绍了我们的大体论证，这个例子来自于约翰·布鲁姆的《气候是重要的》。这个例子关注的是布鲁姆给出的一个"务实的"（也就是，可行性导向的）论证，其中，为了一个较小的但是仍旧是好的后果（他所说的"不包含牺牲的效率"），我们应当放弃一个"更好的"后果（也就是他所说的"包含牺牲的效率"）。我们认为布鲁姆放弃更好的后果的例子没有认识到，这样做会使得作为第二步骤的对一个更好后果的获得变得更加艰难，并且同时这也不能恰当地说明那个结果之"更好的"特性在使其具有可行性上所起到的作用。因此，我们认为他在阐述气候变化时关于区分开"效率"和"分配"的提议是值得怀疑的。

我们在这里的关键提议也不能很好地说明"理想理论"的一个方面，其中，所有行动者都能完全遵从这个理论所要求的种种准则。但是同样

① 我们认为，规范性考虑很可能在某些情况中比在另一些情况中更有影响力——尤其是在那些行动的相关特征相对公开的场合里；以及民主竞选的环境中。但是我们并不在这里对能够支持这种预设的推理进行发展。这一点在别的地方有所体现——在 Brennan and Pettit, *The Economy of Esteem* 中，并且尤其在 Brennan and Lomasky, *Democracy and Decision* 中。

地，我们的提议也不能说明通常在理想理论的对立面的一个标准观点，即，所有的个体都完全出于自我利益而行动，或者以某种（不可避免地）使自己对相关的规范性事实不敏感的方式行动。我们要做的就是从两边的观点中各自做出退步。我们并不怀疑自我利益在很多行动的场景中是一个有力的动机。但是我们同样也认为，在这一观点的传统中的很多学者通常在很小的程度上承认，规范性事实能够并且确实在影响人们的行为上所起到的作用。某种“在人类身上具有的一部分德性”是能够帮助使得重要的进步成为可行的资源。所有真诚的规范性分析都致力于对这一点抱有信念。